日本の気候区分

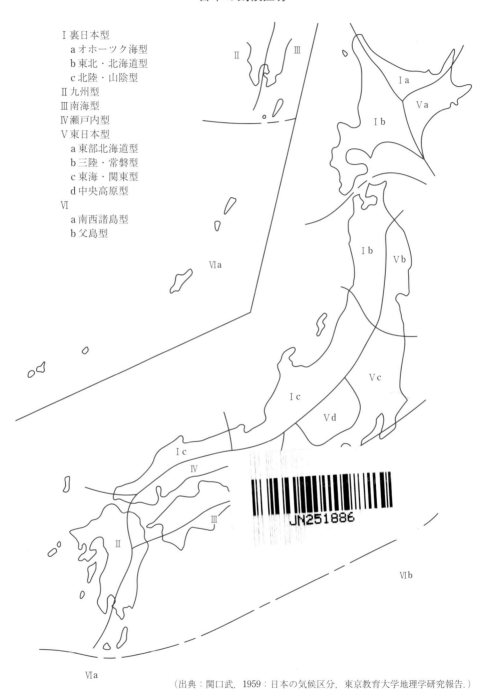

I 裏日本型
  a オホーツク海型
  b 東北・北海道型
  c 北陸・山陰型
II 九州型
III 南海型
IV 瀬戸内型
V 東日本型
  a 東部北海道型
  b 三陸・常磐型
  c 東海・関東型
  d 中央高原型
VI
  a 南西諸島型
  b 父島型

(出典：関口武，1959：日本の気候区分，東京教育大学地理学研究報告.)

日本
気候百科
Japanese Climate Encyclopedia

編集代表
日下博幸・藤部文昭
編集委員
吉野正敏・田林　明・木村富士男

丸善出版

序　文

　私たちの暮らしは気候と深く関係しています．家の造りや街並み，それらが織り成す風景，服装や食文化など，これらは気候によって大きく異なります．みなさんも，旅行をしたときや引っ越しをしたときに，暑さ寒さの違いだけでなく，これらのいくつかが自分の土地のものとは全然違うと感じたことはないでしょうか．

　日本の大部分は，ケッペンの気候区分でいう温帯の温暖湿潤気候区に属しています．ただ，日本は南北に長いため，北海道のように亜寒帯に属する地域もあれば，南西諸島の一部のように熱帯に分類される地域もあります．また，日本の気候は，季節風と海流に大きく影響されるため，さらに細かく分類されます．本書の表紙の裏（見返し）をご覧になってみてください．これは日本の気候に着目して分類した日本の気候区分の一例です．ずいぶん，細かく分かれているように感じられます．

　でも，この図を見て，こう思う方もいるのではないでしょうか？　私の住んでいる県と隣の県は同じ気候区にあるけれど，私の県の方が寒いと感じる．たとえ同じ県内だとしても，内陸にある私の地域は，沿岸部にあるあの地域よりも雪が多い．そのとおりです．日本の地形は複雑なので，細かく見ると日本の気候は多種多様なのです．そして，その多様性が，人々の暮らしや産業，文化の多様性を育んできたのです．そこで，本書は日本の47都道府県について，それぞれの気候の特徴を詳しく解説しました．さらには，気候と人々の暮らし，産業，文化の関係や，その地域特有の環境問題や気象災害についても紹介しています．

　『日本気候百科』というタイトルとなる本出版の企画のお話をいただいたとき，日本の気候だけでなく，その地域の気候と密接に関わる人々の暮らし，産業，文化なども紹介する本にしたいと思いました．本書は，そのような思いを同じくするたくさんの仲間たち，それぞれの地域（都道府県）とゆかりの深い気候学者，気象学者，気象庁の職員や退職された方々の力を借りて創り上げられたものです．

　この本には，地名や山，盆地，峠，海の名前がたくさん出てきます．地図を片

手に，その土地に行った気分で，気候と地形，人々の暮らしの関係をぜひお楽しみください．

　本書の編集委員であり，日本の近代気候学の第一人者だった吉野正敏先生が，2017 年 7 月に逝去されました．吉野先生には，お住まいの岩手県から何度も上京して編集会議に参加して下さり，また，メールを通じて多くの貴重なご助言をいただきました．本書は，長年にわたるご研究の成果を土台とした吉野先生の最後の著作になりました．ここに謹んで先生のご冥福をお祈り申し上げます．

　最後になりましたが，本書をご執筆下さった皆様と，聞き取り調査等にご協力いただいた方々，および本書の企画から編集の段階まで献身的にご尽力下さった小根山仁志さんをはじめ丸善出版株式会社の皆様に深く感謝致します．

2017 年 12 月

編集代表　日　下　博　幸
　　　　　藤　部　文　昭

執筆者一覧 （五十音順）

足立 典之　気象庁
天達 武史　元日本気象協会
伊藤 久徳　九州大学名誉教授
井上 知栄　首都大学東京
岩崎 博之　群馬大学
上野 健一　筑波大学
及川 義教　気象庁
大橋 唯太　岡山理科大学
大和田 道雄　愛知教育大学名誉教授
岡田 益己　岩手大学名誉教授
加藤 央之　日本大学
川村 隆一　九州大学
北畑 明華　気象庁
木村 富士男　筑波大学名誉教授
日下 博幸　筑波大学
黒崎 泰典　鳥取大学
河野 仁　兵庫県立大学名誉教授
小西 啓之　大阪教育大学
近藤 裕昭　日本気象協会
齊藤 清　気象庁
境田 清隆　東北大学名誉教授
榊原 保志　信州大学
佐藤 威　防災科学技術研究所
佐藤 友徳　北海道大学
四宮 茂晴　気象庁
菅原 寛史　気象庁
鈴木 和史　元気象庁
鈴木パーカー明日香　立正大学
鈴木 靖　日本気象協会
髙根 雄也　産業技術総合研究所

高橋 俊二　元気象庁
竹見 哲也　京都大学
田辺 新一　早稲田大学
中鉢 幸悦　元気象庁
塚本 修　岡山大学名誉教授
辻村 豊　気象庁
寺尾 徹　香川大学
内藤 邦裕　ウェザーニューズ
中川 清隆　立正大学
名越 利幸　岩手大学
西森 基貴　農業・食品産業技術総合研究機構
初鹿 宏壮　富山県環境科学センター
藤部 文昭　首都大学東京
筆保 弘徳　横浜国立大学
松本 淳　首都大学東京
松山 洋　首都大学東京
三上 岳彦　首都大学東京名誉教授
本谷 研　秋田大学
森 牧人　高知大学
森山 正和　神戸大学名誉教授
森脇 亮　愛媛大学
山本 晴彦　山口大学
横田 歩　気象庁
吉門 洋　日本気象協会
吉野 純　岐阜大学
故 吉野 正敏　筑波大学名誉教授
渡邊 明　福島大学
渡部 雅浩　東京大学

目　　次

第Ⅰ編　序　　論

第Ⅱ編　日本各地の気候

第III編　気候の調査方法

第IV編　気候をより深く理解するために

本書の記載内容・用語についての補足

　本書は 2015 ～ 2016 年に分担執筆されたものであり，内容は当時までのデータや認識に基づいている（重要な事項は一部更新した）．極値やその歴代順位も，執筆当時のものである．最新のデータは気象庁ホームページ「過去の気象データ検索」http://www.data.jma.go.jp/obd/stats/etrn/index.php で閲覧できる．

　各地域の気候についての記述の多くは，年・月ごとの平年値に基づく．例えば「1 月の最低気温」とは，特に断りがなければ「1 月の日最低気温の月平均値の平年値」をさす．したがって，「1 月の最低気温が 0℃ 以上である」とは，月平均値の平年値が 0℃ 以上であるという意味であり，日々あるいは年々の変動においては 0℃ 未満になることがあり得る．なお，平年値とは 1981 ～ 2010 年（30 年間）の観測データの平均値である．

　一方，極値は各観測所の観測開始以来の最大・最小記録に基づいている．観測開始時期は観測所ごとに異なる．

　以上のほか，本書におけるいくつかの気候用語の定義を表 1 に示す．また，用語を原則として表 2 のように統一した．

表 1　本書で用いられる用語の意味[1]

用　語	意　味
夏日	最高気温が 25℃ 以上である日
真夏日	最高気温が 30℃ 以上である日
猛暑日	最高気温が 35℃ 以上である日
熱帯夜	最低気温が 25℃ 以上である日[2]
冬日	最低気温が 0℃ 未満である日
真冬日	最高気温が 0℃ 未満である日
最大風速	風速（10 分間平均風速）の最大値
最大瞬間風速	瞬間的な風速の最大値[3]
藤田スケール（F スケール）	竜巻の強さ（風速）を 6 段階（F0 ～ F5）で表したもの[4]
雲量	全天を 10 として，雲が見える部分の比率を表したもの
降水日数	降水が観測された日数[5]
雪日数	雪あるいはみぞれが観測された日数[6]
雷日数	雷電が観測された日数[6]．遠雷のような弱い雷は含まない
霧	最小視程（周囲 360°のうち，地物を視認できる距離の最小値）が 1 km 未満である状態
霧日数	霧が観測された日数[6]
降雪の深さ	一定時間内に新たに積もった雪の深さ，あるいはその積算値
積雪の深さ	地面に積もっている雪の深さ

[1] 観測に関する詳細は「第Ⅲ編　気候の調査方法」を参照．
[2] 熱帯夜は本来，夜間の最低気温が 25℃ 以上であることをさすが，本書では便宜的に上記の定義を用いる．
[3] 2007 年末以降は 3 秒間の平均値が使われている．
[4] 2016 年 4 月に「日本版改良藤田スケール」（JEF スケール）が導入された．
[5] 本書では降水日数として「日降水量 0.0 mm 以上の日数」と「日降水量 1.0 mm 以上の日数」の 2 種類が使われており，このうち「日降水量 0.0 mm 以上の日」とは，1 日のうちにわずかでも降水

が観測された日をさす．東京を例にとると，日降水量 0.0 mm 以上の年間日数の平年値は 192.4 日，1.0 mm 以上の年間日数は 101.4 日である．

[6] 0 時から 24 時までの間に雪やみぞれがごく短時間でも観測された日は，雪日数の記録に含まれる．雷日数や霧日数も同様である．

表2　本書における用語の表記[1]

本書の表記	同義の用語（本書では原則として用いない）
最高気温	日最高気温
最低気温	日最低気温
降水量	雨量
黒潮	日本海流
親潮	千島海流，千島寒流など
対馬海流	対馬暖流
台風＊号	台風第＊号，第＊号台風など
年降水量	年間降水量など
月降水量	月間降水量など
1 時間降水量	時間降水量
アメダス	地域気象観測所
氷点下	零下
湿度	相対湿度
海面水温	海水温
積乱雲	入道雲

[1] 本書では日常一般に用いられる表記を優先したため，一部の用語は気象庁等で公式に用いられるものとは異なる．

第 I 編

序　論

第1章　気候とは

1.1　気候の定義

　気候と気象は，よく似た言葉であるが，その意味するところは大きく異なる．気象は，雨や風などのさまざまな"大気の現象"を意味する言葉である．一方で，気候は，「日本は夏暑くて冬寒い」といった"大気の平均的な特徴"を意味する．ここでいう平均は，数十年程度の時間平均である．また，"1年を周期として毎年繰り返される大気の平均的な状態"と説明されることも多い．この定義は，日本を代表する気候学者の1人であった吉野正敏によって提案されたものである．この定義の場合，1年周期をもたない熱帯地方に当てはまるか否かといった問題もあるが，日本の気候の説明としてはわかりやすいという長所もある．そのためか，高校の教科書や気候学の専門書では，気候の説明としてしばしばこの定義が用いられている．

　一方で，もう少し広い意味で気候を捉えている気候学者や気象学者もいる．例えば，気象庁は，ホームページの中で「数十年という大気の総合した状態の移り変わり」と説明している．気象庁の定義には，「気候は変動，変化する」という意味が含まれている．日本気象学会編の『気象科学事典』（東京書籍，1998）では，「大気の状態を時間平均して得られる平均的状態」としている．「時間平均をとる期間としては，日々の大きな気象変動を平滑化する期間をとっており，最も短い場合は5日程度，一般には1か月あるいはそれ以上が用いられている」と説明されている．この場合，時間平均は5日以上であればよいことになり，吉野の定義よりも広い定義となる．ただし，一般的には，5日〜1か月程度の大気の平均状態は天候とよばれ，天候と気候は区別されている（例えば，気象庁のホームページ）．

　日本以外ではどのように捉えられているだろうか？　世界気象機関（WMO）編の書籍や，アメリカの教科書，辞典等の中には，「長年にわたる観測データから得られる統計」「気象の統計」，あるいは「大気の平均状態，ばらつきなど，統計的な特徴」と説明しているものもある．統計という言葉には，平均はもちろんのこと，ばらつきや頻度，極値なども含まれる．したがって，この場合，例えば，「○○地域では，（他の地域に比べると）豪雨や強風が発生しやすい」といった平均状態以外の特徴も含まれることになる．

　「気候の定義は気候学者の数より多い」という有名な言葉があるが，確かに，気象に比べて気候の方が，さまざまな意味をもっているようである．本書では，これまで紹介した説明をまとめ，気候を以下のように定義する．

・気候とは，大気の平均的な状態，ばらつき，頻度など，統計的な特徴を意味する．
・日本の場合，四季が明瞭で1年の周期をもって繰り返される特徴ももっている．
・ただし，年々，数十年，数万年といったさまざまな時間スケールで変動する．

1.2　気候の見方

　読者の中には，中学校や高校で，なぜ，気象については理科の地学の授業で学び，気候については社会科の地理学の授業で学んだのか，疑問に思っていたという人もいるのではないだろうか．学問分野として見ると，気象学は大気の現象の理解を目的としているので，自然科学の一分野とみなされている．だから，学校では理科の地学の中で教えられている．一方，気候の知識は，ある地域の特徴（植生や農業など）を理解するために必要であり，そのため，社会科の地理学の中で学ぶ

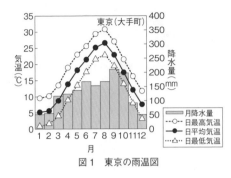

図1 東京の雨温図

ことになっている.

さて，高校の地理学の授業で学ぶ最も重要な気候の知識の1つとして，雨温図，気候区分，気候因子がある．これらは，日本各地の気候を理解する上で，ぜひ押さえておきたい用語である．そこで，本書では，日本各地の気候を紹介する前に，これらについて簡単に説明しておきたいと思う．すでにご存じの読者におかれては，昔を思い出しながら読んでもよいし，読み飛ばしていただいてもかまわない．

雨温図とは，旅行の本などに必ずといってよいくらい載っているあの図である（図1）．雨温図の横軸は月，縦軸は各月の平均気温，最高気温，最低気温，降水量を表している．雨温図を見れば，その場所の気温や降水量の季節変化，つまり，その場所の気候の特徴が一目でおおよそわかるので，大変有用である．また，興味がある場所の雨温図と自分の住んでいる場所の雨温図を見比べることで，知りたい場所の気温が自分の住んでいる場所の何月の気温に相当するのか知ることもできるので，旅行計画などにも有用である．

日本各地の雨温図を並べると，よく似た雨温図をもつ地点がかたまっていることに気がつくだろう．また，世界各地の雨温図を並べると，遠く離れた別の地域にも似た気候をもつ地域があることに気がつくだろう．このように，似た気候をもつ地域をまとめたものを気候区分という．高校の地理の授業でも紹介される有名な気候区分に，ウラジミール・ケッペン（1846-1940）の気候区分がある．

ケッペンの気候区分は，もともとは，似た植生をもつ地域は似た気候をもつという考えのもとに作られた世界の気候区分である．現在では，気温や降水量などの観測データが豊富なため，これらの気候要素の情報を元に，気候区分が作られることが多い．

日本の国内でも，1年を通じて北日本は南西諸島より気温が低い，標高の高い場所は低い場所よりも気温が低い，内陸は沿岸よりも気温の年較差（最暖月と最寒月の平均気温の差）が大きい，日本海側は雪が多く太平洋側は少ない，都市は郊外よりも気温が高い，といった気候の違いがある（「2.1 日本の気候の特徴」参照）．このように，ある場所の気候の特徴を作っている要因（緯度，標高，海からの距離（隔海度），地形，土地被覆など）を気候因子という．ある場所の気候の形成要因を考える際には，気候因子に着目することが重要である． ［日下博幸］

第2章　日本の気候概要

2.1　日本の気候の特徴

　最初に，世界的な視点から見た日本の地理的な特徴と気候の特性を概観する．

　日本は北海道・本州・四国・九州の4つの主要な島（以下「本土」）と，南西諸島など多くの島しょから構成され，このうち本土と南西諸島は北東-南西方向の列島をなす．その西〜北側は日本海と東シナ海をはさんでユーラシア大陸に隣接し，東〜南側は太平洋に面する（図1）．本土の各島には高さ1,000〜3,000 mの山岳があり，平地は比較的少ない．本土は北緯30〜46°，その他の島を含めた国土全体は北緯20〜46°の範囲にある．

　気温は概して南ほど高く，北ほど低い．年平均気温は南西諸島では20℃以上であるのに対し，北海道では10℃以下である．また，海抜高度が上がるにつれ，高さ100 m当たり0.6〜0.7℃の割合で気温が下がるため，高地は気温が低い．年平均気温の分布は，大まかには緯度と海抜高度で決まる．

　気温の季節差に目を向けると，日本の多くの場所で気温が最も低い月（最寒月）は1月，最も高い月（最暖月）は8月である．気温の年較差（ねんこうさ，最暖月と最寒月の平均気温の差）は北へ行くほど大きい傾向があり，石垣島（北緯24°）では10.9℃（最暖月は7月）であるのに対し，稚内（北緯45°）では24.3℃である．別の見方をすると，夏よりも冬の方が南北の気温差は大きい．また，沿岸よりも内陸の方が年較差は大きく，北海道の内陸では年較差が30℃に達するところがある．

　降水量は，概観すると南へ行くほど多いが，地形等の影響を受けて地域による差が目立つ（図2）．年降水量が多いのは，近畿〜九州の太平洋に面する地域や，北陸である．前者は夏〜秋に雨が多く，年降水量は場所によっては4,000 mmを超える．後者は晩秋〜冬に降水が多く，場所によっては4割以上が11〜2月に降り，年降水量は3,000 mm

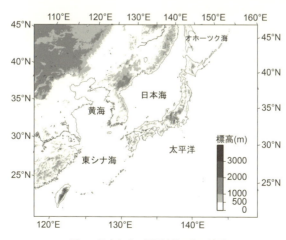

図1　日本とその周辺地域の海と地形

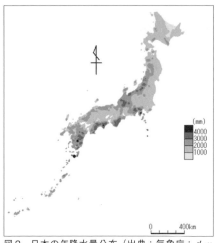

図2　日本の年降水量分布（出典：気象庁：メッシュ気候値による）

を超える．わずかな場所の違いで降水量が大きく異なることもあり，三重県南部を例にとると，尾鷲の年降水量は 3,849 mm であるのに対して，そこから約 20 km 北東にある紀伊長島では 2,595 mm にとどまる．一方，本州中央部や北海道の一部には年降水量が 1,000 mm 未満の地域がある．年降水量の全国平均値は，図2のデータを平均すると 1,754 mm となる．ただし，図2のもとになったデータは平地や盆地の観測所のものが多く，山地を含めた真の平均降水量は，上記の値よりも若干多い可能性がある．

　このような気候特性を世界の他の中緯度地域と比べると，以下の特徴が見出せる．

・大洋に面しているわりに，気温の年較差が大きい．これは中緯度の大陸東岸地域の特徴である．例えば，大陸の西側にあるサンフランシスコでは年較差は 8.1℃ であるのに対し，東京は 21.2℃ である．一般に，中緯度地域は上空（対流圏中～上層）を偏西風が吹いている．大陸は海洋に比べて季節による気温差が大きく，偏西風の風下にあたる大陸東岸地域はその影響をより強く受ける．ただ，ユーラシア大陸と日本の間に日本海や黄海，東シナ海があることによ

り，夏冬の寒暖が多少は緩和されている．東京とほぼ同緯度にある大陸東岸の青島（チンタオ）の年較差は 25.5℃ であり，東京よりも大きい．

・降水量が多い．世界の陸上における平均年降水量は，国連食糧農業機関（FAO）によれば 814 mm である（http://www.fao.org/nr/water/ aquastat/tables/WorldData-IRWR_eng.pdf）．日本の平均降水量は，これの2倍以上の値である．

・季節ごとに天気の特徴が明確に異なる．冬は北西季節風の吹く日が多く，春になると数日ごとに天気が変化する．夏は，梅雨の長雨の後，晴れた高温の日が多くなる．秋は，秋雨（秋霖，しゅうりん）の多雨期の後，再び周期的な変化が現れる．季節は一般に四季という言葉で表されるが，春の後半から秋の前半にかけての季節変化はもっと小刻みであり，春夏秋冬に梅雨を加えた5つ，あるいは秋雨を加えた6つの季節を考えるのが日本の多くの地域での季節変化をより的確に表している．

　さらには，南西諸島を除いて最暖月が8月であることも日本の特徴である．北半球の

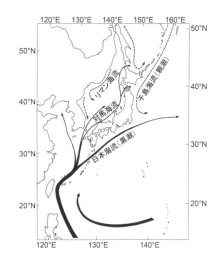

図3　日本近海の海流（出典：Fukui ed., 1977 を改変）

中緯度地域では，最暖月は7月であるところが多い．日本は梅雨の曇雨天の後に盛夏の晴天期があって気温がより高くなるため，梅雨が含まれる7月よりも8月の気温が高くなる地域が多い．

海況に関しては，暖流の黒潮が南西諸島を北上して本州の南岸を北東～東に流れ，一部は九州で分流し，対馬海流として日本海を流れ北海道北端まで達する．一方，寒流の親潮が北海道の東から三陸沖へ南下する（図3）．本州の日本海沿岸と三陸沿岸との海面水温の差は暖候期に大きく（日本海側が高温），この差がそれぞれの地域の気候に影響を与える．オホーツク海では冬に海氷ができ，その一部は流氷となって北海道の北東部に接近・接岸する．

【参考文献】

[1]　Fukui, E.(ed.), 1977: The Climate of Japan, Kodansha, 317p.

2.2　日本の気候を決める気団と気圧配置

2.2.1　日本付近に現れる4つの気団

気候は日々変化する天気の積み重ねとして作られる．中緯度に位置している日本は，上空（対流圏中～上層）の中緯度偏西風の影響を1年中受け，盛夏季や特殊な気象状態のときを除き，天気は西から東へと変化する．

表1　日本付近に出現する主要な気団

名称	発現する地域と季節
シベリア気団	冬にシベリアや中国東北区に発現する大陸性寒帯気団
オホーツク海気団	梅雨や秋雨の頃にオホーツク海や三陸沖に発現する海洋性寒帯気団
小笠原気団	北西太平洋の亜熱帯高気圧域に発現する海洋性熱帯気団
長江（揚子江）気団	春と秋に長江流域で発現し移動性高気圧の通過に伴い移動してくる大陸性の気団

（出典：気象庁による予報用語（http://www.jma. go.jp/jma/kishou/know/yougo_hp/haichi3.html）をもとに筆者修正）

広域スケールでの日々の天気は，地上天気図上に現れる高低気圧・前線などの状態に大きく支配されている．広い範囲にわたり，気温や水蒸気量がほぼ一様な空気の塊のことを気団とよぶ．

高低気圧の分布が作り出す気圧配置は，広域的な気団の配置と風系を決め，日本各地に特有の天候システムをもたらす．古典的には気団には発現地と経路があり，接している地表面の影響を強く受けた大気の性質をもつものとされる．ここでは気象庁での予報用語を参考に，日本付近に出現する主要な気団として，表1に示した4つの気団を取り上げる．

2.2.2　日本付近の天気図型

日本付近の天気図を大きく分けると，高気圧が優勢な場合と，低気圧・前線が優勢な場合がある．前者は高気圧の位置と動きによって，「西高東低型（冬型）」「移動性高気圧型」「南高北低型（夏型）」に，後者は低気圧などの種類によって，「低気圧型」「前線型」「台風型」に大きく分類することができる．各天気図型（気圧配置型）の代表例を図4に示す．

高気圧の支配下では通常は広域的に下降気流が卓越し好天となり，おおむね単一の気団の支配下にあるとみなすことができる．しかし西高東低型（冬型）の気圧配置時には，乾燥したシベリア気団の強い北西風が，暖かい対馬海流の流れる日本海上で海から蒸発した水蒸気を大量に含んでくるため，日本では日本海側に大量の雪や雨があり，日本海側と太平洋側とに際立った気候の違いが生じる（図5）．なお，南西諸島は高気圧の南側に位置することが多く，季節風の風向は北あるいは北東となる．

これに対し，夏型とよばれる南高北低型のときには，太平洋高気圧（小笠原高気圧ともよばれる）の中心は，本州の南方海上の北太平洋上にあり，気圧傾度は一般に小さく，高気圧の中心から北方の低気圧に向かう南寄りの弱い風を伴う小笠原気団が日本を支配す

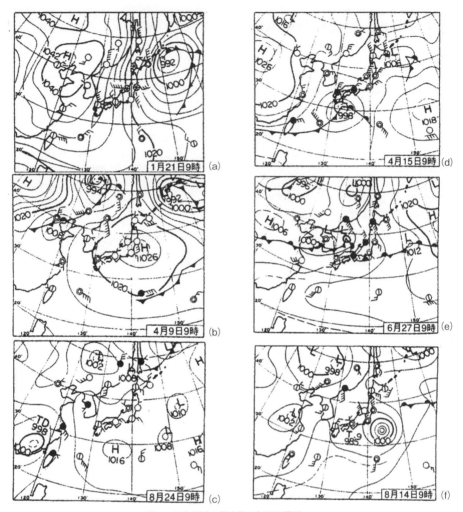

図 4　日本付近の代表的な気圧配置型

いずれも 2000 年の例．山川・吉野（2002）による．（a）冬型（西高東低型），（b）移動性高気圧型，（c）夏型（南高北低型），（d）低気圧型（南岸低気圧型），（e）前線型，（f）台風型

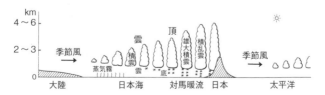

図 5　北西季節風が日本列島を吹き越えるときの雲の変化

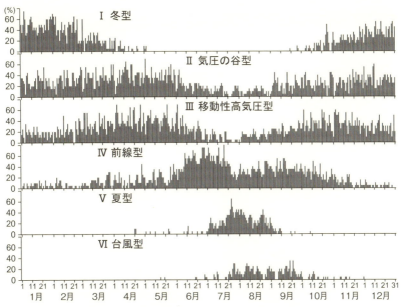

図6　各気圧配置型の日別出現頻度（出典：山川・吉野，2002による1991〜
2000年のデータにより筆者作成）

る．山岳部を中心に局地的に雷雨などが起こ
ることがあるものの，全般に好天が卓越す
る．

　春や秋の移動性高気圧型のときにも全般に
好天が卓越する．特に高気圧の中心の北東側
では，下降気流が強く，また北からの寒気が
流入するため，低温で乾燥する．一方中心の
南西側では，南方からの湿った暖気が流入す
るため，湿潤で高温傾向となる．

　低気圧が優勢な天気図型としては，日本付
近を温帯低気圧が通過する「低気圧型」，日
本列島上や周辺に前線が停滞する「前線型」，
日本列島上もしくは近海に台風や熱帯低気圧
の中心が位置する「台風型」がある．いずれ
も低気圧や前線の近くでは雲が多く，降雨が
あることが多い．

2.2.3　天気図型の出現頻度の季節変化と季節区分

　10年間で平均した毎日の天気図型出現状
況を図6に示す．冬型は11月から3月上旬

にかけての冬季に多く出現し，特に12月中
旬から2月下旬にかけては，出現率が50%
を超える日も見られる．冬型をもたらすシベ
リア高気圧は，衰弱すると移動性高気圧と
なって東方へと移動し，その後には気圧の谷
が接近して低気圧型の気圧配置となり，低気
圧の通過後にまた冬型になるというサイクル
を繰り返す．低気圧が九州〜本州の南岸を通
過する「南岸低気圧型」の際には，太平洋側
でも降雪や降雨がある．晩冬から春にかけて
日本海を低気圧が発達して通過する「日本海
低気圧型」となる際には，「春一番」などの
強い南風が吹く．

　3月中旬から5月上旬にかけては，大陸が
暖まり始めてシベリア高気圧は衰退し，代
わって中国から長江気団を伴って移動性高気
圧がやってくることが多くなる．温帯低気圧
と移動性高気圧が交互に通過する偏西風帯特
有の天候システムが卓越する春季となり，天
気は周期的に変化する．天気図型としては，

表2　台風の平年値

	1月	2月	3月	4月	5月	6月	7月	8月	9月	10月	11月	12月	年間
発生数	0.3	0.1	0.3	0.6	1.1	1.7	3.6	5.9	4.8	3.6	2.3	1.2	25.6
本土への上陸数 [1]					0.0	0.2	0.5	0.9	0.8	0.2	0.0		2.7
本土への接近数 [2]			0.0	0.1	0.4	1.0	1.7	1.7	0.7	0.0			5.5
沖縄・奄美への接近数 [2]				0.0	0.4	0.6	1.5	2.3	1.7	1.0	0.3	0.1	7.6

[1]「上陸」は台風の中心が北海道，本州，四国，九州の海岸線に達した場合．
[2]「接近」は台風の中心がいずれかの気象官署等から 300 km 以内に入った場合．なお，本土と沖縄・奄美を含めた接近数は年間 11.4 個．
気象庁ホームページ http://www.data.jma.go.jp/fcd/yoho/typhoon/statistics/average/average.html の資料を一部編集した．

移動性高気圧型と低気圧型が数日交替で交互に出現することが多い．ただ，天気変化は正確な周期をもつわけではなく，2 日ぐらいの周期だったり 4 〜 5 日周期だったりする．時には曇雨天の日が数日続き，3 〜 4 月なら「菜種梅雨」，5 月なら「走り梅雨」といわれる状態になる．一方，東西に長い「帯状高気圧」のもとで，晴天が続くこともある．長江気団は季節進行とともに急速に暖まり，5 月中旬になると南方の海洋の熱帯気団との気温差がほとんどなくなる．

5 月中旬には，日本の南方海上に梅雨前線帯が形成され始め，南西諸島で梅雨に入る．梅雨前線帯は熱帯気団である太平洋高気圧の北西縁辺部に作られる停滞性の高い前線帯で，北方の長江気団の気温が高いため，南北の温度傾度が著しく小さい一方，水蒸気量の南北傾度が大きいという特徴をもつ．

6 月上旬になると，梅雨前線帯はしだいに北上して日本の南方海上に停滞することが多くなる．各地ではおおむね南から北へと順に梅雨入りし，北海道を除く日本各地で曇天や雨天が多くなる．6 月中下旬には，南西諸島では梅雨明けとなり，太平洋高気圧におおわれた晴天が卓越するようになる．梅雨季には天気図型は前線型が卓越し，6 月下旬から 7 月中旬にかけては，60 % 以上の出現率を示す日もある．九州や西日本では，梅雨前線の影響でしばしば集中豪雨が発生する．また，梅雨季には大陸に比べて低温なオホーツク海に中心をもつオホーツク海高気圧が出現することが多く，この高気圧からの寒冷な海洋性

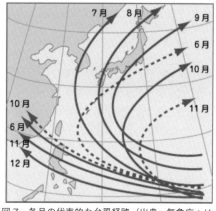

図7　各月の代表的な台風経路（出典：気象庁：はれるんライブラリー（http://www.jma.go.jp/jma/kids/faq/a4_0））

寒帯気団であるオホーツク海気団は，東北地方の太平洋側に「やませ」とよばれる北東風となって流入し，低温と低日照をもたらす．一方，北海道ではオホーツク海気団のもとでさわやかな晴天となる．

7 月中下旬になると，太平洋高気圧はさらに北上して梅雨前線帯は衰弱する．本州各地では南から北へと順に梅雨明けしてゆき，晴天が卓越する盛夏季となる．北海道ではこの時期に降水量がやや増加するものの，本州の梅雨季ほど降雨の継続はない．本州以南は太平洋高気圧の北縁部にあたり，高気圧からの高温多湿な熱帯気団である小笠原気団におおわれる．天気図型は夏型が卓越し，1 年の中で中緯度偏西風帯の影響が最も弱くなる．

8月中旬になると，夏型の出現率は減少し，代わって台風型の出現が増加する．これ以降，10月初めまでは日本の台風シーズンである．台風の年間発生数の平年値は25.6個であり，このうち11.4個が日本に接近し，2.7個が本土に上陸する（表2）．図7は各月の典型的な台風経路を示す．盛夏季の台風は日本の西側を回って黄海や日本海へ進む傾向があるが，9月になると日本本土に近づきやすくなる．

　過去，本土に重大な災害を引き起こした台風の多くは，9月に来襲したものである．さらに季節が進むと，本土に近づく前に東へそれていくものが多くなる．このような台風経路の変化は，太平洋高気圧の消長に対応している．

　8月下旬以降には，再び前線型の出現頻度が高くなり，秋雨前線帯が日本付近に停滞する秋雨（秋霖）季となる．秋雨前線帯は北日本で形成され始め，梅雨前線帯とは逆に季節とともに次第に南下してゆく．秋雨季には台風型の出現も多く，台風に伴う南方からの湿潤な大気の流入によって秋雨前線の活動が活発化し，豪雨が起こることもある．秋雨前線帯は梅雨前線帯に似て，南北の温度傾度が比較的小さく停滞性が強い前線帯である．ただし梅雨前線帯は東経110°以東で卓越するのに対し，秋雨季には大陸の温度が低下して長江気団の高気圧が出現しやすいこともあって，秋雨前線帯の活動はおおむね東経120°以東となる．また北日本や東日本では1年間で最も降水量が多くなる地点もあるものの，西南日本での降水量はあまり多くない．

　10月中旬になると，前線型，台風型の出現頻度は低下し，代わって春季同様に，移動性高気圧型と低気圧型とが交互に出現する秋季となる．春との違いとしては，低気圧が春ほどは発達しない傾向があることと，大陸上ではシベリア高気圧が発達し始め，低気圧の通過後に西高東低の気圧配置が強まって日本海側の降水が目立つことがあげられる．11月下旬以降は，移動性高気圧型よりも西高東低型の出現頻度が高くなり，冬季へと移行し

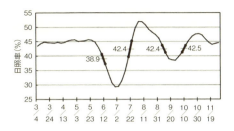

図8　日本中西部における暖候季の日照率の季節推移と梅雨季，秋雨季（出典：Inoue and Matsumoto，2003を改変）

ていく．

2.2.4　日本の季節風気候と気団の交代

　ここで，以上述べてきた日本の気候の特徴を，季節風気候と気団の交代との観点から改めて見直してみる．

　冬の北西季節風の卓越や，梅雨の長雨と盛夏の晴天期に関係する夏の季節風は，いずれも東アジアに特有の気候特性であり，アジア大陸の大スケールでの地形が関わっている．

　冬季には世界最強のシベリア高気圧がユーラシア大陸北東部に発達して，寒冷で乾燥した大陸性寒冷気団であるシベリア気団を形成し，ここから北太平洋のアリューシャン低気圧に向かって北西季節風が吹く．シベリア高気圧は，南方をチベット高原に閉ざされている地形効果のため停滞性がある．このため，中緯度偏西風帯にありながら，日本付近の冬の季節風は顕著である．

　夏季にはチベット–ヒマラヤの山塊が上空の偏西風を分流させるとともに，高原とその周辺の加熱によって気圧分布を変化させ，東アジアの季節進行に関わる．梅雨季と秋雨季には日本付近に前線が停滞しやすく，全国的に降雨が多くなり，中緯度地方には珍しい明瞭な雨季を毎年もたらす．梅雨と秋雨の季節は，降水量のほか，相対的に晴天日が少ない季節として日照時間や雲量などにも明瞭に現れる．日照時間を天文学的な可照時間で除した日照率の季節推移によれば，梅雨季は日本中西部ではおおむね40日程度，秋雨季は30

日程度である（図8）.

また，梅雨前線帯・秋雨前線帯の南方には熱帯気団である小笠原気団が位置しており，梅雨明けから秋雨入りまでの間には，日本の大部分が高温多湿な小笠原気団の支配下に入り，晴天が卓越する盛夏季となる.

一般に季節風（モンスーン）気候とは，熱帯地域における季節による風向の変化を伴う夏の雨季をさす. これに対し，日本の盛夏季の降水量は相対的に少なく，夏の季節風としては熱帯地域とは異なる特性である. 他方で梅雨季を夏の雨季とみなすこともでき，この場合は，梅雨前線帯による降雨とそれをもたらす準定常的な南西風が夏の季節風となる. 冬の季節風により，日本海側で降水量が多いことも，冬は乾季となる熱帯の季節風とは異なっており，日本独特の季節風気候と見ることができる.

世界全体を見ると，偏西風帯の天気システムは高低気圧の交代によって日々の風向変化が激しく，定常的な季節風を示さないことが一般的な中，日本では熱帯地方とも違った特性で季節風が発達し，降雨の多い時期と少ない時期の交代による季節変化がはっきりした気候となっている.

【参考文献】
[1] 高橋浩一郎・山下洋・土屋清・中村和郎編，1982：衛星でみる日本の気象，岩波書店，158p.
[2] Inoue, T. and J. Matsumoto, 2003: Seasonal and secular variations of sunshine duration and natural seasons in Japan. Int. J. Climatol. 23, 1219-1234, DOI: 10. 1002/jpc.933.
[3] 山川修治・吉野正敏，2002，気圧配置ごよみ（1981〜2000），吉野正敏監修，気候影響利用研究会編：日本の気候，二宮書店.

2.3 気候の地域性

前節では，日本の各季節の気候特性を概説した. 地域ごとの気候は，各地域の地形を反映してさまざまな特性をもつ. それらの詳細は地方および都道府県ごとの解説で述べられるが，本節ではその中の代表的なものを概論

的にまとめてみる.

2.3.1 冬の北西季節風に伴う気象の地域性

川端康成の小説『雪国』の冒頭の描写で知られているように，冬の本州では脊梁山脈を境として，日本海側は雪や雨，太平洋側は晴れというように，天気の明瞭な境界（天気界）が現れる傾向がある. しかし，積雪量は日本海側でも場所による違いがあり，大まかには沿岸よりも内陸の山沿い地域で多い. これは降水量の差だけでなく，内陸の方が気温が低いため降水に占める雪の比率が高いことや，降った雪が解けにくいことが関わっている. 一方，日々の降水分布はさまざまであり，山沿いへの集中が著しい場合（山雪）もあれば，むしろ沿岸域で降水が多い場合（里雪）もある.

また，天気界は必ずしも山の尾根に一致するとは限らない. 群馬県北部や栃木県北部は脊梁山脈の風下側ではあるが，日本海側から尾根を吹き越えた雪雲が降雪をもたらし，1月の降水量が200 mmを超えるところもある. この地域にはいくつかのダムが作られていて，冬の降雪は春から夏にかけての首都圏の重要な水資源になる.

太平洋側の平野部は，日本海側に雨や雪を降らせて水蒸気を失った空気のもと，乾燥した晴天になるのが普通である. しかし，晴れる度合いには地域差がある. 関東平野は中部山岳という大きな山塊の風下にあたるため晴天の比率が高い. 高知平野や宮崎平野も，それぞれ比較的標高が高い山塊の風下に位置し，晴れやすい傾向がある. これに対し，太平洋側でも大阪や名古屋では，日本海側からの北西季節風が標高の低い鞍部を通過してくることがあるため，東京ほど晴れの日は多くなく，強い寒気がやってくるとときとして雪雲が現れる. 名古屋の降雪は，低気圧よりも北西季節風の下で起きることが多い.

また，「北西季節風」といってもその強さや風向は日によって違い，風向が西寄りのこともあれば，北寄りのこともある. 風向や風速には山岳の影響による地域差もある. 東京

では，北風は強く吹く傾向があるが，西風の日には中部山岳の風下側の弱風域で風が弱く，冬全体を平均して見ると季節風は比較的弱い．一方，名古屋は北西風，大阪は西風の日が多い．

低気圧が通るときの気象状態は，その経路によって異なる．南岸低気圧が通るときには，太平洋側を中心として雨や雪になる．その場合，気温が低ければ関東平野は雪になるが，濃尾平野は雨のことが多い．また，日本海低気圧のときには，南寄りの風が吹いて気温が上昇する．「春一番」は，このような南風が立春以後に最初に吹くものである．この際，濃尾平野は山岳の影響による薄い冷気層（高さ数百 m 程度）におおわれて風が弱いことが多く，名古屋では春一番が吹かない年も多い．関東平野の内陸部も同様で，東京の都心で春一番が吹いても，都の北部は冷気層におおわれたまま寒い状態が続くことがある．

2.3.2 春～秋の気象・気候の地域性

春や秋に移動性高気圧におおわれたときや，夏に太平洋高気圧におおわれたときは，晴天のもとで陸地の気温が変化するのに伴い，沿岸では海陸風，山岳の周辺では山谷風が発達する．これらの局地風については第Ⅳ編第2章，第5章を参照してほしい．

低気圧が通るときの気象状態にも，冬の項で述べたように地形による地域ごとの違いができる．ただ，夏は冬ほど顕著な冷気層は現れない傾向がある．一方，低気圧や台風がやってきて強風が吹くとき，山岳の風下側の地域ではフェーンによって著しい高温になることがある（第Ⅳ編第5章参照）．

梅雨季などに北日本～東日本に低温をもたらす「やませ」の北東風は，寒気が比較的薄く，低温や曇天は主として太平洋側に限られる．太平洋側で冷害が起きやすいのはそのためである．ただ，冷害にもいろいろな場合があり，やませとは別の状況下で日本海側が低温になることもある．

降水量の分布も山岳の影響を受ける．日本海を低気圧が通り，南から暖湿な空気が流入する際には，太平洋に面する地域では大量の地形性降水（第Ⅳ編第4章参照）が降るのに対して，山岳の風下側に位置する瀬戸内海沿岸は少雨傾向になる．関東地方も，南西～西寄りの風のもとでは中部山岳の山かげとなって雨が降りにくく，春～梅雨季の降水量は西日本や東海～北陸地方に比べて少ない．このような特性は，年降水量の分布（図2）に反映されている．

また，太平洋に面する地域の中には盛夏季でも降水量が多いところがある．紀伊半島の南東部にある尾鷲では，8月の降水量の平年値（468 mm）が6月や7月を上回る．この地域では台風が来たときなどに大雨が降り，それが統計値に表れたものであろう．秋雨季の雨も，太平洋に面する山地の南東側への集中性が強く，梅雨季の降水が山地の南西側で多いのとは様相が異なる．これは，暖湿な空気が秋雨季には南東から流入する傾向があることを反映している．

〔井上知栄，松本　淳，藤部文昭〕

2.4　気候変動

気候変動は，広義には数万年周期の氷期・間氷期の変動や，それよりもさらに長い地質学的時間スケールの変動を含むこともあるが，ここでは歴史時代の気候変動を概観した後，近代的な気象観測の記録が残る19世紀末以降の期間を対象として，百年～数十年スケールの気候変動について述べる．

2.4.1　世界の平均気温の長期変化

1. 測器観測以前

温度計によって測定された気温データに基づいて世界の平均気温を推定することができるのは，19世紀末頃からである．それ以前の時代については，樹木の年輪や歴史資料等の代替データを活用して推定する研究が行われている．ただし，南半球では利用できる代替データが少ないため，研究はほとんど行われていない．

過去2,000年の期間の北半球について推定

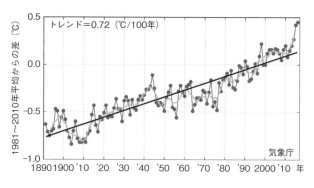

図9　世界の年平均気温の経年変化

1981 ～ 2010 年平均からの偏差として表している．濃い灰色の丸は年々
の値，薄い灰色の曲線は 5 年移動平均，直線は期間にわたる長期変化
傾向を示す．

された気温変動を概観すると，西暦 950 年
頃から 1250 年頃まで続いた温暖期（中世の
温暖期）と，1450 年頃から 1850 年頃まで
の寒冷な時代（小氷期）があったと考えられ
ている．

　人為起源の温室効果ガスの影響が小さかっ
たこれらの時代における気候変動の要因とし
ては，地球の軌道要素の変動，太陽活動の変
動，火山噴火が考えられる．「中世の温暖期」
や「小氷期」もこれらの変動要因と関連して
いると考えられるが，各要因の寄与度を定量
化することは難しい．

　なお，地球温暖化が進行した最近の 30 年
（1983 ～ 2012 年）ほどの高温の時期は，「中
世の温暖期」においても存在しなかった可能
性が高いと考えられている．長期的に見る
と，地球の軌道要素の変動は，寒冷化をもた
らす位相にあるが，20 世紀以降の温暖化は，
それを反転させるほどの影響をもたらしてい
る（IPCC，2013）．

2. 測器観測の時代

　温度計による測定記録がある 19 世紀末以
降については，日本の気象庁をはじめとする
世界のいくつかの気象機関が，世界の陸上の
観測点で測定された気温と，船舶やブイ等で
測定された海面水温（これは広域的・長期的
にはそのすぐ上の海上気温に等しいとみなせ

る）のデータを収集して，世界の平均気温の
偏差（30 年程度の基準期間を設定して，そ
の期間の観測値の平均値との差を偏差とい
う）の長期変化傾向を算出している．

　気温そのものではなく，気温の偏差を用い
て世界の平均気温の長期変化傾向を算出する
理由は，後者の方が高い空間代表性をもつこ
とによる．気温そのものの値は，気象観測所
の標高や局地的な周辺環境に大きく影響され
るため，空間代表性が小さく，わずか数 km
の位置の違いだけで値が変わってしまうこと
がある．一方，気温の偏差であれば，月平均
や年平均で見ると数百 km 程度の空間代表性
があるので，観測所の移転等があったとして
も影響を小さく抑えることができる．

　日本の気象庁が算出している世界の平均気
温偏差（図 9）は，1891 ～ 2016 年の期間で
は，100 年当たりに換算して 0.72℃の割合
で上昇している（気象庁，2017b）．海上よ
りも陸上，南半球よりも北半球で上昇傾向が
強い．図 9 を少し詳しく見ると，一貫して
気温が上昇してきたわけではなく，上昇傾向
が明瞭な時期と停滞傾向の時期が繰り返し現
れていることがわかる．20 世紀初頭から
1940 年代にかけての気温上昇には，大気中
の温室効果ガス濃度の増加による放射収支の
不均衡に加えて，太陽活動の活発化など自然

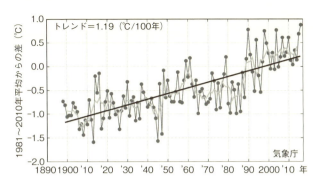

図10　日本の年平均気温の経年変化

1981 ～ 2010 年平均からの偏差として表している．濃い灰色の丸は年々
の値，薄い灰色の曲線は 5 年移動平均，直線は期間にわたる長期変化
傾向を示す．

要因も寄与したと評価されている（IPCC，
2013）．それに続く気温停滞期は，第二次世
界大戦後の急速な工業発展に伴って人為起源
のエーロゾル（大気中の微量物質）が増加
し，日射を遮る効果により温暖化傾向を部分
的に相殺した可能性が指摘されている
（IPCC，2007）．1970 年代後半から 2000 年
頃までは急速な気温上昇が見られ，温室効果
ガス濃度増加の影響が明瞭に現れた時期であ
る．2000 年前後からの約 15 年間は再び昇
温傾向が鈍っており，ハイエイタス（気温上
昇の停滞）とよばれている．この要因として
は，数十年周期の大気・海洋系の自然変動に
伴って，大気の側への熱の蓄積が小さかった
ことに加え，太陽活動の低下や小規模な火山
噴火がたびたび発生したことで，放射収支の
不均衡を部分的に打ち消したことが考えられ
る（IPCC，2013）．一方，ハイエイタスの
期間も海洋内部の熱の蓄積は進行しており，
またグリーンランド氷床や北極海氷の縮小傾
向が続いていることから，地球全体の気候シ
ステムとして見れば温暖化は進行していると
いえる．
　より短い時間スケールで見ると，1973 年，
1983 年，1987 年，1998 年はその前後の年
に比べて突出した高温となっている．これら
の年は，エルニーニョ現象が発生した年，あ

るいはエルニーニョ現象が終息した年に対応
する．これは，エルニーニョ現象が発生する
と，やや遅れて対流圏の大気が全球的に温め
られる結果，世界平均気温にもその影響が検
出される傾向があることに対応している．
2014 年夏に発生したエルニーニョ現象に
伴って，世界の平均気温は 2014 年，2015
年，2016 年と続けて 1 位の記録を更新した．
これが一時的な高温なのか，あるいはハイエ
イタスの終わりを示すものなのかを見極める
には，さらに数年のデータの蓄積を待って，
より長期的な観点から評価する必要がある．
　このように，19 世紀末以降の観測データ
に見られる世界の平均気温からは，大気中の
温室効果ガス濃度の増加による長期的な上昇
傾向に，エーロゾル等のその他の人為起源の
外力，太陽活動・火山噴火等の自然起源の外
力，大気・海洋内部の数年～数十年規模の自
然変動が重なった結果として変動している様
子を読み取ることができる．気温変動の時間
スケールと，そのような時間スケールの変動
をもたらす要因とをよく対応させて理解する
ことが重要である．

2.4.2　日本の平均気温の長期変化

　気象庁が日本における気温の長期変化傾向
の監視に利用している国内 15 地点（長期間

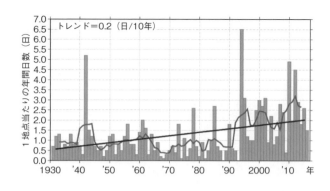

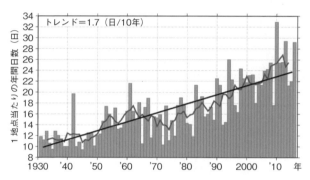

図11　猛暑日（上），熱帯夜（下）の年間日数
棒グラフは年々の値，灰色の曲線は5年移動平均，直線は期間にわた
る長期変化傾向を示す.

にわたる観測データがあり，都市化による気候への影響が小さい地点の中から，地域的な偏りがないように選んだ網走，根室，寿都，山形，石巻，伏木，飯田，銚子，境，浜田，彦根，多度津，宮崎，名瀬，石垣島の15地点．統計期間中に移転した飯田と宮崎については，移転の影響の大きさを統計的に見積もり補正している）の年平均気温（図10）を見ると，1898〜2016年の期間では100年当たりに換算して1.19℃の割合で上昇している（気象庁，2017b）.

熱帯に比べて気温の変動が大きい中緯度に位置し，地球の表面全体から見ると狭い領域に過ぎない日本域の平均気温であるため，大気や海洋の大規模な循環の変動に伴うランダムな天候の影響をより強く反映しており，長期的な上昇傾向に対する年々〜数十年規模の変動幅の比が大きくなっている．世界の平均気温と同様に，気温の上昇傾向が明瞭な時期と停滞期が繰り返し現れている．20世紀前半は変化傾向が不明瞭だが，その後1960年頃にかけて上昇期が見られる．1980年代前半まで再び停滞期となり，1980年代後半〜1990年代にかけて大きく上昇した．それ以降は世界平均と同様に変化傾向が不明瞭となっている.

季節別の気温を見ると，いずれも長期的に上昇しているが，2000年前後から，冬と春は変化傾向が不明瞭で低温となる年も頻繁に現れている．これと対照的に，夏と秋は気温の上昇傾向が明瞭で，高温の年が頻繁に出現している.

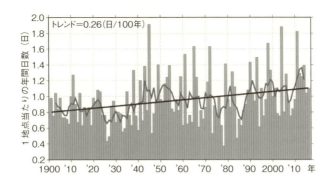

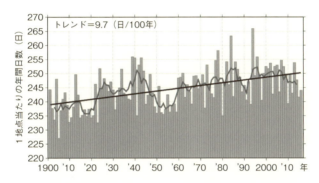

図 12　日降水量 100 mm 以上（上），1.0 mm 未満（下）の年間日数
棒グラフは年々の値，灰色の曲線は 5 年移動平均，直線は期間にわた
る長期変化傾向を示す.

2.4.3　極端な高温・低温の変化傾向

　2.4.2 と同じ国内 15 地点の観測値を用い
て，月平均気温における異常高温，異常低温
（1901 ～ 2016 年の 116 年間の各地点の月平
均気温を月別に高い順と低い順に並べて，そ
れぞれ 1 ～ 4 位までに入るような顕著な高
温の月・低温の月（おおむね 30 年に 1 回程
度の異常高温・異常低温に相当する）として
定義）の変化を見ると，異常高温の発生数は
長期的に増加し，異常低温は減少しており，
特に 1990 年代以降は，異常高温の発生数が
期待値を大きく上回り，異常低温の発生数は
期待値を大きく下回る年が頻出している.
　2.4.2 の国内 15 地点のうち，統計期間中
に観測所が移転している 2 地点（飯田・宮
崎）を除く 13 地点における 1 地点当たりの

猛暑日と熱帯夜（夜間の最低気温が 25℃以
上を熱帯夜というが，ここでは日最低気温が
25℃以上の日とする）の年間日数を図 11 に
示している. いずれも長期的に増加する傾向
にある.
　これらの異常高温や低温，猛暑日や熱帯夜
の変化傾向は，日本の平均気温の長期的な上
昇と整合的であって，地球温暖化の進行を反
映したものと考えられる.

2.4.4　年降水量の変化傾向

　気象庁では，気温に加えて降水量の長期的
な変化を監視している. 1898 年以降の観測
データがある国内 51 観測点で平均した
2016 年までの年降水量偏差を見ると，おお
むね ± 300mm 程度の範囲（これは 51 地点

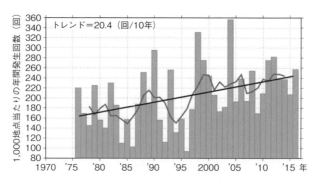

図 13　1 時間降水量 50 mm 以上の年間観測回数
棒グラフは年々の値，灰色の曲線は 5 年移動平均，直線は期間にわた
る長期変化傾向を示す.

で平均した年降水量平年値のおよそ 20％に
相当する）で年々変動している．統計的に有
意な増加もしくは減少傾向は見出されない.

2.4.5　極端な降水量や無降水日の変化傾向

　2.4.4 と同じ国内 51 地点の観測値を用い
て，月降水量における異常多雨，異常少雨
（異常高温・異常低温と同様の定義）の変化
を見ると，異常多雨については発生頻度に有
意な変化傾向はないが，異常少雨は増加傾向
があり，年間出現回数の期待値である 0.41
回を上回る年が近年多くなっている.

　また，図 12 によると，日降水量が
100 mm 以上の大雨日数には増加傾向が見ら
れる一方，日降水量 1.0 mm 未満の日数（無
降水日）も増加している．大雨の頻度が増加
する反面，弱い降水も含めた降水が観測され
る日数は減少していることを示している.

　気象庁のアメダス（地域気象観測システ
ム）で観測された降水量のデータは 1976 年
以降について利用可能で，気象台や測候所等
のデータに比べると期間が短いものの，全国
で約 1,300 地点の面的に密な降水量観測点が
あるため，局地的な大雨などを比較的よく捉
えることができる．図 13 はアメダスで観測
された 1 時間降水量 50 mm 以上の短時間強
雨の発生回数を 2016 年までについて示した

ものである．アメダス観測地点数の経年変化
による影響を消去するため，1,000 地点当た
りに換算している．いずれも統計的に有意な
増加傾向が現れている.

　地球温暖化が進行すると，大気の飽和水蒸
気量が増加して一度の降水イベントでもたら
される降水量が増えると考えられる．一方，
地表面からの蒸発散により水蒸気が大気に補
給される効率の変化は相対的に小さく，次の
降水イベントまでに長い時間が必要になるこ
とから，降水が観測される日数は減少する可
能性が考えられる（Trenberth, 2011）．実
際の観測データに見られる極端な降水量や無
降水日の変化は，地球温暖化の進行に伴って
予測される変化と整合的である.

2.4.6　積雪の変化傾向

　気象官署における年最深積雪の統計がある
1962 年以降について，地域別（北日本日本
海側，東日本日本海側，西日本日本海側）の
経年変化を見ると，期間を通した変化傾向と
して，東日本日本海側，西日本日本海側で減
少傾向が見られる．特に，1980 年代後半に
大きく減少し，その後は少ない状態が続いて
いる．1980 年代後半の減少は，日本の平均
気温が大きく上昇した時期と一致する（図
10）．21 世紀末頃を対象とした将来気候の予

測結果によると，温暖化に伴って，雪ではなく雨としてもたらされる降水量の割合が増えるため，多くの地域で年最深積雪は減少するが，温暖化しても雪が降るのに十分に寒冷な地域ではあまり変化しない，あるいは場所によっては増加することが予測されている（気象庁，2017a）．東日本や西日本の日本海側で最深積雪が減少し，北日本では有意な変化が見られない観測データの傾向は，将来において予測される変化傾向と整合的である．なお，首都圏の交通を麻痺させるなど生活に大きな影響を及ぼす冬季の東日本太平洋側の降雪は，日本の南岸を通る低気圧により降水がもたらされる場合が多く，雪として降るか雨として降るかの差は，低気圧進路等の偶発的な条件に強く依存すること，またそもそも降雪の頻度が少ないことから，系統的な長期変化傾向として現れにくい．　　　　［及川義教］

【参考文献】
[1] 気象庁，2017a：地球温暖化予測情報第9巻.
[2] 気象庁，2017b：気候変動監視レポート2016.
[3] IPCC, 2013: Climate Change 2013: The Physical Science Basis. Contribution of Working Group I to the Fifth Assessment Report of the Intergovernmental Panel on Climate Change [Stocker, T.F., D. Qin, G.-K. Plattner, M. Tignor, S.K. Allen, J. Boschung, A. Nauels, Y. Xia, V. Bex and P.M. Midgley (eds.)]. Cambridge University Press, Cambridge, United Kingdom and New York, NY, USA.
[4] IPCC, 2007: Climate Change 2007: The Physical Science Basis. Contribution of Working Group I to the Fourth Assessment Report of the Intergovernmental Panel on Climate Change [Solomon, S., D. Qin, M. Manning, Z. Chen, M. Marquis, K.B. Averyt, M.Tignor and H.L. Miller (eds.)]. Cambridge University Press, Cambridge, United Kingdom and New York, NY, USA.
[5] Trenberth, K.E., 2011: Changes in precipitation with climate change. Clim. Res., 47, 123-138, doi:10.3354/cr00953

気候学の歴史

近代，気候（climate）を研究する学問を気候学（climatology）という．古代，ギリシャ・ローマ時代，気候とは太陽光線の角度（緯度）であった．次第に緯度と緯度の間の地帯，すなわち緯度帯（地域）を表現する語に転化した．中世（年代は確定できない）になってその地域のすべて，大気を含めて自然環境のすべての状態を対象とするようになり，さらに時代が進んで大気の状態のみを扱うように変わってきた．これがヨーロッパにおける climate の語の内容の変遷である．それを記述（climato-graphy）・分析・現象解明する学問が気候学である（吉野，1959，2007）．

当時，今日の言葉の「気候」は「季節」で表現した．ヘロドトスの『歴史』（B.C.440頃）巻9の199には以下のような記述がある．「リビアの遊牧民が住むキュレネ地方は高度が高く，収穫季が3回ある．すなわち，海岸地方・中段丘陵地方・最上段地方である．最初に収穫した作物が食い尽くされ飲み尽くされたころ，最後の地方の収穫物を入手できる．こうして，キュレネ人の収穫季は8ヶ月にもわたる」（松平，2015）．

漢字の国，中国では1年を，太陽高度によって，二十四季に区切り，気候・季節を表現し，記述した．しかし，気候と天気は区別されていなかった．季節変化が重要視され，物候学とよび，現代の季節学に近い内容であった．季節現象の継続的な観測と記述，その体系化，農事季節を取り込んだ季節暦が作成され，これは古代ギリシャのパラペグマータ（紀元前8世紀）よりも数百年早かった．紀元前11世紀には15日を単位とする二十四節気ができ，紀元前1世紀には5日を単位とする七十二候が完成していた．

日本においては，奈良時代に風土記（ふどき）作成の詔がでた．現在，残っているのは出雲・播磨・常陸・肥前・豊後の5つの国の風土記で，古風土記（こふどき）とよぶ．内容は，今日の言葉でいえば，それぞれの国の「地誌」である．気候という文字は入っていないが，農事季節・作柄などの農業気候，洪水・旱・寒暖・風・雪などの気象・気候の記述があって，8世紀が古代日本における気候学歴史時代の出発点とみてよかろう．

古代ヨーロッパにおいては，上述のように climate とは緯度帯を意味した．この概念が中世のいつ頃「気候帯」に転じ，さらに今日一般的に使われている「気候」に転じたかは不明である．一説では，アラビアの地理学者ハルダン（1332～1406年）によるとされるがこれも不確実である．古代の概念は，近世になって，17～18世紀までは使用されていた．

以上をまとめると，気候（climate），気候学（climatology）を文字で捉えるか，内容・現象で捉えるかによって，歴史は異なる．

近世における気候学，すなわち，1年を周期として繰り返される大気の平均状態を研究する科学は17～18世紀に出発した．文芸復興・地理学的発見が相次ぎ，気象測器が開発され，それによる観測が行われるようになって，大気科学は大きな一歩を歩み始めた．特に，毎日定時に長期間観測を継続するとか，同型の測器で，同時に多数地点で観測を年間行い，年変化・季節変化を知ることや，地域差を定量的に把握することが試みられた．例えば，ドイツのカッセルにおける1623～1646年の観測結果がある．1652

年にはフローレンス科学アカデミーは国内数地点の観測網を展開し，後にヨーロッパ全域に拡げた．

　また，地球規模で大気の大循環モデルに関する研究が発表された．ハレー（E. Halley）は1686年に貿易風と季節風に関する研究をロンドンで発表した．1732～40年にはヨーロッパの多数地点における月平均気温の経年変化傾向の比較が可能となった．

　中国では，明代の地理学者で旅行家であった徐霞客（Hsu Kia-ke, 1587～1641年）が気候・環境・季節について詳しく記述した．中国における「気候」「天気」の語は19世紀中頃には一般的に使われ，貿易風・季節風との関係なども知られ，研究されていた．韓国では1441年から雨量観測を全国規模で開始した．

　日本では江戸時代，渋川春海（1639～1715年），貝原益軒（1630～1714年），宮崎安貞（1623～1697年），西川如見（1648～1724年）などの科学者が気候・季節に関する現象を記述し，あるいは，天文・農業との関係を調査した．また，世界地理の一部として世界の気候を安井算哲，新井白石，西川如見らが研究・記述した．しかし，気候学を体系化するまでには至らなかった．明治時代になって気候学は主としてヨーロッパから輸入され，気候学・気候誌の教科書・一般人対象の書物が刊行された．気象観測網が整備され，その観測結果に基づく気候が記述され気候学が成立した．明治末から大正・昭和初期にかけて気候学は物理学・化学・医学・地理学などの分野の研究者が多かった．また，工学・農学などの関連分野，「風土」の形成要因として哲学・倫理学の分野において研究された．大型計算機が利用できるようになった20世紀末には，大スケールの気候をシステムとして捉える研究が進んだ．　　　　　　　　　　　　　　　　　[吉野正敏]

【参考文献】
[1]　松平千秋訳，2015：ヘロドトス歴史．（全3冊），（中），岩波文庫，岩波書店．
[2]　吉野正敏，1959：気候概念の変遷と気候学の発達（I），18世紀までの気候概念，天気，6（5），145-152．
[3]　吉野正敏，2007：気候学の歴史．古今書院，437p．

歴史時代の気候

　近年，化石燃料の大量消費に起因する地球温暖化が国際的にも重要な課題となっている．しかし，実際に気象データから世界の平均気温が上昇していることを実証できるのは，せいぜい19世紀後半以降の過去150年間程度に過ぎない．そこで，さらに過去に遡って気候変動を明らかにするために，極地の氷床コア同位体分析や樹木年輪分析などが主に使われてきた．

日記天候記録による歴史時代の気候復元

　日本の場合，気象観測記録のない歴史時代の気候を知る手がかりの1つに，長期間にわたって書き続けられた毎日の天候記録がある．図1 (a) は，寛政12年11月21日（1801年1月5日）の弘前藩庁日記から抜粋したもので，右端の日付の下に，「曇　昨夜中雪降，今朝に及ぶ，三寸程積，時々降る」というように，詳しい天候が記載されている．弘前藩庁日記は，1661年から1868年まで200年間以上の長期間の記録が残されており，これをもとに17世紀以降の気候変動を明らかにすることも可能である．

　このような歴史時代の日記天候記録は，全国各地の図書館や資料館に保存されているが，それらを集めて，ある1日の全国天気分布地図に示したのが図1 (b) である．図1 (a) で示した日の弘前の天気は曇りで時折雪が降っていたことがわかるが，この日の降雪が全国的なものだったのか，局地的なものであったのかは，1地点の記録だけでは判断がつかない．一般に，西高東低の冬型気圧配置が強まるときに，弘前でも降雪がみられるが，一時的な低気圧の通過によっても雪は降る．この日の天気分布は，太平洋側で晴れ，日本海側で降雪が広がっており，典型的な冬型気圧配置であったと推定される．こうして

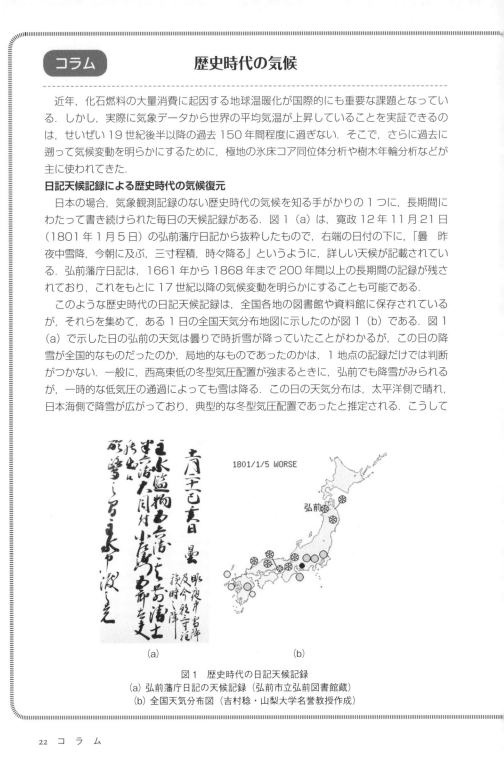

(a)　　　　　　　　　　　　(b)

図1　歴史時代の日記天候記録
(a) 弘前藩庁日記の天候記録（弘前市立弘前図書館蔵）
(b) 全国天気分布図（吉村稔・山梨大学名誉教授作成）

推定した歴史時代における冬型気圧配置の出現頻度の長期変動から，日本の冬期気候の変動を推定することも可能である．

18世紀以降の夏季気候変動

ここでは，日記の天候記録をもとに，18世紀以降300年間における東京（江戸）の夏の気候変動を復元し，主要な飢饉との関連を考察してみたい．この時代は，世界的にも冷涼な「小氷期」に相当している．用いた日記は，1721年以降，東京の西郊，八王子の養蚕農家で代々つけられてきた「石川日記」で，1941年までの天気記録が公開されている．一方，東京の公式気象観測は1876年に開始された．そこで，7月の平均気温を日記天候記録から推定する試みを 行 っ た（Mikami, 2008）．7月は，梅雨明けの時期で，梅雨明けが遅く雨日数が多い年は

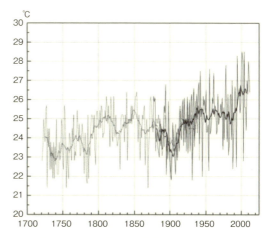

図2　東京（江戸）における18世紀以降（1721～2012年）の7月平均気温　点線は日記天候記録による復元気温，実線は東京管区気象台観測気温．図中の太線は，11年移動平均を示す．

気温が低く，逆に梅雨明けが早い年は晴天日が多く気温が高くなりやすい．気象観測記録から，1か月間の降雨日数と平均気温の間には高い相関があることがわかったので，日記の天気の記録から1721～1941年の7月平均気温を求め，1876年以降の観測気温とつなげることにより，約300年間の東京（江戸）における7月平均気温のグラフを描くことができる（図2）．

このグラフで，低温のピークにあたる1730年代，1780年代，1830年代には，凶作が引き金となって江戸三大飢饉（享保の飢饉，天明の飢饉，天保の飢饉）が発生している．また，幕末の1850年代前後に高温のピークに達しているが，その後は明治時代初頭から1900年代にかけて明瞭な気温低下が認められ，それ以降は若干の変動はあるものの，基本的に温暖化傾向が続いている．　　　　　　　　　　　　　［三上岳彦］

【参考文献】
Takehiko Mikami, 2008: Climatic variation in Japan reconstructed from historical documents, Weather（U.K.），Vol.63, 190-193.

第Ⅱ編

日本各地の気候

第1章　北海道地方の気候

1.1　北海道地方の地理的特徴と気候概要

　面積が約8万km²と東北6県の合計よりも広大な面積をもつ北海道には，北見山地や日高山脈など南北に走る脊梁山地のほか，羊蹄山や樽前山，大雪山地から阿寒，知床へと東西に火山群が連なっている．また，北海道の周囲をそれぞれに特徴をもつ3つの海がとり囲んでいる．日本海には暖かい対馬海流が，太平洋には冷たい親潮が流れており，オホーツク海は大規模に海氷におおわれる最も低緯度の海として知られている．これらの山や海と，シベリアや太平洋からの気団によって織りなされる北海道の気候は，大きく「日本海側」「太平洋側」「オホーツク海側」の3つの地域に分かれる（図2）．

　日本海側は図3の札幌のグラフで見られるように，冬に降水量（降雪量）が多い特徴がある．札幌の年降雪量の平年値は597cmと，同程度の緯度における都市としては，これほど多い降雪量は世界でも類を見ない．これは，シベリアの寒気団と暖かい日本海，そして脊梁山地が影響しているためである．一方，脊梁山地により雪雲が遮られる釧路など

太平洋側は，冬に降水量が少ない．夏には，太平洋高気圧によってもたらされる湿った空気が，親潮で冷やされて霧や低い雲が発生するため，釧路では7月と8月の日照時間が日本で最も少ない．また，網走などオホーツク海側は，西から南そして東方を山々に囲まれていることから，季節を通して降水をもたらす湿った空気が入りにくく，降水量は年合計でも700mm台と日本で最も少ない地域となっている．

　北海道は日本で最も北に位置することから，日本の他の地域に比べ概して少雨で低温であるが，太平洋高気圧の縁辺を回り込む暖かく湿った空気や前線の影響に加え，地形の影響も重なることで，登別周辺や襟裳岬周辺など太平洋側の一部における年降水量が2,000mm以上となっている．これは，関東の平野部から東北太平洋側よりも多い値である．また，顕著なフェーン現象によりオホーツク海側では4月に真夏日を観測することがあるなど，地域によって非常に変化に富んだ気候的特徴をもっている．　　　　［横田　歩］

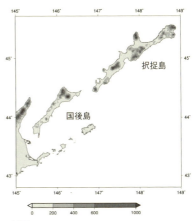

図1　北海道地方の地形

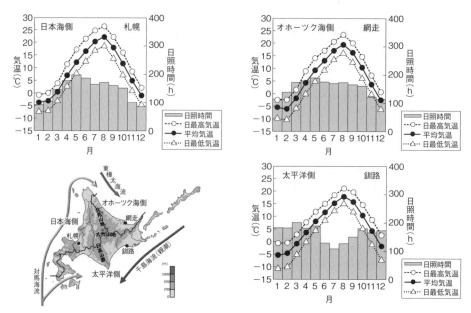

図2 北海道の地勢図と主な地点の気温および日照時間グラフ

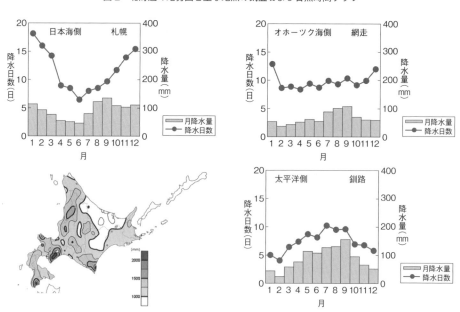

図3 北海道の年降水量分布図と主な地点の降水量および降水日数（1.0mm以上）

北海道の気候

A. 北海道の気候・気象の特徴

1. 局地風

　北海道における局地風は，狭隘な地形から吹き出す「だし風」や，山岳を背景に上空の強い風が吹き下りる「おろし」，あるいはこれらが混在して吹く.

　図2に，主な局地風とその風向を示す.「寿都だし風」や「雄武ひかた風」などは全国的にも有名であり，開拓時代から住民を悩ませ続けてきたこれら局地風は，北海道の基幹産業である漁業や農業に少なからず影響を及ぼしている.

　北海道沿岸は豊かな漁場が広がり漁船の往来も多い. 漁場から港へ帰る漁船は，局地風が吹き波の高まる海域を熟知しており，巧みに操船してその海域を抜けるという. 斜網の南風や十勝の北西風（十勝風）など，内陸においてもいくつか局地風が知られている. 春先に局地風が吹き荒れると畑から土が舞い上がり，ときには見通しのまったくきかないほどの砂嵐となる. まいたばかりの種や十分に根の張っていない農作物が飛ばされるなどの風害を受けることもしばしばだ. この風害を防ぐために格子状に植林された防風林は，四季折々の畑の絨毯や山岳の景観と相まって北海道らしさを演出している. 　　　［横田　歩］

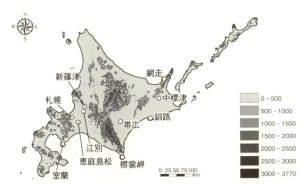

図1　北海道の地形

図2　北海道の主な局地風

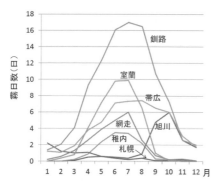

図3 北海道内各地点における霧日数の平年値（統計は 1981 ～ 2010 年）

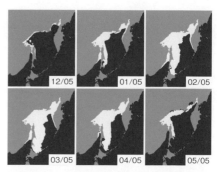

図4 オホーツク海の海氷分布の平年値（出典：気象庁ホームページ掲載画像を一部加工） 白い部分が海氷，黒い部分が海水．1981 年から 2010 年までの 30 年間を平均した．ウラジオストク周辺およびカムチャッカ半島東岸は解析の対象外である．

2. 海霧

　霧は微小な浮遊水滴により視程が 1 km 未満のときに観測される．図3は北海道各地において霧が観測された日数の季節変化を示している．年間霧日数は釧路が 101 日で最も多く，特に夏の期間は平均するとおよそ 2 日に一度は霧が観測されている．同様に太平洋側に位置する室蘭でも年間霧日数は 40 日で夏に最大となる．このように，北海道の太平洋側の地域は夏に霧がよく発生する．北海道の太平洋沿岸を流れる冷たい親潮の上を，夏の暖かく湿った南風が通過する際に，大気中の水蒸気が凝結した海霧が太平洋側の各地で観測されることが多いためである．

　釧路と同じ太平洋側に位置する帯広では年間霧日数は 52 日であり釧路よりも頻度が低い．日射によって気温が上昇すると霧粒は蒸発するため，海岸から内陸へ向かうにつれて，また朝から昼になるにつれて霧は薄くなり消滅しやすくなる．太平洋側から内陸へと霧が流れ込む様子は，摩周湖やトマムなど各地で動画撮影されることがある．条件がよいときにはこれらの地域で霧（雲）が滝のように峠を越える壮大な雲海を眺めることができ，北海道の夏の観光の 1 つの目玉となっている．一方，内陸では夜間にかけて放射冷却により盆地や平野部に冷気が蓄積し放射霧が発生する．旭川で秋から冬にかけて霧日数

が多いのはこのためで，冬季には氷霧が観測される（桜井，1974）．

　道東の霧多布岬は，文字通り霧の多い地域に属しているが，語源はアイヌ語で「芽を刈るところ」を意味するキータプに由来する．霧の頻度が高く夏の気温が低い地域では酪農が盛んであり，高品質の牛乳を生産している．

　霧粒子は水量としては微小であり転倒ます型雨量計で観測することが難しい．霧としてどれだけの水が海上から陸地に運ばれているのか，またその水が湿原等における生態系の維持にどのような役割を果たしているのか，学術的に興味深い点である．　　　［佐藤友徳］

3. 流氷

　オホーツク海の北部では 11 月初め頃から海水が凍り始める．海氷は気温の低下とともに面積を増やしながら海流や北風によって南下し，1 月中旬には北海道のオホーツク海側沿岸に「流氷」として到来する．

　3 月上旬にオホーツク海は最大で約 75 ％が海氷におおわれ，根室海峡や国後水道などから太平洋へ，また宗谷海峡から日本海へとしばしば流出する．4 月になると北海道沿岸の流氷は融解し始め北方へと後退していく．7 月初め頃には，オホーツク海の海氷は解けて消失する（図4）．

図5 2001年2月11日12時の気象衛星画像（気象庁提供）

図6 2011年12月5日9時の気象衛星画像と地上天気図（気象庁提供）

オホーツク海では世界のどの海域よりも海氷が効率的に形成される。海水は水温が約−1.8℃（結氷温度）で凍るが、海水はこの温度に達する前に密度が最大になり対流が起きる。水深が深いと、対流により海水全層が−1.8℃に達するには相当の時間を必要とすることから、海全体が結氷することはない。しかし、オホーツク海にはアムール川から大量の淡水が流入し、海面下約50mまで塩分濃度が低くなっている。この密度変化が大きい層を塩分躍層という。冷たい空気と接触して冷えた海面の水は重くなり沈むが、塩分躍層より下には沈み込めない。つまり、水深約50mの浅い対流で海水が短い期間で結氷温度に達することができるため、オホーツク海では効率的に海氷が形成される。

海氷は形成当初は、スポンジ状や薄い氷だが、次第に板状となり厚みも増し、巨大なものは直径10kmに達する氷盤となる。厚さは1m程度だが、積み重なることで数mとなり、海がしけて海岸に流氷が押し寄せた場合は、高さ10mを超える氷丘ができることもある。

1970年3月、択捉島の単冠湾に暴風を逃れて避難した7隻の漁船のうち、5隻が押し寄せた流氷により転覆・沈没し乗員114名のうち、30名が死亡・行方不明となっている。北海道沿岸では、オホーツク海側では海が流氷におおわれている期間、漁船は陸へ揚げる、もしくは他の港に回航し、漁業は休漁となる。また、流氷が海底の昆布を削り取ってしまうことで水産被害が生じることもある。流氷の分布次第では稚内港や花咲港などに流氷が侵入し、船舶の航行に支障をきたす場合がある。　　　　　　　　　　[四宮茂晴]

4. 日本海側の降雪

冬季、シベリア大陸に高気圧、カムチャッカ半島付近に低気圧があり、日本列島付近で等圧線が南北に縦縞模様に並んだ形を「西高東低（冬型）気圧配置」という。このとき日本海には、大陸から流れ出た冷たい空気が海面で暖められ、大量の水蒸気を補給することで成層が不安定化し対流が生じ雪雲が発生する。この雪雲は上空の風の流れに沿って筋状に並ぶ（図5）。気象衛星写真では1本の筋状の雲に見えるが、これは積雲が列を成しているものである。雪雲の列は北海道の西海上では長さ約400kmに及ぶが、その幅は数kmから10km程度である。

いくつかの明瞭な筋状の雪雲列は日本海の決まった場所から発生・発達していく。これは大陸東端の沿海州の山岳等の地形の影響を受けて、風下側の特定の場所に下層の風が集まる場所が形成されるためである。上空の風向によって明瞭な雪雲列の流入経路が変わることから、微妙な風向の違いで北海道の日本

海側では大雪となる地域が変わる．また，風向の変化がなければ1時間に数cmの雪が同じ場所で長時間降り続け局地的な大雪となる．

冬型の気圧配置が緩み始めたところに，上空の気圧の谷と寒気が北海道に接近すると，北海道の西海上に小さな低気圧が発生することがある．この低気圧は，規模は小さいが中心付近の南側から西側の領域に暴風域と強い雪雲を伴い「冬のミニ台風」ともいえる危険な低気圧である．また，その発生場所から「石狩湾小低気圧」とよばれることもある（図6）．低気圧が海上にあるうちは陸上では晴れていることが多いが，低気圧の陸上への侵入とともに，局所的に天気が激変し猛吹雪と大雪になることから注意や警戒が必要である．

[四宮茂晴]

図7　石狩川の氾濫の様子（1981年8月3日奈井江町周辺）（石狩川振興財団提供）

B. 北海道の気象災害
1. 1981年8月の石狩川洪水災害

1981年8月3日から4日にかけて，オホーツク海の低気圧からのびる寒冷前線が北海道に停滞，さらに関東沖を北上する台風12号の影響で前線が活発化し6日にかけて北海道の各地で激しい雨が降り記録的な大雨となった．3日から6日までの総降水量は，岩見沢市，恵庭市島松，美唄市，斜里町宇登呂等で400mmを超え，石狩川流域では大規模な洪水災害が発生し22,500戸が浸水した（図7）．かつて石狩川は蛇行の大きな原始河川で氾濫を繰り返してきたが，1904年7月の大洪水を契機に本格的な治水事業が着手され，蛇行部の直線化，堤防やダム整備等が進められた結果，1981年の水害時には河川からの越流よりも，低地内での排水が滞り発生した内水氾濫が主体だったことが特徴的である．

また，同年の8月21日から23日にかけて，前線と台風15号により，胆振地方と石狩地方を中心に大雨となった．総降水量は登別市334mm，白老町森野320mm，札幌市229mm等で札幌市を流れる豊平川の上流域では土石流も発生し，死者1名，負傷者1

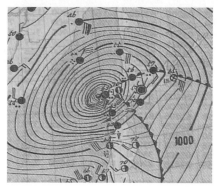

図8　1954年9月26日21時の地上天気図（気象庁提供）

名，全壊家屋2戸，半壊家屋14戸，床上・床下浸水678戸に及び豊平川上流域最大の被害となった．

[四宮茂晴]

2. 洞爺丸台風

1954年9月21日ヤップ島の北で発生した1954年台風15号は，台湾の東海上で進路を北東に変え，非常に速い速度で九州・中国地方を通過して日本海に進んだ．台風はさらに発達しながら26日21時には北海道寿都町沖で中心気圧956hPaと最盛期を迎え，その後，オホーツク海へ抜けた（図8）．

この台風は猛烈な風を伴い室蘭で55.0m/s，寿都で53.2m/sの最大瞬間風速を観測し，北海道に甚大な暴風災害をもたらした．26日夜に函館港を出港した青函連絡船洞爺丸は暴風と高波により函館港外で沈没

図9　国道229号大森大橋落下の様子（北海道開
　　発局提供）

し，乗船者1,314名のうち1,155名が死亡した．また，同じく函館港付近では貨物船など4隻が転覆・沈没し275名が死亡した．岩内町（いわない）では暴風の中での出火で3,298戸が焼失する大火が発生した．さらに森林の風倒木被害は甚大で，原生林におおわれた北海道の森の様相は大きく様変わりした．青函連絡船の事故をきっかけに「青函トンネル」構想が具体化し1964年より掘削が開始された．

　洞爺丸台風から50年後の2004年8月28日9時にマーシャル諸島近海で発生した2004年台風18号は，洞爺丸台風と同じような進路で，暴風域を伴いながら日本海を北東進し，9月8日9時に北海道西海上で温帯低気圧となった．温帯低気圧になった後960 hPaまで発達し宗谷海峡に達した．

　札幌で50.2 m/s，雄武で51.5 m/sなどの最大瞬間風速を観測し，観光名所の北海道大学のポプラ並木が倒れ，北海道各地の森林も洞爺丸台風に次ぐ大きな風倒木被害を受けた．また，日本海側には高波が打ち寄せ積丹（しゃこたん）半島では海岸沿いの国道の橋げたが高波により落下した（図9）．　　　　　　［四宮茂晴］

3. 暴風雪災害

　2013年3月2日，前線を伴った低気圧が急速に発達しながら北海道を通過し，北海道では広い範囲で猛吹雪となった．

　根室管内中標津町（なかしべつ）では，2日午後，猛吹雪による大きな吹き溜まりに車が埋まり，車中の親子4名が一酸化炭素中毒で亡くなった．また，湧別町（ゆうべつ），富良野市，網走市，北見市，

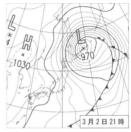

図10　暴風雪発生前後の地上天気図（気象庁提供）

中標津町では，吹き溜まり等で走行不能となった車を離れ徒歩で移動中に，猛吹雪と極端な視界不良（ホワイトアウト）で方向感覚を失うなどして行き倒れ，それぞれ1名が亡くなった．

　これほど大きな災害となった要因として，最大風速が紋別空港と中標津町上標津で22.9 m/sなど統計開始以来の極値を更新するといった風の強さのほかに，天気の急変も要因の1つと考えられている．北海道の内陸部や東部では，2日午前は北海道をはさんで2つの低気圧があり，等圧線の間隔が広く風も弱く晴れていたが，午後に千島付近で低気圧が1つにまとまると等圧線の間隔が非常に狭くなり，天気が激変し暴風雪となった（図10）．　　　　　　［四宮茂晴］

4. 佐呂間町の竜巻

　2006年11月7日13時23分，佐呂間町（さろま）で竜巻が発生し，プレハブの作業小屋が吹き飛ばされ，中にいた9名が死亡する大惨事となった（図11）．竜巻の強さを示す藤田スケールはF3（風速70〜92 m/s）で，日本では最大クラスの強さの竜巻だった．

　7日は宗谷海峡付近の低気圧からのびる寒

図11 佐呂間町の災害現場（佐呂間町提供）

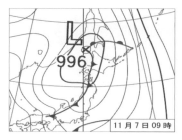

図12 2006年11月7日9時の地上天気図（気象庁提供）

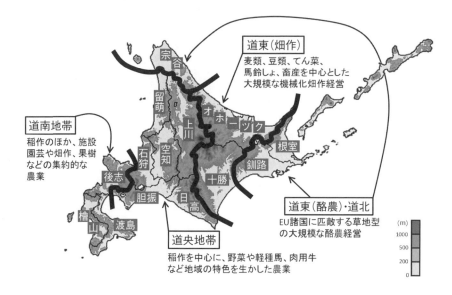

図13 北海道農業の地域別特色（出典：北海道農政部の資料をもとに作成）

冷前線が北海道を通過中で，大気の状態が非常に不安定だった（図12）．11時過ぎに前線東側の日高山脈東山麓で，スーパーセルとよばれる寿命の長い積乱雲が発生した．積乱雲は北北東に進み，13時過ぎに佐呂間町付近に達した際に，積乱雲から吹き出した冷気下降流と周辺の暖かい南風が衝突し，局所的な風の収束線（ガストフロント）を形成し，この収束線上に竜巻が発生したと考えられている． ［四宮茂晴］

C．北海道の気候と風土

1．農林水産業

北海道の総耕地面積は約115万haであるのに対して，農家数は約4万戸であり，1戸当たりの耕地面積は約29haである（北海道農林水産統計年報，2015）．これは他都府県の12倍にものぼる．このことからわかるように，北海道は広大な土地を利用した大規模農業が特徴である．北海道の気候は厳しい寒さと豪雪の冬，冷涼な短い夏が特徴であ

り，この気候の違いによって本州以南と北海道とでは農業の特色が大きく異なっており，北海道内でも地域によって農業形態が異なる（図13）.

古くから「北海道の農業の歴史は冷害との闘いの歴史である」といわれるように，以前は，本州の米どころと比べて味が劣るといわれた北海道産米も，耐冷品種の開発や設備と管理技術の改善によって，現在では日本一の味を争う常連となった．日本穀物検定協会の「米の食味ランキング」でも，北海道米の「ゆめぴりか」と「ななつぼし」は2014年度まで5年連続で最上位の特Aを取得している．北海道ほどの高緯度でこのように安定してコメを収穫できる地域は世界的にも珍しく，北海道農業の技術力の高さを物語っている．北海道の中央に位置する空知地方の滝川市では，ほぼ同じ緯度に位置するモンゴル国へ稲作の技術を指導することを目的に，モンゴル出身の大相撲力士が親善大使として同市を訪れるなど，農業を通じた国際交流が行われている．

今や日本を代表する稲作地帯となっている石狩平野の水田に水を提供する石狩川をはじめ，道内を流れる釧路川，天塩川などの下流には，泥炭とよばれる水はけが悪く軟弱な土壌が広く分布している．泥炭は，枯葉など植物の腐れ残りが，微生物によって十分に分解されないまま長い年月をかけて積もってできた土壌で，湿原や低温な条件で発達しやすく，日本国内では北海道に広く分布している．泥炭土は農耕には不向きな土壌であるが，石狩平野では明治時代以降，他に類を見ない大規模な排水事業や客土などを経て泥炭の土壌改良が繰り返され，現在のような広大な水田が整備されるようになった．

太平洋側では，「1.1　北海道地方の地理的特徴と気候概要」やA.の「2.　海霧」で述べたように夏に霧の発生頻度が高く日射量が低下するため気温が低い．さらに，火山灰土が分布している地域もあり，これらの制約から稲作ではなく畑作農業が主である．特に，ジャガイモ，玉ねぎ，てんさいなど多くの品

目において全国1位の生産量を誇る．太平洋側の地域は，冬の間，晴天率が高いため放射冷却によって極低温の環境にさらされる．これが表層土壌の凍結を促進し，収穫で取り残されたジャガイモを凍死させる．しかし，初冬に低気圧の通過に伴って太平洋側で大雪が降ると，低温のため積もった雪は春まで残ることがある．積雪は熱伝導率が低く断熱材の役割を果たすことから，積雪が深いと積雪上の気温と土壌の温度差が大きくなって，土壌の凍結深度が浅くなる．このため，前年度の収穫時に土壌中に残されたジャガイモが死滅することなく翌春に芽を出し，雑草化することがある（広田，2008）．これは通称，野良イモとよばれており，主作物の栽培に悪影響をもたらすことがある．積雪は雪解け水として作物の成長に貴重な存在であるものの，平年を大きく上回る豪雪や春の大雪は農作業の開始時期を遅らせるなど，その量と時期によっては非常にやっかいな存在でもある．

泥炭地や火山性土の土地の中でも気温が低く日射量の少ない地域は，牧草地として利用されていることが多く，家畜が広大な土地を自由に動き回る北海道らしい風景が広がっている．道外でも人気の乳製品は北海道の地質と冷涼な気候の賜物というわけである．

北海道の酪農は，乳用牛が792,400頭（全国シェア57.8%），肉用牛が505,200頭（同20.3%）で，飼養戸数1戸当たりの頭数でも全国でトップであり（農林水産省，2015），地元産の精肉が道内の市場にも多く流通している．北海道では野外の焼肉が人気で（北海道大学ではジンギスカンパーティーを略してジンパとよんでいる），休日には公園の野営場や庭先から食欲をそそられる香りが漂ってくる．真夏でも昼夜を通してさわやかで過ごしやすい北海道ならではの夏の風物詩であるといえよう．ただし，初夏の夜にジンパを企画すると風邪をひきそうになるほど寒い思いをすることがあるため，注意が必要である．

最後に北海道の食文化として欠くことのできない水産物についてふれる．「1.1　北海道地方の地理的特徴と気候概要」の図1に示

図14　小学校のプール　多くの学校で屋根が設置されている.

した通り, 北海道の周辺には複数の海流が存在し, 近海では多様な魚介類が水揚げされる. A.の「3. 流氷」で述べたように, オホーツク海の北部で生成される海氷が拡大しながら海流や風によって運ばれて北海道の沿岸まで到達する. 流氷の底面で生成されたアイスアルジーとよばれる藻類が流氷の融解とともに海中に放出されることで, 小魚の餌となり, やがては海獣類や鳥類へとつながる食物連鎖網の一端を担っている. このように豊かな海洋で育ったサケやマスは川を遡上し, ヒグマや猛禽類の陸上生態系にも関与することになる. ユネスコの世界自然遺産として2005年に登録された知床も, この陸上と海洋・海氷が織りなす豊かな生態系が特徴の1つである. したがって, 沿岸域の豊かな水産資源を保護するために, 流域全体と沿岸海洋の自然環境を統合的に管理する必要性が叫ばれている. すなわち, 人間の立場から見ると, 流域の森林や農地の管理が流域規模の物質輸送に与える影響を明らかにし, 適切な管理を施すことが, 海洋生態系の保護においても極めて重要な役割を果たすのである.

[佐藤友徳]

2. 観光と文化

　他の都府県に比べ, 冷涼で雨の少ない北海道の夏は観光にも最適である. 近年は, アジア諸国を中心に観光地としての北海道のブラ

ンドイメージが高まっていることも後押しし, 夏の北海道は観光客であふれている. 7月中旬から8月上旬に開催される国内最大級の札幌大通りのビアガーデンでは, 13,000席 (2015年) が用意されたものの, ハイシーズンでは空席を探すのが困難なこともあるほどの盛況である. また, 北海道は緯度が高く夏の日没は遅いため (夏至の日没時刻は札幌で19時18分, 稚内で19時26分), 市民や観光客の活動も夜遅くまで及ぶのかもしれない. 自然豊かな北海道では登山もおすすめであるが, 低温には注意が必要である. 大雪山地に位置する道内最高峰の旭岳は, 標高2,291 mと本州の山に比べて決して高くはないが, 真夏の日中でも気温が10℃以下となることがある. 2009年7月16日には, トムラウシ山で悪天候による低体温症のため9名の登山者が亡くなる事故が発生している. 特に低気圧通過に伴う降水・強風と気温低下には注意が必要である.

　北海道周辺の8月の海面水温は20℃前後であり, 海水浴には少し肌寒い. 学校教育にも, このような気候の特色が反映されている. 公立小学校, 中学校のプール設置率はそれぞれ36.6%, 5.4% (全国平均は, それぞれ86.7%, 73.0%：2006年度) と全国で最も低く (総務省統計局, 2010), 北海道ではプール学習に割り当てられる授業時間が短く, その代わりに冬のスキーやスケート学習を充実している傾向がある (図14).

　このように涼しい気候を生かした北海道独自の夏文化が形成されているが, 皆が快適に感じる夏は短く, 足早に秋が訪れる. 夏まつりの盆踊りでは子どもの部で「子供盆おどり唄」が, 大人の部では「北海盆唄」が演奏されるのが一般的である. 「子供盆おどり唄」の歌詞では, 「さぁさ楽しめ短い夏を」のフレーズが印象的で, あっという間に終わる夏休みにどこか哀愁を感じる. 道外の学校が夏休みのため, 8月いっぱいは北海道内は観光客であふれるが, その賑わいを横目に小中学校では8月下旬から2学期が始まる. 北海道では, 七夕の行事を8月7日に行う地域が多

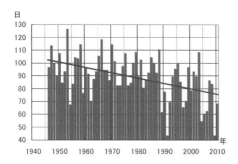

図15　網走における流氷期間の推移とその変化傾向（気象庁提供）　棒線は各年の流氷期間を，実線はその変化傾向を示す．

図16　豊平川河川敷の雪堆積場（札幌市提供）

い．これは旧暦を使用していた昔の名残で，北海道だけでなく他の地域でも見られる．また，札幌の一部の地域では8月7日にハロウィンに似た慣習がある（小田嶋，1996）．子どもたちが，「ろうそく，だーせーだーせーよ，（中略），ださないとかっちゃく（引っ掻く）ぞ」と歌いながら近所の住宅を訪ね歩き，お菓子をもらっている姿を見かける．

　9月後半頃に大雪山地に初冠雪が報じられるといよいよ冬の季節である．冬の観光の目玉は雪祭りや氷祭り，そしてパウダースノーが人気のスキー・スノーボードである．低温下で降ったばかりの雪は含水比が低く非常に軽い（すなわち密度が低く，結晶間の結びつきが弱い）ため，小さな力でもスキーの向きを回転させることができ，まるでスキーが上達したような感覚を与えてくれる．北海道のように低温でありながら豊富な積雪に恵まれている地域は世界的にも珍しく，海外からパウダースノーを求めてやってくるスキーヤーも増加している．

　札幌の雪まつりは例年2月前半の厳冬期に開催されるが，札幌の2月でもまれに雨が降るほど気温が上昇することがある．2012年2月7日には気温上昇に伴って雪像の一部が倒壊し，観光客がけがをする事故があった．この事故を機に，雪像の作り方に関しての指針や講習会が企画され，安全対策が施されるようになった．

　流氷は北海道でしか見ることのできない自然現象である．オホーツク海に面した網走と紋別を拠点に，遊覧船に乗って流氷観光クルーズに出かけることができる．例年網走では，1月から2月上旬に流氷が初めて観測され接岸し，3月下旬から4月に観測されなくなるが，流氷初日や接岸初日は徐々に遅れており，流氷期間（流氷が観測された最初の日と最後の日の間の日数）は1940年代以降で有意に減少している（図15）．

　北海道は面積が広いため，冬の過酷な気象条件の中，道路や鉄道などの輸送インフラの安全を管理することも重要である．札幌市だけでも，管理道路のうち機械で除雪が可能な道路の総延長は5,000 kmを超え，除雪を行う歩道も3,000 km弱である．さらに，道路の雪を取り除くだけでは不十分で，融雪槽で解かしたり，流雪溝やトラックで排雪する必要がある．このため，冬の札幌では，除雪車とともに排雪を行う大型トラックが行き交い，郊外や河川敷の雪堆積場（図16）には巨大な雪山が出現し，夏まで消えずに残っているところもある．高層ビルから見たその大きさには驚愕するばかりである．

　除雪・排雪に要する予算も膨大であり，ひと冬で100億円を超える．春が来れば消えてしまう雪であるが，除排雪のおかげで，降雪深5 mを超える人口190万都市でも快適な生活環境が維持されている．近年では貯雪庫に蓄えた雪を，冷熱エネルギーとして夏の

冷房や農作物の管理に利用するなど，利雪の
取り組みも行われている． ［佐藤友徳］

【参考文献】

［1］ 石狩川振興財団，2002：石狩川：流域発展の
礎・治水．

［2］ 小田嶋政子，1996：北海道の年中行事，北海
道新聞社，232p.

［3］ 桜井兼市，1974：旭川地方の氷霧とその観測，
天気，21，71-77．

［4］ 総務省統計局，2010：統計でみる都道府県の
すがた 2010（http://www.e-stat.go.jp/SG1/estat/
GL08020103.do?_toGL08020103_&tclassID =
000001025238&cycleCode = 0&requestSender
= search（2015 年 9 月 18 日確認））．

［5］ 農林水産省：畜産統計（平成 27 年 2 月 1 日
現在），（http://www.maff.go.jp/j/chikusan/
kikaku/lin/l_hosin/（2015 年 9 月 18 日確認））．

［6］ 農林水産省，2015：北海道農林水産統計年報
（総合編）平成 25 ～ 26 年（http://www.maff.
go.jp/hokkaido/toukei/kikaku/nenpou/25-
26sougou/pdf/07_26sou-a-2.pdf（2015 年 9 月 18
日確認））．

［7］ 広田知良，2008：北海道・道東地方の土壌凍
結深の減少と農業への影響，天気，55，548
-551．

第2章　東北地方の気候

2.1　東北地方の地理的特徴

　東北地方は南北約 500 km，東西約 150 km の縦長の形状である．南北の距離は，緯度にして約 4.5°あり，これは関東地方の北端から九州地方の中部の緯度差に相当する．

　東北地方では南北に走向する 3 列の山並が存在する（図1）．東から第 1 列が北上高地と阿武隈高地，第 2 列が奥羽山脈，第 3 列が白神山地と出羽山地と朝日・飯豊山地である．第 1 列は中生代から古生代の古い岩体から成り，安定で平坦な地形であり，早池

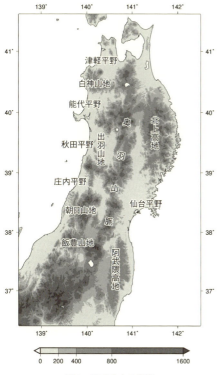

図1　東北地方の地形

峰山（1,917 m）を除くと，1,200 m 程度の標高に留まっている．第 2 列と第 3 列は東西方向の圧縮応力の場で，断層や褶曲を伴い現在も成長を続ける山並である．奥羽山脈は比較的連続性がよいが，それでも 500 〜 1,500 m の幅で標高差がある．第 3 列はこれに比べると連続性を欠くものの，鳥海山を筆頭に 2,000 m 前後の高山や急峻な山並が青森・秋田・山形・新潟の県境を形成している．

　第 1 列と第 2 列の間には北上盆地と福島・郡山盆地が存在し，北上川と阿武隈川という大河が南流・北流する．第 2 列と第 3 列には北から花輪・横手・新庄・山形・米沢・会津などの盆地群があり，それぞれの中心都市が発達している．また第 3 列の西側には秋田・本荘・庄内などの平野が発達しているが，第 1 列の東側には平野らしい平野はない．仙台平野は第 1 列の北上・阿武隈山地の中間にあって，第 1 列が欠如した個所と認識される．

　これら3列の山並は，冬季季節風・ヤマセなど東西風に直交して屹立しているので，風上側・風下側で対照的な天気模様をもたらすことになる．東西風は東北地方に到来する前は海上を吹走していたので，その海況にもふれておかねばならない．東北地方の日本海側には黒潮の分枝である対馬海流（暖流）が流れている．対馬海流は津軽海峡から太平洋に出て下北半島に沿って南下するが，やや沖合は基本的には親潮（寒流）の海である．冬季季節風は対馬海流から多量の熱と水蒸気をもらい受け，不安定化して東北地方に流入するが，夏季の東風は千島海流上を吹走しながら安定を維持している．夏冬の安定度の違いは，詳しくは以下で述べるが，季節風吹走時の風上側/風下側の天候コントラストに影響を与える．

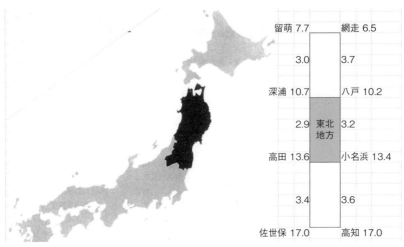

図2　東北地方の年平均気温とその南北差（単位：℃）

2.2　東北地方の気候概要

2.2.1　南北の気温差

　500 km の距離を隔てた東北地方の北端と南端の気温差を見てみよう（図2）．南北気温差は年平均気温で 3.1℃となり，冬季に大きく（3.7℃）夏季に小さい（2.4℃）．しかし，同程度の緯度差となる東北地方の北端と北海道の中部との気温差は 3.4℃であり，東北地方の南端と九州北部・四国南部の気温差は 3.5℃と，東北地方の南北気温差は比較的小さい．

　南北の気温差は冬季に大きく夏季に小さいが，気温差がことさらに感じられるのは春と秋である．気温差が季節推移の遅速として認識されるからであろう．ソメイヨシノの開花日は，東北地方で最も早い小名浜（いわき市）で 4 月 9 日，最も遅い青森で 4 月 28 日と 19 日の差がある．イロハカエデの紅葉日は青森で 11 月 3 日，小名浜で 11 月 16 日，その差は 13 日である．サクラ前線が 19 日を要して東北地方を北上するのに比べ，紅葉前線は 13 日間で南下する．秋の訪れは春の歩みよりも速いのが常である．

2.2.2　3 列の山並によって生じる東西差

a）冬季季節風

　冬季の東アジアの偏西風は世界最大級の風速を誇るが，その中にあっても 1,500 〜3,000 m の高度では東北地方の西風が最も強い（小泉，1984）．北から白神山地，出羽山地，朝日・飯豊山地と連なる山並は，この最強の季節風をまともに受け，多雪地を形成する．冬季に稼動している観測点がないので公式記録ではないが，これらの山並には日本有数の豪雪地帯が潜んでいる．夏スキーのメッカとよばれる月山や，かつて越年性雪渓の存在が指摘された鳥海山の豪雪は有名であるが，白神山地でもダムに流入する水量から，年降水量で 4,000 mm，冬季だけでも 2,400 mm の降水量が推定されている（境田ほか，1995）．

　これらの山並の切れ目から雪雲が侵入し，奥羽山脈にぶつかって強制上昇が起こる場所では，第 2 の多雪地が形成される．横手・新庄・米沢の各盆地がそれである．逆に風上側を山地によって強固にブロックされている山形盆地は，新庄・米沢に比べはるかに少雪である．

　津軽平野・秋田平野・庄内平野など日本海

岸の平野部では，積雪深はそれほどではないが，強風によって積雪が舞い上がって視界を遮る地吹雪の被害が出現する．地吹雪から家屋や道路を守る屋敷林や防雪柵はこの地方の冬の気候景観ともなっている（青山，2000）．

奥羽山脈は，80〜100 km 程度の間隔で低所が存在し，雪雲の侵入しやすい場を提供する．このような山脈低所の風下では，太平洋側まで雪雲が侵入しやすい．さすがに降雪量は少なくなるが雪まじりの強風が吹きやすく，東北自動車道の難所の1つともなっている．逆に山脈で防衛されている盛岡や仙台は，よほどの寒波でもない限り，冬型で多量の積雪を見ることはない．

奥羽山脈は八甲田山を北限とし，その先の青森市付近は山並が消失している．そのため青森から野辺地にかけては多量の雪が降る．

3列の山並によって強固に防衛され，冬季でも日照に恵まれるのは三陸沿岸と福島県浜通り地方である．1月の平均雲量は宮古で4.6，小名浜で4.2であり（仙台は5.0），特に小名浜の雲量は東京や静岡に匹敵する少なさである．

山並を越える際に風下では風下波動が生じ，強風に見舞われることがある．各地に風上の山名を冠した「○○おろし」とよばれる強風が存在する．気圧傾度が強いのは真冬であるが，地表付近では大気が不安定になる春季の方が冬季よりも強風に見舞われやすい．

b）夏季のやませ

やませはオホーツク海高気圧などから吹き出す冷涼な北東〜東風で，数日から数週間にわたって持続的低温と日照不足をもたらす．やませは三陸沖の低い海水温で安定層が維持されやすいため，上陸後は山地配列など起伏の影響を強く受ける．ここではやませにとって風上側の北上・阿武隈山地を第1列と称する．第1列の北上山地の低所は300 m 程度しかないが，それでも容易にブロックされてしまう．やませ気塊は北上山地の南のへり，すなわち仙台平野から侵入し北上しながら北上低地を埋め，二戸付近で南下するやま

せと会合することが多い．

やませにとって第2列の山並はさらに越え難い障壁であるが，それでも強いやませの場合には鹿角，田沢湖，最上などで奥羽山脈の西側へ洩れ出すことがある．一方2列の山並で防衛される秋田平野はやませの影響を最も受けにくい地域である．

一般に風が山並を越えやすいか否かは，風速と鉛直的安定/不安定が関わっており，前述の冬季季節風の場合には，風速も大きく日本海上で不安定にもなっているため，東北地方の山並では十分にブロックされない．やませの場合の安定/不安定も三陸沖の海上での変質の大小によっている．海上での変質の程度が小さいと，低温なやませではあるが，安定で山並によりブロックされやすいため低温域は限定される．一方変質の程度が大きいと不安定なやませとなり，山並を越えやすく，雲量が多いことと相俟って，低温寡照域が広範囲に及ぶことになる．

第1列の阿武隈山地も標高などは北上山地に類似するが，南にあって沖合の海水温が高いため変質の程度が大きく，不安定化して上陸後，障壁を越えやすい傾向がある．仙台の7月の雲量は8.5で，北海道東部と並んで最も夏季の晴天に恵まれない地域である．三陸沿岸は前述のとおり低温ではあるが雲量は仙台よりもかなり少ない．

やませの風速はそれほど強くないが，日本海に低気圧が存在すると風速が増す．このようなときに山脈の峡谷部を吹き抜ける風は「だし」とよばれ，各地に地名を冠した強風が知られている．そのうち山形県最上川渓谷の清川だしの場合には，渓谷による収束というより山越えによる強風の性格が強いと考えられる．

2.2.3 静穏日に発達する局地気候

2.2.2では総観規模スケール，すなわち高低気圧によって吹く風がもたらす東西差について見てきたが，気圧傾度の小さな静穏日には，日射を受ける地表面の差異により，より小さなスケールで気候の差異が生じる．

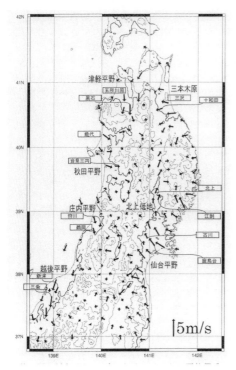

図3 暖候季静穏日15時の風系（出典：瀧本・境田，2012）

静穏晴天日の日中には，内陸部の気温が上昇し海上気温との差が大きくなって，海風が発達する．図3は暖候季静穏日の日中（15時）の風系である（瀧本・境田，2012）．盛夏季には小笠原高気圧からの東風が卓越し，太平洋側の海水温が低いこともあって，海風は太平洋側の平野でより発達するが，山並の影響を受けながら，奥羽山脈に向かって収束している状況が見て取れる．北上低地では仙台平野の海風と大規模な谷風が連結する形で南風が卓越する．この風系を除くと海風は標高100m以下の沿岸平野に限定され，内陸盆地に及んでいない．

海風は海上の冷涼な空気を運んでくるので，沿岸地域を低温に導く．春から夏にかけては特にこの効果が大きく，日の出後の昇温が海風の吹走開始によって停止させられる

「気温の頭打ち現象」が観察される．盛夏季の海風は「天然のクーラー」ともいうべきもので，この結果，仙台の30℃以上の（真夏日）日数は盛岡よりも少なく，福島や山形の半分以下である．山形が1933年7月25日に記録し，長年日本最高記録であった40.8℃はフェーンの影響が加わっていたようだが，一般に山形や福島の盛夏季の日最高気温は高く，35℃以上の日数（猛暑日数）はそれぞれ4.0日，6.4日に達し，これらは全国的にも高いランクに位置する．

逆に静穏快晴日の夜間には放射冷却が活発に起こり，寒候季の内陸盆地では冷気湖が形成され，日最低気温が低下する．東北地方で最も冷え込むことで有名なのは，岩手県の盛岡市藪川で，1945年1月26日には−35.0℃を記録した．夜間の冷却の要件である，北に位置していること，内陸であること，雲量が少ないこと，小盆地であることを兼ね備え，さらに乾いた新雪の断熱効果によって地温の緩和作用が働きにくいことが重要であるという（近藤，1987）．　　　　　［境田清隆］

【参考文献】
[1] 青山高義，2000，庄内平野——北西季節風と清川ダシ，青山ほか編：日本の気候景観——風と樹風と集落，古今書院，100-103.
[2] 小泉武栄，1984，日本の高山帯の自然地理的特性，福田正巳ほか編：寒冷地域の自然環境，北海道大学図書刊行会，161-181.
[3] 近藤純正，1987，本州一寒い村，近藤純正著：身近な気象の科学，東京大学出版会，40-49.
[4] 境田清隆ほか，1995：白神山地の降水および流出特性，白神山地自然環境保全地域総合調査報告書，77-101.
[5] 瀧本家康・境田清隆，2012：暖候期静穏日における東北地方の海陸風出現に関する気候学的研究，季刊地理学，64，1-12.
[6] 中江祥浩，1992：冬型降水に及ぼす日本海海面水温の影響，天気，39，271-278.

青森県の気候

A. 青森県の気候・気象の特徴

1. 概要

　青森県の気候は，青森県が①本州の最北端に位置し，②その東部は太平洋側，③西部は日本海側，④南部は本州の脊梁山地の北縁，そして，⑤北部は海峡をはさんで北海道に連なるという地理的な条件をよく反映している（図1）．このような条件をもっている県は日本では他にない．すなわち，①の緯度の条件は，季節によって，あるいは気圧配置によって温帯になったり，亜寒帯になったりする．あるいは，時代的に見ると温暖であった縄文時代は温帯の気候地域に属し，寒冷であった小氷期には亜寒帯気候地域に属した．また，②と③の条件は，東北地方において最も顕著な気候差を生じるのは沖合いを流れる海流が寒流か暖流かであるが，それが1つの県内に見られることを意味する．④と⑤の条件はユーラシア大陸から吹き出す偏西風が強くなる結果をもたらす．また，⑤の条件は後述するように本州の日本海岸を北上してきた暖流が海峡を東進し，下北半島の太平洋岸の狭い範囲ではあるが南下し，現在の青森県の海岸における先史時代・歴史時代時間スケールの気候・人間活動に影響を及ぼした．

　このような地理的な条件をもつので，青森

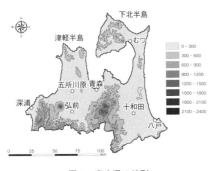

図1　青森県の地形

県内では比較的短距離の間に多様な気候差を生じる．歴史時代を通じて，それぞれ固有の下北の文化，津軽の文化を育み，蝦夷地との交流を支えた．現代においても，山地・丘陵・海岸の各気候の下に人々が生活している．

2. 気温

(1) 気温年変化

　青森県内の代表的6地点における月の平均気温・最高気温・最低気温の年変化を図2に示す．各地点ほとんど同じ年変化型を示し，8月に最高，1〜2月に最低になっている．2月より1月がわずかに低い地点が多い．図2は1981〜2010年の30年の平均であるが，1960〜1970年代の平均でも同じ年変化型であった．地球温暖化した場合でもその影響は気温年変化型には見られないであろう．

　地球的な地域スケールでいえば，いわゆる大陸性気候の最寒月は1月，最暖月は7月である．海洋性気候は海洋の影響のため位相が遅れ，最寒月は2月，最暖月は8月である．これから判断すれば冬には青森県では大陸性気候の傾向が強く，夏は典型的海洋性気候に属するといえよう．

(2) 気温分布

　青森県における年平均気温の分布は図3(a)に示すとおり，日本海側沿岸で11℃以上の比較的温暖な地域がある．一方，下北半島の北端や，太平洋側の狭い範囲で10℃以上の地域がある．津軽半島の中央部を南北に走る線の西側の青森県のほぼ1/4は10℃以上，東側のほぼ3/4は10℃以下である．日本海の影響と太平洋の影響の差は明らかである．山岳地域は高度によって低温となる．

　1月の最低気温の分布を図3(b)に示す．局地的に−4℃以上のところが日本海岸沿いにあるが，ほとんどの地域では−5〜−7℃である．一方，最も気温が高い8月の最高気温の分布を図3(c)に示す．27〜29℃の地域が広く，一部では30℃以上になる．

　以上の値は長年の月平均値であるから，後述するように，極端な低温・高温はまた異なる地域性をとることに留意が必要である．

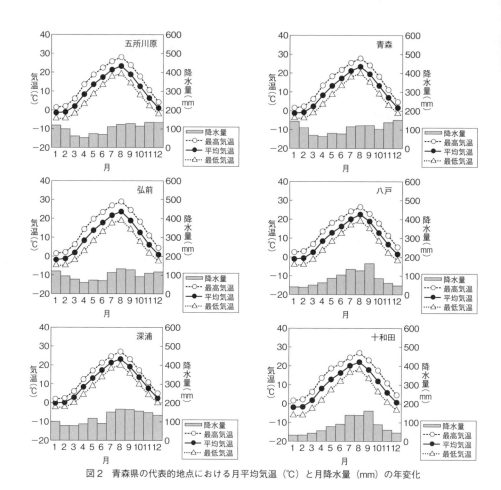

図2　青森県の代表的地点における月平均気温（℃）と月降水量（mm）の年変化

(3) 気温の最近の変動

　青森県の真夏日，夏日の近年約50年間における長期変化には，統計的に有意な変化傾向は認められない．しかし，2010年のような極端な高温年が近年しばしば出現する．この年，青森市における真夏日の日数は33日に達した．一方，1913年，1934年，1941年の7月，8月は低温で，凶作となった．気温と作柄との関係は後述するように青森県では非常に大きい．

　日最低気温25℃以上の日を熱帯夜とよぶと，青森における熱帯夜日数は1990年以降に増加している．冬日・真冬日の日数は1950年以降減少傾向が顕著である．10年当たりの減少日数はそれぞれ，青森で−4.2日・−1.9日，深浦で−1.7日・−2.5日，八戸で−2.5日・−1.8日である（マイナスは減少の意味）．夏の高温化傾向は明らかでないが，冬の温暖化傾向は明らかである．

　青森における，1888年から2010年までの123年間の季節別の平均気温の変化を図4に示す．100年間当たりの気温上昇率は冬（12〜2月の平均）が最も大きく2.1℃，次いで春（3〜5月の平均）が2.0℃，秋（9〜11

（a）年平均気温　　　　　　（b）1月の最低気温　　　　　　（c）8月の最高気温

図3　青森県における年平均気温（a），1月の最低気温（b），8月の最高気温（c）（℃）の分布（出典：気象庁観測技術資料第10号，1958より吉野・設楽作成（設楽，1973））

月）が1.9℃，夏が最も小さく1.3℃である．やはり温暖化の傾向は冬に顕著で夏は弱い．

都市の発展とともに都市内の気候が都市外より高温になり，ヒートアイランドが形成される．青森市・八戸市・弘前市などの人口10万以上の都市では市内外の気温差は顕著である（吉野，1987）．積雪のある場合，小都市ではどのような傾向が一般的に認められるか，まだ検討されていないが，人口約6,000人，小規模の市街地をもつ青森県鶴田町における観測結果の例では夏・冬ともに

ヒートアイランドが認められ，夏の日中に強度が大きかったのに対し，冬の日中は小さかった（鈴木，2003）．これは，夏には集落・道路などの地表面と周辺の水田の灌水された地表面との物理的状態の差が大きく，冬には内外のどちらも積雪があり，地表面の物理的状態の差を小さくしているためと考えられる．

3.　降水量

（1）降水量・降水日数

　年降水量は1,000mm前後から1,800mm

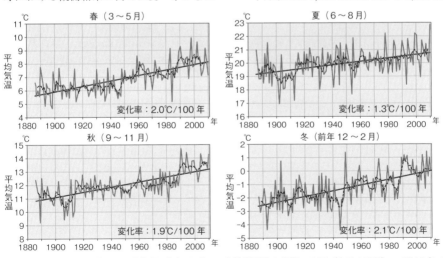

図4　青森における季節別の平均気温（℃）とその5年移動平均の推移，1886（冬は1887）～2010年（出典：気象庁の資料による）

までの地域性に富んだ分布をする。年間降水日数（降水量1mm以上の日数）は南部の山地では160〜180日である。太平洋岸では140日くらいだが南部では激減し、八戸付近で約100日となる。

青森県の代表地点における月降水量の年変化は図2に示した。県南部の太平洋側・中央部山岳地域では台風シーズンの9月が最多で、冬の1月・2月が最少である。冬の降水はほとんどが雪として降る。県の日本海側、北半の平野部は12月・1月の降水量が多い。もちろん、ここでもほとんどが雪として降る。1つの県内で、このように太平洋側の特徴の年変化型と日本海側の特徴の年変化型をもつ地域とがあるのは、上述のように青森県のみで、局地的に多様性に富む事実が降水量の年変化型に示される。

青森県内における日降水量100mm以上の年間発生回数は、1990年代後半以降、急増している。また、1時間降水量30mm以上の回数も同様である。前者は年に8〜10回、後者は7〜8回であるのに対し、1990年代前半まではいずれも3〜4回であったから約2.5倍になった。ユーラシア寒帯前線帯の東アジア部分の活発化に伴う日本海の温帯低気圧の発達や、それに伴う前線活動の活発化が原因と考えられる。

青森県の山地における海抜高度と降水量の変化に関する調査研究はないが、岩木山にかかる雲の高度の季節別の観察記録がある（牧田、1981）。結果をまとめると、弘前から見た岩木山の雲のかかりかたの出現頻度は表1のとおりで、山全体が見える日は春に多く、山全体が見えない日は冬に多く、山の下半にのみ雲があった日は非常に少なく、山の上半にのみ雲がかかっていた日は非常に多かった。観測結果を詳しく解析すると、秋・冬は山体上部の海抜1,200m以上に雲の下限があることが多いことがわかった。日本の山地における一般的傾向（吉野、1987）と一致する。

(2) 積雪日数・積雪深の変化

青森県における年降水量の長期変化は認め

表1　弘前から見た岩木山の雲のかかり方

	冬 (12〜2月)	春 (3〜5月)	夏 (6〜8月)	秋 (9〜11月)
山体全体が見えた日数	14日	66日	39日	20日
同上の季節内%	12.3%	41.8%	34.5%	25.6%
山体全体が見えなかった日数	58日	35日	39日	14日
同上の季節内%	50.9%	22.2%	34.5%	18.0%
山体下半に雲があった日数	1日	2日	2日	1日
同上の季節内%	0.9%	1.3%	1.8%	1.3%
山体上半に雲があった日数	41日	55日	33日	43日
同上の季節内%	36.0%	34.8%	29.2%	55.1%
観察日合計日数	114日	158日	113日	78日

（出典：牧田、1981）

られない。10年オーダーの多雪期・少雪期はあったが周期性は認められない。季節別に見ると、冬の降水量は、むつにおいて近年の75年間（1936〜2010年）に61.3mm/50年、八戸では74年間（1937〜2010年）に41.8mm/50年の割合で統計的に有意な減少をしているという報告があるが、その他は知られていない。

しかし大雪は最近よく出現し、後述するように、人間活動に影響を及ぼす。1945年2月21日には青森の最深積雪が201cmに達した。日最深積雪5cm以上の年間日数も2000年以降減少しているが、10年オーダーの時間スケールでは上下はしているが一定の傾向は見られない。

青森県における根雪期間（長期積雪期間）と最深積雪とは、平年値の分布・経年変化ともに密接な正の関係がある。根雪期間の平年値（1981〜2010年）はほぼ100日で、12月中旬から3月下旬までである。八戸付近で最も短く20〜30日、山地では百数十日に及ぶ（和田、1990）。

(3) 降雪量

降雪量・積雪深は微地形・小地形の影響に起因する局地性が強い。冬、西からの強い季節風が吹く場合、青森市がある平野部で大雪となる場合が多い。八甲田山系の稜線を迂回

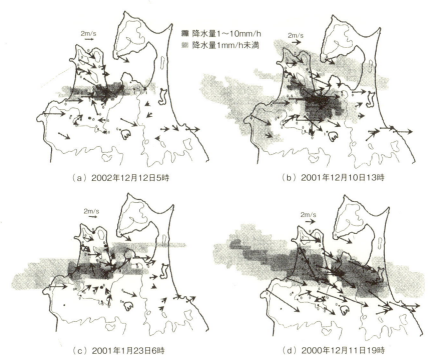

(a) 2002年12月12日5時   (b) 2001年12月10日13時

(c) 2001年1月23日6時   (d) 2000年12月11日19時

図5　大雪時の地上風系と降水量の分布（地形の等高線は 400 m ごと）（出典：保村，2005）
(a) 2002 年 12 月 12 日 5 時，北西～西～南西の風が収束する場合.
(b) 2001 年 12 月 10 日 13 時，北西～西の風が収束する場合.
(c) 2001 年 1 月 23 日 6 時，北西，南西の風が収束する場合.
(d) 2000 年 12 月 11 日 19 時，北西寄りの強風のみが収束する場合.

する南西風と津軽山地の稜線沿いの北西風が青森平野の西部で収束し，それに伴って青森平野において局地的に多量の降雪が起きる（力石・林，1995）.

さらに，津軽山地の鞍部や稜線の地形スケールの影響も考慮して詳細に見ると4パターンに分類される（保村，2005）.その中でも岩木山を迂回して浪岡・大釈迦に至る南西風と，五所川原を通り，津軽山地の南端を越える西風が青森平野の南西部で合流し，さらに津軽山地鞍部を通る北西風が青森平野西部で収束することにより青森平野に大雪をもたらすパターンが見られる.そのときの降水域の分布を図5に示す.最多地域の降水量は 1 ～ 10 mm/時である.

4. 風

(1) 季節風

青森県の気候を形成する最も重要なものが冬の季節風である.日本海岸に近い地域，青森平野とその周辺では風速のスカラー平均（青森県史編さん自然部会，2001）で，5 m/s 以上になる地点が多い.風向は西で変動も小さい.ただし地域差があり，風向は下北半島ではほぼ西，津軽半島では地形の影響で北西になる.青森では南西～西南西である.図6 (a) には津軽半島から弘前平野に至る地域の9地点における冬の風配図とそれから推定して引いた流線を示す.地形の強い影響が見られる.図6 (b) には偏形樹（Yoshino，1973）を約 500 地点において測

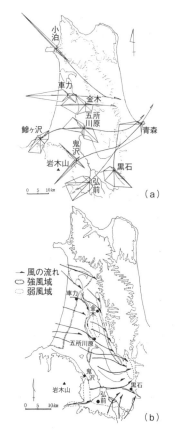

図6　津軽半島における冬の風の分布（出典：浅利，1980）
　（a）9地点における冬の風配図と推定流線．
　（b）偏形樹から推定した流線．

定した結果を基にして求めた流線と強風地域・弱風地域を示す（浅利，1980）．津軽半島では夏も冬とほぼ同じ卓越風向なので，冬の季節風の状態が強調されていると思われ，季節風の局地性が明らかである．

　山地の尾根付近の風速分布は風上側と風下側で対照的に非常に異なる．冬季の積雪は風の弱い風下側で極めて深く，偏形樹の偏形度によく反映されている（柳川，1991）．

（2）偏東風（やませ）

　7月になると，県内の卓越風向のばらつきが大きくなってくる．平均風速も小さくなっ

てくる．青森では北から北東，八戸では北東から南東の風向が際立って多くなる．これは他の季節には見られない特徴である．この東寄りの風は，オホーツク海に中心をもつ高気圧から吹き出す風である．海面付近には霧が発生して内陸に侵入し，日照不足・低温をもたらす．

（3）海風・陸風・湖風

　津軽半島の5地点における海陸風の統計的調査（秋田，1993）によると，海風の発生頻度の極大は13時，陸風の極大は4時であった．地形の影響で海陸風の風向の時間的変化が異なる．一般的には，海風は10時頃から吹き始めるが，山谷風の影響も反映し，谷風が発達する地形をもつ地点では8時頃から海風が吹き始める．

　十和田湖では日照時間10時間以上，すなわち，好天の日には湖風が発達する．休屋では湖風が3 m/s以上になると日中の気温上昇が停滞する（高橋，1992）．

5．季節

（1）春

　青森県の春は4月から始まる．弘前の例でいうと，根雪は3月25日頃まで，積雪は4月5日頃までである．晴れの天気が多くなり日照時間は6〜7時間/日となる．降水量（半旬積算値）は約2 mm/日となる．この状態が4月・5月中連続し，6月前半で終わる．ツツジ・リンゴの花が咲く．弘前公園のサクラは開花し，全国から観光客が訪れる．

　サクラの開花日は2〜4月の平均気温と関係が強い．近年の温暖化の影響で，青森ではこの約50年間，10年間に1.1日の割合で早くなっている．言い換えれば，春が早く訪れるようになっている．

　ウメは四国・九州から東北地方の南部まで，サクラより先に咲く．しかし，気象庁の植物季節観測記録では，青森県南部では，秋田・岩手の両県の北部と同じく，ほぼ同時に開花する．年によってはウメの方が遅れる．この理由は植物季節学的にはまだ解明されていない．しかし，この地域ではアンズとウメを総称してウメとよぶことがあり（青森県史

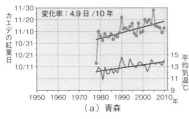

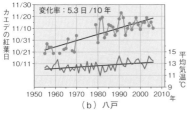

図7 青森 (a) と八戸 (b) におけるカエデ (イタヤカエデ) の紅葉日と9～11月の3か月平均気温 (℃) の経年変化 (出典:気象庁のデータによる)

編さん自然部会，2001)，あんずめ (杏梅，アンズウメの訛り)，ぶんご (ウメ) などの用法の記述がある．この地域の先史文化伝播 (福田，2007) などとも関連し，春の話題の1つである．

(2) 夏

6月中旬には梅雨入りし，気温は上昇し，降水量・湿度が増加する．日照時間は減少する．やませの影響で県の太平洋岸に近いところほど気温は低い．

夏は本州の中では涼しいので，観光の季節である．奥津軽・竜飛崎・白神山地・十和田湖・八甲田山・下北半島など，訪れる人が多い．風景に加えて，森林に囲まれた温泉は生気候の立場からも価値がある．

(3) 秋

青森におけるカエデの紅葉日の1978年から2010年までの変化を図7 (a) に示す．10年当たり4.9日遅くなっている．また，図7 (b) に八戸における1955年から2006年までの変化を示す．10年当たり5.3日の割合で遅くなっていることが明らかである．カエデの紅葉は9～11月の平均気温と相関が高いので，それぞれの変化も示した．

奥入瀬渓谷などは日本の秋の渓谷美の代表である．しかし，有名でなくても，山地斜面の落葉広葉樹の木々が織り成す紅葉・黄葉，それに混じる針葉樹の深い緑の風景は県内各地に見られ，秋の移動性高気圧の青空のもと，人々の心を生き返らせる．

(4) 冬

一般的には11月から3月までの5か月の長い冬である．低温・季節風・降雪・積雪で特徴づけられる．五所川原の地吹雪は有名である．積雪表面の雪が強い風で舞い上がり，流される．視程はゼロ，ホワイト・アウトの状態となる．この現象を体験することが観光資源になるほどである．

6. 気候による地域区分

青森県の気候による地域区分はかつて，気温・降水・風のそれぞれについて行った後，それらを総合して (重ね合わせて) 行われた (設楽，1972，1975a,b)．この際，天気の境界がよく出現する位置 (Shitara，1966)，海風が侵入する限界 (Shitara，1963，1964) を参考にした．図8は青森県の気温 (a)・降水 (b)・風 (c)・気候 (d) による地域区分を示す．それぞれの地域の気候は以下のとおりである．

Ia1：日本海側気候であり，冬は温暖で降雪量は少ない．夏はやませの影響で低温になることがある．

Ia2：上記地域と冬・夏ともほぼ同じだがやませの影響は強くない．

IIa1：日本海側内陸の気候地域．夏に高温，冬には雪がやや多い．

IIa2：日本海側盆地の気候地域．夏に高温，冬には雪が少ない．

IIb：日本海側山地の気候．年間通じ降水量が多く，特に冬，雪が多い．

IIIa：日本海側の気候．夏は比較的冷涼でしばしばやませによる低温が起きる．

IIIb：冬は日本海側気候，夏は太平洋側気候の特性をもつ地域である．やませの影響が強く，冷涼．

IIIc：上記のIIIbと似ているが，冬，降雪量は比較的少なく，年を通じて見ると，太平

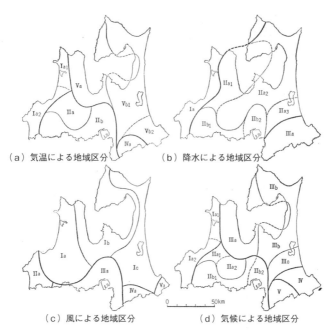

（a）気温による地域区分　　　　（b）降水による地域区分

（c）風による地域区分　　　　　（d）気候による地域区分

0　　　　　50km

図8　青森県の気温・降水量・風・気候による地域区分（出典：吉野正
敏・設楽寛原図（出典：設楽，1973））

洋側気候に近い.

IV：太平洋側気候であって，夏は冷涼，冬
は晴天が多く，乾燥している.

V：太平洋側の内陸性気候であって，暖候季に
は高温になる. やませの影響は比較的弱い.

7.　過去の気候

　青森県に水田耕作を伴う弥生文化が到達し
たのは弘前では紀元前400年とされる. ま
た，太平洋岸の八戸では紀元前350年であ
る. 弥生中期には畔によって区画された656
面の水田が田舎館垂柳遺跡で発見された（太
田，1993）. この頃，縄文時代から弥生時代
にかけて寒冷化傾向であったが，集落の小型
化，海面低下による水田面積の拡大などに
よって，水田耕作限界の北上をもたらした
（吉村，2005；吉野，2011）.

　青森県における最も興味ある稲作集落の時
代的変遷は図9に見られる. すなわち，図9
の（a）は紀元前1世紀頃（弥生中期初頭）
で，東北地方では仙台平野まで北上した. こ

れと飛び地状に青森県の下北半島に見られ
る. ここのコメは温度変化に敏感なジャポニ
カ型で，夏の高温により成長が促進される特
色がある. この分布は，日本海側を北上し津
軽海峡から太平洋に出て，北（北海道方向）
と南（青森県太平洋岸方向）に分流する暖流
の影響限界と理解できる. 縄文時代から低温
化傾向にあったものの，弥生中期以前の温暖
な気候下の現象である. したがって，さらに
低温化した弥生中期中・後葉（1世紀頃；図
9の（b）），後期（2世紀頃；図9の（c））
には存立しなくなった.

　6世紀末には気候はよくなり，災害は減っ
てきた. しかし，冬の多量の積雪，長い根雪
期間，そのためによる田植え時期の低水温，
夏のやませによる低温は農村社会の発展を停
滞させた.

　津軽の古代遺跡数は9世紀後半に急増し，
10世紀にピークを迎えた（三浦，2006）.
東北地方の南の地域に住む人たちは，8～9

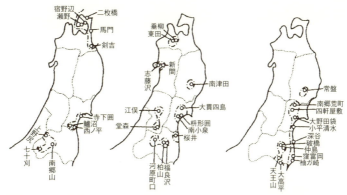

（a）弥生中期初頭（B.C.1世紀頃）　（b）弥生中期中・後葉（1世紀頃）　（c）弥生後期（2世紀頃）

図9　弥生時代における東北地方の稲作地域（1点鎖線の内部）（出典：山形県，1982；
吉野，2011による）

世紀には温暖化の影響を享受したが，津軽では9世紀後半以降に出羽・陸奥からの集団移住者による開拓期を迎え，変化が遅れて現れたのであろう．

江戸時代は世界的に小氷期とよばれる寒冷な気候であった．八戸藩・盛岡藩・弘前藩・津軽藩の日記によると，元禄・天明・天保の冷害による被害は特に大きかった．その凶作による餓死者の惨状，産婦の流産など眼をおおうほどであった．東北・北陸地方では，1692（元禄5）年以降冷夏が頻発したが，例えば，津軽藩では1695年8月27日（元禄8年7月7日，旧暦）と同年9月3日（7月14日，旧暦），夏にもかかわらず露霜が降りるほどの低温であった．この年の8月（旧暦）から1696（元禄9）年8月（旧暦）までの餓死者数は永禄日記によれば20万に達した（卜蔵，2001）．

B. 青森県の気象災害

青森県は関東以西の地域に比べて強い台風に襲われることは少ないが，それでも台風は気象災害の大きな要因である．1991年9月28日の台風19号は，最大瞬間風速50 m/sを超える強風を伴い，死者9名の被害のほかリンゴの大落果をもたらした．加えて，暖候期の大雨や冬季の大雪，冬から春にかけての発達した低気圧による暴風災害が起きる．1975年8月5日〜6日には，寒冷前線の通過に伴う大雨により，地域によっては降水量が100 mmを超え，岩木町（現・弘前市）百沢では土石流により死者22名の被害が起きたほか，各地で河川が氾濫して建物や土木・通信施設，農地など多方面に被害が及んだ．1977年8月5日にも低気圧に伴う大雨で岩木川などが氾濫し，弘前，黒石両市で死者・行方不明11名の被害が起きた．

C. 青森県の気候と農業

1. 凶作

明治時代以来，青森県においては3回の冷害頻発期があった．すなわち，「明治凶作群」（1897（明治30）〜1913（大正2）年），「昭和初期凶作群」（1931（昭和6）〜1954（昭和29）年），「昭和後期凶作群」（1976（昭和51）〜1993（平成5）年）である．

青森測候所（現在の青森地方気象台）が観測を開始した1882年以降の平均気温の経年変化とコメの収量の経年変化を図10に示す．この図で特に注目しなければならないのは，収量の大きな変動があるのは収量が長期的には上がってきた時期である点である．これ

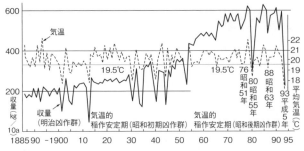

図10 青森県のコメの収量（kg/10a）と青森の7月平均気温（℃）の経年変化（1885～1995年）（出典：卜蔵，2001）

は，冷害に強い品種の開発や，早生（冷害に対して強いが収量は少ない），中生，晩稲・奥稲（多収量だが冷害に弱い）を栽培する比率を変える，水田面積を減らし他の穀物の栽培面積を増やすなどの冷害対策が，20～二十数年は効を奏するが，その後の20～二十数年に著しい低温が出現し，冷害多発期（振幅の大きい期間）が現れることを示している．

1980年と1981年の青森県における市町村別コメ収量（kg/10a）の分布と地区別作況指数の分布を図11に示す．1980年の場合，5月末まではやや低温，6月末までは好天で初期のイネの成育は順調であったが，一転オホーツク海高気圧が停滞発達してやませが連続し，8月は異常低温・多湿となり，イネは障害不稔，開花受精障害による大冷害となった．下北半島では作況指数1，収穫皆無の市町村もあった．

この図によって，津軽半島・下北半島，県中央部の北半部で特に冷害がひどかったことがわかる．弘前地方は相対的には被害が軽かった．農林水産省東北農業試験場は①品種，②栽培法，③地力維持・増進，④水管理・土地基盤整備に分けて，この大冷害を分析した．この時代から，青森県の農業気象対策にアメダスや気象衛星ひまわりの観測結果を生かせるようになった．

2. リンゴ

リンゴの生産には気候条件が大きく関わる．2010年度の青森県におけるリンゴ収穫

(a) 1980年

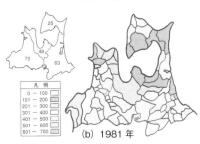

凡 例
0 ― 100
101 ― 200
201 ― 300
301 ― 400
401 ― 500
501 ― 600
601 ― 700

(b) 1981年

図11 冷害年の青森県における市町村別のコメの収量（kg/10a）と地区別作況指数（左上）（出典：卜蔵，2001）

量は457,000トンで，日本全国の収穫量（845,000トン）の54％を占める．県別では第2位の長野県の19％を大きく引き離して，第1位である．しかし，リンゴは永年作物である果樹だから，毎年変動する気象条件への対応が難しい．また，生育期ばかりでなく休眠期も気象条件に温度反応がある．発芽期・開花期・成熟期・落葉期の季節の遅延は果実の品質に関係する．着色不良・日焼け

果・低酸化などへの日照・日射の影響も大き
い．春の遅霜・強風，夏の低温・降雹・偏東
風（やませ），夏から秋の台風の襲来，冬の
積雪などによる被害は起きるが，青森県にお
けるリンゴ栽培には，気候・季節条件として
比較的安定していることが全国第1位を維
持している理由である．しかし，台風が襲来
した場合の被害は大きく，1959年の台風14
号・15号，1991年の台風19号（いわゆる
りんご台風），1993年の台風13号，1998
年の台風10号などのときの被害は深刻で
あった．強風・突風による落果・根元からの
引き抜かれ，樹幹の引き裂かれなど，壊滅的
な被害を受ける．

　このような災害を克服しながらリンゴ栽培
は成長した．県内では主力品種「ふじ」につ
いてみると，津軽平野に集中し（渡辺，
1998），最も収穫量が多いのは弘前市の
75,000トン（1999年の統計）である．

［吉野正敏］

【参考文献】

[1] 青森県史編さん自然部会，2001：青森県史自
　　然編地学，青森県，625p.
[2] 青森県農林部農業指導課，1986：青森県の気
　　象と農業，青森県．
[3] 青森地方気象台，1986：青森気象100年，青
　　森地方気象台．
[4] 秋田真，1993：津軽半島における海陸風の局
　　地気候学的研究，弘大地理，29，1-6.
[5] 浅利有子，1980：津軽平野における卓越風の
　　分布について，弘大地理，16，14-19.
[6] 太田昭夫，1993，東北地方の水田遺構，森浩
　　一・佐原眞監修：考古学の世界，第1巻，北海
　　道・東北，ぎょうせい，185-187.
[7] 設楽寛，1975a：東北地方の気候，日本地誌，
　　第3巻，日本地誌研究所，二宮書店，35-52.
[8] 設楽寛，1975b：青森県の気候，日本地誌，
　　第3巻，日本地誌研究所，二宮書店，203-207.
[9] Shitara, H., 1963: Meso -climatic divide seen
　　from the discontinuity of the weather. Sci. Rep.
　　Tohoku University, 12.
[10] Shitara, H., 1964: Sea breeze air-mass
　　boundary in coastal plain as an example of
　　meso-climatic divide. Sci. Rep. Tohoku
　　University, 13.
[11] Shitara, H., 1966: A climatological analysis

of the weather distribution in Tohoku District
in winter. Sci. Rep. Tohoku University, 15.
[12] 鈴木忍，2003：青森県鶴田町におけるヒート
　　アイランド現象，弘大地理，38，13-17.
[13] 高橋晃子，1992：アメダスデータによる夏季
　　の十和田湖の湖風の中気候学的研究，弘大地理，
　　28，18-22.
[14] 福田友之，2007，弥生の水田耕作と津軽海峡：
　　北方社会史の視座，歴史・文化・生活，第1巻，
　　清文堂，136-141.
[15] 卜蔵建治，2001，忘れたころの天災（天変地
　　異），青森県史編さん自然部会編：青森県史，自
　　然編地学，第Ⅵ章，409-498.
[16] 牧田肇，1981：弘前市から観察した岩木山の
　　雲の垂直分布，弘大地理，17，1-6.
[17] 三浦圭介，2006，北日本古代の集落・生産・
　　流通，熊田亮介・坂井秀弥編：日本海域歴史大
　　系，第2巻，古代編，Ⅱ，清文堂．
[18] 保村有美，2005：青森市における降雪の特性
　　──大雪時における季節風の挙動と地形の影響，
　　弘大地理，39，9-14.
[19] 柳川健一，1991：北八甲田山山地における偏形
　　樹を中心とした諸気候景観の地生態学的研究，弘
　　大地理，27，65-71.
[20] 山形県，1982：山形県史第1巻，原始・古代・
　　中世編，山形県．
[21] Yoshino, M., 1973: Studies on wind-shaped
　　trees. Their classification, distribution and
　　significance as a climatic indicator.
　　Climatological Notes, Tsukuba University, 12, 1
　　-52.
[22] 吉野正敏，1987：新版小気候，地人書館，
　　298p.
[23] 吉野正敏，2005：歴史に気候を読む，学生社，
　　197p.
[24] 吉野正敏，2011：古代日本の気候と人びと，
　　学生社，198p.
[25] 吉村武彦，2005，ヤマト王権の成立，吉村武
　　彦編：古代史の基礎知識，角川書店，67-77.
[26] 力石國男・林敏幸，1995：地形による風の収
　　束と青森市の降雪，雪氷，57，221-228.
[27] 力石國男・卜蔵建治，2001，四季の彩り（気
　　象と気候），青森県史編さん自然部会編：青森県
　　史，自然編［地学］第Ⅳ章，295-348.
[28] 和田繁幸，1990：重回帰分析による青森県の
　　根雪期間と最大積雪深の推定の基礎的研究，弘大
　　地理，26，14-20
[29] 渡辺あゆみ，1998：青森県のりんご栽培と気
　　候，弘大地理，34，59-63.

岩手県の気候

A. 岩手県の気候・気象の特徴

1. 概要

　岩手県は，本州の北東部に位置し，その形状は東西約 122 km，南北約 189 km と南北に長い楕円形をしている．その広さは北海道に次ぐ面積（15,275.01 km²）をもち，埼玉県，千葉県，東京都，神奈川県の面積を合わせたよりも広い．岩手県の内陸部の多くは，山岳丘陵地帯である．西側には，秋田県との県境に奥羽山脈が，東側には北上高地があり，ともに南北に平行に広がっている．この間に北上川が南に向け流れることで平野を形成し，日本有数の穀倉地帯となっている．また，岩手県の太平洋沿岸部は，本州最東端の重茂半島により形成された宮古湾を境に北側は典型的な隆起海岸で，海食崖，海成段丘による約 200 m の切り立った断崖が続き，陸中海岸とよばれている．南側は，北上高地のすそ野が沈降し，日本有数のリアス式海岸を

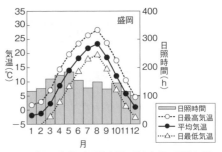

図2　盛岡の気候（日照時間，最高気温，平均気温，最低気温）

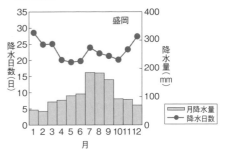

図3　盛岡の降水日数（降水量 0.0 mm 以上）と月降水量

形成している（図1）．一方，その沖合では，北からの親潮と南からの黒潮がぶつかっており，世界三大漁場の1つである三陸漁場が形成されている．宮古湾より北側では，この北からの寒流の影響で夏季，気温が著しく低くなる．

　このように，岩手県の気候は，本州で最も面積が大きいことに加え，多くが山岳丘陵による複雑な地形による影響，および暖流・寒流などの海流による影響などを受け，極めて複雑な様相を見せる．その一例として，冬季，県西側に位置する湯田・沢内地域は日本有数の豪雪地帯であるが，ほぼ同じ緯度で東に約 100 km 離れた陸中海岸の沿岸地域では，快晴と乾燥が続き，同じ県内でも東西方向に気候は大きく変化している．

　岩手県の気候は，このような地理的条件および海流によって特徴づけられる．これらを地域で大別すると，奥羽山脈よりの県西部，北上川流域の北上盆地，北上高地，陸中海岸

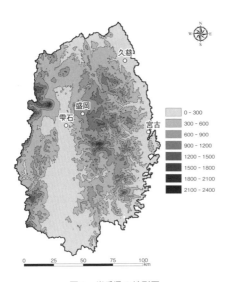

図1　岩手県の地形図

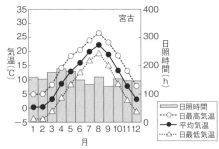

図4 宮古の気候（日照時間，最高気温，平均気温，最低気温）

という4つに分けられる．各地域の主な特徴は，奥羽山脈の山沿いは冬季雪の多い日本海側の気候を，北上川沿いの平野部は，全般的に冬は寒さが厳しく，夏は暑い内陸性の気候を示す（図2，3）．

また，北上高地は高原性の気候を，沿岸部は海洋性の気候を示す（図4）が，宮古市より北では寒流の影響を受け夏の気温が低く，冷害などの気象災害が起こりやすい．これら各地域は，それぞれ特色ある気候を示し県内のさまざまな気候現象の起源となっている．それら概観に関しては，工藤（1985）がまとめている．そこで，本稿では，最近の研究成果や具体的な現象などを交えて述べていく．

2. 本州一寒い県庁所在地とアメダス藪川

盛岡市は岩手県の県庁所在地である．人口298,348人（2010年10月1日現在）を有し，県内で最も都市化が進んでいる都市であるといっても過言ではない．周辺は奥羽山脈と北上高地に囲まれた南に開けた盆地状地形であり，内陸性気候および盆地気候を示す．日照時間は，1年を通し月100時間を超す．冬の間，奥羽山脈を越える気流の影響で晴天率が高い．しかし真冬には，昼間に積雪が融解し，夜間の放射冷却の影響により凍結してアイスバーンとなることがある．5月の連休頃，サクラが開花し北国の春がやってくる．この時期に，サクラ，コブシなど花が一斉に咲き出す．7月上旬に短期間の蒸し暑い梅雨が訪れ，その後，最高気温30℃を超える夏

がやってくるが，寒暖の差が大きいので，エアコンがなくても夜眠れるという．お盆を過ぎた頃には，窓を開けて寝られないほど気温は低下してくる．年により，やませの影響を受ける．11月には初雪となり長い冬が始まる．冬の季節風が吹いている真冬の間は，風下山岳波（北岩手波状雲：C.の「1. 北上盆地の気候と波状雲」参照）の影響を受けて風花（かざはな）となり，盛岡では，降雪日数は多いが，その割に積雪は少ない．しかし，温帯低気圧が南西から北東に向かって通過する12月と3月には時として大雪となる傾向がある．

岩手県内でも最も寒い藪川には，アメダス設置以前に盛岡地方気象台の委託観測所があり，1945年1月26日に−35.0℃の最低気温を藪川小学校（当時，アメダス藪川より北東に12 km，43 m低い）で記録した．この値が本州一の寒さとなっている．その後，アメダス藪川が1976年より玉山村藪川に設置され，本州で一番低い気温が観測されることで有名である．ちょうど設置した年の1976年7月1日には，夏にもかかわらず−2.3℃を記録（盛岡では4.3℃）している．この設置は，1960年完成の岩洞湖アースロックダムの施工後にあたる．岩洞湖は，岩手県の中央部やや北寄りの，北上高地の中にある人造湖である．盛岡市より約20 km，国道455号線を車で1時間弱，アメダス藪川よりも約1 km先にある．ワカサギ釣りで有名で，氷上釣りは例年1月上旬の結氷後に解禁される．

近藤（2011）によると，藪川の低温は放射冷却による冷気湖の形成によるとされている．朝の最低気温が異常に下がる条件として，「①晴天の，②微風夜で，③積雪により地表層の熱容量と熱伝導率が小さく，④大気全層が乾燥して大気放射量が小さいとき」としている．アメダス藪川の標高（680 m）と岩洞湖の水面標高がほぼ同じであり，岩洞湖とその周囲に溜まる冷気湖現象が生じ，その西側に位置することにより低温が生じ，また，約1 km西には外山湖（標高が若干低い

（670 m））が存在し，東西方向の谷筋となっていることなどが影響している．その後，玉山村は 2006 年 1 月に盛岡市に編入され玉山区となり，県庁所在地となった．このように，盛岡市は 1 年を通して晴天率が高いことも合わせ，夜間の放射冷却がよく効き，とにかく「寒い」をイメージする土地柄である．

3. 沿岸の気候

沿岸の気候で，日照時間に目をやると，その特徴の 1 つは，秋雨の後に，冬を迎え，春先まで続く日照時間の多さである．内陸部の約 1.5 倍はあり，沿岸部では暖かな冬を過ごすことができる．これは，北西の季節風が奥羽山脈を越え，さらに北上高地からの下降風による昇温が生じるためである．もう 1 つの特徴は，6 月，7 月の「やませ」による日照時間の減少と気温低下である（C. の「2. やませと宝風」参照）．

一方，沿岸沖の海況に目を向けると，北からの親潮と南からの黒潮がぶつかり合い，寒流と暖流に伴う豊富な種類のプランクトンが，魚の生育に適した環境を作り出し，世界三大漁場の 1 つとしても有名である．夏季や低気圧通過時など，その寒流の洋上に南からの暖かで湿った空気が流れ込み霧を発生させる．また，冬季北上高地からの下降風は，三陸沖洋上に吹走し，筋状雲を発生させる．梅雨から夏季には北東からの季節風に伴う「やませ」が下層雲や霧をもたらすため，沿岸部に比べ洋上では，年間を通して霧や雲が多く発生している．

B. 岩手県の気象災害

NHK 朝の連続テレビ小説「あまちゃん」で登場した小袖海岸は，久慈と野田の中間に位置し，断崖と赤銅色の岩礁の海岸で，「北限の海女」としても有名である．この久慈周辺の気候で特徴的なことは，奥羽山脈越えの西風によるフェーン現象である．フェーンというと日本海側の現象と思われがちだが，岩手県では 1983 年 4 月に久慈市で大規模な山林火災が発生している．久慈消防署の調べによると，火災は，4 月 27 日正午過ぎに出火．鎮火が確認されたのは，翌々日 29 日の 15 時 30 分である．焼損面積は 1,084.6 ha であり，住宅 45 棟，非住家 179 棟が焼け落ちた．27 日のアメダス久慈の資料を見ると，9 時過ぎから西風に変わり 1 時間で 10℃ 以上気温が上昇している．これに先立ち，24 日（久慈の最高気温 24.4℃），25 日（同 28.3℃）にも，フェーン現象が発生，気温が上昇して乾燥していた．さらに，8 日間降水がなく，久慈消防署が火災警報を出していた．

真夏の県北は，やませが頻繁に起こり，前述したように極端な低温傾向を示す．日照の不足と低温により農産物への被害は大きい．図 10 のように，北東洋上から横に広がった雲の壁が侵入してくる様は，砂漠の砂嵐に似ている．

2016 年 8 月，北上を続けていた台風 10 号は，30 日 18 時前，大船渡市付近に上陸した．1951 年の統計開始以来，岩手県に台風が上陸するのは初めてのことになる．この結果，北上高地の東側斜面を海上からの湿潤な空気が上昇し，多くの降水をもたらした．岩泉町では小本川の氾濫により，老人福祉施設で 9 名が亡くなった．同時に，台風による高潮の被害ももたらされた．久慈市などは，海からは高潮の被害，山からは降水による河川の増水により，市内の駅周辺部が広い範囲にわたって家屋が浸水の被害にあった．

C. 岩手県の気候と人々の暮らし

1. 北上盆地の気候と波状雲

「盛岡の人は傘をささない」．この著者の疑問を解く鍵は，お天気雨と風花にあった．吉野（2008）は，北西風が吹く時に奥羽山脈上に風枕雲ができ，その風下側に波動が生じて，雫石上空に位置を留めるローター雲（波状雲）が存在することを示した．筆者は，この山越え気流に伴う第 2 のローター雲が岩手大学上空にあること，ローター雲の出現頻度は北西の季節風が強い冬に多く，南風が多い夏に少ないことを見出した．また，ローター雲の出現条件は，風上側の風向が北西で

あり，風速が上空ほど増加していること，盛岡市上空の凝結高度（地上の空気をもち上げたとき，湿度が 100 ％になる高さ）が 1,200 m 前後であること，盛岡地域がローター雲出現の条件に最も適した領域であることを示した．このローター雲を吉野正敏氏の助言もあり，「北岩手波状雲」と名づけた．

このように，北上盆地内は，奥羽山脈越え波状雲の影響を大きく受け，停滞したローター雲の領域と晴天の領域が北は八幡平，南は一関まで，ほぼ東西方向に縞状に発生する．雲の領域での降水や降雪が晴天域に流されてくるため，お天気雨や風花となる．また，北上盆地は，朝日が昇るとき西側の空を見ると，ローター雲の降水が原因で虹が発生する頻度が高い．これら気象現象を現地の人々は生活経験として幼い頃から体感し，傘をささないのである．

2. やませと宝風

沿岸の夏といえば「やませ」，漢字で山背，山瀬，野間瀬と書く地域もある．本来は，日本海側で山から吹く風として定義され，それらが，日本海側，津軽海峡を経て岩手県まで伝来し，現在では，オホーツク海高気圧に伴う低温で湿潤な北東風をさす．県沿岸北部では，6〜8月にかけて吹走し，海上を進む間に霧や雲を伴い，8月でも長袖の服を着るような寒さとなる．その範囲は，青森県下北半島から，南限は茨城県に及ぶとされる．図5は，北東側に口を開けている山田湾を進行するやませの霧である．

やませの低温は米の作況指数に大きく関わり，県北における冷害の主因とされている．1993年には，梅雨前線の長期停滞による日照不足と長雨により，日本全体の作況指数が著しい不良の基準（90）を下回る74，東北全体は56，やませの影響が大きかった青森28，岩手30と戦後最低であった．また，岩手大学ゆかりの詩人宮沢賢治は，「雨ニモマケズ」の中で“サムサノナツハオロオロアルキ（寒さの夏はおろおろ歩き）”とやませによる冷夏を表現している．

一方，やませが東風として，北上高地，北

図5 高度約 300 m の冷気流となって，山田湾に流れ込む様子，左側から右側にかけて V 字谷を通過後広がる様子（梶原昌五氏提供）

上盆地，奥羽山脈を越えると，生保内だし風のようにフェーン現象が生じ，秋田県側は高温・乾燥となり，豊作になる場合がある．このだし風を「宝風」とよび，民謡の歌詞や地名などに残っている．太平洋側が凶作の時でも，日本海側で豊作になることがあるというわけである．ただし，やませが秋田県側に冷気をもたらし，稲作に悪影響を及ぼすこともある．

3. 北上川流域に沿った散居集落と防風林

北上川流域には，冬の季節風やおろし風などから屋敷を守る防風林が存在する．どの防風林もある一定の方向に構えて植えられている（図6）．奥州市胆沢地域では，防風林を居久根（イグネ）とよんでいる．

防風林の木の種類は，スギ，檜葉（ひば）が多く，その理由としては比較的成長が速いことや，成長後，家など建造物の材料に活用したり，燃料，肥料，室内温度調節にも役立つことがあげられる．木々の根に近い部分は成長とともに枝葉がなくなるので，木積間（キヅマ）といわれる薪を積み上げた塀で地面付近の強風を避けている．冬は季節風を防ぎ暖かく，夏は涼しく，緑豊かで，快適な住環境を形づくっている．先人の知恵といえよう．

図6　(a) ドローンで矢巾町上空 150 m から撮影
した南東側の防風林の分布（北西風への構え）
(b) 木積間（キヅマ），防風林の下部を補うため
に設置され，生活用の薪などにする．

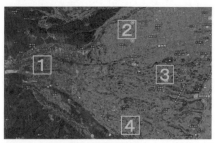

図7　奥州市の扇状地の衛星画像と一辺 1 km 四方
の各エリア（左が西方）

八幡（2013）は，奥州市に見られる扇状
地内の一辺 1 km の正方形とする4つのポイ
ント（扇状地の扇の要付近（①），及び放射
状に広がる上方（②），中央（③），下方
（④））を決めた（図7）．

　まず，それぞれの地点で，家と防風林が存
在する家の数を確認し，どのくらいの割合で
防風林が存在するかを調べた．次に，8方位
で防風林の方角を決めることで方位の傾向を
調査した．表1のように，各地点で8割を
超える防風林が存在することがわかった．特
に，扇状地の要（①）では，98％にも達し

表1　各エリアにおける防風林の存在割合

軒数	地点①	地点②	地点③	地点④
家の軒数	87	139	154	75
防風林の
ある家	85	116	133	70
防風林の
ない家	2	23	21	5
存在割合	98%	83%	85%	93%

た．この地域では，西高東低の気圧配置が強
まり，冬の季節風が強くなると予測される
と，避難所に避難するという．地点①の防風
林の方角ごとの頻度は，西→北西→北の順に
なった．冬の北西季節風に対する構えであ
る．地点②では，南寄り，地点④では北寄り
が①・③よりも多い傾向にあった．結果，奥
州市の防風林は，扇状地の広がりに沿って構
えていることがわかる．この傾向は，盛岡北
部から始まり，紫波，矢巾，花巻，北上，奥
州まで続く．

4．奥羽山脈の地峡風と西和賀の豪雪

　奥羽山脈の中に東西方向の V 字谷が存在
する地域（北上市湯田ダム，花巻市豊沢ダ
ム，紫波町山王海ダム）では，ダムの風下側
（東側）で，強い冬の季節風が V 字谷により
加速され，台風並の風速になる．その代表例
が錦秋湖の湯田ダムである．国土交通省東北
地方整備局北上川ダム統合管理事務所湯田ダ
ム管理支所から提供された 2009 ～ 2012 年
の冬の季節風が卓越する月の気象データは，
季節風が弱い日を含め平均で約 20 m/s，日
最大瞬間風速 30.0 m/s を超え，2012 年 4 月
4 日には 41.5 m/s と台風並みの値を記録し
ている．支所の代々の所長の間で，「ここの
風は魔物である」ということが語り継がれて
いるほどである．同様に，花巻市豊沢ダム，
紫波町山王海ダムでも，簡易風速計で 8 ～
22 m/s の吹き下ろしの風が観測されている．
このV字谷を流れ出る風は，日本海側から
侵入する雪雲を伴うため，ダムの北上盆地側
エリアでは，地峡風によってもたらされた積
雪や吹雪も多い．これは，東北自動車道の
地吹雪地帯の標識の地域（図8）とほぼ一致
する．この秋田から北上盆地に向かう V 字

図8　地吹雪発生時の状況（八幡平市付近，左側：
　　奥羽山脈）（2013年3月27日11時）

(a)

(b)

図9　(a) 野田村に迫り来るやませの雲　正面方
　　向が北東の太平洋側である．（2015年6月坂本
　　有希氏撮影）(b) 野田村の田圃の上を吹走する
　　やませ　稲の成長期にやませが来ると低温のため
　　不作となる．

谷は，地元では，「仙人の窓」と語り継がれ
ており，雪が日本海から通り抜けてくること
を意味している．

　一方，西和賀町の湯田ダムから北側の沢内
盆地は，秋田県側の雪が奥羽山脈を越えて降
るために，秋田県側の横手市とともに日本有
数の豪雪地帯であり，2月には積雪が2mを
超えることが多い．この地には，県内有数の
地ビール工場がある．豪雪地帯のため，清冽
な天然水が豊富な環境であり，また気候もド

図10　チャグチャグ馬コ（手前には田圃に苗，後
　　ろには残雪の南部片富士岩手山）

イツのバイエルン地方に似ているため，醸造
所を作るのに適した地であったことも要因の
1つである．

5.　チャグチャグ馬コ
　岩手県は，古くから馬の産地として知られ
ている．江戸時代以前は，主として軍馬や騎
馬として使われていた．寛政年間（1789年
頃）から農耕用として農民が家族同様の愛情
を注いで飼うようになり，人と馬がひとつ屋
根の下で暮らす南部曲り家が造られた．

　このような馬を愛する精神をもとに，自然
に生まれたのが馬の神をまつる蒼前神社の
「チャグチャグ馬コ」という祭りである．も
ともと5月5日に開かれていたが，この頃，
田植え前の重労働が続くために，この日だけ
は仕事を休み，神社の境内で1日を過ごす
という風習が生まれた（図10）．

　その後，時代とともに旧暦の5月5日が
田植えの最盛期と重なるようになり，1958
年からは新暦6月15日に変更された．さら
に，多くの人々の見物を想定し，2001年か
ら6月の第2土曜日に開催日を変更した．
文化庁の「記録作成等の措置を講ずべき無形
の民俗文化財」に選定されている．もともと
は農民の祭典であり，山肌に残雪が描く模様
（雪形）によって田植えや種まき時期を決め
たことと同じように，いわば農事暦の中の
「晴れ」の日，四季のめぐりの象徴ともいう
べき祭りである．　　　　　　　　　［名越利幸］

【参考文献】

[1] 工藤敏雄, 1985：岩手のお天気, 岩手日報社, 271p.

[2] 近藤純正, 2011：気象の ABC「放射冷却——最低気温, 結氷, 夜露」, 天気, 58 巻, 75-78.

[3] 滝沢市ホームページ（2016 年 12 月 20 日閲覧）.

[4] 西山絢美, 2015：奥羽山脈越え山岳波の数値的研究, 岩手大学教育学部卒業研究（理科）.

[5] 八幡和典, 2013：北上川流域における防風林の分布に関する気象学的研究, 岩手大学教育学部卒業研究（理科）.

[6] 吉野正敏, 2008：世界の風・日本の風, 成山堂書店, 140p.

宮城県の気候

A. 宮城県の気候・気象の特徴

1. 概要

　東北地方を南北に二分したとき，宮城県は南東北に属し，奥羽山脈の太平洋側に位置する．日本列島を北から塗りつぶしていき，宮城県中部で止めたとき，塗りつぶした面積は約 12.5 万 km² であり，これは日本の国土面積約 37 万 km² の約 1/3，すなわち宮城県は，国土の北から 1/3 の位置にある．宮城県は北にあるから寒いのでは？　という問いかけに答える意図で，気象官署 157 地点で気温などの低い順のランキングを調べてみた（表1）．仙台は後述のとおり都市気温の影響があるので，ここでは石巻で作成した．気象官署も中央・西南日本の密度がやや高いので，石巻は北から 34 番目（22%）の気象官署であった．

　表1を見ると，石巻の年平均気温は位置相応である．そして1月は少し温暖で，7月は冷涼であることがわかる．降水量は少なめで特に冬が少ない．冬季の晴天・乾燥傾向は

表1　石巻の順位

気候要素		値	全国
日平均気温	年	11.6℃	低温から 34 位
	1 月	0.7℃	低温から 38 位
	7 月	21.4℃	低温から 29 位
日最高気温	7 月	24.6℃	低温から 24 位
日最低気温	1 月	−2.6℃	低温から 41 位
降水量	年	1066.9mm	寡雨から 13 位
	1 月	34.9mm	寡雨から 6 位
	7 月	148.2mm	寡雨から 43 位
日照時間	年	1939.1 時間	寡照から 97 位
	1 月	165.5 時間	寡照から115 位
	7 月	138 時間	寡照から 25 位
相対湿度	年	75%	高湿から 32 位
	1 月	71%	高湿から 47 位
	7 月	84%	高湿から 27 位
最深積雪	年	17 cm	多雪から 59 位
降雪深合計	年	54 cm	多雪から 61 位
風速	年	4.1 m/s	強風から 32 位

図1　宮城県の地形

日照時間や湿度を見ると一段と明瞭である．一方，夏季は寡照・多湿が特徴的である．

　宮城県の地形は，北上高地と阿武隈高地が宮城県の北部と南部にかかっているが，中部は切れていて仙台湾を介して太平洋に露出した形である．西側を境する奥羽山脈は連続的に連なっているが，80 ～ 100 km の波長で高所と低所があり，低所は東西風の通り道となる．仙台湾の沖合では黒潮と親潮が会合しているが，沿岸部は親潮が優勢で，金華山の北にある江ノ島の海面水温は真夏でも 22℃ 未満であることが多い．

　沿岸部を石巻，内陸部を古川で代表させ，月別の気温と降水量の平年値を見てみよう（図2）．冬季（1月）の気温は石巻で 0.7℃，古川で −0.1℃ と石巻が高い．夏季（7月）は逆に古川で 22.0℃，石巻で 21.4℃ と古川が高い．このように年較差，そして夏冬それぞれの日較差を比較すると古川で大きくなり，沿岸と内陸の差が表れている．ところが降水量を見ると，夏冬とも古川の方が多い．後述するように古川の冬季は西から雪雲の侵入することが多いが石巻までは達しない．夏季の石巻（沿岸部）は東風で寡照となるが，降水量は多くない．石巻の年降水量は 1,067 mm で全国 13 位の少なさである（表1）．

2. 宮城県内各地の季節推移

　まず仙台における天気の季節推移を見てみ

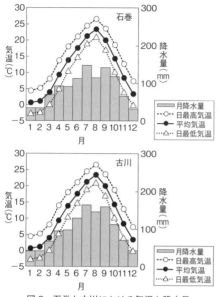

図2 石巻と古川における気温と降水量

れらは日本列島の太平洋側にほぼ共通する季節推移パターンであるが、関東以西に比べ盛夏季が短いのが特徴である。次に県内の差異に注目しながら、各季節の特徴を見てみよう。

（1）冬季

冬季の北西季節風時に、日本列島では日本海側で雨や雪、太平洋側で晴天となるが、両者の天気界が脊梁山脈よりも太平洋側に移動し、特に山脈低所の風下で張り出しが大きい。確かに宮城県でも鳴子（なるこ）から古川にかけては、ひまわり画像によって雲列が確認され、季節風の吹き抜けが確認されることが多い。しかし多雪域は吹き抜け域とは必ずしも一致せず、鍋越峠（なべこし）から古川に至る谷筋は寡雪で、日本海側からの降雪域の張り出しはむしろ高所の風下に発現する。冬季季節風時は宮城県東部（沿岸部）と西部（内陸部）で天気予報も大きく異なるが、冬型が少し強まると沿岸部まで雪模様になるのは関東地方などと大きく異なる点である。

（2）春季

冬型が緩む時季に、本州南岸を低気圧が北東進すると、関東から東北地方の太平洋岸でも多量の雪に見舞われる。仙台における雪の終日の平年値は4月7日で、最晩日は5月15日（1993年）である。サクラに雪どころか若葉に雪という光景も決してまれではな

よう（図3）。冬季は晴天日が2/3程度を占めるが雪の日も多く、これが雨に替わるのは「雨水（うすい）」を過ぎた3月中旬である。雨天日は6月中旬から急増し、7月の下旬に一度減少するが、8月中旬以降再び増加し第2の極大を迎える。10月の中旬以降、晴天日が増加し、11〜12月は晴天率が高い。こ

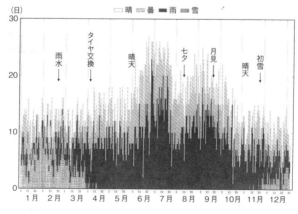

図3 仙台の天気日数（30年間の季節変化）

い．平年におけるサクラの開花は4月12日，満開は18日で，東京よりも2週間ほど遅い．県内では大河原町（おおがわら）から仙台市にかけて東北本線に沿って南北にのびたゾーンで開花が早く，標高の高い丘陵部や海面水温の低い沿岸部では1〜2週間も遅くなる．

丘陵地と山地が冷温帯広葉樹（ブナ）林帯に属する宮城県は，青葉（芽吹き）が大変美しい．ただしサクラと同様に，芽吹きも温暖化の影響を受けて1990年代以降早まっており，仙台の青葉まつり（5月の第3土曜）には「深緑」となっていることが多い．

（3）梅雨季

南東北の平年の梅雨入りは6月12日頃，梅雨明けは7月25日頃で，いずれも関東以西に比べ4〜5日遅い．また梅雨入り後も梅雨前線は列島の南岸沖にあることが多いので，梅雨季前半の宮城県は雨天よりも曇天が多い．梅雨季後半に入ると雨天が増加するものの降水量は決して多くない．梅雨季の卓越風は東系統であるが，風上の海面水温が低く水蒸気量が多くないためである．ただし海上で霧の発生することは多く，東風に運ばれ侵入するため，沿岸部では7月に霧日数のピークを迎える．

（4）盛夏季

梅雨が明け，秋雨が始まるまで，宮城県も短い盛夏季を迎える．盛夏季の一般風は東〜南風であり，また前述したように海面水温の低い海域が迫っているため，沿岸部では海風がよく発達する．海風が始まると上昇し始めた気温はそこで「頭打ち」の状態になる．「真夏日」の日数は仙台で17.9日，石巻で7.7しかなく，山形の37.1日と際立った対照を見せる．宮城県の気温の日較差は海風の影響を大きく受ける．夏季（6〜8月）では石巻や仙台の日較差は7℃以下だが，仙台湾からの距離に比例する形で大きくなり，内陸に位置する白石（しろいし）では8.1℃もあり，福島（8.6℃）や山形（9.6℃）の盆地に匹敵する大きさである．

（5）秋季

台風の平均的な経路を想定すると，宮城県など東北地方太平洋側は，台風の直撃を受けにくい位置にあるといえる．実際，2016年9月に岩手県に上陸した台風10号は，1951（昭和26）年に気象庁が統計を取り始めて以来初めてこの地域に上陸した台風となった．海面水温の上昇に伴う今後の動向が注目される．10月下旬には山々で紅葉が始まり，ケヤキやイチョウなど市内の街路樹も11月中旬には鮮やかに紅葉する．11月中旬から12月にかけての晴天率はすこぶる高く，青空をバックに錦秋と山々の雪景色を楽しむことができる．

3．仙台の都市気候

仙台は2016年10月現在，人口108万人を超え，東北地方の拠点都市として発展を続けている．市街地は広瀬川の段丘上に位置し，南東方向は沖積平野が広がり，今日では大きく減少したものの，大都市近郊としてはかなり広く水田が残存している．

都心が郊外に比べ高温となる現象をヒートアイランドとよぶ．ヒートアイランドは一般的に冬季，そして夜間に発達するといわれるが，仙台市の場合，冬季は通常風が強いため気温差が小さくなり，春秋季の夜間に最も発達する．しかし，ヒートアイランド現象への関心が高まるのは酷暑の場合である．酷暑時のヒートアイランドの緩和には，海風を市街地に招き入れ「風通しの好い」街を作っていくことが大事である．

ヒートアイランドは経年的解析も可能である．気象観測を開始した1927年当時の仙台は人口20万人程度であったが，その成長に伴ってヒートアイランドも発達してきている．ただし気温の経年変化には自然変動が含まれているので，仙台都心の対照となる郊外データが必要である．仙台市の南方約30 kmに位置する亘理町（わたり）は，東方の海岸との距離や西方の丘陵地の状況など仙台市と類似の点が多いので，対照すべき郊外とみなすことができる（図4）．これを見ると最高気温も最低気温も，仙台が亘理に追いつき，追い越していることがわかる．両者の差の経年変化を見ると，仙台は亘理に対し，80年間

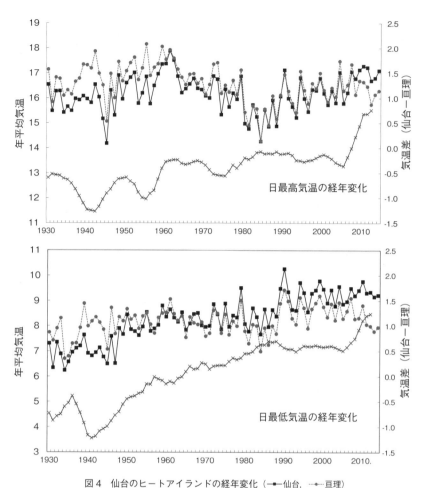

図4　仙台のヒートアイランドの経年変化（━■━仙台，┅●┅亘理）
━×━は気温差（仙台-亘理）を示す.
2008年3月に亘理の最高 / 最低気温の算出方法に変更があっため気温差がジャンプしている.

の間に最高気温では約1.8℃，最低気温では約2.5℃も上昇していることが明らかになった.

B. 宮城県の気象災害

1. やませ

梅雨季を中心にオホーツク海高気圧から吹き出す冷涼な北東風をやませとよぶ．やませには持続性があり，梅雨明けの時期になって

も太平洋高気圧が弱く，梅雨前線が居座ると，冷夏となり，稲作などに甚大な被害をもたらす．東北地方は，明治（1902～05年），昭和初期（1931～34年），昭和平成期（1980～82・88・93年）などに冷夏が頻発し，米どころである宮城県内においても深刻な状況に見舞われてきた．

やませは三陸沖の低い海面水温の影響で寒気が薄いため，上陸後は起伏の影響を強く受

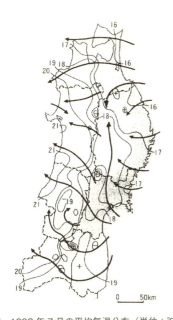

図5 1993年7月の平均気温分布（単位：℃）と
　典型的なやませ吹走時の風流れ
陰影部は気温の平年偏差−2.5℃以下を示す（菅野,
1994による）.

ける. すなわち低所は300m程度しかない
北上山地でもやませは容易にブロックされ,
北上山地の南のへり, 仙台平野から侵入し北
上盆地を北上する. また古川・鳴子から奥羽
山脈の低所を抜け, 山形県最上地方に洩れ出
すことがある. 図5は近年の典型的やませ
年である1993年7月のやませの経路と気温
分布である. 宮城県北部から北上河谷に沿っ
て18℃以下の低温に見舞われている.

　やませが東北地方に上陸する前に三陸沖で
どの程度, 熱と水蒸気をもらうか, すなわち
気団変質の大小も重要である. 海上での変質
が小さいと, より低温なやませが上陸する
が, このようなやませは安定で山にブロック
されやすく低温域は限定される. 一方, 変質
が大きいと不安定で山を越えやすく, 変質に
よって雲量が多いことと相俟って, 低温寡照
域が広範囲に拡がる（図6）. 近年は温暖化
の影響で海面水温が上昇傾向にあり, 図6
の（b）のような湿ったやませが襲来し, イ
モチ病などを蔓延させる心配もある.

2. 強風と山火事

　冬季に雪が多いのは, 奥羽山脈の高度が低
いためである. 東北地方の中央部では上空の

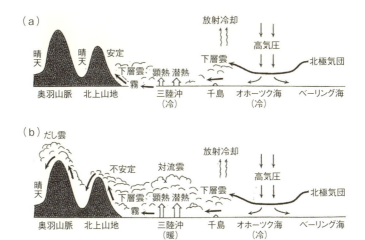

図6　やませのタイプ
（a）乾いたやませ, （b）湿ったやませ.

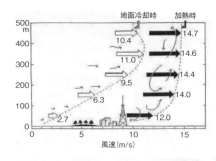

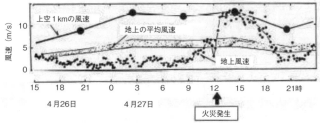

図7　1983年4月27日の森林火災

冬季季節風の風速が大きいこともあって，頭上に雪雲はないのに白いものが舞い降りてくるという現象を頻繁に経験する．降水量はゼロであっても降雪日としてはカウントされるため，仙台の平年の雪日数はひと冬に66.5日もあり，富山や金沢より多いほどである．冬型気圧配置日のひまわり画像を見ると，日本列島で雪雲が太平洋側まで侵入しやすいポイントをいくつか指摘できるが，山形・宮城県では，酒田-新庄-鳴子-古川のラインがその代表ともいえる．冬季に東北自動車道を走行すると，古川付近でにわかに曇って雪混じりの強風を経験することがある．地吹雪が視界を遮るので，急ブレーキに伴う追突事故も発生しやすい．

　春になって野山に人が入るようになると，強風と乾燥下で山火事の危険が増大する．1983年4月27日には青森・岩手・宮城県などで26件の林野火災が発生した．宮城県は件数としては2件にとどまったが，泉市（現在の仙台市泉区）松森の団地造成地で発生した火災が折からの西南西の強風に煽られ，利府町を中心に858 haの森林を焼失し

た．当日の気象条件は日本海低気圧と寒冷前線の通過時による強風であったが，約1週間前から異常乾燥注意報が継続していたことが背景にある．近藤（1983）は，前日からの晴天で27日早朝は接地逆転層が発達し，当日の晴天でそれが急速に崩壊し上空の強風が地表に降下し俄かに風速が増大したことを明らかにした（図7）．早朝の静穏で火の始末に油断が生じたことが考えられる．

3. 台風

　宮城県では発達した台風の直撃がないので強風による災害は受けにくいが，台風が房総半島付近から北東進すると湿った東風によって大雨が降りやすい．1948年9月16日〜17日のアイオン台風，1986年の台風10号がまさにそのコースをとり（図8），アイオン台風では宮城県北部（築館で460 mm）を中心に，台風10号では仙台から県南の沿岸部を中心に400 mmを超す大雨を記録した．アイオン台風では北上川が氾濫，宮城県北部でも鳴瀬川等が氾濫し，宮城県の死者・行方不明者は44名に達した．一方，台風10号の雨は沿岸部を中心に降ったため，大きな河

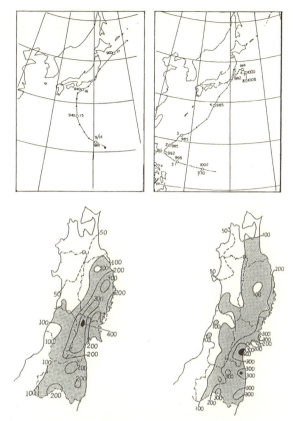

図8　アイオン台風（左）と 1986 年台風 10 号（右）
上：経路　下：降水量分布

川の氾濫はなかったが，内水氾濫によって沖
積低地のほぼ全域が冠水し，商工関係を中心
に，被害額は 1,178 億円に達した．

4. 雪害

　宮城県の山沿いでは冬季季節風で豪雪に見
舞われることもあるが，沿岸部では低気圧通
過時の雪害が圧倒的である．クリスマス停電
として知られる 1980 年 12 月 23 日〜 24 日
はその典型例である．23 日に日本海と四国
沖に発生した 2 つ玉低気圧は，24 日には台
風並みに発達，25 日には三陸沖に達した．
仙台では 24 日未明から強風を伴った非常に
湿った雪が降り，送電線に筒状に着雪し，送
電鉄塔が次々に倒壊した．その結果，仙台市

を中心に県内需要家の 40％にあたる 28 万戸
が停電，一部地域では停電は 27 日まで続い
た．この停電に伴って，信号停止による交通
渋滞が発生し，配水場もポンプの停止によっ
て 2,000 戸の断水など市民生活に大きな影響
を及ぼした．宮城・福島両県合わせた鉄塔被
害は倒壊 61 基を含む 142 基にのぼり，わが
国最大の着雪被害となった．また沿岸地域は
ハウス栽培の盛んな地域であり，雪の重みで
ビニールハウスが倒壊・破損し，甚大な被害
を蒙った．

C. 宮城県の気候と風土

1. イグネ

　宮城県の平野部では，一軒一軒の農家や小さな集落を囲む木立が目にとまる．主として防風を目的とする木立を総称して屋敷林とよぶが，宮城県を中心に岩手県から福島県，さらに北関東に至る地域では「イグネ」の呼称が一般的である．「クネ」は「久根」すなわち地境を意味し，「イ」は「家」ではなく「居」が本来の表記であることを三浦（2013）が明らかにしている．樹種はスギが優先するが，ケヤキ，ハンノキ，クロマツなども含み，低木層としてはヤブツバキやアオキが樹間をおおい，防風の効果を高めている．冬季の卓越風を意識して，家屋の西および北の二方を厚く（10 m ほど）おおうことが多い．菊地（1999）は，イグネの風下にあたる前庭では風上の水田に比べ，風速が38％減少し，昼間気温が有意に高くなることを明らかにしている．イグネは防風防寒機能のほかにも，燃料・肥料・食糧・用材の供給源ともなってきた．2011 年の東日本大震災の際には，津波から家屋を守った事例が報告されている．

　イグネは仙台近郊以外では，同じく沖積平野が広がる古川周辺にも発達している．古川から北西方向に江合川を遡ると，岩出山で減少し川渡で増加する．同じく西方向に鳴瀬川を遡ると，中新田で減少し門沢付近で増加する．このような波状の変動は，西北西の季節風が奥羽山脈を越え，山越え気流として地上に下りてきた強風域（川渡・門沢）と跳ね上がった弱風域（岩出山・中新田），および再び下りてきた強風域（古川）を表しているようである．

2. 伊豆沼の渡り鳥

　宮城県北部，登米市と栗原市にまたがる伊豆沼・内沼はハクチョウなどの渡り鳥の飛来で知られる．伊豆沼・内沼は迫川の堆積作用によってできた沼で，面積 3.7 km² ・1.2 km² に対し最大水深は 1.6 m と極めて浅い沼である．沼にはヨシ・マコモ群落が形成され，隣接する水田からの水を浄化し，ハスも繁茂

図9　伊豆沼

し，飛来する鳥たちに十分な餌を提供している．また冬季の平均気温は 0℃ 前後で，真冬日は平均で 5.2 日と，長期間の氷結を免れていることも冬鳥飛来地の条件として適している．マガンは毎年数万羽が飛来し，これは全国の 70％ 近くを占める．またハクチョウも 2,000 羽程度は飛来し，わが国有数の水鳥の飛来地として 1985 年，釧路湿原に次いでラムサール条約に登録された．ただし伊豆沼も近年，家庭廃水の流入などで水質汚濁が進行している（図9）．

3. 夏の観光イベント

　東北の短い夏を彩る花火は，8月1日〜2日の石巻川開き祭りを始め県内各地で開催されている．仙台七夕は旧暦を意識して8月6日〜8日に開催される．昔から七夕期間中1回は雨に見舞われるといわれてきたが，梅雨の最盛期である 7月7日よりはずっと星夜が期待できる．ただし7月・8月は霧の発生も多い（仙台で 10.6 日，石巻で 11.6 日）．沿岸部の霧は海上で発生した層雲や霧が東風にのって侵入するものが多く，また層雲が日没後地表に降りて霧になることも多い．都心の霧日数は減少傾向にあるが，プロ野球の東北楽天の本拠地である宮城球場は，都心よりも海側にあり，霧に見舞われやすい位置にある．

4. スキーとスケート

　12月下旬になると，市内から遠望できる山々も雪でおおわれスキーシーズンが到来する．仙台市内でも車で1時間ほどの距離に泉ヶ岳スキー場などがあるが，そもそも雪量が少ないことに加え，近年の暖冬傾向でシーズンが極端に短くなっている．奥羽山脈のス

キー場（例えば宮城蔵王）まで行けば，3月
末まで滑降可能である.

　伝統的には，太平洋側である宮城県のウィ
ンタースポーツはスキーよりもスケートで
あった. 仙台城三の丸北側にある五色沼は，
日本のフィギュアスケート発祥の地といわれ
る. 1909年に旧制二高の生徒がドイツ語教
師からフィギュアスケートを習い，その後各
地で普及に努めたという. また1931年には，
第2回全日本フィギュアスケート選手権大
会が五色沼で開催された. 仙台管区気象台の
データによれば，戦前（1927〜1945年）
は1月，2月の平均気温が−0.4℃だったの
に対し，2000〜2017年では2.1℃と実に
2.5℃も高くなっている. 近年の五色沼は寒
い日にわずかに凍る程度で，とてもスケート
ができる状況ではない.　　　　　[境田清隆]

【参考文献】
[1] 菅野洋光，1994：北日本（東北日本）の冷害.
　　地理，39-6．45-50.
[2] 菊地立，1999：屋敷林をもつ農家における冬
　　季の気温と風速の日変化特性，季刊地理学，51，
　　306-315.
[3] 小島圭二ほか編，1997：日本の自然　地域編
　　2　東北，岩波書店.
[4] 近藤純正，1983：東北地方多地点一斉大規模
　　山林火災を誘発した1983年4月27日の異常乾
　　燥強風(1)，天気，30-11．545-552.
[5] 境田清隆・藤尾公美，2000：東北地方におけ
　　るヤマセの季節性，気候影響・利用研究会会報，
　　17．19-24.
[6] 境田清隆，1994，気候と気象，仙台市史編さ
　　ん委員会編：仙台市史　自然，94-116.
[7] 仙台管区気象台，1986：昭和61年8月4日，
　　5日の台風第10号およびこれから変わった低気
　　圧による東北地方の大雨報告，東北技術だより，
　　Vol.3．No.6.
[8] 三浦修，2013：屋敷林の地方呼称「イグネ」
　　と「エグネ」およびその漢字表記について，季刊
　　地理学，64．102-105.
[9] 宮城県総務部広報課，1981：ふれあい宮城，
　　宮城県広報協会.

秋田県の気候

A. 秋田県の気候・気象の特徴

1. 概要

　秋田県は東北地方の北西部の日本海側に位置し，東西に約 70 km，南北に約 170 km あまりの長方形にやや近い形状をしている．北側は白神山地から十和田湖にかけて青森県と隣接し，東側は南北に連なる奥羽山脈の山々を境に岩手県と接するほか，栗駒山から神室山地に至る南東側の一部で宮城県，日本海から鳥海山を経て神室山地までの南から南西側で山形県と隣接しており，日本海と4県に囲まれている．

　県内には，太古の大規模な火山活動を偲ばせる十和田湖・田沢湖のカルデラ湖が位置し，田沢湖は水深日本一（最大水深 423.4 m）を誇っている．平野部には北から米代川，雄物川，子吉川が流れ，これらの河

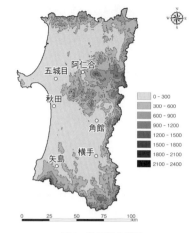

図1　秋田県の地形

川により形成された沖積平野となっている．県北には花輪，大館，鷹巣などの内陸盆地，県南には横手盆地を配している．

　秋田県は日本海に面し，県全体の東側に奥羽山脈が連なっているため，冬季はユーラシ

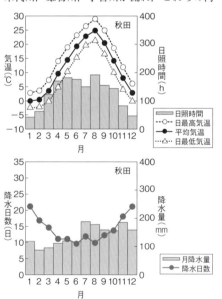

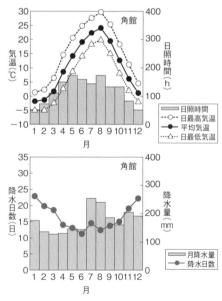

図2　秋田市・角館における気温と日照時間（上），降水量と日降水量 1.0 mm 以上の降水日数（下）　なお，気温については日平均・日最高・日最低気温の月平均値で示す．

ア大陸からの北西季節風が卓越し，温暖な対馬海流の流れる日本海上での気団変質により多量の降水（降雪）がもたらされるなど，全県が典型的な日本海側気候区に区分される．降雪量は一般に沿岸で少なく（秋田市における最深積雪の平年値は38 cm），内陸へ向かうにつれて多くなる傾向がある（横手市における最深積雪平年値は111 cm）．

東北地方に冷夏をもたらす大きな要因となるのは，オホーツク海高気圧からの北東気流「やませ」である．しかし，「やませ」は奥羽山脈によって止められるか，あるいは山脈越え時のフェーンにより温暖となって吹き下ろすため，秋田県では県北の一部を除いて「やませ」の影響は比較的少ない．

秋田県内の代表的な地点として沿岸の秋田市と内陸の角館（かくのだて）における各月の気温（最高・最低・平均），日照時間，降水量および降水日数（日降水量1 mm以上）の平年値を図2に示す．

図2の秋田市の平年気候データから，降水量の季節変化を見ると，梅雨時にあたる7月にやや降水量が多くなるものの，明瞭な多雨期は見られず，晩秋・初冬までほぼ一定の月降水量で推移している．冬季の1月から6月まではやや降水量は少なくなるが，それでも月降水量は100 mm程度あって，明瞭な少雨期は見られない．これに対し，図2の角館では7月，8月の降水量増加が明瞭なほか，全体に降水量が多い．

また秋田県内では山岳に多くの積雪があるため，5月頃まで融雪による河川流出や地下水涵養が期待できる．秋田市における年降水量平年値（1981～2010年の30年平均値）は1,686.2 mmである．また，冬季（12月，1月）に降水日数（日降水量1 mm以上）が月20日を超えるなど雨や雪の日が多く（秋田市における降雪量は水量換算で400 mmから600 mm），降水がなくとも曇天が続き，日照が少ない日が多い．このため，日照時間は冬季（11～12月，翌1～3月）を中心に月100時間を下回っている．秋田市における年間日照時間の平年値は1,526時間で，

2016年現在において都道府県庁所在地では日本一少ない．

秋田県では夏季には太平洋高気圧の勢力が極めて強い場合に奥羽山脈越えの気流によりフェーン現象が生じるため最高気温が30℃以上の高温となることも多い．冬季は内陸の角館などでは12月から翌2月まで平均気温が氷点下となるが，沿岸の秋田市では，真冬の1月，2月でも平均気温は0℃前後（最低気温が−5℃以下になる日が数日ある程度）であることが多い．県北では内陸へ向かうほど気温の日較差が大きくなる傾向が見られるが，県南内陸部では曇天のため冬季にはこの傾向が明瞭でない．

2. 秋田県の特徴的な気象現象

(1) 雷とハタハタ

典型的な日本海側の気候で冬季の降雪が多いことは前述のとおりであるが，冬の到来を告げる寒気の南下に伴い，晩秋から初冬（10月から12月）にかけて雷の発生件数が多くなる．秋田県の魚で県民が嗜好して止まないハタハタは漢字で「鰰」のほか，魚偏に「雷」の「鱩」とも書くが，これは初冬の雷と季節ハタハタ漁期の到来とが，同じ頃のためともいわれている．こうした初冬の雷を俗に「雪おこし」ともいう．

(2) 冬型の気圧配置と降雪

冬季はユーラシア大陸より北西から西の季節風が日本海へと吹き出す．日本海には温暖な対馬海流が流れ込んでおり，この緯度の冬季の海としては比較的温暖になっている．温暖な日本海上を大陸からの冬季季節風が吹くと，海面から熱と水蒸気を供給されて急速に湿潤化・不安定化して雪雲が発達する．こうした雪雲が山の北西側斜面によって強制的にもち上げられることにより，一層発達して激しい降雪をもたらす（山雪）．また，日本海上空に強い寒気が流入している場合は，雪雲が沖合ですでに発達した状態で上陸するので沿岸や平地でも多くの雪が降る（里雪）．こうした特徴から冬季の降雪が多く，1963年に秋田県全土が国の「豪雪地帯対策特別処置法」に基づく豪雪地帯（県の半分は特別豪雪

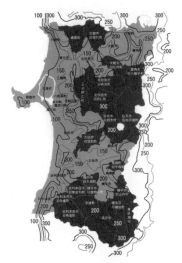

図3 秋田県における最深積雪の分布（秋田県道路課「秋田県雪情報システム」2001〜2012年度の観測値から推定）と豪雪地帯（灰色）および特別豪雪地帯（黒色）の指定状況（出典：秋田県, 2014）

地帯）に指定されている（図3）.

(3) やませと生保内だし

　前述の通り，東北地方において冷夏をもたらす「やませ」（オホーツク海高気圧からの北東気流）は奥羽山脈によって止められることも多いが，「やませ」の勢力が強い場合は山脈を越えて吹き下ろすことになる．こうした理由で生じる局地風の1つが民謡（生保内節，「おぼないぶし」あるいは「おぼねぶし」とよばれる，「C. 秋田県の気候と風土」に詳細を示す）に「宝風」とうたわれている「生保内だし」で，秋田・岩手県境にある仙岩峠の渓谷をすり抜けて田沢湖方面へと吹き下ろす東からの局地風のことをいう．湿潤な冷気流であった「やませ」が山越えの際にフェーン現象によって乾燥・高温化して吹き下ろすため，「生保内だし」（宝風）は農業上有益なものとされている．ただし，同じ「やませ」に伴う気流であっても，北部内陸の東から北東よりの気流は秋田県北部の内陸盆地に冷気をもたらすため，稲作に悪影響をもた

らす.

(4) 天気図に表れにくい低気圧・気圧の谷

　よく知られているように日本付近の中緯度における天気の変化は大まかに西から東へと推移していくが，秋田県の西側は日本海に面しており，日本海上で発生・発達したばかりの「天気図には，明記されない」低気圧や気圧の谷の通過によって，曇天や降水がもたらされることがある．特に日本海上空への寒気の流入が生じたときなどはまとまった降水があるのに，天気図上は「等圧線が若干曲がって描かれている程度」であることも多い．冬季，西高東低の気圧配置にあっても，日本海上空への寒気移流により，局地的に雪雲が発達して沿岸・平野部から大雪になるとき（いわゆる里雪型の降り方）も天気図上は等圧線の傾きや屈曲のみで表されることがほとんどである．局地的な対流雲の急発達に伴い，ダウンバーストや竜巻などの突風をもたらす強風が吹き荒れることもある．天気図にはっきりと描かれることはまれだが，秋田沖の日本海上に極低気圧（ポーラーロウ）とよばれる小規模な低気圧が見られることも多い.

B. 秋田県の気象災害

1. 雪害

　秋田県における主な雪害について紹介すると，全国的な豪雪とときを同じくするものと，秋田県周辺のみで豪雪被害が生じたものの2通りがある．前者の例をあげると，1つは全国的な雪害をもたらした1963年1月豪雪（気象庁では「昭和38年1月豪雪（38豪雪）」と命名した）で，このとき秋田県周辺でも発達した低気圧が短い周期で通過し，秋田市で2月8日の最深積雪が82cm，矢島で3月7日に189cmに達するなど秋田全県でも大雪となった．また，冬型の気圧配置が続き，日本海沿岸の広範囲にわたって急激な積雪増加となった．2005年12月から2006年1月にかけての「平成18年豪雪」（同様に，気象庁の正式な命名があった）でも，秋田全県の沿岸部や県央・県北の内陸部を中心に激しい降雪に見舞われた．秋田市で

の 2006 年 1 月 5 日の最深積雪が 74 cm, 同日に五城目で 137 cm に達したほか, 北秋田市阿仁合で 2 月 12 日に 179 cm を記録した. しかし, 秋田県南内陸部の横手ではこの冬の最深積雪は 1 月 24 日に 151 cm ほどで, 県南内陸部では平年値よりもやや多いものの記録的な豪雪というほどではなかった.

全国的にはあまり豪雪という印象が強くないが, 秋田県周辺のみで記録的な豪雪となった雪害としては, 1973 年の 12 月上旬の記録的な大雪から始まる「48 豪雪」がある. 12 月以降冬型の気圧配置が続き, 翌 1974 年 1 月, 2 月にかけて県内各地で記録的な豪雪となった. このときの最深積雪は秋田市で 2 月 10 日に 117 cm, 北秋田市阿仁合で 2 月 14 日に 204 cm, 矢島で同日に 265 cm, 横手でも 259 cm を記録した. 横手では平成 18 年豪雪やその後の 2010 年以降連続した多雪年を含め, 2016 年現在このときの記録を超えたものはない. 停滞性の天気進行で冬型の気圧配置が長期間続いたことと, 日本海上空への局所的な寒気南下とその持続のために, 秋田県付近で極端な大雪になったと考えられている.

2. 雪崩

平成 18 年豪雪の 2006 年 2 月 10 日に, 秋田県仙北市にある乳頭温泉鶴の湯の裏山 3 か所で相次いで乾雪表層雪崩が発生し, 死者 1 名, 負傷者 16 名という痛ましい事故が発生した. 同年の記録的大雪と, 2 月 10 日未明からの多量の降雪により雪崩発生に至ったものと考えられる. また, 北海道南西沖に低気圧が停滞しやすく, 秋田でも県北を中心に大雪となった 2012 年 2 月 1 日には, 仙北市玉川温泉付近で雪崩が発生し, 屋外のテントで岩盤浴をしていた 3 名が巻き込まれて死亡する災害が発生した. 直後の現地調査により, 強い寒気が襲来した際にできた力学的に弱い層の上に多量の降雪がもたらされたことによって, 広範囲で積雪表面から弱層までが滑り落ちる面発生乾雪表層雪崩であることがわかった. なお, 雪崩被害は一般に冬山登山者や雪処理等の作業従事者に被害が多い傾向

があり, 前述の 2 件のように施設利用の一般人が巻き込まれる例は筆者が知る限りほかにない. 秋田県においては自然が豊かであるがゆえ, ときおり自然が見せる厳しさや猛威に対して充分な注意が必要である. ちなみに, 雪崩災害発生以後に乳頭温泉鶴の湯では雪崩防止工事によるハード面の対策をし, 玉川温泉付近では危険性が高い冬季の屋外での岩盤浴を取りやめたほか, 雪崩の研究者を交えた安全確認を充分に行うなどのソフト面の対策を実施し, 施設における雪崩被害が再び起こらぬよう万全を期している.

3. 日本海コースの台風による被害

秋田県は東北北部に位置し, 日本列島の中では台風の被害が多い方ではない. しかし, 台風が陸地をほとんど経ないで日本海を進む経路 (日本海コース) の場合, 強風や塩害, 豪雨と水害などをもたらすこともある. 例えば, 1961 年の台風 18 号 (第 2 室戸台風) では, 富山湾で日本海に出た台風が急速に北東に進み, 9 月 16 日に秋田市で最大風速 24.0 m/s (風向は西北西), 最大瞬間風速 31.9 m/s (風向は西北西) を記録するなど,

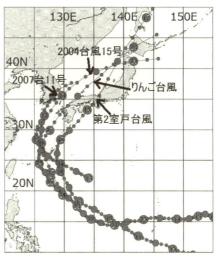

図 4　秋田県に被害をもたらした台風 (第 2 室戸台風, りんご台風, 2004 年台風 15 号, 2007 年台風 11 号) の経路. ●は 3 時間ごとの中心位置を示し, ●は 9 時, ●は 21 時の位置を示す.

風害により死者1名，負傷者12名に加え，建物への被害が多発した．また，1991年の台風19号（東北地方で果樹被害が多く，「りんご台風」ともよばれる）も対馬海峡から日本海を北東へと急進する経路をとり，9月28日に秋田市で最大風速25.6 m/s（風向は南南西），最大瞬間風速51.4 m/s（風向は南南西）を記録，死者5名，負傷者167名を出したほか，建造物や農作物の被害，停電や電話不通などのインフラ被害などをもたらした．

今世紀に，2004年の台風15号が，やはり対馬海峡から日本海コースで北上し，8月20日に秋田市で最大瞬間風速41.4 m/s（風向は南西）を記録するなど暴風による被害（建物被害のほか，梨の落果や擦傷）があったほか，塩害により米作に大きな被害が出た．平年を100としたこの年のイネの作況指数は秋田県沿岸部の平均で69，象潟町・天王町ではゼロであった．このほか，2007年9月には日本海から東北付近に停滞した前線に向かって，台風11号周辺の暖かく湿った気流が吹き込んだために，前線の活動が活発化して，15日から18日にかけて秋田県・岩手県で大雨になった．秋田県央・県北内陸部を中心に16日から18日にかけての3日間で9月の平年降水量を上回った．阿仁川，米代川が氾濫するなどの水害が生じ，死者1名，行方不明者1名などの人的被害のほか，住家や農作物などにも浸水や冠水などの被害が起こった．このときの台風11号は朝鮮半島をかすめる日本海北上コース（北東へ進む）をとり，17日には日本海上で温帯低気圧に変わったが，低気圧に吹き込む風が停滞前線への水蒸気流入を助け，大雨をもたらしたと考えられている．

C. 秋田県の気候と風土
1. 気候と農業

大まかにいって秋田県の産業の地域的特徴は，県北は鉱業や林業が盛ん，県南は稲作や果樹栽培などの農業が主体になっている．このことは，秋田県北部の内陸盆地では「やま

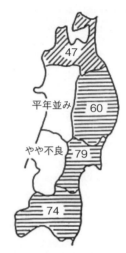

図5　1980年の作況指数（出典：近藤，1987）

せ」勢力の強い場合には冷害となるのに対して，秋田県南では前述のように「やませ」は奥羽山脈によって止められるか，あるいは山脈越え時のフェーンによって温暖となって吹き下ろすため，冷害となることは比較的少ないことを反映する．このため，県南では稲作を行う上で安定した収穫が得られることが多く，営農規模や石高にあまりよらず飢餓や困窮にあうことが少ないため，昔から小規模な地方豪族の勢力が強かったともいわれている．戦国時代に秋田県南沿岸部の由利地方に割拠した土豪「由利十二頭」などもその例と考えられている．

2. 生保内節

秋田・岩手県境にある仙岩峠の渓谷をすり抜けて田沢湖方面へと吹き下ろす東風「生保内だし」は，温暖で稲作によいものと信じられたため，民謡「生保内節」に「宝風」とうたわれていることは前述したとおりだが，その歌詞には，

吹けや　生保内東風（おぼねだし）
七日も八日も　（ハイハイ）
吹けば宝風ノオ　稲実る
（ハイキターサッサァキターサ）

とある．

図6　横手の「かまくら」

図7　羽後町「花嫁道中」

　図5に同年における東北地方のコメの作況指数（平年を100とした指数）を示すが，秋田県南の山越え風系はフェーンにより昇温しているため，冷夏の影響は緩和されているように思う．ただし，大気循環場次第では日本海側でも冷害になる場合があり，こうした例としては，古くは天明・天保の大飢饉，近年では1993年の冷害（秋田県の作況指数83）があげられる．また，図2に示したように降水量が月によってさほど変わらない上，春～初夏は降水量が少ないものの，山間部に豊富な積雪を源とする融雪出水も水源となるので，農業用水の水源を比較的小規模なため池や湧水などに頼っている例も少なくない．このため，秋田県南の沿岸部などでは天水や積雪に乏しい場合，農業用水の不足に悩まされることもままある．

　また県境と出羽山地を除けば，平野部や盆地などの平地に比較的恵まれているために，他県に見られるような山間部の棚田はあまり見られない．県北や内陸部における鉱業は資源の枯渇などで厳しい状況にあるが，歩留まりの悪い鉱石を精錬する技術を生かし，電化製品の基盤から希少金属を回収する都市鉱山などの新たな取り組みがなされている．また，秋田県における林業は「秋田杉」で有名である．林業は担い手の不足や高齢化などの厳しい環境にあるが，近年新興国の木材需要拡大に伴い木材価格がもち直しつつあることから，労働集約的な施業などの工夫を凝らせば，充分採算が見込める状況に変わりつつあ

るとの声もある．

3．雪国の祭り・冬の行事

　秋田県では農閑期にあたる冬季に各地で雪祭り，氷の祭典，勇猛な火祭りなど雪国ならではの行事が残っている．その一部（例えば横手の「かまくら」等）は観光・地域おこしのためにPRされ，秋田県外でも知られるところであるが，多くは住民主体の地域に根差した行事として大事にされている．

　「かまくら」は，水神様（オシズサマ）をまつる小正月行事で，400年以上の歴史をもつといわれている．雪を積み上げて作った高さ2mほどの雪室に水神様をまつり，夕方になると蝋燭をともす．その室の中で，子どもたちは餅を焼いたり，甘酒を温めたりして，訪れる人たちを「はいってたんせ」ともてなす．その昔，横手では水不足に苦しんだので，水の心配がないようにと，子どもたちによって水神祭が受け継がれてきたといわれている．横手周辺の人々は，普段は湧水・天水に恵まれた土地ゆえの気候変動への脆弱さに対して，こうした行事を心の支えとしてきたのかもしれない．また秋田県南の羽後町では「ゆきとぴあ七曲」という雪国ならではのイベントを行っており，馬そりにゆられ雪の峠を越える「花嫁道中」は，かつて農閑期に行われた山間部の農村における祝言の様を再現したものである．ろうそくで彩られた峠の雪の回廊を，馬そりが静かに進む幻想的な情景が見られる．秋田県内の冬の行事はこの他にも，刈和野の大綱引き，上桧木内の紙風船

上げ，六郷のカマクラ行事，角館の火振りかまくら，湯沢の犬っこまつり，大館のアメッコ市など枚挙の暇がない． [本谷 研]

【参考文献】

[1] 秋田県，2014：雪と共生する秋田，秋田県企画振興部，1-134.

[2] 秋田県の歴史散歩編集委員会編，2008：歴史散歩⑤秋田県の歴史散歩，山川出版社，1-334.

[3] 秋田地方気象台，1982：秋田県気象百年史，日本気象協会秋田支部，1-152.

[4] 秋田地方気象台ホームページ (http://www.jma-net.go.jp/akita).

[5] 池田慎二・中村明・和泉薫・河島克久・伊豫部勉・阿部修・小杉健二・根本征樹・野呂智之，2012：秋田県仙北市玉川温泉において発生した雪崩災害の調査報告，雪氷研究大会 (2012・福山) 講演要旨集，236p.

[6] 気象庁ホームページ (http://www.jma.go.jp).

[7] 近藤純正，1987：身近な気象の科学 熱エネルギーの流れ，東京大学出版会，1-189.

[8] 佐藤威・平島寛行・根本征樹・望月重人・阿部修・Michael LEHNING・佐藤篤司・花岡正明・秋山一弥・村上茂樹・大丸裕武，2007：秋田県乳頭温泉鶴の湯で発生した乾雪表層雪崩について，日本雪氷学会誌 雪氷，69(4)，445-456.

[9] デジタル台風：台風画像と台風情報 (http://agora.ex.nii.ac.jp/digital-typhoon/).

[10] 肥田登編，1995：秋田の水，無明舎出版，1-372.

[11] 民族芸術研究所編，2013：秋田民謡育ての親 小玉暁村，無明舎出版，1-222.

[12] 横手市ホームページ，横手の雪まつり（かまくら・ぼんでん）(http://www.city.yokote.lg.jp/koho/page000311.html).

[13] 渡部貢，2000：秋田「お天気」読本，無明舎出版，1-255.

山形県の気候

A. 山形県の気候・気象の特徴

1. 概要

　山形県は東北地方を南北に貫く奥羽山脈（蔵王連峰，吾妻連峰を含む）の西に位置する（図1）.

図1　山形県の地形

　北の秋田県境から出羽山地が県中央部に達しているが，鳥海山，月山を除くと標高は700 ～ 800 m と比較的低い. また県南部には越後山脈（飯豊連峰，朝日連峰）が連なり，新潟県との県境になっている. これらの山々により，山形県は日本海に面する庄内平野（庄内地方）と内陸に大別される. 内陸には，北から新庄，山形，米沢盆地があり，それぞれ最上，村山，置賜地方に区分される. 盆地では平野より日中の昇温と夜間の冷却が大きく，また海岸では海陸風の影響があるなど，4つの地方の気候や気象はこれらの地形によって特徴づけられる. また冬季は全域が雪でおおわれ，特に標高の高い山岳部（月山や朝日連峰）は日本で最も積雪量が多い地域

の1つである. このように，山形県は多様な地形からなり，人々の暮らしはそれぞれに特有の気候に適応しながら営まれている. ときにはやませによる冷害など地形の影響を強く受ける気象災害が発生することもある.

　海岸平野を代表する地点として酒田（庄内地方），内陸盆地の平地を代表する地点として新庄（最上地方），山形（村山地方），米沢（置賜地方），内陸盆地の山間部を代表する地点として月山山麓の肘折（最上地方）を取り上げ，それぞれの気候を比較する.

2. 気温と湿度

　海岸に位置する酒田では，暖候期に海風の影響を受けるため最高気温（月平均値，以下同様）は内陸盆地の山形，米沢より1 ～ 2℃，また5 ～ 6月は新庄より0.5℃程度低い（図2）. 真夏日の年間日数は24.2日で新庄と同程度であるが山形，米沢よりかなり少ない（表1）. 最低気温は冷却が大きい内陸盆地の平地より1 ～ 3℃高い. 一方寒候期には海風は起こりにくく，北西の季節風とともにやってくる寒気に晒される. しかし，季節風は日本海を流れる対馬海流の上を吹走する間に徐々に暖められ，到達する寒気は大陸上にあったときより緩和されている. 寒候期の酒田では，内陸盆地の平地と比べ最高気温は0 ～ 3℃，最低気温は2 ～ 3℃高い. これらの結果，酒田の平均気温は暖候期には内陸盆地の平地と同程度ないし約2℃高く，寒候期には1 ～ 3℃高く氷点下になることはない. また真冬日は年間3.7日と少ない（表1）.

　内陸盆地の平地にある3地点を比べると，最高気温は1年を通じて新庄が最も低く，次いで米沢，山形の順に高くなる. 新庄と山形を比べると最高気温の差は11 ～ 5月にやや大きい. 山形の方が，冬季は後述のように日照時間が多いこと，春季は積雪が少ないた

表1　真夏日と真冬日の年間日数
（1981 ～ 2010 年の平均）

	酒田	新庄	山形	米沢	肘折
真夏日	24.2	25.6	37.1	33.6	10.0
真冬日	3.7	15.6	9.4	13.1	28.9

め昇温しやすいことなどによるのであろう．最低気温は，新庄と米沢が同程度で，山形は1年を通じて1℃前後高い．

図には示していないが，酒田，新庄，山形の湿度は1年を通じて60〜85％の範囲にある．酒田では季節変化は小さめで，3月が最小（67％），7月が最大（79％）である．一方，内陸盆地にある新庄と山形の季節変化はともに酒田と異なり，4月に最小（約60〜70％），12〜1月に最大（約80〜85％）である．各月とも新庄より山形の方が乾燥していて湿度は3〜10％低い．

肘折の標高は330mで，近くの新庄との標高差は215mである．両者の平均気温を比べると，寒候期には標高差に見合う程度の差であるが，暖候期にはそれ以上に肘折の方が低い．特に4月の最高気温が低く，肘折ではこの時期まで残っている積雪の影響と考えられる．また，5〜6月の最低気温も低く，肘折は山麓とはいっても局所的には小さな盆地状地形の中にあることがその一因と考えられる．

3. 日照時間

暖候期の酒田と内陸盆地の平地の3地点の日照時間を比べると，4〜5月は差が小さく（20時間以下），6〜9月は酒田の方が20〜35時間多い（図2）．寒候期には，10〜11月の新庄の日照時間が他の地点より少ない．これは盆地冷却により放射霧が発生することが多いためである．10〜11月の霧日数は，新庄が11〜14日，山形が約4日とかなりの差がある．11〜3月の間は，山形，米沢の日照時間が多いが酒田と新庄は少なく，1月の山形と酒田，新庄の差は45時間まで大きくなる．山形は冬季に北西寄りの季

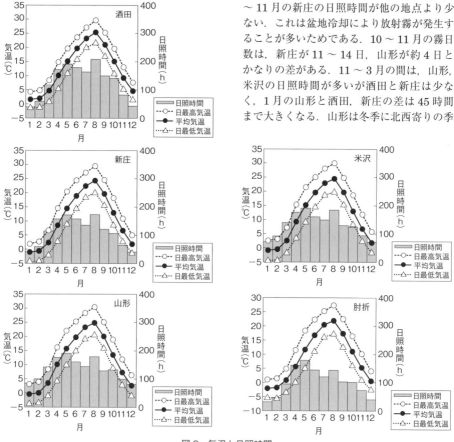

図2　気温と日照時間

節風が吹く時に月山や朝日連峰の風下となり，下降流によって雪雲が消えることがあるためである（このため山形の降水量は少ない）．また，新庄は風上の出羽山地の標高が低く雪雲が進入しやすいため，酒田と同程度の日照時間となる．米沢の寒候期の日照時間は山形と同様の理由で多いと考えられるが，米沢盆地西部に位置する小国では新庄と似た状況となり日照時間は少ない．肘折の日照時間は近くの新庄と比べ3月および6〜9月は20時間前後少なめであるが，他の月は同程度である．

4. 降水

降水日数は5地点とも寒候期の方が暖候期より多く，また暖候期においては7月にやや多い（図3）．暖候期の降水量は5地点とも梅雨期の7〜8月に多く，降水日数の季節変化とあわせて考えるとこの時期に強い雨が降ることを示している．7月の降水量は米沢，山形でやや少なく（150 mm 程度），新庄，酒田，肘折でやや多い（200 mm 程度）．一方，寒候期の降水量は山形，米沢，酒田，新庄，肘折の順に多くなり，新庄，肘折では12〜1月の降水量が7月の降水量を上回る．寒候期の新庄と酒田の降水量の差は小さい．しかし，酒田の気温が高いため冬でも雨として降ることがあり，また，積もった雪が解けることもあるため，年最深積雪は新庄が122 cm に対して酒田が33 cm と大きく異なる．肘折の降水量は12〜1月に最大（約400 mm）となり，年最深積雪は321 cmに達する．山形，米沢の年最深積雪は，それぞれ降水量の多少に対応して50 cm，92 cm（ただし，2月の最深積雪）である．

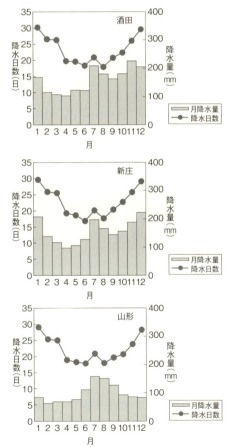

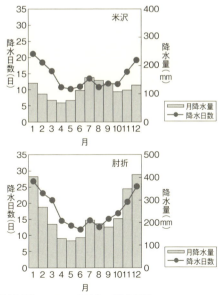

図3　降水量と降水量 0.0 mm 以上（米沢と肘折は 1.0 mm 以上）の降水日数

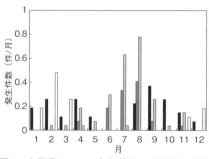

図4 山形県における気象災害の月別発生件数
（1971 ～ 1997 年の平均. ■強風害, ▨洪水,
▯山崩れ・崖崩れ, ▤地すべり, □雪害）（出典：
気象庁, 1999 より）

B. 山形県の気象災害

気象庁（1999）がとりまとめた都道府県別の気象災害発生件数によれば，山形県は，強風害と洪水が25位，山崩れ・崖崩れが33位，地すべりが14位，雪害（積雪害，雪圧害，雪崩，着雪の合計）が19位である．図4に示すように災害の発生には季節性があり，強風害は2，4，8 ～ 10月に多く，洪水と山崩れ・崖崩れは7 ～ 8月に多い．地すべりは4月と7月に集中していて，前者は融雪に伴うものが多い．また雪害は11 ～ 3月に限られる．発生件数で見れば山形県は比較的気象災害の少ない県といえるが，かつて大きな災害も起こっている．

1. 強風害と洪水

2005年12月に，寒冷前線通過に伴って発生した局地的な突風により，酒田近郊を走行中の特急列車6両が脱線，うち3両が転覆して5名が亡くなる事故が起こった．この突風の原因として竜巻の可能性が指摘されている．山形県で発生する竜巻やダウンバーストなどの突風の多くは日本海沿岸で確認されている．

1967年8月に秋雨前線上を進む低気圧により羽越水害が発生し，新潟県北部から山形県の置賜地方西部を中心に大きな被害があった．山形県では死者8名，被害総額が226億円にのぼり激甚災害に指定された．その8年後の1975年8月には，寒冷前線の南下に

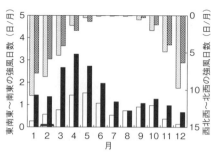

図5 庄内地方（酒田と狩川）における月別の強風日数（日最大風速が10 m/s以上で，対応する風向が東南東～南東と西北西～北西の場合の日数，1981 ～ 2010 年の平均. □酒田（東南東～南東），■狩川（東南東～南東），▯酒田（西北西～北西），▨狩川（西北西～北西））

伴い最上地方で真室川水害が発生し，死者5名，総額 188 億円の被害があった．

2. 雪害

山形県に降雪をもたらす気圧配置には，山雪型，里雪型，南岸低気圧型の3つがある．出現率が最も大きいのは山雪型で，西高東低の気圧配置が強まり日本海上の等圧線が縦縞模様となって北西寄りの季節風を伴う．このとき，特に庄内地方では強風となり（図5），気温が低く降雪があれば強い吹雪が発生する．吹雪による視程障害や吹きだまりは道路交通や生活に大きな支障をきたす．

里雪型は，西高東低の気圧配置ではあるが日本海上の等圧線が袋状になったり，小低気圧が通過する場合である．出現率は山雪型より小さいものの，海岸平野部の大雪のほとんどが里雪型のときである．また，南岸低気圧型の出現率はさらに小さいが，気温が高く湿った降雪による着雪災害が発生しやすい．村山地方や置賜地方の東部でこの型による大雪となることがある．

積雪が多い山間部は雪崩災害のリスクが高い地域である．雪崩には，斜面の積雪表層が崩れる表層雪崩と，全体が崩れる全層雪崩がある．前者は厳冬期に大量の新雪が積もったときに起きやすく，後者は融雪期である春先に起きやすい．1918年1月に旧朝日村（現

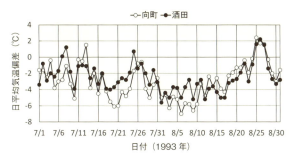

図6　1993年7〜8月の向町と酒田の日平均気温偏差（平年値からの差）

鶴岡市）の大鳥鉱山で表層雪崩が集落を襲い154名が亡くなる大災害があった．犠牲者数は日本でこれまでに起こった雪崩災害のうちで2番目の多さであり，雪崩の起きやすい地形や集落の位置，密集して居住していたことなどの要因に加え，数十年来の大雪という悪条件が重なったための惨事である．以後このような大規模な雪崩災害は起こっていないが，現在においても山間部では一冬に数回雪崩が発生している．

　なお，気象庁による雪害件数の集計には屋根の雪下ろしや雪処理に伴う事故は含まれていない．平成18年豪雪（2006年冬季）ではこのような事故で13名が亡くなり，その後の大雪の年にも同程度の犠牲者が出ていて，降雪と高齢化，過疎化が複合した社会問題となっている．

3. 冷害

　冷夏には「やませ」が吹くことによる第一種型冷夏とシベリア大陸から寒気が流入する第二種型冷夏がある．ここでは地形の影響を強く受ける前者について述べる．やませとは梅雨期から夏にかけて現れやすいオホーツク海高気圧から吹き出す低温で湿った北東気流のことで，北海道，東北地方，関東地方に冷夏をもたらす．とりわけやませが直接吹きつける太平洋岸では，低温や霧による日照不足のため稲が生育不良となったり，低温に弱い時期（稲穂の形成から開花前後までの時期）にやませが吹くと籾の不稔などの障害が発生するなど，深刻な冷害が発生することもあ

る．やませは数日程度続くのが一般的であるが，ときには1か月以上続くこともある．

　多くの場合やませの層は薄いため奥羽山脈を越えられず，日本海側への影響は小さいとされている．しかし，やませの層が厚い場合には日本海側へも進入することがあり，山形県では最上地方の奥羽山脈沿いにある鞍部がやませの最も進入しやすい場所となっている．

　1993年は100年に一度の記録的な冷夏になり，山形県もやませの影響で低温と日照不足となった（図6）．やませの進入口に近い向町では7〜8月の日平均気温の偏差（平年値からの差）がほぼマイナスで，特にやませの発達した7月中旬から8月上旬にかけては偏差が−7℃に達する日もあった．庄内地方の酒田におけるこの期間の偏差もマイナスであるが，向町より2〜3℃高めの日が多く，やませが庄内地方に達するまでの間に昇温していることがわかる．このような低温の影響を受けたため1993年の米の作柄は，庄内地方では平年の88%にとどまったものの，

表2　1993年の米の作柄（10a当たりの収量）の平年比（出典：農林水産省農林水産統計より）．ただし，1994〜2014年の作柄の平均値を平年の収量とした．

地方	作柄の平年比（%）
庄内	88
最上	54
村山	74
置賜	74

図7 旧立川町（現庄内町）の水田地帯に設置されている風力発電装置（庄内町提供）

図8 蔵王の樹氷（日本地下水開発株式会社蔵王雪氷研究グループ提供）

最上地方では54％まで低下し，向町のある最上町は県内で最低の5％であった（表2）．

C. 山形県の気候と人々の暮らし

1. 清川だし

山形県の面積のおよそ3/4を流域とする最上川は，吾妻連峰を源とし米沢，山形，新庄盆地へと北に流れる．その後，西へ向きを変えて出羽山地を横切り，庄内平野に入って日本海へ注いでいる．出羽山地の横断部は，幅が約1km，長さ約10kmの地峡となっていて最上峡谷とよばれている．その出口にある旧立川町（現庄内町）清川一帯では「清川だし」とよばれる東寄りの強風がしばしば発生する．

清川だしが発生するときの気圧配置には，東高型，西低型，気圧の谷型がある．東高型は太平洋側に高気圧（やませをもたらすオホーツク海高気圧も含む）がある場合，西低型は日本海に低気圧がある場合である．気圧の谷型は本州南岸に低気圧があり，そこから気圧の谷が日本海にのびている場合である．これらはいずれも東寄りの風が卓越する気圧配置である．強風域は最上峡谷からの出口付近に集中するだけでなく，庄内平野の中央部にも現れたり，庄内平野全域に広がる場合もある．清川から海岸に向かって4km離れた狩川では東南東〜南東の強風が暖候期に発生していて（図5），その日数は庄内平野の海岸に位置する酒田の日数を上回る．2地点の強風日数の違いは強風域の分布の多様性によると考えられる．

清川だしのメカニズムについてはいろいろな考え方がある．風上にある出羽山地によりせき止められた空気が最上峡谷から吹き出すという考えや，これに出羽山地から吹き下ろす風が加わるとするもの，さらに月山や奥羽山脈の影響もある，などである．このような気流に及ぼす地形の影響は，下層大気の逆転層の厚さや強さに依存して異なるため，強風域の分布にも違いが生じる．

清川だしの強風による稲作への被害は，稲の生育段階によって異なる．田植え直後には苗の枯死，稲穂の形成期には葉先の枯死，出穂期には穂が白色になって枯れる白穂現象などが生じ得る．また，登熟期には倒伏による被害も生じ得る．このようなことから清川だしは日本三大悪風の1つとして恐れられているが，一方で，清川だしの発生時には日照時間が増え，また気温と湿度は上がる場合と下がる場合があることが知られている．適度な強さの風であれば作柄を向上させることもあることもわかっていて，一概に悪風ということはできない．

図5には狩川で寒候期に西北西〜北西の強風が多いことも示されており，狩川周辺は1年を通じて風が強い地域であることがわかる．これを逆手にとって，旧立川町は風にこだわった地域作りに力を入れてきた．1980年より風エネルギーの実用化実験を始め，1993年に自治体としては全国に先駆けて本格的な風力発電施設を設置した．2003年に

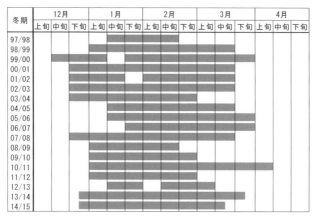

図9　蔵王の樹氷の見ごろ期間（日本地下水開発株式会社蔵王雪氷研究グループ提供）

は旧立川町内の消費電力の約60％を発電するまでに至った．日本の風力発電施設の多くは海岸部や丘陵上に設置されているが，ここのように平野部の内陸に設置されているのは珍しい（図7）．

2. 観光資源としての雪と氷

　冬季の蔵王初登頂は1914年のことで，このときに樹氷が発見されたといわれている．当時は「雪の坊」「雪瘤」とよばれていたようであるが，その後「樹氷」や「（アイス）モンスター」というよび名が雑誌などに記載され，広く一般にも知られるようになった．また，1920年代後半からは国内外へ積極的に宣伝され，スキーヤーを中心に人気が高まった．最近ではライトアップされた幻想的な樹氷を楽しむツアーもあり，蔵王観光の魅力の1つとなっている．

　樹氷は，過冷却水滴が常緑針葉樹（アオモリトドマツ）に衝突して凍結するとともに，降雪も付着して成長したものである．気象学の用語としての「樹氷」は過冷却水滴の衝突による着氷現象（その形からエビのシッポとよばれることがある）に限定して用いられるので，蔵王の樹氷とは異なるものである．図8のような雄大な樹氷ができる条件として，常緑針葉樹，西～北西の適度な強風（10～15 m/s），多量の過冷却水滴（雲粒），適度な

表3　山形県内における主な果物の収穫量の割合（％）（2006年，農林水産省農林水産統計より）

地方	サクランボ	西洋ナシ	リンゴ	ブドウ
庄内	1.2	2.5	0.6	4.2
最上	0.1	0.8	0.1	0.1
村山	91.9	79.8	90.5	51.8
置賜	6.8	16.9	8.8	44.0

低温（−10～−15℃），適度な積雪量（2～3 m）の存在がある．蔵王はこれらの条件を満たしていて，特に冬型の気圧配置のときにはまず西にある朝日連峰に雪を降らせるため，風下の蔵王連峰の積雪はやや少なめになることが好条件となっている．蔵王以外では東北地方の八甲田山，森吉山，八幡平，吾妻山でも樹氷を見ることができる．

　樹氷のできばえや分布範囲，見ごろの期間は冬季の気象条件に依存する（図9）．樹氷の下限高度はこの20年ほどの間1,550 m前後を保っているが，1940年代には約1,400 m，1970年代には約1,500 mであり，長期的には上昇する傾向にある．また，現在の分布域は1940年代の約1/4に縮小している．

　出羽山地の高峰である月山は多雪で知られ，遅くまで残る雪渓の周囲では高山植物を楽しむことができる．またスキー場のある姥沢（標高1,150 m）の年最深積雪は7 m前

後で，冬季間はリフトが埋まるとともにアクセスも不能となるため，スキー場のオープンは4月からとなる．夏スキーは7月まで楽しめ，この時期まで営業している国内唯一のスキー場となっている．

3. 果樹王国

　山形県では果樹の生産が盛んである．特に，サクランボの収穫量は全国の76％，西洋ナシは61％を占め，ともに果樹王国山形を代表する果物となっている．このほか，ブドウとリンゴの収穫量は全国で第3位である（いずれも2014年収穫量）．

　サクランボは明治の初めに北海道で栽培が始まり，その後山形県にも導入された．風味や日持ちをよくするための品種改良が続けられ，1920年代末には現在最も多く栽培されている品種である佐藤錦が完成している．佐藤錦の生産は徐々に伸びていき，1970年代半ばから生食用の需要が高まり広く全国に出荷されるようになった．また，西洋ナシも明治の初めに山形県に導入され，明治の終わり頃から栽培が増えていった．その頃は缶詰加工用としてバートレットという品種が主に栽培され，現在の主力品種であるラ・フランスはその授粉樹であった．1980年代から風味の良いラ・フランスが生食用として注目され，収穫後の管理方法が確立したこともあってその生産が拡大し，山形県の西洋ナシの収穫量のおよそ80％を占めるに至っている．

　このような歴史を経ながらサクランボとラ・フランスの栽培地域が広がり，現在ではともに村山地方が主産地になっている（表3）．

　この理由の1つに気候条件がある．サクランボやラ・フランスの栽培には，蕾から開花，幼果の時期に対応する4～5月上旬の晩霜は大敵である．また，暖候期に雨が少ないことが望ましい．前者については最低気温が内陸盆地の平地にある3地点のうちで山形が最も高いこと（図2），後者については山形の降水量が米沢と並んで少ないこと（図3）から，村山地方が栽培に適していることがわかる．また，日照時間は味を左右する．

村山地方は秋（10月）の日照時間が長くラ・フランスの栽培に有利である．加えて，内陸部は風が比較的弱いため倒木被害が起きにくいことや，村山地方は雪が少ないため冠雪による枝折れなどの被害が少ないことも栽培上の利点としてあげられる． 　　　［佐藤　威］

【参考文献】

[1] 気象庁編，1999：気象災害の統計（1971年～1997年），CD-ROM.

福島県の気候

A. 福島県の気候・気象の特徴

1. 概要

　福島県は，面積 13,784 m² と北海道，岩手県について第 3 位の面積を有し，西部の県境は海抜 1,500 m から 2,000 m の御神楽岳，浅草岳などが連なる越後山脈，中央に海抜 1,000 m から 2,000 m の吾妻山，安達太良山，二岐山などが連なる奥羽山脈，東部に海抜 500 m 程度の阿武隈高地がそれぞれ南北に連なっている．このため，冬季季節風に伴う降雪現象は奥羽山脈以西の会津地方で顕著で，奥羽山脈と阿武隈高地で囲まれた中通り地方や阿武隈高地以東の浜通り地方ではあまり顕著ではない．特に阿武隈高地以東の太平洋岸域に位置する浜通り地方は，ほとんど季節風による降雪現象は出現しない．一方，梅雨期などに顕在化するやませなど寒冷な北東気流の影響は，阿武隈高地以東の浜通り地方で顕著である．やませが発達しても奥羽山脈を越えることはまれで，梅雨期に浜通り地方や中通り地方で日照時間が寡少になっても，会津地方では比較的好天が出現している．こうした地形は水蒸気移流にも影響し，降水現象の発生に大きく影響する．全県的に冬季より夏季に降水量が多いが，夏季の季節風で水蒸気移流高度の低い擾乱では，阿武隈高地以東で降水現象が活発化する．また，冬季の季節風による降雪現象は，日本海からの水蒸気移流で出現し，会津地方で降雪量が多くなる．このため会津地方では冬季と夏季に降水量が多くなる二山型の分布を示すのに対して，中通り地方と浜通り地方では夏季に多くなる一山型を示す．福島県では人口が最も多い中通り地方で最も年降水量が少なく，次いで浜通り地方，会津地方となっている．このように気象現象の多くが地形的影響を受けて，福島県は会津地方，中通り地方，浜通り地方の 3 つの気候区に区分される．

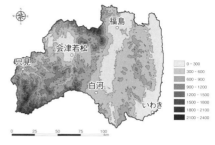

図 1　福島県の地形

2. 3 気候区の特徴

　会津地方の代表として，若松特別地域気象観測所（会津若松），中通り地方北部の代表として福島地方気象台（福島），南部の代表として白河特別地域気象観測所（白河），浜通り地方の代表として小名浜特別地域気象観測所（いわき）の 1981 年から 2010 年までの気温と日照時間の 30 年間の月平均値を図 2 に示す．最暖月はいずれも 8 月で，最寒月は 1 月となっているが，月平均気温の最高値と最低値の較差は会津地方で最も大きく，浜通り地方に向かうにつれて小さくなり，その差は 5℃ にもなる．これは海洋の影響の大きさと関連して生じている．また，各地域の最高気温の最高値と最低気温の最低値との差も，同様で内陸の会津地方で大きくなっている．

　同図に示した日照時間では，冬季季節風で降雪がもたらされる会津地方とややその影響を受ける中通り地方では日照時間の最少値が冬季に出現しているのに対して，冬季季節風による降雪がほとんどない浜通り地方や中通り地方南部では，梅雨期や秋雨期に最少値が出現している．また，月間日照時間の最多値は浜通り地方を除くと春季に出現しているが，浜通り地方では冬季（1 月）に出現している．日照時間の差異は冬季季節風による降雪現象の出現頻度と関係し，出現頻度が多い地方ほど日照時間が少なくなっている．また，梅雨期でも比較的日照時間の多い会津地方では，梅雨期のやませの影響などが少ないこととも関係している．

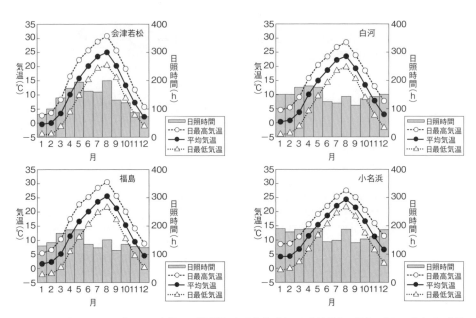

図2　1981年から2010年までの気温と日照時間の月平均値（左から会津若松，福島，白河，小名浜の各地点の値を示す．）

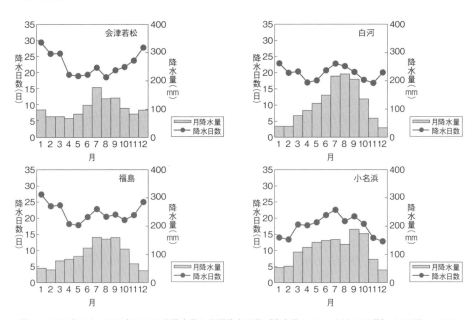

図3　1981年から2010年までの月降水量と月間降水日数（降水量0.0mm以上の日数）以下図2に同じ

図3に月降水量と月間降水日数（降水量0.0 mm 以上の日数）の平年値を示す．最多雨月は浜通り地方を除いて夏季に出現しているが，浜通り地方では秋季に出現している．また，会津地方は夏季と冬季に降水量のピークを有する年変動をしているのに対して，他の地方ではすべて1つのピークを有する変動である．会津地方は，冬季季節風による降雪で降水日数が増加し，降雪量が多いために冬季にピークが出現している．一方，中通り地方では冬季季節風の影響を受けて降水日数が増加し，日照時間も減少するものの，降水量が増加するほどの降雪量はない．また，浜通り地方ではほとんど冬季季節風による降雪は出現せず，冬季の降水日数も降水量も他の地方に比べて少なく，冬季晴天が続く地域となっている．

3. 気象要素の分布の特徴

図4に福島県の29地点のアメダス観測地点から求めた1981年から2010年の平均気温の分布を示す．ただし，各地点の標高と平年気温から1次回帰式で高度補正を行った平均気温分布である．なお，このときの気温減率は－0.0060℃/m である．高度補正した気温分布は緯度効果が顕著で，相対的に北部で低く，南部で高くなる分布を示す．しかし，人口が多い中通り地方で相対的に高い値を示し，気温分布で最も高温な13.5℃を示すエリアは，郡山市，白河市となっている．

気温分布の差異はさまざまな局地循環を形成するとともに，その局地循環によって，さらに気温の変化がもたらされる．盆地地形の多い福島県では，盆地を形成する山地の風上で降水現象が形成され，風下に流下するときの断熱変化の差異によって風下で気温が上昇する熱力学フェーン（Ⅰ型）や風下で気温が上昇する力学フェーン（Ⅱ型）なども発生し，気温上昇をもたらしている．中通り地方では，奥羽山脈を越えておろす山越え気流が好天をもたらし，気温上昇をもたらすことがしばしば発生している．

また，福島県の中央に位置する猪苗代湖などでは湖と陸域とで海陸風循環と同様な湖陸

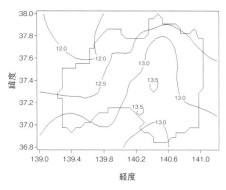

図4 気温の平年値の分布（海抜補正を行い，標高0mの気温分布に換算した．単位℃）

風循環が形成される．しかし，湖陸風循環では陸域の方が常に広域であることから，湖風より陸風が顕在化する非対称性が生じている（渡邊，1983，1993）．猪苗代湖付近では，日中に湖から発散する風系が観測され，夜間収束する風系に変化している．しかし，猪苗代湖は標高514mに位置し，年間を通して西寄りの風が卓越し，山谷風の影響も大きく，湖陸風循環を観測的に捉えることは気圧傾度の緩い日でも難しい．

また，こうした局地循環に伴う気温変化として，間野（1953），Mano（1956），渡邊（1985）らは，猪苗代湖周辺で夜間に昇温する現象が湖の表面水温が気温よりも高い秋季から冬季にかけて出現することを指摘している．これは夜間，陸風（山風）などが発達すると，相対的に高温な上層大気（湖風）と地上の冷気とが混合することで発生することが指摘されている．また，こうした昇温現象は盆地に形成される安定層が破壊される際にも出現している．

さらに，猪苗代湖のような大きな湖では，湖上を吹走する大気が変質し，風上と風下で異なった気候を形成する．福島では冷温帯林に生息するブナはほぼ標高440mから500m以上に分布しているが，猪苗代地域では700mから800m以上になっており，湖の保温効果で300mほどブナ林の下限を押し上げている（渡邊，1980，渡邊・樫村，

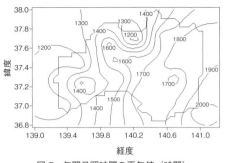

図5　年間日照時間の平年値（時間）

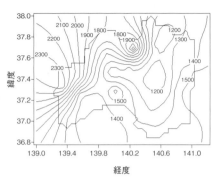

図6　年降水量の平年値の分布（mm）

1982）.

図5に年間日照時間の平年値の分布を示す．最も多い福島県南東部で2,000時間を超すのに対して，最も少ない西会津地方では1,200時間であり，浜通り地方の60％程度の日照時間になっている．この差は冬季の天気に影響されており，冬季季節風の影響で降雪現象が発生する会津地方と，影響がなく好天が続く浜通り地方との差によって生じている．観測記録がある1981年から2000年までの平均雪日数は，最も多い只見（ただみ）で127.0日，会津若松市で78.1日，福島市で68.6日，小名浜で15.5日となっており，冬季の天気が大きく日照時間に関与していることがわかる．日照時間は，加熱量の指標として重要な気象要素であるが，日照時間は直達日射量が120 W/m²以上の積算時間と定義されており，日照時間と加熱量は必ずしも比例関係にあるわけではない．特に，太陽高度の低い冬季に日照時間が多い浜通り地方と少ない会津地方では，日照時間の多少で気温分布の高低を説明することはできない．海抜補正した等温線がおおむね東西に分布するのに対して，日照時間の平年値は西少東多傾向を示している．また，北部山岳地帯でも相対的に少なくなっており，基本的には降水量や降雪量が多いところで日照時間が少ない．

図6は福島県の年降水量分布を示したものである．降水量が最も多いのは西会津地方で，只見で2,367.6 mmとなっている．この降水量は，東北，関東地方の水力発電の水源

として活用されている．また，その中の1つである只見ダムでは65.8 MWの世界最大のバルブ水車を利用した水力発電で，ダム湖底から水が放出されるため，只見川沿いでは暖候期に霧などの発生が見られる．また，山岳地帯である北塩原村（きたしおばら）でも2,163.8 mmと多く，磐梯朝日国立公園（ばんだいあさひ）内の湖沼群の水源，また，多くの高層湿原の水源となっている．降水量分布は会津地方，浜通り地方，中通り地方の順になっており，渡邊（2004）によれば，太平洋からの水蒸気移流高度が低いときは阿武隈高地の東斜面で降水量が多くなり，移流高度が高くなると奥羽山脈の東斜面に位置する中通り地方で多くなることが指摘されている．また，会津地方では南西風の水蒸気移流による降水が多く，近年でも只見では1998年，2004年，2011年と大きな水害が発生している．こうした降水量に加えて，会津地方は福島県内で最も降雪量が多く年降水量が多くなる要因となっている．

図7は県内31地点の観測の1980年から2000年までの年間降雪量の分布を示したものである．奥羽山脈以東では年間1 mほどの降雪量で，特に浜通り地方では50 cm程度の降雪量になっているのに対して，西会津地方および山岳地域では12 mを超す降雪量がある．福島県の降雪量分布は単純に西多東少を示す．

図8にアメダス19地点の1981年から

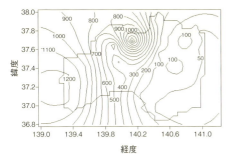

図7　1980年から2000年までの年間降雪量の分布（cm）

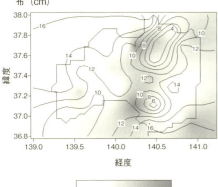

図8　最多風向（数値は16方位で，北北東を1として時計回りに計る）と風速の平年値（m/s）の分布

2010年までの最多風向と平均風速の平年値を示す．等値線は16方位の最多風向を示し，濃淡は平均風速を示している．会津地方はおよそ北部で西〜北西風が卓越しているのに対して，南会津地方では西〜南西風が卓越している．奥羽山脈は南西風が卓越し，標高が高いために平均風速が2 m/s以上の相対的な強風域になっている．また，阿武隈高地以東の浜通り地方でも西〜北西の風が卓越している．特徴的な最多風向を示しているのは中通り地方で，北部で北東風，南部で南東〜南西風となっている．これは中通り地方が北東から南西に連なるチャネル状地形をしており，地形に沿う風が卓越しているからである．

B.　福島県の気象災害と大気環境問題

　福島県に発生した1971年から2000年の30年間の気象災害の発生回数の多い順に，年間当たりの発生頻度を求めてみると，大水害が4.4回/年，強風害が2.7回/年，雷害2.6回/年，雹害2.4回/年，雪害1.8回/年，霜害1.0回/年，乾燥害0.8回/年，波浪害0.3回/年，冷害0.2回/年，高温害0.2回/年となっている．高温害などは基本的に農作物への障害が中心になっているが，近年の気温上昇に伴う熱中症などはこの統計に含まれていない．

1.　大水害

　気象災害のうち特に多いのが豪雨に伴う水害である．図9に1998年8月26日から8月31日までの6日間の総降水量分布を示す．この期間の降水量の最大は，栃木県那須町の1,254 mmで，福島県西郷村でもこの間1,250 mmの雨量を観測すると同時に，1時間90 mmの強雨も観測されている．白河ではこの時日降水量266.5 mm（8月27日），24時間降水量313.0 mm，月降水量（872.0 mm），年降水量（2,122.5 mm）と1940年の観測開始以来すべて1位を記録した（2016年現在）．この豪雨は，日本の南海上に台風4号が停滞しており，太平洋高気圧の縁辺部とで東西気圧傾度が大きくなり，

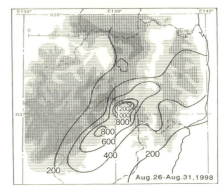

図9　1998年8月26日から8月31日までの6日間の総降水量分布（mm）（出典：渡邊，1999）

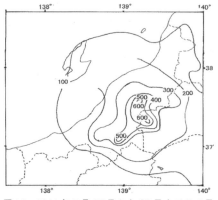

図10 2011年7月27日から30日までの4日間の総降水量の分布 (mm)(出典:渡邊, 2012)

南風が卓越する状況下で起きた.降雨帯の北側には前線が停滞しており,南寄りの暖湿気塊が関東平野で地形的に収束し,白河の関付近から福島に移流したが,高温多湿な気塊のため,標高500 m以下で凝結し,福島県と栃木県の県境付近で発達した積雲を形成して豪雨をもたらした.この気圧パターンは台風の停滞で長期にわたり継続し,不安定な大気状態のもとで,持続的に対流活動を継続できる環境を形成していた.この災害は,死者・行方不明者22名,負傷者55名,住家全壊122棟,半壊142棟,床上浸水3,332棟,床下浸水11,517棟など大きな被害をもたらした.

図10は2011年7月27日から30日までの4日間の総降水量の分布である.只見では711.5 mmの降水量を観測した.なお,この時新潟県十日町では最大1時間降水量121.0 mmを記録している.このときも東シナ海上に台風8号があって,日本南岸に張り出していた太平洋高気圧との間で東西気圧傾度が強化され,太平洋高気圧の縁辺の南西風が強化し,停滞していた梅雨前線に向かって暖湿気塊が輸送されることで豪雨が発生している.福島県では各地で堤防の決壊や河川の氾濫による住家の浸水・農地の冠水が発生したほか,土砂災害による住家や道路の被害

も多数発生した.その他,停電,断水が発生し,交通機関にも大きな影響が出た.JR只見線は鉄橋が流されたまま2016年末現在も復旧のめどが立っていない.死者4名,行方不明者2名,負傷者13名,住家全壊74棟,半壊1,000棟,一部損壊36棟,床上浸水1,082棟,床下浸水7,858棟などの被害が発生した.

なお,福島県の大水害の要因として福島地方気象台(1995)は台風が41%で最も多く,次いで梅雨前線14%,雷雨13%,南岸低気圧11%,2つ玉低気圧8%となっていることを過去100年の福島県の災害記録から示している.

2. 強風害

福島県の強風出現要因を過去100年の災害記録から調べて,福島地方気象台(1995)は51%が台風,季節風が18%,南岸低気圧では8%となっていることを示した.台風による強風は,その進路によって異なるが,多くは日本海側を通過したときに強風害が発生している.これは台風の東側で,台風の進行速度と,台風自身の気圧傾度による風速が加算されて強風化するだけでなく,日本海通過時は南寄り風が卓越するのに対して,太平洋側を通過するときは北西風が卓越するからである.福島県は南北方向に越後山脈,奥羽山脈,阿武隈高地があり,地形的に西風の強風は吹きにくく,阿武隈高地が相対的に低いため,南東風での強風が出現しやすい.

しかし,最大風速10 m/s以上を強風と定義したときの出現頻度は全県的に北西風が卓越している.これは,冬季季節風の強風出現が多いことに依存している.特に中通り地方では,北海道や三陸沖で低気圧が発達したときに,吾妻おろしや蔵王おろしとなって強風が吹き,JR東北線などの運休が発生する.これらは狭窄地等での大気収束による強風ではなく,高所から運動量が下層に輸送されることで強風が出現するものである.

3. 雪害

福島県の雪害には2つのパターンがある.1つは雪害の45%を占める冬季季節風の寒

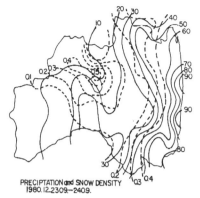

図11 1980年12月23日9時から24日9時までの降水量（実線，mm）分布と雪密度（破線，g/cm³）分布（出典：渡邊，1982）

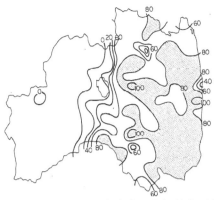

図12 スギの折損被害率（％）の分布（出典：渡邊，1982）

気吹き出しに伴う豪雪で，主に会津地方を中心に雪害が発生する．もう1つの雪害は36％を占める南岸低気圧に伴う豪雪で，中通り地方，浜通り地方を中心に雪害が発生する．1980年12月23日から24日にかけて南岸低気圧に伴う豪雪が発現した．図11は23日9時から24日9時までの降水量分布と雪密度分布を示したものである．降雪量は小名浜では1cm程度であったが，福島26cm，白河33cm，会津若松26cm，只見10cmとなっていた．雪密度は浜通り地方で0.4g/cm³，中通り地方では0.2g/cm³と会津地方などの盆地を除けば内陸域では0.2g/cm³以下となっていた．これに伴う雪害の1つとして，スギの折損被害率を示したものが図12である．中通り地方，浜通り地方を中心に高い比率でスギの折損被害が発生した．密度の大きい雪が樹冠に付着した後，南岸低気圧の通過後に寒冷な強風が吹き，これによって樹冠の雪が固着し，折損被害が多発したもので，雪の密度が大きいこととスギの植栽密度が大きいことによって折損被害が阿武隈高地以東中心に大きくなった．豪雪地帯の会津地方では植栽密度が小さいために冠雪が発生しにくく，折損被害が発生しなかった．これは南岸低気圧に伴う典型的な雪害の一例である．

近年南岸低気圧に伴う豪雪が増加しており，2014年2月14日から15日の豪雪でも，中通り地方南部の白河で日降雪量が50cm，最深積雪が76cmを記録し，農業ハウス，ガレージ，太陽光発電などが大きな被害を受けた．

4．冷害

福島県の低温害には冬季季節風時に出現する低温害（18％）も出現しているが，夏季の低温害（冷害）が71％を占めている（福島地方気象台，1995）．特に，冷害はオホーツク海高気圧から流出する冷湿気塊によって，稲作などの低温障害などで減収をもたらすほか，下層雲を発生させ寡照をもたらし，不稔などの障害ももたらす．また，図13に示した米の東北地方の作況指数を見ると，全体として太平洋側で低くなっている．しかし，1980年と1988年を比較すると，1980年より1988年の方が低い地域（網かけの領域）が日本海側に多く出現しているのがわかる．これはオホーツク海からの冷気層の移流高度を比較すると，1988年方が高かったことによっている．また，こうした梅雨期の冷気移流範囲の差異は，会津地域と浜通り・中通り地方の気候区分の要因にもなり，日照時間や気温分布に大きく影響している．

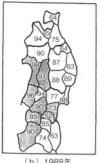

図13　1980年と1988年の作況指数（％）の分
布. 右図網かけの部分が1980年より減少した
領域（出典：渡邊，1990a, b）

5. 大気環境問題

　2011年3月11日の東日本大震災に伴う
東京電力福島第一原子力発電所事故による一
般環境中への放射性物質の放出は，放射能汚
染として現在の福島県にとって最も大きい環
境問題である．また，従来からの課題として
酸性雨の問題と唯一環境基準が未達成なオキ
シダント汚染がある．

（1）放射能汚染

　福島県の空間線量率は，東京電力福島第一
原子力発電所事故前は0.04から0.06μSv/h
（マイクロシーベルト）程度であった．しか
し，南相馬市では2011年3月12日の20時
に17.8μSv/hと上昇，いわき市では15日4
時に23.72μSv/hを，白河市では3月15日
13時に上昇し，13時30分に5.02μSv/hを
記録した．福島市では2011年3月15日18
時40分に24.24μSv/hを記録するなど，放
射性ヨウ素，セシウム等を中心に放射能汚染
が発生した．3月1日から3月31日の降下
物の観測では，娘核物質も含めて，ヨウ素
131，132，セシウム134，136，137，テル
ル132，バリウム140，ランタン140が観測
された．

　福島大学の放射線計測チームが2011年6
月17日に発表した空間線量率の分布による
と，高線量率域が東京電力福島第一発電所か
ら北西方向に，幅約20km，長さ50kmに

わたって出現していた．これは，3月15日
午前中，事故現場から放出された放射性物質
が北東風によって南西方向に輸送され，当時
形成されていた安定層上部（高度約1km）
まで浮上・拡散して上層（約1,300m）の南
西風によって中通り地方上部を北東方向に輸
送されたことによる．また，午後に事故現場
から放出された放射性物質は，南東の風に
よって直接北西方向に輸送されて沈着した．
こうして放射性物質が輸送された後，午後か
ら気圧の谷の通過に伴って雨や雪が降り，上
空に拡散した放射性物質が集積し湿性沈着す
ることによって高濃度の放射性汚染域が形成
されたものである．福島県では居住地を中心
に除染が実施され，低線量率化が進行してい
るが，県土の7割を占める森林は除染計画
がなく，大気中の再飛散問題と併せて，大き
な課題として残されている．図14は福島大
学（福島市）で計測している大気中の放射性
物質の濃度変動である．事故現場では2016
年現在もなお，放射性物質の大気中への放出
が毎時10万Bq（ベクレル）程度続いてい
る．また，この観測地点の大気中濃度は明確
な季節変動を示している．

（2）酸性雨

　地球の酸性化はStocker et al.（2013）で
も示され，海水のpHが工業化時代以降0.1
下がっていることが指摘され，地球規模で酸
性化が大きな課題になっている．図15は福
島大学（福島市）で測定している1988年4
月から2014年12月までの雨水のpHの月
平均値の変動である．この間の平均pHは
5.00であり，2010年以降やや月々のpH変
動が大きくなっていると同時に，pHが上昇
している．全体的には100年当たり0.01程
度の減少傾向を示し，Stocker et al.（2013）
で指摘された酸性化と対応している．

C. 福島県の気候と産業

　福島県は全国で3番目の広大な面積を有
する農業の盛んな県である．農業も多岐にわ
たり，稲作，畜産，果樹など地域の気候資源
に適応しながら展開している．また，会津地

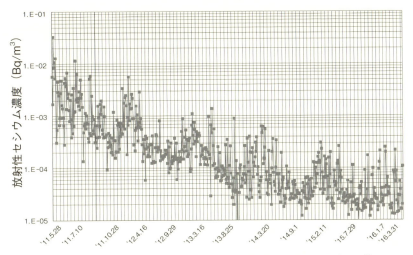

図14 福島大学で計測している大気中の放射性物質の濃度変動 (Bq/m³).
2011年5月18日から2016年3月31日までを示す

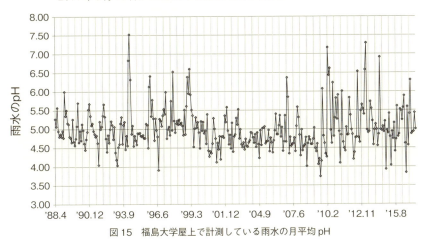

図15 福島大学屋上で計測している雨水の月平均 pH

方での漆器製造なども気候適応性を考慮した産業といえる.

1. 果樹

桃は全国2位の生産量を占めている. 近年の温暖化で春季発芽, 開花期が早くなっているが, そのため霜害の発生も顕在化している. 桃の適地としては霜害が発生しないことや, 夏季の生育期間中に雨が少なく, 排水の良い土壌であることが重要である. 低温や寡

照は品質を悪くする. 霜害は最低気温が-2℃以下で発生しており, 発芽や開花時期の最低気温が重要になる. こうした観点から, 福島県では土壌が適し, 相対的に雨の少ない中通り地方で桃の栽培が多い. 図16はY字型の桃の木がそろう桃畑である. 除草, 消毒, 収穫に利用する器機が通れるスペースを作り, かつ生産性を高める工夫がされている.

図16 福島市飯坂町の桃畑

図17 南会津舘岩地区の曲り屋

また，リンゴの生産量も多い．桃同様，春季の霜害が大きく生産量に影響するが，リンゴの適地は年平均気温が7℃から12℃となっており，冷涼で雨の少ない気候を適地としている．栽培量は青森県や長野県が多いが，福島県では収穫期に霜が降るまで樹木でリンゴを熟し，蜜の入ったリンゴが生産されている．

また，柿の生産も行われ，会津地方の「みしらず柿」や伊達地方を中心とした「あんぽ柿」が有名である．柿はもともと熱帯から亜熱帯が原産地といわれ，相対的に暖かいところを好み，福島県でも会津盆地，福島盆地など，暖かさだけではなく，日較差の大きいところで良質な柿が生産されている．特に，あんぽ柿の品種は蜂屋柿で今から250年前に福島県北部の伊達地方にもち込まれたものであり，現在の柔らかい干し柿としての「あんぽ柿」は90年の歴史をもっている．

2. 米と酒造り

福島県は全国有数の米どころで，米の生産量は全国第4位（2010年）を誇っている．米の穂の発育期から登熟期にあたる7月中旬から9月中旬の気温は特に重要で，日中は晴れて気温が高く，夜間は低めという日較差の大きな気候がおいしい米を作るといわれている．特に会津盆地では冷害を受けることも少なく，単位面積当たりの米の生産量が多い．会津盆地中央部では，宮川や日橋川が阿賀川に合流して，日本海に注いでいるが，これらの支流が盆地一帯に流れており，豊かな水資源があり，良質な水と米を用いた酒造りも行われている．県内には74の蔵元があり，その内35軒が会津地方にある．歴史のある全国新酒鑑評会では金賞受賞数が2013年から4年連続で1位となっている．

3. 会津桐

江戸時代初期の会津藩主保科正之の時代に凶作や災害の救済として，「カヤ・胡桃・朴木（ほうのき）・桐木・栗・榛（はんのき）・梅以要七木と称し四民これを設置し子孫に伝うべく事」を藩政で奨励した．会津の桐は，会津特有の風土と厳しい寒さによって，年輪が緻密で木目が美しく，光沢があり，また丈夫で軽いことから，日本一の品質を誇るといわれている．材としてさまざまな製品に加工されるが，なかでも桐タンスと桐下駄が有名である．

4. 曲り屋

L字型の家屋で，母屋と厩（馬屋）が一体となっている．図17に示すようにL字の短い家屋が厩舎で，長い方が母屋になっていて，人と家畜が一緒に生活する建物である．曲り屋の日本における分布では岩手県南部地方が有名で，18世紀までその歴史をさかのぼることができるが，福島県南会津の飯館地区の前沢の曲り屋集落は16世紀からの伝統をもち，その歴史は長い．戊辰戦争で敗北した会津藩の人々が岩手県南部地方に移住した時，曲り屋に居住したことも知られている．

南会津の舘岩地区などの曲り屋集落では現在も実際に生活しながら保存している．しかし，家畜と一緒に生活している家はない．かつて農業や林業の作業では馬は欠かせない存在で，雪深く，寒冷な気候の中で馬を大切にしてきた歴史が曲り屋にある．　　［渡邊　明］

【参考文献】
[1] 福島地方気象台，1995：福島の気候百年誌，1-217.
[2] 福島大学放射線計測チーム，2011：http://www.sss.fukushima-u.ac.jp/ FURAD/FURAD/top.html
[3] 間野浩，1953：盆地における夜間気温の急昇について，研究時報，Vol.5，525-545.
[4] Mano, H., 1956：A study on the sudden nocturnal temperature rises in the valley and on the basin, Meteor. Mag., Vol.27, 169-204.
[5] 渡邊明，1980：有限水面上での大気変質について，理科報告，Vol.30，73-82.
[6] 渡邊明・樫村利道，1982：気候と植生の関係，猪苗代の自然，No.3，222-223.
[7] 渡邊明，1982：福島県における森林雪害の気象学的解析，東北地域災害科学研究，Vol.18，14-17.
[8] 渡邊明，1983a：猪苗代湖周辺の局地循環，天気，Vol.30，85-92.
[9] 渡邊明，1983b：小水面上での大気変質，理科報告，Vol.33，47-53.
[10] 渡邊明，1985：猪苗代湖北岸地域の夜間気温の昇温，学報，Vol.7，5-7.
[11] 渡邊明，1990a：冷夏時の大気構造，海洋，Vol.241，395-400.
[12] 渡邊明，1990b：1980 年，1988 年冷夏時の大気構造について，東大海洋研究所大槌臨海研究センター報告，Vol.15，86-89.
[13] Watanabe, A., 1993：On the structure of land and lake breezes circulation in the area north of Lake Inawashiro, Sci. Rep. Fukushima Univ., No.52, 7-15.
[14] 渡邊明，1997：夏季晴天日に観測された福島盆地周辺の局地循環，日本気象学会 1997 年度春季大会予稿集，Vol.57，115.
[15] 渡邊明，1999：1998 年南東北・北関東の集中豪雨の降水システムについて，東北地域災害科学研究，No.35，143-147.
[16] 渡邊明，2004：福島県の強雨特性について，東北地域災害科学研究，No.40，179-184
[17] 渡邊明，2012：会津地方の豪雨，東北地域災害科学研究，Vol.48，149-154.
[18] 渡邊明・樫村利道，1982a：気候と植生の関係，猪苗代の自然，No.3，222-223.
[19] Stocker, T. F., D. Qin, G.-K. Plattner, M. Tignor, S.K. Allen, J. Boschung, A. Nauels, Y. Xia, V. Bex and P.M. Midgley（eds.），2013：Climate Change. The Physical Science Basis. Contribution of Working Group I to the Fifth Assessment Report of the Intergovernmental Panel on Climate Change. Cambridge University Press, 1535 pp.

東北地方の米作りと気候

東北地方は日本の米の 1/4 を生産する全国有数の米どころであり，「ひとめぼれ」「つや姫」などの銘柄米の産地としても有名である．100 年前，その東北ではろくに米もとれず，ヒエで飢えをしのいだという話を授業で紹介すると，ほとんどの学生は信じられないという．宮沢賢治の『グスコーブドリの伝記』に「ブドリは十になり，ネリは七つになりました．・（中略）・その年は，お日さまが春から変に白くて，・（中略）・オリザという穀物も，一つぶもできませんでした．・（中略）・その年もまたすっかり前の年の通りでした．」という一節がある．オリザはイネの学名で，2 年続きの冷害を暗示している．実は賢治が 10 歳，妹トシが 7 歳のとき，1905 年，06 年に大冷害が起こったから，この一節は事実に基づく．当時の東北の米作りは冷害との闘いを強いられ，特に北東北 3 県の収量レベルは全国でも最下位クラスであった．最下位を争った各県が，戦後に大躍進し，今ではいずれもトップ 10 にランクされる（図 1）．

この躍進（収量増）は，天気がよくなって冷害が起こらなくなったからではない．イネの冷害には遅延型冷害と障害型冷害がある．前者は低温で生育が進まず，秋になっても成熟しないタイプで，田植えから収穫までの間にいつ低温が来ても，その影響を受ける．後者はイネの花粉が形成される時期（7 月中下旬）に低温が来ると，花粉の形成が阻害され花が咲いても受精しないタイプである．1980 年や 1993 年など近年の冷害の多くは障害型である．

戦後，ある技術が確立するまで，苗作りから収穫までイネは野外で育てられた．気温がイネの適温（13 〜 15℃）を超えてから苗代に種をまくので，岩手県を例にすると，種まきは 5 月中旬以降となる．同様に適温の間に収穫を終えるから，刈り取り限界は 10 月上旬である．北日本では，この限られた期間に栽培しなければならない．この間に低温が来れば成熟が遅れる．北日本の米作りは遅延型冷害の危険に常にさらされていた．このリスクを大幅に軽減したのが，保温折衷苗代とよばれ，現在のハウスでの苗作りにつながる技術である．

保温折衷苗代は，軽井沢の農家・荻原豊次氏によって開発された．野菜の温床に紛れて生えたイネの苗を田に植えてみたところ，穂の出も早く稔りもよかったので，水田に作った苗代を油紙で覆って保温し，苗を早く育てる技術を作り上げた．1942 年に技術はほぼ完成したが，戦争の影響で広くは普及しなかった．この技術が戦後岩手に導入され，その後の農業用ビニルフィルムの普及とともに北日本に広まった．

苗をあらかじめ保温被覆下で育て，野外の気温がイネの生育適温まで上昇したら，すぐに田植えをする．こうして田植えが 1 か月早まると，7 月にはイネの葉が田面を覆い尽くし，日射を効率よく吸収して光合成が盛んになる．東北は梅雨や秋雨の影響が比較的小さいから，イネの光合成にとって重要な 7 〜 9 月の日射量が他地域に比べて豊富である．保温折衷苗代導入前の作型では，田植えが遅いために，7，8 月になっても葉が十分に広がらず，日射を吸収する面積が限られていた．保温折衷苗代は，単に田植えを早めただけでなく，東北地方の豊富な夏の日射量を効果的に利用する技術となった．

残念ながら保温折衷苗代は，障害型冷害に対して大きな効果を期待できない．近年多発する障害型冷害の主な対策は，低温でも花粉を作る能力が高いイネ品種の育成による．1980年はまれに見る規模の冷夏で，南東北にも大きな被害をもたらした．この冷害によって南東北以南でしか作られない品種コシヒカリが障害型冷害に強いことがわかった．以降，食味がよく冷害に強いコシヒカリの血を引いた品種，例えば，ひとめぼれ，はえぬきなどが次々と育成された．

　このように冷害とそれをもたらす気象との闘いを通じて技術の開発や改良が進んだ．新技術の導入によって，これまで不向きとされた気候がむしろ好適条件に転ずることもある．保温折衷苗代はそのよい例である．

　やませが吹き込む青森県の太平洋沿岸地域には，ナガイモ，ニンジン，ニンニクなどの産地が広がる．根菜類がやませの影響を受けにくいことが，古くから知られていたのだ．また西南日本の産地が夏の暑さ対策に苦しむ中，涼しい夏を活用した野菜や花の栽培が拡大している．しかしこれらの産地でも，近年の異常気象特に高温がしばしば障害をもたらしている．東北でも，今後の温暖化対策に向けた技術の開発が急務になってきたようだ．

[岡田益己]

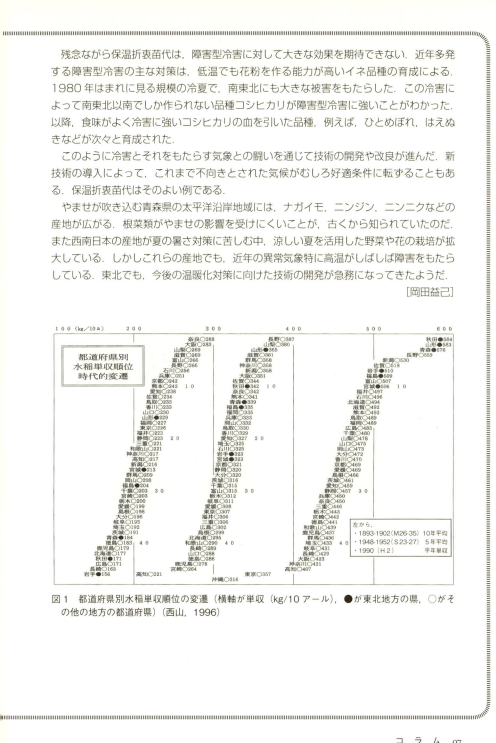

図1　都道府県別水稲単収順位の変遷（横軸が単収（kg/10アール），●が東北地方の県，○がその他の地方の都道府県）（西山，1996）

コラム お天気キャスターから見た日本の気候

　私が担当しているお天気コーナーのモットーは「雨の日も風の日も外でやる！」です．なぜなら天気は現場で起きているから……（笑）．その日の空気感を伝えることで皆さんにわかりやすく，少しでも気持ちよく1日を過ごすお手伝いができればと思って続けています．なので，オシャレかどうかは別として服装もその日の天気に合わせて自分で選んでいます．ただそんなにたくさんもっていないので，火曜日に着た服は次週，別の曜日に着るなどローテーションしています（笑）．

図1　その日の天気に合わせて服装をローテーション

　さて，皆さんは最近の天気をどう感じていますか？　「ちょっと変だな？」って思っている人も多いのではないでしょうか？　私は大雨や猛暑など目立った気象現象が起こると現地で取材をすることがあります．以前は猛暑の取材に行くと真っ黒に日焼けして帰ってきていました．ところが最近は，猛暑の取材のはずが途中からゲリラ豪雨の取材に変わっていることがよくあって，気象が極端になっていることを実感します．夏場は午前中晴れて軽く35℃を超えたと思ったら，午後から雲が広がり突然の雨．昔はかわいく「夕立」といっていましたが，最近は「ゲリラ豪雨」．あっという間に道路が冠水したり場合によっては床下浸水や川が氾濫したりするものだから大変です．たかが夕立では済まされなくなっていますね．いつだったかそんな天気が続いたので，天気予報のマークに晴れと曇りと雨を全部つけたら「なんでもありじゃないか！」って怒られたことがあります．本当にそんな天気だったのですけどね．突然の大雨の犯人は大きな入道雲（積乱雲）です．見た目は絵日記に描きたくなるような雲ですが，その雲の中には平均的な積乱雲で25 mプール約150杯分もの水が含まれています．どうりで激しい雨が降るわけです．最近よく「異常気象」という

図2　猛暑の取材のはずが……

言葉が使われますが，これは30年に一度程度の珍しい現象のことをいいます．最近は異常気象が頻繁に起こるので，「極端気象」などと言い変えた方がいいかもしれません．

図3　ゲリラ豪雨の取材に変わることも

　ところで，大雨災害で最近怖いのが「線状降水帯」です．これは活発な積乱雲が同じ場所で次々に発生することから，なかなか激しい雨がやみません．川が氾濫したり，土砂災害が起こったりなど，大きな災害に結びつきやすいのです．2015年9月の「関東・東北豪雨」では，栃木県から茨城県を流れる鬼怒川が氾濫し，死者が出るなど大きな被害が発生してしまいました．「鬼怒川は"鬼が怒る川"と書くから氾濫したんだ！」という人がいましたが全く関係ありません．このときは，たまたま台風と低気圧の位置関係から，線状降水帯が鬼怒川流域にかかり続けたことで大雨になっています．もし少しずれていれば別の場所が大雨になっていたわけで，条件が揃えば全国どこでも起こりうる危険な現象なのです．天気予報で「線状降水帯」とか「線状の雨雲」というキーワードを聞いたら注意が必要です．ここまで極端な気象現象が増えると，気象キャスターとして悩むことがあります．それは，大雨や大雪などの災害を心配するあまり，最悪のケースを想定して伝えようとすると，必要以上に脅かしてしまうのではないか？　しかも，最悪のケースとなると実際は何も起こらないことも多いですよね．「災害は起こってからでは遅い！」といいますが，これが何度も続くと「降る降る詐欺」といわれたり，煽っているように思われたり，信頼されなくなってしまうのではないかと心配になることがあります．

　しかし，異常気象はもはや定常化し，日本全国どこでも災害のリスクがあります．災害から身を守るために3つのKを覚えておいてください．「気づく」「考える」「行動する」です．災害を未然に防ぐために，天気予報も重要です．今はテレビだけでなくインターネット，ラジオなどたくさんの情報源があります．皆さんにお聞きしますが，例えば，私がテレビで午前9時半頃に「明日の関東地方は大雪のおそれはありません」といったとします．ところが時間が経って夕方のニュースでは「明日の関東地方は大雪のおそれがあります」といっています．皆さんだったらどちらの予報を信じますか？　私と答えて下さった方には申し訳ありませんが，この場合は夕方のニュースが正解です．気象情報は常に情報が更新されているのです．どんな天気予報を見ても構わないと思いますが，必ず最新の気象情報を利用しましょう．決して私の予報が当たらないといっているわけではありませんよ（笑）．

　最近目立つのは災害ばかりですが，まわりを見渡すと日本には素晴らしい自然や四季があることに気づかされます．雪が解けて春になると桜が咲き誇り，暑い夏を乗り切れば木々は美しく染まります．天気と季節感は一体です．気象キャスターとして，これからも他の国にはない美しい季節の話題を織り交ぜて，いつまでも皆さんに興味をもってもらえる天気予報をお伝えしていきたいと思います．

[天達武史]

第3章　関東地方の気候

3.1　関東地方の地理的特徴

　関東地方は本州のほぼ中央に位置する．関東平野は直径が 150 km ほどあり，国内で最も広い平野である．その東側と南側は太平洋に面し，西から北にかけて中部山岳がある．平野をほぼ二分する形で利根川が北西から南東へ流れ，ほかにいくつかの川が西部や北部の山地から東あるいは南に向かって流れている（図1）．

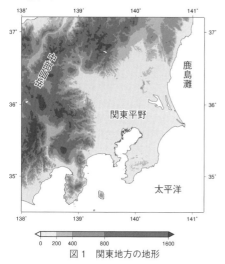

図1　関東地方の地形

　日本海側から中部山岳を越えて関東平野へ入るためには，群馬県西部の碓氷峠（海抜約 960 m）を例外として，海抜 1,000 m 以上の場所を通る必要がある．言い換えると，中部山岳は関東平野にとって，神奈川県西部の丹沢山系から栃木県の日光山系までの百数十 km にわたり，海抜 1,000 m 以上の障壁をなしている．この障壁の存在が，関東地方の気候特性を作り出す重要な要因になる．

　また，関東の南の伊豆諸島を暖流の黒潮が東〜北東に流れる．一方，関東の東の鹿島灘は親潮の影響を受け，海面水温は比較的低い．このため，関東の南側と東側とで海面水温に大きな差がある．

　関東地方のもう1つの特徴は，広範囲の都市化である．東京は明治初期にすでに 100 万程度の人口があったが，1960 年には東京 23 区の人口が 831 万人となった．その後は東京 23 区の人口には大きな変化がなく（2015 年は 927 万人），むしろ周辺への都市域の拡大が目立ち，東京都と埼玉・千葉・神奈川県を合わせた 1 都 3 県の人口は，1960 年の 1,786 万人から 2015 年には 3,613 万人へと，ほぼ倍増している．この結果，東京からその周辺の広い範囲で植生地が減少し，市街地の占める比率が高くなっている（図2）．また，東京 23 区の人口の増加は小さいものの，建物の高層化やエネルギー消費量の増加など都市の熱収支に関わる内的な変化は進んでいる．

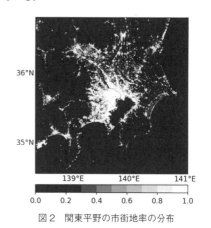

図2　関東平野の市街地率の分布

3.2　関東地方の気候特性

3.2.1　気温・降水量の分布

　関東平野（島しょを除く地域）にあるアメ

ダス地点のうち，年平均気温が最も高いのは羽田の 16.3℃である．これは東京のヒートアイランドの影響のほか，統計期間が 1993年からであり，比較的低温だった 1980年代のデータがないことにも一因がある．1981年からの統計が行われている地点の中で最も年平均気温が高いのは，館山（千葉県）の15.9℃である．逆に最も低いのは，海抜800 m 未満の地点に限れば，藤原（群馬県みなかみ町）の 8.9℃である．藤原は海抜700 m の場所にあるが，海抜高度の影響を差し引いても，房総南端との間に 2〜3℃の差がある．これは 100 km 当たり 1℃強の気温傾度に相当し，日本付近の平均的な南北気温傾度（100 km 当たり 0.9℃程度）に比べてやや大きい．この意味で，関東地方は南北の気候差が目立つといえるだろう．東京を中心とする大都市圏は，その中央部かやや南寄りのところに位置している．

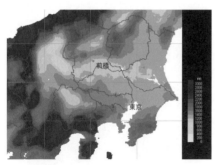

図3 関東の年降水量分布図

関東地方の気温の最高記録は，2007年に熊谷（埼玉県）で観測された 40.9℃である．これは 2017年時点で国内の歴代 2位となっている．このほか，埼玉県〜群馬県を中心とするいくつかの地点で 40℃台の記録がある．最低記録としては，1952年につくば（茨城県）で，1984年には五十里（栃木県日光市）で，ともに −17.0℃が観測されている（山岳を除く，2017年現在）．

年降水量は，伊豆諸島や房総半島・神奈川県の一部で 2,000 mm を超え，箱根では

3,539 mm に達する（図3）．しかし，関東平野の大半では年降水量が 1,600 mm 以下である．平野の中部から北部にかけては 1,300 mm 以下の地域もあり，全国平均（1,800 mm 程度）よりも少ない．その一因としては，中部山岳によって西からの水蒸気の流入が抑えられることがあげられる．

このような気温・降水量分布からすると，関東地方は大まかには，比較的高温で多雨の南関東と，低温・少雨の北関東に分けられよう．しかし，個別の気象状況に即して見ると，関東地方の気候は海面水温の高い黒潮域と相対的に低い鹿島灘，そして西〜北の中部山岳という地形条件によってさまざまな地域特性を呈する．

3.2.2 関東地方の気象特性

関東地方の気候特性は，他の太平洋側の地域と基本的には同じである．しかし，3.1 で述べた地形条件を反映し，いくつかの特徴がある．

まず冬は，中部山岳が季節風に対する障壁として働くため，関東地方は北部の山沿いを除き，他の太平洋側地域に増して晴れの日が多い．また，季節風の吹き方は一様ではなく，中部山岳の影響を受けた強風域や弱風域が現れる（図4）．季節風が北寄りの場合には，利根川上流（群馬県南部）を吹く北西風が関東平野では北寄りの風になり，東京周辺でも強く吹く．一方，季節風が西寄りであるときには，利根川上流から鹿島灘沿岸へ吹く西北西の風と，相模湾沿岸から房総にかけて吹く西南西の風が卓越し，両者の間にあたる東京周辺は比較的風が弱い．

低気圧が通るときの気象状態にも地形の影響による局地性が現れる．冬の低気圧通過時には，しばしば平野の中部から内陸域が冷気層におおわれる．このうち，関東の南を低気圧が通る際（南岸低気圧）には，平野の南東部沿岸では東寄りの風が吹くのに対し，平野の中部から西部は冷気層のもとで気温が低い傾向があり，南東部（沿岸部）では雨なのに対して中〜西部では雪になることが珍しくな

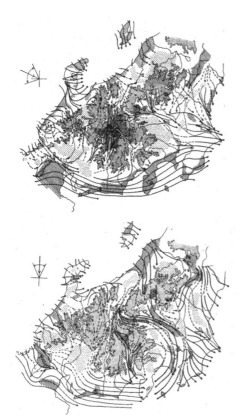

図4 本州中部の地上風分布 濃い陰影は強風域,
点線と薄い点彩は弱風域. 上は傾度風向（気圧分
布によって決まる地域代表的な風向）が西北西の
場合, 下は北の場合（出典：河村武, 1977：全
国地上風分布図, 気象庁技術報告91号）

図5 関東平野の冷気層の模式図（出典：吉門洋・
水野建樹・近藤裕昭・北林興二・下形茂雄・山本
晋, 1993：大都市域上空における汚染物質輸送
の観測的研究, 資源環境技術総合研究所報告第6
号, 136p.）

い. また, 日本海を低気圧が通るとき（日本
海低気圧）には, 南部では強い南〜南西風が
吹いて気温が上がるが, 中〜北部は冷気層に
おおわれて気温が低く, 風の弱い状態になる
場合がある（図5）. 日本海低気圧に伴う降
水は, 関東では周囲の地域に比べて少なく,
しばしば局地的な晴天域になる. これによ
り, 昼間には冷気層が暖まって解消され, 南
〜南西風の範囲が北へ広がる傾向がある.

一方, 周囲の地域が晴れているのに関東平
野は北東〜東風が吹いて低い雲におおわれ,
弱い雨の降る場合がある. これは「北東気流

型」の天気とよばれ, かつては予報が難し
かったが, 近年は予報成績が向上してきた.

夏の晴れた日には, 午後を中心として海風
と谷風が発達し, これらが融合して太平洋岸
から内陸まで南寄りの風におおわれる（広域
海風）. 広域海風によって, 東京付近から排
出された大気汚染物質は内陸へ運ばれる. 広
域海風の風向は日々の気圧配置に応じて変動
し, 南東風が卓越する場合には汚染物質は埼
玉県から群馬県へ, ときには碓氷峠を越えて
長野県に達する. また, 南風の場合には栃木
県へ, ときには福島県へと輸送される.

海風は海上の相対的に涼しい空気をもたら
すため, 夏の日中〜夕方の気温は沿岸域では
比較的低く, 内陸域の方が高い分布になり,
特に埼玉県から群馬県南部にかけての地域は
高温になる. 一方, 下層の風が西あるいは北
寄りの日には, 中部山岳を越えた風が関東平
野へ吹き下り, 著しい高温をもたらすことが
ある. この状態は「フェーン」とよばれる
が, 強風を前提とする本来のフェーンとは異
なり, 日射による加熱や谷風が複雑に関わっ
ていることが多い.

上空に寒気が流れ込むと, 地上の気温が上
がる午後を中心として大気が不安定になり,
しばしば雷雨が発生する. 関東平野の雷雨は

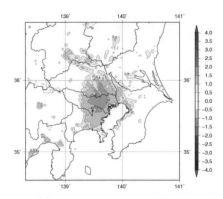

図6　数値シミュレーションによる関東平野の気温
　　分布（出典：気象庁：ヒートアイランド監視報告
　　2016，図A4）　2016年8月の平均気温．現実
　　の都市を計算に入れた場合と，都市を草地に置き
　　換え，人工排熱をなくした場合の差で，都市の存
　　在による昇温量を表す．

比較的規模が大きく，ときには1時間に
100 mm を超える雨を降らせたり，竜巻など
の突風を伴ったりする．日本の竜巻の大半は
沿岸域で起きるが，関東地方は内陸域でも竜
巻が発生しやすいという特徴がある．

3.3　関東地方の都市気候

　都市化の進展に伴い，気温の上昇（ヒート
アイランド），湿度の低下，霧の減少など都
市気候に伴う変化が東京をはじめとする各都
市で顕在化してきた．また，春〜夏の午後に
は，東京周辺から関東平野の内陸に及ぶ広い
範囲で都市化による高温化が起きている（広
域ヒートアイランド）（図6）．広域ヒートア
イランドは風の変化を伴い，広域海風が吹く
日には東京の内陸側に南風と東風の境界（収
束線）が現れる傾向がある．
　ヒートアイランドはまた，降水の変化をも
たらす可能性が指摘されている．これの検証
は簡単ではないが，東京都心では暖候期の短
時間降水の増加が統計的に見出されていて，
数値シミュレーションによってもこれと矛盾
しない結果が得られている．　　［藤部文昭］

茨城県の気候

A. 茨城県の気候・気象の特徴

　茨城県は本州東岸に位置し，面積は6,097 km²で関東地方では栃木県，群馬県に次ぐ3番目の面積をもつ．茨城県は平野の面積が広く，県の北部には阿武隈山地があり，最高峰は北西部の福島県との県境にある八溝山でその標高は1,022 mである．また中央部には古来，歌垣などで有名な筑波山がある（標高877 m，図1）．県南には北浦や霞ヶ浦などの湖があり，干ばつ気味の年の方がよく農産物がとれる．平野が広がっているため，道路延長は北海道に次ぐ第2位であり，また人口は比較的分散している．茨城県の気候は大略すれば比較的低水温である鹿島灘の影響を受ける沿岸部と内陸的な気候の特徴をもつ県西部に分かれ，その間にある県南部は両方の影響を受ける．また県北内陸の大子付近では久慈川に氷花（シガ）が見られるなど，標高が低いにもかかわらず冬季に低温となる．以下，代表的な地点を例にあげ，茨城県の気候を見てみる．

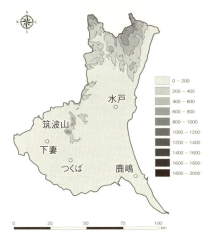

図1　茨城県の地形

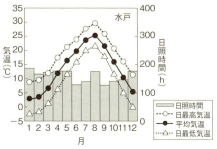

図2　水戸市における気温と日照時間

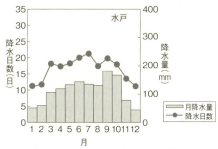

図3　水戸市における降水量と降水日数（0.0 mm以上）

1. 水戸市の気候

　水戸市は県央部に位置し，総人口27万人の茨城県最大の都市である．日照時間はやや冬の方が長いが，冬の最低気温は関東の県庁所在地では宇都宮に次いで低い．年間の雪日数は12日で北関東では最も少ない．また夏の日中は30℃を超える日もよくあるが，8月の最高気温は29.6℃で関東地方の県庁所在地では唯一30℃を下回っている（図2）．年降水量は1,354 mmで東京の約90％であるが，さいたま市，千葉市とほぼ同じである．東京と同様に梅雨時よりも9月，10月の降水量が多く12月，1月，2月の降水量が少ない（図3）．

　水戸市の気温の日較差は最高気温と最低気温の差を4月で比較すると，10.8℃であり，東京の9.6℃に比べやや大きい．また，平均気温が最も高い8月と最も低い1月との気温差は，水戸市では22.2℃であるのに対し東京は21.2℃であり，やや水戸市の方が大

きい．風速については，風速計の高度が同じ
でないため単純には比較できないが，水戸市
の年平均風速が 2.2 m/s であるのに対し東京
は 2.9 m/s と，水戸市の方が平均風速はやや
小さい．

2. その他の代表的な都市における気候

茨城県内の代表的な都市であるつくば市，
鹿嶋市の気候について紹介する．鹿嶋市は水
戸市の南南東 50 km の海岸に位置する工業
都市である．つくば市は水戸市の南西約
50 km のところに位置し，太平洋からは
46 km 程度，また南東に位置する霞ヶ浦か
らは 12 km あまり離れている．また都市で
はないが県北部の久慈川支流の谷沿いある大
子町の気候についても紹介する．大子町は水
戸市の約 46 km 北北西に位置する．

茨城県の都市・町は寒流の影響を受ける鹿
島灘に面していることもあり，東京よりも気
温が若干低い．年平均では県北部の大子町
（標高 120 m）が一番低い．水戸，つくば，
鹿嶋，大子の 4 都市・町では鹿嶋市の年平
均気温が高いが，夏の気温は海の影響を受け
て低く，冬の気温が高いことが影響をしてい

る（表1）．降水量については南部の海岸線
にある鹿嶋市および北部の日立市から北茨城
市にかけての山間部で多く，内陸のつくば市
で少ない．平均風速は東京と比べると弱く，
特に谷間にある大子町で弱い．

3. 茨城県の気温分布，降水量分布

水戸地方気象台作成の気象年報（2009）
によれば，年平均気温は南部，海岸線および
霞ヶ浦周辺でやや高く，阿武隈山地南部から
鉾田にかけてやや低い（図4）．この図から
は県内都市におけるヒートアイランドの影響
は顕著には見えないが，県南部には 1970 年
代後半から人工的に開発されたつくば市があ
り，そこではヒートアイランドの形成につい
て研究がなされている（C. の「2. つくば研
究学園都市の発展」参照）．

図4では県北部が茨城県で最も年平均気
温が低くなっている．ここの気温を代表する
大子町は久慈川とその支流の押川が合流する
ところにあり，アメダス地点は押川の近くに
ある．この地点は冬季の低温のほか夏季には
しばしば茨城県内で最も高い気温を記録する
地点でもある．また久慈川は冬季に氷花（シ

表1 東京都と茨城県の都市・町における平均気温（1981 ～ 2010 年：気象庁）

気温	1月	2月	3月	4月	5月	6月	7月	8月	9月	10月	11月	12月	年平均
東京	5.2	5.7	8.7	13.9	18.2	21.4	25.0	26.4	22.8	17.5	12.1	7.6	15.4
水戸	3.0	3.6	6.7	12.0	16.4	19.7	23.5	25.2	21.7	16.0	10.4	5.4	13.6
つくば	2.7	3.7	7.1	12.5	16.9	20.2	23.9	25.5	21.9	16.0	10.0	5.0	13.8
鹿嶋	4.4	5.0	7.9	12.7	16.7	19.6	23.4	25.3	22.3	17.3	12.1	7.0	14.5
大子	0.4	1.4	4.9	10.8	15.7	19.6	23.4	24.7	20.7	14.3	7.9	2.6	12.2

表2 東京都と茨城県の都市・町における降水量（1981 ～ 2010 年：気象庁）

気温	1月	2月	3月	4月	5月	6月	7月	8月	9月	10月	11月	12月	年平均
東京	52.3	56.1	117.5	124.5	137.8	167.7	153.5	168.2	209.9	197.8	92.5	51.0	1528.8
水戸	51.0	59.4	107.6	119.5	133.3	143.2	134.0	131.8	181.3	167.5	79.1	46.1	1353.8
つくば	43.8	51.6	99.5	105.6	120.3	133.1	127.1	130.6	183.2	165.9	78.8	43.6	1282.9
鹿嶋	81.1	77.4	135.4	123.6	127.1	146.6	122.8	109.1	212.1	234.8	102.3	60.5	1528.7
大子	36.6	45.0	96.4	112.7	135.1	151.5	194.7	205.6	201.4	139.2	75.4	38.0	1435.1

表3 東京都と茨城県の都市・町における平均風速（1981 ～ 2010 年：気象庁）

気温	1月	2月	3月	4月	5月	6月	7月	8月	9月	10月	11月	12月	年平均
東京	2.7	3.1	3.2	3.2	3.0	2.8	3.3	3.0	2.6	2.6	2.5	2.7	2.9
水戸	2.0	2.3	2.5	2.6	2.4	2.3	2.2	2.3	2.2	2.0	1.8	1.9	2.2
つくば	2.3	2.5	2.6	2.8	2.6	2.4	2.4	2.4	2.3	2.0	1.9	2.1	2.4
鹿嶋	1.8	2.1	2.3	2.4	2.1	1.8	1.7	1.8	1.9	1.9	1.7	1.7	1.9
大子	1.0	1.1	1.2	1.2	1.1	0.9	0.8	0.8	0.7	0.7	0.7	0.9	0.9

図4　茨城県の年平均気温（℃）の分布（出典：2009年，水戸地方気象台）

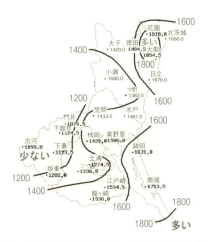

図5　茨城県の年降水量（mm）（出典：2009年，水戸地方気象台）

ガ）とよばれる氷の破片が流れる川として有名であり（例えば久慈川のシガ研究会，2014），また近くにある袋田の滝は厳冬季には全面結氷することがある．茨城県における年降水量分布を見ると（図5），太平洋岸の県北部と千葉県境の南部の降水量が多く（1,800 mm以上），県西の内陸部で少ない（1,200 mm以下）．

表4　2002～2012年の茨城県の主な気象災害（出典：水戸地方気象台）

年月日	災害名	人的被害		住家被害		
		死者不明者	負傷者	全壊流出	半壊	床上浸水
2006年10月6日～8日	低気圧	10	6	0	0	8
2009年10月7日～8日	台風18号・竜巻	0	14	0	235	1
2011年9月21日～22日	台風15号	1	14	1	24	50
2012年5月6日	竜巻	1	41	89	193	0

B. 茨城県の気象災害と大気環境問題

1. 気象災害

　水戸地方気象台の資料によれば1982～2009年の間に発生した気象災害別頻度は水害が37％，大気現象異常害が25％，風害が23％で浸水，強雨，山崖崩れなどの水害が多い．ここで大気現象異常害とは，落雷や雹などによるものをさす．古来，常陸国風土記などによれば茨城県は南部や西部を中心に水害が多く，その一方干害には強かった．表4に2002～2012年の間で死者・不明者が出た災害および住家被害が100件以上であった災害をまとめた．このうち2006年10月6日～8日の死者・不明者10名は，神栖市沖における貨物船の座礁に伴うものである．10月4日から5日にかけて日本の南海上を台風16号が通過した後，前線上の低気圧が急発達し，東日本の太平洋岸をかすめるように北上した．この低気圧は10月6日3時には潮岬の南方で中心気圧が986 hPaであったが，同21時頃には千葉県勝浦市付近で980 hPa，7日21時には三陸沖で964 hPaまで急発達をした．6日23時53分には千葉県銚子で最大瞬間風速39.0 m/sの北の風を記録している．

　2009年の台風18号通過時には土浦市お

よび龍ヶ崎市で竜巻が発生し，どちらも藤田
スケールでF1の竜巻と推定されている．こ
の竜巻では人的被害はなかったが，2012年
5月6日の竜巻は藤田スケールでF3と推定
され，つくば市北部で1名の死者が出た．
この時にはほぼ同時刻（12時30～40分頃）
に茨城県筑西市・桜川市および常陸大宮市で
もF1～F2と推定される竜巻が発生した．
気象庁ほかの報道発表資料によれば，5月6
日は日本の上空5,500mにおいて，−21℃
以下の強い寒気が流れ込んだ一方，12時に
は日本海に低気圧があって，東日本から東北
地方の太平洋側を中心に，この低気圧に向
かって暖かく湿った空気が流れ込んだ．さら
に，日射の影響で地上の気温が上昇したこと
から，東海地方から東北地方にかけて大気の
状態が非常に不安定となり，落雷や突風，降
雹を伴う発達した積乱雲が発生した．

2. 2015年関東・東北豪雨と鬼怒川の氾濫

　2015年9月10日，鬼怒川が66年ぶりに
氾濫し，常総市の1/3に及ぶ約40km²が浸
水した．鬼怒川は栃木県日光市の鬼怒沼を源
とし，茨城県南部で利根川に合流する長さ
176.7kmの川である．鬼怒川の流域は，上
流の日光市で広く，下流の常総市に向かって
小貝川などと併走するため，次第に流域の幅
が狭くなっていく朝顔の花のような形をして
いる（図6）．鬼怒川が利根川に注ぐ最下流
部の7kmは，1629年に人工的に開削され
ている．ここは常総市寺畑地区の南側で両岸
の標高が周辺よりもやや高く，小貝川までの
距離がいちばん狭くなっている部分で，
2015年の洪水ではこのすぐそばまで浸水し
た．鬼怒川の洪水は1947年のカスリーン台
風，1949年のキティ台風の際にも起きてい
る．

　2015年の洪水は9月10日に発生してい
るが，上流部を含む流域での降水は，本州南
岸上に停滞する前線の影響を受けてすでに9
月6日から始まっていた．9月7日には小笠
原付近に台風18号が発生して北上し9日に
は愛知県に上陸し，日本海に進んで温帯低気
圧となった．一方，台風17号が関東の東南

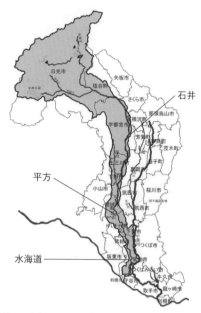

図6　鬼怒川の流域（出典：国土交通省関東地方整
　　　備局，2016に加筆）

東より接近し，東日本は太平洋上の台風17
号と日本海の低気圧にはさまれ，その結果，
東京湾から新潟県東部にかけて帯状の降水帯
が，9日から10日にかけて鬼怒川の流域に
おおい被さるように停滞した．

　図7に源流部の五十里と，常総市に近い
下妻の観測点における1時間降水量の変化
を示す．この期間，栃木県日光市および塩谷
町の流域のかなりの部分で3日間降水量が
500mmを超え，石井より上流の流域での平
均3日降水量は観測史上最大を記録した．
この結果，平方と水海道における水位は，9
月9日の午後から急速に上昇してこれまで
の最高水位を更新し，9月10日6時頃から
15時頃まで両地点で計画高水位を超えた．
また筑西市，結城市，下妻市，常総市の7
か所で溢水し，常総市三坂町で堤防が決壊し
た．

　この洪水は死者2名，住家全半壊5,277，
床上床下浸水3,542の被害をもたらした．ま
た浸水は，破堤した常総市三坂地区から

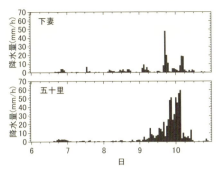

図7 2015年9月6日から10日までの下妻と五十里における1時間降水量の変化（出典：気象庁）

10kmほど南の常総市中心部にも及び，さらに破堤後約20時間を経て寺畑地区まで及んだ．このときの流速は0.17～0.18m/sであった．常総市市街地には10日9時55分に避難指示が出されたが，避難者数は9月11日7時には7,032名，ヘリコプターおよび地上からの救出者は4,258名に及んだ．

3. 大気環境問題

茨城県には日立市周辺と鹿嶋市周辺に大規模な工業地域がある．日立市では江戸時代から赤沢銅山とよばれる鉱山が開発され，江戸時代にもしばしば鉱毒被害を及ぼした．1905年に日立製作所の創始者になる久原房之助が買収し，1912年には年間7,800トン余りの銅を産出する鉱山となった．しかし規模の拡大に伴い，周辺への有毒ガスの拡散により被害を及ぼすようになった．この被害を抑えるため，日立鉱山では通称むかで煙突，だるま煙突を建設したが，うまく排煙ができなかった．このため気象観測や風洞実験などを実施していわゆる大煙突を建設し，当時としては先端的な研究を実施しながら排煙対策を行った．また気象条件により拡散状況を把握して，操業をコントロールするようなことも行っている（石井，2002）．また1910年には，日立市郊外の神峰山に気象観測所を開設した．しかし排煙から硫酸を回収する技術が進むにつれ，気象観測に基づく操業コントロールの必要がなくなり，1952年に神峰山

観測所は廃止された．この観測所を引き継ぐ形で日立市は観測業務を継続し，また予報業務も行う天気相談所を設けた（気象業務法に基づく予報業務許可（第2号））．現在では日立市内に観測点を6か所設け，防災情報等の提供を行っている．

鹿島臨海工業地帯は1960年より構想され，現在の鹿嶋市，神栖市にまたがる領域に人工掘込式港湾，鉄鋼，石油化学，電力等などからなる臨海工業地帯を構築した国家プロジェクトである．1960年頃には，三重県四日市における大気汚染が大きな問題になってきており，大気汚染防止法が成立した後の1969年から工事が始まった．それに先立つ1965年には，環境アセスメントの考え方が初めて導入され，大分，水島と並んで産業公害総合事前調査が実施され，将来の汚染予測がなされている．またここではAPMS（Air Pollution Monitor and control System）とよばれる大気汚染実時間予測システムの開発がなされ，現在の環境濃度と気象条件に基づいて数時間先の環境濃度を予測し，それに基づいて工場の操業をコントロールするシステムの開発がなされた（横山ほか，1976）．

C. 茨城県の気候と人々の暮らし

1. 農産物

2014年の農林水産統計によれば，茨城県の農業産出額は北海道に次いで全国2位である．特に野菜の生産額が全国2位である．茨城県の資料によれば作付面積・出荷量（収穫量）が1位の産物として，ピーマン，白菜，レタス，出荷量が1位の産物としてメロン，出荷量・産出額が1位の産物としてレンコン，作付面積の1位の産物として芝，産出額の1位の産物として干し芋がある．土地が平坦であり，温暖な気候が茨城県を農業県にしている．地域的にはメロン，ピーマン，サツマイモは太平洋沿岸，レンコンは霞ヶ浦周辺，レタス，白菜は県西部と水はけ等により産地が分かれている．

茨城県内では温暖な土地の産物であるミカンと，寒冷な土地の産物であるリンゴの両方

がとれる．ミカンの産地の筑波山と，リンゴの山地の奥久慈は，南北に約70km程度しか離れておらず，また両者とも標高100～300mのところで栽培されている．筑波山でミカンがとれるのは西麓の酒寄(さかより)で，標高は150m程度である．周辺の斜面の勾配はほぼ一定で，300m進むと50m登るくらいのやや急な勾配である．西麓なので昼から夕方にかけて日当たりが良い．筑波山は関東平野の北東に存在する孤立峰であり，冬季には斜面温暖帯がよくできる．斜面温暖帯とは山の中腹に現れる気温が相対的に高い層である．筑波山の場合，標高300～400mあたりで，平野の底と比べると3℃程度の温度差ができている．しかし，このあたりの斜面の勾配は急であり，作物の生産には向かないのであろう．

奥久慈でリンゴがとれるのは，大子町役場を中心にした半径10km程度の範囲である．例えば大子町小生瀬(こなませ)のリンゴ園は，標高230m程度の谷の中に開けた土地の川沿いにあり，その場所の斜面の勾配は非常にゆるやかである．他のリンゴ園も，比較的谷の底を流れている川のそばの平らな地形のところにある．標高は同じくらいであるが，両者の違いは，筑波山のミカン園は関東平野一円に静夜にできる冷気湖の底ではなく山の中腹にあり，大子のリンゴ園は夜間に冷気が流れていく川のほとりにある．斜面の勾配が急であれば，斜面上に冷気流が発生しても流れ落ちるときにより冷たい気塊につっこむので，浮力が働き，流れが止まってしまってさらに冷えた地面と熱の交換がよくできない．一方，斜面の角度がゆるいと流れを止める浮力が効きにくいので，斜面降下流が発達し，冷えた地面と熱交換が進んでより冷えることができる．

水戸市の北に隣接するひたちなか市周辺は干し芋の一大産地である．干し芋自体は静岡県が発祥とされるが，現在では茨城県の産出額が日本一である．水戸市周辺では全般にサツマイモの生産が盛んであるが，干し芋の生産はひたちなか市周辺に限られている．干し芋の生産には冬季の乾燥した気候が必要で，夜間の放射冷却と昼間の適度な日差しによる寒暖の差と，海から吹く適度な強さの風が必要とされている．このような気候が適していただけではなく，ひたちなか市周辺は漁業が盛んであり，水産加工などの技術が応用しやすかったこと，漁がやりにくくなる冬季に作業できるなどの社会的な要因や，この地の人が船で難破して静岡に至り，干し芋に興味をもって技術を学んだなどの偶然も加わって盛んになった．

2. つくば研究学園都市の発展

つくば研究学園都市は，1963年に研究・学園都市を筑波地区に建設することが閣議了解された後，急速に発展した人工の都市である．1969年には新住宅市街地が着工となり，1973年には筑波大学が開学し，1980年に43の試験研究・教育機関等の移転が完了した．1985年には国際科学技術博覧会と常磐自動車道の開通があり，1987年に町村合併によりつくば市が誕生した．2005年にはつくばエクスプレス線が開通し，2016年現在の人口は約23万人である．

つくば市では人工的な開発に伴い，ヒートアイランドが形成されるようになった．冬の弱風日の早朝の地上気温観測から，ヒートアイランドはつくば駅周辺の竹園，東新井地区から二宮地区を中心に南北に広がっており，その強度は最大で5℃程度であり（図8），また鉛直方向には約30mの厚さをもつことがわかった．一方，アメダスの観測点がある長峰は，気象研究所等の構内の広い緑地の中にあり，ヒートアイランドの影響をほとんど受けていない（日下ほか，2009）．したがって，アメダスの気温をもとに作られた図4には，つくば市のヒートアイランドが顕著には表れていない．

　　　　　　　　　　　　　［近藤裕昭］

【参考文献】
[1] 秋本吉徳，2001：常陸国風土記．講談社学習文庫1518．講談社．193p.
[2] 石井邦宣監修，2002：20世紀の日本環境史．産業環境管理協会．197p.

図8 つくば市のヒートアイランド（出典：日下ほか, 2009）数値は, 2008年2月17日6時00分の気温（℃）を示す.

[3] 茨城県ホームページ（https://www.pref.ibaraki.jp/bugai/koho/kenmin/profile/h27nihonichi.html）.

[4] 河川環境総合研究所, 2009：鬼怒川の河道特性と河道管理の課題——沖積層の底が見える河川（http://www.kasen.or.jp/study/tabid206.html）.

[5] 気象庁ホームページ（http://www.jma.go.jp/jma/index.html）.

[6] 気象庁ほか, 2012：平成24年5月6日に発生した竜巻について（報告）（http://www.jma.go.jp/jma/menu/tatsumaki-portal/tyousa-houkoku.pdf）.

[7] 日下博幸・大庭雅道・鈴木智恵子・林陽生・水谷千亜紀, 2009：冬季晴天日におけるつくば市のヒートアイランド：予備観測の結果, 日本ヒートアイランド学会論文集, 4, 10-14.

[8] 久慈川のシガ研究会, 2014（https://www.youtube.com/watch?v = q7JOyLNi8Qc）.

[9] 国土交通省関東地方整備局, 2016：平成27年9月関東・東北豪雨』に係る洪水被害及び復旧状況等について（http://www.ktr.mlit.go.jp/ktr_content/content/000638258.pdf）.

[10] 農林水産省, 2016：第90次農林水産省統計表（http://www.maff.go.jp/j/tokei/kikaku/nenji/90nenji/index.html）.

[11] ひたちなか市ホームページ（http://www.city.hitachinaka.ibaraki.jp/kigyo/11/2/3507.html）.

[12] ほしいも百科事典（http://hoshiimojiten.com/history/hoshiimo02.html）.

[13] 水戸地方気象台, 2010：茨城県気象年報平成21年（2009年）（国会図書館よりダウンロード可, http://dl.ndl.go.jp/view/download/digidepo_1933447_po_629_2009.pdf?contentNo = 1&alternativeNo =）.

[14] 水戸地方気象台ホームページ（http://www.jma-net.go.jp/mito/knowledge/kishou_saigai.html）.

[15] 横山長之ほか, 1976：大気汚染の予測と制御——APMS鹿島実験システムについて, オペレーションズリサーチ, 21, 13-17.

栃木県の気候

A. 栃木県の気候・気象の特徴
1. 主な地形（図1）

栃木県の地形は，大きく見れば，県の南部は関東平野の一部をなす平地で，最低標高は約15〜20mである．県の南端から東京湾沿岸までは約60kmである．県の北西領域約1/3は山地となっており，最高標高は日光白根山の2,578mである．県の北西端から日本海沿岸までの最短距離は約120kmである．県東部には比較的なだらかな八溝山地があり，筑波山付近までは一連の山塊と見ることができるが，県の北東部を流域とする那珂川がその中間部を浸食して，鹿島灘へ流下している．八溝山地から鹿島灘へは平均的に30〜40kmの距離である．

県の北西領域を水源とする鬼怒川は，県の中央部を南に流下して，茨城千葉県境部で利根川に合流する．なお，鬼怒川に沿うように，東側を小貝川などが併流している．

足尾山地西側からは，南西に向けて渡良瀬川が流下し群馬県に入るが，赤城山に阻まれ南東方向に屈曲して，栃木・群馬県境部を流れる．足尾山地東側は多くの河川が南東方向に流下するが，渡良瀬遊水地付近までにそれらが合流して，さらに利根川に合流する．

2. 宇都宮市の気候

県の中央部の宇都宮に関しては，1891年からの統計があるが，1935年に宇都宮市内でおよそ2kmの観測点の移動があったことから，気候変動の評価においては，それ以前の気温データに補正が加えられている．

また，観測露場の位置は変化がないが，気象台敷地を活用して，第2地方合同庁舎が建築され，風速計の高さの変更があった（1989年12月20日から49.2m）ほか，市街地が次第に拡大していることから，観測値を利用する場合は都市化の影響などを考慮する必要があろう．

年間の降水グラフは，宇都宮が関東地方内陸部の特徴をもっていることを最もよく表す（図2）．冬季に降水量・降水日数ともに極小である．夏季〜秋季には一山型の降水量分布となっているが，これは梅雨期よりも9月の時期の秋雨や台風の方が多くの降水量をもたらすことと，8月は雷雨や台風の影響が積み上がるため，関東南部のような凹形の変化

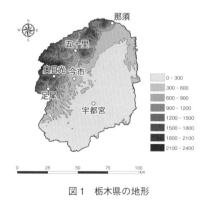

図1　栃木県の地形

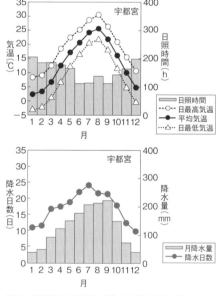

図2　宇都宮の平年値（降水日数は降水量0.0mm以上）

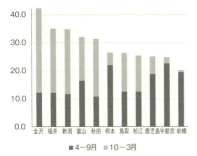

図3 雷日数平年値比較

とはならないことを示している.

気温と日照時間のグラフは，宇都宮が関東地方平野部の特徴をもっていることをよく表す．冬季に卓越する西高東低の気圧配置のもとでは，脊梁山脈を越え風下側の下降流域に入るため，晴れの日が多く，日照時間が長い．夜間においては放射冷却により下層の温度成層が安定化することから，日中に比べて季節風の影響が地面付近まで届かなくなる．このため朝の最低気温は低い．日中は下降流の断熱昇温と日射の効果で，最高気温は高めになる．風を遮蔽できる建物構造を利用すれば，日中に関しては，暖房はほぼ不要となる．

夏に関しては，海から遠いため，海上起源の涼風がそのまま到達することは少なく，大陸的な日変化となる傾向がある．これらのことから，通年で日較差は大きい．

しかし，毎日がそのようではないため，気温の予報が難しいことがある．特に朝方の気温の最低値を観測する頃までは放射冷却が効くような晴天で，その後急速に曇天となるようなケースでは日射の効果がほとんど得られず，同時に気圧配置によって，北から東寄りの風が卓越するような場合は，寒冷な空気がこの地域に達することがある．気温の日較差はわずかとなり，降水を伴う場合は小雨や雪となることがある．

北関東の特徴として，夏季の雷日数の統計を示す．図3に，年間の雷日数上位10地点と隣接地の前橋を示す．グラフの全体高さが年間日数を示し，下部の黒塗り部分で4～9月の雷日数の合計を示す．上位地点は冬季に雷が多発する北陸地方等日本海側が多いが，4～9月の雷日数は宇都宮が最多である上，隣接県の前橋とともに，この期間の雷日数の割合が年間の9割以上となっている．

3. 奥日光の気候

日光については，1944年からの統計期間内での観測点移動の記録はない．日光という地名表記ではあるが，戦時中の山岳での気象観測のための基地事務所を旧測候所起源とするため，男体山登拝門がある「中宮祠」にある．標高が，日光市街地とは大きく違うため，近年は奥日光と称される．観測点標高は1,292 m，主要な地形として，南北方向には山塊があり，東西方向は中禅寺湖や谷筋となっており，観測される風向は西と東がほとんどである．冬季は季節風の影響で，栃木県は北西に向かうほど降水日数が多くなる．奥日光は，脊梁山脈からは少し離れており，冬季降水量はさほど多くない（図4）．夏の8

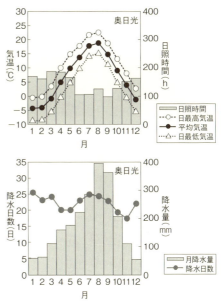

図4 奥日光の平年値（降水日数は降水量0.0 mm
以上）

月をピークとする一山型である．降雨をもたらす要因としては，この地域で発生する雷雨と，地形からみて，南東を主軸とする湿潤風が山地にあたるような場合に継続して降水量が多くなることによる．

ちなみに当観測点の24時間最大降水量は571 mmで，1981年8月22日台風15号が，東海地方の南方沖を北北東進している際に発生している．

4. 気温分布

図5はメッシュ気候値2010に基づき，国土情報ウェブマッピングシステムで作図したものである．県内の年平均気温は，ほぼ標高に依存する．県北西部では領域は狭いが年平均気温が0～3℃の地域がある．山岳地で寒冷であるため，火口湖や堰止湖などの湖沼に植物の遺骸が泥炭化して湿原化している地域もある．脊梁山脈を越えての降雪や路面凍結の対策のために，冬季間に通行止めとなる道路も存在する．宇都宮を含む平地の年平均気温は12～15℃となっている．

5. 50年確率降水量

降水量については，気象庁が大雨特別警報の運用の指標としている50年に一度の確率降水量分布図（2017年3月1日現在）を示す．なおこの指標は毎年見直しされる見込みである．

48時間降水量：県域の多くの部分は201～400 mmの階級であるが，県北西部では401～600 mmの領域が広がり一部に601～800 mmの領域がある（図6）．

3時間降水量：県域の広い範囲は101～150 mmであるが，151～200 mmの範囲も比較的広く一部に201～250 mmの地域もある（図7）．48時間の分布図に比べると，標高の低い地域でも短時間強雨が起きる傾向の現れと見ることができる．

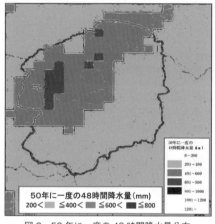

図6　50年に一度の48時間降水量分布

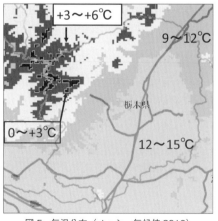

図5　気温分布（メッシュ気候値2010）

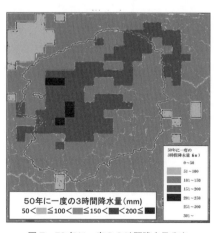

図7　50年に一度の3時間降水量分布

B. 栃木県の気象災害

内陸県であるため，概して風は弱い傾向にある．風害は全国的な災害と同時の場合が多く，地域として特記すべきものは少ない（災害がないわけでない）．この地域で特記的な気象災害は，主に大雨と雷に伴う諸現象となる．

1. 1902年9月28日の台風

"足尾台風"ともよばれる．県内の死者行方不明219名，家屋の全壊・流出約8,200棟の被害が出た．降水量は足尾で315 mmに達した．

足尾地域は，渡良瀬川の源流部で，当時は銅山開発が行われ，住居を作るための木材の利用や銅の精錬の影響で，山林地の多くが荒地となっており，足尾地区では被害が大きくなった．渡良瀬川洪水の流下による被害は群馬県側にも及んでいる．また，大谷川では，水源部の中禅寺湖周辺などで土石流が発生したほか，神橋の流出も起きた．鬼怒川や思川でも大洪水となった．出水や鉱毒被害は，この台風災害だけでなく繰り返し発生していた．1906年，栃木県南端部の谷中村は強制廃村され，渡良瀬遊水地にされた．

2. 戦後の3台風

1947年9月15日「カスリーン台風」
　死者行方不明437名，家屋の全壊流出約2,200棟．特に足利市で洪水の被害大．塩原の降水量516 mm.

1948年9月15日「アイオン台風」
　死者2名との記録だが，奥日光では537.9 mmを記録している．

1949年9月1日「キティ台風」
　死者12名，家屋の全壊・流出約280棟，降水量奥日光で627 mm.

これらの共通点は，いずれも日本に接近する北上ルートが135°線よりも東であることである．このコースの場合，関東地方に東〜南寄りの湿潤空気の流入を長時間もたらすことが特徴である．

これより西の海上を経由してくる台風は，偏西風の作用もあり，関東地方の通過に要する時間も短く，湿潤空気は当地より西方にある多くの山脈で降水になって落ちてしまうため，関東北部での降水量は比較的少ない傾向になる．

図8　水に浸かった茂木町中心部

3. 1986年8月5日の水害（図8）

"茂木水害"ともよばれる．1986（昭和61）年8月4日から5日にかけての，栃木県東部地域を中心とする「台風10号及びその後の低気圧」による集中豪雨は，栃木県内各地において中小河川の氾濫や崖崩れ等をもたらした．

特に茂木町においては，町の中心部を流れる一級河川逆川が5日未明に溢水氾濫し，市街部の大半が1.5 mを超える濁流にのまれた．電気，水道，ガス，電話等のライフラインに壊滅的な被害をもたらし，死者も発生した．

町の機能が完全に停止してしまい，外部から孤立する状況となったことが特徴的である．

4. 竜巻など

2012年5月6日の竜巻：同日は日本の上空5,500 mに，−21℃以下の強い寒気が流れ込んでいた．一方，12時には日本海に低気圧があって，東日本から東北地方の太平洋側を中心に，この低気圧に向かって暖かく湿った空気が流れ込んでいた．さらに，日射の影響で地上の気温が上昇したことから，関東甲信地方は大気の状態が非常に不安定となり，落雷や突風，雹をもたらす積乱雲が発生した．

積乱雲の通過に伴って，12時40分頃に発

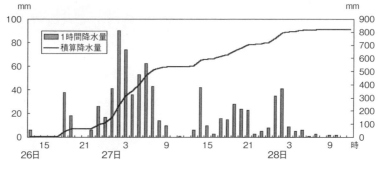

図9　那須の降水時系列（1998年8月）

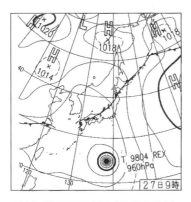

図10　那須豪雨天気図（1998年8月）

図11　関東・東北豪雨天気図（2015年9月）

生したと推定される竜巻（藤田スケールF1
〜F2，被害範囲は長さ約32 km，幅約
650 m）により，栃木県真岡市から益子町，
茂木町および茨城県常陸大宮市秋田にかけ
て，住家損壊などの被害が発生した．

　栃木県内では人的被害は重傷者1名，軽
傷者12名のほか，建物被害は住家全壊13
棟，住家半壊41棟，住家一部損壊420棟，
非住家被害453棟，文教施設被害3棟（2012
年10月31日現在，栃木県ホームページ）
など大きな災害となった．

　このほか，1990年9月19日台風19号の
進路前方での竜巻の発生事例や，2015年8
月2日の竜巻事例などがあげられる．

5．1998年8月末豪雨（那須豪雨）

　本州の南方海上に台風4号があり，東北

地方には南西〜北東の走向の停滞前線があ
り，東海上には太平洋高気圧の中心があるこ
とから，湿潤空気が南東方向から継続的に入
るパターンで，地形の影響も加わって栃木県
から福島県にかけて記録的な大雨となった
（図9，10）．

　特に那須町では降水量が27日に607 mm，
26日から31日までの合計で1,254 mmに達
した．

　この豪雨で那珂川支流の余笹川などが氾濫
し，死者・行方不明7名，家屋の全壊45棟
など大きな災害となった．

6．2015年9月関東・東北豪雨

　台風18号は，9月7日3時に，日本の南
の北緯21.5°，東経139.0°で発生した．9日
の10時頃には知多半島に上陸し，昼過ぎに

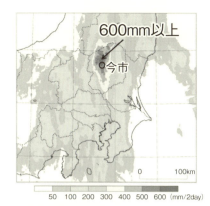

図12　解析雨量積算図（2015 年 9 月 8 日 21 時
　　　～ 10 日 21 時）

は石川県南部から日本海海上へ進んだ．台風
の大きさ強さは特筆すべきランクには達して
いないが，南北に連なる雲域を関東地方に引
き入れる特徴があった（図11）．

　9 日の降水量は，宇都宮よりやや西の地域
で，300 ～ 400 mm となり，観測史上 1 位
の値を超え，気象庁が特別警報の運用の目安
としている「48 時間降水量基準」や「土壌
雨量指数基準」を超えて降雨が継続すること
から，10 日 0 時 20 分に，栃木県の全域に
発表されていた大雨警報が大雨特別警報に切
り替えられた．

　10 日の昼頃までは台風から変わった日本
海の低気圧に向かう湿潤空気の流れは弱まる
ことがなく，1 日の降水量が 100 ～ 250 mm
となった．

　8 日 21 時から 10 日 21 時までの解析雨量

分布は図 12 のとおりである．鬼怒川の上流
域（今市周辺）での降水量が特に多かった．
降水量の時間経過を 1 地点で代表して日光
市今市を示す．1 時間 40 mm 前後の降雨が
9 日夜から 10 日明け方にかけて継続してい
る（図13）．

　県内の水系としては，鬼怒川水系および渡
良瀬遊水地に向かう巴波川や思川水系に集水
したため，上流部では土砂などの災害，平地
に向かって流出や浸水被害が多く，下流域で
は洪水の被害が多かった．主な被害は，死者
3 名，負傷者 5 名，住居損壊 105，床上浸水
1,885，床下浸水 2,858 にのぼった．一時多
くの道路および鉄道路線が，土砂災害・洪水
災害および降水量や水位による規制で，通行
止めや運転見合わせとなった．

　県外では 10 日 12 時 50 分頃，茨城県常総
市付近で鬼怒川の堤防決壊が発生した．

C. 栃木県の気候と産業・暮らし
1. イチゴ苗の "山上げ"

　栃木県は全国第 1 位のイチゴ産地である．
大量消費地である首都圏に近接していること
から，栃木県内に限らず東京周辺域ではイチ
ゴ生産が多い．栃木県内では，暖房費用との
兼ね合いから，県南部の冬季の多照地域に生
産農家が多い．イチゴが重宝される時期は，
年末・年始となっている．その需要に合わせ
た生産の鍵となるのが，促成栽培の方法で
あった．

　4 ～ 6 月にランナー（つる）を増殖させ，
母株から 30 本程度の子苗・孫苗等を取り育

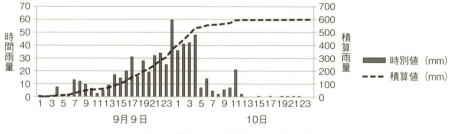

図13　今市の降水時系列（2015 年 9 月）

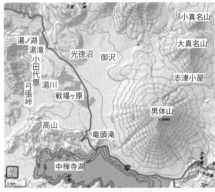

図 14　奥日光の地形

図 15　那須野ヶ原（出典：礒忍，1974：那須野ヶ原開拓のあらまし）

てる．花芽の分化のためには"冬"を越す必要があり，露地生産であれば収穫期は次年の5～6月である．

　需要期の年末年始に出荷を合わせるためには，早期に花芽分化を促す必要がある．このために高冷地の気候を利用する研究が行われた．1957年から試験的に実施され，1963年頃に実用化された．

　戦場ヶ原（三本松）には独自気象観測をされている方があるが，例年9月から10月には初霜や初氷の観測があるとのことで，促成栽培はこの早い寒さの訪れを活用したものである．戦場ヶ原は平坦地であり戦後に農地としての開拓が始まっていた．夏季には降水量が多いことから，農業用水が確保できる環境である．ただし冬季には強い風雪が吹きすさぶ場所柄，灌漑設備などを常置することが困難なため，毎夏開拓農家へイチゴ農家が泊まり込み，散水などの管理作業を行っていた（図14）．

　近年は，イチゴの品種改良も進み花芽分化を促す要件が緩和されたことなどから"山上げ"期間も短縮が可能になった．また，平地においてエアコンや地下水の利用での冷温環境を作ることもできるようになり，2014年時点では"山上げ"する株数はかなり減っている（栃木県いちご研究所に照会）とのことである．

　なお，イチゴに限らず，高冷地気候を利用し，一部は短日処理も加えて，需要期に出荷させて商品価値を高める作物も多様化しており，イチゴ以外の"山上げ"も行われているとのことである．

2．酪農

　県北東部では酪農が盛んである．那須塩原市では農業出荷額の70％を畜産が占めている．なかでも生乳の産出額は全国順位で第4位である．1～3位が北海道内であり，栃木県は，本州内での第1位となる．大量消費地の首都圏に近いという輸送立地条件と，礫の多い土壌，寒冷地という条件を有効に利用して酪農が盛んに行われている．この地域の気候は北海道道南部との類似性があり，ケッペンの気候区分の西岸海洋性気候に該当する地域もある．

　那須野ヶ原（図15）は長軸約30km短軸約20kmで広さ約4万haあり，標高500mから150m程度の緩やかに傾斜した日本最大の複合扇状地である．地表から比較的浅い部分に砂礫層があり雨水の浸透は速く，近隣の水量の多い河川は谷底を流れていて，農業用水に恵まれない地域であったが，1885（明治18）年に那須疏水が開削され，利水の条件が改善した．

3．かんぴょう

　栃木県のかんぴょうは全国生産の97％を

図16　ふくべ

図17　郷土かるたと調理

図18　日光杉並木街道

込んで，冷所保存して，その後は温め直さずに食すというものである（図17）．栃木県内では一般的な郷土料理であるが，初めての人には，見た目や香りで敬遠される傾向がある．

暦などを分析すると，稲荷神社に由来する「初午（はつうま）」は，和銅4年2月11日（西暦711年3月4日）が2月初の午の日であったことに縁起する．

また，「初午」は，新暦3月12日頃を中心に最大で20日ほど前後する．気候と食材の面からすると，宇都宮の植物期間（平均気温5℃以上，ただし2010年統計値）は，12月中旬に終わり3月上旬に始まる．1月下旬が気温の低極で3月にかけては食料が底をつく時期である．残った食材とありったけの根菜を使い尽くす調理方法で，農民の救荒食であったと推測できる．さらに「初午」を待つという縛りは，その前に作って食べてしまうことを抑止する効果ももたせているものと推測できる．

5.　日光とスギ

8月の降水分布の関東地方における極大域は，箱根付近と栃木県北西部にある．スギは，他の針葉樹に比べ湿潤な環境に適するそうである．スギは沢沿いなど比較的水分と栄養分に富む環境を好む傾向があるといわれ，一般的な林業関係者の伝承には“谷間はス

占め，なかでも下野市（しもつけ）が県生産高の46％を占めている．かんぴょうは，ウリ科のユウガオの実の果肉をひも状に剥いて乾燥させたものである（図16）．ヒョウタンとユウガオは熱帯地方を原産とする同種だが，前者は嘔吐や下痢を引き起こす苦味成分をもっている．かんぴょうは1712年頃壬生城主となった鳥居忠輝（とりいただてる）が旧領地（滋賀県）からもち込んだといわれる．実（ふくべ）の栽培に関東ローム層の排水の良い軽い土，海老原右京による早剥き機の発明と，7〜8月の連日繰り返す雷雨と日照が，当地にかんぴょう生産が根づいた理由といわれている．

4.　地元料理“しもつかれ”

表向きは，2月の初午の日に作り稲荷神社に供える行事食といわれている．基本レシピは，ダイコンやニンジンを荒く擂り砕いて，新巻鮭の頭部，節分の残りの大豆を混ぜて煮

図19　栃木県の林業地

ギ，中腹はヒノキやサワラ，尾根筋はマツ"
という言葉がある.

　日光杉並木の植栽は 1625 年頃から 20 年
間に行われ，総延長およそ 35 km に及ぶ並
木道としてギネスブックにも登録されてい
る．松平正綱が東照宮への荘厳さを演出する
のにふさわしい樹形としてスギを選び，紀州
熊野から苗 20 万本を取り寄せ，うち 2 万
4,300 本 を街道に植樹したと伝えられてい
る．日光東照宮には 1961 年作成の杉並木台
帳があり，胸高直径が 30 cm 以上のものが
登録される一方，倒木や伐採年が記録されて
いる．また，根回り高さの輪切りが各所の資
料館などで保存されている（日光市歴史民俗
資料館，栃木県林業センターほか）ので，年
輪による気候分析の資料が得られやすい．し
かし，明治以降の年輪幅には，道路拡張等に
よる生育環境悪化の影響が含まれる（図
18）.

　また，杉並木に限らず平地から山地に移行
する地域には，500 年ほど前からスギを中心
とする人工造林が行われた．気候的に見ると
多降水域の分布との重複が見られる．日光東
照宮や江戸・東京への用材供給のため，植林
地は拡大した（図19）.

　江戸末期から明治当初に，この地の杉山の
多さに着目した越後出身の安達繁七が，当地
で線香業を開始した．杉葉は造林の際の枝打
ちで生じる余剰物のため，安価に集め，今市

扇状地を流れ下る河川から水流を導き，水車
で粉砕製粉して練り上げて，天日乾燥で線香
にするという，地理と気候の特徴を活用した
地場産業であった．なお現在では，製粉も乾
燥もほとんどが電気式に替わっている.

[齊藤　清]

【参考文献】
[1]　今市市教育委員会，平成 5 年 3 月 31 日：杉
並木物語.
[2]　宇都宮地方気象台：平成 10 年 8 月末豪雨（那
須豪雨）（http://www.jma-net.go.jp/utsunomiya/
sub/nasugouu.html）.
[3]　気象研究所，平成 27 年 9 月 18 日：平成 27
年 9 月，関東・東北豪雨の発生要因——2 つの台
風からの継続的な暖湿流の流入と多数の線状降水
帯 の 発 生（http://www.mri-jma.go.jp/Topics/
H27/270918/press20150918.html）.
[4]　気象庁，雨に関する 50 年に一度の値を府県予
報区ごとに地図上に色分けした図（http://www.
jma.go.jp/jma/kishou/know/tokubetsu-keiho/
sanko/1-50ame_map.pdf）.
[5]　気象庁，メッシュ平年値図 2010（http://
www.data.jma.go.jp/obd/stats/etrn/view/atlas.
html）.
[6]　谷本丈夫，日光東照宮へいざなう杉並木の保
護管理を考える，森林技術，No.841，2012 年 4
月号，日本森林技術協会 19-23（http://www.
jafta-library.com/pdf/msn841.pdf）.
[7]　中央防災会議，災害教訓の継承に関する専門
調査会報告書 1947 カスリーン台風　第 4 章 山
間部の土砂災害，特に渡良瀬川流域について
（http://www.bousai.go.jp/kyoiku/kyokun/
kyoukunnokeishou/rep/1947-
kathleenTYPHOON/）.
[8]　東京管区気象台：気候変化レポート 2012——
関東甲信・北陸・東海地方.
[9]　栃木県，昭和 62 年 3 月，激流との戦い——昭
和 61 年 8 月台風 10 号災害の記録（http://www.
bousai.go.jp/kaigirep/houkokusho/
hukkousesaku/saigaitaiou/output_html_1/
case198601.html）.
[10]　仁井田一雄：戦場ヶ原開拓誌，日光苺と戦
場ヶ原，戦場ヶ原開拓三十周年記念事業実行委員
会．昭和 51 年 10 月 3 日，197p.
[11]　真岡市立中村小学校，明治 35 年 9 月 28 日の
暴風雨，真岡市立中村小学校前史（http://www.
moka-tcg.ed.jp/nakajsc/syoukai/sinfile/taifu.
PDF）.

群馬県の気候

A. 群馬県の気候・気象の特徴

　群馬県は本州内陸部に位置し，南東部は関東平野につながる平野域が広がり，他の三方向は足尾山地，三国山脈，関東山地の山岳域が連なっている．人口10万を超える5つの都市は平野域に位置し，人口197万人の68％が平野域で生活をしている．群馬県の気候は大略すれば内陸性の気候で，夏季は山岳と平野域ともに積乱雲が発達するため，落雷頻度が高く，雹害や突風の被害も少なくない．冬季は，「上州の空っ風」という言葉が示すように平野域は乾燥し，日照時間が長い．それに対して，北部山岳域は「雪国」であることも忘れてはならない．以下，代表的な地点を例にあげ，群馬県の気候を見てみる．

1. 前橋市の気候

　前橋市は群馬県の平野域に位置する人口34万人の中核都市である．内陸に位置するため，この30年間（1981 〜 2010年）の1月の平均気温は3.5℃，最低気温は−0.8℃で，8月の平均気温は26.4℃，最高気温は31.3℃である（図3）．一方，1901 〜 1930年の1月と8月の平均気温は，それぞれ2.2℃と24.9℃であり，近年，気温が上昇し

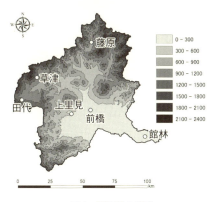

図1　群馬県の地形

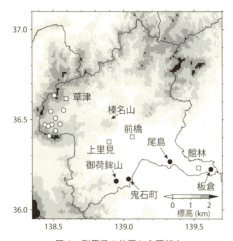

図2　群馬県の位置と主要都市
□はアメダス観測点，○は嬬恋村気象観測点，●は本文で紹介されている地点を示す．

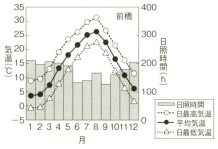

図3　前橋市における気温と日照時間（1981 〜 2010年の平均値）

ていることがわかる．
　前橋の年降水量は1,248.5 mmであり，その61％が暖候期の6 〜 9月に集中している（図4）．降水量は9月に最大となるが，降水日数（0 mm以上）は7月に最大になる．これは，9月に台風が接近しやすくなり，少ない降水日に多量の降水がもたらされることが原因である．冬季の前橋は晴天日が多いため，日照時間が長く，それに対応して，降水量も少ない．

2. 平野域と山岳域の気候

　群馬県内であっても平野域と山岳域では気候の特徴が異なる．積雪観測が行われている

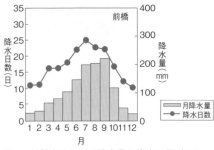

図4 前橋市における降水量と降水日数（0.0 mm
以上，1981～2010年の平均値）

平野域のアメダス前橋と，山岳域のアメダス
草津との気候を中心に比較する．前橋に比べ
て，草津の気温は1年を通して6～7℃低い
（表1）．

　この気温差は，基本的には，標高の違いに
よって説明される（図5）．しかし，草津町
に隣接する嬬恋村が2013年から独自に行っ
ている気象観測データを調べると，違った側
面が見えてくる．図5は群馬県における標
高と年平均気温の関係を示している．標高
600 m以下のアメダス観測点の気温は，標
高が高くなるにつれて直線的に低下してい
る．一方，標高700 m以上のアメダス草津
とアメダス田代（嬬恋村）の年平均気温は，
その近似直線から離れた点に位置している．
そこで，嬬恋村の観測データを重ねてみる
と，y軸切片の値が明らかに異なる近似直線
が得られる．群馬県では標高と気温の関係
は，標高700 mを境に，平野域と山岳域で

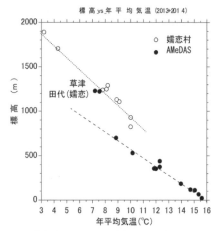

図5 群馬県における年平均気温と標高の関係 ●
は気象庁アメダスによる30年平均値，○は嬬恋
村気象観測網による2年間（2013～2014年）
の平均値（出典：嬬恋村・群馬大学，2015）.

異なっている可能性がある．言い換えれば，
群馬県北西部の草津町や嬬恋村は，標高の割
には気温が高いといえる．

　アメダス草津の月降水量は1年を通して
前橋よりも多く（表2），これは群馬県の北
部山岳域に共通する特徴である．北部山岳域
の降水は，矢木沢ダムや奈良俣ダムなどの大
型ダムを潤すことになる．冬季（12～2月）
の草津では，前橋の2倍以上の降水量が記
録されている．これは，冬季の季節風に伴い
北部山岳域では頻繁に降雪がもたらされるた
めである．冬季の季節風が強い期間，草津な

表1　草津と前橋の月平均気温（1981～2010年の平均値）

気温℃	1月	2月	3月	4月	5月	6月	7月	8月	9月	10月	11月	12月	平均
草津	-4.2	-3.9	-0.6	6.0	11.1	14.7	18.5	19.5	15.4	9.5	4.1	-1.1	7.4
前橋	3.5	4.0	7.3	13.2	18.0	21.5	25.1	26.4	22.4	16.5	10.8	6.0	14.6

表2　草津と前橋の月降水量（1981～2010年の平均値）

降水量mm	1月	2月	3月	4月	5月	6月	7月	8月	9月	10月	11月	12月	計
草津	60.0	71.3	92.1	103.9	150.4	213.6	265.2	239.0	262.3	134.6	64.7	54.7	1728.7
前橋	26.2	32.1	61.5	78.1	101.9	145.2	197.3	202.3	220.6	115.5	44.7	23.1	1248.5

表3　草津と前橋の月最深積雪（1981～2010年の平均値）

最大積雪mm	1月	2月	3月	4月	5月	6月	7月	8月	9月	10月	11月	12月
草津（1989～2010）	169	161	147	38							8	115
前橋（1981～2010）	5	6	3	0								1

表 4 アメダス前橋，アメダス館林，アメダス上里見の最高気温（2017 年現在）

観測点	最高気温	標高	起日	全国歴代順位
上里見	40.3℃	183m	1998 年 7 月 4 日	10 位
館 林	40.3℃	21m	2007 年 8 月 16 日	10 位
前 橋	40.0℃	112m	2001 年 7 月 24 日	17 位

どの北部山岳域では雪が降り続くが，前橋などの平野域では晴天日が続くことになる．この違いは，表 3 に示した前橋と草津の月最深積雪（30 年平均値）に明瞭に現れている．つまり，「国境の長いトンネル」を越えなくても，群馬県の北部山岳域は「雪国」なのである．

前橋の月最深積雪（30 年平均値）の極大は 2 月の 6 cm であるが（表 3），2006 年や 2007 年のように最深積雪が 0 cm 以下の年もある．北部の山岳域が寒気吹き出しに伴う大雪に見舞われても，前橋を含む平野域では大雪になることはない．前橋の大雪は，南岸低気圧の通過に伴いもたらされる．例えば，2014 年 2 月 15 日の降雪により，それまでの最深積雪 37 cm の記録（1945 年 2 月 26 日）は 73 cm に更新されたが，この大雪も南岸低気圧の通過に伴うものであった．

また，前橋では，寒気吹き出しと南岸低気圧に伴う降雪では，雪結晶の見え方に違いがある．寒気吹き出しの期間では，山越え気流の下降域で結晶が昇華（気化）するため，美しい雪結晶は観察されない．それに対して，南岸低気圧に伴う降雪時には，しばしば，美しい樹枝状結晶を観察できる．

3. 群馬県の最高気温

夏晴れの北関東は暑く，館林や熊谷（埼玉）の最高気温が気象情報番組で伝えられることも多い．館林や熊谷では，夕方の挨拶に，その日の 2 つの都市の最高気温が話題になることも珍しくない．

アメダス前橋の歴代 1 位の気温は 40.0℃であるが，群馬県内での 1 位はアメダス館林の 40.3℃である（2017 年現在）．あまり知られていないが，アメダス上里見でも，1998 年に 40.3℃が記録されている．この値は，2007 年 8 月 16 日の熊谷で 40.9℃が記

録されるまで全国歴代 4 位の記録であった．1990 年代は，最高気温の報道が今ほど熱を帯びていなかった．さらに，上里見のある旧榛名町は 2006 年に高崎市に編入されたため，NHK のニュースでは，最近の上里見の最高気温は高崎市の最高気温として報道されている．そのため，暑い上里見が認知されていないのかもしれない．

ここで注目すべきは，アメダス館林の標高は 21 m であるが，アメダス上里見は標高 183 m の山麓にあることである（表 4）．また，アメダス館林は住宅地にあるのに対して，アメダス上里見は，現在でも，周囲が田畑に囲まれており，人為的な影響の少ない地点でもある．実質的には，群馬県で最も暑いのは上里見かもしれない．

B. 群馬県の気象災害

夏季の群馬県は平野域と山岳域を問わず積乱雲が多数発生し，それに伴う雹や突風による災害も起きている．ここでは，積乱雲に関連したトピックスを紹介する．

1. 近年の強い降水の増加の特徴について

夏季の北関東地方で積乱雲（主に，熱雷）が活発になる日には，関東平野は太平洋高気圧におおわれ，地上では図 6 に示すような山岳域に向かう広域海風が卓越する．このような山岳への地上風の収束が強い日に起きる強雨の経年変化について調べる．解析には 34 年間（1976 ～ 2009 年）のアメダスの 1 時間降水量を用い，地点ごとに，95 パーセンタイル値（上位 5 ％に相当する値）以上の事例を強雨と定義した．強雨が統計的に有意に増加した地点を見ると（図 7），北部山岳域の南側に集中していることがわかる．その領域は広域海風が地形収束を起こしやすい領域に対応する．

II　日本各地の気候　123

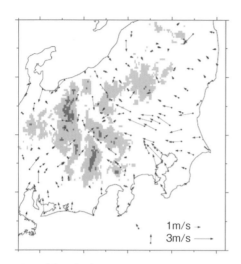

図6 中部山岳に地上風が収束する日の14時の平均的な地上風系(Iwasaki, 2014)

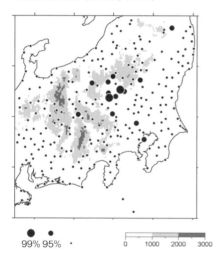

99% 95% ・   0 1000 2000 3000

図7 95パーセンタイル値以上の強雨が有意に増加した地点(Iwasaki, 2014) グレースケールは標高(m)

強雨の日変化に注目すると,解析期間を通して,日射による地面加熱がなくなった日没後に強雨が卓越していることがわかる(図8(a)).これは,北関東では日没後に可降水量(上空の水蒸気量)が極大に達することと

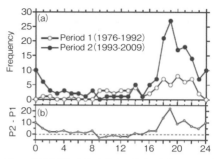

図8 有意な増加傾向を示す6地点で観測された強雨の日変化(Iwasaki, 2014)

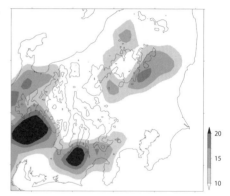

図9 降水強度30mm/h以上の頻度分布(2009〜2014年夏季) グレースケールの単位は回/km²/年

関係する.

そして,この日没後の強雨が,近年(1993〜2009年),著しく増加している(図8(b)).つまり,太平洋高気圧が関東地方をおおうような夏の日の日没後に,北関東の山岳の南側で,強雨の発生頻度が増えていることになる.

この解析期間に,地上風の地形収束が強まった事実はないが,館野の高層観測データによると大気下層の水蒸気量が増加している.水蒸気の増加は大気を不安定にするため,水蒸気の増加が強雨を増加させる一因になっていたと考えられる.

2. 雷

夏季の北関東では,積乱雲の発達に伴い,数多くの雷が発生する.統計的に見ると降水

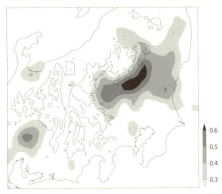

図10 落雷の発生頻度の分布 (2009 ～ 2014 年)
　　グレースケールの単位は回/km²/年

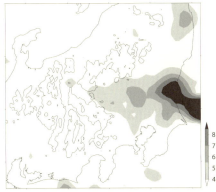

図11 落雷効率の分布 (2009 ～ 2014 年夏季)
　　グレースケールの単位は落雷効率 (×0.1)

強度が強くなるほど，雷の発生確率は高くなる．ここでは，降水強度 30 mm/h 以上の降水を強雨とみなし，2009 ～ 2014 年の夏季 (7 月 15 日～ 9 月 15 日) を対象に，気象庁レーダー観測網で得られた強雨と落雷との関係を見ていく．図9に示したように，強雨頻度は中部山岳の西麓で最も高く，足尾山地南麓にも弱い極大がある．それに対して，落雷頻度は足尾山地南麓で最も高い (図10)．その極値は 0.6 個/1 km² なので，1 km² 当たり 2 年に 1 回は落雷が検出されていたことになる．0.5 個/1 km² 以上の高頻度域は足尾山地の南麓から山岳に沿うように群馬県中部にのびている．濃尾平野でも落雷の高頻

図12　1994 年 8 月 2 日に群馬県尾島町で採取された雹 (上毛新聞社提供)

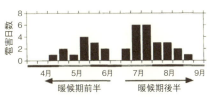

図13　群馬県で報告された雹害の季節変化 (1989 ～ 1996 年) (岩崎・大林，1998)

度域が認められるが，強雨頻度が大きいわりには，落雷頻度は少ない．

　ここで「強雨回数に対する落雷回数」を「落雷効率」と定義すると，別の特徴が見える (図11)．落雷が頻繁に起きている足尾山地では，落雷効率は低いのである．これは日本全域に共通する特徴である．そして，北関東の平野域では，高い落雷効率を示す領域が東西にのび，東に向かうにつれて落雷効率は高くなる．この帯状域は山岳域で発生した積乱雲が移動する経路に対応するため，この領域では積乱雲の発達段階によって落雷効率が時間変化している可能性がある．

3. 雹

　発達した積乱雲の通過に伴い，群馬県の広範囲で雹害が発生し，県南部の尾島町 (現・太田市) では，鶏卵大の雹も記録されている (図12)．1989 年から 1996 年までの群馬県で起きた雹害を調べると，雹害は 4 月下旬から 9 月上旬までの暖候期に限られ，その

季節変化は，6月の梅雨期が谷になる2つ山の分布になる（図13）．暖候期を通じて寒冷前線の通過時に伴い降雹が観測されるが，暖候期後半は熱雷の通過に伴う降雹の占める割合が多くなる．

「雹害が起きやすい地域」という意味で，群馬県南東部には「雹の通り道」があるといわれている．雹害の現地調査でも「雹の通り道」という言葉を耳にするが，それは個々の事例における「帯状の降雹域」を意味する場合も多い．群馬県南東部では，東から南東に移動する積乱雲の数が多く，それを「雹の通り道」といえなくもないが，曖昧な特徴である．「通り道」は適切な表現とはいい難いと思われる．

C. 群馬県の気候と人々の暮らし

1. 空っ風と雷

昔から，上州名物といえば「空っ風（からっかぜ）」「雷」といわれている．「空っ風」は冬季の乾燥した強い北西季節風をさし，「赤城おろし」として紹介されることもある．前橋周辺に住む年配の方から「最近は，空っ風も雷様もめっきり少なくなって……」といわれることも多い．それらの経年変化も含めて，2つの上州名物の特徴を見てみる．

（1）空っ風

ここでは，前橋地方気象台で冬季（12〜2月）に観測された10 m/s以上の強風を空っ風とみなす．図14は，前橋での強風日数の経年変化を示す．1974年と1975年の間に強風日数が急減しているが，これは風速計の種類が変更されたことによる．しかし，1961〜1974年にも減少傾向が見られ，これは統計的に有意である．また，冬季については各月の歴代1〜10位の風速は，すべて1954年以前に記録されている．そのため，1961年以前には，空っ風がより強く吹いていたと考えられる．その後，気象台周辺の建築物の増加や高層化が進んでおり，粗度も増加し続けていたと思われる．その影響により空っ風に伴う風が弱まった可能性もある．一方，1990年前後に強風日数が少ない時期も

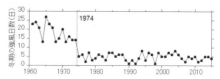

図14　前橋地方気象台における冬季（12〜2月）の強風日数（日最大風速≧10m/s）の経年変化
図中の点線は，風速計の種類が変更になった1974/75年を意味する．

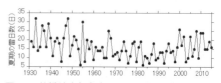

図15　前橋地方気象台における夏季（7〜9月）の雷日数の経年変化

あったが，1975年以降の強風日数には有意な変化は認められない．「空っ風が少なくなった」との印象をもつ年配の人は，1960年代の記憶と現在の体験を比較されているのかもしれない．

空っ風に伴う冷たい風を防ぐために，古い民家の北〜西側には防風林や屏風のように家屋を守る垣根が多い．特に，樫の垣根は「かしぐね」とよばれている．1952年には前橋市郊外の民家の70〜90％が，「かしぐね」を含む防風林をもっていたという報告がある（内田，1975）．今では新築の家に防風林は見られないが，古い民家の防風林の多くは維持されている．きれいに剪定された「かしぐね」は見応えがある．立派な「かしぐね」をもつ民家に住む方に話を伺うと「毎年，維持費が大変でねぇ」と苦労を語ってくれた．

（2）雷——雨乞い

では，前橋周辺では夏季の雷は減少しているのだろうか．図15の雷日数の経年変化を見ると，1930年から1980年にかけて有意に雷日数が減少していることがわかる．この夏季の減少傾向は関東全域で認められ，永く群馬で暮らす人々の生活感覚と一致する．しかし，1980年以降は増加傾向が認められ，統計的にも有意である．B.の「1. 近年の強い降水の増加の特徴について」では，近年，

日没後の強雨頻度が増加していることを述べたが，1980年以降の雷日数の増加と関係している可能性が高い.

この雷は，古来，落雷による害とともに，雨という天の恵みをもたらす．雷様と人々の暮らしとの関係を「雨乞い」を通して見てみる．池田（1975）は，鬼石町（2006年に，藤岡市に編入併合）の4つの地域で雨乞いが別々に行われていたことを報告している．鬼石町の面積が52 km²であったことを考えると，いかに雨乞いが盛んであったかがわかる．その4地域では，夏の雨をもたらす積乱雲が発生する西御荷鉾山の池や榛名山の榛名神社から種水をもらい受け（オミズ借り／水迎え），雨乞いに用いていた．13世紀には榛名神社は雨乞いが行われる神聖な場所として名をはせており，榛名神社から種水を借りる風習は，榛名山の近傍のみならず，群馬県南-東部や埼玉県北部の広い範囲に見られた．17世紀には，榛名神社は，他の社寺等で雨乞いを行うことを禁じている（栗原，2009）．このことも，榛名神社にオミズ借りが集中した理由の1つかもしれない．なお，現在も，榛名神社にオミズ借りに来る農業団体がいくつかあるが，鬼石町の雨乞いはすでに途絶えている．

群馬には，雨乞いと縁が深く，広い信仰圏をもつ神社がもう1つある．板倉の雷電神社である．青柳（2007）によると，群馬県に限らず，栃木，埼玉，千葉，茨城からも板倉の雷電神社に雨乞いのための種水をもらいに来るという．群馬の山岳にもたらされた雨水は利根川と渡良瀬川を流れ標高の低い板倉を通過する．そこは群馬の水郷といわれ，渇水で苦しむことは少なかったであろう．そんな水に溢れる板倉への羨望が，広い信仰圏と関係しているのかもしれない．現在でも，板倉の雷電神社に種水をもらいに来る個人や団体は絶えず，その中には水資源団体の関係者もいると伝え聞く．

昭和の前～中期まで群馬の各地で雨乞いは行われていたようである．しかし，専業農業が減少した現在では，鬼石町の雨乞いのよう

に多くが途絶えているらしく，昔ながらの雨乞いが続いているという話は伝わってこない．現在も板倉の雷電神社から種水を迎えている埼玉県鶴ヶ島市の脚折雨乞いも，1964年を最後に一度は途絶えている．しかし，周辺の住民が地域興しの一環として，1976年に雨乞いを復活し，2005年には国の選択無形民俗文化財に選定されている．雨乞いと人々との関係も時代とともに変化しているようである．

2. 嬬恋村のキャベツとジャガイモ

群馬県の気候を利用した産業といえば，小学校5年の社会の教科書「地形や気候を活かしたくらし」にも取り上げられている嬬恋村の高原キャベツ栽培があげられる．キャベツは高温に弱く，標高の高い嬬恋村の6～9月の平均気温に対応する15～20℃が生育に適している．黒潮の影響で冬も暖かい千葉県銚子地域は春キャベツ，また，同じく温暖な愛知県豊橋市・田原市周辺では冬キャベツが生産されている．標高が高く夏の気温が低い嬬恋村の高原キャベツが，春キャベツと冬キャベツの狭間を埋めているのである．

2014年の日本のキャベツ総生産量は1,479万トンであり，愛知県が全体の18.1%を占め，群馬県が16.9%，千葉県が8.7%と続く．その群馬県産キャベツの92%が嬬恋村から出荷されているので，15%以上の全国シェアをもっていることになる．JA嬬恋の資料によると2014年の出荷量は1,809万ケースであり，そのキャベツの総数は，日本の人口よりも多い1億4,472万個になり，嬬恋村は「日本一のキャベツ産地」といえる．

しかし，この栄誉は，単に冷涼な気候を活用しただけで得られるものではない．例えば，近年は，キャベツ農家の戸数は減少しているが，逆に，経営面積は拡大している．そして，経営面積が5 ha以上の大型農家が主流になり，農業経営の効率化が図られている．それを自治体が農業インフラの整備等により支えている．さらに，自治体，JAと農家が一体となり，環境保全型農業を推進してきた結果の「日本一のキャベツ産地」といえる．

図16 嬬恋キャベツ畑（嬬恋村提供）

嬬恋村のキャベツ栽培は、他の産地よりも標高が高く、夏の気温が低いことを利用している。それに加えて、図5に示したような村内の標高差が作り出す気温差も利用している。キャベツの植え付けは、4月中旬に標高の低い畑（標高700 m）から始まり、季節の進行とともに標高の高い畑（標高1,400 m）へと移行する。7月上〜中旬に標高の低い畑の収穫が終わると7月末頃に2回目の植え付けをする畑もある。この畑の2回目の収穫は10月中〜下旬に行われ、これで嬬恋村のキャベツの季節は終わる。

以前は、標高が低く暖かい他町村の畑を借り、そこに出向いてキャベツの苗を育てていたが、この10年は育苗専用のパイプハウスを家の近くに建て、自前で育苗する農家が増えている。パイプハウス内での種まき、灌水や温度調節の作業が自動化できるようになったことが1つの要因である。しかし、これまでと同じように、発芽率を高め、異常苗の発生を減らすために、個々の農家が独自の工夫を施し、品質の良いキャベツ作りを競っていることは変わっていない。

もう1つ、この冷涼な気候の嬬恋村と縁の深い野菜がある。馬鈴薯（ばれいしょ）の和名をもつジャガイモである。群馬県のジャガイモの生産量は全国18位（全国シェア0.3％）と少ないが、ジャガイモの生育に向いていた嬬恋村では天保の時代（1831〜1845年）から栽培が始められていた。ジャガイモからでんぷんをとり、それを熊除けの

鈴を付けた馬の背中に振り分けて、峠を越えて信州まで運んでいた。その様子から馬の鈴の薯で「馬鈴薯」といわれるようになったという説がある。俗説かもしれないが、馬鈴薯と嬬恋村の結びつきを物語っている。その縁もあり、馬鈴薯生産の安定向上のために必要な健全無病な馬鈴薯原種の生産・配布を目的として、1947年に嬬恋村田代に農林省嬬恋馬鈴薯原原種農場が設立された。そして、現在の独立行政法人種苗管理センター嬬恋農場に至っている。

2. 嬬恋村の気候とスポーツ

標高の影響により嬬恋村は気温が低いことはA.の「2. 平野域と山岳域の気候」で説明したが、これを熱中症予防の視点から、WBGT（暑さ指数）を基準に調べる。関東地方を猛暑が襲った2013年8月12日〜31日を対象に東京と嬬恋村運動公園における1時間ごとのWBGTの時間変化を見ると、東京では期間を通じて「激しい運動は中止」が求められる厳重警戒レベルが続き、9日間は「運動は原則中止」とされる危険レベルに達している（図17）。それに対して、嬬恋村運動公園では、13日間で「積極的に休息」が求められる警戒レベルに達したに過ぎない。この運動に適した気候を利用して、多くの陸上部やサッカー部が夏合宿を嬬恋村で行っている。

また、嬬恋村は、この運動に適した気候とキャベツ畑の景観の2つを同時に活用し、毎年7月第1日曜日に、標高差170 mの「日本一ハードなロードレース」と銘打った嬬恋高原キャベツマラソンを開催している。嬬恋村住民にとっては日常の坂の連なりが、疲れたランナーの脚と心を萎えさせる。実は、この坂の連なりに高原キャベツの歴史がある。

嬬恋村のキャベツ畑の景観の特徴はマラソンコース周辺のような大きくゆったりとした起伏である（図16）。このキャベツ畑は、もともと、北原白秋が「落葉松」の詩に詠んだような浅間山麓に広がるカラマツの林であった。明治末には自家用として玉菜（キャベ

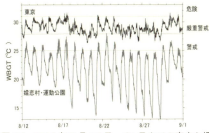

図17　2013年8月12日～31までの東京と嬬恋村運動公園におけるWBGTの時間変化（出典：嬬恋村・群馬大学，2015）

ツ）が栽培されていたが，上田市で青果商を営んでいた青木彦治氏が，1932（昭和7）年から嬬恋村田代に出入りするようになり，キャベツ栽培を強く勧めた．これを契機に，高原の気候を利用した組織的なキャベツ栽培が始まった．そして，商品作物としての夏秋キャベツ作りが軌道に乗るのと軌を一にして，浅間山麓に広がる広大なカラマツ林は開拓され広大なキャベツ畑に変わっていった．カラマツ林に隠されていた浅間山の裾野の起伏が，そのままキャベツ畑の起伏に受け継がれ，壮観な景観が作られた．ランナーはキャベツ畑の歴史の上を走っているのだ．

［岩崎博之］

【参考文献】
[1] 青柳智之，2007：雷の民族．大河書房．
[2] 池田秀夫，1975：気象の民俗学――雷・風・雹と雨乞い．雷と空っ風，みやま文庫，137-203．
[3] 岩崎博之・大林裕子，1998：群馬県に降雹をもたらした積乱雲の出現特性．天気，695-705．
[4] Iwasaki, H., 2014: Increasing trends in heavy rain during the warm season in eastern Japan and its relation to moisture variation and topographic convergence. Int. J. Climatol. 35: 2154-2163.
[5] 内田重喜，1975：からっ風や雷と人々のくらし．雷と空っ風，みやま文庫，93-136．
[6] 栗原久，2009：榛名山周辺の社寺．榛名学，上毛新聞社，25-58．
[7] 嬬恋村・群馬大学，2015：嬬恋村気象観測結果報告書――夏の嬬恋村が快適空間であること実証実験，24p．

埼玉県の気候

A. 埼玉県の気候・気象の特徴

　埼玉県は，関東平野の中央部を占める平野部と，その西方の標高 1,500 〜 2,000 m 級のピークをもつ山岳部からなる．主要部が広い平野を占めていながら，海岸をもたない内陸県である（図 1）．全県域の 64% を流域に収める荒川が県内山岳部の大部分の沢水を集め，秩父盆地を出たあと平野の西部をたどり東京湾に向かう．これと並んで，利根川とその支流の神流川が県域北限を画し，県東部では利根川から分岐した江戸川が千葉県との境界をなしている．

　関東平野は国内有数の広さにより，南風を基本とする温暖湿潤な夏の季節風と，背後の山地を越えて北西から吹き込む冬の季節風の対照が鮮やかである．埼玉の平野部でもその特徴が顕著で，夏の暑さや雷雨，冬の寒風の強さが目立つ．冬は，静穏な時期でも，平野

図 1　埼玉県の地形

にしては厳しい冷え込みとなる．ただし，南東部の一角は東京都や千葉県の都市化が高度に進んだ地域とつながり，都市気候的側面が強まっている．平野部の西方は丘陵地帯から次第に山岳部へと移行する．秩父盆地とそれを取り巻く県内の山岳部は秩父地方とよばれ，盆地気候・山岳気候の要素が加わり，歴史的にも 1 つの文化圏を形成している．

1. 熊谷市の気候

　県内の気候区分を平野部と山岳部に大別するとき，平野部の気候を代表する地点として熊谷市を取り上げたい．熊谷市は人口 20 万余（2010 年），古くから県北部を代表する都

表 1　各都市の平均気温（1981 〜 2010 年）℃

気温	1 月	2 月	3 月	4 月	5 月	6 月	7 月	8 月	9 月	10 月	11 月	12 月	年平均
さいたま	3.6	4.4	7.8	13.4	18.0	21.5	25.1	26.6	22.7	16.9	11.0	5.9	14.8
熊谷	4.0	4.7	7.9	13.6	18.2	21.7	25.3	26.8	22.8	17.0	11.2	6.3	15.0
秩父	1.6	2.5	6.1	12.1	16.8	20.4	24.0	25.3	21.1	14.9	8.8	3.8	13.1

表 2　各都市の冬の月平均最低気温と夏の月平均最高気温（1981 〜 2010 年）℃

	最低気温			最高気温		
	12 月	1 月	2 月	6 月	7 月	8 月
さいたま	0.8	−1.5	−0.6	26.0	29.8	31.5
熊谷	1.6	−0.7	0.0	26.4	30.1	31.9
秩父	−2.0	−4.2	−3.3	25.5	29.1	30.7

表 3　各都市の降水量（1981 〜 2010 年）mm

降水量	1 月	2 月	3 月	4 月	5 月	6 月	7 月	8 月	9 月	10 月	11 月	12 月	合計
さいたま	37	43	91	102	117	142	148	176	202	165	76	41	1,346
熊谷	33	35	71	93	112	145	162	193	208	146	59	31	1,286
秩父	35	35	71	92	100	130	167	225	235	157	57	29	1,333

表 4　各都市の平均風速（1981 〜 2010 年）m/s

風速	1 月	2 月	3 月	4 月	5 月	6 月	7 月	8 月	9 月	10 月	11 月	12 月	年平均
さいたま	2.1	2.3	2.5	2.2	2.0	1.7	1.6	1.7	1.7	1.7	1.6	1.8	1.9
熊谷	2.9	3.0	3.0	2.7	2.4	2.1	2.0	2.2	1.9	2.0	2.2	2.6	2.4
秩父	1.6	1.7	1.9	1.9	1.7	1.5	1.4	1.4	1.2	1.1	1.1	1.4	1.5

市であり，東京湾からおおむね70kmの距離にあるが，標高がようやく30mそこそこの平坦地に市街が広がる．県内では気象台がここに置かれ，この地域の夏の暑さを物語るデータを提供してきた．2007年8月16日には，当時の歴代全国1位となった40.9℃を記録した．月平均気温ほか諸気候値については，表1〜4に他地域の代表都市との比較で示す．

関東平野は全体として，日本列島が少し折れ曲がって太平洋に突き出た位置に開けている．そのため夏は太平洋高気圧の影響を強く受けた南風の影響下に置かれ，高温・湿潤で風速も比較的大きい．暖候期の日中には南岸の相模灘や東京湾，および東岸の鹿島灘から海風が吹き込み，これらが熊谷付近では南東風となって収束する．この地域の暑さの原因として，首都圏のヒートアイランドの影響が海風によって運ばれてくるのかどうかという議論があった．熊谷では地上風速は16時前後に最大で，平均2.5m/s程度である．上空の風速がもっと大きいことを考慮に入れて，海風気塊の進行速度を地上風速の2倍と仮定しても，少なくとも午前中に現れる南東風は首都圏から到達した気塊ではなく，午後の最高気温となる時間帯の風がそれであるかどうかも微妙である．

熊谷付近から奥の関東平野内陸部は，西方の秩父側と北方の足尾側から山地が迫り，盆地に近い地形といえる．盆地のような地形では谷風が周囲の山地に向かい，平地上は沈降流となって，昇温しやすい傾向がある．また，熊谷の高温記録には，広域の一般風が西風のときに山地から吹き降りた気流のフェーン現象が寄与していたという報告もある．

熊谷付近の降水量は夏季に増加し，県南のさいたま市に比べても多くなる（表3）．これは主に，群馬県内も含めた山岳地域で発生する雷雨の影響とみられる．熊谷の平年の雷日数は，10〜4月は1日未満であるが，5〜9月は2日を超え，7月に4.8日，8月に5.8日となっていて，ときに雷雨に伴って電害が起きる．

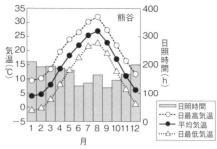

図2　熊谷の気温と日照時間

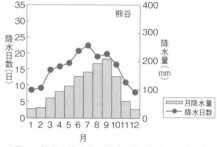

図3　熊谷の降水量と降水日数（0.0mm以上）

図4　さいたま市中心市街に近い低地，見沼たんぼ

熊谷は県内の平地としては風の強い地域であり，特に冬季の強風が目立つ（表4）．これは関東平野が北西方向に奥まっている地形のために風の通り道になるからで，一般に「空っ風」とよばれる季節風の強い日の最大風速は8〜10m/sが普通である．また，夏季には雷雨に伴う突風によりしばしば被害が出る．

2. さいたま市の気候

埼玉県の代表的な都市といえば，前出の熊谷市よりも，むしろ県の南東部に位置する政

令指定都市である県都さいたま市であろう．県内人口720万（2010年）のうち120万余，隣接する12市1町を合わせると350万余を占める地域である．さいたま市の市街地は，東京都の区部から川口市などを間にはさんで切れ間なく続く．したがって，この地域では，県内平野部の気候に首都圏北郊としての都市気候が重なっている．

　もっとも，東京から北へ，荒川を渡って埼玉県に入ると，ビルの高さや密度が徐々に低下し，農地も散見されるなど，都市化の度合いには差がある．さいたま市には気象台はなく，アメダス測定地点は設立当初から市西部の荒川に沿う浄水場の敷地にある．周囲にはかなり田園的な風景が保たれている．市の東部から北部にかけても，緑区，見沼区などの名が示す土地柄が残る（図4参照）．これらの地区では都市気候は必ずしも顕著ではない．気温や日照時間の年間状況は，熊谷（図2）と大差ない．ただし，夏季は東京湾からの海風の影響を受けやすく，内陸の熊谷よりは低温である．また，夜間は地表面からの放射冷却に加えて，西方や北方の山地の冷気も山風となって集積し，さいたま市付近から東側の関東平野中央部に冷気溜まり（冷気湖）を形成する傾向がある．そのため，冬季夜間の低温はもっと内陸の熊谷などに劣らず顕著である（表2）．

3．秩父市の気候

　熊谷市から西に30km，さらにそこから南に15kmほど荒川を溯ったあたりに秩父の中心市街がある．秩父盆地は市街から北と西へそれぞれ10km程度の広がりをもち，関東では最大規模である．ただし，盆地底の荒川沿いが標高200mであるのに対し，盆地内には標高400mから一部600mに及ぶ山林が入り組んでいる．そのうち比較的低い部分にはいくつものゴルフコースが開発されているが，平坦な農地などは少ない．一方，盆地の周囲はほぼ600mを超える稜線が連なり，目立つピークには南東の武甲山1,300m，北の城峯山1,000mなどがある．

　盆地とはいえ平地の広がりが少なく山林が

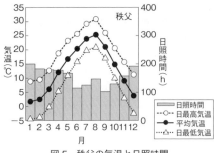

図5　秩父の気温と日照時間

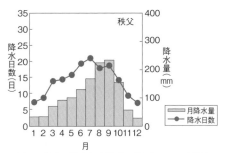

図6　秩父の降水量と降水日数（0.0mm以上）

多いため，夏季の日中の暑さも熊谷ほどではなく，気温は1年を通じて平野部よりも低い（表1）．特に夜間は冷気が盆地底に溜まりやすく，冬季の最低気温は平野部との差が大きい（表2）．気温の日較差は一般に夏季よりも冬季の方が大きいが，年平均するとさいたま，熊谷の9.6℃に対して秩父では11.2℃である．盆地底であるため，風は弱めである（表4）．また，朝を中心に霧の発生が多いのも特徴で，10月に6.5日，11月に7.9日のほか，ほぼ毎月2～3日は現れる．

　熊谷で見られた夏季の降水量の大きさは秩父でさらに顕著である一方，山間部とはいえ冬季の雪による降水量の増加はほとんど表れていない（表3）．しかし，積雪はけっこうあり，秩父の平年の雪日数は11～4月で合計15日，降雪の深さの合計は67cm，最深積雪は1月と2月で10cmとなっている．ちなみに平野部の熊谷ではそれぞれ11日，22cm，4cmと6cmである．盆地の周囲の

山地における積雪の公式データはないが，日本海から雪雲が吹きつける群馬県北西部のように多くはない．ただ，冬季は一般に標高が1,500 m前後になると昼間も氷点下の気温が続くため，降雪があまり解けずに蓄積しやすく，また，一度でも大雪が降ればそれが長く残る．秩父盆地より西方の標高1,500 mから2,500 mに近い山地に踏み込むと，年により，また標高や局所的な地形にもよるが，概して50 cm程度かそれ以上の積雪を経験する．

B．埼玉県の気象災害と大気環境

1．洪水被害

埼玉県内での大規模な気象災害としては，1910（明治43）年8月上旬の長雨に台風の影響が重なって同10日に発生した荒川・利根川水系の大洪水が記録に残っている．西部山間部では山崩れも加わって人的被害が大きく，県内の死者・行方不明者は347名，東部では各地で堤防が決壊して，利根川上流の群馬県から東京の下町までを含め，関東平野の低地一帯が水浸しとなり，回復までかなりの期間を要したとされる．これを契機として，東京下町で隅田川に接続していた荒川に岩淵水門を設け，荒川放水路を掘削する大工事が開始され，1930年に完了した．

しかし戦後間もない1947（昭和22）年9月15日，関東の南から東へ房総半島をかすめたカスリーン台風は関東・東北に大雨を降らせ，再び記録的な大洪水を起こした．関東の被害は群馬・栃木両県で特に甚大となったが，埼玉県でも荒川・利根川の堤防決壊により100名を超える人命と多大な家屋や農地の損害を出し，また東京でも荒川・江戸川間が水浸しとなった．

その後は埼玉県での被害が特筆されるような台風，その他の強風や豪雨，土砂崩れ，地震などによる大災害は幸いにして起きていない．

20世紀の半ばまで大洪水が繰り返された背景として，上流部の治水用ダムもなく，現在に比べ河岸堤防や遊水池の整備も大きく遅れていたことは当然指摘できるが，そもそも荒川下流や江戸川が，大雨を効率的に排水することが困難な低地を長距離にわたり通過していることに注目する必要がある．両河川にはさまれた低地にも，流れの緩い中小河川が多数存在している．江戸川の場合，東京湾から約50 km上流にある利根川との分岐点付近で，ようやく平常水位が海面上10 mとなる．荒川でも約50 km上流の川越市付近で海抜10 mとなる．縄文時代の海進期にはこれらの付近まで東京湾が入り込んでいたと見られ，河岸の丘陵に貝塚が見つかっている．

2．その他の気象災害

熊谷市の気候に関連して少しふれたが，県北部では夏季を中心に雷雨が比較的多く，それに伴い落雷，降雹，突風などの被害がときとして起きる．世界的な記録として残るのが（中央気象台：気象要覧），1917（大正6）年6月29日に県中央部の広い範囲で被害が出た際の雹の大きさで，長井村（現在は熊谷市）の寺の住職が測った直径が30 cm弱あったという．これらの現象は活発な熱対流が積乱雲に発達して起きるので，この地方の夏の日の暑さと密接な関連をもつ．その関連からいえば，夏の猛暑の進行に伴って熱中症被害の増加も社会問題化し，今や気象災害の1つとされる．熱中症の発生条件は気象・気候データだけでは決まらず，街の構造・密集の度合いや人々の生活条件にも大きく依存するので，都市化の進んだ自治体などでは啓発活動を強めている．

一方，冬の寒さに関連する風土的な災害はあまりなかったが，2014年2月14日から15日にかけての東日本の記録的な大雪は埼玉県にも大きな被害をもたらした．最深積雪は熊谷で62 cm，秩父で98 cmとなり，周辺の高速道の通行止め，秩父方面の鉄道運休のほか，山間地の道路は長く通行不能となって孤立集落も発生，農業被害，森林被害も大きかった．

3．大気環境

夏季の気候と密接な結びつきをもつ現象に，光化学オキシダントによる大気汚染がある．光化学オキシダント（Oxと略号表示さ

表5 近年の関東各都県における光化学オキシダント注意報発令日数（環境省まとめ）

西暦年	2000	'01	'02	'03	'04	'05	'06	'07	'08	'09	'10	'11	'12	'13
茨城	23	12	13	14	18	13	10	15	5	6	14	2	3	5
栃木	21	15	11	8	7	14	8	16	5	7	16	11	2	4
群馬	16	6	15	2	15	10	5	8	11	6	12	10	4	6
埼玉	40	30	21	19	23	26	16	32	18	14	25	17	7	13
千葉	18	23	21	11	28	28	11	17	12	3	15	11	8	14
東京	23	23	19	8	18	22	17	17	19	7	20	9	4	17
神奈川	10	13	11	6	16	7	14	20	11	4	10	5	5	16

れることが多い）の実体はほとんどオゾンであり，1 時間値 0.12 ppm 以上が注意報発令基準とされている．日本で Ox 汚染が問題となった 1970 年代以降，7 〜 8 月を中心に，首都圏は全国でも最も注意報発令の頻度が高い地域の 1 つで，なかでも埼玉県は東京都とトップの座を競ってきた（表5）．

オゾンは，大気中の窒素酸化物と有機化合物を前駆物質として，これらが太陽光の紫外線を受けて大気中で反応して生成するので，紫外線の強い好天日の日中に濃度が上昇する．この気象条件は海風の発達しやすい条件でもあるため，主に東京湾周辺で排出された前駆物質が海風によって埼玉県方向に移送されながら高濃度オゾンを生成するのが，定型的ともいえる Ox 汚染パターンとなっている．

Ox 汚染は 1980 年代末には全国的に大幅に改善されたと見られていたが，1990 年代に再び濃度上昇傾向が指摘された．そして 2000 年代になると，暑夏の増加傾向も災いして，注意報発令日数が急増した．前駆物質の排出削減施策の進展により，それらの大排出源である首都圏の中心部では数年のうちに施策の成果が確認された半面，その風下にあたる埼玉県内の平野部では 2010 年代まで改善がもち越されている．

夏季の懸案である Ox 汚染と並んで，冬季は窒素酸化物（NOx）や粒子状物質（PM）による大気汚染が長年にわたって問題とされてきた．寒い季節は地表面から冷えやすく，大気成層が安定になって汚染物質が拡散しにくい．排出される汚染物質は蓄積してゆき高濃度となる．特に埼玉県の東部平野部では，冬の季節風がまだあまり強く吹かない晩秋・初冬季に，前述の冷気湖の状況がしばしば発生し，高濃度大気汚染の条件が整う．しかし，1990 年代を境に自動車排ガス，廃棄物処理，その他製造業などの排出規制が大きく進展し，極端な高濃度汚染は少なくなった．

C. 埼玉県の気候と風土

埼玉県は水を作り貯える秩父の山地と，その水を海に導く平野部で構成されている．暑い季節には内陸平野と盆地にこもる熱が太平洋から湿った風を引き寄せて雲を作り，寒い季節には日本海越しに吹きつける季節風が山地に雪を降らせ，平野部で空っ風となる．平野に流れ出た水は古来より平野全体にあばれ川を作っていたが，江戸期以降の苦闘の末に現在の荒川と利根川の道筋に落ち着いた．こうして形づくられた埼玉の風土の諸側面にふれてみよう．

1. 秩父の山林

全県面積のほぼ 1/3 を占める県西部の山地がほぼ森林におおわれ，県の森林率は 32% となっている．この数値は東京都や大阪府と並ぶ全国最下位クラスながら，県西部に集中した分布に特徴がある．秩父の中心市街を別とすれば，谷沿いに細くのびた集落とわずかな耕作地が散見されるのみで，秩父盆地の周囲は深い森林となっている．

秩父盆地以西では標高が 1,000 m を超える部分も大きい．本州中央部の気候では，このような高度の山林はもともと落葉広葉樹が占めていて，秩父の奥まった部分には今もイヌブナやシオジなどを主体とする天然林が多く分布する．

一方，盆地の東側の山地は標高 1,000 m

図7　市町村別森林率　(埼玉県森づくり課調べ)

図8　秩父の人工林 (冬)

に及ぶところは少なく, 気候的には照葉樹林の分布域である. しかし, 盆地外側の東面を広く占める飯能市などでは, 森林の大部分が江戸期からスギやヒノキの人工林として管理された. かつては伐り出した木材を「いかだ」にし, 川によって東の江戸方面に運んだので西川林業, 西川材として知られた. このような土地柄ゆえ, 林業は従事人口の減少にかかわらず, 今も秩父地方を象徴する産業である.

　このように維持されたまとまりのある森林が, 山地・盆地の地形とあいまって雲を作り, 雨を降らせ, 夜間に冷気を醸成する. こ

れらが冒頭にまとめたように秩父市だけでなく熊谷市やさいたま市など平野部の気候にも大きな影響を及ぼしている.

2. 平野部の歴史的変遷

(1)　近世の治水と水利用

　徳川による江戸造成に合わせた流路整備が始まるまで, 荒川は現在の元荒川を主流として利根川に合流し, 利根川は東京湾に注いでいたが, 絶えず洪水を起こして流れを変えていた. 県内にはそのような流れの跡があちらこちらで沼などで残っている. 県土に占める河川面積の比率3.9%は全国一, 湖沼などの水面を含めた比率は5%で4位である. その要因も地形と気候によって説明できよう. すなわち, 県西秩父地方のまとまった山地が誘起する降水と深い森林による保水力とともに, 県東部の広大で極めて平坦な平野部がゆったりとした川の流れを作っているのである.

　江戸期以前に関東七名城とされた城の2つが埼玉県内にある. 現在の行田市に位置する忍 (おし) 城は, 利根川と荒川にはさまれた湿地を護りとして15世紀に築城され, 豊臣秀吉による小田原北条氏平定の際には, 石田三成がその地形を逆手にとって水攻めにしたが果たせなかった. 秩父の山地からのびた丘陵の末端に築かれた川越城も, 水との関わりは深い. 南西方向からのびる武蔵野台地の末端の丘陵に築かれ, 「川越」の名のとおり

図9　深谷のネギ畑（耕作機に乗っているのは埼玉県のマスコット：コバトン）

あついぞ！熊谷 ©熊谷市

図10　熊谷市のキャラクター「あつべえ」（平成20年代）

周囲を新河岸川が巡り，さらにもう一回り外側には，入間川が西から北に回って東で荒川に合流している．江戸幕府の成立後は「小江戸」と称されるほどに城下町の整備も進み，新河岸川は江戸と直結する舟運路としてにぎわった．

(2)　農業県の現在

氾濫原であった低地とその水利は農業適地を形成した．冬季は北西季節風の通り道となって強風が吹きやすいことはあるが，ほとんど降雪がなく晴天が基調であることが盛んな農業活動を支えている．近年の農業人口の減少と土地利用形態の変化に伴って，農業生産は全体として減少しているものの，都市化した南東部を除けば広大な農地が広がり，埼玉県が農業県の一面をもっている状況は変わらない．全県的な農業団体の情報によれば，近年の全国統計でも埼玉県が生産額で優位を占める野菜として，サトイモ・小松菜（1位），ネギ・キュウリ・ホウレンソウ・ブロッコリー・カブ（2位）などがあげられる（2012（平成24）年）．

ネギでは深谷ネギの名が知られている．これは品種ではなくいわゆるブランド名で，利根川が洪水を繰り返していた氾濫原に広がる肥沃な耕作地で，明治以降に生産を拡大してきた（図9）．一般に西日本では緑の葉の部分を食するのに対して，深谷ネギをはじめとする根深ネギ（長ネギ，白ネギともよばれる）は伸びるにつれて土を寄せ，白い茎の部分を風や日射から守り，太く長く成長させて作るので，氾濫原の土壌はこれに適した一面

をもつ．

(3)　防風林

農地の中に散在した集落には，防風林の性格を備えた屋敷林や社寺林がかつては多く望見できた．近年も残るカヤ，クス，イチョウ，ケヤキなどの巨樹の多くが国や県の天然記念物に指定され，またケヤキは県の木となっている．防風林は，冬季に北西季節風として群馬県の方から吹く空っ風を防ぐため，主に屋敷などの北西側を護っていた．実際に強風を防ぐのは巨樹の下部の隙間を埋める常緑樹が主体の雑木林である．最も強風が吹きやすい県北部の利根川から荒川沿いにかけての低地や，その南方の丘陵地にかかる台地状のところに多く，畑や集落を護るため北東～南西方向に帯状に配置された地域もある．

3.　あついぞ！熊谷

熊谷周辺では古くから内陸平野の夏の高温が体感され，記録を残してきた．熊谷市も昭和の半ばまでは養蚕業に伴う桑畑などが市街地を取り巻いていたが，地域の産業構造や都市構造の変化につれて景観は変わり，近年はヒートアイランド効果も無視はできないといわれる．そこで熊谷市では平成20年代，「あついぞ！熊谷」の合い言葉や「あつべえ」というキャラクター（図10）を用いて，熱中症への啓発活動だけでなく，猛暑の地としての知名度を盛り立てるたくましい町おこし活動を企画し，市民を巻き込んだ各種のイベントや商品開発が繰り広げられた．

［吉門　洋］

千葉県の気候

A. 千葉県の気候・気象の特徴

　千葉県は関東地方南部に位置している．人口は東京都のほぼ半分の約 622 万人，面積は約 5,158 km² である．県の東と南は太平洋，西は東京湾に面する半島であり，北は利根川と江戸川に囲まれている（図1）．北部は下総台地と九十九里平野が広がりほぼ平地であるが，南部は上総丘陵で起伏のある土地となっている．とはいえ，県内最高峰の愛宕山も標高 408 m にとどまり，日本では唯一，500 m を超える山がない都道府県としても特徴的である．

　千葉県は半島であるがゆえに海流の影響が強く，一般的には温暖である．加えて高地もないために，降雪も少なく真冬日の観測もほぼ皆無となっている．そのため，千葉県の大部分は，ケッペンの気候区分では温暖湿潤気候であり，南房総の一部は亜熱帯気候となっている．全国スケールで見ると，大部分は夏季多湿・冬季乾燥を特徴とする太平洋側気候に区分される．しかしながら，県内の気候は「諸種の気候が展覧会の絵のように並んでいる」（吉野，1999）と評されるほどに，多様性に富んでいるという特徴をもつ．その所以は以下のとおりである．まず千葉県は，暖かい黒潮と冷たい親潮の境目に位置している．南部は黒潮の影響下で温暖であるが，銚子は親潮の影響を受けやすく冷涼である．海流の影響は内陸に行くに従って小さくなるため，海岸からの距離によっても気温の傾向が変わる．加えて，季節によって変化する風向きも海流の影響の大小に関わる．最後に，平地・台地が広がる北部，丘陵地域の南部，都市・工業地帯の広がる京葉地域など，地形や土地利用形態も多様な気候形成の要因となっている．

　千葉県の北部では，冬季（1月）は県のほぼ全体が北西寄りの風に支配される．これは

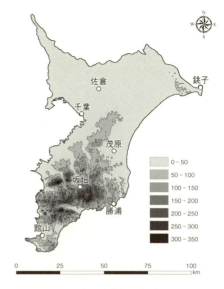

図1　千葉県の地形

西高東低の冬型の気圧配置下で吹く冷たく乾燥した空っ風の一部である．このため，冬の寒さは南部に比べて厳しい．一方，南部では南寄りの風が多い傾向がある．このような南寄りの風が海上からの暖気移流をもたらし，冬季でも温暖な気候をもたらしているとされる．夏季（7月）は，太平洋高気圧の縁に沿って吹く風により，県全体で南西寄りの風が卓越する．夏季の晴天日の日中は，海風によって比較的冷涼な海上の空気が陸上に運ばれてくる．このため，海風が到達する地域では日中の気温上昇が抑えられる．全体的に温暖な千葉県でも，県内 7 地点の猛暑日日数は 5 日以下となっている．千葉県の夏が涼しく過ごしやすいのは，この海風によるところが大きい．

　千葉県の気候のもう 1 つの特徴として，降水の少なさがあげられる．県の北西部，特に東葛地域で降水量が少なく，年降水量の平年値は 1,200 〜 1,400 mm である．県内で最も内陸に位置するこの地域では，平地であるために地形起因の降水もほぼ起こらず，特

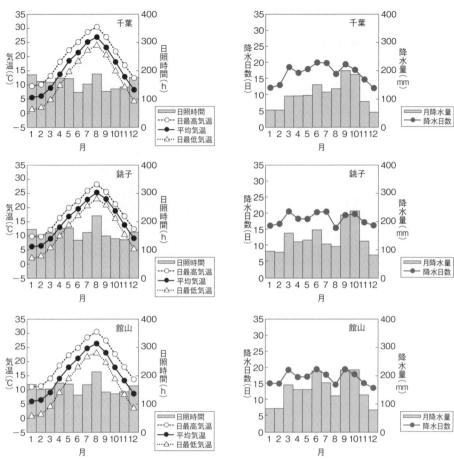

図2　千葉，銚子，館山の雨温図．左は気温と日射量，右は降水量と降水日数（降水量0.0 mm以上の日数）を示す（いずれも1981～2010年平均値）

に冬季は晴天日が続いて北西寄りの季節風に支配され乾燥するからである．一方，房総丘陵の南東側では年降水量が2,000 mmを超える．南部の方が北部に比べて降水量が多い理由は，年間を通じて南西寄りの風が卓越し，太平洋からの水蒸気供給と房総丘陵の地形によって引き起こされる上昇気流によるためである．この地形は台風の接近時にも，台風の進行方向によっては強雨を起こしやすい．ただし，同じように太平洋南岸に位置している九州南部や高知などでは年降水量が

4,000 mmを超える地点があることを考えると，それほど多いとはいえないだろう（図2，3）．

千葉県内の気候区分の仕方には幾通りも考えられるが，ここでは銚子地方気象台発表の天気予報で用いられている3つの地域区分（北西部，北東部，南部）からそれぞれ千葉，銚子，館山の3地点の気象データを示し，気候特徴を記述する（図1，2，表1）．

1.　千葉の気候

千葉の年平均気温は15.7℃，年降水量は

表 1 千葉県内 7 地点の気象データ（1981 ～ 2010 年値に基づく）．それぞれの気象要素において，7 地点中最も高い値は太字，最も低い値は斜体で示す．カッコ内の数字は，年最高・最低値の出現月である．

| | | 北西部 | | 北東部 | | 南部 | | |
		千葉	佐倉	銚子	茂原	館山	勝浦	坂畑
気温 （℃）	年平均気温	15.7	14.4	15.4	15.3	**15.9**	15.7	*13.8*
	年平均日最高気温	19.6	19.6	*18.4*	20.1	**20.3**	19.3	19.0
	年平均日最低気温	12.3	9.7	12.5	11.0	11.6	12.4	*9.2*
	年最高月平均気温	**26.7(8)**	25.9(8)	25.2(8)	26.3(8)	26.4(8)	25.6(8)	*25.0(8)*
	年最低月平均気温	5.7(1)	*3.4(1)*	6.4(1)	5.0(1)	6.3(1)	**6.6(1)**	*3.4(1)*
	日較差	7.3	**9.9**	*5.9*	9.1	8.7	6.9	9.8
	年較差	21.0	**22.5**	*18.8*	21.3	20.1	19.0	21.6
日数	真夏日	42	45	14	**46**	40	*12*	31
	熱帯夜	**20**	3	5	6	11	7	*2*
	冬日	11	69	*9*	39	32	9	**75**
降水 （mm）	年積算	*1387.3*	1409.6	1659.8	1691.8	1790.0	1969.7	**2050.0**
	年最大月降水量	*200.4(9)*	206.8(9)	234.6(10)	232.7(10)	219.9(10)	**269.9(10)**	257.3(10)
	年最小月降水量	*51.5(12)*	52.6(12)	79.9(12)	62.8(12)	75.4(12)	77.5(12)	**83.5(12)**
風 （m/s）	1 月平均風速	3.9	1.6	**5.7**	1.6	3.4	3.4	*0.8*
	7 月平均風速	4.3	2.5	**5.1**	1.6	4.1	2.7	*1.0*
	1 月最多風向	北北西	北	西北西	北西	南南東	北北西	南西
	7 月最多風向	南西	北東	南南西	南南西	南西	南南西	西南西

1,387.3 mm である．東京（千代田区）の 15.4℃と 1,528.8 mm と比べると，気温は大差ないが降水量が少ない傾向がある．月平均気温は 1 月が最も低く 5.7℃であり，気温が最も高くなる 8 月では 26.7℃に達する．真夏日は，8 月に平均 21 日と多い一方，猛暑日は 8 月でも平均 1 日と少ない．降水量が最多となるのは台風の影響を受けやすい 9 月（200.4 mm）であるが，降水日数（降水量 0.0 mm 以上の日数，下記同様）が最も多いのは梅雨時期の 6 月である．12 月は降水量（51.5 mm），降水日数（12 日）ともに年間最小となる．日照時間は降水日数と逆相関しており，梅雨期や秋雨期の 6 月と 9 月に最小（それぞれ 125 時間，128 時間），8 月に最大（190 時間）となっている．冬季は降水量・降水日数がともに少なく，逆に日照時間が多くなっており，冬の晴天が続きやすい様子がうかがえる．また，降水量・降水日数ともに明瞭な季節変化が見られる．

2．銚子の気候

千葉県の東の端に位置する銚子では，年平均気温 15.4℃，年降水量 1,659.8 mm であ

り，平均としては千葉や東京と大きな違いはない．しかし，最も暑くなる 8 月の平均気温は 25.2℃，最も寒い 1 月の平均気温は 6.4℃となっており，千葉と比べて夏は涼しく，冬は暖かい気候になっている．気温の日較差も千葉の 7.3℃と比べて，銚子では 5.9℃と小さい．日照時間は 8 月に最大で 220 時間，最小は 6 月の 136 時間である．日照時間と気温に着目して銚子と千葉を比較すると，銚子では 8 月の日照時間が千葉より 30 時間多いにもかかわらず，気温が低く抑えられていることがわかる．これは，主に太平洋に突出している銚子の地理条件に由来する．このような地理条件下では岬の気候となり，風が強く海上の空気との混合が促進される．夏季は海上の空気の方が冷涼なため，これと混合された銚子の空気も必然的に昇温が抑えられる．また，地上の空気に比べると，海上の空気は年間を通じて気温変動が少ない．そのために，気温の季節変化・日変化ともに小さくなるのである．降水日数も千葉と比べて季節変動が少ない傾向があり，年間を通じて 1 か月当たり 15 日以上を維持している．降

水量は9月と10月に突出して多い（それぞれ220.7 mm，234.6 mm）が，これは台風の影響を反映していると思われる．冬季の降水量は千葉より多く，最小の12月でも79.9 mmである．

3. 館山の気候

　房総半島南端に位置する館山の年平均気温は15.9℃，年降水量は1,790.0 mmである．南房総は暖かいというイメージが強いが，年平均気温で見ると千葉と館山はさほど大きな違いがないことがわかる．しかし，日最高気温を見てみると年間を通じて千葉よりも高い傾向があり，特に1月と12月では1.4℃の差がある．この特徴が，温暖な南房総のイメージにつながっていると推察される．逆に日最低気温では年間を通じて館山の方が千葉よりも低い．この傾向は特に冬季に顕著である．気温変動の少ない銚子と比較すると，館山の気候日較差の大きさは際立って見える．日照時間は千葉と銚子と同様，8月に最大（215.3時間），6月に最小（133.6時間）を迎える．降水に関しては，降水日数の季節変動が小さく，降水量の最大が9月と10月に現れる傾向があり，銚子のそれと類似している．ただし，年降水量は銚子よりも多くなっている．後にも述べるが，この傾向には丘陵地形と風向きによる影響が考えられる．

4. その他の地域の気候

　これまでは千葉・銚子・館山の3地点の気象データをもとに述べてきた．しかし，前述のとおり千葉県内の気候は多様性に富んでいるため，この3地点をもって千葉県の気候特性を述べるには少々無理がある．吉野（1967）では，千葉県内を6つの気候区分に分類している．ここでは，佐倉・茂原・勝浦・坂畑の4地点を加えて千葉県の気候をもう少し観察してみる．

　千葉と同じ北西部に位置する佐倉では，千葉より気温の日較差・年較差が大きく，内陸性の気候となっている．ただし，両地点の差には，千葉のヒートアイランド効果も影響しているかもしれない．房総半島南部は坂畑に代表されるような丘陵地の気候と，館山・勝

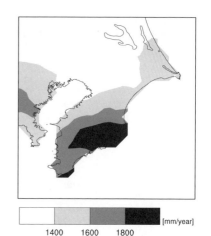

図3　1981～2010年平均の年降水量（AphroJPデータより筆者作成）

浦に代表される海岸の気候に分けられる．海岸の気候はさらに太平洋側と東京湾側に分けることができよう．両者の気温の年較差に大きな差はないが，日較差は館山で8.7℃，勝浦で6.9℃で館山の方が大きい．この差は真夏日と冬日の差により顕著に表れており，勝浦ではそれぞれ12日，9日で県内7地点で最小となっている一方，館山では両者ともその3倍以上となっている．

5. 千葉県の特徴的な気象現象

　銚子では霧がよく発生することが知られている．これは主に海霧の移流によるものである．銚子地方気象台での年間霧日数は43.7日で，釧路，帯広に続いて，全国第3位となっている．銚子でよく霧が発生するのは前述のとおりであるが，下総台地も霧の多発地帯として知られている．同地域の霧の発生日数は減少傾向にあるものの，内陸の平地という地理条件から，夜間の気温が下がりやすく放射霧が発生しやすいために，依然として霧の発生が多い状態が続いている．特に成田国際空港では年間霧日数が65.4日（1981～2010年平均，成田航空地方気象台）を数え，航空機の離着陸に影響を与えている．東京国際空港（羽田）の4.8日（1981～2010年平均，東京航空地方気象台）に比べると非常

に多いことがわかる.

他に千葉県の特徴的な気象現象として,房総不連続線とよばれる北寄りの風と南あるいは西寄りの風によって形成される局地前線があげられる (図4). 主として冬季の西高東低の気圧配置か,それが弱まって移動性高気圧におおわれた晴天夜間に寒冷前線が本州を通過するとき,あるいは北東気流時に生じやすいとされる. 冬季の不連続線は東京湾から房総半島を横切る形で現れ,10 km 程度以内で数℃のという大きな気温傾度をもたらす. 冬季晴天弱風日の夜に出現する場合,不連続線の北側では寒気内で弱風となり,大気汚染の増大につながる. また,北東気流時には,三陸沖から流入する冷たく湿った空気と,南からの暖かい空気によって不連続線が形成されるため,この不連続線付近ではぐずついた天気になりやすい.

近年では千葉市を中心としてヒートアイランド現象が顕著になりつつある. 2013 年に千葉県がまとめた報告書によると,1953～2009 年の観測データに基づく千葉市の気温上昇率は,100 年当たりの換算で 2.53℃であり,銚子の 0.47℃などと比べると高くなっている. ヒートアイランド現象は,夏より冬,日中より夜間の方が顕著に現れる. 千葉市の熱帯夜日数は年間平均 20.1 日と県内では最大となっている. また,先の千葉と館山の気温の比較では,千葉の日最低気温は「温暖」とされる館山のそれよりも,年間を通じて高いことを述べた. これら傾向の背後には,ヒートアイランド現象による夜間の気温低下の抑制が働いている可能性がある.

B. 千葉県の気象災害と大気環境問題
1. 塩害

太平洋南岸に位置する千葉県では,台風の上陸や接近に伴い,風や強雨,そして強風による海からの塩の運搬に伴う塩害がしばしば発生する. 海岸侵食が深刻な問題となっている九十九里浜では,砂浜の回復を目的として「ヘッドランド」(コンクリート製人工岬) が整備されている. 「ヘッドランド」は砂浜を

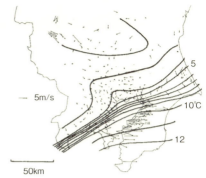

図4　房総不連続線の観測例 (水野ほか, 1993)

回復させるどころか,逆に侵食を加速させているという指摘が方々でなされているが,沖合の構造物は波しぶきを高く上げる効果があるため,塩害の観点からも環境への悪影響が心配される.

2. 竜巻

1990 年代までの統計では,台風に伴う竜巻の発生がしばしば報告されていた. 例えば 1971 年台風 23 号では 3 件,1967 年台風 34 号でも 3 件の竜巻発生が報告されている. 1990 年 12 月 11 日,低気圧の通過に伴い,千葉県の広い範囲で落雷や突風が発生した. 特に茂原市周辺では国内では珍しい F3 スケールの竜巻が発生し,死者 1 名,負傷者 73 名を含む大きな被害をもたらした. 一連の竜巻や突風は,低気圧の温暖前線に吹き込む強い暖気移流域で起こったと報告されている. この竜巻を皮切りに,近年では気圧の谷の通過や寒気・暖気の移流に伴う,大気不安定に起因する竜巻の発生が目立つようになってきた. 1991 年以降の統計では,千葉県での竜巻発生数は 12 件であり,全国で 9 番目の多さとなっている (2015 年現在).

3. 積雪

温暖化の影響により頻度は減ってきているものの,南岸低気圧の通過などによって,年に数回降雪を観測することがある. 総観規模の気象条件にもよるが,前述のとおり県内の気温の分布が複雑なために,雨か雪かの予測

は極めて難しい．一般的に，内陸性気候の傾向が強い北西部の台地や南部の山岳地帯では雪になりやすいが，その他の地域は雨になりやすい．2014年2月8日から9日にかけての低気圧通過に伴う降雪では，千葉市で最深積雪33 cmを記録し，過去の記録を更新した．この記録的降雪により北西部を中心に停電が発生し，交通障害などの大きな社会影響を引き起こした．

4. 台風

千葉県への台風の上陸は少なく，1951年以降の統計では7個である．同じく太平洋に面している鹿児島県（39個）や高知県（26個）などと比べると，格段に少ないことがわかる．千葉県は比較的気象災害が少なく，住みやすい土地であるといえよう．

5. 過去の気象災害

過去には甚大な気象災害・大気環境問題があった．例えば，利根川の治水以前は，東葛地域を中心に水害が頻繁に起こり，地域住民の農業のみならずときには人命を脅かした．その名残は，今も野田市周辺の民家に残る「水塚」（母屋より3〜5mほど高く盛り土し，その上に食料や生活用具などを備えた蔵を設けて水害時は避難場所として用いるもの）に見ることができる．逆に，水はけの良い下総台地では干害にたびたび見舞われた．いずれも利根川水系の治水事業，ならびに大利根用水路の整備により，現在ではほとんど問題になることはない．

高度経済成長期に急激に発展した京葉工業地帯では，60〜80年代にかけて甚大な大気汚染が発生した．石油化学コンビナート核心部を擁する市原では，二酸化硫黄（SO_2）の濃度が1967〜68年にかけて高値となり，喘息などの呼吸器疾患を招いた．また1953年から操業を開始した製鉄所からの排煙などにより，周辺住民は粉塵などによる被害に悩まされた．このような大気汚染は，風が弱く気温が地上付近で逆転しているときに顕著になる．大気中の汚染物質は降水によって減少するが，乾燥・少雨の京葉湾岸地域ではその機会も比較的少なく，この地域の気候も大気

汚染の助長につながったといえよう．現在では，工業起源の大気汚染は減少して，自動車の排気ガスによる大気汚染に対する苦情が目立つようになってきている．

C. 千葉県の気候と風土

千葉県は，県土の全域が東京駅から半径100 km圏内に収まり，かつ利根川・江戸川や海路などの水路に恵まれているという地理特性から，東京との結びつきが強くある．江戸時代から日本の首都の発展に大きく貢献してきた千葉県であるが，その後ろ盾には穏やかな気候があった．

1. 京葉地域の干潟

埋め立て事業が始まる前は，東京湾に面した海岸地域には干潟が広がっていた．小雨・乾燥の気候特性を活かし，海苔と塩の生産が活発であった．特に現在の浦安市を中心とした地域の塩田は「行徳塩田」とよばれ，そこで生産された良質な塩は江戸へ出荷されると同時に，野田や銚子の醤油作りにも利用された．現在，東京湾の干潟は埋立て事業などにより激減してしまっているが，環境保全を目的として干潟の保護活動が行われている．習志野市にある谷津干潟は，周囲を住宅地や工業地帯に囲まれ長方形の形をした干潟の保護区である．この干潟は南半球とシベリアを行き来する渡り鳥の中継地として知られ，年中を通してシギやチドリなどの水鳥が羽を休める姿が見られる．1993年にラムサール条約登録湿地に認定されている．

2. 南房総の温暖な気候と観光利用

南房総では，冬季の温暖な気候特性を生かした特産物や観光分野での取り組みが見られる．この地域では，江戸時代から花の栽培が盛んである．出荷用の花栽培に関しては80年代以降ハウス栽培に転じるも，花がもたらす季節感と景観は，観光資源として活躍している．都心より一足早い春の訪れを告げる南房総の花として特に親しまれているのが，菜の花とポピーである．菜の花は県の花として指定されている．両者とも最盛期は2〜4月であるが，早いところでは12月から観光

図5　館山市「夕映え通り」の風景（筆者撮影）

客向けの花摘みを提供している農園もある.

南房総市などの丘陵地域の斜面では，ビワの栽培も盛んである．千葉県のビワ生産量は宮崎県に次ぐ全国第2位である．他の主な産地は九州や四国に集中しており，千葉県はビワ産地の北限に位置する．ビワは冬に花をつけ，春にかけて実をつけ始める．花は−5℃，実は−3℃で凍死してしまうため，寒さに弱い．平地は夜間の放射冷却で冷えやすいのに加え，丘陵地では山の上部から冷たい空気が流れ込みやすい．そのため，南房総のビワ栽培は斜面の中腹より上部で行われている．ビワの収穫は5〜6月頃で，初夏の訪れを告げる風物詩となっている.

館山市では観光資源としての温暖な気候をさらにアピールするため，南欧のリゾート地をイメージした街づくりを推進している．市の玄関口である館山駅はオレンジ色の瓦と白い壁が象徴的な南欧風となっており，駅西口から北条海岸へと続く「夕映え通り」の周辺建物の屋根もオレンジ色の瓦に統一されている（図5）．同通りの両脇にはヤシの木が植樹され，他の市内主要道路の街路樹にもヤシの木が採用されている.

3. 下総台地や九十九里地方で見られる冬季

の乾燥気候を活かした特産品

下総台地や九十九里地方では，冬季に卓越する乾燥した北寄りの風を生かした特産物が見られる．その1つが落花生である．落花生は八街市を中心に生産され，全国の生産量7割を占める千葉県を代表する特産品となっている．地元では新鮮な落花生を茹でて食すが，県外などには乾燥させたものが多く出荷される．落花生の収穫シーズンである9月下旬になると，葉や枝がついたままの落花生をひっくり返した状態で10日前後「地干し」する風景が広がる．「地干し」ののち，円筒状に積み上げてさらに1か月ほど乾燥させる「ボッチ干し」を行う．最終的には網の上で数日間の「天日干し」を経て，落花生は出荷される．このように自然乾燥した落花生は，機械乾燥のものよりも甘みが増すといわれている.

落花生の他に冬季の乾燥を生かした特産品として，九十九里地方の「イワシのみりん干し」があげられる．これは開いたイワシを一晩みりんのタレに漬けたのち，長時間かけて干し上げた郷土料理である．近年では機械による乾燥が多いが，真冬の九十九里浜近辺では，みりん漬けしたイワシを平網に広げて天日干しする風景が今も残っている.

［鈴木パーカー明日香，日下博幸］

【参考文献】
［1］千葉県環境生活部，2013：千葉県ヒートアイランド対策ガイドライン．93p.
［2］水野建樹・近藤裕昭・吉門洋，1993：東京湾を横切って形成される局地不連続線の構造と成因についての考察．天気，40(3)，29–38.
［3］吉野正敏，1967：関東地方の気候区分．東北地理，19(4)，165–171.
［4］吉野正敏，1999：千葉県の自然誌．本編3，千葉県の気候・気象，599–604.

東京都の気候

A. 東京都の地理的特徴

　東京都は日本のほぼ中心に位置している日本の首都であり，世界最大の都市圏である東京都市圏（首都圏）の中核をなしている．その面積は 2,190.90 km^2 で，人口は 13,378,584 人である（2015 年現在）．行政区は，東京都区部，多摩地域，東京都島しょ部（伊豆諸島・小笠原諸島）に分かれている．東京都の大部分を占める都区部と多摩地域は，関東平野の南部に位置し，東側に東京湾，西側に関東山地を臨んでいる．この地域の地形を見ると，沿岸部に東京低地と多摩川低地があり，それらの西に広がる武蔵野台地，多摩丘陵，関東山地にかけて階段状に標高が高くなっていくことがわかる（図 1）．島しょ部を構成する伊豆諸島や小笠原諸島は火山島であり，大きな島はすり鉢を逆にした形をしている．

　都心の緑被率は低く，おおよそ 20％以下である．その周囲の都区部ではおおよそ 20〜40％である．多摩地域は都区部に比べて緑被率が高く，北多摩地域で 40〜60％程度，南多摩地域で 60〜80％，西多摩地域で 80％以上ある．

　東京都といっても，このように地形と土地利用，海からの距離，緯度は地域ごとに大きく異なる．そして，これらの違いが，都区部と多摩地域の武蔵野台地側，多摩地域の関東

図 1　東京都（都区部・多摩地域）の地形

山地側，島しょ部の伊豆諸島・小笠原諸島の気候を異なるものにしている．

1. 都区部と多摩地域の気候

　東京都区部と多摩地域は，いずれもケッペンの気候区分では温暖湿潤気候に属しており，太平洋側の気候の特徴をもっている．夏は季節風の影響により高温多湿であり，太平洋高気圧におおわれる晴天日の日中は海風におおわれる．そのため，最多風向は南西となる．また，海風による冷気移流の効果により，夏の晴天日における東京の最高気温起時は 13〜14 時となり，関東平野の内陸部よりも 1 時間程度早くなる．冬はシベリア高気圧から吹き出した季節風が脊梁山脈を越えて吹き降りてくることで発生する「空っ風」におおわれる．このため，最多風向は北北西となる．また，晴天日が多くなり，降水は少なく，低温低湿となる．空っ風は，北関東では強風であるが，東京に達する頃にはやや弱くなる．海風はもともと弱風である．そのため，都区部の風は年間を通してそれほど強くはない（年平均風速で 2.9 m/s）．ただし，台風通過時や，冬から春にかけてのいわゆる爆弾低気圧通過時などは，例外的に強風となる．立春後に初めて吹く強風は，春一番とよばれ，しばしば交通機関を麻痺させることがある．冬の南岸低気圧の通過による降雪もまた，交通機関を麻痺させることがある．

　東京都区部の気候は，上記のような太平洋側の気候の特徴をもちながら，沿岸気候の特徴（第Ⅳ編第 2 章）や都市気候の特徴（第Ⅳ編第 6 章）も合わせもっている．一方，多摩地域の場合，武蔵野台地と多摩丘陵が平野の気候の特徴（第Ⅳ編第 1 章）を，関東山地が山岳気候の特徴（第Ⅳ編第 4, 5 章）をもっている．東京都は地形や土地被覆が生み出すさまざまな局地気候をもった地域といえる．

　東京の最暖月である 8 月の最高気温は 30.8℃であり，父島（30.0℃）と比べても 0.8℃高い．東京都心の夏の昼間は，南洋上にある父島よりも暑いことがわかる．南の島の方がどの季節でも暖かいと思っている読者

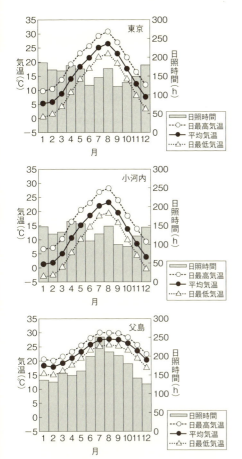

図2 東京都の代表地点（東京, 小河内, 父島）での気温と日射量の季節変化（アメダス）

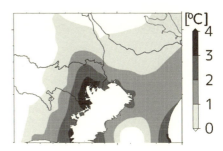

図3 東京のヒートアイランドの例. 冬季晴天日数日間の早朝の気温分布

もいるかもしれないが, 実際には都心の方が夏の日中は暑いのである.

東京の最寒月である1月の日最低気温の平年値は0.9℃であり, 府中（−0.9℃）よりも1.8℃高く, 小河内（−2.7℃）よりも3.6℃高い. ただし, より低緯度にあり海洋性気候をもつ大島（3.4℃）に比べると2.5℃, 父島（15.3℃）に比べると14.4℃低い. 東京の最低気温が年間を通じて府中よりも高いのは, 海に近いことに加えてヒートアイランド現象が発生しているためである. とりわけ, 東京と府中の冬の最低気温の差は, ヒー

トアイランドの効果が大きいと考えられる. 第Ⅳ編第6章で述べられているように, ヒートアイランド効果は, 季節としては夏よりも冬に, 1日の中では日中よりも夜間に大きくなる. ヒートアイランド現象は, 大都市である東京で見られる特徴的な大気現象の1つである.

都心の気温は, ヒートアイランドの発達（図3）に伴い長期的に大きく上昇している. 気象庁の気温データから, 都心における1901年から2010年までの気温上昇率を計算すると, 3.0℃/100年である. 日本の平均気温上昇率1.15℃/100年と比べて, はるかに大きな値である. このことから, 過去の都心の気温の上昇は, 主として都市化によるものだったと考えられている. しかしながら, 最高気温にはそのような特徴は明瞭には認められない. 都心の最高気温は, 平均的には, 関東平野の内陸に位置する熊谷や八王子よりもむしろ低い. これは, 都市化の影響（ヒートアイランド効果）は最高気温には現れにくく, さらには沿岸に位置する都区部は日中に海風によって冷却されるためと考えられる.

東京の都区部と多摩地域の降水量は, 沿岸部の東側で少なく, 武蔵野台地と多摩丘陵, 関東山地に近づくほど, つまり標高が高くなるほど多くなる. 東京と, 府中, 小河内の年降水量はそれぞれ1,528.8 mm, 1,529.7 mm, 1,623.5 mmである. 季節変化に着目すると, いずれの地域でも, 夏季と秋季に降水量が多く冬季に少ないという太平洋側気候の特徴が

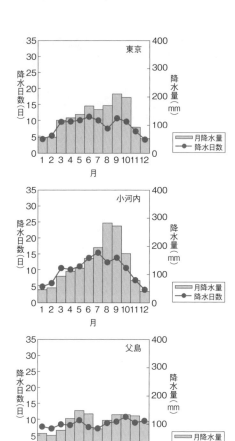

図4 東京都の代表地点（東京，小河内，父島）での降水量と降水日数の季節変化（降水日数は降水量1.0mm以上の日数）

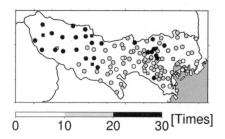

図5 過去19年間（1996～2014年）の夏季（6～9月）晴天日の短時間強雨の発生回数（最高気温30℃以上の日の午後に20mm以上の降水があった回数）

見て取れる（図4）.

夏季の降水の中でも，局地的な短時間強雨はマスメディアなどでゲリラ豪雨と紹介されるため，都市住民の関心事の1つとなっている. これらの豪雨の一部は，局地循環やスコールラインと関係がある. 夏季晴天日，日の出後しばらくすると，関東平野と山地の間で谷風循環が発生し，奥日光や奥秩父，奥多摩に水蒸気が輸送されるようになる. 正午頃になると，これらの山岳地域では積乱雲が発生・発達する. 山岳地域で発生・発達した積乱雲は，同地域で降水をもたらすだけでなく，しばしば南東進あるいは東進しながら武蔵野台地に降りてくる. 一部は，都区部まで到達し，短時間降水をもたらす. 図5は，東京都の都区部と多摩地域の夏季の局地的な短時間強雨分布である. 全体傾向としては，年降水量と同様，東京低地から関東山地にかけて標高とともに短時間強雨が多くなっているように見える. しかしながら，この図をもう少し丁寧に見ると，東京23区の北西部に降水量の多い地域があることに気づく. 実際，この地域では，1999年のいわゆる練馬豪雨など過去にいくつかの記録的な大雨が発生している. これらの豪雨の一部に対しては，関東山地から都心に移動してくる降水帯と海風が関係していると考えられている.

東京の都区部と多摩地域では，前述したように，冬季になると空っ風におおわれるため，降水量は非常に少なくなる. ただし，南岸低気圧が接近してくる場合は，雨や雪となる. 降雪の発生頻度は少なく日降雪深も3cm程度であることが多い. しかしながら，東京は積雪に対して脆弱であるため，降雪は都民や都心で働く人々にとって大きな関心事となっている.

2. 島しょ部の気候概要

伊豆諸島は，ケッペンの気候区分では温暖湿潤気候，小笠原諸島の父島周辺は亜熱帯気候，南鳥島周辺は熱帯気候に属している. 島しょ部の気候は海洋性気候の特徴をもってお

り，他の２つの地域に比べて，夏は涼しく冬は暖かい（図２）．また，年平均風速は比較的大きい．

大島と父島の年降水量は，それぞれ2,827.1 mm と 1,292.5 mm である（図４）．大島の降水量は年間を通じて他の２つの地域に比べてかなり多い．山地気候に属する小河内と比べても 1,000 mm 以上も多い．父島の場合，台風や梅雨・秋雨前線による降水量が他地点よりも少なく，これが年降水量を少なくしている．

B. 東京都の大気環境問題と気象災害

1．大気環境問題

東京都の大気環境問題の中では，1950 ～ 1980 年代に大きな社会問題になった大気汚染が広く知られている．東京都の大気汚染は，1950 年代の朝鮮戦争による経済復興と，それに伴う石炭煤塵の排出から始まった．大量の石炭煤塵が空気中に浮遊していたこの時代の東京の大気は，薄墨色に見えていたという．1960 年代になると，高度経済成長が始まり，主力エネルギーが石炭から石油に変化したことで，大気汚染の主役も石炭煤塵から二酸化硫黄（SO_2）に変わっていった．いわゆる「黒いスモッグから白いスモッグ」への変化である（図６）．

その後，二酸化硫黄の濃度については，脱硫装置と大気汚染対策・規制により，1980 年代までに減少していった．

自動車起因の窒素酸化物（NO_x）も，法的規制や自動車排ガスの酸化還元触媒による除去装置の普及により，改善の方向に向かっていった．しかし，幹線道路付近の住民から気管支ぜん息の患者が出るなどの問題が起こり，1996 年には，幹線道路設置者（国・東京都・首都高速）と自動車メーカーに対する損害賠償と汚染物質の環境基準以下への排出抑制を求めた訴訟「東京大気汚染訴訟」が提訴されている（その後，2007 年に和解）．東京の場合，都内起因の大気汚染のほかに，川崎など周辺の工業地帯からの越境大気汚染，いわゆるもらい公害の問題もある．逆に，東京の汚染物質が広域海風によって輸送され，関東平野内陸部から碓氷峠を越えて，佐久盆地，上田盆地まで届くこともある．

東京都は 2003 年から環境基準を満たさないディーゼル車の走行を禁止している．このような，これまでのさまざまな努力により，窒素酸化物と浮遊粒子状物質（SPM）も大きく改善されていった．2017 年現在，二酸化硫黄だけでなく，二酸化窒素や浮遊粒子物質も環境基準をほぼ満たしている．

2017 年現在の大気汚染といえば，光化学

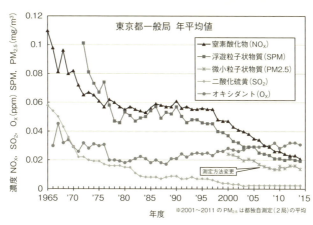

図６　東京における大気汚染物質の経年変化（東京都環境科学研究所・上野広行氏提供）

オキシダント（Ox）と微小粒子状物質（PM2.5）があげられる．光化学オキシダントについては，二酸化窒素や二酸化硫黄とは異なり，環境基準を満たしていないという問題を長年抱えている．東京都における2016年現在の過去10年間（2006～2015年）の光化学スモッグ注意報発令日数の年平均値は13.3日で，健康被害届出数は11.6人である．

PM2.5とは花粉よりもずっと小さな粒のことで，とても小さいため肺の奥まで入り込んで病気の原因になると考えられている．PM2.5による健康被害は，現在，社会的に注目されている．東京都では，国が環境基準を定めた2009年よりも前の2001年度からPM2.5のモニタリングを行うなど，調査や対策に取り組んでいる．

東京都の大気環境問題としては，ヒートアイランドなどの暑熱環境問題もあるが，これについては「C. 東京都の気候と風土」で述べる．

2. 気象災害

東京の気候は比較的穏やかではあるが，もちろん気象災害がないわけではない．「火事と喧嘩は江戸の花」といわれていたように江戸時代（1603～1867年）には大火事が多くあった．火事は人災であるが，江戸まで吹いてくる空っ風が被害を大きくした可能性はあり，もしそうであれば気象も無関係ではない．江戸時代には，水害も多発していたようである（記録によれば181回）．江戸時代最大の水害の1つとして知られる1742年8月28日～9月6日（旧暦の寛保2年7月28日～8月8日）の水害は，利根川・隅田川などからの大洪水により，江戸府内で6,864名の死者を出している．記録によれば，8月30日に南東の強風の中，大雨が降り，その後9月5日まで晴れ，9月6日に再び強風の中，大雨であったようであり，このことから，台風による水害が起こったと推察できる．

台風による水害は，昭和期に入ってもしばしば発生している．1947年9月15日に房総半島をかすめながら通過したカスリーン台風によって利根川の堤防が決壊し，東京でも浸水被害等が発生した．1958年9月26日から27日にかけて東京を通過した台風22号によって，9月26日には東京で降水量371.9 mmの大雨が降り，死者行方不明者合わせて46名，浸水33万戸の大災害が発生した．台風22号は，伊豆での被害が特に大きかったため狩野川台風と名づけられ，公式に名称が与えられた最初の台風となった．全国の人々の記憶に残っている東京都の水害といえば，1974年9月の台風16号による多摩川水害（堤防の決壊）かもしれない．このとき，東京都狛江市の19棟の家屋が崩壊・流出した映像がテレビ中継された．この映像は，その後，この水害を舞台にした「岸辺のアルバム」という大ヒットドラマのオープニングにも使われた．

近年の都区部や多摩地域での台風災害は，以前ほどではなくなっている．ただし，島しょ部では最近でも大きな災害がしばしば発生している．例えば，2013年10月16日の台風26号によって大島では土砂災害が起こり，東京都全体では死者36名，行方不明者4名，住家全壊46棟，半壊40棟という被害が発生した．この期間（10月15日6時～16日9時）における大島の総降水量は824.0 mmで，八丈島での最大風速は南南西の風で25.0 m/sであった．

最近は，大気の不安定によって発生する短時間強雨によって水害が多発し，社会の関心を集めている．1999年7月21日，練馬区において集中豪雨が発生し，練馬のアメダスで1時間降水量91 mmが観測された．いわゆる「練馬豪雨」とよばれるこの事例は，都心で発生する集中豪雨に対する社会の関心を集めるきっかけとなった．2008年8月5日には，千代田区，新宿区，文京区，豊島区で死者5名，床上浸水19棟，床下浸水11棟の被害をもたらす豪雨が発生した．東京における日降水量は111.5 mmで，最大1時間降水量は59.5 mmであった．2010年12月2日～3日にも，東京23区内で死者1名，負傷者5名を出す災害が発生している．都市は，人工地表面におおわれており，排水機能はそれほど高くないため，短時間豪雨でも

水害を発生させるのである.

　都市は雪に対しても脆弱であり，大雪が降ると交通機関の乱れが生じる．例えば，大雪が予想される場合，鉄道のダイヤの乱れを緩和するために事前に間引き運転がされることがある．これは，東京で運行している列車や送電線には，雪国のような対策がとられていないためである．また，高速道路ではしばしばスリップ事故が発生する．そのため，「チェーン規制」が敷かれることもある．交通機関だけでなく，人もまた雪に対して不慣れである．雪道での歩行に不慣れなため，雪で滑ってけがをする人も出る．最近の例では，2013年1月14日〜15日に8cmの積雪により負傷者が290名発生している.

　災害というと，一般的に暴風雨災害や雪害を思い浮かべる人が多いが，東京の場合，熱中症による死亡が社会問題となっており，このことから高温が災害を引き起こしているといえるような状況となっている．熱中症による救急搬送者数は，猛暑年に特に多くなる．最近の猛暑年としては，2007年と2010年があげられる．どちらの夏も上空のチベット高気圧と下層の太平洋高気圧という2つの高気圧におおわれ，記録的な高温となった．例えば，2007年8月11日〜27日にかけて高温が続き，東京地方ではこの連続の猛暑日により，6名が亡くなった．2010年7月〜9月中旬も高温が続き，23区で138名が亡くなっている.

C. 東京都の気候と風土

　東京の最大の特徴は，日本の首都であり，世界最大の都市圏である東京都市圏（首都圏）の中核として発展してきたことであろう．都市化が進むと人工地表面が増え，緑地や水辺が減少する．さらには，人間活動に伴う熱や大気汚染物質が放出される．ヒートアイランドに代表される東京の気候は，人々の生活や産業に影響を及ぼしている．一方で，人々の生活や産業がヒートアイランドを形成し，大気汚染やビル風といった環境問題を生み出している．気候と人間活動のそれぞれが

図7　屋上緑化の例

図8　打ち水イベントの様子（法政大学・山口隆子氏提供）

影響を及ぼし合っている点が東京の特徴ともいえる．紙面の都合上，ここでは，ヒートアイランドに焦点を当てて解説する.

　ヒートアイランドは，熱中症や睡眠障害，疲労感，冷房病を引き起こす原因の1つとなっており，住民の健康や生活に影響を及ぼしている．また，ヒートアイランド対策は，官民ともに行っており，東京の特徴的な都市計画や住民活動を生み出している.

　東京都では，最近，住民の健康被害軽減を目的としたドライミストや街路樹の設置（ヒートアイランド適応策）に力を入れているが，これまでは，主として緑化や排熱削減を中心としたヒートアイランド緩和策を実施してきた．例えば，海の森や都市公園の整備，校庭の芝生化等に取り組んできた．また，民間事業者等に対してインセンティブを与えることで，緑地の導入を促進してきた．これらの結果，2013年度には，みどり率は2003年の調査開始以来，初めて増加に転じ

ている（森，2015）．2015年現在，東京の都市公園数は7,569か所で全国1位であり，都市公園面積は56.58 km²で全国3位である．意外に思う読者もいるかもしれないが，東京には公園が多いのである．

東京都は，近年，緑が連続する空間を生み出すための水と緑のネットワークをもつ自然共生都市の実現にも力を入れている．主要な道路に街路樹を植え，公園空き地の緑化を進め，これらと皇居や日比谷公園などの大規模緑地を結ぶことで，都市化による生態系の変化の軽減，景観の向上，ヒートアイランドへの適応の3つを満たすまちづくりを目指している．東京の都心を歩くと，図7のような屋上緑化をしているビルやドライミストを目にすることがあると思うが，このような都心の景観は，ヒートアイランド（の緩和や適応への取り組み）がきっかけとなって生まれたといってよいだろう．

ヒートアイランドは，住民のNPO活動や環境に対する意識向上も生み出している．広く知られている活動に「打ち水大作戦」や「丸の内de打ち水」などがある（図8）．2003年に始まったこれらの活動はすでに10年以上も続いており，東京の新たな夏の風物詩となってきている．打ち水大作戦の初年度の参加者は34万人（推定）であったが，2007年には971万人（推定）に達している．その間，活動地域も東京から，日本全国や，さらにはストックホルムやパリといった海外の都市まで広がっている．過去3年間の打ち水大作戦参加者の45%の人が環境への意識の変化があったと答えていることから，（打ち水による熱環境緩和効果については研究者によって見解が異なるものの）少なくとも熱環境緩和のための意識向上に役立っていることは確かであろう．地区の民間地権者が主体となった取り組みもある．大手町・丸の内・有楽町地区では，環境と共生するまちを目標に，まちづくりのガイドラインを策定し，ビル設備の改善による人工排熱削減，保水性舗装への散水設備や高反射塗料の活用，晴海通り・行幸通りなどに風の道を形成する

など，ヒートアイランド対策に取り組んでいる．東京では，このほかにも，熱中症の対策の取り組みやイベントが毎年数多く行われている．熱中症や暑熱環境に対する都民の関心は非常に高いといえよう．

東京では，過密化の抑制や都市環境の保全などを目的に，生産緑地地区を指定することで緑を残す政策をとっている．この政策には，ヒートアイランド対策も含まれている．つまり，東京の都市気候が農地などの生産緑地の保全を後押ししているという一面もある．東京の野菜の出荷量は326,300トンで，全国の都道府県で第7位である．野菜の中ではキャベツや，ダイコン，チンゲンサイ，小松菜がよく栽培されている．ちなみに小松菜は，江戸の昔から東京で栽培される伝統的な野菜である．キャベツの出荷量は23,400トンで全国2位であり，ダイコンの出荷量は55,800トンで全国5位である．東京のダイコンといえば，練馬大根を思い出す読者が多いと思うが，練馬大根の代表ともいえる練馬大長大根は，根が深く収穫が大変なため，現在はほとんど栽培されていない点に注意が必要である．果樹の中ではトマトやメロンがよく栽培されている．東京の生産緑地でとれた野菜や果実には，流通コストが低いという長所がある．実際に，道の駅や自分の畑で売られていることも多い．また，購買層である都民のニーズを把握しやすい，地産地消で安心である，などの長所もある．このように，稲作が中心の他県と異なり，東京の主要農産物は野菜であり，生鮮野菜では都民消費量の1割近い供給力をもっている．

東京の農地は，住民の生活にうるおいとやすらぎを与えるとともに，子どもたちに生命や自然の大切さを伝えるなど，都民の生活環境や地域の景観形成に重要な役割を果たしている．　　　　　　　　　　　　　　［日下博幸］

神奈川県の気候

A. 神奈川県の気候・気象の特徴

神奈川県は日本列島のほぼ中央にあり，北側は東京都，西側は静岡県と山梨県に接し，東側は東京湾，南側は相模湾に臨んでいる．県の大きさは約2,420 km²で，全国で5番目に小さい．神奈川県の地形は，西側の起伏が激しい山岳地域と，中央から東側へゆるやかに広がる平野・丘陵地域で，東部と西部に大きく分けられる（図1）．

中央から三浦半島にかけての東部では，海洋性の温暖な気候であり，霜が降りることも少ない．さらに，横浜市では都市化が進み，ヒートアイランド現象が発生している．一方，西部の山岳地域では内陸性気候となり，夏は冷涼で冬の寒さは厳しい．このように，同じ県内であっても，東部と西部での気候の違いは大きい．

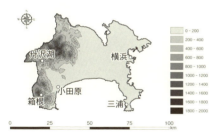

図1　神奈川県の地形図

1. 横浜市の気候

気象庁は，神奈川県内11地点で気象観測を行っている．東部の代表として横浜（横浜地方気象台）の観測結果を示す．横浜市は，東京湾に面した神奈川県で最大の都市であり，県庁所在地である．横浜の年平均気温は15.8℃，月平均気温（図2）の最高は8月の26.7℃，最低は1月の5.9℃と気温の年較差は大きく，季節変化は明瞭である．月平均し

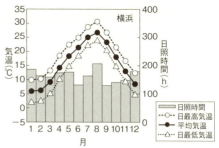

図2　横浜における気温と日照時間.

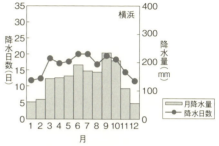

図3　横浜における降水量と降水日数. 降水日数は0.0 mm以上を記録した日とする.

た1日の最高気温と最低気温の差は6〜8℃程度である．横浜の年降水量は1,688.6 mm，月降水量（図3）の最多は9月の233.8 mm，最少は12月の54.8 mmである．横浜は，梅雨時と秋雨や台風の時期に降水量が多い．12月から2月の冬季は晴れる日が多く，積雪日数は年に1日程度である．

2. 小田原市の気候

小田原市は，神奈川県の南西に位置し（図1），西部地域の中心地の1つである．標高の高い箱根や丹沢湖の方が山岳地域の特徴をより顕著に表すが，ここでは降水量だけでなく，気温や日照などの観測も行われている小田原を西部の代表として示す．小田原の年平均気温は15.3℃，月平均気温（図4）の最高は8月の25.9℃，最低は1月の5.3℃と，横浜と同様に気温の年較差は大きく，季節変化は明瞭である．1日の最高気温と最低気温の差は6〜10℃程度で，1日の寒暖の差は夏季に小さく，冬季は大きくなる傾向がある．

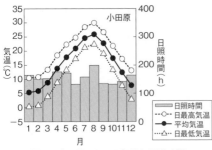

図4 小田原における気温と日照時間

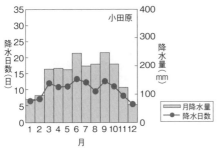

図5 小田原における降水量と降水日数(降水日数は1.0 mm以上を記録した日とする)

小田原の年降水量は2,020.0 mmである。年降水量の分布については後述するが、東部と西部で大きな差がある。小田原の月降水量(図5)の最多は9月の246.6 mm、次いで6月の244.3 m、最少は12月の60.2 mmとなっている。

3. 神奈川県の特徴的な大気現象

神奈川県特有の地形やさまざまな環境によって発生する、神奈川県ならではの大気現象について紹介する。

(1) 東西で異なる降水分布

神奈川県とその周囲の気象観測点の降水量から作成した、年降水量の分布を示す(図6)。西部の丹沢山地や箱根山による起伏の激しい山岳地域ほど、降水量が多い。箱根に関しては3,538.5 mmと他の地点よりも2倍以上も多く、丹沢湖(2,188.6 mm)や小田原も2,000 mm以上の降水量となっている。それに比べ、中央平野地域や東部の丘陵地域では降水量が少ない。三浦(1,556.8 mm)

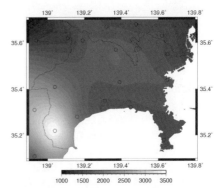

図6 神奈川県とその周囲の気象観測点から作成した年降水量分布図(1980~2010年平均)

など沿岸部でも降水量が少ない。東部では全国平均(約1,700 mm)と同等かそれ以下、西部の山岳地域で非常に多くなるという、西高東低の降水量分布が神奈川県の気候学的な特徴である。

(2) 東京湾と相模湾の海風

東部の日中は、東側の東京湾や鹿島灘から吹く海風と、南側の相模湾の海風を受ける。特に横浜では、それぞれの海岸線からの距離に対応して、2種類の海風が時間差をもって

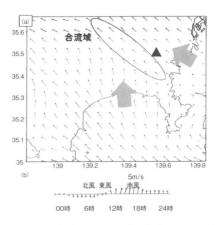

図7 (a) 気象庁データを基に作成した2016年4月25日15時の地上風の分布 ▲は横浜国立大学。(b) 横浜国立大学で2016年4月26日に観測された地上風速の日変化

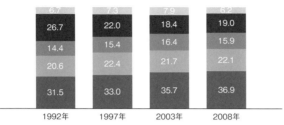

■住宅　■商業・工業施設　■道路　■農地樹林河川池　■低地利用他

図8　横浜市港北区の土地利用の割合　下から住宅，商業・
工業施設，道路，農地樹林河川池，低地利用他．平成20
年横浜市都市計画基礎調査のデータをもとに作成．

観測される．図7(b)は，横浜で観測された風の日変化である．夜間は比較的弱い内陸からの北風だったのが，正午前には東風に変わり，夕方から南風が入ってきて，また夜には北風に戻る風の日変化が見られる．図7(a)は，25日15時の地上風であるが，東京湾からの東風と，相模湾からの南風が発生し，その2つの海風前線が横浜市付近で合流している．この海風前線の合流するラインで，十数kmにのびる雲の列が観測されることもある．

(3) 横浜市のヒートアイランド

横浜の気温は，1980年から2013年の34年間で平均的に見て約1.5℃上昇している．同じ期間での世界平均気温と全国平均気温はそれぞれ0.4℃と1.1℃の上昇であり，横浜の気温はそれらを上回って上昇している．この世界や全国と横浜の気温上昇の差から，地球規模で起きている地球温暖化の影響に加えて，横浜市の急激な都市化に伴うヒートアイランド現象の影響によるものと考えられる．「第3章　関東地方の気候」で，関東平野の広い範囲に及ぶヒートアイランド現象の分布や研究については紹介されているので，ここでは，横浜市のヒートアイランドの要因となる都市化に注目する．

2015年1月1日現在の横浜市の人口は，370万人を超えている．記録が残っている1889年の約12万人から人口は約30倍にふくれ上がっている．この急激な人口増加に伴って，土地利用の状況が変化している．図8は，横浜市港北区の土地利用割合の変化を示したものであるが，1992年から2008年にかけて，住宅や商業施設などは増加し，農地や樹林地などは約3割も減少している．緑地や水面が減少すると，水分蒸発量が減少し，気化熱による地表面冷却が弱まる．さらに，建物や舗装面が増加すると表面の熱吸収量が増加して，地表面の温度上昇と夜間の熱放出低下により，気温上昇は促進する．このように，都市化により，横浜市は他の地域よりも気温がより上昇している．横浜市環境創造局は，同じ横浜市でも高温化に地域差があり，日中は横浜市北東部で高温となりやすく，夜間は横浜港周辺で周囲よりも高温になる傾向を指摘している．

B. 神奈川県の気象災害と大気環境問題

1. 神奈川県の近年の気象災害

横浜地方気象台が創立100周年の記念に刊行した『神奈川の気象百年』(1996)によると，過去100年で神奈川に発生した気象災害は，大雨を要因とする水害の発生が最も多く，強風も併発した風水害は40%以上になると記録されている．そして，その気象災害の主な原因は，台風・低気圧・雷雨・前線をあげている．しかし，近年の治水整備や予報技術は発展し，発生している気象災害の状況も20年前と変わっている．ここでは，横浜地方気象台が収集したデータをもとに，

近年に起きた気象災害の傾向を紹介する.

2010 年から 2014 年の 5 年間で記録されている神奈川県で発生した気象災害の事例は 65 件にのぼる. そのうち, どういった気象災害（1 事例に複数の災害が発生することもある）が多いか調べると, 風害（27 件）, 崖崩れ害（26 件）, 浸水害（23 件）, 波浪害（22 件）が上位となる（図 9）. これらが, 年間 5 件程度の頻度で発生している神奈川県の主な気象災害である. 次いで, 雨害が 14 件, 落雷が 12 件と, 年間 3 件程度の被害が発生している. ほかにも, 積雪害, 雪圧害, 着雪害などをひとまとめにした雪害などが年間 1 件程度で記録されている. 被害の発生場所は, 神奈川県全域・東部のみ・西部のみと分類すると, 東部（48 件）よりも西部（57 件）の方がやや多い. 事例発生日を月別でみると, 6 月から 9 月の夏から初秋にかけて多く, 最も多い月は 9 月（10 件）, 少ない月は 12 月（1 件）である.

気象災害による人的被害を見ると, 死者数（行方不明者を含む）は 5 年間で 14 名, 負傷者は 1,708 名と記録されている. 死者を出した事例は 6 件で, うち 3 件は秋に襲来した台風が引き起こしている（表 1）. ほかにも, 2014 年 8 月 1 日の雷雨や, 2013 年 1 月 2 日から 3 日にかけて通過した寒冷前線も報告されている. 負傷者の内訳を見ると（表 2）, 2013 年 7 月の酷暑害が 1,000 名を超えている. それ以下は, 冬季に太平洋南岸を通過する低気圧（南岸低気圧）が多い. 経済的被害の例として農水産業被害額を見ると（表 3）, 2014 年 2 月 14 日から 15 日にかけて通過した南岸低気圧がもたらした大雪によるものが約 32 億円と多く, 次いで 2011 年台風 15 号, 2012 年台風 4 号である.

2. 台風上陸数と被害

2011 年台風 15 号は, 人的にも経済的にも神奈川県に大きな爪痕を残している（表 1, 2, 3）. 台風 15 号は, 9 月 21 日 14 時に静岡県浜松市付近に上陸後, 神奈川県北西の静岡県と山梨県を通過した. 強風により, 相模川に架かる 3 つの橋でトラックなど 8 台が

図 9 神奈川県で発生する気象災害の割合 2010 〜 2014 年の 5 年間での記録. 上から時計回りに風害, 崖崩れ, 浸水, 波浪害, 水害, 落雷, 雪害, 洪水, 凍霜害, 雹害, 気温害.

横転した. 川崎港では, 停泊中の貨物船 2 隻が浅瀬に乗り上げた. 横浜市では強風にあおられて転倒し 1 名が死亡, 相模原市では断線した電線の除去作業で 1 名が感電死, 葉山町で 1 名が転落死している. 大雨により崖崩れが鎌倉市や相模原市で発生した他, 床下浸水, 停電なども起きている.

前述のように, 神奈川県の気象被害には台風の影響が大きいことがわかる. 『神奈川の気象百年』（1996）でも, 災害の要因は台風が 1/3 を占めるとの報告があり, 台風の脅威は昔から変わっていない. 気象庁が発表した神奈川県に上陸した台風の個数は, 1951 年から 2013 年の 63 年間で 5 個で, 全国で 9 番目に多い（筆保ほか, 2014）. しかし, この上陸数は, 台風が最初に上陸した都道府県のみであり, 他の県で上陸した後に神奈川県を通過・再上陸した場合はカウントしていない. 通過・再上陸を含む神奈川県の台風上陸数は, 1980 年から 2013 年で 12 個, 年平均 0.4 個で 3 年に 1 個程度の割合となる（中澤 2014）. また, 静岡県に上陸した 2011 年台風 15 号のように, 神奈川県に上陸しないでも, 接近するだけで大きな被害をもたらす場合がある. 神奈川県に接近する台風の数を, 横浜地方気象台から 600 km（平均的な台風の強風半径）圏内を通過した台風とすると,

表1 2010～2014年に神奈川県で死者が出た気象事例

年月日	気象概況	災害名	死者数（名）
2014.10.5-6	台風18号	山崖崩れ害など	4
2014.8.1	局地的大雨	強雨害・落雷害	3
2011.9.19-21	台風15号	強風害・山崖崩れ害など	3
2013.7.6-15	太平洋高気圧	酷暑害	2
2013.1.2-3	寒冷前線	強風害・海上波浪害	1
2013.10.15-16	台風26号	山崖崩れ害など	1

表2 2010～2014年に神奈川県で負傷者が30名を超えた気象事例

事例年月日	気象概況	災害名	負傷者数（名）
2013.7.6-15	太平洋高気圧	酷暑害	1,054
2011.9.19-21	台風15号	山崖崩れ害など	141
2013.1.14	南岸低気圧	雪害など	120
2012.9.24-25	上空の寒気	山崖崩れ害など	55
2012.2.29	南岸低気圧	雪害など	42
2010.2.1-2	南岸低気圧	雪害など	35
2014.2.14-15	南岸低気圧	雪害など	34
2012.4.3-4	寒冷前線	強風害など	34

表3 2010～2014年に神奈川県で農水産業被害額が1億円を超えた気象事例

事例年月日	気象概況	災害名	農水産業被害額（円）
2014.2.14-15	南岸低気圧	積雪・雪圧・着雪	約32億
2011.9.19-21	台風15号	山崖崩れ害など	約3億
2012.6.19-20	台風4号	山崖崩れ害など	約2億
2010.3.29-30	上空の寒気	凍霜害	約1.3億

その数は年平均5.5個であった（中澤, 2014）. 最多は2004年で11個, 最少は1984年で1個であり, 毎年1個以上の台風が神奈川県に接近していることになる.

3. 川崎市の大気汚染

川崎市は, 首都の東京と多摩川をはさんで隣接していることから, いちはやく近代化が進められ大規模な工業化を遂げた都市である. その川崎市を中心に東京都, 神奈川県, 埼玉県に広がる京浜工業地帯では, 1960年代の高度経済成長の時代には鉄鋼・電機・食料品・石油・化学・輸送機などあらゆる産業の代表的企業が集積し, 一大工業地帯へと発展した. その一方で, 大気汚染や水質汚濁などの環境悪化をまねいた.

1970年代後半, 神奈川県臨海地区大気汚染調査協議会は, 京浜工業地帯から排出される汚染物質を調査している（鈴木ほか, 1980）. この調査により, 窒素酸化物の空間的な輸送過程や変質過程が解明された. また, 1970年代から, 川崎市の公害対策は他

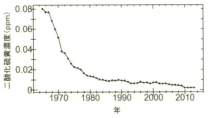

図10 川崎市における二酸化硫黄の年平均値 川崎市環境総合研究所の観測データをもとに作成.

の公害地区よりも先駆けて行われ, 被害者の救済のために公害被害者救済制度を整えるとともに, 多くの工場と大気汚染防止協定を結び, 発生源への対策を強化した. このような公害に対する研究や規制などの取り組みを行った結果, 現在はきれいな空や水が戻り, 市民が安心して暮らせる生活環境となっている（図10）.

C. 神奈川県の気候と人々の暮らし

神奈川県の気候に関わる歴史や文化を紹介

図11 中腹にある大山阿夫利神社

図12 てりふり人形．(a) 全体，(b) 晴れの日，(c) 雨の日の様子（梶原和利氏提供）．

する.

1. あめふり大山と雨乞いの阿夫利神社

神奈川県西部山岳地域の1つで，四季折々に彩られる大山は，年中大勢の登山客や観光客でにぎわっている．そして大山は，古くから信仰の対象となってきた霊山でもある．今から二千二百余年以前，人皇第十代崇神天皇の御代に創建されたと伝えられている「大山阿夫利神社」（図11）は，標高1,251mの山頂に上社（本殿），約700mの中腹には下社（拝殿）をかまえる．鎌倉時代には源頼朝が，室町時代には北條氏が厚く信仰し，主に武家が信奉していた．江戸時代になると，「大山詣り」とよばれて，江戸庶民が阿夫利神社に詣でるようになり，大山へは1年に20万人も往来していたという．さらにさかのぼると，山頂からは祭祀に使われたと思われる縄文土器が出土しており，霊山としての長い歴史が伝わってくる．

大山は別名「あめふり山」ともよばれ，農村社会を中心に雨乞い信仰としても親しまれていた．このあめふりという名前は，常に雲が山上にかかり雨を降らすことからきている．前述のように，西部山岳地域では年間2,000mmを超える降水量となっており，当時からこの地域は雨が多かったことがうかがえる．しかし，裏を返せば，大雨に伴う気象災害がこの山岳地域で多いことにもなる．1992年11月1日，大山の尾根筋の見晴台にある木造あずま屋に落雷し，雨宿りしていた約25名のうち1名死亡10名負傷という

登山者を襲う被害が出ている（北川，1994）．皮肉にも，その近くの尾根筋の名前を「雷ノ峰尾根」，阿夫利神社の御祭神は「大山祇大神」と「高おかみ神」，そして「大雷神」である．

2. 箱根の避暑地と土産品

静岡県との県境に位置する箱根町は，多くの観光客が集まる温泉地として知られている．美術館などのレジャー施設も充実し，箱根駅伝をはじめとするイベントも多く1年を通じて楽しめるが，特に夏は，標高が高い（箱根の標高726m）ために気温は20℃前後（箱根の2014年8月の平均気温は21.5℃）と涼しく，各団体や企業の避暑地目的の保養所施設が立ち並んでいる．

その日本屈指の観光地には，数々の魅力的なお土産ものをそろえているが，なかでも天気に関わる伝統工芸品「てりふり人形」は，ひときわ異彩を放っている（図12）．「晴雨人形」や「照り降り人形」とも記され，イギリスの雑誌では同様の工芸品を「weather house」として紹介している．現在の天気に合わせて人形が動き出し，晴れならば女性の人形「晴れ女」が，雨ならば男性の人形「雨男」が，精巧に作られたわらぶき屋根の家から可愛らしく外へ飛び出してくる．なぜ，お天気にあわせて人形が動くのか？　もちろん精密な電子回路が組み込まれているわけではない．回転台の軸にある自然界の糸状の物がつながっていて，その糸状の物が湿度の変動によって伸縮することで，回転台とともに人形が動くというのがカラクリだ．高橋・坪田

図13 三浦半島の野菜畑

図14 第2回イナムラサーフィンクラシックの様子（森園尊夫氏提供）

（2000）は，このてりふり人形に類似したおもちゃとそのカラクリを紹介している．

　1970年代に，箱根在住の女性と男性の2人で発明し，今ではそのうちの男性1人でほとんどの制作過程を手作りしている．制作者曰く，「近年は装飾のための麻縄や藁など材料の確保が大変．何度も制作を止めようと思ったが，ときおり届くお客さんの喜びの声で，今も細々と続けている」．今では1日で数個制作し，箱根周辺のお店数件で販売している．神奈川県在住の気象予報士が，半信半疑で毎日てりふり人形の動きを観察したところ，意外にもこれが天気とよく当たっている．2015年3月から4月の間，晴れ女の登場が35日，そのうち天気が晴れの日（1日に1回も雨が降っていない日とする）は27日で，打率8割！　一方の雨男は25日登場し，そのうち雨が15日と，こちらも6割と高打率！　眺めていると，なんだか雨の日でも楽しくなる，天気を知らせてくれるお人形．

3．小田原の柑橘類と三浦の野菜

　神奈川県はビルが建ち並ぶ都会のイメージが強いが，横浜の中心街から外れると，畑作地や樹園地などの農地が広がり，冬も温暖という気候を活かして，野菜や果樹の生産が盛んである．また，水に恵まれた山間部ではお茶の生産も行っており，「足柄茶」というブランドのお茶も販売している．

　果樹は，西部地域を中心にミカンやナシなどが生産されている．その果樹生産地の1つである小田原では，西部の箱根山麓と東部

の曽我丘陵で広大な樹園地が広がっているが，近年，ミカンの価格の不安定などを理由に，ミカン園地からキウイフルーツや梅へ転換する農家が増加している．

　野菜も県内全域で栽培されているが，特に三浦半島では，海に囲まれた台地に広がる畑作地でダイコンやキャベツ，スイカなどが栽培され，大消費地に近接する地の利もあり，国内有数の露地野菜産地となっている（図13）．農林水産省の作況調査によると，2014年産市町村別のダイコン収穫量は，2位（銚子市）を2倍以上突き放して三浦市（約7万トン）が1位である．

4．湘南海岸と伝説のサーフィン大会

　海，江の島，サーフィン……，多くの歌手が楽曲の題材にすることでも有名な湘南の海．この湘南海岸は，茅ヶ崎市から鎌倉市までの海岸をさすが，広義には，神奈川県西端の湯河原町から江の島を通り，三浦半島をぐるりとまわり横須賀市までと，神奈川県ほぼすべての沿岸をそうよぶこともある．都心から日帰りができるほど交通のアクセスも良く，夏の海水浴だけでなく，サーフィンなどのマリンスポーツで1年中にぎわっている．

　マリンスポーツにとって悪天候をもたらす台風は招かれざる客であるが，湘南海岸にはその台風を待つ人がいる．2013年9月26日に鎌倉市稲村ガ崎で，「第2回イナムラサーフィンクラシックインビテーショナル」が開催された．この大会の最大の特徴は，台風に伴って発生するビックウェーブが起きた

1日にのみ行われることである．そのため，大会開催日はいつも未定．参加する選手は，毎年シーズン（近年では7月中旬～10月中旬）の前に，国内外で活躍するプロサーファー約40名がリストアップされる．大会実行委員の数名が気象条件などを参考にして話し合い，「台風が近づいてきて，もうすぐ大波がきそうだ！」と予想すれば，開催予定の2日前に選手には招集がかかり（ウェイティング），1日前に開催の決定が下される．もちろん，選手がはせ参じたとしても，開催は当日の波次第（約3～4mの波が規定）なので，ちょっとした気象要素が変わり大波が発生しないと，突然の開催中止になることも覚悟しなければならない．

台風が日本南岸を通過するときに，稲村ガ崎では大波になることが経験的にわかっている．しかし，台風が近すぎても離れすぎてもサーフィンにとってよい大波にはならず，ほどよい距離と台風の強さが求められる．この微妙で厳しい気象条件を満たすのは珍しいらしく，シーズン中に相応する波が立たないまま，1989年の第1回以降，第2回の開催まで実に24年も経っていた．

この年（2013年），台風20号が小笠原諸島付近を通過した9月25日に，大会実行委員は大会の開催を決定した．その日の進路予報によると，台風は少し接近し過ぎるのではと実行委員の傍にいた気象予報士の小林豊氏は心配していたが，26日0時頃から台風進路が予報よりもさらに東に向きをとり，遠ざかるコースになり始めた．当日，稲村ガ崎の波は最高5mで，まさにサーフィン日和だった．トップサーファーのハイレベルな闘いが，噂を聞きつけて集まった大観客を魅了した（図14）．この伝説の大会，次はいつ開催されるのか……．サーフィンファンは台風を待ち望んでいる．　　　　　　　［筆保弘徳］

［謝辞］
本稿のために，清原康友様，佐藤元様，橋本弘様，和田光明様　梶原和利様，長嶋賢一様，上村博道様，関田昌広様をはじめ，気象予報士会神奈川支部の皆様，ならびに小林豊様と森園尊生様からは神奈川の風土に関する情報をいただきました．また，川崎市環境総合研究所，横浜地方気象台の小林高枝気象情報官からは気象災害の資料を，横浜国立大学の中澤竜太様，山崎聖太様，加瀬紘熙様，小林直弘様からは図版を提供していただきました．

【参考文献】
[1] 神奈川県，2011：平成23年9月21日台風第15号による県内の被害状況（第12報）．
[2] 川崎市環境総合研究所ホームページ．
[3] 北川信一郎，1994：大山ハイキング・コースの落雷事故（1992年11月1日），天気，3，日本気象学会，147-150.
[4] 鈴木武夫ほか，1980：大気汚染の機構と解析，環境科学特論，産業図書，298p.
[5] 髙橋庸哉・坪田幸政，2000：ワクワク実験気象学，丸善出版，214p.
[6] 中澤竜太，2015：高解像度地方気象データを用いた神奈川県の気候分析，横浜国立大学教育人間科学部卒業論文，110p.
[7] 筆保弘徳，伊藤耕介，山口宗彦，2014：台風の正体，朝倉書店，171p.
[8] 横浜地方気象台，1996：神奈川の気象百年，日本気象協会，215p.
[9] 横浜市ホームページ：平成20年横浜市都市計画基礎調査．
[10] Brian Cosgrove, 2008, Weather, DK, 72p.

第4章　北陸甲信越地方の気候

4.1　北陸甲信越地方の地理的特徴
4.1.1　北陸甲信越地方を構成する県と基本情報

　北陸甲信越地方は新潟県，富山県，石川県，福井県，長野県，山梨県の6県からなる．これらの諸県は，長野県，山梨県の内陸県であるが，残りの県は日本海に面している．

　北陸甲信越地方の県で最も大きい面積を有する県は長野県で，次いで新潟県である（表1）．長野県は全国4番目の広さである．人口で最も多い県となると，新潟県で次いで長野県といえる．そのほかの県は，この2つの県の1/3程度の面積である．

　北陸甲信越地方全体の面積は日本国土の約11%，人口では約7%となっている．最も南に位置する県は山梨県であり，北に位置する県は北緯38°の新潟県となっている．

4.1.2　北陸甲信越地方の地形

　地形区分では日本海側に越後平野，富山平野，金沢平野とがあり，身延山地・赤石山脈・木曽山脈・越後山脈・飛騨山脈・飛騨高地・両白山地など，山地が多く占める（図1）．なかでも飛騨山脈は北アルプスとよばれ，最高峰は穂高岳（3,190 m）でほかにも3,000 mを越える高峰が連なっている．その東には，地質構造上，東北日本と西南日本を分断する糸魚川-静岡構造線が走っている．

4.1.3　北陸甲信越地方の産業

　北陸地方は本州中央部に位置する中部地方のうち日本海に面する地域である．富山県，石川県，福井県の3県をさすが，新潟県，富山県，石川県，福井県の4県をさすこともある．当地域には積雪のため冬季の生活は厳しいこともあるが，幸福度ランキングではいつも上位を占めている．生活・家庭や，仕事，教育，安全などの指標が高いからとされている．

　北陸地方のいずれの県も日本海に面している．日本を代表とする穀倉地帯となっていて，コシヒカリなどの稲作が盛んで郊外は田んぼが一面に広がる．それに伴い日本酒の製

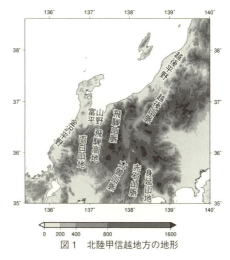

図1　北陸甲信越地方の地形

表1　北陸甲信越地方の県の基本情報（2014年現在）

県名	面積（km²）	人口（万人）	県庁所在地	県花	県木	県鳥
新潟	12,584	235.5	新潟市	チューリップ	ユキツバキ	トキ
富山	4,248	109.2	富山市	チューリップ	タテヤマスギ	ライチョウ
石川	4,186	116.3	金沢市	クロユリ	アテ	イヌワシ
福井	4,190	80.8	福井市	スイセン	マツ	ツグミ
長野	13,562	216.1	長野市	リンドウ	シラカバ	ライチョウ
山梨	4,465	86.2	甲府市	フジザクラ	カエデ	ウグイス

造元も多く存在する. 富山は重工業を中心として経済が発達しており, 金沢は観光と商業が発達している. また, 金沢の金箔, 鯖江の眼鏡に代表されるように軽工業が発達し, 漆器, 織物, 和紙などの伝統工芸も見られる. 富山湾は水深の深さと魚の豊富さで知られる. 冬季の定置網で漁獲される脂ののった「寒ブリ」や, 春に漁が始まるホタルイカ, シロエビは富山県の特産とされる. これまで, 東京をはじめとする首都圏への移動に時間がかかっていたが, 長野新幹線が 2015 年 3 月に延伸され, 北陸新幹線となり, 東京から金沢まで 2 時間半で行くことができるようになった. 今後, 長野県や関東地方との結びつきが強くなることが期待される.

新潟, 長野, 山梨の甲信越 3 県は東京や首都圏の影響を受けてきた. 農業県としての性格を有するが, 第二次世界大戦後の高度成長期以降, 東京首都圏の影響力の拡大に伴って工業化が進み, 農産物供給基地としての性格, 東京周辺住民のレクリエーション地としての機能を強めている (斎藤ほか, 2009). さらに, 山梨県は北関東の県とほぼ同様の首都圏との結びつきがあり, 新潟県は日本海側の他の諸県との結びつきも無視できない.

長野県と山梨県は標高が高いことから中央高地とよばれる. 長野県の松本市 (標高 600 m), 川上村 (1,380 m) や野辺山高原 (1,400 m), 浅間高原 (1,150 m), 山梨県の清里高原 (1,400 m) などは, いずれも標高が高く気温が低い. 明治時代には, 外貨獲得の主力産業として養蚕業が盛んになった. 多くの農家で養蚕が営まれ, 片倉組を代表とされる岡谷市にある製糸業がわが国の製紙の中心となった. 戦後は精密機械工業の中心地として発展した. また, 山梨県のミネラルウォーターの生産量は日本の総生産量の 42.4 % を占める (2015 年). 主な産地は南アルプス山麓と富士山および三ツ峠山麓で, 清澄な湧水が多く採取できる. 大手メーカーの多くの採取地となっている.

キャベツやレタスなどの高原野菜の生産も盛んである. 標高が高いことから夏季でも冷涼であり, これを利用して野菜の抑制栽培が行われている. 育つのが遅いため, 他の地域で生産された野菜が少なくなった頃に出荷できる. 1989 (平成元) 年には長野県南佐久郡川上村に「高原野菜発祥の村」の記念碑が建立された. また, 避暑に利用される別荘地なども存在し, 澄んだ空気, 緑に囲まれた広い庭, リスや猿などの野生動物にも出会う豊かな自然環境が, 中央高原のイメージとなっている. そのため移住先として人気の県となっている.

【参考文献】
[1] 斎藤功・石井英也・岩田修二, 2009：首都圏 II, 日本の地誌 6, 朝倉書店, 1-582.

4.2 北陸甲信越地方の気候概要

4.2.1 北陸甲信越地方の気候の基本的特徴

北陸甲信越地方は, ほぼ中部日本北部に位置し 6 つの県で構成される. 日本海に面する県と内陸県に分類でき, 前者は新潟県・富山県・石川県・福井県, 後者は長野県と山梨県である (図 2). 長野や山梨は山が多く存在し, 盆地底にある長野市や甲府市も相対的に標高が高い. このことが気候要素に影響をもたらす.

4.2.2 気温の平年値

各県の県庁所在地にある地方気象台で観測された平年値を用いて, 北陸甲信越地方の気候を概観する. 表 2 は平均気温と年較差を示すものである. 年平均気温は長野を除きおおむね同程度である. 長野は標高が高いため低温と考えられる. 季節ごとの平均気温を見るために, 3 か月ごとの平均気温を求めた. 冬寒く, 夏暑い傾向はいずれの地点でも認められる. 年平均気温で見られたように, 長野は他の観測点と比べ大きく低い傾向がある. 他の県は大略似た傾向であるが, 春に最も暖かいのは山梨であり, 夏は福井が, 秋と冬は金沢が一番高温である.

月平均気温が一番高い月はいずれの県も 8 月であり, 低い月は 1 月である. この差を

図2　北陸甲信越地方における県庁所在地

い．一方，内陸2県は夏季に多くの降水が認められ冬季は非常に少ない．これは冬季によく見られる西高東低型の気圧配置になると，日本海側の北陸地方で雪が降り続くことによる．北西の風は北陸地方を越え，日本列島の山脈を越えるまで多くの雪を降らせる．標高が高いと積雪量も増え，気温が低くなる．長野県の白馬村，菅平，志賀高原，野沢温泉村などでは，雪がなかなか解けないことを利用して，ウィンタースポーツのためのスキー場が設営されている．近年では外国からのスキーやスノーボードの客も訪れる．北陸に雪を降らせた空気塊は山を越え，長野県や山梨県の盆地，関東平野に入ると，水蒸気を放出し大気は乾燥する．特に，長野県の上田・佐久地方，山梨県の甲府盆地は非常に乾燥する．

求めたものを年較差とした．これを見ると，長野が一番大きく，次いで福井である．長野は盆地に位置する都市であり，福井は三方が山に囲まれ盆地的な性格を有するからである．山梨県の甲府は盆地に位置しているが，年較差が大きいとはいえない．理由については「山梨県の気候」でふれる．

4.2.3　降水量の平年値

降水量は日本海に面する4県が多く，内陸2県が少ない（表3）．日本海に面する4県は冬季に多くの降水があり，春季は少な

4.2.4　2月と8月における降水量と湿度

表4は，北陸甲信越地方と関東東海の海岸に近い観測点における，2月と8月の降水量の平年値である．2月に降水量が多いところは北陸地区であり，最も少ない地点は甲府であり，次いで長野が少ない．東京もそれに準じる程度に少ない．8月は静岡が最も多く，次いで富山・東京も多い．長野では8月の降水量は，2月より2倍程度の降水量があるが，相対的に他の地点より降水量が大幅に少

表2　北陸甲信越地方6県の気温（℃）

県	県庁所在地	平均気温年	春（3～5月）	夏（6～8月）	秋（9～11月）	冬（12～2月）	年較差
新潟	新潟	13.9	11.3	23.9	16.5	3.7	23.8
富山	富山	14.1	11.8	24.1	16.5	3.7	23.9
石川	金沢	14.6	12.2	24.5	17.1	4.8	23.2
福井	福井	14.5	12.4	24.8	16.8	4.1	24.2
長野	長野	11.9	10.1	23.0	14.0	0.5	25.8
山梨	甲府	14.7	13.4	24.7	16.6	4.0	23.8

表3　北陸甲信越地方6県の降水量（mm）

県	県庁所在地	降水量年	春（3～5月）	夏（6～8月）	秋（9～11月）	冬（12～2月）
新潟	新潟	1821.0	308.4	460.6	526.2	525.0
富山	富山	2300.0	414.9	591.2	615.3	679.9
石川	金沢	2398.9	451.3	556.2	667.9	726.4
福井	福井	2237.6	430.3	527.5	552.4	733.4
長野	長野	965.2	188.4	341.5	256.5	147.8
山梨	甲府	1135.2	251.9	404.6	360.3	116.4

表4　北陸甲信越地方と関東東海の海岸に近い観測点における2月と8月の降水量（平年値，mm）

県	観測地	2月	8月
新潟	新潟	122.4	140.6
富山	富山	172.1	168.3
石川	金沢	171.9	139.2
福井	福井	169.7	127.6
長野	長野	49.8	97.8
山梨	甲府	46.1	149.5
東京	東京	56.1	168.2
静岡	静岡	102.6	250.9

表5　北陸甲信越地方と関東東海の海岸に近い観測点における2月と8月の湿度（平年値，%）

県	観測地	2月	8月
新潟	新潟	71	73
富山	富山	79	77
石川	金沢	72	73
福井	福井	78	72
長野	長野	74	72
山梨	甲府	54	71
東京	東京	53	73
静岡	静岡	57	77

ない.

　表5は，北陸甲信越地方と関東東海の海岸に近い観測点における，2月と8月の湿度の平年値である．8月の湿度はどの地点も差異はない．一方，2月の湿度は，東京が最も低く，次いで甲府，静岡となっている．北陸地方は夏季と同程度の湿度であり，長野もそれに準じる湿度である．長野は，2月の降水量が少ないのにかかわらず，湿度が低いとはいえない．　　　　　　　　　［榊原保志］

新潟県の気候

A. 新潟県の気候・気象の特徴

　新潟県（旧越後の国）は京の都に近い南部から上越，中越，下越および島しょの佐渡の4行政区に区分される（図1）．本州は新潟県で逆くの字に折れ曲り，上越・中越は関田山脈により南の長野県・群馬県と接し，中越・下越は越後山脈により東の福島県・山形県と接している．中越に広がる丘陵地は東西方向の圧縮力を受けて激しく褶曲して褶曲帯を形成し新潟油田地帯ともなっている．上記行政区分は地形の特徴を反映しており，県内の気候もこの地形の特徴を反映して区分される．

　図2は，旧越後国府所在地の上越・高田の気温および日照時間と，降水日数および降水量の年変化である．年平均気温は13.6℃である．月平均気温の最高は8月，最低は2月に現れ，それぞれ，26.3℃，2.4℃であり，年較差は23.9℃に及ぶ．日較差の最大は4月の11.7℃であり，最小は1月の6.5℃である．日照時間には5月と8月に196.3時間と195.0時間の2つの極大，および1月と6月に65.4時間と150.9時間の2つの極小が

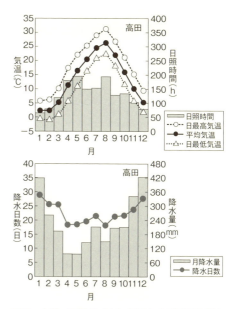

図2　上越・高田の（上）気温および日照時間と（下）降水日数（0.0 mm以上）と降水量の年変化（1981 ～ 2010年平年値）

表れる．月降水量には12月の423.1 mmと7月の210.6 mmの2つの極大，および5月の95.7 mmと8月の150.4 mmの2つの極小が表れ，年降水量は2,755.5 mmに達する．秋雨と冬季降雪季の区分が明瞭ではないが，11 ～ 3月の寒候季降水量は年降水量の59.5％に達する．降水日数（0.0 mm以上）にも1月と7月に28.9日と21.5日の2つの極大，および8月と4月に18.2日と18.4日の2つの極小が出現する．

　アジア大陸東岸では夏に雨季，冬に乾季となるが，日本列島は夏の雨季の最中に北太平洋高気圧の中に入ってしまうため8月に雨季が途絶えて小乾季が表れ，夏の雨季は前半の梅雨と後半の秋雨に二分される．4 ～ 5月の乾季は東西に長くのびた帯状の移動性高気圧におおわれることが多いことに起因する．この時期の北陸地方は，本州で最も日照時間が長く日射量も多い．さらに，日本列島の日本海側では，本来は乾季となるはずの冬に，大陸から吹き出す低温乾燥の北西季節風が日

図1　新潟県の地形

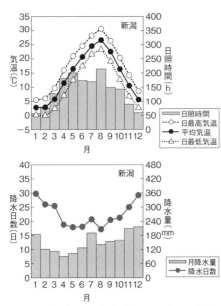

図3 下越・新潟の（上）気温および日照時間と（下）降水日数（0.0mm以上）と降水量の年変化（1981～2010年平年値）

表1 新潟県主要地点気候表
（1981～2010年平年値）

要素 （単位）	月	上越	中越		下越		佐渡
		高田	長岡	守門	新潟	村上	相川
気温 （℃）	1月	2.4	1.3	-0.5	2.8	1.4	3.9
	2月	2.4	1.4	-0.4	2.9	1.5	3.8
	3月	5.4	4.3	2.0	5.8	4.3	6.2
	4月	11.5	10.8	7.8	11.5	10.1	11.2
	5月	16.6	16.3	14.5	16.5	15.4	15.5
	6月	20.6	20.5	19.2	20.7	19.8	19.5
	7月	24.6	24.2	22.9	24.5	23.5	23.6
	8月	26.3	26.0	24.3	26.6	25.3	26.0
	9月	22.0	21.5	19.9	22.5	20.8	22.1
	10月	16.0	15.3	13.5	16.4	14.5	16.9
	11月	10.2	9.3	7.2	10.5	8.8	11.6
	12月	5.3	4.2	2.0	5.6	4.2	6.9
	年平均	13.6	12.9	11.0	13.9	12.5	13.9
日照時間 （時間）	1月	65.4	47.3	39.3	57.1	34.5	49.9
	2月	79.6	65.8	57.1	75.1	53.8	68.3
	3月	120.7	109.0	89.2	128.4	104.4	132.0
	4月	181.1	166.2	146.7	181.8	160.4	178.9
	5月	196.3	184.7	162.2	200.2	181.3	195.0
	6月	150.9	144.7	129.1	173.1	165.7	171.4
	7月	153.8	143.7	131.1	169.4	154.0	164.2
	8月	195.0	192.4	172.5	214.9	196.8	215.7
	9月	129.4	131.3	118.5	150.7	138.6	152.4
	10月	134.5	129.7	110.9	144.0	127.3	152.4
	11月	104.1	89.2	81.9	89.9	78.4	93.9
	12月	80.0	57.7	51.9	60.5	42.6	53.7
	年合計	1,590.8	1,461.7	1,290.4	1,645.1	1,437.8	1,627.8
降水量 （mm）	1月	419.1	299.7	467.8	186.0	207.0	127.3
	2月	262.0	168.8	303.1	122.4	144.3	91.6
	3月	194.2	144.4	221.7	112.6	128.7	91.9
	4月	96.1	96.8	132.9	91.7	116.8	88.4
	5月	95.7	109.0	135.8	104.1	128.0	106.8
	6月	145.3	132.2	170.2	127.9	139.3	128.5
	7月	210.6	225.5	283.7	192.1	211.3	172.3
	8月	150.4	148.4	191.8	140.6	167.7	125.4
	9月	206.2	173.8	193.9	155.1	182.4	142.2
	10月	210.8	194.5	202.4	160.3	207.8	125.2
	11月	342.0	291.7	313.8	210.8	250.9	157.0
	12月	423.1	340.1	429.2	217.4	236.7	150.0
	年合計	2,755.5	2,324.9	3,046.3	1,821.0	2,120.9	1,506.6

本海を渡る際の気団変質により降雪をもたらすため，年間3回の雨季（梅雨，秋雨，降雪）が出現する．3つの雨季の中で冬季の降雪による降水量が最大となる気候は北陸式気候とよばれ，上越・高田はその模式地となっている．

図3は，下越の信濃川および阿賀野川河口域に位置し新潟県庁所在地である新潟の気温および日照時間と降水日数および降水量の年変化である．新潟の年平均気温は13.9℃である．月平均気温の最高は8月，最低は1月に現れ，それぞれ，26.6℃，2.8℃であり，年較差は23.8℃に及ぶ．日較差の最大は4月の8.7℃であり，最小は1月の5.3℃である．日照時間は8月と5月に214.9時間と200.2時間の2つの極大，および1月と7月に57.1時間と169.4時間の2つの極小が表れる．月降水量には，12月と7月に217.4mmと192.1mmの2つの極大が存在し，4月と8月に91.7mmと140.6mmの2つの極小が存在し，年降水量は1,821.0mm

に達する．寒候季降水量は北陸地方としては少ないものの年降水量の46.6％に達し，年間3回の雨季のうち冬季降雪が最大の降水量を占めるのでやはり北陸式気候である．

上記2地点に，中越・長岡と守門，下越・村上および佐渡・相川を加えた新潟県内6地点の月平均気温，月日照時間，月降水量の平年気候表を表1に示す．どの地点も類似の気温の年変化を示すが，新潟県のアメダス

積雪計設置地点では最も多雪地域山間部に位置する中越・守門は，他の地点に比べて日本海から遠隔かつ高所であるため低温である．降水量の年変化は，中越・長岡と守門は上越・高田と同様に冬季の降水量が突出するのに対して，佐渡・相川と下越・村上は下越・新潟と同様に年3回の雨季のうち冬季の降水量が最大であるものの他雨季に比べて突出するほどではない．

B. 新潟県の気象災害

1. 顕著高温をもたらすフェーン

新潟県では夏季にフェーンにより顕著高温がもたらされることがある．新潟県内気象庁管轄気象観測所の歴代最高および第2位の気温は1994（平成6）年8月12日およびその前日に上越・高田で観測された39.5℃および39.3℃であり（2017年8月31日現在），いずれも南南東の風が卓越した．

図4（上）は，今世紀になってからの新潟県内気象庁管轄気象観測所歴代最高気温38.9℃が上越・高田で観測された2004（平成16）年7月31日の地上天気図である．日本海北部〜北海道北端にかけて前線が停滞し，紀伊半島付近に中心気圧970 hPaの台風10号，本州東方沖には中心気圧1,020 hPaの高気圧が位置し，北陸地方は山越えの南風が吹走してフェーンとなり猛暑がもたらされた．このように，発達した低気圧が西方や北方に位置すると，上越から中越にかけての長野県や群馬県との県境の山岳地域山麓を中心にフェーン現象が顕在化し，夏季に発生すれば顕著高温，冬季に発生すれば融雪洪水を引き起こす．

これに対して，下越や佐渡での顕著高温は，福島県との県境の山岳山越えの東風吹走によるフェーンによりもたらされる．図4（下）は，下越・村上の歴代最高気温38.1℃が観測された（2017年8月31日現在），2006（平成18）年8月17日の地上天気図である．この日は，下越・中条や新潟，さらには中越・長岡でも，それぞれ，38.6℃（歴代第1位），38.0℃（歴代第6位）および

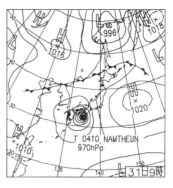

図4 （上）南風フェーンのときと（下）東風フェーンのときの地上天気図の例（出典：気象庁ホームページ）

38.4℃（歴代第3位）の顕著高温が観測されている（2017年8月31日現在）．日本海北部〜北海道北端にかけて前線が停滞し，西日本南岸に台風10号が位置する特徴は図4（上）と大差ないように見えるが，新潟から見た台風の方向が西ではなく南西となっており，南風ではなく東風が卓越する．台風や発達した温帯低気圧がこの位置より東方の本州南岸に位置すると，新潟県では等圧線が東西方向に密に走り，中越北部〜下越において山越えの東風が吹走してフェーンとなり顕著高温がもたらされ，荒川流域では荒川だし，阿賀野川流域では安田だしとよばれる．

2. 北陸の代名詞，豪雪

新潟県の上越および中越地方は，平野部でも一晩で80 cm以上の降雪を伴う"ドカ雪"

が頻発して豪雪となり，日本列島日本海側地域の中でも，特に冬季積雪深が大きくなるのが特徴である．豪雪は建物や交通機関に障害を生じさせるだけでなく，融雪季になってから融雪洪水や地すべり等の自然災害の原因となったり，根雪期間が長くなると雪腐病の原因となる．

図5は日本海側大雪の際の気象衛星画像の例である．日本海は日本列島東方海上の発達した低気圧の西方に位置し等圧線は南北にのびているが，日本海に浅い気圧の谷が出現し日本列島中央部は日本海より高圧となっており，西高東低型の中でも袋状低気圧型とよばれる特殊な気圧配置となっている．日本海の浅い気圧の谷は，中国と北朝鮮国境の孤立峰の風下に形成され，ロシア沿海州から吹き出す季節風と，朝鮮半島から吹き出す季節風の収束線上に，特に発達した積乱雲の列が形成され，それが日本列島に上陸する北陸地方で激しい降雪が発生する．

日本海に比べて相対的に高圧となっている関田山脈から吹走する南風と，日本海上の北西季節風との収束線が，能登半島〜富山湾北部〜新潟県上越〜中越南部〜中越・守門にかけてほぼ東西に線状に形成され，この収束線上を降雪を伴う積乱雲が次々と東進する．線状収束線の位置は季節風の強弱により南北に変位し，季節風が弱いときには里雪，強いときには山雪となりやすい．このため関田山脈に近くてこの収束線に沿う上越および中越南部では冬季降雪量が年降水量の6〜7割を占めるほど突出するのに対して，関田山脈から遠隔の中越北部や下越および佐渡では5割に満たない．

3. 梅雨末期の集中豪雨・水害

新潟県における梅雨入りおよび梅雨明けは，例年6月中旬および7月中旬であるので，6〜7月の降水量はほぼ梅雨による．図2や3の降水量年変化から明らかなように，新潟県では冬季降雪に次いで梅雨による雨季が明瞭であり，梅雨季降水量は300〜450 mmに上り，年降水量の12〜20%を占める．

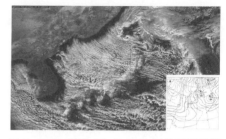

図5　2005（平成17）年12月13日の可視画像と同時刻の地上天気図（出典：気象庁ホームページ（http://www.jma-net.go.jp/sat/data/web/jirei/sat200512.pdf））

北陸地方の梅雨季前半は空梅雨となる傾向があり，6月に比べて7月の降水量の方が多く，梅雨末期に集中豪雨が発生することが多い．さらに中越北部や下越南部には低標高の平坦な平野部（氾濫原）が広がっている．例えば，信濃川の河口から70 km以上上流の中越・長岡あたりでも標高は20 m程度である．このため梅雨末期集中豪雨が発生すると河道に垂直な方向に遠方まで広がる拡散型氾濫による大規模水害を引き起こしやすい．

歴史的には，1896（明治29）年7月22日に発生した「横田切れ」とよばれる現在の燕市横田地区における360 mに及ぶ信濃川破堤を初めとする約1,300か所の破堤による大水害が有名である．このとき，直線距離で約30 km下流の新潟市西区における洪水位は地上から2.4 mに及んだ．この大洪水を契機として，1909（明治42）年に江戸時代から念願されていた大河津分水工事が再開され，1931（昭和6）年に最終的に竣工した．

大河津分水完成によって信濃川本流が破堤することはなくなったが，信濃川の支流においては，その後も梅雨末期集中豪雨およびそれに伴う水害が頻発している．最近50年間では，2013（平成25）年7月29日〜8月1日，2011（平成23）年7月26日〜7月30日，2004（平成16）年7月13日，2000（平成12）年7月15日〜16日，1998（平成10）年8月4日，1978（昭和53）年6月26日，1967（昭和42）年8月28日が列

挙され，これらのほとんどは梅雨末期集中豪
雨によるものである．

　図6は，1998（平成10）年8月4日水害
の際の地上天気図と降水量分布図である．小
笠原高気圧が西日本および日本海西部に張り
出し，その縁辺を回って暖湿流が日本海に流
入しやすい場が形成され，朝鮮半島から新潟
県にかけて停滞前線が存在していることが，
新潟県で梅雨末期に発生する豪雨の際の共通
的な特徴である．南西方向からの湿潤暖気の
流入により梅雨前線が活発化して線状の降水
域が形成され，前線の南下に伴いその線状の
強雨域が南下したため，8月4日の日降水量
分布には，梅雨前線直下の佐渡〜新潟市付近
および守門岳付近に日降水量 200 mm を上
回る強雨域が現れ，新潟市に観測史上最大の
日降水量 265.0 mm，日最大1時間降水量
97.0 mm をもたらす記録的な豪雨となった
（2017年8月31日現在）．阿賀野川水系の
折居川や松岡川，信濃川水系の山北川など6
河川で堤防決壊または越水し，新潟平野でも
最も低標高地帯である福島潟周辺の浸水深は
1.2〜1.3 m に及んだ．

4．台風

　1961（昭和36）年台風18号（第2室戸）
は，速い速度で北上し，16日朝高知県に上
陸，関西に再上陸した後，石川県から日本海
に出て佐渡沖を経て，その日の夜には津軽海
峡西方に達した．高知県上陸時の中心気圧が
約930 hPa で，津軽海峡西方に達した時で
も966 hPa と，強い勢力のまま新潟県のす
ぐ西を北上した．台風が西側を通過する際は，
風向が時計回りに変化して暴風が吹きやすい
が，新潟県に接近中は南〜東の山越え気流と
なるため，太平洋側に比べると風速が弱まる
のに対して，通過後の吹き返しの風は抵抗の
少ない日本海からの北〜西風となるので風速
が大きくなる．新潟では19時には約11 m/s
の東風だったが，台風の中心が佐渡沖を通過
した21時頃から南西〜西の風が急激に強ま
り，21時過ぎに最大風速30.7 m/s，最大瞬
間風速44.5 m/s を記録した．このため，多
数の建物が倒壊し多数の死傷者が出た．

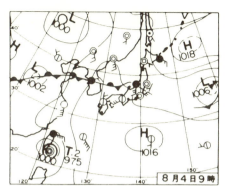

図6　1998（平成10）年8月4日9時の（上）
地上天気図（出典：日本気象協会：気象年鑑
1999年版）と（下）同日日降水量分布（出典：
武藤ほか，1999：1998年8月新潟下越豪雨災
害に関する調査研究．京都大学防災研究所年報，
42 B-2，255-271）

　1981（昭和56）年台風15号は，ゆっく
り北上して伊豆諸島に接近した8月22日夜
から急に速度を速め，23日明け方に房総半
島に上陸した後は時速約 100 km の高速で新
潟県の東側を北上し，夕方には北海道付近に
達した．台風が東側を通過する際には，風向
が反時計回りに変化して暴風が吹きやすい
が，新潟県に接近中の東風は脊梁山脈に遮ら
れるため比較的雨風は弱いのに対して，通過
後の吹き返しの北〜西風は抵抗の少ない日本

海からの風となるので風速が強まるとともに，地形性上昇気流により山間部で大雨となりやすい．台風 15 号は勢力が強く，しかも新潟県のすぐ東を北上したため，上・中越の山沿いを中心に大雨となり，雨量は多いところでは 150 mm を超えた．特に中越・湯沢では明け方，1 時間に 54 mm，3 時間に 117 mm と集中的豪雨となり，魚沼地方や上越地方で河川の増水などにより多くの浸水被害が発生した．

C. 新潟県の気候と風土

1. 新潟の雪は縮みの親

「地気雪と成る弁」の節から始まる鈴木牧之著『北越雪譜』(http://kindai.ndl.go.jp/info:ndljp/pid/767984) は，江戸の人々に雪国越後の風土を知らせることを目的として 1835 (天保 6) 年に出版され，出版と同時にベストセラーとなった江戸時代の地誌書である．

「初雪」の節における "越後の地勢は，西北は大海に対して陽気 (ようき) 也．東南は高山連りて陰気 (いんき) 也．ゆゑに西北の郡村は雪浅く，東南の諸邑は雪深し．……途中略……我国の雪は鵞毛をなさず，降時はかならず粉砕をなす，風又これを助く．故に一昼夜に積所六七尺より一丈に至る時もあり，往古より今年にいたるまで此雪此国に降ざる事なし．" との記述は，現在の気候学的知識とも矛盾しない．

「雪 (ゆき) 蟄 (ごもり)」の節に，"雪中に在る事凡八ヶ月，一年の間雪を看ざる事僅に四ヶ月なれども，全く雪中に蟄 (こも) るは半年也．ここを以て家居の造りはさら也，万事雪を禦ぐを専とし，財を費力を尽す事紙筆に記しがたし．……途中略……鳥獣は雪中食無 (なき) をしりて雪浅き国へ去るもあれど一定ならず．雪中に籠り居て朝夕をなすものは人と熊と也．" と記載されている雪国の生活は，江戸の人々には信じられない状況だった．『北越雪譜』がベストセラーになった原因の一端はこの点にある．

戦国時代，魚沼地方は米作より青苧 (から

むし) の作付の方が盛んだった．3 月〜4 月頃晴天日を選んで，青苧から麻糸を紡いで織った反物を，まっさらで平らな雪の上に広げて 10 日間ほど晒 (さら) す雪晒 (ゆきさら) しは南魚沼の春の風物詩とされ，『北越雪譜』巻之中「縷綸 (いとによる)」の節には，"雪中に糸をなし，雪中に織り，雪水に洒ぎ，雪上に晒す．雪ありて縮あり．されば越後縮は雪と人と気力相半して名産の名あり．魚沼郡の雪は縮の親といふべし．" と記載されている．

新潟県十日町市は，中世〜江戸期には越後上布・越後縮の産地として栄え，その後は絹織物に転換して隆盛を極め，現在も，着物産業が伝統の地場産業となっている．

2. 新潟はコシヒカリの故郷

昭和初期までの「新潟米」は鳥ですらまたいで通る「鳥またぎ米」と蔑称されていた．「新潟米」はまずい米の典型とされ，安くて良品質の台湾米に圧倒され，国内の米市場でも不評だった．耐冷性に優れて台湾米より出荷が早くて多収量で品質のよい米がほしいとの要望に応えて，1931 (昭和 6) 年，新潟県農事試験場がわが国初の水稲新品種「農林 1 号」を育成した．これ以降，「新潟米」は食味のよい品種が中心となり，「新潟米」の評価も徐々に高まった．

しかし「農林 1 号」は多収量で品質・食味に優れているものの，いもち病に弱かったため，1944 (昭和 19) 年に新潟県農事試験場で当時いもち病に強かった「農林 22 号」との掛け合わせが実施された．1948 (昭和 23) 年，太平洋戦争後の水稲品種育成試験地改組のため，この系統育成は福井農事改良実験所に引き継がれ，1953 (昭和 28) 年に至って「越南 17 号」が誕生した．

「越南 17 号」は新潟県農業試験場を含む全国 22 県に配布されて栽培試験が実施され，その結果に基づいて，1956 (昭和 31) 年に新潟県と千葉県が「越南 17 号」を奨励品種に採用したのを契機に，農林省により農林 100 号「コシヒカリ」として品種登録された．

このような経緯から，新潟県の農事試験場

の後継機関である同県農業総合研究所作物研究センター構内には「コシヒカリ記念碑」が，福井県農事改良実験所の後継機関である同県農業試験場構内には「コシヒカリの里」と刻まれた石碑が建立され，ともに「コシヒカリの故郷」を主張して「元祖争い」の状況にある．

その後「コシヒカリ」作付面積は新潟県を中心に拡大を続け，1979（昭和 54）年には，全国作付面積割合が 13.2%となり，「日本晴」を抜いて「コシヒカリ」が全国で最も作付が多い水稲品種となった．現在，「コシヒカリ」の作付割合は 35.9%（平成 28 年度，平成27 年度は 36.1%）に達しており，第 2 位「ひとめぼれ」9.4%（平成 28 年度，平成 27年度は 9.7%）を圧倒している（公益社団法人米穀安定供給確保支援機構：水稲の品種別作付動向）．

2015（平成 27）年度実績では，新潟県が全国水稲作付面積 162.3 万 ha（農林水産省：平成 27 年度耕地及び作付面積統計）の 5.7%を占めて第 1 位の作付面積を誇っている．以下，第 2 位茨城県 3.7%，第 3 位栃木県2.8%，第 4 位福島県 2.7%，第 5 位千葉県2.6%，第 6 位富山県 2.0%の順となっている．新潟県の水稲作付面積の全国割合は7.6%で全国第 1 位であり，新潟県の水田におけるコシヒカリ作付割合は 75%に達している．かつては「鳥またぎ米」生産を余儀なくさせていた新潟の冬季の多積雪が，現在では代掻き田植え期に必須の豊富な水の供給源となり，新潟をわが国屈指のブランド米生産地に押し上げている．

3. 新潟の雪が生んだ「淡麗辛口」

清酒は，酒税法により，米，米こうじおよび水を原料として発酵させた後こしたもので，アルコール分が 22°未満のものと定められている．国税庁資料によると，わが国の清酒生産は 1973（昭和 48）年の 176 万キロリットルをピークに減少傾向にあり，2014（平成 26）年度には 56 万キロリットルにまで低下しているが，特定名称酒の中でも特に米，米こうじ，水のみを原料として使用する純米酒および純米吟醸酒の生産量は増加傾向にある．

全国的には清酒に占める特定名称酒の割合は 30%未満に過ぎないが，新潟県では 65%程度に達しており，新潟の地酒として全国に流通している．「新潟の酒」も「新潟米」同様に新潟の風土に適応して発展してきた．

「新潟米」生産量が 500 万石を超えた1957（昭和 32）年，新潟県農業試験場により「山田錦」と並ぶ酒造好適米「五百万石」が開発され，新潟における雑味や汚れの少ない綺麗な「淡麗辛口」の醸造が可能になった．「淡麗辛口」は，酒造好適米「五百万石」と新潟独特の醸造仕込み水の組み合わせにより生み出された．新潟酒蔵の井戸に湧き出す醸造仕込み水は，冬季積雪の融雪水を源としており，酵母の栄養源となるミネラル成分をあまり含まない軟水である．このため軟水に仕込まれる「新潟の酒」は発酵がゆっくり進行し，いわゆるキメ細かい「淡麗辛口」の酒になる．

「新潟の酒」は酒米精米歩合が小さいのも大きな特徴である．純米酒のうち，精米歩合が 60%以下のものを純米吟醸酒，50%以下のものを純米大吟醸酒と区別しており，精米歩合 20%を目指す銘柄もある．精米歩合が小さいほど「淡麗辛口」の酒になるからである．しかし，米は磨くほど割れやすくなり，原料として使用でき難くなるので，割れないように精米にもゆっくり時間をかける．

精米にも発酵にもゆっくり時間をかける「新潟の酒」は，必然的に少数生産の全国出荷となり，「幻の酒」とよばれる銘柄が多い．

[中川清隆]

富山県の気候

A. 富山県の気候・気象の特徴

　富山県は本州日本海側のほぼ中央部に位置
している．東端から西端までは約 80 km,
南端から北端までは約 70 km で面積は
4,247 km² であり東京都の約 2 倍，人口は
106 万人あまり（富山県統計調査課，2015）
であり東京都の 1/11 である．また，大まか
にいうと面積も人口も日本の約 1/100 であ
る．

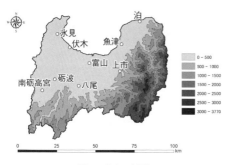

図1　富山の地形

　富山県は，特徴的な日本海側の気候であ
り，特に冬季には曇天日が多く，降水日数が
多い．また，特別豪雪地帯の南端付近である
ため雪は多く，湿度も高い．平野部は三方を
山岳に囲まれ，一方を半閉鎖性の湾に面して
いる．このため，特徴的な風系や気象現象が
ある．

1. 降水量と降水日数

　図 2 に示すとおり，富山地方気象台（富
山）における月降水量は，日本海側の特徴ど
おり，冬季に多くなっている．特に 11 月か
ら 12 月にかけては 230 mm を超え，1 月に
は 260 mm に達している．また，降水日数
（0.0 mm 以上）は 12 月に 27 日，1 月に 28
日と，ほぼ毎日の降水となっている．一方，
4 月から 5 月にかけては，降水量が 120 mm
から 135 mm と冬季のほぼ半分となってお

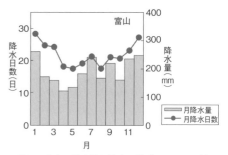

図2　富山の降水量と降水日数（0.0 mm 以上）

り，降水日数も 17 日から 18 日程度である．
なお，梅雨時期と秋雨時期には台風の影響も
あって，降水量や降水日数の増加がみられ
る．年降水量は約 2,300 mm であり，全国
平均（約 1,700 mm）と比べて多く（1.35
倍）なっている．

2. 気温と日照時間

　富山における月平均気温（図 3）は，一番
寒い月が 1 月で 2.7℃，次が 2 月で 3.0℃で
あり，年間最低気温の平年値は −5.1℃であ
る．日照時間は冬季に少なく，12 月に 80 時
間を下回るようになり，1 月には 70 時間を
下回り，2 月でも 90 時間を下回る．この季
節は鉛色のどんよりした雲が深く垂れ込めて
いることが多く，また，晴れが続くことは少
ない．1 月と 2 月の最低気温は氷点下で，平
均気温でも 2℃から 3℃となっており，降水
は雪となりやすい状況にあることがわかる．

　一番暑い月は 8 月で月平均気温は 26.6℃，
次が 7 月で 24.9℃である．また，8 月の最
高気温は約 31℃，最低気温は約 23℃で，年

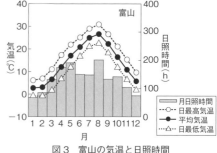

図3　富山の気温と日照時間

間最高気温の平年値は 36.5℃ である. 夏日はおもに 6 月から 9 月にかけて見られ, 年間 103 日に達する. また, 真夏日は年間 40 日, 猛暑日は年間約 6 日である. 8 月は日照時間が 1 年で最も長く, 200 時間を超えている.

農業の観点からすると, 二毛作の限界は 3 月の気温が 5℃ 以上, 10 月から 12 月の平均気温が 15℃ 以上とされているが, 富山の 3 月の平均気温は 6.3℃ となっているものの, 10 月から 12 月の平均は 11℃ で基準に達していない. 一方, 5 月には平均気温は 17℃, 最高気温は 22℃ 程度でまだ暑い状況ではないが, 日照時間は 190 時間を超える.

3. 湿度

月平均湿度 (図 4) は, 富山では, 春季を除いて 75% 以上であり, 特に 8 月と 12 月から 1 月にかけて高く, 80% を超える. 1981 ～ 2010 年の平年値で富山の湿度を全国 150 地点以上の地上気象官署 (気象台, 測候所など) の湿度と比較すると, 12 月は 8 位, 1 月は 4 位, 2 月は 5 位であり, 年間を通じた順位でも 13 位と全国屈指の高湿度であることがわかる. 高岡市の伏木特別地域気象観測所 (伏木) では, 富山と同様な季節変化を示すが, 富山と比較して湿度が低くなっており, 冬季の 77% は全国で 14 位, 年平均の 75% は全国で 34 位となっている. 卓越風向や観測所の環境による差も考えられるが, 冬季の降水量や日照時間などを考慮に入れると, 湿度が高い県と考えてよいだろう.

一方で, 富山の 3, 4, 5 月はそれぞれ

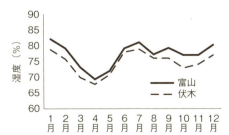

図 4 富山と伏木の湿度

73%, 69%, 72%, 伏木は 70%, 68%, 71% であり, 特に 5 月の湿度の順位は富山で 75 位, 伏木で 88 位であり, 全国の中程度まで下がっている. 図 2 の降水日数, 図 3 の日照時間と総合的に判断すると, 5 月は, 晴れが多く, 雨が少なく, 湿度も低いことから, さわやかで 1 年で最も過ごしやすい時期といえよう.

4. 卓越風

初めにふれたように, 富山県は東から南を回って北西まで山に囲まれ, 北に凹型の地形をしている. このことから, 静穏時には山際で山谷風, 平野部で海陸風が卓越する. また, 冬季の北西季節風が卓越する時期でも, 地上付近では降雪とともに南西風が観測されるなど, 極めて珍しい地域である. 県内の風については, 気象庁技術報告 (1967) において非常に詳しく調査されているので, ここでは近年の観測データをもとに概略を示す.

まず, 富山県内の 9 地点について, 各季節の平均風速と卓越風向の平年値を表で示すとともに, 年間の卓越風向の分布を図で表す.

表 1　平均風速と卓越風向の特徴

	地域	平均風速	卓越風向の特徴
氷見	西部北端	2 m/s	西～西南西が卓越, 春から秋に北東～東北東も
伏木	西部北	3 m/s	秋から春に南西, 夏を中心に北北東が卓越
富山	中央部北端	3 m/s	秋から春に南西～南南西, 春夏は北北東が卓越
魚津	東部北	2 m/s	春から秋に東南東～南東, 冬は南～南西も卓越
泊*	東部北端	4 m/s	南が卓越, 春から夏に北東～北北東が卓越
南砺高宮	西部南山沿い	2 m/s	秋から春に南西, 夏中心に北東が卓越
砺波	西部南	2 m/s	春から秋に北東, 冬は南南西～南西が卓越
八尾	中央部山沿い	2 m/s	年間を通して南西～西南西が卓越
上市	東部南山沿い	1 m/s	年間を通して西北西が卓越, 冬は南南西や西も

*泊は 2017 年 9 月に移設され, 地点名は「朝日」に変更された.

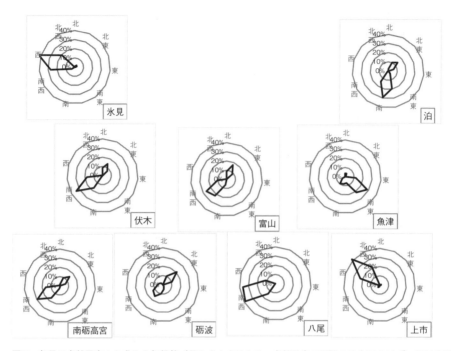

図5 各月の卓越風向から求めた気候値（見やすくするため，卓越風向の両隣の風向に 1/4 ずつ振り分けて表示している）

表1からは，海沿いが山側と比べて風が強く，東部北端の泊では平均風速 4 m/s（示していないが冬季は 5 m/s）となっている．また，卓越風向は南西が多い．特に冬季の豪雪時には南西風が卓越しており，春から秋には北東や東北東の風も見られる．

また，図5からは，全体的には南西側で南西風が卓越して北東側に向かい，南南西風として抜けていくパターンと，北側で北北東風が入り込み，南西部に北東風として抜けていくパターンが見られる．富山空港は神通川沿いの河川敷にある全国でも珍しい空港であるが，富山の主風向は南南西および北北東であり，滑走路の向きと主風向が大きく乖離しないため，風は離着陸に大きな影響を及ぼさないと考えられる．

なお，魚津，上市，八尾は，北東風が入り込む際に立山連峰の裏側にかかる地域で，複

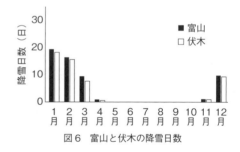

図6 富山と伏木の降雪日数

雑な風系となっており，季節変化の様子が他の地点と異なっている．

5. 富山と伏木の降雪日数と降雪量

図6からは，おおよそ，11月の下旬から4月の上旬まで雪が降っており，雪日数の平年値は 12 月に 10 日弱，1 月に 20 日弱，2 月に 15 日強，3 月に 10 日弱となっていることがわかる．そのうち積雪の観測期間は

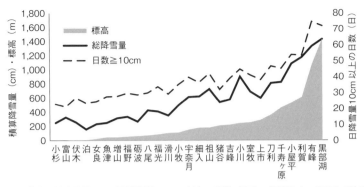

図7　標高順の総降雪量および日降雪量10 cm以上の日数（出典：初鹿ほか，2008を改変）

12月の中旬から3月の中旬である.

　また，1981年から2010年の間に最も早く降雪が観測されたのは11月1日，最も遅く観測されたのは4月24日であり，約半年も雪への対応に気をつけなければならない.

　一方で，利水の観点からすると，三方を囲まれた山々は冬季の降雪により十分に雪を蓄えており，これが春から夏にかけて徐々に融解することで，豊富な地下水や河川水が生み出される. 一部については，水力発電によりクリーンで安価な電気エネルギーとなる. 富山が米どころとしての農業県でありつつも日本海側屈指の工業県であることは，このような気候によって生み出された，豊富な水資源やエネルギー資源に恩恵を受けていると思われる.

　図7は，県内の降積雪の観測資料から，長期にわたって測定が行われている27地点を選択し，標高順に11月から4月の期間中に積算した毎日の降雪量の合計（総降雪量）と，1日の降雪量が10 cm以上となった日数の平年値を表したものである.

　富山や伏木などの標高100 m以下の地点では，総降雪量が2 mから4 m程度であり，標高が上がるにつれて総降雪量も増える. また，地域によっては歩道などで除雪の目安となる，日降雪量10 cm以上となる日数は，15日から25日程度である. 標高200 mを超える地点では，積算降雪量は6 mを超えるようになり，10 cm以上の日が30日を超

えるようになってくる. さらに標高の高い有峰湖や黒部湖では，13 mから14 mに達し，降雪量が10 cm以上の日も2か月に迫る勢いである.

　なお，月ごとに見ると，どの地点においても，最も降雪量が多いのは1月である. ただし，年降雪量に対する1月の降雪量の割合は平野部で5割に迫るものの，山岳部では3割強となる地点もあり，標高による違いが見られる.

6. フェーン現象

　富山県は周囲を山脈に囲まれているため，特に強い南風が中部地方で卓越する際にフェーン現象が発生しやすい.

　Shibataら（2010）によると，富山におけるフェーンは，大きく2パターンに分けられる. 1つは，九州の南西に台風があり，台風によって日本の東側に励起または強化された高気圧との間で南北方向に気圧傾度が強まった場合で，もう1つは日本海周辺の温帯低気圧が発達した場合である.

　どちらの場合も南からの湿潤空気が東海地方に入り込み，山岳域で地形性の降水がある状況において，温位が上がった状態のまま富山平野に吹き降りるため，平野部では高温となる. なお，乾いた空気が入り込むことで，山々が普段より近くに見える.

　フェーン発生時には，強い南風が吹くため，ひとたび火災が発生すると大きな被害と

図8 蜃気楼（魚津埋没林博物館提供）

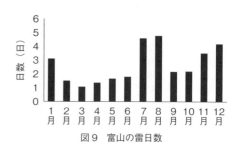

図9 富山の雷日数

なる．例えば，1956年の魚津大火では木造家屋が狭い道沿いに密集していたため，市街地の約4割が消失した．これを教訓にまちづくりを見直したこと，また湿度が高く雨の多い気候であることから，現在では富山県は日本で一番，火災の少ない県となっている．

また，1999年には，7月30日から8月3日にかけて5日連続でフェーン現象が異常に持続し，富山県に異常高温をもたらした．これは，シベリア南東部で発達した温帯低気圧，日本の南西を移動する台風7号および台風により励起された日本の東海上の高気圧により，中部地方付近で気圧傾度が強まり，台風からの湿った南風の流入が継続したためであり，ちょうど登熟期に差しかかっていた県産のコシヒカリは胴割れ米が多発し，一等米比率が大きく下がった．

7. 蜃気楼

富山湾が全国的に有名な理由の1つは，蜃気楼（図8）の発生である．蜃気楼は，大正時代に全国で発生した米騒動の発端の地としても有名な魚津市において，春季（特に4月から5月）と冬季（特に11月から3月）に見ることができる．蜃気楼は，対岸の建物や海上の船舶などが変形して見える現象で，海の温度に影響を受けた海面付近の空気の温度と，その上に入り込んだ空気の温度の差により光が屈折して発生する．冬季のものは逃げ水と同様で，水平線付近の風景の下側に虚像が見えて浮島状態になり，春季のものは，現実の風景が伸び上がるほか，風景の上に逆

さまな虚像が重なるものもある．

明確な発生条件はわかっていないものの，冬季の蜃気楼については，大気と比較して暖かな海面に下層の空気が暖められている状態で上空に冷たい空気が乗ることで発生し，春季の蜃気楼については，晴天の午後に弱い北東風の場で発生することが多く，立山連峰から富山湾に注ぎ込む大量の冷たい雪解け水の上に，魚津の北東に位置する生地の町で日射により温められた空気が流れ込んで重なることで発生すると考えられている．

8. 富山の冬季雷

気象庁の発表している雷日数からは，富山では雷の発生する日数が年間に32日程度であり，雷を観測する全国68地点中で4位の多さとなっていることがわかる．図9からは，7月と8月に一番多く，4日から5日観測されていることがわかり，全国的に見られるような夏季の積乱雲の発達によるものである．このため，太平洋高気圧の発達した高温年には夏季の雷日数が多くなる傾向にある．

一方，12月をピークとして11月から1月にも3日を超えており，第2のピークが存在しているが，これは，日本海側特有の現象である．冬季の冷たく乾いた季節風が比較的暖かい日本海上で気団変質することにより発生する雷であり，冬季雷とよばれている．夏の雷と異なりしばしば上向きの放電を起こすのが特徴となっている．

雷雲の発達には水蒸気の供給が必要なことから，富山県内で雷が多い地域はほぼ海上と海岸線に近い陸地に限られており，特に能登半島の付け根付近（北西側）と新潟県境付近

（北東側）で多く観測されている．このうち北西側に関しては，雷発生時の地上の卓越風が南南西であり，日本海上で発達した小規模の低気圧による気流が，県西部の標高の低い宝達山と医王山の間の丘陵地帯を抜け，能登半島を回ってきた季節風と県西部で収束し，北東部に関しては，富山県内を南西から北東に抜ける気流と能登半島の沖を通った季節風とが収束し，それぞれ発生すると考えられている（藤沢・川村，2005）．冬季の雷のエネルギーは大きく，夏の雷の100倍に達するものもある．また，発生する時間帯も夕方から午前中まで幅広く，夏季と比べて予測することが困難である．

なお，この冬季雷が発生し始める11月末から12月初旬は，富山湾でブリがとれ始める時期と重なることから，この冬季雷を地域では「ブリおこし」とよんでいる．ただし，年ごとの冬季雷の発生時期の変動とその時期のブリの漁獲量の変動には相関は見られない．

B. 富山県の気象災害

1. 富山県内の強風被害

県内の強風について，最大瞬間風速，観測地点，観測日などを表2に示す．台風と爆弾低気圧によりもたらされることがわかる．風向は南寄りが多いが，上位4つのうち3つが北寄りとなっている．このうち2004年10月20日の北寄りの強風の台風23号では

表2　主な最大瞬間風速（35 m/s 以上のもの）

風速 (m/s)	風向	観測地点	観測日	備考
42.7	南	富山	2004/9/7	台風18号
40.6	北東	富山	2004/10/20	台風23号
40.6	北北東	伏木	2004/10/20	台風23号
40.4	北	伏木	1998/9/22	台風7号
39.8	南南東	砺波	2012/4/3	爆弾低気圧
39.6	西	富山	1961/9/16	第2室戸台風
38.7	南	泊	2016/4/17	爆弾低気圧
37.8	南	富山	1994/4/12	爆弾低気圧
37.7	南西	伏木	1991/9/28	台風19号
36.3	南南西	上市	2016/4/17	爆弾低気圧
35.4	南南西	富山	1991/9/28	台風19号
35.2	南	富山	1995/3/16	全国で春一番

瞬間最大風速40.6 m/sを富山と伏木で観測しており，県内の広域で強風となったため，多くの被害が発生した．また，台風によりもたらされた大雨は神通川流域の2日平均で200 mmを超え，堤防の決壊はなかったものの神通川の周辺で排水が追いつかず，多くの浸水被害が出た．

大雨による被害も広域に及び，高山を通って富山と名古屋を結ぶJR高山線では，猪谷と高山の間で橋の崩落などが起こり，3年にわたり不通となる被害が発生した．

2012年4月3日には，日本海上を急速に発達した爆弾低気圧により，砺波で瞬間最大風速39.8 m/sを記録するなど県内を強風が吹き荒れた．これにより，富山市の新保大橋では，トラック3台が横転しており，県内全体ではトラック28台が横転する災害となった．

2. 寄り周り波

富山湾は普段は半閉鎖性の湾であることから穏やかなことが多いが，ときおり，富山湾に「寄り周り波」とよばれる大波が押し寄せることがある．寄り周り波による被災は，主に厳冬期に発生しており，北海道付近で発達した低気圧が停滞する場合，日本海北部で発生した波がうねりとなって日本海沿いを伝播する．1～2日かけて富山湾に入り込んだうねりは周期が長く，富山湾内に入り込んだ深い海が陸に近づくと一気に水深が浅くなっており，大きな波となって湾岸の町を襲うことがしばしば発生している（表3）．

国土交通省北陸地方整備局（2008）および富山地方気象台の気象災害報告によると，これまで多数の犠牲者，浸水や家屋の倒壊，護岸破壊などの損害が出ており，近年では2008年2月24日に，富山地区の最大有義波高は10 m近くになり，死傷者18名，家屋の全半壊57棟，浸水被害161棟など多くの犠牲が出た．また，大規模な消波ブロックの沈下が発生し，それに伴って800 mもの防波堤が滑動した．

3. 豪雪

富山県では，38豪雪，56豪雪，59豪雪，

表3　過去に発生した主な寄り周り波災害

年月日	被害状況
1963/1/7	負傷者4，家屋全半壊19，浸水247，護岸破損
1970/2/1	負傷者18，家屋半壊8，浸水197，護岸破損
1972/12/2	死者1，負傷者10，家屋半壊9，浸水92
1979/3/31	死者2，行方不明者2
1990/2/17	死者1，負傷者2，浸水7，護岸破損
2008/2/24	死者2，負傷者16，家屋全半壊57，浸水161

富山地方気象台のリーフレットを一部改変した.

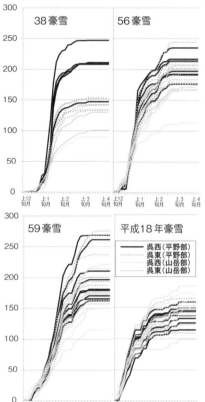

図10　富山県の年累計降雪量で規格化した（100とする）ときの各豪雪年の季節進行　西部（呉西），東部（呉東）の平野部と山岳部で分け，地域ごとに異なる線種で各地点の値を示す.

平成18年豪雪など全国的な豪雪による人的被害や住家被害が報告されている．そこで県内各地の累計降雪量の季節進行について平年値を100とした図（図10）と県の資料である「とやま雪の文化」を用いて，各豪雪年の違いを見てみる.

　38豪雪は1963年1月中旬から2月上旬の期間に連日激しい降雪に見舞われ，呉東の平野部にある富山における最深積雪は250cmに至った．38豪雪の積雪は呉西の平野部で平年より格段に多く，氷見における最大積雪深は350cmであった．このため，道路や鉄道は寸断され復旧に日数がかかった.

　56豪雪では，1980年末から1981年1月中旬にかけて断続的に激しい降雪に見舞われた．38豪雪と比べて，呉東の平野部や呉西の山岳部で降雪が多くなった．富山における最大積雪深は，160cmと38豪雪と比べて少なかったこと，38豪雪の教訓を生かして対策がとられたことなどから，交通網への影響は大きくなかった.

　59豪雪は，1983年12月から1984年2月にかけて，たびたび強い寒気におおわれ，呉東の平野部で累積降雪量が最大となった．しかし，富山における最深積雪は122cmで，38豪雪の半分程度しかなかった．交通網については，2月上旬に平年値を約4℃も下回るなどで雪解けが進まず，路面にできた圧雪やわだちが交通障害を引き起こした.

　平成18年豪雪では，他の3つの豪雪年と

表4　主な豪雪による被害

	死者不明者	負傷者	住宅全半壊
38 豪雪	16 名	39 名	187 棟
56 豪雪	24 名	1,154 名	63 棟
59 豪雪	21 名	87 名	4 棟
平成 18 年豪雪	4 名	102 名	18 棟

比べて累計降雪量の立ち上がりが最も早く，2005 年 12 月半ばには平年値の 50％に達している．富山における最深積雪は 79 cm と最も少なかったが，氷見や呉東平野部の魚津などの海沿いでは 100 cm 前後を記録した．交通網については，短期間の激しい降雪と降雨や晴天による融雪が繰り返されたことにより，スリップ事故等が相次いだ．

図 11　雪解け水を湛えるミクリガ池

図 12　雪の大谷

C. 富山の気候と風土
1. 雪がはぐくむ立山の観光資源
　県の東側は新潟県にある糸魚川フォッサマグナの西側に位置する宮崎海岸からのびる 3,000 m 級の北アルプス立山連峰がそびえ立っており，最東端は白馬岳を主峰とする後ろ立山連峰，その西側に剱岳や最高峰の大汝山（3,015 m）がはさみ込む形で黒部川扇状地が広がる．この黒部川の上流は，有効貯水量 1.5 億トンの黒部第 4 ダムがある黒部湖となっている．立山には，標高 1,040 〜 2,120 m に立山弥陀ヶ原・大日平の湿地や日本一の落差（350 m）を誇り立山の融雪水を集めた称名滝を含む地域（574 ha）が広がっており，2012 年に，ラムサール条約に登録され，貴重な湿地や動植物の保全のための地域となっている．また，標高 2,450 m にある立山室堂までは，ケーブルカーと高原バスを乗り継いで簡単に移動できる．立山室堂にはミクリガ池（図 11）が雪解け水を湛えているほか，春季には 15 m を超える雪の壁（図 12）が降雪の吹き溜まりによりできる．また，国内で初めてかつ北半球で一番南にある氷河の存在が確認されたことなどから，海外からも多くの観光客が訪れている．
　なお，室堂平は夏季の最高気温は約 18℃で避暑地としては最適であるが，冬季は 11 月から 3 月まで最低気温が氷点下となる．

積雪は，風が強い尾根付近や，早くから雪解けが進むハイマツ林を除き，早くても 6 月まで継続する．また，微地形に影響され，同じ標高帯でも 2 か月近く雪解け時期が異なるため，国の天然記念物であり県の鳥でもあるライチョウにとっては，餌とする高山植物の咲く期間が長く，生育環境として良好である．

2. 気候に適応した県西部の生活
　また，県の西側は能登半島の付け根を石川県と分ける形で宝達丘陵が連なっている．県西部の砺波市付近では，田園の中に 600 坪ほどの敷地の屋敷が点在しており，「散居村（さんきょそん）」（図 13）とよばれている．屋敷の周辺は広い水田であり，春先の強い南西風や冬の暴風雪が直接吹きつけてくることになるため，周囲を「カイニョ」とよばれるスギやケヤキなどの高木林で囲んでいる．カイニョは，夏には日射を防ぐ緑のカーテンにもなり，屋敷の建替え用の木材としても活用されている．

図13 夕方の散居村 (中嶋真梨氏提供)

また，岐阜県の白川村から流れる庄川の豊富な水資源があること，扇状地であるため水はけが良いこと，積雪により厳冬期の温湿度が安定していること，球根が成長する4月から5月頃は1年で最も日照時間が長いことなどから，チューリップの生産に適しており，富山県の球根は出荷量が日本一となっている．さらに南側は合掌造り集落が世界遺産となっている南砺市の五箇山があり，その背面には飛騨高地が広がる．

五箇山はその面積の9割以上が山林で，急峻な峡谷と河川で囲まれている．標高は400 mほどあり，豊富な雪解け水も流れるため，夏季には冷涼で過ごしやすい．一方，冬季には，年最深積雪が3 mを超える年も珍しくなく，陸の孤島になりうる厳しい環境である．

なお，五箇山における合掌造りの屋根の角度は約60°で急勾配だが，これは湿って重たい雪に耐えられるように地域で受け継がれている形状である．また，この地域では，稲作が難しい代わりに，養蚕や火薬の原料となる煙硝の生産が極秘裏に行われており，加賀藩の重要な役割を担っていた．

3. 雪解け水がもたらす豊かな海

県の北側には能登半島の付け根からお椀状に富山湾が広がり，日本海につながっているが，この富山湾には，大小さまざまな河川が流れ込んでおり，立山連峰から50 kmも北上すると1,000 m以上の水深まで達してい

ることから，富山県はコンパクトながら高低差は4,000 mに達する．富山湾は，表層に雪解け水を集めた河川水，その下を暖かい対馬海流，さらにその下の水深300 m以下を2℃以下の日本海固有水が重なる3層構造となっている．暖流系と冷水系が重なり合う漁場は「天然の生簀」とよばれ，ブリ，ホタルイカ，白エビなど多彩な魚介類が水揚げされる．また，立山連峰からの雪解け水が栄養豊かな地下水となり，海中から直接に湧き出ることで県東部の海中に縄文時代に埋没した林が現在もなお生育できる環境となっている．さらに，海岸沿いでは地下水が自噴している地域も見られ，生活用水となっている．これらのことが評価され，富山湾は2014年に，国内では松島に次ぐ2か所目となる「世界で最も美しい湾クラブ」に加盟した．

4. 気温と霜から見た植物と農業

富山における植物の生育環境や農業の最適時期を気温に関連して表4に記す．冬季に冬眠した植物が活動を始めるのはおおよそ平均気温が5℃を上回る頃である．富山では3月の初めから1月の中旬までの間に，平均して244日の継続期間があり，1年の約2/3以上が多くの植物の生育に適した時期となっている．また，湿度が高く，雨が多く，夏季の気温も高いことから，水稲を中心として農業が盛んである．例えば水稲の基準でよく有効積算温度の基準温度として用いられる10℃以上について見てみると，初めに超えるのは3月13日，最後に超えるのは12月22日であり，そのうち継続的に超えるのは197日間である．また，霜被害の心配がない日は4月22日から11月6日くらいまで約200日ある．

富山県は，稲のもととなる種もみの生産が日本一であり，庄川，神通川および黒部川の扇状地で栽培されている．これらの地域では，水はけの良い土壌と清涼で潤沢な河川水があるだけでなく，庄川あらしや神通おろしなどとよばれる山風や陸風が朝夕に強く吹くことで，稲の露を吹き飛ばしたり，害虫の発生を防いだりする（参考：JA全農とやまの

表4 閾値以上の気温の期間および霜のない期間

	初め	終わり	期間
平均気温 ≧ 5℃	3/4	1/19	244
平均気温 ≧ 10℃	3/13	12/22	197
平均気温 ≧ 15℃	4/6	11/10	147
霜のない期間	4/22	11/6	199

解説).

なお，近年の夏季の高温や，2000年代前半に登熟期に連続して発生したフェーンおよび降雨により，県の主要品種であるコシヒカリに胴割れが発生して，一等米比率が大幅に落ち込んだ．このことから，それまでゴールデンウィークに行っていた田植え時期を2週間近く遅らせるとともに，フェーンの発生予測を受けて農業用水を管理するなどの対応を実施したところ，近年は一等米比率の回復がみられている．

5. 万葉集にみる卓越風

富山県の歴史は，縄文時代から確認でき，数多くの遺跡が開発を免れて現存している．大化の改新の頃，北陸地方は全体で「越の国」とよばれていたが，平城京の時代になると富山県を「越中」とよぶようになり，気象庁の長期気温変化の解析に活用されている伏木には国府が置かれた．万葉集を編纂したことで知られる大伴家持が，国守として5年間を伏木で過ごしており，富山県の自然や気候に感銘を受けた和歌を数多く残している．

例えば，射水市新湊の放生津八幡宮には，「あゆの風いたく吹くらし奈呉の海人の釣する小舟こぎ隠る見ゆ」という歌碑がある．これは，気候に関する和歌であり，伏木の主風向は南西であるが，北東風が強く吹く日には富山湾内に多くの魚が入り込むといわれており，波間に見え隠れしながら舟釣りをする人々の様子を詠っている．ここで「あゆの風」は，「あいの風」ともいわれ，日本海側ではおおよそ東風，富山県では北東の風を表している．なお，北陸新幹線の開通に伴い第3セクター化した北陸本線は「あいの風とやま鉄道」と名称を変更しており，この風は県民になじみ深いものとなっている．

図14 神通川（富山大橋から上流側を望む．右側は井田川）

6. 防災と公害対策の歴史

富山県の歴史は治水の歴史といってもよい．日本屈指の急流河川であり富山市東部を流れる常願寺川は，上流側の立山連峰に流域が広がっており，そこでは年間の降水量が3,500 mm程度に達する．このため，山岳側での豪雨によりときおり氾濫等が発生していた．1580（天正8）年の大氾濫の際には，富山城主であった佐々成政が富山平野に石積みの堤防を造るなど，たびたび改修が行われていたようである．また，1858（安政5）年の飛越地震の際には，立山の大鳶山が崩れて立山カルデラに土石流が発生したことで，壊滅的な被害を受けている．立山から富山市に流れる常願寺川の洪水被害の原因を見てみると，過去には地震や台風による豪雨であったが，近年は梅雨前線による豪雨が多くなっている（国土交通省，2009）．現在でも立山カルデラでは，黒部第4ダムの貯水量に匹敵する大量の土砂が残存しており，地震や豪雨による富山市の埋没を防ぐために，砂防工事が行われている．

逆に，富山市中心部を流れる神通川は，常願寺川同様に流域の大部分が山地であるが，上流側の高山が内陸性気候のため年間の降水量は約1,700 mmであり，2,300 mmに達する富山より少ない．神通川自体は過去に幾度となく氾濫していたが，蛇行を減らす工事を実施するなど，水環境の整備を行ったことで改良された．なお，神通川の水害は台風によ

る豪雨が原因であることが多く，近年は，平野部の中小河川において，神通川へ流れ込む排水が滞ることで内水氾濫が発生している．

この神通川は，1968 年に 4 大公害病の 1 つに認定された「イタイイタイ病」でも名が通っている．カドミウムによって汚染された河川水を飲み水や稲作用の農業用水として利用していたことが原因であり，右岸地域では熊野川との合流地点，左岸地域では井田川の合流地点のそれぞれ上流側の流域住民に骨軟化症や腎臓障害などの症状が多発した．

この地域の土地改良工事を進め，2012 年には農地の復元が完了し，米についてのカドミウム濃度は国の安全基準を大幅に下回る．また，発生源であった工場による汚染対策や住民等による毎年の立ち入り調査が進められており，自治体，企業，住民がそれぞれの立場で公害対策をとっている．　　　［初鹿宏壮］

【参考文献】
［1］ 国土交通省北陸地方整備局，2008：富山湾における「うねり性波浪」対策検討技術委員会報告書，53p.
［2］ 国土交通省北陸地方整備局，2009：常願寺川水系河川整備計画，82p.
［3］ Shibata, Y., R. Kawamura and H, 2010: Hatsushika：Role of large-scale circilation in triggering Foehns in the Hokuriku distinct of Japan during midsummer, Journal of Meteorological Society of Japan, 88, 313-324.
［4］ 全国農業組合連合会富山県本部：富山の種もみ（http://www.ty.zennoh.or.jp/grow/beibaku/004.html).
［5］ 富山県：とやま雪の文化～次の世代に伝えよう～（http://www.pref.toyama.jp/sections/1711/yuki/index.html).
［6］ 富山県統計調査課：富山統計ワールド（http://www.pref.toyama.jp/sections/1015/index2.html).
［7］ 富山地方気象台，1967：富山県の風に関する調査報告，気象庁技術報告，38，101p.
［8］ 富山地方気象台，1974：とやまのお天気，北日本新聞社，244p.
［9］ 初鹿宏壮・川崎清人・折谷禎一・近藤隆之・溝口俊明・土原義弘・木戸瑞佳・中村篤博，2008：富山県における地球温暖化に関する調査研究──県内の降雪に関する調査，富山県環境科学センター年報，36，75-80.
［10］藤沢仰・川村隆一，2005：北陸地域における冬季雷の傾向と落雷発生環境，天気，52，449-460.

石川県の気候

A. 石川県の気候・気象の特徴

石川県は，本州のほぼ中央部で日本海に面した位置を占め，宝達丘陵を境に富山県と接し，白山などの両白山地を境に岐阜県，および福井県と接する．北端は輪島市舳倉島，南端は白山市で，南北に長く約 200 km にわたる．また，加賀の石川海岸から能登半島の内浦までの海岸線は約 600 km に及ぶ．おおよそ宝達山を境に北側の能登地方と，南側の加賀地方に区分される（図 1）．

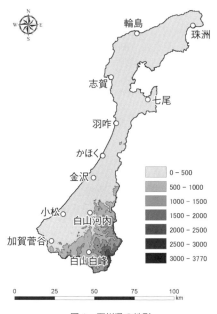

図 1　石川県の地形

石川県は日本海気候型に属し，その特性が顕著に現れる冬季は，北西の季節風が卓越して寒く雪の降る日が多くなる．また，冬季に雷が多く，年を通した雷日数でも金沢が日本で一番多い．また，日本海を発達した低気圧が通過するときに顕著なフェーン現象が起こ

ること，梅雨現象が太平洋側の東海地方に比べて比較的顕著ではないこと，逆に秋雨現象が顕著であることは，北陸地方に共通した特徴である．

1. 金沢の気候

金沢では 3 月に入るとめっきり春らしくなり，日照時間も 12 月から 2 月の倍近くになるが，3 月中に雪が降ることも珍しくなく，金沢の雪の終わりは平年で 3 月 28 日，結氷の終わりの平年が 3 月 27 日である（図 2）．金沢の春は冬から急激に日照が多くなり，5 月以降 10 月頃までは太平洋側（東京）よりも晴れの日が多くなる．金沢地方気象台のサクラ（ソメイヨシノ）標本木は平年 4 月 4 日に開花する．

北陸の梅雨入りは平年 6 月 12 日頃で，7 月 24 日頃に梅雨が明ける．梅雨の期間は西日本各地より少し短い．太平洋高気圧におおわれる盛夏の 8 月は，東京より晴れの日が多く，平均気温は若干低いが，日本海を低気圧が通過して強い南風が吹く日には，フェーン現象によって猛暑日となることもある．真夏日や熱帯夜の日数はそれぞれ 2.3 日，13.5 日と名古屋の 11.5 日，19.4 日よりもかなり少ない．内陸の名古屋に比べ，金沢は海に近く夏の気温より低い海面水温の影響を受けやすい．また，名古屋については大都市のヒートアイランド効果が寄与していると考えられる．

9 月は秋雨前線の影響や台風の影響で雨が

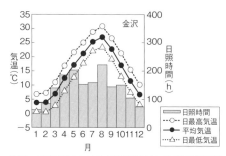

図 2　金沢市における月平均気温と月間日照時間（平年値）○：最高気温，●：平均気温，△：最低気温

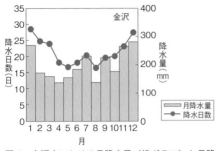

図3　金沢市における月降水量（棒グラフ）と月降水日数（●，0.0 mm 以上）の平年値グラフ

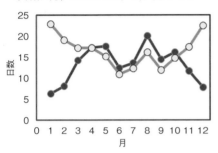

図4　金沢市（●）と東京（○）の月別晴れ日数の平年値の比較（月別晴れ日数は，当該月の中で日照率が40％以上となった日数）

多くなるのは，全国的に共通した傾向だが，北から南下する秋雨前線の影響は日本海側や北日本で大きい（図3）．10月は9月よりも晴れやすくなるが，10月以降は日に日にしぐれの影響を受けやすくなるため，晴れ日数は冬に向かって減少し，晴れの日が多くなる太平洋側と対照的である（図4）．イチョウの黄葉の平年日は11月12日，カエデ（イロハカエデ）は11月21日頃に紅葉する．

　12月から1月は日照時間が極端に少なくなり，いわゆる北陸の冬である．降水量もこの時期が1年中で最も多い．このため金沢の年降水量（平年値）は，各都道府県の県庁所在地等代表地点の中で高知，宮崎に次いで金沢が全国3番目の2,398.9 mm となっている．

　金沢の最深積雪は平年で44 cm，積雪日数（積雪が観測された日数）の平年は50日で，平均的に冬の期間の半分強で積雪がある．一方，最深積雪の極値は181 cm，これは「昭和38年豪雪」（1963年）のときの記録で，その後，何回か豪雪を経験したが，1986年（昭和61年豪雪）を最後に金沢では積雪1 m を超える極端な大雪は起きていない（2016年現在）．

2.　加賀と能登の気候

　石川県の天気予報は，加賀地方と能登地方に分けて発表される．加賀と能登の名は平安

表1　石川県内のアメダス（4要素，5要素）の1981〜2010年の平年値による能登と加賀の気候の比較（白山河内，加賀菅谷は他のアメダスに比べ標高がそれぞれ136 m，83 m と高く，山沿いの気候を代表している）

		アメダス	年降水量 （mm）	年平均気温 （℃）	年間日照時間 （時間）	年間降雪量 （cm）	年最深積雪 （cm）
能登	平地	珠洲	2,031.1	12.9	1,623.4	249	47
		輪島	2,100.4	13.5	1,564.9	201	32
		志賀	1,735.0	13.6	1,599.3	—	—
		七尾	2,076.9	13.6	1,542.3	191	33
		羽咋	2,058.6	14.0	1,665.5	—	—
		能登平均	2,000.4	13.5	1,599.1	213.7	37.3
加賀	平地	かほく	2,115.5	13.8	1,692.2	—	—
		金沢	2,398.9	14.6	1,680.8	281	44
		小松	2,167.5	14.3	1,660.2	—	—
		加賀平地平均	2,227.3	14.2	1,677.7	281.0	44.0
	山沿い	白山河内	2,813.8	12.7	1,474.6	588	107
		加賀菅谷	3,078.6	13.1	1,397.9	523	87
		加賀山沿い平均	2,946.2	12.9	1,436.3	555.5	97.0

時代からすでに存在した歴史的な区分であるが，加賀と能登はともに日本海型気候に属し，気候的に大きな差があるわけではない．

（1）加賀地方

平野部では比較的温和な気候であるが，冬季は北陸特有のしぐれ現象で天気はぐずつく日が多い．年平均気温は平地で14℃前後，年降水量は平地で2,200 mm前後となっていて，冬季の12月から2月の雪による降水が夏季の雨より多い．山地は平地に比べ降水量が多く，特に白山山系では冬に大量の降雪があるため，年降水量は3,500 mmを超える．年間日照時間は1,650時間前後であり，夏季は月平均約180時間に対し，冬季は月平均約70時間と極端に少ない．また，最深積雪は平地で40〜50 cmであるが，山沿いや標高500 m以上の山間部では大量の降雪があり，最深積雪は山沿いでは100 cm程度，山間部では2 m以上と平野部の2〜4倍にもなる豪雪地帯でもある．白山市白峰（しらみね）では最深積雪480 cmの観測記録がある．

（2）能登地方

日本海に大きく突き出し，寒暖の季節風の影響を受けやすいため，季節の移り変わりがはっきりしている．加賀に比べ夏はやや涼しく，加賀の平地に比べても冬の雪は若干少ない．年平均気温は13〜14℃であるが，能登北部はやや低めとなっている．年降水量は1,700〜2,100 mmで，加賀地方に比べやや少なくなっている．日照時間は1,500〜1,700時間で，これも加賀地方に比べ若干少ない．最深積雪は海沿いで30〜50 cmであるが，沿岸部から離れた場所ではときに大雪となることがある．

B．石川県の気象災害

石川県は南端に白山連山が連なり，日本列島を南から北上する台風や低気圧からあたかも屏風のように守られていて，加賀地方ではこのことを「白山（シラヤマ）様のおかげ」といい伝えている．一方，石川県に大きな被害をもたらす気象現象は主に，日本海から南下する前線による大雨や，日本海を通過する

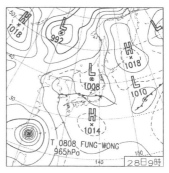

図5 浅野川水害時の地上天気図（2008年7月28日9時）

台風による強風，強い冬型の気圧配置がもたらす大雪などである．

1．停滞前線による大雨（浅野川水害）

2008（平成20）年7月28日北陸付近に停滞前線があって，石川県付近をゆっくり南下した（図5）．この前線活動は28日未明から強まり，県内では朝方から局地的に猛烈な雨となって，金沢市の山沿いを中心に1時間に100 mm以上の大雨となった．金沢市を流れる浅野川（あさのがわ）が溢水し，2,000棟近くの床上床下浸水の被害が発生した．また，浅野川流域の住民約2万世帯に避難指示が出され，市内の一部の県道では，土砂崩れや路面冠水等で通行止めとなるなどの大きな被害が発生した．

2．台風による強風害（平成3年台風19号）

1991（平成3）年9月27日から9月28日にかけて，大型で非常に強い台風19号が，長崎県佐世保市の南に上陸した後日本海に抜け，山陰沖を北東に進み，28日14時頃に石川県に最も接近した（図6）．このため県内では，輪島で最大瞬間風速57.3 m/sを記録するなど，この台風に吹き込む強風のため，死者1名，負傷者54名，住宅全壊7棟，住宅一部破損11,747棟など各地で大きな被害が発生し，また県内の農林水産業への被害も甚大であった．

ちなみに，この台風は石川県に接近した後，日本海をさらに北東進し，東北地方を中

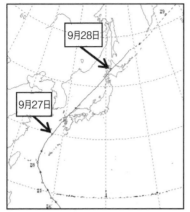

図6 1991年台風19号（りんご台風）の台風経路図（図中の日時と矢印は9時の位置を表している）

心にリンゴの落果被害が大きかったため，「りんご台風」の別名がある．

3. 雪害（昭和56年豪雪）

1980（昭和55）年12月末から始まった大雪は，その後も6〜7日の周期で冬型の気圧配置が強まり，その都度強い降雪となり1981年1月下旬まで続いた．県内の降雪は県南部の山間部が中心で，最深積雪として金沢で125cm（1月13日），白峰480cm（1月15日）を観測した（表2）．この大雪により死者2名，負傷者52名，住宅全壊2棟，住宅半壊2棟，非住宅損壊91棟，床下浸水48棟などの被害となった．

表2　昭和56年豪雪の北陸の降雪・積雪記録

	旧測候所住所	最深積雪	起時	日最大降雪量	起時	12〜3月降雪量
高田	新潟県上越市	251cm	1/21	91cm	1/12	1,068cm
富山		160cm	1/13	79cm	1/12	771cm
伏木	富山県高岡市	154cm	1/13	56cm	1/12	607cm
金沢		125cm	1/13	62cm	1/11	523cm
輪島	石川県輪島市	36cm	1/23	23cm	2/26	195cm
福井		196cm	1/15	60cm	12/29	622cm
敦賀	福井県敦賀市	196cm	1/15	58cm	1/11	561cm

C. 石川県の気候と暮らし

1. 兼六園の「雪吊り」と能登の「間垣」

金沢市の中心部に位置する兼六園は，加賀藩歴代藩主が江戸時代を通じて形作った庭園で，水戸の偕楽園や岡山の後楽園と並ぶ日本三名園の1つとして広く知られ，現在は県民，内外の観光客に開放されて，四季折々の風景を楽しめる庭園として親しまれている．この兼六園の冬の代表的な風景として，雪の重みによる樹木の枝折れを防ぐための「雪吊り」が有名であり，冬の兼六園観光の目玉となっている（図7）．兼六園の雪吊りは，守る樹木の幹付近に長い柱を立て，そこから多数の吊り縄を四方に配して枝を吊るもので，雪の重みによる枝折れを防ぐ実用性とともに装飾性も兼ね備えている．

北陸平野部の雪は，北海道や本州中部の高原などに降る雪に比べ湿って重い．降る雪の重さはそのときの気温に関係し，気温が低いときほど雪が軽くなるからである．降雪量（cm）とその雪を雨と考えたときの降水量（mm）の比を雪水比とよび，金沢で降る雪では気温0℃付近では雪水比が1前後となる（図8）．降水1mmは1m^{2}当たり1kgの重さとなる．1cmの湿った雪（雪水比0.5〜1）は1m^{2}当たり1〜2kgの重さに相当する．仮に10cmの雪が樹木に積もったとすれば，1m^{2}当たり10〜20kgの重さが樹木の枝にかかることになり，枝はしなって折れやすくなる．これが雪国で雪吊りが必要な理

図7　金沢兼六園の雪吊り風景

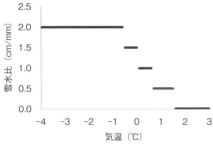

図8　金沢の6時間降雪量と降水量の観測値から求められた気温と雪水比の関係（出典：内山ほか，1996）

図9　間垣の風景（輪島市上大沢）

由である.

　なお，日本海要素とよばれる野生の樹木は，ヒメユズリハのように樹高を低くする，あるいはユキツバキのように直立した幹がなく地面付近に枝を伸ばすことで，多雪への適応を行っている.

　能登地方特有の冬への備えとして，奥能登の海沿いで見られる「間垣」がある（図9）. これは家屋や集落の周りを3〜4mほどの竹の垣根で密に囲ったもので，あたかも城壁のような一風変わった風景を形作っている. 日本海に突き出した能登半島の厳しい冬の風雪から人と家を守り，また夏は日差しをさえぎるため涼しいという.

2.「ブリ起こし」「雪起こし」

　「ブリ起こし」とは北陸地方で初冬から厳冬に鳴る雷のことをさす言葉で，この雷が鳴ると冬の味覚である脂ののったブリがとれることから名づけられたという. また，雪が降り出す季節の到来の意味で「雪起こし」ともよんでいる. この北陸の冬の雷は，太平洋側や内陸地方の夏の雷とかなり様子が異なっており，突然の1発あるいは多くて数発の落雷で終わる場合や，時刻に関係なく真夜中や早朝でも発達した雪雲の接近があれば起こることなどの特徴をもつ. また，「北陸の一発雷」とよばれるように，落雷の頻度が小さく人的被害はまれであるが，1回の落雷の電荷が大きいために，近年IT機器への落雷被害が目立っている.

　全国の気象台では雷の雷鳴と電光の観測を行い，雷の発生のあった日を雷日として記録しているが，そのデータによれば，金沢で観測した雷日数の平年値（1981〜2010年）は全国で最も多い年間42.4日となっている. また，2位は福井の35日，3位は新潟の34.8日と北陸から新潟，東北日本海側で雷日数が多い. 図10で月別の雷日数平年値を金沢と太平洋側の名古屋と比較した. 6月から9月にかけての初夏から初秋にかけ，雷日数は名古屋が金沢を上回るが，11月から3月にかけての寒候期には名古屋の雷発生が少なくなるのに対し，金沢では夏よりも極端に多くなっている. 特に12月と1月の雷発生が多く，石川県民はこの期間に平均して4

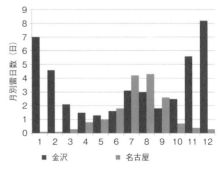

図10　金沢（■）と名古屋（■）の月別雷日数の平年値の比較

日に1回の頻度で雷鳴を聞いていることになる.

4. 石川県の気候と動植物

石川県の動植物の分布は特有な気候の影響を受けている. その1つは日本海を北上する対馬海流の影響である. 石川県は, 加賀の砂浜海岸から能登外浦の岩礁海岸を経て富山湾に面したリアス式海岸の内浦までの海岸部は対馬海流の影響を受け, 沿岸部には極相林としての照葉樹林がある. 特に, 加賀南部の「鹿島の森」や能登の「気多大社の入らずの森」には照葉樹林がほとんど手つかずの状態で残されている. タブノキやスダジイ, ヤブツバキ等で構成される林の林床にはカラタチバナなどが生育しており, 海岸付近の林にはアカテガニ等が生息する. また, 加賀の砂浜海岸にはイソスミレ, ハマナスなどの良好な海浜植生が今なお見られ, 能登の岩礁海岸にはウミミドリなどの絶滅危惧植物が生育している.

一方, 岐阜県, 福井県との県境には, 白山（最高峰は御前峰で標高2,702 m）があり, 高山帯気候に対応する植生が見られる山としてはわが国の西端に位置する. このためハイマツなど白山を西限とする植物は, 100種類を超えるとされる. また, 古くから信仰の山として親しまれていたことから, 初期の高山植物研究の舞台となり, ハクサンイチゲ, ハクサンフウロ, ハクサンチドリなど白山の名を冠した植物が多数ある. ゴゼンタチバナも, 御前峰にちなんだ白山に由来する植物とのことである. 白山の上部は冬季に4 m以上の積雪におおわれ, 遅い雪解けと同時に花をつける高山植物しか生育できない. さらに白山山系では, 高山帯の下部に主にダケカンバから構成される亜高山帯の植生がある.

この海岸付近の照葉樹林帯と亜高山帯の間には, 広い落葉広葉樹林が石川県の広い面積を占めている. この代表種のブナは加賀地方ではおおむね標高800 m以上に分布するが, 能登地方では標高300 m程度の低山でもブナが見られる. これらのブナ帯はイヌワシやクマタカなどの大型猛禽類や, ツキノワグマ

などの野生動物の重要な生息地になっている. また, 平野部から山麓にかけてコナラ, アカマツなどの雑木林が広がっており, 春にはカタクリやギフチョウを比較的容易に見ることができる.

これら親潮や白山の影響を受け, 冬季の積雪で特徴づけられる日本海側気候の影響を受ける動植物だが, 一方で近年の地球温暖化等の気候変化により, 特に白山の高山植物や能登半島のブナ林など, 分布の限界で生育する動植物への影響が危ぶまれている. また近年の少雪傾向により, 従来は生息していなかったイノシシやニホンジカが能登へ進出し, 生態系への影響が懸念されている. ［高橋俊二］

【参考文献】
[1] 内山ほか, 1996：研究時報, vol.48, No.2.

福井県の気候

A. 福井県の気候・気象の特徴

1. 福井県の地勢

　福井県は，本州のほぼ中央にあって，西は日本海に面し，北は石川県，東から南東は岐阜県，南から西は滋賀県や京都府に隣接している．福井県は，標高 628 m の木ノ芽峠を境に，北側の嶺北地方と南側の嶺南地方に大きく二分される．「嶺北」「嶺南」とのよび方は，北陸道を往来する際の交通の難所である木ノ芽峠（木嶺）を境に，「木嶺以北」「木嶺以南」とよび始めたことに由来している．嶺北がおおよそ旧越前国，嶺南がおおよそ旧若狭国に相当し，福井県の特徴はひと言で「越山若水」と表現される．これは，越前の緑豊かな山々と，若狭の清らかな水を称えた言葉である．この言葉が表すように，嶺北地方では，平野や盆地が山地に取り囲まれるように存在する．海岸沿いには，隆起による海岸段丘が発達しており，奇岩や断崖が見られる．一方の嶺南地方は沈降性の地形で，若狭湾の陥没によるリアス式海岸と幅狭い沈降山地を主体とする地勢となっている．

2. 福井県の気候

　福井県の気候は，日本海側気候であり，全国的に見ても多雨多雪地帯に属する．冬はほとんど北西の季節風に支配され，大陸からの寒気の吹き出しによりたびたび大雪となる．

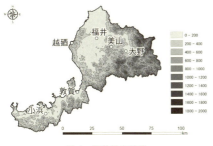

図1　福井県の地形

　福井県全域が，豪雪地帯対策特別措置法に基づく豪雪地帯に指定されており，大野市，勝山市，池田町および南越前町（旧今庄町域に限る）は特別豪雪地帯である．福井県は北陸の中で最も南に位置するが，大陸からの寒気の吹き出しに伴う筋状の雲列が福井県沿岸で収束しやすいことや，対馬海流の影響で沿岸の海面水温が高く水蒸気量の供給が大きいため，この地にも大雪がもたらされるものと考えられる．

　次に，各季節の特徴を述べる．前述したように，他の北陸地方の県同様，福井県の冬は雪におおわれるのが特徴的である．春の特徴としては，発達した低気圧が日本海側を進む際に発生する，フェーン現象があげられる．梅雨期から秋雨期にかけては，福井県は東日本と西日本の中間的な気候といえる．梅雨期と秋雨期の降水量を比較すると，西日本では梅雨期の方が秋雨期よりも多く，東日本では秋の長雨期の方が多い傾向にあるが，福井県ではおおよそ同程度となるためである．晩秋から冬にかけては，晴れたかと思うと雨になり，雨かと思うとまた晴れる，「しぐれ」とよばれる現象が見られる．

　このような季節変化は福井県全体に共通するものであるが，福井県は地形が複雑であるため，その気候は嶺北地方と嶺南地方で大きく二分される上，嶺北地方の中でも，平野の中央と内陸の盆地，沿岸部では異なる気候特徴をもつ．例えば，嶺北地方の平野部を平均的な気候とすれば，内陸の盆地はやや気温が低く降水量が多い一方で，沿岸部や嶺南地方はやや温暖で降水量が少ない．そこで，次に，嶺北地方の平野部を代表する福井の気候を述べ，福井と比較しながら，内陸の盆地に位置する大野，沿岸部に位置する越廼，嶺南地方の小浜の特徴について述べることとする．

(1) 福井の気候

　福井は県庁所在地であり，福井平野の中心部に位置する．図2は，福井における気温および日照時間，月降水量および降水日数の年変化を示したものである．降水のピーク

は，冬季のほか，梅雨前線の影響を受ける7月，秋雨前線や台風の影響を受ける9月にも多くなっている．他の北陸の都市に共通するように，特に冬季に降水量および降水日数が多く，日照時間が短い．これを，ほぼ同緯度で太平洋側に位置する東京と比較すると顕著である．年降水量は2,237.6mmであり，これは東京における1,528.8mmの約1.5倍に近い値である．冬季（12〜2月の3か月間）に限ると，福井の727.4mmは，東京の159.4mmの5倍近くになる．また，年間の日照時間は福井1,619時間，東京1,877時間であるが，これも冬季に限ってみると，福井226.6時間，東京528.3時間と，特に冬季は東京の半分程度しか日照がないことがわかる．また，8月の最高気温は31.8℃，2月の最低気温は0.1℃となっており，東京の30.8℃，1.7℃と比べるとやや夏は暑く，冬は寒い気候となっている．これは，福井平野が，海岸に近い位置にありながら，大きく見

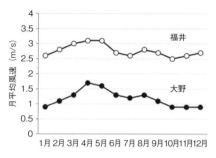

図3 福井と大野における平均風速の変化の比較（平年値を利用）

ると山に囲まれているためであると考えられる．風は南北方向の風が卓越し，3月と6月に北北西の風になるほかは，年間を通して南風が最多風向として現れる．平均風速は3.0 m/s前後である（図3）．

(2) 大野の気候

　大野は内陸の盆地に位置しており，福井に比べてやや気温が低く，1月および2月の最低気温は氷点下にまで下がる．また，盆地ゆえに，年間を通して福井よりも日較差が大きい．年降水量は福井より100 mmほど多い2,339.7 mmであるが，降雪の深さ合計は502 cmであり，福井の286 cmと比べると特に雪の多いことが明らかである．また，内陸の盆地ということもあり，風が弱いことも特徴である．年平均風速は1.2 m/s，10月から1月にかけてはこれを下回る0.9 m/sとなっている（図3）．

　ここ大野でも，ときとして「天空の城」が見られる．「天空の城」とは，城郭が雲の上に浮かぶように見える様子を捉え，観光広報の中で用いられるようになったよび名で，兵庫県の竹田城をはじめ，全国に複数知られている．大野では，10月下旬から4月頃にかけて，前日に雨が降り湿度が高い状態で晴れた早朝に，放射冷却によって冷えた盆地内一面が霧におおわれる．このとき，標高249 mの亀山にある越前大野城が，雲海に浮かぶように観察されるのである（図4）．地形と気候条件が生み出す大野の絶景の1つである．

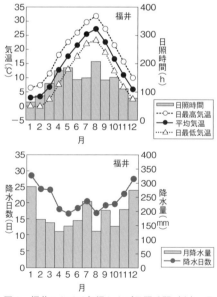

図2 福井における気温および日照時間（上），月降水量および降水日数（下，0.0 mm以上）の年変化（1981〜2010年の平年値を利用．平年値の期間は以下同じ）

図4　雲海に浮かぶ越前大野城

表2　東京および県内の主な観測点における最高気温，最低気温および平均風速の年平均値，ならびに年間の降水量および降雪の深さ合計（平年値を利用）

	最高気温	最低気温	平均風速	降水量	降雪の深さ合計
東京	19.8	11.6	13.2	1,528.8	11
福井	19.0	10.7	2.8	2,237.6	286
大野	18.2	8.9	1.2	2,339.7	502
越廼	18.6	12.4	2.4	2,100.4	－
小浜	19.3	10.4	3.5	1,971.9	179

（3）　越廼の気候

　沿岸部に位置する越廼は，年間を通して比較的日較差が小さく，海洋性の気候を示している．特に冬に温暖で，越廼における2月の最高気温および最低気温は8.0℃，2.5℃となっており，福井の7.4℃，0.1℃と比較すると，最高気温は大きくは変わらないものの，最低気温が2℃以上も高いことがわかる（表1）．年降水量は福井よりもやや少なく，また，積雪も少ないといわれる．冬でも温暖で積雪の少ない気候は，後述する水仙の栽培に適したものとなっている．

　このように，越廼は県内では温暖であるが，すぐ背後にある丹生山地では，気温逓減率が100m当たり1.1℃と，他の地域よりも大きいことが指摘されている（藤原，1966）．すなわち，対馬海流の影響により薄い下層が暖められる一方で，上層はほとんど変質していないため，気温逓減率が大きくな

表1　東京および県内の主な観測点における2月と8月の最高・最低気温（平年値を利用）

		2月	8月
東京	最高気温	10.4	30.8
	最低気温	1.7	23.0
福井	最高気温	7.4	31.8
	最低気温	0.1	23.4
大野	最高気温	5.7	31.2
	最低気温	－2.8	22.1
越廼	最高気温	8.0	30.4
	最低気温	2.5	24.2
小浜	最高気温	7.7	31.8
	最低気温	0.2	22.7

るものと考えられている．

（4）　小浜の気候

　嶺南地方は，嶺北地方に比べてやや温暖で，比較的降雪が少なく，山陰地方の気候に近づいてくるといわれる．小浜における気温は福井の気温と大きくは変わらないが，年降水量は1,971.9mm，降雪の深さ合計は179cmであり，福井のそれよりも少なくなっている．嶺北にも嶺南にも降雪はあるが，福井地方気象台・敦賀測候所（1997）によれば「東北東に進む渦雲は主として嶺北地方に降雪をもたらし，南東に進む渦雲は主として嶺南地方に降雪をもたらしやすい」ようである．

B.　福井県の気象災害

　福井県で発生する気象災害は，雨や風，雪によるものが多い．以下に，過去の代表的な災害事例をあげる．

1.　昭和38年1月豪雪

　1962（昭和37）年12月末から1963（昭和38）年2月初めまでの約1か月間にわたり，北陸地方を中心に東北地方から九州にかけての広い範囲で降雪が持続し，各地で記録的な積雪や冷え込みを記録した．冬型の気圧配置が続く中，上空の非常に強い寒気に伴って日本海で発生した小低気圧が次々と通過したため，平野部での降雪が多くなった（図5）．

　全国的な大寒波であったが，なかでも福井は特に被害が大きかった．福井では，1963年1月下旬の平均気温が－0.9℃，1月31日の最深積雪が213cmとなった．213cmと

図5 昭和38年豪雪時の積雪の様子（上）および雪のないときの同地の様子（下）（越前市提供）

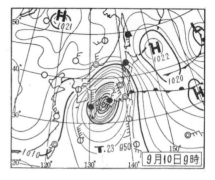

図6 1965（昭和40）年9月10日9時の地上天気図（出典：日本気象協会，1966：天気図10年集成）

いう最深積雪は，全国の県庁所在地の観測所では最も深い積雪の記録であり，それ以降53年間，まだこの記録は更新されていない（2016年9月現在）．この豪雪による被害は，勝山市横倉地区で特にひどく，大規模ななだれ被害により16名が死亡した．県下全域では31名もの死者を数えた．

2.「40・9三大風水害」

1965（昭和40）年9月は，① 10日は台風23号による暴風にさらされ，② 14日から15日にかけては特に旧西谷村を中心とした集中豪雨，③ 17日から18日にかけては台風24号による嶺南地方西部での集中豪雨と，わずか9日間に3回の風水害に見舞われ，福井県全域に甚大な被害をもたらした．これらは「40・9三大風水害」とよばれている．

始まりは台風23号による暴風害である．9月6日に沖ノ鳥島の東海上で発生した台風23号は，10日の12時過ぎに福井県に到達

した（図6）．福井では9月10日13時43分に最大瞬間風速42.5 m/sを記録し，1950年のジェーン台風時の40.7 m/sを抜いて当時の歴代1位を記録した．暴風による建物の倒壊のほか，農作物への被害が大きかった．

続いて14日から15日にかけては，台風24号の北上とともに前線が北に押し上げられ，これに伴い，福井県の九頭竜川上流から岐阜県にまたがる幅15 km，南北に長さ50 km程度の狭い地域に激しい雨が集中し，旧西谷村本戸では総降水量1,044 mmを記録した．この雨により，九頭竜川水系真名川の笹生川ダムでは洪水調整機能を喪失し，さらにはダム本体が決壊の危機に陥った．西谷村の中心部であった中島地区では河川の氾濫および土砂災害により，家屋の9割が流失，あるいは埋没という壊滅的な被害を受けた．その後，下流に真名川ダムを建設し，これにより水没する西谷村は集団離村することとなった．西谷村は1970年6月30日限りで廃せられ，翌日大野市に編入された．

最後は台風24号による豪雨である．17日20時45分に三重県志摩半島に上陸した台風は，日本列島を縦断した．県内では16日午後から再び雨が降り出し，嶺南地方西部では多いところで総降水量400 mmに達した．17日夜から18日朝にかけて，嶺南地方や日

図7　嶺北地方の主な河川

野川流域，九頭竜川流域を中心に，各地で河川が氾濫し，堤防の決壊や橋梁の流失が相次いだ．また，各地で土砂災害も発生した．

これら三大風水害により，死者・行方不明者は33名を数え，罹災者は20万人以上，被害総額は351億円に達する大被害を被った（廣部，1997）．

3.　昭和56年豪雪

1980（昭和55）年12月中旬から降り出した雪は，翌1981（昭和56）年2月下旬までの長期間にわたって北陸や東北地方を中心に降り続き，各地で記録的な積雪を記録した．この豪雪には3回にわたって大雪のピークがあり，1回目は12月27日から31日にかけて（最深積雪は福井：12月29日122 cm，敦賀：12月31日63 cm），2回目は1月4日から1月6日にかけて（最深積雪は福井：1月6日163 cm，敦賀：1月6日111 cm），3回目は1月11日から1月17日にかけて（最深積雪は福井：1月15日196 cm，敦賀：1月15日196 cm）の期間である．特に敦賀では，3回目のピーク時に観測史上1位（2016年9月現在）となる196 cmを記録した．この豪雪による被害は，昭和38年1月豪雪時とは違い，自家用車が普及していたこともあり，国道や高速道路，公共交通機関が機能停止する等の甚大な交通障害が発生した．また，湿った重い雪が大量に降り積もっ

たことから，電力・電話線の断線被害や樹木の折損被害，家屋の倒壊被害も多数発生した．加えて山間地の集落は4 mを超える積雪のため，孤立集落も多数発生した．人的被害は除雪作業中の事故等で死者8名となった．

4.　平成16年7月福井豪雨

2004（平成16）年7月13日に新潟・福島豪雨をもたらした梅雨前線の活動が，16日に再び活発になり，17日夜から18日昼過ぎにかけて北陸地方をゆっくりと南下した（図8）．この梅雨前線に向かって，下層の非常に暖かく湿った空気が日本海を通って流れ込み，福井県や岐阜県に豪雨をもたらした．

特に，18日早朝から昼前にかけて嶺北地方の各地で非常に激しい雨が降り，旧美山町では1時間に96 mmの猛烈な雨が降り，総降水量は7月の降水量の平年値（236.7 mm）を上回る285 mmとなった．また，福井では18日の日降水量197.5 mmを観測した．このため，県内各地で土砂災害が発生したほか，九頭竜川水系の足羽川，清滝川など計9か所で堤防が決壊し（図9），福井市や美山町を中心に床上浸水4,330戸，床下浸水9,842戸となり，死者・行方不明者は5名となった（被害状況は2004年7月28日警察庁調べ）（気象庁，2004）．

足羽川の破堤に関しては，決壊箇所は川がカーブするという地形である上に，福井駅周辺連続立体高架事業のために北陸本線の足羽

図8　2004（平成16）年7月18日9時の地上天気図（出典：気象庁天気図）

図9 足羽川の決壊箇所付近 住家の1階部分がほぼ浸水している様子がうかがえる（福井地方気象台提供）

川鉄橋が2本並んで存在したことや、架替工事中の幸橋の橋脚が多かったことが水を堰き止めてしまい、水が停滞してしまったことなどが原因にあげられている。ただ、左岸の決壊だったため、右岸の中心市街地の被害は小さかった。同じ九頭竜川水系である真名川に関しては、足羽川流域と同程度の豪雨であったが、大野市等では被害が起こらなかった。これは上流の真名川ダム・笹生川ダムの洪水調節機能が有効に発揮されたものであり、足羽川にはダムがなかったことによる影響も大きかったと考えられる。

C. 福井県の気候と風土
1. 嶺北地方と嶺南地方の風土・文化

これまでに述べてきたように、嶺北地方と嶺南地方では地勢や気候といった自然面で大きく二分されるが、雪が降ると一層往来を難しくする木ノ芽峠は、風土や文化の面でも福井県を二分している。例えば、嶺北が石川県など他の北陸の地域との結びつきが強く「福井弁」とよばれる独特の方言を話すのに対し、嶺南は京都や滋賀近江など近畿圏との結びつきが強く、言葉も「関西弁」に近い。

嶺北地方は平野部を中心に稲作が盛んであり、穀倉地帯の1つである。全国的にも有名な「コシヒカリ」は1956年に福井県の農業試験場で誕生した。鯖江市の眼鏡産業も有名であるが、これは、雪に閉ざされる農閑期

の副業として始まったものである。一方の嶺南地方は、平野部が狭く、入り組んだ海岸の湾奥には港が発達する。古来、「御食国（みけつくに）」として豊富な海産物や塩を都へ献上していた歴史がある。また、水揚げされた海産物を加工する技術も発達し、腸を除いた鯖を米糠と塩に漬け込んだ「へしこ」などに代表されるように、若狭独自の食文化が育まれてきた。

以下では、福井県を代表する産業や名産品の中から、福井県の気候と関連があると考えられるものをいくつか紹介する。

2. 越前そば（おろしそば）

福井県の名物の1つともなっている越前そばは、大根おろしを利用することから「おろしそば」ともよばれ、主に嶺北地方で食され親しまれている。

福井県でのそばの歴史は、一乗谷に居城を構えた朝倉孝景が、戦時の非常食として栽培したのが始まりといわれている。また、江戸時代に府中（越前市）の領主となった本多富正が、大根おろしをかけたそばをお抱えの医者や蕎麦打ちに作らせたのが、「おろしそば」の始まりの説の1つとされている。

このように古くからそばを食べていた歴史が残る一方で、福井県で本格的にそばを栽培し始めたのはここ100年ほどのことである。特に近年では福井在来種の栽培に力を入れている。福井在来種は、比較的小粒で香りが強く、出来上がるそばはやや黒っぽく、味も濃いことが特徴である。

福井在来種の生産には、福井の気候と土壌が欠かせない。粘土質の土壌に加え、寒暖差の大きさによりそばに適度なストレスが与えられ、味の良いそばとなる。そばの種まきから収穫までの8月下旬から11月上旬にかけて、寒暖差が大きく、しかしながら28℃を超えるほど暑くなり過ぎず、10℃を下回るほど寒くもなり過ぎない気温がそばの生育に適するといわれている。

そば作りには、栽培期間以外の気候も影響している。冬になるとそば畑も雪におおわれるが、福井の場合は他の北陸の都市と違っ

て，雪が残りやすいという特徴がある．前述したように，福井も平野でありながら内陸性の特徴を併せもっているため，冬に気温が下がりやすいことが影響していると考えられる．このため，雪におおわれたそば畑では虫が死滅し，自然と肥えた土壌をもたらす．輪作により畑を肥やす工夫も行うが，結果として人工的な肥料を使う必要がなく，収穫したそばの実は全粒で挽くことができる．

さらに福井のそばを美味しく仕上げる要素は，そばの実を石臼で挽くとともに，そば粉を適した環境下で保管することである．そばは乾燥すると水分とともに香りも失ってしまうため，挽くときにも保管時にも，ある程度湿度が高いことが重要になってくる．この点については，他の北陸の都市と同様，福井は年間を通して湿度が高い．福井の月平均湿度は4月が最も低く67%，年平均は75%である．例えば東京は年平均で65%である．

以上のように，さまざまな気候条件において，福井在来種はまさに福井で生産されるべき品種であり，福井県のそばを特徴づけるものとなっている．

3. 越前水仙

越前水仙は，12月中旬から2月上旬にかけて開花し，越前海岸の急峻な崖を可憐に彩る（図10）．品種は「ニホンスイセン」であり，別名を「雪中花」ともよばれる．日本海の厳しい風雪に耐えて寒中に咲くスイセンの忍耐強さは県民性にも通ずるといわれ，福井県の花に指定されている．越廼の気候で述べたように，沿岸部は冬でも比較的温暖で積雪が少なく，また，霜が少ないことも成育に適した環境と考えられる．

越前水仙の歴史は古く，室町時代の古文書に将軍家に毎年スイセンが献上されたという記述があり，すでにこの頃から栽培されていたことがうかがえる．現在福井県は，栽培面積では第1位，切り花出荷数では千葉県に次いで第2位を誇るスイセンの産地である．日本海の寒い潮風を受けて育つため，日本各地のスイセンに比べて花がひきしまり，香りが強く，日もちと草姿の美しさが特徴とされ

図10　越前水仙

る．雪が積もっても折れず，雪の重みで曲がっても雪が解ければ起き上がり，すっきりと立つ．また，全体に小ぶりだが，茎が太く凛として，甘い香りが強い．このような特徴を備え，生花として珍重され，関西を中心に中京や関東にも出荷されている．

越前海岸は，兵庫県淡路島，千葉県房総半島の鋸南町と並び，日本の三大スイセン群生地の1つにあげられている．スイセンの原産地は地中海沿岸とされるが，日本へは中国から，日本海側には対馬海流に乗って運ばれてきたものと考えられている．

4. 越前和紙

海流に乗って福井県の地に伝来したと考えられているのは，手漉き和紙の技術も同様である．1,500年前（4から5世紀）に百済から伝わったとされ，この頃からすでに優れた紙を漉いていたことが正倉院の古文書にも記されている．

越前和紙の産地，越前市の五箇地区には，岡本川を流れる清流と，楮（こうぞ）や雁皮（がんぴ）などの手頃な原料が手に入りやすい環境にあったことから，福井県の中でも特にこの地に紙漉きが定着したものと考えられる．紙漉きに不可欠な水は，清流であるのみならず，軟水であることも肝要である．水や植生はその土地の土壌や気候と関連することから，間接的には福井県の気候も関連していると考えられる．

初めは仏教の普及のため，写経に用いる紙を漉いていたようであるが，公家や武士階級

が大量の紙を使用するようになると，紙漉きの技術，生産量ともに向上した．やがて「越前奉書」など最高品質を誇る紙の産地となり，幕府や領主の保護を受けて発展した．越前和紙は，日本最古の藩札である「福井藩札」に使われたほか，明治新政府が発行した「太政官札」にも採用された．その後，印刷局紙幣寮の設置により，日本の紙幣と越前和紙は密接な関係が生まれた．

美濃和紙（岐阜県）や小川和紙（埼玉県），八女和紙（福岡県）など，全国の他の名だたる和紙産地には，越前和紙から技術が伝わったところが多い．現在，越前和紙は，品質，種類，量いずれも日本一の和紙産地として生産を続けている．

5. ミカンと若狭ふぐ

前述のように嶺南地方は嶺北地方に比べてやや温暖であり，生産の「北限」，すなわち，これより北の寒い地域では生産が難しいとされてきたものがある．

例えば，敦賀市北東部の東浦地区では，江戸時代よりミカン栽培が行われている．現在では，より北の地域でも生産されているが，かつては敦賀が北限地といわれてきた．ここでのミカン栽培は，江戸時代後期，敦賀生まれの金井源兵衛が，特産品を作って農家の暮らしを豊かにしようと，気候や土の条件を考慮し，ミカン作りを推奨したことに始まる．明治時代には敦賀港からロシアのウラジオストクに向けて大量に輸出され，主要な輸出品ともなった．今では生産量は大幅に減少したものの，ミカン狩りが楽しめるなど，敦賀の名産品として親しまれ続けている．

また，トラフグの養殖も福井県が北限である．敦賀市や小浜市をはじめ若狭湾の沿岸地域一帯で養殖が行われており，「若狭ふぐ」というブランドとして県内外へ出荷されている．なお，温暖化により海水温が上昇すると，これより北の地域でも養殖に適した地域が現れるものと予測される（桑原ほか，2006）など，気候の変化とともに，今後こういった「北限」は変化していく可能性がある．

[北畑明華，日下博幸]

【参考文献】

[1] 気象庁，2004：災害時気象速報　平成16年7月新潟・福島豪雨及び平成16年7月福井豪雨，25p.

[2] 桑原久美・明田定満・小林聡・竹下彰・山下洋・城戸勝利，2006：温暖化による我が国水産生物の分布域の変化予測，地球環境，11-1，49-57．

[3] 実業之日本社，2015：意外と知らない福井県の歴史を読み解く！福井「地理・地名・地図」の謎，199p.

[4] 敦賀市ホームページ（http://www.city.tsuruga.lg.jp/index.html）．

[5] 廣部雄一，1997：福井県「40.9三大風水害」，砂防学会誌，49-6，53-57．

[6] 福井県ホームページ（http://www.pref.fukui.jp/index.html）．

[7] 福井県文書館ホームページ（http://www.library-rchives.pref.fukui.jp/）．

[8] 福井地方気象台・敦賀測候所　百年誌編集委員会，1997：福井県の気象百年，367p.

[9] 藤嶺緑郎，1966：越前海岸地域の気象，日本自然保護協会調査報告，26，5-16．

長野県の気候

A. 長野県の気候・気象の特徴

　長野県は本州中央の内陸部に位置する（図2）．長野県は一般に平野部と比べ標高が高いため気温が比較的低い．北海道を除く46都府県のうち岩手県，福島県に次ぐ面積をも

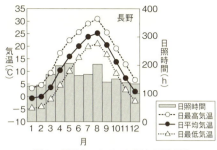

図3　長野市における気温と日照時間

図1　長野県の地形

図2　長野県の位置

ち，南北に長い．さらに北アルプス，中央アルプス，南アルプス，八ヶ岳，浅間山，御嶽山などの山があり，それら山地の間に伊那谷，松本盆地，佐久盆地，長野盆地などがあるように複雑な地形を有する．そのため，同じ県内であっても気候の違いが見られる．長野県では「北部」「中部」「南部」の3つの区分で天気予報が出されることが多い．それぞれ，長野，松本，飯田を中心とする地域に相当する．以下，この3つの地域の気候を見てみる．

1. 長野の気候

　長野市は県北部に位置し（標高362 m），総人口389,752人の長野県最大の都市である（2015年6月1日現在）．冬の冷え込みは標高が高いため，他の内陸県と比較して厳しく，1月の平均気温を見ると氷点下である（図3）．12月になると雪も降り，2月には路面が雪でおおわれることがあり，スタッドレスタイヤなしでは車の運転はできない．また夏の日中は30℃を超える日もよくあり，夏の最高気温は東京の気温と大きく変わらない．一方，朝晩は涼しく，通風を上手に利用すればエアコンは必要ない．

　長野の降水量は，夏季に多く冬季には少ない傾向がある．年降水量の平年値は932 mmで，東京の2/3程度と少ない（図4）．そのため，市内にはため池がいくつも存在する．

　最高気温と最低気温の差を4月で比較すると，長野は12.4℃であるのに対し，東京は8.1℃である．長野は日較差が大きいといえる．また，平均気温が最も高い月は8月

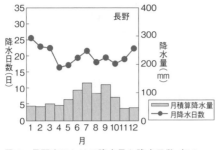

図4　長野市における降水量と降水日数（0.0 mm以上）

であり，低い月は1月である．両月の気温差は長野では25.8℃であるのに対し，東京は21.3℃である．このように気温の年較差も大きい．

2. 松本，飯田の気候

松本市，飯田市の気候を長野や東京と比較しながら見てみる．松本市は長野県中央に位置し，標高約600 mと長野市よりもさらに200 m高い．飯田市は長野県南部に位置し，標高は500 m程度である．年平均気温で比べると，松本が最も低く，飯田が一番高い．月平均気温が最も高い8月で比べると，長野が一番高くなっている．月平均気温が最も低い1月で比べると最も高いのは飯田で，最も低いのは長野となっている．長野県の地点はいずれも東京と比べ，気温は低い（表2）．

降水量は長野が7月に最も多いが，他の都市は9月に多くなっている．降水量が最も少ない月は長野が11月であり，その他は12月となっている．年降水量では，長野が最も少なく飯田が最も多い．特に飯田は東京よりも降水量が多い．このように，降水量については長野県内も地点間で違いが大きい（表3）．

平均風速については，県内の3地点ともに4月が最も大きく，最も小さい月は長野が12月，松本と飯田が10月となっている．年平均風速で比べると長野が最も大きいが都市間の違いは最大0.3 m/sと大きくない．むしろ長野県の地点はいずれも東京と比べ，風は弱い（表3）．

郊外と比べ市街地が高温になるヒートアイランド現象は，長野県のいろいろな都市でも調べられている．長野市や松本市はもちろん，小布施町のようなところでも明瞭にヒートアイランドは出現している．図5は，晴天静夜における飯田市街地内外の気温分布で

表1　東京と長野県の都市における平均気温（平年値，1981 ～ 2010 年，単位：℃）

気温	1月	2月	3月	4月	5月	6月	7月	8月	9月	10月	11月	12月	年平均
東京	6.1	6.5	9.4	14.6	18.9	22.1	25.8	27.4	23.8	18.5	13.3	8.7	16.3
長野	-0.6	0.1	3.8	10.6	16.0	20.1	23.8	25.2	20.6	13.9	7.5	2.1	11.9
松本	-0.4	0.2	3.9	10.6	16.0	19.9	23.6	24.7	20.0	13.2	7.4	2.3	11.8
飯田	0.8	2.1	5.6	11.7	16.4	20.3	23.9	25.1	21.2	14.4	8.2	3.2	12.8

表2　東京と長野県の都市における降水量（平年値，1981 ～ 2010 年，単位：mm）

降水量	1月	2月	3月	4月	5月	6月	7月	8月	9月	10月	11月	12月	年平均
東京	52	56	118	125	138	168	154	168	210	138	93	51	1,529
長野	51	50	59	54	75	109	134	98	129	83	44	46	933
松本	36	44	80	75	100	126	138	92	156	102	55	28	1,031
飯田	63	77	137	127	158	203	216	139	219	134	87	52	1,612

表3　東京と長野県の都市における平均風速（平年値，1981 ～ 2010 年，単位：m/s）

風速	1月	2月	3月	4月	5月	6月	7月	8月	9月	10月	11月	12月	年平均
東京	3.4	3.6	3.8	3.6	3.4	3.1	3.1	3.2	3.3	3.2	3.1	3.2	3.3
長野	2.0	2.2	2.8	3.0	3.0	2.7	2.4	2.6	2.5	2.4	2.1	1.9	2.5
松本	2.2	2.2	2.5	2.7	2.7	2.2	2.3	2.3	2.1	1.9	2.2	2.2	2.3
飯田	2.0	2.4	2.6	2.7	2.5	2.2	2.2	2.2	1.9	1.7	1.8	2.0	2.2

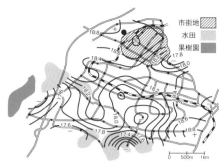

図5 飯田市街地内外の気温分布（2013年9月20日23時，●はアメダス飯田を示す．北北西の風，0.8m/s，天気晴れ）

ある．飯田駅周辺の市街地と東部の住宅地には高温部が見られ，南部西部の果樹園や水田域に低温部が認められる．地球温暖化のバックグラウンド値を見積もるために，気象庁では都市化の影響が比較的小さい15地点を選んでいる．その1つの地点が飯田である．観測地点は飯田駅西側に隣接する住宅地の一角に位置する．郊外の低いところと比較すると1℃以上高くなっている．この値は年間を通した平均値ではなく，特定日の夜間の値であるが，地球温暖化の程度も1～2℃程度なので，都市化の影響が比較的小さい地点として取り扱うには注意が必要であろう．

3. 長野県の降水量分布

　長野県における年降水量分布を見ると，長野県は周辺の県と比べ降水量が少ない（図6）．特に長野，上田，佐久にかけては年間1,000mm以下と少ない．南木曽のような県南部では，降水量が2,000mを超えるところがある．また，新潟県境の長野県北部や岐阜県との境の長野県西部にも降水量が2,000mを超えるところが広がり，これらは豪雪地帯に相当する．県の南北で降雪条件が異なり，北部では西高東低の冬型のとき，中部および南部では関東・東海地方で雪を降らせる南岸低気圧が通過する際に大雪を降らせる．降水量の少ない長野や松本でも雪が降ることがあり，冬季の気温は低いので，雪が積もるとなかなか解けない．自動車はスタッド

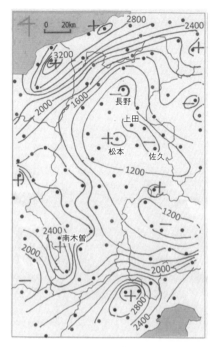

図6 長野県における年降水量分布（平年値，1981～2010年，単位mm）

レスタイヤに履きかえ，のろのろ運転になり，通勤に時間がかかるようになる．

B. 長野県の自然災害

　2011年から2014年における，長野県で発生した主な災害を表4に示す．気象に関わる災害は8件中4件と半数で，台風と大雪によるものとなっている．その中で被害が大きいのは大雪で，台風による被害は少ない．ここでは，2006（平成18）年7月豪雨と2014（平成26）年2月の大雪災害について見てみる．

1. 2006（平成18）年7月豪雨

　2006年7月上旬は梅雨前線が活発で，西日本や東日本太平洋側で平年を上回る降水量が記録された（気象庁，2006）．17日から24日にかけて長野県から北陸，山陰地方の各地で豪雨に見舞われた（図7）．長野県王

表4 2011年から2014年における長野県で発生した主な災害

年	災害	主な場所	状況
2014年	11月22日発生の神城断層地震	県北部（白馬村ほか）	重傷10名，軽傷36名，家屋全壊36棟など
2014年	火山噴火	木曽御嶽山	死者57名，行方不明6名，重傷27名，軽傷32名
2014年	台風8号に伴う大雨による土砂流出	南木曽	死者1名，軽傷3名，家屋全壊10棟など
2014年	2月14日からの大雪	全県	自衛隊災害派遣，死者4名，重傷20名，軽傷37名
2013年	台風18号（9月15〜17日）	全県（小諸ほか）	軽傷2名
2012年	7月10日発生の地震	県北部（中野市ほか）	重傷1名，軽傷2名
2012年	雪害	県北部（上田市ほか）	死者8名，重傷8名，軽傷37名
2011年	6月30日発生の地震	県中部（松本市ほか）	死者1名，重傷3，軽傷14
2011年	3月12日発生の地震	県北部（栄村ほか）	死者3名，重傷12名

滝村御嶽山では，7月15日から21日までの7日間の総降水量が701 mmであり，19日から21日12時までの72時間降水量では御嶽山が554 mm，諏訪が370 mmと長野県中部と南部に降水量が多いところが広がった．

人的被害が県別で最も多かったのは長野県であり，長野県の死者行方不明者12名のうち8名が岡谷市で生じていた．現地調査を行った牛山（2006）によれば，土砂災害による犠牲者が目立った．避難中の死亡や，降雨終了後に川の様子を見に行っての遭難も見られたが，「自宅から逃げ遅れての溺死」は皆無で，「高齢者が自宅で土砂災害により死亡」は全体の3割だった．水位情報をもとにした早期避難や，要援護者（高齢者）支援は重要であるが，それによる被害軽減量は限界があると示唆している．

2. 2014（平成26）年2月の大雪災害

2014年2月14日からの大雪では，長野の最深積雪は62 cm，松本は75 cm，飯田は81 cm，諏訪は52 cm，軽井沢は99 cmとなり，なかでも飯田と軽井沢は観測史上最深となった．2月13日に南西諸島で発生した低気圧は，本州の南海上を北東に進んだ．中心気圧は14日9時には1,010 hPaであったが，15日の9時には996 hPaまで発達した（図8）．南岸低気圧と上空の寒気の影響により，14日夜から15日を中心に降雪が強まり，県内では記録的な大雪になった．

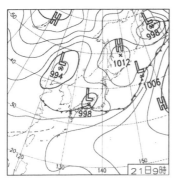

図7 2006年7月21日の地上天気図（出典：気象庁ホームページ「日々の天気図」）

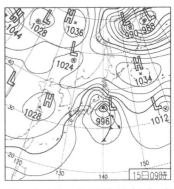

図8 2014年2月15日の天気図（出典：気象庁ホームページ）

当日，関東甲信地方を中心に大雪があり，最深積雪は甲府114 cm，前橋73 cm，熊谷62 cmなど甲信〜東北の15地点で観測史上1位を更新した．東京でも27 cmの積雪を観測するなど大混乱になった．

長野自動車道，上信越自動車道，中央自動車道は2日以上にわたり通行規制され，県内の主要国道である18号，19号，20号の道路の中には除雪が間に合わず，通行規制がかけられた．最大滞留車両台数は国道18号で約400台，国道20号でも400台となり多くの車が立ち往生した（国土交通省長野国道事務所調査）．そのため，陸上自衛隊が派遣される事態となった．JR長野新幹線は2月15日の始発から運休し，完全運転再開は2月16日夜となった．JR中央東線，JR小海線も相次いで運休した．孤立集落が6市町村14地区（105世帯293名）で発生し，さらに茅野市，軽井沢町，御代田町，富士見町において避難所が開設された．

C. 長野県の気候と人々の暮らし

1. 避暑地軽井沢

軽井沢町は，長野県の東端に位置し，浅間山（標高2,568 m）の南東斜面，標高900〜1,200 m地点に広がる高原の町である．長野県の中でも標高が高く，避暑地として人気がある．軽井沢の月平均気温は東京より6〜9℃ほど低い（図9）．明治維新後，極東の未知の国に惹かれて多くの外国人が日本にやってきた．彼らは事業を成功させ，教育や技術を教え，信仰を説いた．だが，彼らにとって苦痛だったことは「東京の耐えがたいほどの暑さと湿度の高さ」だった（宮原，2009）．そこで，外国人は東京から比較的近くにある涼しい軽井沢に，主として夏季に滞在するようになった．これが避暑地軽井沢の始まりである．避暑地としての軽井沢を見出し広めたことで知られる宣教師アレキサンダー・クロフト・ショー氏は，軽井沢のもつ気候風土を "hospital without roof"（「屋根のない病院」）とよび，天然のサナトリウム（療養所）だといって，軽井沢の風土を賞讃

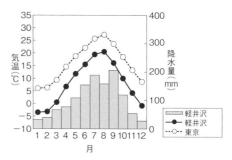

図9　軽井沢と東京の気温と降水量

図10　野辺山高原における高原野菜の栽培

している（軽井沢観光協会，2011）．

軽井沢はよく霧が出ることでも知られ，年間平均120日も霧が発生する（軽井沢町役場ホームページ）．このため，湿度が高く軽井沢の庭には苔がよく育つ．

2. 高原野菜

長野県の東端の南佐久郡南牧村に属する野辺山高原は，標高1,000〜1,500 mの高冷地である．年平均気温は8℃前後，年降水量は1,500 mm弱で，盛夏でも30℃を超えることはほとんどない（表5）．この冷涼な気候および大きな日較差を活かして高原野菜を生産している．特に暑さを苦手とするレタス，白菜，キャベツなどの野菜を，当地区は夏場（6月から10月）でも生産できる利点がある．南牧村および隣接する川上村は日本でも有数のレタスの産地となっている（図10）．

3. 木曽ヒノキ

ヒノキは優良な建材として有名である．木

表5　野辺山の気温の季節変化（平年値，1981 ～ 2010 年，単位：℃）

月	1月	2月	3月	4月	5月	6月	7月	8月	9月	10月	11月	12月
平均気温	−5.3	−4.9	−0.8	5.6	10.6	14.5	18.4	19.2	15.2	8.8	3.5	−2.0
最高気温	−0.1	0.5	4.7	11.9	16.5	19.5	23.1	24.2	19.8	14.1	9.1	3.4
最低気温	−11.9	−11.5	−6.7	−0.6	47	9.9	14.5	15.2	11.2	3.8	−2.1	−8.1

表6　木曽福島の気温の季節変化（平年値，1981 ～ 2010 年，単位：℃）

月	1月	2月	3月	4月	5月	6月	7月	8月	9月	10月	11月	12月
平均気温	−1.7	−0.9	3.1	9.3	14.4	18.3	21.8	22.8	18.9	12.3	6.2	1.0
最高気温	4.1	5.4	9.7	16.6	21.4	24.4	27.5	29.2	25.1	19.4	13.4	7.4
最低気温	−7.0	−6.5	−2.7	2.5	7.9	13.4	17.6	18.4	14.5	7.3	0.9	−4.0

材の肌目の美しさ，抗菌性，優れた耐久性のため，寿司桶，しゃもじ，まな板などの木工製品も人気がある．ヒノキの香りにはリラックス効果が認められて，入浴用桶や入浴用椅子にも利用される．ヒノキは福島県東南部以南の本州，四国，九州に分布し，尾鷲，吉野，天竜，和歌山などが比較的有名である．古くから仏閣や神社を建てるための木材としてヒノキは用いられていた．木曽ヒノキは，標高が高く冬の寒さが厳しい御嶽山の南の山地から岐阜県にかけて生育する．表6は木曽福島における気温の季節変化である．冬の最低気温は−5℃以下になる．そのため，木の成長も遅く，一般的なヒノキと比べ同径木となるまでには3倍もの時間がかかり，年輪のよく詰まった優良な木材になる．

4．諏訪地方の寒天

寒天は海草から作られる．海のない長野県で海草を原材料にした製品が作られているのは不思議な感じがするが，長野県は寒天の生産日本一といわれる．

現在売られている棒寒天は海草（テングサ）を煮つめて濾過して固め（＝トコロテン），これを棒状に切って，日当たりの良い平地に並べたスノコの上に置く．気温が下がる夜間ほど，寒天液が凍りやすくよく固まる．そして，昼間よく晴れる日が続けば，水分が抜けて乾燥する．表7を見るとわかるように，諏訪地方は1月の最低気温が低いため自然の力で凍結させることができる．さらに内陸のため晴天日数が多く，天日乾燥できる寒天の製造に適した土地だった．四角い

表7　1月の最高気温と最低気温
（平年値，1981 ～ 2010 年，単位：℃）

1月	東京	長野	諏訪
最高気温	9.9	3.5	3.6
最低気温	2.5	−4.1	−5.9

棒状の角寒天が天日にさらされる風景は，冬季の諏訪地方の風物詩の1つである．

5．川中島の戦い

川中島の戦いは日本の歴史の中では有名な合戦の1つである．川中島は善光寺平とよばれる盆地にあり，千曲川と犀川が合流する場所にある．長野駅からバスで30分ほどのところに川中島古戦場として八幡原史跡公園がある．この公園の北西端にある八幡社は山本勘助が海津城を築くときに水除け八幡として，この地に勧請したと伝えられる（『甲越信戦録』）．

川中島の戦いは5回あったとされ，なかでも熾烈を極めた第四次川中島の戦いのとき，武田信玄が八幡原に本陣を構え，上杉謙信との激戦場になった．1561（永禄4）年9月10日（現行歴では10月28日）に，それまで対峙していたが，戦いが始まる．未明に，川中島一帯に朝霧が発生した．これにより部隊の行動が見えなくなった．武田別働隊12,000名は上杉本隊が待機していた妻女山に奇襲攻撃を仕掛ける．武田本隊8,000名は妻女山を降りてくる上杉軍を迎え撃つために，八幡原に移動した．しかし，上杉本隊7,800名が前夜22時頃ひそかに妻女山を下り，八幡原に移動する．上杉直江隊1,500名

表8 長野における月別霧日数の平年値 (1981 ～ 2010 年)

1月	2月	3月	4月	5月	6月	7月	8月	9月	10月	11月	12月
1.4	1.0	0.6	0.5	0.1	0.4	0.5	0.1	0.4	1.4	2.8	1.9

は八幡原近くの丹波島に移動した. 信玄は霧の中に人馬の音がするのを不審に思い, 濃霧の中, 偵察を出し, 敵兵がいることに気づき, 武田軍は浮き足立つ. 朝6時頃の出来事であった. 上杉本隊は武田軍に攻撃をかけ, 両軍が激突し, 上杉謙信が武田本営に切り込み, 一騎打ちを果たす. 武田軍は劣勢であったが, 次第に霧が晴れて, 武田別働隊が妻女山を下り上杉軍の背後を突くと優勢になり, 上杉軍は総崩れになり徐々に退却していった.

「お湯殿の上の日記」によると, 9月8日には日中雷があり, 雨が降ったとされる. その後天気の記載がないことから, 9月8日には寒冷前線が通過し, その後高気圧が移動してきて比較的穏やかな天気で, 朝霧が発生する天候であったと吉野 (2006) は推測している. 当地域は霧が発生しやすいところかを調べるために, 長野における月別霧日数を表8に示す. 第四次川中島の戦いがあった10月を見ると, わずか1.4日であり, 年間でも11日である. 第四次川中島の戦いのときに川中島一帯に霧が発生したようであるが, 現在の気候と当時の気候に大きな違いがないのであれば, 珍しい機会だったとなる.

ただし, 当時の川中島の戦いがあった頃の気候を推定するには, 2つの問題点がある. 1つは, 現在の長野の気候と当時の気候が同じであったと仮定できるのかということである. 400年以上も前のことである. 当時は気象観測が行われていないので, 別の方法で確かめる必要があるだろう. もう1つは, 霧の観測が行われている長野地方気象台は長野駅北側に位置し, 川中島とは長野駅をはさんで10 kmほど離れている. 長野地方気象台は市街地の高台に位置しているのに対し, 川中島合戦場は一級河川の千曲川が隣接する. 比較的大きな河川の存在は, 水蒸気の大気への補給に関係する. 場所による差異はないの

か検討することも必要であろう. [榊原保志]

【参考文献】
[1] 牛山素行, 2006：平成18年7月豪雨による災害の特徴——長野県における被害を中心として. 平成18年度河川災害に関するシンポジウム資料.
[2] 軽井沢観光協会, 2011：軽井沢検定公式テキストブック. 軽井沢新聞社, 1-305.
[3] 軽井沢町役場ホームページ (http://www.town.karuizawa.lg.jp/www/contents/1001000000280/index.html (2015年3月9日参照)).
[4] 気象庁, 2006：日々の天気図, No.54, 天気, 30-31.
[5] 関口武, 1959：日本の気候区分, 東京教育大学地理学研究報告, 3, 65-78.
[6] 宮原安春, 2009：リゾート軽井沢の品格——軽井沢はなぜ高級別荘地になったのか, 軽井沢新聞社, 1-205.
[7] 吉野正敏, 2006：気候に歴史を読む, 学生社, 1-197. 川中島合戦の気象・気候, 111-121.
[8] http://www.disaster-i.net/notes/20070306kasen.pdf (2016年9月26日閲覧).

山梨県の気候

A. 山梨県の気候・気象の特徴

　山梨県は本州中央の内陸部に位置する内陸県である（図2）．山梨県の気候は一般に夏は暑く冬は寒い気候である．空気は乾燥し降水量は少ない．山梨県の面積の8割が山岳地であり，可住面積は全国45位と少ない．人々が多く住む甲府盆地の平均標高は300m程度である．南に富士山，西に南アルプス，北に八ヶ岳，東に関東山地に囲まれる．県内を見ると笹子峠などの峠で分断され，気象情報では，「中西部」「東部富士五湖」に区分される．前者は甲府盆地，八ヶ岳山麓，富士川流域などを，後者は山梨県東部の都留市，大月市，上野原市および富士五湖などをさす．

1. 甲府の気候

　甲府市は甲府盆地の中央部に位置し，総人口192,876人（2015年7月1日現在）の山梨県最大の都市である．甲府では，1年を通して日照時間の変化は小さい（図3）．平均気温，最高気温，最低気温は1月から8月にかけて徐々に高くなっている．冬の冷え込みはやや厳しいが，一番低温である1月の平均気温でも氷点下ではない．日本海側から吹く北寄りの風は山を越えるときに水蒸気を放出し，甲府盆地では乾燥する．そのため，

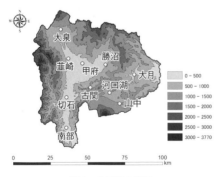

図1　山梨県の地形

図2　山梨県の位置と気象観測点

冬型の気圧配置になると，雨は少なく，日中は晴れるので，比較的気温が上がり，真冬日はほとんどない

　甲府地方気象台のサクラ（ソメイヨシノ）標本木は平年3月27日に開花する．これは東京の平年値と比べ1日遅いだけである．当地区の梅雨入りは平年6月8日頃で，7月21日頃に梅雨が明ける．

　真夏日や熱帯夜の日数はそれぞれ65.5日，4.0日である．日中は暑いが朝夕は涼しい．これは甲府が日較差が大きくなる内陸盆地に位置していることに関係する．2013（平成25）年8月10日に甲府で40.7℃が観測された．甲府は，たびたび猛暑日に見舞われ，日中の暑さで甲府がニュースになるほど夏の暑さは厳しい地点の1つである．

　9月は年間で最も降水が多く見られる月である．秋雨前線の影響や台風の影響で雨が多い．その後，秋になると紅葉の季節を迎え

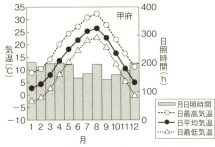

図3 甲府市における気温と日照時間

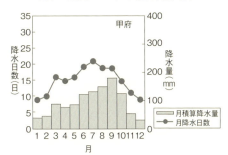

図4 甲府市における降水量と降水日数（0.0 mm
以上）

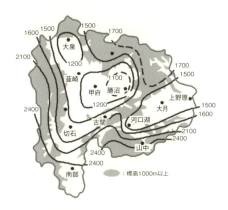

図5 山梨県の年降水量分布（出典：甲府地方気象
台ホームページ）

る．イチョウの黄葉の平年日は11月12日，
カエデ（イロハカエデ）の紅葉は11月26
日である．11月から2月は降水量が極端に
少なく（図4），それに伴い降雪も少ない．

2. 東部富士五湖の気候

　東部富士五湖地方で，自動気象観測が行わ
れている4つの観測地点における平年値を
示したのが表1である．これらの観測地点
の特徴には，中西部と比べ標高が相対的に高
いことがある．中西部の甲府は300 m以下
であるのに対し，東部富士五湖の山中や河口

表1　東部富士五湖地方の気象（平年値，**は観
測なしを示す）

アメダス	年降水量 (mm)	年平均気温 (℃)	年間日照時間 (hour)	年間降雪量 (cm)	年最深積雪 (cm)
大月	1,406.5	13.0	1,862.0	**	**
河口湖	1,568.1	10.6	1,955.4	103.0	35
山中	2,275.7	9.0	1,760.7	**	**
古関	1,675.7	12.0	1,802.6	**	**

湖は標高800 mを超える．そのため，甲府
の年平均気温が14.7℃に対し，東部富士五
湖地方の地点は9～13℃と低い．年降水量
は，甲府が1,135.2 mmであるのに対し，東
部富士五湖地方の地点は1,400 mm以上と
多い．当然冬季の積雪も多い．

3. 山梨県の年降水量分布

　山梨県における年降水量の分布を示したの
が図5である．図中の・印は気象庁の降水
量観測地点である．図からわかるように，盆
地底では少なく，特に甲府の東に位置する勝
沼は1,100 mm以下となる少雨地区である．
一方，山梨県を囲むように存在する標高の高
いところで多雨となっている．なかでも富士
五湖地方や「南部」がある富士川流域は降水
量が多い．

4. 山梨県の風

　盆地の場合，周辺が山に囲まれているの
で，風は弱く，日中は山地斜面を吹き上がる
谷風，夜間は山から吹き降りるような山風が
吹く．そのため，地上風は周辺の地形の影響
を受け，風向分布は複雑になる．
　冬季の季節風はよく見られる．これは
「八ヶ岳おろし」「笹子おろし」といわれて，
強風そのものの他に異常気象をもたらすこと
が多い．夜間は少なく，9時頃から次第に増
し11時と14時から16時頃に極大が現れる．
吹き出しは必ずしも前線の通過と一致せず，

むしろ寒気団内に入って日の出後数時間から吹き出すことが多い．吹き終わりは16時頃から急に多くなり22時頃まで続く（甲府地方気象台，1970）．

B. 山梨県の気象災害

　山梨県は南端に富士山，西に南アルプス，北に八ヶ岳，東に関東山地で囲まれ，日本列島を南から北上する台風や低気圧から守られ，比較的気象災害が少ない．甲府地方気象台（1970）によると，「山梨県は内陸でしかも周囲を山岳で囲まれているので，台風による強風は吹きにくい．しかし発生後間もない台風が山梨県を通過するときや，強い台風が接近するときは強風が吹く．西日本に上陸して内陸を東進してくる台風は，山岳のために台風の中心が分裂してあまり吹かない．」とされる．とはいえ，災害はないわけではなく，被害を受けている．ここでは1966（昭和41）年の富士山麓における土石流による大被害と2014（平成26）年の山梨県全域の大雪被害について紹介する．

1. 1966（昭和41）年の富士山麓における土石流による大被害

　9月22日に発生した台風26号は，速い速度で北上し，25日0時過ぎに静岡県御前崎に上陸し，同日9時には三陸沖に抜けた．御前崎（静岡県御前崎町）では最大風速33.0 m/s，最大瞬間風速50.5 m/sを観測するなど，東北南部から静岡県にかけて暴風が吹いた．静岡県の北部から山梨県にかけての山間部では，1時間に60〜100 mmの大雨となり，期間降水量も200〜400 mmの大雨となった．山梨県では，河川の急激な増水や大規模な土石流により多数の死者が出た．特に当時の足和田村（現・富士河口湖町）など，富士山の山麓では被害が大きく，山梨県の死者・行方不明者は170名以上となった．

2. 2014（平成26）年の山梨県全域の大雪被害

　2014（平成26）年2月上旬から中旬にかけて，低気圧が日本の南岸を周期的に通過したことから，雪や雨が降り，14日から15日

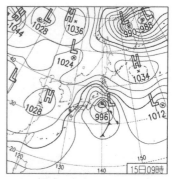

図6　2014（平成26）年2月15日9時の天気図（出典：気象庁ホームページ）

にかけて大雪となった（図6）．最深積雪が甲府で114 cm，河口湖で143 cmとなり，過去の記録を大幅に上回る記録的な大雪となった．

　大雪の影響で山梨県内外の交通が不通になり，一時流通が途絶えた．落雪，車内での一酸化炭素中毒，凍死などにより5名が亡くなり，重傷者37名，軽傷者70名に達した（山梨県防災危機管理課，2月17日）．建物被害は，全壊13棟，半壊43棟，一部損壊344棟であった．中央線，小海線，富士急行線は全線運休，身延線は身延駅から甲府駅間ですべて運休となった．

　県内の物流は滞り，スーパーマーケットやコンビニエンスストアの棚から商品がなくなる事態が起こった．特に，野菜やパンなどの食料品がいち早くなくなり，生活する上で支障をきたした．

　人口が集中する甲府盆地では，年間雪日数の平年値が11.8日と積雪は少ないので，雪かきの道具を保有していない家庭が多い．当日は未曾有の大雪ということで，道路の除雪が間に合わず，自動車での移動もできない状況であった（図7）．そのため，外出を控える家庭が多かった．人工透析のために病院に通わなければならない患者に対しヘリコプターが出動し，病院に運ぶ対応もされた．

図7　大雪の様子（山梨県中巨摩郡昭和町，2014年2月16日撮影）

図8　塩山市勝沼地区の斜面（2015年5月撮影）

図9　干し柿（2015年11月撮影）

C.　山梨県の気候と人々の暮らし

　1877（明治10）年に開催された第1回「内国勧業博覧会」で製作された錦絵集『大日本物産絵図』において，甲斐国の特産物として「葡萄づくり」と「枯露柿」が紹介されている（平山，2015）．これらのものは江戸時代からすでに特産品として知られていた．

1.　葡萄づくり（ブドウの栽培）

　これまで述べてきたように山梨県の気候は，①「昼と夜」の1日の気温差が大きい，②年間の日照時間が長い，③年間の降水量が少ない，という内陸性気候である．この自然条件がブドウの栽培に適している．

　日照時間が長いと葉は太陽の光をたくさん浴びることができ，ブドウ糖，果糖などの炭水化物を作ることができる．成熟果実の糖含量の大小は，食味という点で極めて重要な要素である（松井，1981）．また，夜間が冷えることは，炭水化物が無駄に使われず，貯えられる利点がある．

　また，ブドウにとって，降水は望ましくない現象である．ブドウの果実の表面に水分が一定期間付着すると，カビが発生しブドウが腐ってしまうからである．ブドウの栽培で有名な勝沼地区は，南向きの傾斜した地面が多く（図8），日がよく当たる．降水があっても表層水として速やかに下方に流し，火山灰土壌のため，雨水が地面にしみこみやすい．そもそも，図5を見るとわかるように，勝沼地区は降水そのものが少ない．その結果，空気は乾燥しカビが生えにくい．これはブドウ栽培に好都合な気候条件である．収穫したブドウは生食の他，ワインとして生産され，勝沼ワインや甲州ワインなどが知られている．

2.　枯露柿（ころがき）

　山梨県の冬は，よく晴天になり湿度も低いため，干し柿の生産に適している．全国の地方気象台の年間日照時間を比べると，山梨県が全国第1位の長さである．山梨県は2,183時間であり，全国の地方気象台の年間日照時間平均値の1.15倍である．生産の季節になると，塩山周辺の多くの家の軒先に干し柿がつるしてあり，独特の雰囲気をかもし出す（図9）．

　柿は一般的には渋みがあるが，これは果実に含まれるタンニンの内容物が水に溶けやすく，切ったり口でかんだりしたときにその内容物が出てくるからである．焼いたり，干したりするとタンニンがアセトアルデヒドと結合して不溶性になる（鈴木，2015）．そのため，（渋抜きがされて）渋味がなくなり，甘

表2 山梨県におけるメガソーラー設置市町村と設置数（PVeyeWEBの掲載資料をもとに作表）

市町村	設置数
韮崎市	4
北杜市	11
上野原市	1
甲斐市	2
南アルプス市	3
身延町	1
富士河口湖町	1
市川三郷町	1
甲府市	4
大月町	1

表3 山梨県の観測地点と年間日照時間

観測地点	日照時間
大泉	2,217.7
甲府	2,183.0
勝沼	2,163.6
韮崎	2,120.3
河口湖	1,955.4
大月	1,862.0
切石	1,858.1
古関	1,802.6
山中	1,760.7
南部	1,718.8

表4 河口湖, 甲府, 東京の気温（平年値）

	1月			8月		
	平均	最高	最低	平均	最高	最低
河口湖	−0.6	5.3	−6.2	22.1	27.6	17.5
甲府	2.8	8.8	−2.4	26.6	32.5	22.8
東京	5.2	9.6	0.9	26.4	30.8	23.0

前述のとおり山梨県は日照時間が長いので太陽光発電に適した地域である. 表3は山梨県における日照時間の観測をしている地点とその平年値である. 大泉は甲府を抑えて第1位となった. 2,000時間を超える地点は県北部に位置したところである. アメダス大泉は北杜市大泉町谷戸にある. すなわち, 北杜市に多くのメガソーラーが作られた背景には, 日照時間の長さがある.

4. 富士五湖観光

富士山麓にある河口湖, 山中湖, 西湖, 精進湖, 本栖湖をまとめて富士五湖という. 河口湖の標高は830m, 山中湖は980mであり, 標高が高い湖の1つである. そのため, 河口湖では冬季は最低気温が−6.2℃と寒冷であり, 夏季は平均気温が22.1℃と涼しい（表4）.

この地区の代表的なアミューズメントパークである富士急ハイランドでは, 冬季になると寒冷な気候を利用し野外スケートリンクが開設される. 1月, 2月には山中湖が全面結氷する年がある. そのようなときは氷上ワカサギ釣りが楽しめる. 例年は山中湖東部湖畔の平野地区限定で, 期間は1〜2月となっている. また, 夏季になると, 標高が1,000m近くもあるので避暑地となる. 山中湖・平野旅館民宿組合では合宿スポーツ村を運営している. 涼しい気候を背景に, 登録されている施設として, 約1,000面のテニスコート, 70面のグラウンド, 40棟の体育館があり, 複数のクラブでの合同合宿, スポーツ大会などが行われている. また, 東京の小中学校の林間学校などの施設があり, 修学旅行などで訪れる生徒の校外学習, 体験学習を目的とした利用がある. ［榊原保志］

味が強く感じられるようになる. この理由から柿は雨露を避け, 通風を良くし, 柿を乾燥させて干し柿を作るが, 山梨県は干し柿作りに適した地域だといえる.

3. メガソーラー

太陽光発電は, 地球温暖化の原因とされる二酸化炭素を排出することはなく, 原子力発電事故における放射能汚染の危険性もないクリーンな発電方式である. しかも原料が太陽光なので, 化石燃料のように枯渇しない. 地球に到達する太陽光のエネルギーは$1m^2$当たり約1kWであり, これを直接電気に変換する. 現在, 全国で個人用や公共・産業用の太陽光発電システムが導入されている. なかでも, 出力1メガワット（1,000kW）以上の大規模な太陽光発電をメガソーラーとよぶ. 表2は山梨県にあるメガソーラーが設置してある市町村である. 民間企業が採算性を考慮して設置場所を選ぶ. 一番多い市町村は北杜市である.

【参考文献】

[1] 気象庁ホームページ（http://www.data.jma.go.jp/）.

[2] 甲府地方気象台ホームページ（http://www.jma-net.go.jp/kofu/index.shtml）.

[3] 甲府地方気象台，1970：山梨県の気象——気象75年報，日本気象協会甲府支部，1-284.

[4] 鈴木克也，2015：柿の王国——信州・市田の干し柿のふるさと，日本地域社会研究所，1-114.

[5] 関口武，1959：日本の気候区分，東京教育大学地理学研究報告，3，65-78.

[6] 平山優，2015：意外と知らない山梨県の歴史を読み解く！ 山梨「地理・地名・地図」の謎，実業之日本社，1-191.

[7] 松井弘之，1981：糖蓄積のメカニズム，農業技術体系果樹編2ブドウ，基礎編，農山漁村文化協会，82の3～9.

[8] PVeyeWEB: http://pveye.jp（2016年9月26日確認）.

日本人の自然災害観

寺田寅彦は著名な物理学者でありながら，多くの随筆や俳句などの著作を遺しています．数多くの格言の中でも「天災は忘れたころにやってくる」は有名な言葉です．ところが，彼の著作のどこを探してもこの言葉は書かれていません．では，本当はどのように書かれていたのでしょうか．

1934 年 9 月 21 日の室戸台風災害から間もなく，『天災と国防』（1934 年 11 月）を著しています．その中に次のような一文があります．

"悪い年廻りはむしろいつかは廻って来るのが自然の鉄則であると覚悟を定めて良い年廻りの間に十分の用意をしておかなければならないということは，実に明白すぎるほど明白なことであるが，またこれほど万人が綺麗に忘れがちなことも稀である．"

"平生からそれ（天災）に対する防御策を講じなければならないはずであるのに，それがいっこうにできていないのはどういうわけであるか．その主たる原因は，畢竟そういう天災がきわめて稀にしか起こらないで，ちょうど人間が前車顛覆を忘れたころにそろそろ後車を引き出すようなことになるからであろう．"

どうやらこのあたりに由来がありそうです．「天災がきわめて稀」で「忘れたころ」にやってくることが，「忘れがちな」人間の盲点をついてくることをいいたかったものと思われます．

人間の災害記憶と防災への備えについて，関連する記述が『津浪と人間』（1933 年 5 月）に書かれています．1933 年 3 月 3 日の昭和三陸地震津波の後に書かれたものです．

"これが，2 年，3 年，あるいは 5 年に 1 回はきっと十数メートルの高波が襲って来るのであったら，津浪はもう天変でも地異でもなくなるであろう．"

"こういう災害を防ぐには，（略）人間がもう少し過去の記録を忘れないように努力するより外はないであろう．"

我々人間の世代間の伝承を考えると，一生に一度か二度の経験であれば次の世代に効果的に伝えることができます．例えば，伊勢神宮の式年遷宮は 20 年おきに繰り返され，690 年の第 1 回から 1300 年以上にわたって続いています．伝統技術の伝承に 20 年という間隔が最も効果的であることを表しています．これは災害経験の伝承にも当てはまります．2011 年の東北地方太平洋沖地震による大津波は，869 年の貞観地震による大津波以来の規模といわれています．貞観地震から実に 1100 年以上も経過しており，災害伝承記録も不十分であり，明治三陸津波や昭和三陸津波以上の大津波になるとは誰も想像すらできなかったわけです．もし仮に，このような大津波が十数年ほどの間隔で発生するのであれば，津波災害の経験がしっかりと避難や土地利用計画に生かされたはずです．

寺田寅彦は著作『日本人の自然観』（1935 年 10 月）の中で，日本の風土と人々との関わりについて次のように書いています．

"住民はその（複雑な）地形的特徴から生ずるあらゆる風土的特徴に適応しながら次第に分化しつつ各自の地方的特性を涵養して来た．"

"地震や風水の災禍の頻繁でしかもまったく予測し難い国土に住むものにとっては天然の無常は遠い祖先からの遺伝的記憶となって五臓六腑に浸み渡っている."

日本の複雑な地形は，地震火山活動や台風・大雨による洪水氾濫・土砂移動などの過去から現在までの長年にわたる影響を受けた結果として非常に多様な国土となっています．この遺伝的記憶が日本人の自然災害観の源流にあるといえます．日本の広い国土は地方独特の気候学的・風土的な特徴をもたらし，それが地方独特の文化の醸成に寄与していると考えられます．

寺田寅彦はこれを「災難の進化論的意義」とよんでいます．『災難雑考』（1935 年 7月）の中には次のように書かれています．

"日本人を日本人にしたのは（略）神代から今日まで根気よく続けられて来たこの災難教育であったかもしれない"

このような日本人の特異性を認識し，それを周囲の環境に適応させることが日本人の使命であり，存在理由であり，世界の人類への重要な貢献であるとも書かれています．

彼はまた，「地を相する」ことの大切さも説いています．1934 年の室戸台風のあとに書かれた『颱風雑（ざつ）俎（そ）』（1935 年 2 月）には次のような記述があります．

"至るところの古い村落はほとんど無難であるのに，停車場の出来たために発達した新集落には相当な被害が見られた．古い村落は永い間の自然淘汰によって，颱風の害の最小なような地の利のある地域に定着している"

"我々の祖先は，年々に見舞ってくる颱風の体験知識を大切な遺産として子々孫々に伝え，（略）この国土にもっとも適した防災方法を案出しさらにまたそれに改良を加えてもっとも完全なる耐風建築，耐風村落，耐風市街を建設していたのである"

"昔は「地を相する」という術があったが明治大正の間にこの術が見失われてしまったようである"

これは災害とともに生き抜いてきた日本人の自然観を象徴する大事な教訓です．現代社会では文明の発展により自然災害を力で抑え込もうとしてきました．ところが，2014年の広島土砂災害では住宅街を山裾まで拡大したことが被害を大きくしてしまいました．日本人の歴史的な自然災害観である「相地術」の大切さを，国民全体が今一度思い起こすことが必要ではないでしょうか．

和辻哲郎の『風土』（1929 年）は風土（気候）と民族性を類型化して考察した名著ですが，その解説に「人間は過去をになうのみではなく，特殊な風土的過去を背負っている」と書かれています．この風土的（気候学的）過去の記憶は，「人間の外にある自然のみならず，その土地に特有な自然に適応するために，その民族の精神構造のうちにきざまれているものである」と結ばれています．彼もまた日本人の日本人たる所以は，その独特の気候と自然災害観にあることを書き記しています．　　　　　　　　　　　　　　　　　　　　　［鈴木　靖］

風と遊ぶ，雲と遊ぶ
——スカイスポーツから見た気象と気候

　スカイスポーツとは，さまざまな方法や機材を用いて人が空を飛ぶ，または機材を飛行させ，その精度や速度，距離等を競うスポーツである．国際航空連盟の定義によればその種類はグライダー，ハンググライダー，パラグライダー，気球，スカイダイビング，曲技飛行，小型機エアレース，スポーツカイト，ラジコン模型（順不同）等がある．これらを動力源の違いで見ると，エンジン等の推進力を使うものと，自然の風や上昇気流を利用するものがある．特に後者となるグライダー，ハング／パラグライダー，熱気球は，風や雲，天気等に大きく左右され，飛行の成立や安全に対する気象の影響が極めて大きい．

　グライダー，ハング／パラグライダーは離陸後に上昇気流を見つけ，それに乗って鳶のように旋回することで高度を上げる．その後，機体の性能に応じた滑空比*で水平方向に飛行（滑空）するという動作を繰り返し，長距離，長時間の飛行を行う．この飛行の成功のカギは適切な上昇気流を見つけて高度を獲得することにある．活用する上昇気流には，風が山等に沿って吹き上げる斜面上昇流，局所的に暖められた空気塊が上空へ立ち昇る熱上昇流（サーマル対流），下層の風がぶつかり合って線状／帯状に上昇流域を形成する収束線／収束帯，山脈の風下で生じる山岳波等がある．空気の湿度や気温減率によっては，上昇気流の上部に積雲等の雲が発生してよい目印となる．操縦者は雲の微細な形状や分布，地表の草木の動き，煙，水面の波立ち，上空に舞い上がった鳥や虫等の動きから風と上昇気流の動きを読み取って飛行を続け，ときには 5 時間以上滞空する．その飛行距離は日本国内でもグライダーで 1,000 km，ハンググライダー，パラグライダーで 150 ～ 200 km の記録があり，海外の大陸ではその 3 倍にも及ぶ．

　一方，気球はグライダーとは飛行の原理や飛び方が全く異なる．気球の一種である熱気球はガスバーナーで気球内の空気を暖めて上昇し，下降するときは排出口から熱気を抜いて機体の浮遊する高度をコントロールする．この飛行のカギはそれぞれの高度で吹く異なる風の層の中から，行きたい方向へと向かう風を見つけ出すことにある．浮遊した熱気球は巨大なためわずかな風でも動きが変わってしまい，風に対する繊細さはスカイスポーツの中でも随一である．この競技は高さによる風の違いを利用するため，対流がなく安定層や逆転層が形成される早朝や夕方に行われ，設定された目標点（ターゲット）へと飛行してマーカーを投下し，その精度を競う．パイロットは地上クルーと連携して風を読み，離陸から数十 km 先の目標点で誤差数 cm の精度を争うこともある．

　このように，スカイスポーツの飛行は最終的には数 m から数百 m のマイクロスケールの大気現象に左右される．しかし，マイクロスケールの現象はより大きな気象場の変化に支配されている．また，季節によって変わる地表面の日射加熱と夜間の冷え込み，海面と陸面の温度差，農作物や植生，地表面の反射率の変化によっても，日中のサーマル対流や夜間早朝の逆転層，局地的な風は大きく影響を受ける．つまり，スカイスポーツの飛行条件にも，季節や地域による違いが現れることになる．

　降水や降雪の日は除外して考えると，日本では，グライダー，ハング／パラグライダーにとっては，地上と上空の気温差（気温減率）が大きく，空気が乾燥し，かつ日射が強い

春のサーマル対流が最も活発で，大きな飛行記録の出る季節である．一方で湿度が高い梅雨時期や，日射の弱まる晩秋から初冬は，利用できるサーマル対流が浅く弱い．また，稲作地域では水田に水が入る時期にサーマル対流は弱まり，沿岸地域では海風の侵入によってもサーマル対流は弱まる．

　熱気球にとっては，晩秋から冬，初春にかけて，夜間の冷え込みで接地逆転層が強まった日の早朝が最も安定した好条件に恵まれる．ただし，熱気球は離着陸可能な風速の上限が 3〜4 m/s と低いため，季節を問わずそれ以上の風速のときは飛行できず，また，晴れた日にはサーマル対流が始まった時点で飛行を終了せねばならない．

　国内のデータとして，茨城県つくば市館野の 1981 年から 2010 年までの高層観測と，地上観測の月別平年値から分析したグラフを示す（図 1）．ここではサーマル対流，下層の安定層の強さ，下層雲の雲底高度の月別の変化傾向を分析した．実線グラフは朝 9 時の 850 hPa（高さ約 1,500 m）の気温と，地上の最高気温から求めた気温減率（高さ 100 m 当たりの気温低下率（℃ /100 m）：左縦軸）で，日中のサーマル対流の強さ（値が大きいほど強い）に対応する．一方，破線グラフは同じ 850 hPa の気温と地上の最低気温から求めた気温減率で，朝晩の安定層・逆転層の強さ（値が小さいほど強い）を表す．また，棒グラフは地上の平均湿度と日中の最高気温から求めた下層雲の高さ（持ち上げ凝結高度（m：右縦軸））を示す．

　この図には，各要素の季節変化がよく現れており，そこで長年飛行しているスカイスポーツ愛好者の経験とも大変よく合致している．　　　　　　　　　　　　　　[内藤邦裕]

＊失う高度に対する水平方向への移動可能距離の比．例えば滑空比 40 のグライダーは 1 km の高度を使い，向かい風も追い風もない状況下では 40 km の距離を飛行できる．

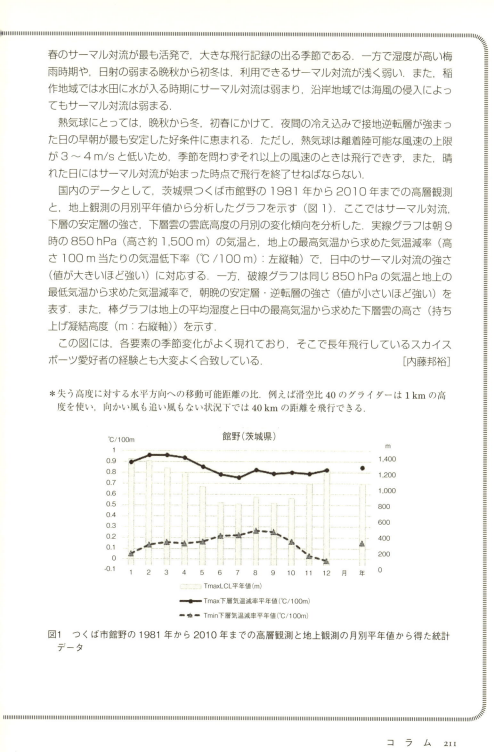

図1　つくば市館野の 1981 年から 2010 年までの高層観測と地上観測の月別平年値から得た統計データ

第5章　東海地方の気候

5.1　東海地方の地理的特徴
5.1.1　東海地方とは

　歴史学者によれば，東海地方の地名は東海道に由来するといわれており，静岡，愛知の各県がこれに含まれるが，三重県と岐阜県は該当しないことになる．地元では愛知県，岐阜県，および三重県の東海3県が東海地方として一般的に認識されている．したがって，静岡県は含まれていない．これは，地域金融機関の地域経済活性化に取り組む内容が地域密着型金融であり，濃尾平野を中心とする東海3県が経済圏としての範囲だったからである．しかし，伊勢湾岸地域として捉えた場合，遠州灘に面する静岡県は含まれるが，内陸部に位置する岐阜県は含まれないことになる．よって，ここでは東海地方を総称的に捉え，愛知，岐阜，三重，および静岡の各県を東海地方と位置づけ，その地理的特徴について述べることにする．

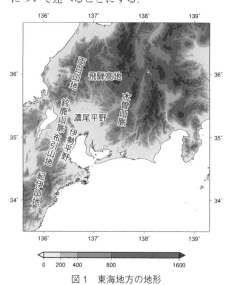

図1　東海地方の地形

5.1.2　東海地方の経済と産業

　愛知県，岐阜県，三重県，および静岡県の経済規模は全国の約12％を占め，地域内総生産は60兆円を上回る．東京と大阪の中間地域にあたる東海地方は，名古屋市大都市圏を中心とする中京工業地帯を有していて，工業，製造業の第2次産業は全国1位，静岡県の製造出荷額も全国4位である．これらの主な産業は，自動車産業のトヨタ，川崎重工業，三菱重工業による航空・宇宙産業，およびその関連産業等であり，さらに静岡県富士市の製紙，化学，電機を含めると，東海地方は世界トップクラスのものづくり産業の企業集約地域である．また，一宮市，稲沢市を始めとする愛知県西部，および岐阜県羽島市を含む尾州産地は，国内生産量の8割を占める日本最大の毛織物産地である．

　また，第1次産業では，愛知県の渥美半島のキャベツや温室園芸による観葉植物等の農作物が全国シェアの20％以上，および海産物ではアサリ類が60％以上を占めている．さらに，岐阜県の森林率は80％を上回り，静岡県の焼津港は漁業生産量が全国3位である．特に，静岡のマグロ・カツオは1位，三重県が2位である．また，三重県は伊勢海老で知られているが，鳥羽湾の真珠はブランド化されている．

5.1.3　東海地方の地形的特徴

　東海地方は日本列島の中央部に位置し，太平洋岸に面する伊勢湾岸地域に加え，岐阜県北部には標高3,000 m級の山々がそびえ立つ．伊勢湾西部は背後に鈴鹿山脈，布引山地，紀伊山地が連なる伊勢平野があり，さらに愛知県東部は標高約1,000級の三河高原，木曽山地，阿寺山地が東海地方の地形的境界をなしている．また南北に連なる養老山地は，岐阜県と三重県との県境にあたる．これ

らの山地は第四紀の地殻変動によるもので，この隆起に伴う沈降地域が濃尾平野，伊勢平野である．濃尾平野が西に傾いているのは，養老山地が上昇を続け，平野西部は沈降を繰り返したからである．濃尾平野は，西の養老断層と東の猿投山断層，および天白川断層の窪みにあたり，濃尾平野西部の沈降部に向けて流れを変えた木曽・揖斐・長良の木曽三川が中部山岳地帯からの土砂を運び込んだ沖積平野である．伊勢湾に面する海岸地形は複雑で，南北の走向をもつ知多半島は濃尾平野と岡崎平野を隔てる丘陵地である．また，遠州灘に面する渥美半島は，丘陵地と台地から構成されている．

静岡県は糸魚川-静岡線の中央構造線（フォッサマグナ）の境界線が沿岸となっているため，伊豆半島は火山活動とリアス式海岸に山地が迫った地形である．伊勢湾岸地域の海岸線も複雑で，三重県から名古屋市南部，東海市，知多半島西部に面する伊勢湾は南北方向であるのに対し，知多半島東部から蒲郡，豊橋，および渥美半島に面する三河湾は，東西方向をなしている．したがって，伊勢湾岸地域は全体的に見て逆V字をなしており，間口が広く奥行きが狭まる海岸地形をなしているため，高潮が発生しやすい傾向がある．

5.1.4　東海地方の歴史的気象災害——伊勢湾台風

東海地方の気象災害の典型的な例として伊勢湾台風があげられる．1959年9月に襲来した伊勢湾台風は，上陸地点が和歌山県の潮岬であったにもかかわらず，伊勢湾岸地域に約4,600名もの死者・行方不明者を出している．この台風は，1934年の室戸台風，1945年の枕崎台風と並ぶ昭和の3大台風の1つに数えられるものであるが，上陸時の中心気圧は930 hPaで，3大台風の中では最も高かったが湾の形状と走向による高潮のため被害が大きかった．これは，伊勢湾が台風の北東部にあたり，強風による吹きよせの影響を受けたからである．

愛知県西部の庄内川から木曽川左岸にかけては，尾張平野とよばれる沖積低地をなしている．津島市から庄内川右岸と海部郡にかけての中心部は広い範囲で平均潮位以下であり，地域によっては最低潮位以下である．伊勢湾台風襲来時は満潮と重なったため，高潮被害を拡大させたと考えられる．

5.2　東海地方の気候概要
5.2.1　東海地方の気候区分

東海地方の気候は，愛知，岐阜，三重，および静岡のほぼ全域が太平洋側気候区に所属し，夏季は北太平洋高気圧の縁辺部に沿う高温・多湿な南風の吹き込みによって雨が多い．これは，南向き斜面に沿って上昇した暖湿流が飽和状態に達して積乱雲を形成し，雨を降らせるからである．これに対し，冬季は西高東低の気圧配置において，日本海側からの山越え気流の風下側にあたるため，雨が少なく大気も乾燥している．冬季の地上風系は，風の吹き出し口にあたる岐阜と津が北西

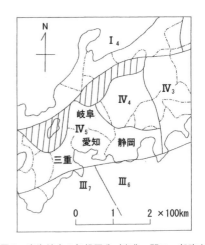

図2　東海地方の気候区分（出典：関口一部改変，1959）　I_4：裏日本気候区・北陸地方，III_6：表日本気候区・豆南地方，III_7：表日本気候区・南海地方，IV_3：表日本気候区・関東地方，IV_4：表日本気候区・中部内陸地方，IV_5：表日本気候区・東海地方（用語は原資料ママ）．

表1　東京・大阪・名古屋における 37℃以上の異常猛暑日出現傾向（単位：日）

	東京	大阪	名古屋
1960 年代	4	4	3
1970 年代	0	2	2
1980 年代	3	7	0
1990 年代	3	15	23
2000 年代	7	16	29
2010 年代	4	11	21

2010 年代は 2011 ～ 2015 年の日数

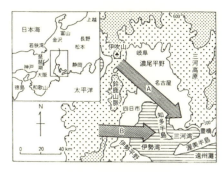

図3　伊勢湾岸地域の局地風（A）伊吹おろし（B）鈴鹿おろし（出典：大和田，1994）

の風，名古屋が北北西であるのに対し，浜松は西北西である．これは，濃尾平野の北西風が遠州灘に沿って西寄りに向きを変えたものである．

東海地方の気候概要は以上であるが，この地方の気候は図2のようにさらに細かく分類できる．

5.2.2　東海地方の気候の特徴

東海地方の年降水量は 1,800 mm 前後である．これは，北日本の年降水量（約 1,300 mm）に比較して 500 mm 多く，西日本の降水量（約 2,300 mm）より 500 mm 少ない．東海地方の年降水量は日本列島のほぼ平均的な降水量であるといえよう．

5.2.3　東海地方の夏の暑さ

東京，大阪，および名古屋の異常猛暑日（日最高気温 37℃以上）の出現日数を比較すると，1960 年代から 1980 年代までは大阪の出現日数が圧倒的に多いことがわかる（表1）．しかし，1990 年代に入ると東京で 3 日，大阪で 15 日，名古屋で 23 日となる．そして，2000 年代からは東京の 7 日，大阪の 16 日に対し，名古屋は 29 日と大阪を大幅に上回るようになる．また，2010 年代前半の 5 年間は，東京が 4 日，大阪が 11 日であるのに対し，名古屋は 21 日と大阪の約 2 倍になるまで異常猛暑日が現れるようになった．

5.2.4　東海地方の冬の局地風

西高東低の冬型気圧配置時において，日本列島の狭隘部の風下側に位置する東海地方では，濃尾平野が「伊吹おろし」，伊勢平野では「鈴鹿おろし」が吹くことで知られている（図3）．伊吹おろしは伊吹山から吹き下りる北北西の風であるが，鈴鹿おろしは鈴鹿山脈から吹き下りる西北西の風である．これは，伊吹おろしと鈴鹿おろしが吹く気圧配置に違いがあり，北北西の風が吹く伊吹おろしは，日本列島の東の海上に抜けた低気圧の中心が三陸沖にある場合が多く，また，鈴鹿おろしは低気圧の中心がオホーツク海，および千島列島北部に移動したときに吹く傾向がある．

また，静岡県の富士川沿いは，北寄りの「富士川おろし」が吹くことで知られている．これは，850 hPa（高さ約 1,500 m）における気圧傾度風向が北寄りのとき，中部山岳地帯から富士川に沿って吹き下りる風である．これらの局地風は風下側が平地，および海洋上であることから，風下波動現象を伴うことが多い．中部地方の太平洋側に吹くおろしの風下波動距離は伊吹おろしが 8 ～ 15 km，鈴鹿おろしは 5 ～ 6 km で，世界の風下波動距離のほぼ平均的な値である．このような地域の上空には風下波動に伴うレンズ雲が見られることも多い．

［大和田道雄］

愛知県の気候

A. 愛知県の気候・気象の特徴

1. 愛知県の地形

　中部地方の太平洋側に位置する愛知は，中央構造線が天竜川を横切って豊川から三河湾，伊勢湾を経て紀伊半島に向かっていることから，愛知県内では北東から南西に斜断している．愛知県西部の庄内川から木曽川左岸にかけては，尾張平野とよばれる沖積低地をなしている．

　愛知県の語源は，この地方が「阿育智」または「阿由知」が愛知に変化したと考えられている（日本地誌 12，1970）．愛知県県域面積は 5,172.40 km² で，人口は 748 万 3,128 人（2015 年現在）であり，2005 年の 725 万 4,704 人を約 23 万人上回る増加を示している．

2. 愛知県の気候区分

　関口（1959）の気候区分によれば，愛知県は太平洋側気候区の東海地方に属し，温暖な気候とされている．しかし，吉野（1969）の気候区分では，三河山地を除く広い範囲で濃尾平野特有の夏が高温，冬は温暖な気候ではあるが，季節風によって日本海側からの寒気の吹き出しがあると述べられている．さらに，三河山間部は高原の気候を有しているが，冷気湖の形成や多量の降水によって低温，また南東部では山地気候をなしていて，渥美半島を含む東三河は温暖であるが冬季の西風が強く，梅雨時に豪雨となると記されている．愛知県を代表する名古屋市は，都市気候の特徴的なヒートアイランドの形成に伴う現象が述べられており，濃尾平野にあって特異な気候を呈していることが指摘されている（吉野，1969）．

3. 愛知県の気候分布

（1）気温分布

　愛知県における過去 30 年間（1981 ～ 2010 年）の年平均気温は，名古屋市を含む南部，および渥美半島を含む三河湾に沿う地域が 16℃，濃尾平野から西三河の岡崎平野，新城市を含む豊橋平野の広い範囲が 15℃である（図2）．また，一宮市から愛知県北部，豊田市が 14℃の範囲に入る．三河山間部は 13℃以下であるが，豊田市稲武町は 12℃以下である．

（2）降水量分布

　愛知県の降水量分布の特徴は，平野部と山間部で大きな違いが見られることである．特に山間部の年降水量は，三河山間部を中心に 2,000 mm 以上であるが，知多半島から東三河平野部にかけては 1,500 mm 以下である（図3）．特に，新城市作手では 2,300 mm に達することから，九州南部の年間降水量に匹敵する値である．これは，地形性降雨によるものと考えられる．その結果，愛知県全体で比較すると，年降水量の地域差は約 800 mm 以上に達し，名古屋市の梅雨期（6 ～ 7 月）

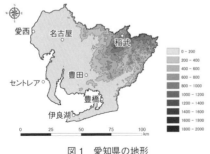

図1　愛知県の地形

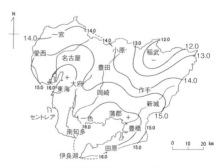

図2　愛知県の年平均気温分布（℃）（1981 ～ 2010 年）

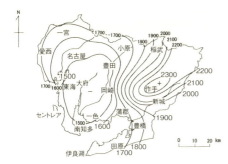

図3 愛知県の年間平均総降水量分布（1981〜
2010年）

図4 愛知県の冬型気圧配置（西高東低型）の風向
分布（2014年12月5日14時）

図5 愛知県の夏型気圧配置（鯨の尾型）の風向分
布（2010年7月23日14時）

と秋雨期（9月）の総降水量を上回るほどで
ある.

(3) 風向分布

　冬型気圧配置で吹く愛知県の風は，県全域
がほぼ西北西の風によって占められている
が，北部は北西の風，南部の海岸沿いでは西
寄りの風が吹いていて，西三河の平野部では
これらの風が収束して，三河山間部を避ける
ように北西の風となって遠州灘に吹き出して
いる（図4）.特に鈴鹿山脈から伊勢湾に吹
き下りる西よりの風は強く，常滑市の中部国
際空港（セントレア）では10 m/sを上回る
強風が吹いている.この風は，収束帯が形成
される豊橋市付近や渥美半島先端部の伊良湖
岬よりも強い風である.これに対し，三河山
間部では弱い北東風が吹いている.地形に
よって気圧の分布が変化したものかどうかは
明らかではないが，時間帯からも山風が吹く
ことはあり得ない.

　図5は，東海地方が猛暑年だった2010年
の夏を代表する鯨の尾型の夏型気圧配置時に
おける風向分布（2010年7月23日14時）
を表したものである.北太平洋高気圧の先端
部が北西にシフトしているため，風系は西北
西の風が支配している.特に，愛知県西部は
西北西の風，名古屋市南部と西三河の平野部
では北西の風が吹いていて，三河湾に沿って
収束して西寄りの風になる.しかし，三河湾
の走向から東三河の豊川沿いでは南西系の風
に変化する.渥美半島の先端部では，知多半

島から吹いてくる北西の風と伊勢湾からの西
寄りの風が収束して遠州灘に吹き出してい
る.

　これに対し，南高北低型（2010年7月19
日14時）の場合には，伊勢湾岸地域が南か
ら南西系の風に支配される（図6）.伊勢湾，
および三河湾からは南寄りの海風が侵入し，
特に知多半島西部に沿う中部国際空港や知多
半島先端部，渥美半島先端の伊良湖，および
三河湾奥では風速が5 m/s前後と強く，東三
河の豊川に沿って南西の風が吹き込んでい
る.これは，北太平洋高気圧の西縁に沿う風
に伊勢湾，および三河湾の内海海風に加え，
遠州灘からの外海海風が加わったものと思わ
れる.しかし，愛知県西部と名古屋市北部の
庄内川に沿う地域では，鈴鹿山脈を越えてき
た南西の風が吹き下りている.

　これまで，愛知県内の気温，降水量，風向

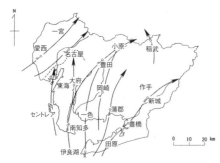

図6　愛知県の夏型気圧配置（南高北低型）の風向
　　　分布（2010年7月19日14時）

の分布を紹介してきた．以下，名古屋市と尾
張・三河を代表として，愛知県の東部と西部
の気候をより詳細に見ていくことにする．

4. 尾張の気候

　名古屋市西部は沖積平野であるが，名古屋
市東部，および北部は洪積台地からなり，そ
の周辺の尾張丘陵は，小牧市を含む名古屋市
東部から知多半島，および三河山地の西に広
がる古期洪積統の標高200 m以下の丘陵で
ある（吉野，1969）．

　名古屋市の市域面積は326.4 km^{2}で，
2016年現在人口数は227万6,590人である．
これは，愛知県の人口の30％に達する．
1920年代の名古屋の人口は約90万人程度
であり，中区を中心とした同心円状の分布で
あった．しかし，第二次世界大戦後は名古屋
市北東部の守山区や天白区，緑区等の宅地開
発によって，都心部の空洞化が目立つように
なった（名古屋都市センター編，1999）．こ
のため，近年の名古屋市域のヒートアイラン
ドも高温域が中心部よりも周辺域に現れるよ
うになった（大和田，2006）．

　名古屋市の過去30年間（1981 ～ 2010年）
における年平均気温は15.8℃であり，8月の
平均気温は27.8℃，次いで7月の26.4℃で
ある．最も気温が低いのは1月の4.5℃で，
年較差は23.3℃である．しかし，8月の最高
気温は32.8℃に達し，暑さが厳しいことが
わかる．これに対し，1月の最低気温は0.8℃
であり，その差は32℃に達することになる

（図7）．日照時間は，8月の200.4時間を
ピークに5月197.5時間，4月196.6時間の
順である．また，冬季の日照時間は月間170
時間以上を維持している．

　さらに，名古屋市の年降水量は1,535.3 mm
であるが，最も降水量が多い季節は秋雨期の
9月で234.4 mmである．梅雨期は7月が
203.6mm，6月が201.0 mmであり，月別
では秋雨期に及ばないものの2山型をなし
ている．渇水期の冬季は12月が45.0 mm，
1月が48.4 mmである（図8）．

　愛知県西部の愛西市（図9(a)）は，名古
屋市とほぼ同じで月別変化の傾向は変わらな
い．8月の最高気温は名古屋市と同じ32.8℃
であるが，1月の最低気温は氷点下となるこ
とから名古屋より低い．年間で最も降水量が
多いのは秋雨前線期の9月（228.2 mm）で
あるが，9月と10月以外は名古屋の降水量
を上回り，年間降水量は1,686 mmとわず
かに多い．

5. 三河の気候

　東三河の岡崎市（図9(b)）と西三河の豊
橋市（図9(c)）の気温変化に大きな違いは
見られない．8月の最高気温は岡崎が32.3℃
で，三河湾に面する豊橋（30.8℃）より高
い．年間降水量を比較すると，岡崎は
1,452 mmなのに対し，豊橋は1,706 mmと
多くなる．これは，岡崎市が内陸部に位置し
ているのに対し，豊橋市は三河湾に面してい
て水蒸気の供給が多いためであろう．三河地
域で，最も降水量が多いのは三河山間部の豊
田市稲武町（図9(d)）で，年間降水量が
1,964 mmである．標高505 mの稲武町は
盆地的要素をもち，8月の最高気温が28.9℃
であるが，7月は27.5℃で平野部に比較して
約3℃低く，また8月の最低気温は19.0℃，
で名古屋に比較して5.3℃も低いため，夜は
凌ぎやすい気候である．

B. 愛知県の気象災害

1. 愛知県の歴史的豪雨災害

　東海地方は，日本列島の走向から中部地方
の太平洋側が東に迫り出しているため，北西

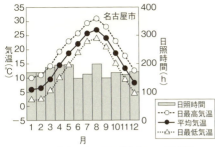

図7　名古屋市の月平均気温と日照時間

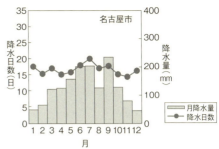

図8　名古屋市の月降水量と降水日数（0.0 mm以上）

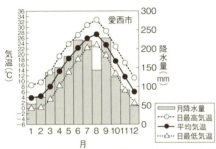

図9（a）　愛西市の月平均気温（℃）と降水量（mm）（1981～2010年）

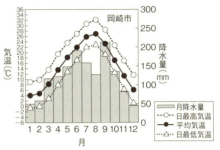

図9（b）　岡崎市の月平均気温（℃）と降水量（mm）（1981～2010年）

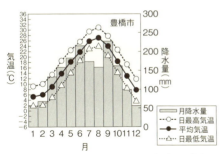

図9（c）　豊橋市の月平均気温（℃）と降水量（mm）（1981～2010年）

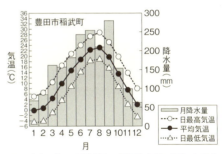

図9（d）　豊田市稲武町の月平均気温（℃）と降水量（mm）（1981～2010年）

進してきた台風が転向点で北東に向きを変える経路に位置し，台風のメッカとよばれるようにまでなっていた．このため，数多くの集中豪雨による洪水被害が発生している．

したがって，1959年の伊勢湾台風以来，多くの豪雨災害に見舞われてきた．1959年9月の伊勢湾台風は，愛知県，三重県のみならず伊勢湾岸地域に多大な被害をもたらした．

伊勢湾台風は，1959年9月26日に潮岬に上陸して北東進した台風15号のことである．この台風は，9月25日には900 hPaにまで発達していたが，930 hPaの勢力で紀伊半島に上陸して時速60 km以上の速度で紀伊半島を縦断した．このため，伊勢湾岸地域では高潮が発生し，潮位は5.81 mに達した（図10）．伊良湖測候所では最大瞬間風速

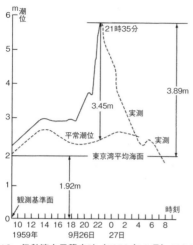

図10 伊勢湾台風襲来時（1959年9月）における名古屋港の検潮記録（出典：気象庁，1961）

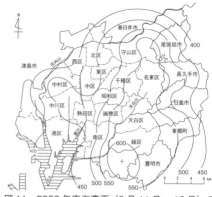

図11 2000年東海豪雨（9月11日〜12日）の名古屋市の総降水量分布

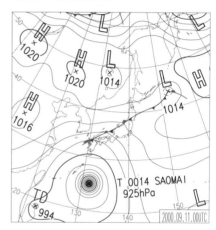

図12 東海豪雨時（2000年9月11日）の気圧配置

55.3 m/s を記録し，愛知県における死者・行方不明者は3,260名に及び，記録的な災害をもたらした。

2．東海豪雨

2000年9月の東海豪雨は，名古屋市とその周辺で起こった都市型豪雨災害であるが，伊勢湾岸地域の広い範囲にも多大な被害をもたらし，積算降水量が600 mm に達したところもある（図11）。特に，名古屋市天白区の野並地区では，住宅の1階が水没して溺死者が発生した。さらに，庄内川水系の新川では堤防が決壊して西枇杷島町（現・清須市）では浸水被害が出るなど，政府は激甚災害に指定した。

東海豪雨発生時の気圧配置（図12）は，本州上に秋雨前線が停滞し，九州の南の海上には台風14号が北上していた。このため，台風の東側にあたる東海地方は，台風を取り巻く発達した積乱雲が秋雨前線を刺激していた。さらに，秋雨前線を形成する北太平洋高気圧が東経135°付近に張り出し，高気圧の縁に沿う暖湿流を伊勢湾に送り込んでいた。上空には気圧の谷に伴う寒気が南下していて，次々と積乱雲が発生し，南北方向の線状降水帯が名古屋市南部から北部にかけて長時間にわたって大雨を降らせて豪雨となったものである。

C．愛知県の気候と人々の暮らし

1．名古屋の暑さと熱中症

近年，都市の高温化による影響は，熱中症の搬送者の増加からもうかがえる。国立環境研究所の資料によると，東京，大阪，名古屋の熱中症患者数は多少の増減はあるものの，年間で東京が500名，大阪が250名，および名古屋は150名程度であったが，2010年の猛暑で東京は3,100名，大阪と名古屋でも

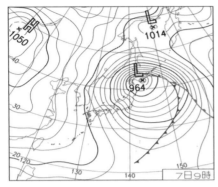

図13 セントレアで欠航が相次いだ日の気圧配置
（2007年1月7日）

図14 遠州灘に面する愛知県渥美半島堀切地区の
温室園芸地域（2014年1月，恩田佳代子氏撮
影）

1,200名を超えた．さらに，100万名当たり
の熱中症患者数に置き換えると，2012年か
らは名古屋の発症者が最も多くなる．特に，
発症者の多くは65歳以上の高齢者で，2010
年以降は全体の40％以上を占めるように
なった．

　名古屋市の熱中症患者数が急激に増加する
のは，主に梅雨明け時期の7月である．そ
の原因は，急激な暑さに対して身体が慣れて
いないことがあげられる．

2. 中部国際空港の風

　2005年の愛知万国博覧会に合わせて開港
した中部国際空港（セントレア）は，愛知県
知多半島の常滑市沖の海上に位置する国際空
港である．しかし，開港当時は強い西風と積
雪によって欠航が相次ぎ，2005年の年末に
は国内線，国際線合わせて224便が欠航し
た．また2006年12月29日に93便，2007
年1月7日は153便が欠航している（図
13）．このような年末・年始の欠航は，利用
者にとって負担となる．

3. 渥美半島の温室園芸と塩風害

　愛知県の渥美半島は内海を三河湾，外海が
遠州灘に面し，温暖で日射量も豊富なことか
ら茶畑やキャベツ栽培が盛んであり，特に半
島先端部の堀切地区では温室園芸による花卉
栽培が行われている（図14）．これは，冬季
の最低気温出現時においても冷え込みが少な

いためであり，東西約30 kmの半島付け根
付近と先端部の気温差は5℃以上である．温
室園芸は冬季の最低気温4℃以上の海岸線に
沿ってなされており，内陸部は主に茶畑や
キャベツが栽培されている．

　しかし，渥美半島の走向から，西高東低の
冬型気圧配置になると三河湾からの北西風が
吹きつけ，塩分濃度の高い風が吹きつける．
特に，江比間－赤羽根間は本州中部の狭隘部
に似た地形的な要素をもっていて，冬の風の
通り道になっている．地元では風道に棚を設
置して，この風を大根干しに利用していた．

　また，発達した低気圧の通過や台風の接
近・襲来時には強い風による塩害も少なくな
い．1979年10月の台風20号は，中心気圧
が960 hPaで日本列島を縦断した台風で，
渥美半島は強い南風が吹きつけた．台風の接
近・通過によって，ほとんどの地域で塩分飛
来量が80 mg/ℓ/dayを上回ったが，田原を
含む半島の付け根付近と山地の風上側と風陰
側にあたる赤羽根と江比間，および半島先端
部の山陰にあたる地域では80 mg/ℓ/day以
下であった．しかし，半島西端の海岸線から
遠州灘側では120 mg/ℓ/day以上であった．
特に，温室園芸が盛んな堀切地区では
240 mg/ℓ/day以上であり，温室によって塩
風害を免れていることがわかる（大和田，
1994）．　　　　　　　　　　　　　［大和田道雄］

【参考文献】

[1] 大和田道雄，1994：伊勢湾岸の大気環境，名古屋大学出版会，219p.

[2] 大和田道雄，2006：地球温暖化による日本の地域気象・気候への影響について——名古屋の異常猛暑を例として，愛知教育大学共通科目研究交流誌，教養と教育，第6号，7-15.

[3] 愛知県，2005：人口統計資料.

[4] 鈴木由美子・大和田道雄，1979：渥美半島における小気候学的調査(2)，塩分量の分布，農業気象，34(4)，189-194.

[5] 関口　武，1959：日本の気候区分．東京教育大学地理学研究報告，(3)，65-78.

[6] 吉野正敏，1969：日本地誌，愛知県・岐阜県，33-39.

岐阜県の気候

A. 岐阜県の気候・気象の特徴

　岐阜県は本州のほぼ中央に位置し，7つの県に囲まれた内陸県である．南は標高0mの輪中（わじゅう）地帯から，北は標高3,000mの飛騨山脈まで，同じ県内でも標高差が極めて大きいのが特徴である（図1）．岐阜県の風土をひと言で「飛山濃水」と表すように，岐阜県は山の国の飛騨地方と水の国の美濃地方に二分できる．濃尾平野に位置する美濃地方は，温暖で湿潤な東海型太平洋側気候区に属し，夏季季節風により暖候期に降水量が多く，歴史的に見ても水害を受けやすい地域である．一方，飛騨地方は，冷温で湿潤な日本海側気候区に属し，冬季季節風により山雪の影響を受けやすく，寒候期には雪害や冷害に見舞われやすい地域である．このような南北に両極端な気候がそれぞれに独特な気候風土を作り上げてきた．以下，美濃地方の岐阜市と飛騨地方の高山市の気候について

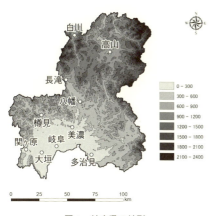

図1　岐阜県の地形

見てみる．

1. 岐阜市の気候

　岐阜市は県南部の濃尾平野の北端に位置し

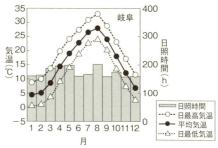

図2　岐阜における気温と日照時間

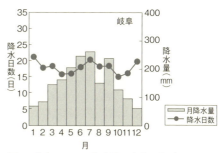

図3　岐阜における降水量と降水日数（0.0mm以上）

（標高13m），市内中央に長良川が，市内南端に木曽川が流れる．総人口約41万人の岐阜県最大の都市である．太平洋側気候区に属しており，年平均気温は15.8℃，年降水量は1,828mm，年間日照時間は2,085時間である（図2，3）．

　岐阜は愛知県沿岸部から100kmほど北北西に離れた内陸に位置するため，内陸性気候の特徴も有している．8月の最高気温は33℃，1月の最低気温は0.5℃であり，夏は蒸し暑く，冬は冷え込みが厳しい．沿岸に位置する伊良湖の年較差が21.3℃であるのに対して，内陸の岐阜の年較差は23.6℃と大きい．そのため，猛暑日は年間13.1日と多く（伊良湖は年間2.0日），また，最低気温0℃未満の冬日も年間33.0日と沿岸部に比べてより多い（伊良湖は年間8.5日）．

　暖候期には，南寄りの高温多湿な夏季季節風が，岐阜の背後にそびえる中部山岳地帯の南斜面に沿って強制的に上昇させられるため，積乱雲が発達しやすくしばしば大雨とな

る．5〜7月の梅雨季の総降水量は711 mm
にも達する（名古屋は561 mm）．また，寒
候期には，日本海からの距離が比較的近いた
め，北西寄りの冬季季節風に伴う雪雲の影響
を受けやすく，年間雪日数は24.6日（名古
屋は16.6日），年間最深積雪深は17 cm（名
古屋は8 cm）となる．

全国的に見て岐阜は年間日照時間が長い傾
向にあり，名古屋とともに晴天となりやすい
地勢にある．しかし，寒候期は日本海側から
の冬季季節風の影響を受けやすく，12〜2
月の総日照時間は484時間と，名古屋（512
時間）に比べて若干短い．

2. 高山市の気候

高山市は県北部の山間部に位置し（標高
560 m），北東に飛騨山脈を擁する総人口約
9万人の「飛騨の小京都」ともよばれる観光
都市である．おおむね日本海側気候区に属
し，年平均気温は11.0℃，年降水量は
1,700 mm，日照時間は1,624時間である

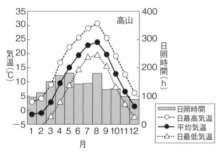

図4　高山における気温と日照時間

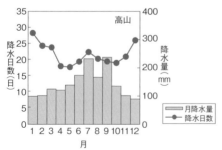

図5　高山における降水量と降水日数（0.0 mm以
上）

（図4，5）．

高山は山々に囲まれた盆地に位置するた
め，中央高地気候の特徴も有している．8月
の最高気温は30.7℃と高く，真夏日は年間
40.8日を数える．一方で，1月の最低気温は
−5.1℃であり，冬の寒さは太平洋側に比べ
て一段と厳しい（岐阜は0.5℃）．冬日は年
間117.7日であり（岐阜は年間33.0日），真
冬日は年間9.9日に及ぶ（岐阜は年間0.0
日）．高山の年較差は25.5℃となり，寒暖の
差がより一層激しいのが特徴である（岐阜は
23.6℃）．

降水量が1年間で最も多くなるのは5〜7
月の梅雨季であり，期間総降水量は539 mm
にのぼる．しかし，太平洋側の岐阜
（711 mm）に比べるとかなり少ない．一方，
寒候期には北西寄りの冬季季節風の影響のた
めに降雪が多く，12〜2月の総降水量は
284 mmに達する．これは太平洋側の岐阜
（207 mm）に比べて大きいが，日本海側の
富山（678 mm）に比べるとかなり少ない．
標高の高い山地に囲まれた盆地に位置するた
めに，夏季も冬季も季節風の影響は限定的と
なる．とはいえ，年間の最深積雪深は54 cm
と日本海側の富山（62 cm）に匹敵するほど
大きく，国の豪雪地帯対策特別措置法により
豪雪地帯に指定されている．

山間部に位置する高山市は全国的に見て年
間日照時間が短い傾向にある．特に，12〜
2月の寒候期の降水量0 mm以上の降水日数
は78.3日と多く（岐阜は58.8日），結果と
して，12〜2月の総日照時間は297時間と
かなり短い（岐阜は484時間）．

3. 岐阜県の特徴的な気象現象

岐阜県は，沿岸部から離れた内陸県である
上に，面積の80％以上が山地である．これ
に起因して，各地で地域特有な気象現象が生
じている．ここでは，岐阜県に見られる特徴
的な気象現象についていくつか紹介する．

（1）多治見の猛暑

美濃地方東部の多治見市は，沿岸（名古
屋）から40 kmほど北東に位置する陶磁器
産業が盛んな都市である．太平洋高気圧にお

おわれた典型的な夏型気圧配置の日には，濃尾平野全域でフェーン現象が発生し，特に多治見では38℃を超えるような異常高温となりやすい．2007年8月16日には，埼玉県熊谷市と並ぶ当時の国内最高気温40.9℃を記録し，「日本一暑い町」として知られるようになった（図6）．多治見の8月の最高気温は33.7℃であり，全国1位である（2015年現在）．また，猛暑日は年間21.3日であり，これも全国1位である（2015年現在）．一方で，熱帯夜は年間2.8日と岐阜（年間21.0日）に比べて極端に少なく，8月の日較差は11.1℃とかなり大きい（岐阜は8.7℃）．

全国的に見て有名な多治見の猛暑の原因としては，第一に，多治見が沿岸から離れた内陸に位置していることがあげられる．一般的に，内陸では時間変化の小さな海面水温の影響を受けにくく，日中は日射により熱しやすく，夜間は放射冷却により冷めやすい性質がある．また，この地域における地形の影響も考えられる．多治見は市内中央を流れる土岐川の河岸段丘に囲まれた盆地地形にある．そのため，伊勢湾からの海風に伴う冷気移流の影響は，周囲の300～500m程度の山地に阻まれてしまう．実際に，多治見市の8月の平均風速は0.9m/sとごく弱く，強い日射で加熱された空気が盆地内に長く滞留しやす

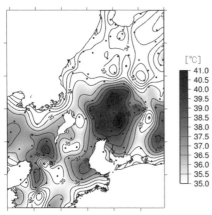

図6　2007年8月16日の日最高気温の分布（気象庁提供）

い地勢にある．また，この地域の地質条件も影響していると考えられる．多治見には，主に新第三紀の土岐砂礫層が堆積しているため，保水性が低く，体積熱容量や熱伝導率も小さい．そのため，無降雨期間がしばらく続くと，蒸発が減少して大気への加熱が強まり，気温の日変化が一段と増すことになる．また，近年の土地利用状態の変化も多治見の異常高温に寄与していると考えられる．1980年以降，多治見では急速な宅地開発やゴルフ場建設が相次ぎ，市内においては水田作付面積の減少（吉田，2013）や急激な都市化（岡田ほか，2014）が進行している．このように緑地の減少に伴って地表面の熱収支が変わり，近年の異常高温の高頻度化に拍車をかけている．

(2) 関ヶ原の大雪

美濃地方西部の関ヶ原町は，北の伊吹山地と南の鈴鹿山脈に囲まれた地峡部に位置している．そのような特異な地形にある関ヶ原は，戦国時代には，東軍（徳川家康）と西軍（石田三成）の天下分け目の合戦の舞台ともなり，江戸時代には，東西を結ぶ中山道の58番目の宿場町として栄えた．現代になっても，この南北2kmのごくせまい地溝状の地形の中を，日本の大動脈である名神高速道路，国道21号線，東海道新幹線，JR東海道本線がくぐり抜け，まさに交通の要衝といえる．

関ヶ原は，本州の太平洋側の中でも日本海（若狭湾）と太平洋（伊勢湾）との間の距離が最も短い狭隘部にあり，冬季の北西季節風の影響を受けやすい位置にある．そのため，しばしば予期せぬ大雪に見舞われる．関ヶ原では，年間降雪量137cm（岐阜は47cm），年間最深積雪深37cm（岐阜は17cm），5cm以上の積雪日数18.9日（岐阜は5.0日）であり，約30km東に離れた岐阜に比べてより冬季の北西季節風の影響を受けやすい．坂本（1974）によれば，岐阜県内における日降雪量と降雪範囲は季節風の強さに比例しており，冬型の気圧配置が強まるほど美濃地方東部で日降雪量が増す．また，佐々江

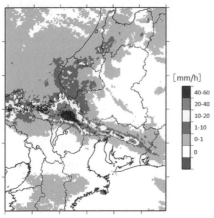

図7 2012年2月2日9時のレーダーアメダス
解析雨量図（気象庁提供）

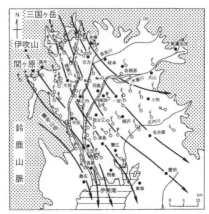

図8 クロマツの偏形樹から推定した冬季の一般的
な風の流れ（出典：大和田，1994）

（1990）によれば，岐阜県の大雪のパターン
は，一般型（34.7%，県北部から県西部の一
帯），白川型（20.0%，県北部を中心），川上
型（19.9%，県西部を中心），関ヶ原型
（10.5%，関ヶ原付近），その他（16.9%）に
分類され，関ヶ原型は北西または西北西の風
が強いときに出現し，関ヶ原付近で地上風の
強い収束が生じる傾向にある．関ヶ原型は他
に比べて出現頻度が低いものの，若狭湾から
滋賀県北部，関ヶ原付近を通り濃尾平野にの
びる降雪ベルトによって太平洋側でも大雪が
もたらされるため（図7），この地域の交通
網に深刻な影響を与える．

（3）伊吹おろし

　濃尾平野に冬季に卓越する局地風として，
風上側の山の名をとった「伊吹おろし」が有
名である．伊吹おろしは，吹き始める前より
も風下側で気温が降下するボラ型の山越え気
流であり，西高東低の冬型気圧配置が強まる
ことで発生する（吉野，2008）．

　大和田（1994）は，各地のクロマツやア
カマツの偏形度と偏形方向を調査すること
で，濃尾平野の冬季の地表風パターンについ
て議論している（図8）．伊吹おろしの吹き
出し口は，岐阜県内に2か所あり，①三国ヶ
岳と伊吹山地の狭隘部の揖斐川に沿って吹き
出してくる北寄りの風，②伊吹山地と鈴鹿山

脈の狭隘部の関ヶ原付近から吹き出してくる
西寄りの風，に分類される．これらの吹き出
し口付近では，クロマツやアカマツの偏形度
が高く，枝のほとんどが風下側に大きくなび
いていることが観察され，他の地域に比べて
特に強い風が卓越するものと考えられる．
関ヶ原から吹き出す西寄りの強風と揖斐川上
流から吹き出す北寄りの強風は，風の通り道
となる大垣や羽島付近で合流して，揖斐川・
長良川・木曽川の木曽三川に沿って伊勢湾に
吹き抜ける．

B. 岐阜県の気象災害

　岐阜県・岐阜地方気象台（1993）は，
1965年から1992年までの28年間を対象に

表1 岐阜県の主な自然災害（1965〜1992年）
の種別ごとの発生件数（出典：岐阜県・岐阜地方
気象台，1993）

	災害の種類	合計発生数（件）	年平均発生数（件）
大雨	大雨害・長雨害	149	5.32
大雪	大雪害・雪崩害・融雪害・凍害・凍霜害・冷害	40	1.43
積乱雲	落雷害・雹害	31	1.11
強風	風害・竜巻	21	0.75
日照	干害・酷暑害	8	0.29
地震	地震	2	0.07

図9 1976年9月12日9時の地上天気図（出典：日本気象協会：気象年鑑 1977年版）

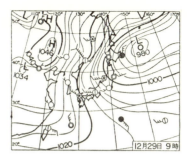

図10 1980年12月29日9時の地上天気図（出典：日本気象協会：気象年鑑 1981年版）

岐阜県内で発生した顕著な自然災害について整理している（表1）．「飛山濃水」の言葉が象徴するように，美濃地方を中心とした大雨に関する災害が計149件，飛騨地方を中心とした大雪に関する災害が計40件と目立つ．年間平均で大雨害は約5回，大雪害は約1回発生する計算となる．被害の程度は小さいものの活発な積乱雲に伴う落雷害や雹害も計31件と多い．また，台風や竜巻などによる風害も計21件と無視できない．ここでは，その中でも特に被害の大きかった1976年の「9.12豪雨」と1981年の「56豪雪」について紹介する．

1. 9.12豪雨

1976（昭和51）年9月12日に北上する大型の台風17号が，長良川・揖斐両流域を中心に記録的な集中豪雨（9.12水害）をもたらした．この流域では，台風17号による暖かく湿った南風により，不安定な状態が数日にわたって続いた（図9）．8日から14日までの総降水量は，長良川流域の大日岳1,175 mm，八幡1,091 mm，美濃840 mm，揖斐川流域の樽見951 mm，大垣824 mmと記録的な豪雨となった．この集中豪雨に伴い，12日10時頃，岐阜県安八町大森の長良川右岸堤防が約80 mにわたって決壊した．安八町と墨俣町を中心に洪水の被害が生じ，死者1名，行方不明者8名，床上浸水3,536件となった．県内の被害総額は約1,044億円に達し，岐阜県史上最悪の水害となった．

この後，安八町と墨俣町の両町民は，この水害が堤防に欠陥があったための"人災"であったとして"天災"を主張する国を相手どり，損害賠償請求訴訟（9.12長良川水害訴訟）を起こしている．1994（平成6）年に最高裁は，堤防決壊は予期せぬ集中豪雨が原因であり，堤防自体に欠陥はなかったとして，住民側敗訴が確定している．これを契機に，国は長良川の大規模な堤防改修工事を行い，全国に例のないほど強固な堤防が完成している．この9.12豪雨は，河川行政のあり方に注意を促すとともに，地域住民の水防意識の必要性を再認識させることとなった（岐阜県史編集委員会，2001）．

2. 56豪雪

1980（昭和56）年12月中旬からオホーツク海上の低気圧が発達して停滞し，強い冬型の気圧配置が続いた（図10）．このため日本海側の各地で大雪となった．その状況は年明けの後も続き，各地の積雪深は，1月8日に高山128 cm，八幡128 cm，13日に長滝255 cm，14日に樽見143 cm，15日に白川450 cmとなり，観測開始以来最深となる積雪を次々と記録した．大雪は2月下旬まで断続的に続き，高山の積算降雪量は740 cmにも達している．

この大雪（56豪雪）により，1981年1月4日には荘川村の荘川中学校の体育館が，1月5日には郡上市の郡上北高校の体育館が，いずれも雪の重さによって倒壊した．また，

県内山間部の幹線道路が寸断され，多くの孤立地区が発生した．着雪による長時間の停電のみならず，農業，林業，観光業といった多方面に深刻な被害をもたらし，県全体の被害総額は約231億円余り，死者・行方不明者9名に及ぶ大雪害となった．この56豪害は，豪雪地帯における幹線道路や建物の構造のあり方や過疎地域における除雪作業のあり方など，現代社会における山間部の脆弱性をふまえた豪雪対策について再考するきっかけとなった（岐阜県史編集委員会，2001）.

図11　主屋（左）につながる住居式水屋（右）（大垣市輪中生活館）

C. 岐阜県の気候と風土

　岐阜県内における南北に両極端な気候は，各地に類いまれな土木，建築，工芸，農業，歴史などの気候風土を醸成している．以下，岐阜県内のいくつかの特徴的な気候風土について紹介する．

1. 輪中

　濃尾平野は造盆地運動により木曽川・長良川・揖斐川の順で西に行くほど低い「西低東高」の地形を形成し，元来，美濃地方西部で木曽三川が網の目状に合流して伊勢湾に注いでいた．木曽川上流の長野県南木曽では年降水量2,413 mm，長良川上流の長滝では年降水量3,003 mm，揖斐川上流の樽見では年降水量3,228 mmと全国平均を大きく上回る．そのため，ひとたび上流で大雨が降ると，増水した木曽川の水が長良川へと流れ，さらに長良川の水が揖斐川へと流れ込むことにより，揖斐川下流で逆流水となって頻繁に洪水が発生していた．

　江戸時代になり社会が安定すると，美濃地方西部では，洪水から家々や田畑を守るため周囲に堤防をめぐらした，いわゆる「輪中」が多数形成された．しかし，①輪中の形成により河道に土砂が堆積し，川底が上昇して天井川となったこと，②新田開発によりこれまで遊水池が耕地化され，水の逃げ場がなくなったこと，③尾張藩の治水対策として木曽川左岸に全長48 kmの御囲堤が建設されたこと，などが影響して，輪中堤の形成だけでは根本的な洪水の解消にはつながらなかっ

た．その後，江戸時代中期（1736 ～ 1737年）の薩摩藩島津氏による治水工事（宝暦治水）や，明治時代（1887 ～ 1912年）のオランダ人技士ヨハネス・デレーケによる木曽川下流改修工事（三川分流工事）が行われ，輪中地域の水害は著しく減少している（岐阜県史編集委員会，2001）.

　輪中地域には，水害を防ぐための独自の工夫が代々伝わっている．その1つに，「輪中堤のかさ上げ」があるが，これは利害が対立する近隣の輪中と激しい紛争を生んだ．かさ上げは堤防だけでなく，民家に対しても「土盛り」をしてかさ上げすることで洪水に備えた．また，民家（主屋）よりもさらに高く土盛りをして，洪水時に家財や食料を安全に確保し，水が引くまで避難場所としても利用できる「水屋」とよばれる非常用の蔵が設けられた（図11）．水屋は，一般的に，主屋の北西側に位置することが多い．このことは，①日常生活の場である主屋に対して日照・通風の妨げにならないようにするため，②冬季の北西季節風である「伊吹おろし」が直接主屋に当たるのを防ぐため，などの理由が考えられる（大垣市，1986）.

2. 白川郷の合掌造り

　岐阜県飛騨地方の北西部にある白川村は，西の両白山地と東の飛騨高地に囲まれた山間部にあり，南から北へと庄川が流れている．白川村は江戸時代に白川郷ともよばれ，特に合掌造り家屋からなる集落が有名である．白

図12　白川郷の合掌集落（森賢司氏提供）

図13　清流板取川での楮白皮の川晒し（美濃市教育委員会提供）

川村荻町にある合掌集落は 1995 年にユネスコ世界遺産に登録されている。白川村は日本海側気候区に属し，年間の最深積雪深は179 cm にも達し，国の特別豪雪地帯にも指定されている。

　合掌造り家屋の特徴は，傾斜角度 50° に近い茅葺き屋根にあり，耕地に乏しい山村の養蚕に適応して作り出された民家形式である。このような急傾斜な屋根は豪雪による家屋倒壊を防ぐためのものである。茅葺き屋根の茅には，以前には「コガヤ（カリヤス）」が用いられていたが，コガヤの茅場は集落から遠く，現在では「オオガヤ（ススキ）」が代用されている。コガヤはオオガヤに比べて高密度で長寿命であり，コガヤを利用した時代は屋根の葺き替えは 60 年ごとであったのに対して，オオガヤになって 20 〜 40 年ごとと短くなっている（合田・有本，2004）。

　白川村荻町には，庄川右岸の河岸段丘上に100 棟近い合掌造り家屋が分布しているが，多くの家屋は，二面の屋根がそれぞれ東西を向くように配置されている（図12）。これは主に 2 つの理由が考えられる。1 つには，両方の屋根の日照時間を均等にするための工夫であると考えられる。2 面の屋根が南北を向いてしまうと，北側の茅葺き屋根は乾燥しづらく腐りやすくなってしまう。もう 1 つの理由は，庄川に沿って吹く南寄りの強い風の抵抗を少なくし，屋根があおられることを防ぐ機能をもち合わせていることが考えられる（伊藤，1999）。

3. 美濃紙

　岐阜県美濃地方中部の美濃市牧谷は一大和紙産地として有名である。この地域で製造される手漉き和紙は美濃紙とよばれ，その技法は，1969 年には国の重要無形文化財に，2014 年にはユネスコ無形文化遺産に登録されている。正倉院に残る 702 年の戸籍用紙に美濃紙が使われており，1300 年以上の歴史を有している。

　この地域では，古くから高度な製紙技術が存在していたたけでなく，和紙の原料となる良質な楮（こうぞ）の手に入りやすい地理にあった。クワ科の落葉低木である楮は，水はけの良い温暖な南面傾斜地で生育し，生長期間である梅雨季に降水量が多く，枝同士が擦れあって靭皮を傷めないよう風の弱い地域での栽培に適している（倉田，1950）。美濃は，5 〜 7 月の梅雨季の総降水量は 865 mm と多く，年平均風速も 1.7 m/s と弱いことから，楮産地に適した気候にあった。また，製紙業の立地において，手漉きの過程で良質な水を多量に要する（図13）。美濃市は年間降水量2,153 mm と多く，製紙地周辺の板取川から常に良質な水を多量に得ることができる条件を具備していた。

　江戸時代以降，牧谷で生産された美濃紙は上有知（美濃市）に集められ，紙問屋により京都をはじめとする全国に販売された。上有知には，紙問屋の富の象徴として "うだつ" を上げた町並みを今も残している。その当

時，長良川を利用した水運も発展し，生産された美濃紙は上有知湊から中河原湊（岐阜市）に運ばれた．陸揚げされた美濃紙を材料として，岐阜の名産である岐阜提灯，岐阜和傘，水うちわといった伝統工芸品が生まれている（澤村，1983）．

4. 富有柿

富有柿は，日本で最も生産量の多い甘柿の品種の1つであり，美濃地方西部の瑞穂市居倉が原産である．この地域は根尾川扇状地を形成しているため，水はけが良く柿栽培に適している．富有柿の果肉は黄紅色，肉質は緻密で柔軟，甘みが強く，果汁が多く，大粒なのが特徴であり，収穫期は10月下旬から12月中旬である．

富有柿は，日本原産のため極端な高温や低温に弱く，年間平均気温15℃以上で太平洋南岸域のように夏に多雨で冬は乾燥する温暖湿潤気候での生産に適している．ただし，良質な富有柿の産地としては，9月の平均気温が21〜23℃，10月の平均気温が15℃以上の温度条件を満たす必要がある（石原，1940）．20世紀初頭の平年値（1901〜1930年）を見ると，岐阜市の9月の平均気温は22.3℃，10月の平均気温は16.2℃であり，まさに富有柿の好適地であった．しかし，近年の平年値（1981〜2010年）で見ると，岐阜市の9月の月平均気温は24.1℃，10月の平均気温は18.1℃であり，20世紀後半から続く温暖化傾向により良質な富有柿の栽培条件から外れつつある．

9月の平均気温は富有柿の果実サイズや着色と負の相関があることが知られており（新川，2014），今後，温暖化がさらに進行することにより，富有柿の生育期間が延びるとともに，果実の小玉化や着色不良といった品質低下につながる可能性が懸念される．

5. 岩村城

美濃地方東部の恵那市岩村町は，木曽山脈の延長線上の断層崖下の高原盆地に位置している．城下町は平均標高500mにあるが，岩村城はさらに高く標高717mの急峻な山の頂にあった（現在は城跡として石垣が残る

図14　岩村城の霧（岩村歴史資料館提供）

のみ）．岩村城は，大和高取城（奈良県）や備中松山城（岡山県）に並ぶ日本三大山城の1つとして名高い．美濃国・信濃国・三河国の国境付近にあるため，戦国時代には武田軍と織田軍との間で幾多の戦乱が繰り広げられた．

岩村城は別名「霧ヶ城」ともよばれ，「敵が攻めてきたとき，秘蔵の蛇骨を城内にある霧ヶ井戸に投げ入れると，たちまち霧雲がわき出てきて城をおおい尽くし，敵から城を守った」という伝説が残されている（岩村町史刊行委員会，1961）．岐阜県美濃地方の恵那盆地は，特に木曽川沿いで朝霧が多いことで有名であり（図14），霧ヶ城の伝説を生み出すに足る気候学的条件を備えていたと考えられる．恵那は年間の霧日数が80日以上にも達し，岐阜の霧日数4.9日と比較して出現頻度はかなり高い．この地域で発生する盆地霧は，よく晴れた夜半過ぎから放射冷却による冷気塊が盆地周辺から盆地底に山風として流入し，盆地底の木曽川沿いの高温多湿な空気塊と混合することによって発生する．そのため，この地域で発生する盆地霧は，単純な「放射霧」というより，放射冷却の影響を受けた「混合霧」の形態をとる（小気候団体研究会，1994）．　　　　　　　　　［吉野　純］

【参考文献】
[1] 荒川猛・鈴木哲也・雨宮剛・尾関健・西垣孝，2014：カキ‘富有’の夏秋季の気温低下と果実肥

大との関係, 岐阜県農業技術センター研究報告,
10-15.

[2] 石原三一, 1940：柿の栽培技術, 1-381.

[3] 伊藤安男, 1999：地図で読む岐阜, 古今書院,
1-186.

[4] 岩村町史刊行委員会, 1961：岩村町史, 岩村
町, 1-601.

[5] 大垣市, 2008：大垣市史　輪中編, 大垣市,
1-491.

[6] 大和田道雄, 1994：伊勢湾岸の大気環境, 名
古屋大学出版会, 1-219.

[7] 岡田牧・日下博幸・髙木美彩・阿部紫織・髙
根雄也・冨士友紀乃・永井徹, 2014：夏季にお
ける岐阜県多治見市の気温分布調査, 天気, 61,
23-29.

[8] 気象庁ホームページ (http://www.jma.go.jp/).

[9] 岐阜県・岐阜地方気象台, 1993：岐阜県災異
誌　第2編（昭和40年〜平成4年）, 岐阜県, 1
-106.

[10] 岐阜県史編集委員会, 2001：わかりやすい岐
阜県史, 岐阜新聞社, 1-676.

[11] 岐阜新聞社出版局, 1998：岐阜県災害史, 特
集と年表でつづるひだみのの災害, 岐阜新聞社,
1-191

[12] 倉田益二郎, 1950：三椏・楮・桐の栽培, ア
ヅミ書房, 1-217.

[13] 合田昭二・有本信昭, 2004：白川郷　世界遺
産の持続的保全の道, ナカニシヤ出版, 1-214.

[14] 坂本篤造, 1974：岐阜県の日降雪量にかんす
る動気候学的2, 3の統計について, 天気, 21,
411-415.

[15] 佐々江保男, 1990：関ヶ原付近の大雪につい
て, 東管技術ニュース, 99, 34-43.

[16] 澤村守, 1983：美濃紙　その歴史と展開, 同
和製紙, 1-606.

[17] 小気候団体研究会, 1994：恵那地方の盆地霧
の特性について, 天気, 41, 23-35.

[18] 吉田信夫, 2013：奨励賞を授章して——多治
見の盛夏期における異常高温の出現特性に関する
調査研究, 天気, 60, 65-67.

[19] 吉野正敏, 2008：世界の風・日本の風, 成山
堂書店, 1-140.

三重県の気候

A. 三重県の気候・気象の特徴

1. 三重県の地形

三重県は伊勢湾西岸に面する紀伊半島東縁部に位置し，北部と南部が中央構造線によって分断された地質構造をなしている．北部の低地は伊勢平野，山地は鈴鹿山脈の東麓，および布引山地が連なっているが，南部は起伏に富んだ地形をなし，御在所岳（1,210 m）や大台ケ原（1,695 m）を有する山岳地帯で，ほぼ全域が紀伊山地に含まれる．

三重県の県域面積は，東海地方では岐阜県，静岡県に次ぐ全国で 25 位の 5,777 km² であり，総人口は 1,854,724 人である．

2. 三重県の気候概要

三重県の気候は，山岳地帯や内陸盆地，および海岸部に面する平野部によって異なり，紀伊山地は年降水量が 4,000 mm を超える多雨地帯であるが，平野部では 1,600 ～ 2,000 mm で中部地方の平均的な降水量であ

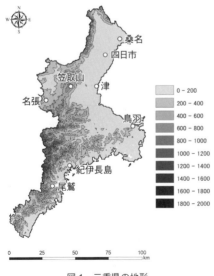

図 1　三重県の地形

る．また，上野盆地は岐阜県高山市に並ぶ盆地霧の発生地域で，冷え込んだ朝には冷気湖が見られることが多い．さらに，伊勢平野では「鈴鹿おろし」とよばれる局地風が吹くことで知られ，鈴鹿山麓の強風地域では「やんちゃ風」ともよばれていて，農作業の妨げになっている．

（1）気温分布

図 2 は，三重県の年平均気温分布（1981 ～ 2010 年）を表したものである．伊勢湾に面する桑名市，津市，鳥羽市では 15℃ 以上であるが，熊野灘に面する紀伊長島市から尾鷲市では 16℃ 以上であり，北部に比較して南部海岸地域の気温が高い傾向がある．しかし，背後の山地の関係から，三重県と和歌山県，および滋賀県境は 14℃ 以下である．

（2）降水量分布

南北に細長い三重県の年降水量の特徴は，地形によって異なることである（図 3）．北部内陸地域に位置する伊賀市や名張市の年降水量は 1,360 mm 前後であるが，岐阜県境付近は 2,000 mm 以上である．また，桑名市から津市にかけての海岸沿いは 1,500 mm 台である．しかし，南部はほぼ全域が 2,000 mm 以上であり，熊野灘に面する地域では 3,000 mm に達している．特に，尾鷲は 3,800 mm を上回る多降水地域である．その理由は，梅雨期や秋雨期は当然のことながら，夏季の降水量が多いことである．

（3）風向分布

本来，西高東低の冬型気圧配置においては，北西の季節風が吹走することは三重県でも例外ではない．図 4（a）は冬型気圧配置時（2011 年 1 月 20 日 14 時）における風向分布を表したものである．北部の桑名市，四日市市付近の風は北北西，津市付近は北西の風である．また，鳥羽市から紀伊長島市にかけての中部以南でも北西の風が吹き，尾鷲以南では南寄りの風が吹き込んでいる．この地域における冬季の降水量が多いのは，局地的な不連続線が形成されているからであろう．

これに対し，梅雨明け直後（2010 年 7 月 19 日 14 時）の風は（図 4（b）），北部地域

図2　三重県の年平均気温分布（℃）（1981～
　　　2010年）

図4（a）　冬型気圧配置時における三重県の風向分
　　　　布（2011年1月20日14時）

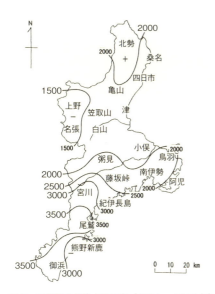

図3　三重県の年降水量分布（1981～2010年）

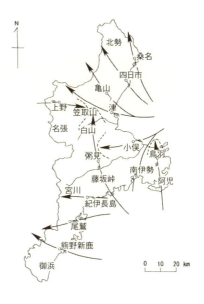

図4（b）　夏型気圧配置時における三重県の風向分
　　　　布（2010年7月19日14時）

図4（c）　三重県の秋季（移動性高気圧時）における早朝の風向分布（2010年10月7日5時）

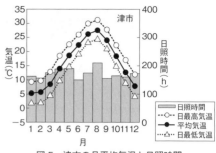

図5　津市の月平均気温と日照時間

において伊勢湾から南東の内海海風が吹き込んでいる．しかし，南部海岸地域では外海海風が吹いていて，中部地域では局地的な不連続線が形成されている．したがって，北部と南部の降水量の差は，熊野灘からの外海海風と内海海風の水蒸気の輸送量の違いによるものと思われる．

　また，移動性高気圧時の早朝（2010年10月7日5時）は，北部が北寄りの風，津市付近では西寄りの陸風が吹いている（図4（c））．このため，伊勢湾上には南北の不連続線が形成されている（大和田，1994）．また，南部地域では西〜北西の風が吹いていて熊野灘に吹き出している．また，移動性高気圧時の日中の風は，伊勢湾，および熊野灘からの海風が内陸に進入し，夏型気圧配置時と大きな違いは見られなかった．

3.　津市の気候

　伊勢湾に面する津市は，中央構造線の北側にあたる伊勢平野南部に位置し，海進・海退による沖積層・洪積層からなり，地下水の汲み上げによる地盤沈下が報告されている．津

市の市域面積は三重県で最も大きな710.81 km² である．

　津市の平均気温は最暖月の8月が26.3℃，最寒月の1月は5.3℃であり，年平均気温が15.9℃で名古屋との大きな違いは見られない．これは，最高気温，および最低気温でもほぼ同じであるが，最低気温は8月が24.4℃で名古屋よりも0.4℃高く，1月は0.6℃低い1.9℃である（図5）．日照時間は8月の約210時間，次いで5月の191時間，4月の189時間が年間を通して多い傾向は示すものの，他の季節では170時間前後である．

　また，津の年降水量は1,581.4 mm であり，三重県の平野部での平均的な降水量である（図6）．降水日数が最も多い月は3月の19.7日，次いで7月の19.0日，6月の18.5日，および9月の18.3日の順である．したがって，月降水量もこれに準じているようにも見えるが，降水日数が最も多い3月は109.9 mm である．しかし，9月は273.1 mm，梅雨期の6月は200.4 mm，7月が180.3 mm と降水日数に準じている．3月の降水日数が多いのは，鈴鹿峠から吹き出す天気界の漸移地域にあたるためであろう．また，9月の降水量が多いのは，台風が秋雨前線を刺激する機会が多いためであろう．

4.　各地の気候

　津市の北部に位置し，三重県で最も人口が多い四日市市は，平野北部の伊勢湾西岸に面する工業都市で，沿岸部のコンビナートから排出された硫黄酸化物の大気汚染による四日

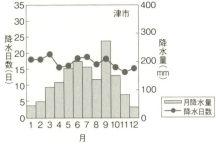

図6　津市の月降水量と降水日数（0.0 mm 以上）

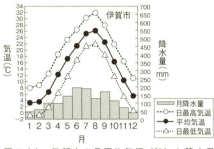

図7（b）　伊賀市の月平均気温（℃）と降水量
　　　　（mm）（1981～2010年）

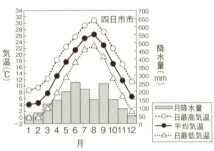

図7（a）　四日市市の月平均気温（℃）と降水量
　　　　（mm）（1981～2010年）

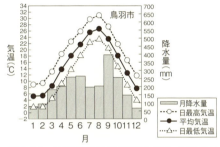

図7（c）　鳥羽市の月平均気温（℃）と降水量
　　　　（mm）（1981～2010年）

市公害としても有名であった.

　四日市の気温は, 月別の平均気温, 最高気温, および最低気温ともに津と大きな違いは見られないが, 四日市の降水量は年間1,724.4 mm で津に比較して多い傾向にある. その理由は, 9月は津を下回るものの, 梅雨期の降水量が6月254.0 mm, 7月212.0 mm と多いからである. したがって, 6月の降水量は9月の秋雨期を上回る. また, 1月および2月の最低気温が氷点下を示し, 冬季の寒さが厳しい傾向がある（図7（a）.

　これに対し, 内陸的要素をもつ伊賀市では（図7（b）, 最高気温は8月が31.9℃, 7月は30.5℃と津や四日市市と変わらないが, 1月の最低気温が−1.0℃, 2月は−0.8℃で伊勢湾に面する四日市市よりも低くなる. 年降水量は1,364.9 mm であり, 平野部の津市や桑名市に比較して約200 mm 少ないが, これは梅雨期, および秋雨期の降水量が少な

いためである. 中部地方の太平洋側地域として降水量が多いのは, 三重県南部の起伏の激しい山地沿いに位置しているからである.

　伊勢神宮に近い南部地域の鳥羽市では（図7（c）, 気温の月別変化からは北部地域の平野部と大きな違いは見られないが, 年降水量が2,359.4 mm に達し, 北部の平野部に比較して約1,000 mm も多くなる. これは年間を通して多い傾向があり, 4月から5月にかけて現れる移動性高気圧の季節でも, 月降水量が200 mm を上回る. 極端に降水量が多いのは9月の秋雨期で約400 mm であるが, 6月, 7月の梅雨期においても各月が約200 mm に近い雨が観測されている.

5. 三重県の特徴的な気象現象
（1）伊勢平野の鈴鹿おろし（ボラとフェーン）

　伊勢平野では, 西高東低の冬型気圧配置になると「鈴鹿おろし」とよばれる局地強風が吹き荒れる. この風は, 大陸に発達した高気

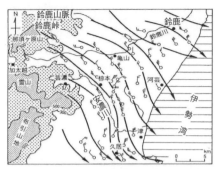

図8 偏形樹から推定した伊勢平野に吹く鈴鹿おろしの風の道（出典：大和田・原田，1978）

図9 背後に紀伊山地が迫る熊野灘（2015年11月，筆者撮影）

圧があって日本海低気圧や南岸低気圧が日本列島の東の海上に抜けたときに吹き出す風で，濃尾平野に吹く「伊吹おろし」と並び称される中部地方の太平洋側に吹く局地風である。

伊勢平野に吹く鈴鹿おろしは，クロマツの偏形樹から推定した風向分布から（図8），鈴鹿山脈から吹き下りる北西の風によって支配されていることがわかる。しかし，安濃川に沿う地域では北北西に向きを変え，伊勢湾に吹き出している（大和田・原田，1978）。

山岳地を吹き下りる風は，乾燥断熱減率によって気温が上昇するはずであるが，鈴鹿おろしの場合は，吹走開始とともに気温が低下するパターンと，上昇するパターンの両方がある。

(2) 尾鷲市の豪雨

三重県南部の尾鷲市は，年間4,000 mmに達するわが国でも有数の豪雨地域である。その原因は背後に大台ケ原山系と高峰山，天狗倉山を有し，海岸部の地形はリアス式海岸で南側は熊野灘に面していることである（図9）。熊野灘は黒潮流域で南から暖かく湿った空気を大量に運び込む役目を果たしており，台風接近時の降水量は，2000年9月の東海豪雨時で総降水量が647.5 mmに達した。また，2004年9月の台風21号が秋雨前線を刺激したときは，津市の総降水量440.5 mmの約2倍にあたる876.0 mmを記録した。

図10は，尾鷲市の月降水量を表したもの

である。月降水量が100 mmを下回るのは年間を通じて11月のみである。春季の3月からは200 mmを上回り，5月には371.8 mmに達し，鳥羽市の9月の降水量（397.4 mm）に近いほどの雨が降っている。さらに，梅雨期の降水量は，6月が405.7 mm，7月は397.2 mmで約800 mmに達する量である。

しかし，夏季の8月の降水量は468.2 mmに達し，北部の津市や四日市市の3倍以上の雨が降っている。特に，9月の秋雨期には700 mmに近い降水が見られ，他の地域とはまったく異なる量の雨が降る。これは，尾鷲が熊野灘に面していて，背後には紀伊山地が控えていることから，太平洋からの暖湿流が背後の斜面に沿って上昇し，地形性降雨が発生しやすいからであろう。

(3) 上野盆地の霧

三重県西部の内陸部に位置する上野盆地は，盆地霧が発生することで知られている（水越・奥友，1974）。霧日数が最も多い季節は，秋季から冬季にかけてであり，11月の7.5日，次いで10月の5.6日，12月の4.5日の順である（図11）。しかし，他の季節においては2〜3日以下である。

放射霧は，放射冷却によって冷やされた地面に接した空気が飽和状態に達して発生する霧を指す。盆地で放射霧が多い理由は，盆地底での局地的な放射冷却に加えて盆地周囲の斜面から冷気が盆地に堆積する（冷気湖が形成される）ことも関係する。一般的に，盆地

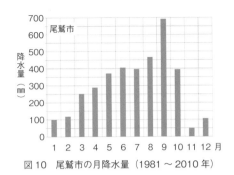

図 10　尾鷲市の月降水量（1981 〜 2010 年）

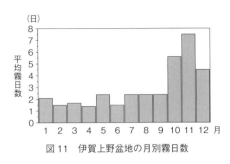

図 11　伊賀上野盆地の月別霧日数

霧の発生過程は風が弱く，熱放射が容易な晴れた夜であることが条件となる（図 12）.

気象庁の観測資料によると，上野盆地の霧日数は減少傾向にあり，1940 年代は年間で 100 日以上発生した霧が，近年では 30 日以下となり，1 年で 9 日の割合で減少していることが報告されている.

B. 三重県の主な気象災害

1. 前線性豪雨

三重県の過去に起きた主な気象災害は，1961 年の梅雨前線による豪雨災害を除くと，気象災害のほとんどは台風の襲来・接近によるものである.

1961 年 6 月 24 日から 29 日にかけて，日本列島の南岸に停滞していた梅雨前線が活発化し，津市では総降水量が 559 mm，尾鷲では 1,057 mm に達した. さらに 1971 年 9 月には，秋雨前線による豪雨で尾鷲の総降水量が 1,095 mm，最大 1 時間降水量は 92 mm に達した. 2004 年 9 月 29 日に鹿児島県いちき串木野市に上陸した台風 21 号は，秋雨前線を刺激して大雨を降らせ，床上浸水や斜面崩壊，土石流による死者を出している. 2011 年 9 月の台風 12 号，2012 年 9 月の台風 17 号，および 2013 年 9 月の台風 18 号は，いずれも三重県南部に大雨をもたらした.

2. 2011 年 9 月台風 12 号の集中豪雨

特に 2011 年 9 月に襲来した台風 12 号により，長時間にわたって激しい雨が降り続

図 12　伊賀上野盆地に発生した放射冷却による盆地霧（2015 年 11 月，筆者撮影）

き，9 月 4 日の 7 時には 1 時間降水量が 85 mm を上回った. 三重県南部の宮川では総降水量が 1,630 mm，御浜で 1,085 mm，尾鷲で 928.5 mm の記録的な集中豪雨となった（図 13）. 台風 12 号が高知県東部に上陸したのは 9 月 3 日 10 時であり，4 日には日本海に抜けたにもかかわらず大雨となった.

この台風による一連の大雨により，三重県では死者・行方不明者 3 名，住家全壊 81 棟，半壊 1,077 棟などの被害があった. なお，県外では和歌山県で 61 名，奈良県で 24 名など，全国で 98 名の死者・行方不明者を出す大災害となった.

C. 三重県の気候と風土，生活，産業の関係

伊勢湾岸の西に位置する三重県の北勢地域は，冬型気圧配置で吹く局地風を利用した「そうめん干し」が行われてきた. その歴史は古く，江戸時代の幕末期から「伊勢そうめん」として三重県四日市市の大矢知地区で生

図13 台風12号（2011年9月）による三重県の総降水量分布（津地方気象台）

図14 三重県北勢地域の四日市市の大矢知地区の手延べそうめん干し かつてはこの地域の自然環境を生かした屋外干しが盛んであったが，近年では機械乾燥が主体となっている．

［大和田道雄］

【参考文献】
［1］大和田道雄，1994：伊勢湾岸の大気環境，名古屋大学出版会，219p.
［2］大和田道雄・原田香子，1978：伊勢平野に卓越する局地風「鈴鹿おろし」の局地気候学的研究，愛知教育大学研究報告，27（人文・社会科学），173-182.
［3］吉野正敏，1961：小気候，地人書館，272p.

産されてきた．基本的には農家の副業として始められたものである．現在は機械乾燥が主体となっているが，今でもそうめん干しを見かけることもある（図14）．

「大矢知手延べそうめん」の生産地域は，北勢地域の自然環境と密接な関係がある．大矢知地区周辺は，朝明川の清流による豊富な水，および背後からは鈴鹿山脈から「鈴鹿おろし」が吹きつける地域である．また，この地域が小麦生産地域であったこともその背景にある．鈴鹿山脈から吹き下りる鈴鹿おろしは，地元では「やんちゃ風」ともよばれ，冷たく厳しい局地風として知られている．

鈴鹿おろしは，低気圧の中心がオホーツク海から千島列島北部に達すると，気圧傾度風向が西寄りとなり，同じ伊勢湾岸地域で吹く「伊吹おろし」が北北西〜北西であるのに対し，西〜西北西である．急峻な鈴鹿山地を越えてくる鈴鹿おろしの多くは，「ボラ」的要素をもつ乾燥した冷たい西風であり，そうめん生産には適していたと思われる．

静岡県の気候

A. 静岡県の気候・気象の特徴

1. 静岡県の地形

　太平洋に面する静岡県は，伊豆半島から浜名湖に至る東西155 km，南北118 kmで県の面積が7,778.41 km²に達する広大な県域を誇っている．北方に標高3,000 mに達する赤石山脈が南北に走る西部は，赤石山地を水源とする天竜川，および大井川から浜名湖にかけての地域である．中部は背後の身延山地，および安倍川，大井川と富士川の間の地域である．また，東部は富士川から東側のフォッサマグナの南端にあたり，富士山（3,776 m）から箱根山，駿河湾東岸に位置する伊豆半島の天城山に至る火山地帯である．

　静岡県は23市12町からなり，人口約368万人である．

2. 静岡県の気候概要

　静岡県は気候区分では太平洋側気候区に属するが，赤石山脈や富士山，さらに伊豆半島の天城山を有し，標高差が大きいために地域による気候差が激しい特徴がある．したがって，北部山地や富士山の裾野にあたる御殿場市では，冬季に積雪地帯となるが，平野部で太平洋に面する平野部では黒潮の影響で温暖な気候を呈している．天竜川に沿う地域では夏季に名古屋を上回る酷暑になることもあ

る．

(1) 静岡市の気候

　静岡県の中部に位置する静岡市は，月平均日照時間が約175時間であるが，年間を通して200時間を超えるのは1月と8月，および12月である．逆に最も少ないのは当然ではあるが梅雨期の6月（132.1時間）と9月（148.9時間）である（図2）．冬季に晴れの日が多いのは，赤石山脈を越える季節風の風下側にあたるためである．

　静岡市の年平均気温は16.5℃であるが，8月の最高気温は30.8℃である．しかし，冬季において最低気温の月平均値が氷点下になることはなく，最も気温が低くなる1月の最低気温は1.8℃である．

　年降水量は2,324.9 mmと東海地方では多い傾向にあるが，これは6月から9月にかけて各月の降水量が安定して200 mmを上回るからである．年間で最も降水量が多いのは6月の292.8 mmであり，9月（292.0 mm）とほぼ同じである．これに付随して降水日数が多いのは，梅雨期（6〜7月），および秋雨期（9月）の約20日であるが，8月も少なくはない．このため，8月の月平均降水量は250.9 mmに達し，名古屋（126.3 mm）の約2倍である（図3）．これは，背後の山に向けて駿河湾からの南寄りの風が静岡平野に吹き込むからである．

(2) 浜松市の気候

　静岡県西部の浜松市は（図4），中部の静岡市に比較して8月の最高気温に大きな違

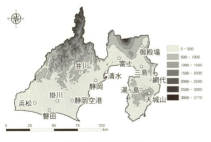

図1　静岡県の地形

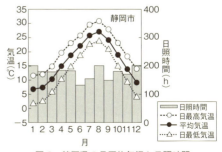

図2　静岡県の月平均気温と日照時間

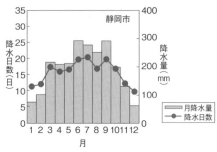

図3 静岡市の月降水量と降水日数 (0.0 mm 以上)

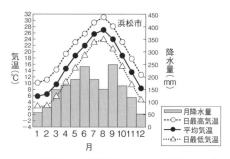

図4 浜松市の月平均気温 (℃) と降水量 (mm)

いは見られないが，降水量は少ない傾向にある．浜松市の8月平均降水量は150.8 mmであり，静岡市に比較して100 mmも少ないことになる．したがって，浜松市の年降水量は，1,809.1 mmで静岡市に比較して約500 mm少なく，中部地方のほぼ平均的な値である．年間で最も降水量が多いのは9月の248.9 mmで，次いで6月の241.3 mmである．特徴的なことは，4月から6月にかけての期間で名古屋よりも多いことであり，名古屋の年降水量（1,535.3 mm）を上回るのは春季の降水量が多いからである．

浜松市の最高気温は8月の31.1℃をピークに7月の29.4℃，9月の28.2℃と静岡市と大きな違いは見られないが，最低気温は1月が2.5℃で静岡市より0.7℃高く，名古屋より1.7℃高いため，冬季に温暖であることがわかる．

(3) 三島市の気候

東部地区の三島では，冬季の降水量は中部地区（静岡）と大きな違いは見られないものの，夏季から秋季にかけて260 mmを上回る月はない．年間で最も降水量が多いのは10月で，梅雨期を上回っている．

(4) 御殿場市の気候

富士山地区の御殿場市の気候は，西部地区の三島市と同じ傾向を示す．富士山地区は標高の関係から，他地区に比較して気温が低く，また降水量も多い（2,819.1 mm）．年間で降水量が多いのは7月と9月，および10月である．10月は350 mmを上回る降水量

で，三島市よりも100 mm多くなるが，11月に入ると激減し，150 mmに満たなくなる．しかし，浜松市，静岡市，三島市の各地区に比較して30 mmは多く降っている．

3. 静岡県の気候分布

(1) 気温分布

図5は静岡県の年平均気温分布（1981～2010年）を表したものである．東部では標高の高い富士山麓の御殿場市，西部の赤石山地が13℃以下であり，海岸部から少し離れた西部地区の掛川市から菊川市，中部地区の静岡市鍵穴，東部地区の富士市，三島市，および東部の伊豆半島の内陸部にあたる山地沿いは15～16℃の範囲である．また，東西に連なる海岸線沿いの平野部では16℃以上と気温が高く，海岸部は比較的温暖な気候に属していることがわかる．

冬季になると北部山間部と沿岸部の気温差が大きくなる．伊豆半島の先端部と山岳部の気温差は8℃以上，すなわち静岡県内での気温差は8.0℃以上に達することになる．これは，海岸に近い地域ほど海の熱容量によって冷え込まないからであり，伊豆半島先端部は無霜地帯ともよばれている（佐々倉ほか，1956）．

(2) 降水量分布

静岡県は地形的に起伏が激しく標高差も大きいことから，年降水量にも地域差が著しい（図6）．西部地区の浜松市，磐田市，掛川市，および東部地区の三島市から伊豆半島西岸では2,000 mm以下であるが，中部地区の静

図5　静岡県の年平均気温分布（1981 ～ 2010 年）

岡市，および東部地区の富士市では 2,000 mm を上回る．北部山地や富士山麓の御殿場市では 2,500 ～ 3,000 mm であるが，伊豆半島の天城山では 4,000 mm を上回る豪雨地域である．

　この傾向は 6 ～ 7 月の梅雨期においても見られる．この伊豆半島の局地的な豪雨地域は，秋雨前線が停滞する 9 月において同様の傾向を示す．秋雨期の降水は梅雨期ほどの地域差はないものの，静岡県のうちこの地域で最も降水量が多い傾向は変わらない．

（3）風向分布

　東西にのびる海岸線を有する静岡県は，海岸地形が複雑で，平地も少ないことから冬季における風も一様ではない（図7（a））．北部山地沿い，および西部地域では西北西の風

が吹き，浜名湖周辺では強い西寄りの風が吹いている（2011 年 1 月 8 日 14 時）．海岸沿いの西風は，西高東低の冬型気圧配置で若狭湾から伊勢湾に吹き出す北西風が西寄りに変化したもので（河村，1966），御前崎から石廊崎にかけて吹き抜けている．この西風に沿って積雲が発達することが確認されている（佐々倉ほか，1956）．しかし，中部地区の海岸沿いは駿河湾からの南寄りの風が内陸に進入し，静岡市付近では西寄りの風が変化した南東風と収束し，北部山地からの北西風との間に局地不連続線が形成されている．また，伊豆半島南部では西寄りであるが，北部東岸では東寄りの風が見られ，複雑な風系をなしていることがわかる．

　これに対し，北太平洋高気圧におおわれた夏型気圧配置時（2010 年 7 月 23 日 14 時）においては，北部山地を除いて南寄りの風によって支配されている（図7（b））．これは，河村（1970）による暖候季の風の分布と合致するもので，浜名湖から天竜川沿いにかけての西部地区は南南東，駿河湾沿いの中部地区は南風が吹いている．駿河湾からの南風は，北部山地からの西寄りの風との間に中部地区で不連続線を形成し，伊豆半島西部では西寄りの風，東岸は南風が吹いて半島の付け根付近，および先端部で局地不連続線が形成されている．特に，東部地区の伊豆半島では複雑な海岸地形を反映し，風系が単純ではな

図6　静岡県の年降水量分布（1981 ～ 2010 年）

図7（a）　冬型気圧配置時における静岡県の風向分布（2011 年 1 月 8 日 14 時）

図7（b） 夏型気圧配置時における静岡県の風向分布（2010年7月23日14時）

い.

B. 静岡県の主な気象災害

1. 狩野川台風（台風22号）

　1958年9月21日にグアム島付近で発生した台風22号は，進路を北西から北に変えて北上し，その間，100 hPa以上も発達して24日には877 hPaと勢力を強め，26日21時頃には伊豆半島の南を通過して，27日0時頃に神奈川県東部に上陸した（図8）. この台風で，伊豆半島の狩野川流域で大規模な水害が発生した. 湯ヶ島観測所の降水量によると（静岡県歴史文化情報センター），9月26日の1時間降水量は20時から約80 mmに達し，22時には120 mmの記録的な豪雨になった（図9）. さらに，23時には1時間降水量60 mmの雨が降ったことから，20時から23時にかけての時間帯だけで440 mmの集中的な豪雨であり，総雨量（739 mm）の約60%が4時間で降ったことになる. 特に，豪雨地域は伊豆半島中央部の天城山付近に集中していたが，天城山周辺は年間を通して降水量が多く，年間総雨量でも4,000 mmを上回る.

　このため，狩野川上流部で土石流が発生し，流域の橋梁に大量の流木が川を堰き止めて猛烈な洪水を引き起こした. 静岡県全体では1,046名の死者行方不明者を出したが，狩野川流域では853名に達した未曾有の豪雨

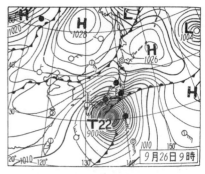

図8　狩野川台風襲来時（1958年9月26日）の気圧配置（出典：日本気象協会，1966：天気図10年集成）なお，後の解析によると，この時刻の台風の中心気圧は930 hPaである.

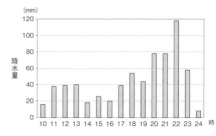

図9　伊豆半島湯ヶ島における狩野川台風による降水量の時間変化（1958年9月26日）

被害である. 流域で最も被害が大きかったのは修善寺町で，死者・行方不明者が464名，次いで中伊豆町の83名である.

2. 2015年台風18号

　2015年9月7日に発生して日本列島を横断した台風18号は，9月9日10時に愛知県の知多半島に上陸して21時には日本海で温帯低気圧に変わったが，9月10日から11日にかけて茨城県・栃木県にまたがる鬼怒川上流の日光市を中心に集中豪雨となり，日光市今市では総降水量647.5 mmの記録的な大雨となった. その結果，鬼怒川の氾濫によって多大な洪水被害をもたらした. この台風の特徴は，日本列島上に停滞していた秋雨前線を刺激していた7日から8日にかけてよりも，日本海に抜けて温帯低気圧に変わっ

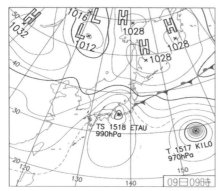

図10 2015年台風18号接近時の気圧配置（9月9日9時）

図11 駿河湾に面する久能山のイチゴ栽培地域（2015年10月，筆者撮影）

てからの被害が大きかったことである。

　静岡県では台風18号の北上に伴って，日本列島上に停滞する秋雨前線を刺激して，6日の15〜21時と8日の9時を中心とする時間帯，さらに9日8〜9時にかけての時間帯に集中的な雨が降り，熱海市網代で1時間降水量41.5 mmを記録した（図10）。南伊豆町石廊崎では最大瞬間風速29.3 m/sを観測している。台風18号の接近・通過による静岡県での総降水量は，天城山で424.5 mm，浜松市で389.0 mmに達している。したがって，茨城・栃木県の降水形態とは異なるが，天城山では1958年9月の狩野川台風や1974年7月の七夕豪雨に近い雨が降ったことになる。

　浜松市では，9月8日に24時間降水量238.5 mmを記録し，9月の最大記録だった1992年の219.0 mmを更新した。このため，静岡県の各地では土砂崩れや崖崩れによる道路通行止めが90か所以上発生し，風による転倒でけが人も出た。

C．静岡県の気候と生活

1．久能山の石垣イチゴ

　静岡県の農産物は全国的に有名で，牧の原台地の静岡茶，三ケ日のミカン，温室メロン，および久能山の石垣イチゴは静岡の気候を象徴する農作物である。

　駿河湾の北西部に位置する久能山の石垣イチゴ栽培地域は，駿河湾に面した南向き斜面であり，太陽からの受熱量が多いだけでなく，久能山が北西の季節風を遮る役目を果たしている（図11）。このため，冬型気圧配置時においては風陰地域にあたるため，冬季においても霜が降りることはない。久能山の石垣イチゴ栽培地域と他の地域との違いは，ビニールハウス内に石垣が積んであることである。この石垣は，冬にもかかわらず石の放射熱を利用したもので，明治時代の当初は玉石垣であった。その後，コンクリート板となり，石垣は斜面に沿って約1 mの高さで5段ずつ積み上げられている。5段の石垣は下段ほど角度が緩やかで50〜60°であるが，上段になると角度が急になり70°にもなり，斜面全体では凹レンズの様相を呈している。

　さらに驚くべきことは，この角度が冬季における太陽高度を反映させていることである。これは，冬季の弱い太陽からの受熱をより効率的に受け入れるかを配慮した設計になっているのである。日中の太陽熱を受けた石垣は，アスファルトやコンクリートと同様に熱容量が大きく，日没後には放熱してビニールハウス内の温度を維持するのである。まさに，地域の自然環境を利用した先人の知恵が石垣イチゴの栽培を可能にしたのである（大和田，1989）。

2．牧の原の茶産地

　静岡県は全国の茶園面積の40％を占める

報告，(7)，183-185.

図12　静岡県牧の原台地の茶畑に設置されたウィ
　　ンドマシン（2015年10月筆者撮影）

荒茶産地であり，大井川の河口付近に広がる
牧の原台地は，磐田台地，三方原台地とともに，静岡のお茶の生産地として全国的に知られている．静岡のお茶は栽培面積が
18,100 ha で，2位の鹿児島（8,670 ha）を
大きく引き離し，生産量，産出額ともに全国
1位である．

　これは，これらの茶畑生産地域の夏季（8月）の平均気温は，26～27℃，および冬季
（1月）は5～6℃の範囲であり，冬季の最低気温出現時においても氷点下になることはほとんどない地域で栽培されているためであり，台地が海に近く，温暖な気候と日照時間が豊富だったことによるものである．台地で栽培されているのは，お茶が乾燥には強いものの霜には弱いため，冷気の及ぶ谷底部や山間部には不向きだからである．しかし，各茶畑にはウィンドマシンが設置されていて，空気の攪拌により地表の冷え込みを弱め，茶の木を霜害から守る工夫がなされている
（図12）．　　　　　　　　　　［大和田道雄］

【参考文献】
［1］　大和田道雄，1989：NHK暮らしの気候学，
　　日本放送出版協会，218p.
［2］　河村武，1966：中部日本における冬の地上風
　　系，地理学評論，39(8)，538-554.
［3］　河村武，1970：南西気流に伴う中部日本の地
　　上風系，地理学評論，43(4)，203-210.
［4］　佐々倉航三・山田和人，1956：伊豆半島南部
　　の無霜地帯に関する調査，静岡大学教育学部研究

第6章　近畿地方の気候

6.1　近畿地方の地理的特徴

　古代の日本は，律令の制定により，国家としての統治機構を整えるとともに，全国の地方を朝廷近隣諸国の畿内（大和国・山背国・河内国・摂津国）と七道（東海道・東山道・北陸道・山陰道・山陽道・南海道・西海道）とに区分し，地方の行政機構を設置した．和泉国がのちに河内国から分割されて畿内に組み入れられ，中央と地方の行政機構は五畿七道として整備された．畿内とよばれた地域は，1871（明治4）年の廃藩置県を経て，近畿地方となった．一般には，近畿地方は，大阪・京都・兵庫・奈良・滋賀・和歌山・三重の2府5県として知られている場合が多い．しかし，行政上は三重県を除く2府4県を近畿地方とする場合があり，気象庁でも2府4県を近畿地方として三重県は東海地方に区分している．ここではこの2府4県を近畿地方として地理や気候の特徴を述べる．

図2　近畿地方の主要な地理と気候区分　気候区分は実線で分割して示す．

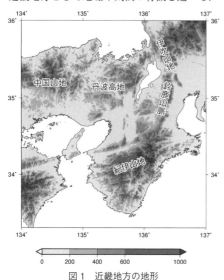

図1　近畿地方の地形

　近畿地方の地図を図1，2に示す．近畿地方の北部と南部には山地や高地が広がる．北部には中国山地や丹波高地があり，その北側には福知山や豊岡といった盆地があり，山地を隔てて日本海に面している．近畿地方南部には紀伊山地が広がり，和泉山脈の南側に和歌山平野がある以外には南部は起伏の激しい地形であり，複雑な海岸線を形成して太平洋に面している．北部と南部の山地の間には，沿岸地域に大阪平野や播磨平野といった低地が広がり，また内陸側に篠山・亀岡・京都・奈良・近江などの盆地が散在している．北部と南部の山地の間の地域には，湖として日本で最大面積をもつ琵琶湖があり，琵琶湖を囲むように比良山地・野坂山地・伊吹山地・鈴鹿山脈が位置している．瀬戸内海には淡路島が浮かび，東の大阪湾と西の播磨灘とを分けている．淡路島は，北は明石海峡，東は紀淡海峡，西は鳴門海峡を隔てて，本州と四国に面している．

　近畿地方は北部の山地と南部の山地を境に

図3 近畿地方の主要河川（出典：国土交通省ホームページ）

して，日本海側と太平洋側，その間の中央部というように大きく3つの地域に分けることができる．この3地域を隔てる山地は，日本海に注ぐ河川，大阪湾・瀬戸内海に注ぐ河川，太平洋に注ぐ河川の分水嶺ともなっている．図3は，近畿地方の主要河川を示した地図である．分水嶺を境にして，日本海側には円山川や由良川，中央には揖保川，加古川，猪名川，淀川，大和川，太平洋側には紀の川や熊野川といった河川が流れている．近畿地方で最大流域面積を有する淀川水系には，丹波高地に水源をもつ桂川，三重県内に水源をもつ木津川，琵琶湖を水源とする宇治川が流れ，さらに琵琶湖には周囲の山地から大小さまざまな河川が流れ込んでいる．これら淀川水系の水源の最北端は，滋賀県と福井県との県境にまで至る．

近畿地方南部の紀伊山地は，近畿地方での最高峰の八剣山（標高1,915 m）を始めとして，1,300～1,900 m級の山々が並び立つ急峻な山岳地域である．太平洋に面しているため，南からの暖湿な空気が流れ込む影響で日本でも有数の多雨地帯である．三重県尾鷲の年降水量は3,849 mmで多雨地域として知られているが，和歌山県内でも年降水量が

3,000 mmを超える地点が散在する．

一方，北部には，兵庫県と鳥取県との県境に標高1,510 mの氷ノ山があり，中国山地では1,300 m級の山があるものの，全体としては1,000 m未満の比較的なだらかな山地や高地が広がる．分水嶺となっている峰や峠の標高も数百mから1,000 m前後である．このように北部でのなだらかな地形は，多雨地域で急峻地形の紀伊山地とは対照的である．

近畿地方の中央に位置する平野や盆地には，日本の第2の都市圏である大阪市を中心とした京阪神地域がある．近畿地方全体の人口規模は2,000万人強であり，なかでも，京都，大阪，神戸，堺は，政令指定都市として商業，貿易，観光などそれぞれ異なる特色をもち，京阪神大都市圏の中心となっている．また，各府県の人口規模の大きな10市（2016年末現在）は中核市として地域の中枢を担っている．総務省統計局の2013年統計値によれば，日本全国の人口増減率がマイナスであるのと同様，近畿地方の各府県でも人口は減少傾向にあるものの，滋賀県は例外で全国第7位の人口増加率を示す．

6.2　近畿地方の気候概要
6.2.1　降水量と気温の特徴

近畿地方では，日本海，太平洋，瀬戸内海に面して多様な地理特性をもつことを反映して，気候が多彩であるのが特徴である．北部と南部の山地を境にして，北部，中央部，南部で気候の特徴が大きく異なる．北部と南部はそれぞれ日本海側気候と太平洋側気候に分類され，中央部は沿岸地域の瀬戸内海気候と内陸側の内陸性の気候とに分類できる（図2）．

南北で近畿地方の気候の特徴が大きく異なることは，太平洋側での多雨地帯と日本海側での豪雪地帯とが共存していることに現れている．日降水量の観測史上全国第2位の記録が，奈良県大台ヶ原日出岳における844 mm（1982年8月1日）である一方で，最深積雪の観測史上全国第1位の記録は，

表1　近畿地方の観測点での気候値（1981 ～ 2010 年の平年値）

	潮岬	上北山	明石	堺	東近江	間人
標高（m）	67.5	334.0	3.0	20.0	128.0	42.0
年平均気温（℃）	17.2	13.2	15.8	15.9	14.0	15.2
1 月平均気温（℃）	8.0	2.7	5.2	5.2	2.8	5.0
8 月平均気温（℃）	26.7	24.2	27.6	28.0	26.1	26.6
年降水量（mm）	2,519.0	2,713.5	1,073.0	1,187.0	1,407.6	1,883.9
1 月降水量（mm）	99.7	76.6	35.0	45.1	66.3	223.5
8 月降水量（mm）	233.2	445.2	83.8	87.7	110.0	104.5
年間日照時間（時間）	2,201.2	1,504.8	2,075.5	2,019.7	1,753.9	1,645.4

表2　近畿地方の観測点での観測史上第 1 位の極値（2016 年末現在）

	潮岬	上北山	明石	堺	東近江	間人
日降水量（mm）	420.7	661.0	213.5	163.0	174.0	169.0
日最大 1 時間降水量（mm）	145.0	81.0	63.0	93.5	64.0	51.0
最多年降水量（mm）	3,620.8	5,275.0	1,687.5	1,581.0	1,804.0	2,441.0
最少年降水量（mm）	1,406.0	1,646.0	612.0	551.0	948.0	1,345.0
最高気温（℃）	35.6	38.4	36.3	39.3	38.8	37.9
最低気温（℃）	− 5.0	− 9.3	− 4.3	− 5.3	− 11.6	− 5.9

伊吹山における 1,182 cm（1927 年 2 月 14 日）である（順位記録は 2016 年末現在）．また，太平洋側には新宮のように年降水量が 3,000 mm を超す地点がある一方で，瀬戸内海側には明石のように年降水量が 1,000 mm 程度しかない地点もある．このように降水量の地域差が大きい．さらに，近畿地方の沖には，ともに暖流である太平洋側の黒潮と日本海側の対馬海流が流れている．この暖流の影響を受けて，冬でも日本海側は比較的温暖である．このような近畿地方の気候の特徴をいくつかの気象観測点でのデータにより概観してみる．

表1と表2は，近畿地方での気候の特徴を示すいくつかの観測点での気候値や極値を示す．近畿地方で最南端の潮岬と最北端の間人を比べてみよう．年平均気温は両地点で 2℃ 程度の違いしかない．間人の 1 月の平均気温は，潮岬の場合よりも 3℃ 低いものの，明石や堺と同程度である．間人の 8 月の平均気温は潮岬の場合とほぼ同じである．表2にある観測史上 1 位の最高気温と最低気温で見ても，潮岬と間人とで大きな違いはない．このように間人での気温は暖流の影響を強く受けていることがわかる．一方，潮岬と間人での降水量を比べてみると，多雨地帯の

潮岬の方が年降水量はかなり多いことがわかる．月別で見ると，間人では冬季に，潮岬では夏季に降水量が多くなっており，年間を通して間人では日照時間がかなり少ない．間人では冬季の降雪の影響が大きいのである．

紀伊山地の山間部の上北山での特徴は，年降水量が多いこととともに，日照時間が少ないことである．山間部にあって降水の頻度が高いことが原因であろう（土田・竹見，2014）．また，観測史上最多の年降水量は 5,000 mm を超えている．これは 2011 年の記録であり，台風 12 号による紀伊半島での豪雨の影響が大きい．紀伊半島では，台風により豪雨がしばしば発生する．

瀬戸内海沿岸の明石や堺では，年降水量は平年値でも最多年の量でも少なく，夏季でも降水量は他の地点と比べて大幅に少ない．一方で日照時間は 2,000 時間を超えており，降水量が少なく晴天日が多いという瀬戸内海気候の特徴を示している．明石と堺の違いは，気温に明瞭に現れている．明石は郊外都市であるのに対し，堺は大阪市に接した大都市である．都市化の影響により，夏季の気温の高温化が堺では顕著である．こういった夏季の高温化の傾向は，大阪平野の他の都市でも見られる共通した傾向である．例えば，最高気

温の最高値は大阪平野の多くの都市で39℃台を記録しているが，播磨平野の都市ではそこまで高温にはなっていない．近畿地方の瀬戸内海沿岸の平野部で最高気温が最も高かった記録（2016年末現在）は，1994年8月8日の大阪平野北部に位置する豊中市での39.9℃である．

内陸側の気候の特徴を示す地点として，表1と表2には東近江を示した．東近江の年平均気温や1月および8月の平均気温は最北端の間人の場合よりも低く，最高気温と最低気温の記録も間人を上回っており，気温の年較差が大きいことを読み取ることができる．年降水量は瀬戸内海側の地点よりもやや多く，冬季には最低気温が低かったり降水量が少なかったりする．東近江は琵琶湖の南側に位置する丘陵地に位置しているため，冬の積雪は少ない．同じ内陸でも琵琶湖北部の山間部や丹波高地では，豪雪地帯であることから，気温や降水量の特徴は東近江とは大きく異なる．

表2によると，日降水量の最大値は，多雨地域の潮岬や上北山で多い．一方，1時間降水量でいえば，多雨地域の方が強雨になりやすいという傾向は必ずしも当てはまらない．例えば，堺のように瀬戸内側の地点でも93.5mmという猛烈な雨が降る場合はある．このように，長時間持続する集中豪雨は多雨地域で頻度が高いものの，短時間強雨は近畿地方のどこでも生じる可能性があるといえる．

6.2.2 気象の特徴

以上述べたような気候の特徴のほかに，近畿地方の地理特性の多様さにより，海と陸，湖と陸，山地と平地（または盆地）との間で海陸風，湖陸風，山谷風といった局地風が出現しやすい．日本海・太平洋・瀬戸内海や日本最大面積の琵琶湖といった水域の存在，北部と南部の山地や高地の存在が，近畿地方での局地気候を形成する要因となっているのである．これらの局地風は1日の間で時刻ごとに変化するのが特徴である．ときには，紀

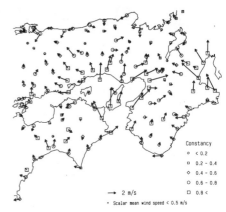

図4　広域海風が発達した50日分のデータから合成した17時における地上風のベクトル（出典：伊藤，1995）

伊水道沖から大阪湾や播磨灘を経由して近畿地方内陸部に吹き込むという，近畿地方の広域におよぶ海風（広域海風）が形成されることもある．図4は，広域海風が発達した日を抽出して合成した17時の地上風のベクトルを示す（伊藤，1995）．太平洋側から大阪湾や播磨灘沿岸地域へと海風が近畿地方の広域で発達している様子がわかる．

最近では特に大阪平野において，都市ヒートアイランド現象の影響により，夜間でも気温が下がらず，夜間の陸風が出現しない傾向にある．つまり，都市化の進行により，局地風の形態も変化しているのである．

このような日変化する局地風のほかにも，地形の影響による局地風もある．例えば，冬季の季節風が卓越する状況で発生する局地風として，比良山地からの比良八荒，六甲山地からの六甲おろしといったおろし風が知られている（第IV編第5章参照）．また，伊吹山や鈴鹿山脈からは濃尾平野方向に伊吹おろしや鈴鹿おろしといった局地風が冬季に発生し，東海地方の気象の変化に影響を及ぼしている．夏季には，低気圧が南海上にあるときに，奈良県と三重県の県境にある高見山から奈良県東吉野に向かう強い東風として平野風が知られている．

気象災害に係わる現象としては，夏の台風
と冬の低気圧とがある．1951年から2016
年までの統計によれば，台風の上陸数が多い
都道府県は和歌山県が第3位であり，22個
の台風が上陸している．過去において大災害
を引き起こした台風のうち和歌山県に上陸し
たものは，昭和の三大台風の1つである伊
勢湾台風など，歴史的に顕著な台風がある．
冬の低気圧の顕著な影響は豪雪である．近畿
地方は，太平洋と日本海に面した地理的特徴
から，夏の豪雨と冬の豪雪という双方の影響
を受けるのである．　　　　　　［竹見哲也］

【参考文献】
[1]　伊藤久徳，1995：近畿地方の広域海風に関す
　　る数値実験，天気，第42巻，17-27.
[2]　竹見哲也・土田真也，2014：近畿地方におけ
　　る夏季の降水現象に関する統計解析，京都大学防
　　災研究所年報，第57号B，216-238.

大阪府の気候

A. 大阪府の気候・気象の特徴

1. 大阪府の地勢

大阪府は，47 都道府県の中で 2 番目に面積が小さく（1,900 km²），南北 90 km 東西幅 20 km 余りの南北に長い形状をしている（図 1）．気象庁のアメダス観測点はおおよそ南北 2 列に計 10 地点ある．その中心の大阪管区気象台は，大阪平野中心部にあり，西に大阪湾を臨み，その周りを北摂，生駒，金剛，和泉の 1,000 m 以下の山々が取り囲んでいる．大阪府は面積も狭く高い山もなく標高差も大きくないので，気候域としては全域が同一で，温暖で降雨が少ない瀬戸内海気候に属している．瀬戸内海気候とは，瀬戸内海の地域が北に中国山地，南に四国山地ではさまれているため，（夏の）南風時には四国山地に降雨がもたらされ瀬戸内海では風が乾き，（冬の）北風時は中国山地に降雨や降雪がもたらされ瀬戸内海では空っ風が吹く結果，年中乾燥した気候となり，1 年を通じて晴天が多く，降水量が少ない気候になる．このような気候の特徴を大阪の月平均気温や降水量から見てみよう．

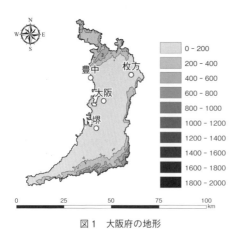

図 1　大阪府の地形

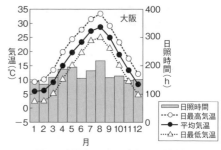

図 2　大阪市における気温と日照時間

2. 大阪府の気温

大阪管区気象台（大阪市）の年平均気温の平年値（1981 ～ 2010 年）は 16.9℃ と本州以北の主な県庁所在地では最も高く，図 2 に示した大阪の月別平均気温によると 8 月の月平均気温平年値は 28.8℃ と，全国の気象庁観測点の中で沖縄県石垣島に次いで 2 番目に高い．また，8 月の最高気温は 33.4℃ であり，これは岐阜県多治見（33.7℃），大阪府堺（33.5℃）に次ぐ全国 3 位の値で，夏季に際立って気温が高いのが特徴である．これはもともと瀬戸内海気候の夏季は曇らず（日照時間が長く）雨が少ないという気候であった上に，都市化が進み，建物群による再放射や人為的な排熱が原因のヒートアイランド現象が影響していると考えられる．暑さを示す指標の例として，熱帯夜と真夏日の 1 年当たりの日数の変化を，1968 年から 1977 年までの 10 年間と 2005 年から 2014 年までの 10 年間で比較すると，熱帯夜の日数は 26.6 日から 42.8 日，真夏日の日数は 64.3 日から 76.8 日にそれぞれ大幅に増加しており，40 年間に夏が 2 週間程度長くなったこ

表 1　大阪の 10 年ごとの平均気温（℃），冬日，熱帯夜，真夏日，猛暑日の各日数（日）

	平均気温	冬日	熱帯夜	真夏日	猛暑日
1970 ～ 79	16.2	13.5	27.4	65.2	6.1
1980 ～ 89	16.2	14.9	26.5	65.1	6.0
1990 ～ 99	17.0	3.6	37.6	71.9	10.3
2000 ～ 09	17.2	3.5	43.7	79.0	15.3
2010 ～ 14	16.9	6.4	45.0	77.2	15.6

とに相当し，近年の気温上昇が顕著であることがわかる（大阪管区気象台は，1882年に北区堂島で観測を開始し，その後1910年9月に西区一条通り，1933年7月に生野区勝山(やま)，1968年8月に中央区法円坂(ほうえんざか)にそれぞれ移転しているので，移転以前と以後の気温や降水量の経年変化を比較するときには，注意が必要である）．

逆に冬の低温の日は少なく，平年値によると最低気温が氷点下の日数（冬日）は1年当たり6.8日，積雪ありは1.5日であり，年によっては積雪なしになることもある．寒さを示す指標の例として，冬日の1年当たりの日数の変化を，1968年から1977年までの10年間と2005年から2014年までの10年間で比較すると，冬日の日数は14.9日から4.9日に減少している．表1には1970年以降の10年ごとの大阪の平均気温，冬日，熱帯夜，真夏日，猛暑日の各日数を示したが，この40年間に温暖化が進んでいる状態を見ることができる．

3. 日照時間

年間日照時間の平年値は1,996.4時間で，日照率は年平均45％である．県庁所在地間の比較では全国18位で，瀬戸内海気候域が示すように日照率は高い方である．月別日照時間は，晴天の多い8月が最大で216.9時間（日平均7.0時間），日照率は53％であるのに対し，梅雨の影響を受け，曇りや雨の日が多い6月の日照時間は156.2時間（日平均5.0時間）である．暦上の昼の長さ（日の出時刻から日の入時刻まで）は，6月22日が夏至であるので月間日照時間は8月より6月の方が長いと考えられがちであるが，6月は梅雨期であるため曇りや雨のことが多く，月間日照時間は8月より少なく，日照率は36％と年間で最低となる．大阪の気候の特徴である8月の晴天による気温上昇や，（次に述べる）6月の梅雨による曇天・降雨が多いことが，日照時間や日照率からも裏づけられている．

4. 大阪府の降水量

降水日数（0.0 mm以上）は年間209日で

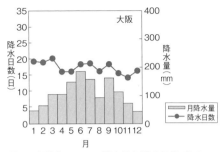

図3　大阪市における降水量と降水日数（0.0 mm以上）

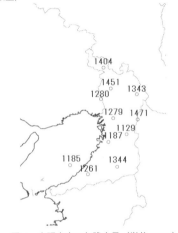

図4　大阪府内の年降水量（単位：mm）

あり，2日に1回以上降水が観測されていることになるが，年降水量は1,279 mmと，全国平均に比べるとその量は少なく，全国1,022か所の気象庁観測点中762位である．図3に示すように月降水量は梅雨期の6月が最も多く184.5 mm，8月の少雨期をはさんで，台風や秋霖期の9月に160.7 mmの第2の極大期がある．8月を除く5〜9月の4か月で年降水量の51％が降り，梅雨と秋の台風や低気圧が大阪の貴重な水の源であることがわかる．

しかし，降水量は気象要素の中でより地域性が現れ，大阪府内でも場所によって大きく異なる可能性がある．それを確かめるために図4に大阪府内のアメダス観測点の年平均

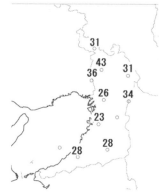

(a) 1時間降水量30mm以上の「激しい雨」

(b) 50mm以上の「非常に激しい雨」

図5 1976年から2008年の33年間に短時間強雨が観測された回数

降水量を示した. 山の上にある生駒山を除き降水量は, 箕面, 能勢, 枚方など北部に多く, 関空島, 堺, 熊取など南部に少なく, 最大2割程度異なる. 同様に, 1976年から2008年までの33年間に, 1時間降水量30mm以上の「激しい雨」と50mm以上の「非常に激しい雨」が観測された回数を図5に示した. 1時間降水量30mm以上の回数の分布は, 年降水量の分布と似て北部に多く南部に少ない傾向が見られるが, 1時間降

水量50mm以上の分布は, 枚方, 豊中, 堺, 大阪など大阪北部から中央部の西や南に開けた場所で多く観測している. ただその頻度は10年間に換算すると1〜3回程度になり「非常に激しい雨」の発生頻度は大阪では少なく, それほど強い雨は多くないことがわかる. さらに強い雨として1時間降水量80mm以上の「猛烈な雨」の回数を調べると, 大阪府内では1976年以降2016年までに5回 (1994年9月7日91mm (豊中), 1997年8月7日99mm (箕面), 2006年8月22日110mm (豊中), 2008年9月5日93.5mm (堺), 2012年8月14日91mm (枚方)) 観測されているのみである. 興味深いのはその「猛烈な雨」は1976年から1993年までは一度も観測されず, 1994年以降の近年に観測されていること, 1時間降水量80mm台の雨はなく, 1時間降水量90mmを超えていること, などがあげられる. この傾向は近年の地球温暖化の影響という可能性もあるが, 事例数がまだ少なく, 今後の継続した監視が必要である.

B. 大阪府の気象災害と大気環境問題

1. 台風災害

大阪は気候が比較的穏やかで, 多数の死者を伴うような大きな気象災害はそれほど多く発生していないが, 昭和以後台風によって3回, 高潮や暴風による災害が起こっている. 1934 (昭和9) 年の室戸台風, 1950 (昭和25) 年のジェーン台風, 1961 (昭和36) 年の第2室戸台風による災害である. これらの台風の進路は, いずれも四国東部に上陸またはかすめた後, 紀伊水道を北北東進し, 淡路島付近から大阪湾を抜け, 兵庫県中東部に上陸し, 若狭湾から日本海へ抜けるというコースをたどっている. この間, 台風の中心が大阪に最接近した直後に高潮や暴風が大阪で観測されている. 各台風の経路を図6に, 大阪で観測した各台風の最低気圧, 最大風速, 高潮最高深を表2に示す.

(1) 室戸台風

室戸台風は, 1934 (昭和9) 年9月21日

図6 室戸台風・ジェーン台風・第2室戸台風の経
　　路

---- 室戸台風
—— ジェーン台風
…… 第2室戸台風

表2 室戸台風，ジェーン台風，第2室戸台風の大
　　阪での観測値

	室戸台風	ジェーン台風	第2室戸台風	統計期間
大阪最接近日	1934年9月21日	1950年9月3日	1961年9月16日	
大阪の最低気圧（hPa）	954.1	970.0	937.0	
大阪の観測順位	3位	6位	1位	1886〜2016年
最大風速（m/s）	29.8	28.1	33.3	
大阪の観測順位	2位	3位	1位	1883〜2016年
最大瞬間風速（m/s）	60	44.7	50.6	
大阪の観測順位	1位	3位	2位	1934〜2016年
高潮，平均海面上（cm）	510	385	412	

に大阪を襲い，大阪府内で死者行方不明者
1,888名，負傷者約9,000名，住居の全壊・
半壊・流出は合計14,578戸と，有史以来最
大の被害をもたらした．災害の主たる原因
は，高潮による浸水で平均海面高に比べ5m
を超える高い潮位を記録した．室戸台風は，
陸上で観測された最低の気圧911.6 hPaを
室戸岬で5時10分に記録したのち大阪に接
近し，大阪では7時55分に954.1 hPaを記
録した．風速は，台風の中心が通過直後に大
きくなり，最大風速は8時過ぎに風圧計の
記録が60 m/sを超えた直後に無線電信鉄塔
が倒れ，風力計，風圧計などが破壊され，そ
の後測定できなくなったので定かではない
が，この鉄塔倒壊時が最も風速が強かったと
考えられている．したがって風力が最も強
かったのは8時から8時10分頃と思われる
が，平均風速の実測はなく，風圧計が示す瞬
間風速60 m/sの7割程度の最大風速を
42 m/s，最大瞬間風速60 m/s以上として記
録を残している．大正区の木津川岸にある中
央気象台大阪支台木津川分室では，8時10

分に最大風速48.4 m/sを記録した．
　大阪での強風への変化は急速で，大阪に台
風の中心が近づいた頃から急に大きくなり，
7時では10 m/s前後で，普段とそれほど変
らぬ風速であったのに対し，8時には
40 m/sを超える暴風になり，多くの死傷者
が出た．強風の継続時間は，10 m/s以上が
4時間余り，20 m/s以上が2時間，40 m/s
を超えるすさまじい風は20分程度と短く，
急速な風速の変化も被害を大きくした要因と
考えられている．室戸岬通過後，台風の進行
速度が80 km/hに急速に大きくなったこと
も影響している．
　同様に大阪湾の潮位上昇も急速で，大阪測
候所築港派出所の記録によると，7時49分
に浸水が始まり，8時に83 cm，8時14分
には最大水深の223 cmと，急速に深さが増
した．この影響で大阪市の26％（港区，此
花区，大正区は100％，西淀川区は41％，
西成区は31％など），海岸から最大4 km内
陸まで49 km²が浸水した．また堺市の
30％，岸和田市の約20％も浸水し，多くの
死傷者を出した．
（2）　ジェーン台風
　2番目のジェーン台風は，1950（昭和25）

年9月3日に大阪を襲った．大阪・兵庫・和歌山などで大きな被害があり，死者・行方不明者は539名，住家全壊19,131棟，半壊101,792棟であった．この台風は，室戸岬のすぐ東を北上，淡路島を通過し，神戸市垂水区付近に再上陸し，その後速度を上げ舞鶴市付近から日本海に進んだ．台風の中心付近で非常に風が強く，大阪の最大風速は，台風最接近時（12時3分に970.0 hPa）直後の12時32分に28.1 m/s（大阪の観測史上3位），12時33分に最大瞬間風速44.7 m/s（大阪の観測史上3位）を記録した（和歌山では最大風速36.5 m/s，最大瞬間風速46.0 m/sを記録した）．

西寄りに吹き寄せる強風で大阪湾では高潮が発生し，13時に平均潮位より259 cm高くなり，その結果，室戸台風に比べ潮位はかなり低かったものの，大阪市の30%が浸水し，浸水面積は56 km²と室戸台風のそれを上回った．これは大阪湾岸域の工業地帯での地下水くみ上げによる地盤沈下が，室戸台風時より大きく影響したと考えられている．室戸台風に比べ死者数が1桁小さかったのは，米空軍による観測データが気象庁にも提供されるようになり，台風予報の精度が向上したこと，ラジオで台風の存在を8月30日から公表し始めていたこと，台風の襲来時が日曜日の昼間であったこと，などが要因としてあげられる．

(3) 第2室戸台風

3番目の第2室戸台風は，室戸台風と経路が似ており，室戸岬に上陸後，紀伊水道から淡路島をかすめ大阪湾を通過し，尼崎に再上陸後敦賀に向けて北東進し，日本海へ抜けた．中心気圧や暴風圏の大きさなど台風の勢力としては，前々年1959年の伊勢湾台風の勢力を上回り，戦後（1946年以降）最大で，最大瞬間風速84.5 m/s（室戸岬）は日本歴代3位の記録である．大阪では13時29分に最低気圧937.0 hPa（大阪の観測史上1位），13時40分に最大風速33.3 m/s（大阪の観測史上1位），最大瞬間風速50.6 m/s（大阪の観測史上2位）を記録した．また潮

位は13時53分に，室戸台風時に次ぐ潮位偏差241 cm（大阪港の基準面上412 cm）を記録した．この影響で市内の小河川を高潮が遡上して内陸で氾濫したため，大阪市では31 km²が浸水し，室戸台風の場合よりも内陸域に拡大した．

このような大きな勢力の台風であり，室戸台風と似た経路をたどったにもかかわらず，死者は202名，全壊半壊流失62,000棟（大阪府では死者29名，全壊半壊流11,000棟）と台風の規模のわりに，死者数の被害は過去の台風に比べ大幅に小さかった．これは，大阪湾岸部が室戸台風やジェーン台風などで大きな高潮にたびたび被害を受け，住民が危険を認識していた上に，前々年に伊勢湾台風という日本の台風災害史上未曾有の大災害（主として高潮被害で死者行方不明者5,000名）があったこと，注意報として9月14日以前から新聞・ラジオ・テレビが台風の接近に関する注意を喚起し，伊勢湾台風の教訓から貯木場では流失防止の対策がとられたことがあげられる．大阪の死者29名は，強風による直接被害がほとんどで，高潮による人的被害がほとんどなかったことは，それまでの台風と大きく異なり，高潮による大きな災害はこの後の台風では記録されていない．

2. 豪雨災害

気象庁のホームページに掲載されている「過去に発生した主な気象災害の事例」の中で被害のあった場所が「大阪」である事例を調べると，「台風」と「大雨」が原因であった．台風については，前述したので，ここでは大雨の事例4例について述べる．

(1) 梅雨前線による大雨（1952（昭和27）年7月10日）

日本の南海上まで南下していた梅雨前線は，7日になって北上を始め，九州から本州南岸に停滞した．この前線の影響で近畿地方を中心に大雨となり，期間降水量は，和歌山で406.4 mm，大阪178.1 mm，神戸172.7 mmとなった．大阪では死者・行方不明者が89名となるなど近畿地方で大きな被害が発生した．被害は大阪南部で大きく，阪

南市では期間降水量 403 mm で鳥取池の堤防が決壊し，付近の集落では，水位が 3 m にも達し，死者行方不明者 51 名の大災害となった．

(2) 大気の状態が不安定な場で寒冷前線通過に伴う大雨（1994（平成 6）年 9 月 6 日〜7 日）

6 日午後には，日本海北部の低気圧からのびる寒冷前線が西日本をゆっくり南下し，これに伴い紀伊水道から暖湿気流が入り，近畿地方では局地的に前線の活動が活発となった．このため，6 日 21 時過ぎから 7 日早朝にかけて，大阪府北部から兵庫県南東部では積乱雲が急速に発達し，局地的に雷を伴った激しい雨が 3 〜 4 時間続いた．豊中では，7 日 2 時に 91 mm の 1 時間降水量を観測したのをはじめ，同日の日降水量は 207 mm に達した．このため，伊丹空港およびその周辺で浸水の被害が発生した．死者は出なかったが，伊丹空港では地下電源室が水没して，空港がまる 1 日使えなくなるなど社会に与える影響の大きい豪雨となった．また大阪府内の気象庁の観測点で，1 時間降水量 80 mm を超える「猛烈な雨」の初観測例となった．

(3) 大気の状態が不安定な場での大雨（2008（平成 20）年 8 月 4 日〜9 日）

4 日から 5 日にかけて，中国地方から東北地方に停滞する前線が関東地方までゆっくり南下し，9 日にかけて，日本の南海上を低気圧部が西へ進んだ．前線の影響や低気圧部周辺の暖かく湿った空気が流れ込んだため，大気の状態が不安定となり，関東甲信，東海，近畿，四国，九州地方を中心に，局地的に雷を伴う大雨となった．

4 日から 5 日にかけては，前線の影響で関東甲信地方を中心に大雨となり，6 日は，関東北部や日射の影響も加わった近畿地方を中心に大雨となった．枚方では，17 時 40 分までの 1 時間に 71.5 mm（当時の観測史上 1 位）を記録し，2,000 棟を超える住家が浸水した．8 日から 9 日にかけては，九州地方を中心に大雨となった．

(4) 前線による大雨（2012（平成 24）年 8 月 13 日〜14 日）

13 日から 14 日にかけて，朝鮮半島から日本海中部へのびる前線がゆっくりと南下し，本州付近に達した．前線に向かって南から暖かく湿った空気が流れ込んだため，大気の状態が非常に不安定となり，近畿中部を中心に大雨となり，局地的に猛烈な雨が降った．13 日 0 時から 14 日 24 時までに観測された最大 1 時間降水量は，枚方では 91.0 mm，京都府京田辺では 78.0 mm となり，それぞれ観測史上 1 位の値を更新した．これらを含め，統計期間が 10 年以上の観測地点のうち，最大 1 時間降水量で計 3 地点，最大 3 時間降水量で計 2 地点が観測史上 1 位の値を更新した．また，解析雨量によると，大阪府高槻市で 1 時間に約 110 mm の猛烈な雨を解析し，京都府宇治市では 3 時間に約 190 mm の雨を解析した．

この大雨により，河川の増水や住宅の浸水が発生し，大阪府で死者 1 名，京都府で行方不明者 2 名となったほか，崖崩れ，交通障害などが発生した．

3. 大阪の大気環境問題

大阪の大気汚染問題は明治時代から 100 年ほどの歴史がある．明治以降，工業化が湾岸部で進み，石炭火力による工場が次々建設され，そこから排出される煤煙が原因の大気汚染が進んだ．戦後は，1950 年代に入って石炭から石油に燃料を転換したことや石油化学工業の発達により，目に見える黒い煤煙から，目に見えない煤煙として二酸化硫黄（亜硫酸ガス），さらに自動車の普及による一酸化炭素，その後炭化水素と窒素酸化物による光化学スモッグへと質的な変化を示すようになった．社会的な公害問題への意識の高まりを受けて技術革新が進み，二酸化硫黄の大気汚染は 1971（昭和 46）年を境に減少し，代わりに目に見えない光化学スモッグの発生が増加した．光化学スモッグは日本では 1970 年に東京で最初に確認されたのに続き，翌年 1971 年に大阪の高石市や堺市でも発生した．そして 1973（昭和 48）年から 1977（昭和 52）年に年間注意報が 20 回以上発令される

ほど汚染が進んだが，その後改善され，注意
報発令回数は年間十数回程度に落ち着き，
2010年頃からは年間10回未満に減る年も
見られるようになった．

　光化学スモッグが発生しやすい気象状態は
2つあり，1つは原因物質である窒素酸化物
や炭化水素が，大気中に拡散されずに限られ
たところに滞留するように風が弱く沈降しや
すい状態であること，もう1つは滞留して
いる汚染物質が，光化学反応を起こしやすい
ように日射が十分あり高温状態であることが
求められる．このような状態は，春秋の移動
性高気圧時にも盛夏の亜熱帯高気圧におおわ
れたときにも現れるが，後者の方が状態は長
続きするため発生頻度は高い．大阪ではこれ
まで4月から10月の暖候期に注意報が発令
されているが，6月から8月の夏季3か月間
の発生頻度は多く，全体の70％を超えてい
る．

C．大阪府の気候と風土

　大阪は瀬戸内海気候に属するため降水量が
少ない．このため農業用水の確保は（稲作）
農家にとって重要な課題であり，その解決策
として古くから多くのため池が作られてき
た．現存する日本最古のため池といわれる狭
山池（面積38.9 ha，周長4 km）や，香川
県の満濃池に次ぐ日本で2番目に面積が大
きい久米田池（面積45.6 ha，周長2.6 km）
などは，奈良時代に作られたその代表例であ
る．近年は都市化による農地の減少によりた
め池の数も徐々に減っているが，2013（平
成25）年の大阪府下にあるため池数は，ま
だ1万か所以上あり，47都道府県の中でも
兵庫県，広島県，香川県に次ぎ4番目に多
い．面積1 km^{2}当たりのため池数は5.7か所
であり，香川県に次ぎ2番目に数密度が高
い．ため池の分布の一例を久米田池を含む
4 km四方の地図で図7に示したが，このス
ケールの地図でも30か所以上のため池を数
えられ，平野部の農地が広がる場所には今で
も数多くのため池が見られる．

　このように温暖で少雨の大阪では，日照が

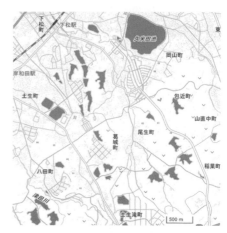

図7　久米田池付近のため池（4 km四方．網かけ
の箇所がため池）（出典：国土地理院ホームペー
ジから抜粋，引用）

長く雨が少なくても育つ作物が好まれて作ら
れてきた．例えば大阪南部の泉州地方は，明
治以降に輸入された玉ねぎ栽培発祥の地とも
いわれ，植付期と収穫期に雨が少ないことか
ら米の裏作として栽培が盛んになり，日本で
有数の産地となった．泉州玉ねぎは，気温が
15℃以上で日照時間が13時間以上にならな
いと太くならないので，肥大期にあたる春に
曇りや雨が少なく乾燥した気候が適してい
る．

　日当たり良く雨が少なくても良いミカンや
ブドウなどの果物の栽培も大阪の丘陵部を中
心に古くから行われている．ミカンの栽培面
積は大正末期には2,000 haを上回り，和歌
山県に次いで全国2位となっていたことも
あった．また，ブドウについては，2014年
でも全国第7位の生産量であり，デラウエ
アは全国第3位の生産量を誇っている．ブ
ドウは雨に弱いが乾燥には強いので，夏に雨
が少ない気候が適している．

　しかしながら，これらの作物の作付面積や
収穫高は，昭和30～40年の高度成長期を
ピークに減少に転じている．これは都市化に
よる農地の転用をはじめとして，高速道路な
どの流通網の発達や農産物の関税自由化によ

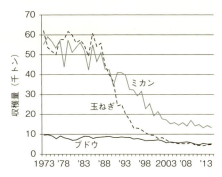

図8 大阪の玉ねぎ，ミカン，ブドウの収穫量の推移 （1971 ～ 2014 年）（出典：農林水産省の農林水産統計）

り，大阪の街により遠くの地域や海外から農作物が運ばれるようになったことで，大阪の農業経営が変質したことも影響している．図8には1973年以降の収穫量の推移を示したが，ミカンや玉ねぎの収穫高は1980年代以降に急激に減少している．　　　　［小西啓之］

【参考文献】
[1] 大阪管区気象台編，1982：大阪の気象百年，気象庁ホームページ：災害をもたらした気象事例（http://www.data.jma.go.jp/obd/stats/data/bosai/report/index.html）.

京都府の気候

A. 京都府の気候・気象の特徴

1. 概要

　京都府は，おおよそ東経135°から136°の範囲にあり，府庁のある京都市は北緯35°付近に位置している．京都府の中央には標高が600 〜 900 m 程度の丹波高地が広がり，その南部には亀岡盆地や京都盆地が位置し，北部には福知山盆地があり，丹後半島を経て日本海に面している．丹波高地が広がる南丹市に分水嶺（胡麻分水界など）があり，南側には大堰川・保津川・桂川と連なり淀川を経て大阪湾へ，北側には由良川を経て日本海へ注ぐ．

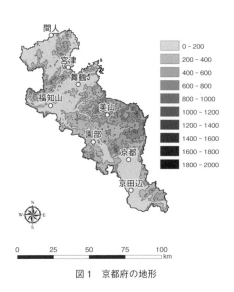

図1　京都府の地形

　京都府の気候は，中央に位置する丹波高地を境として，大きく分けると，北部は日本海側の気候，南部は瀬戸内海側の気候に分類される．より細かく見ると，北部でも，丹後半島地域では日本海側の気候の特徴が明瞭に見られるものの，福知山盆地や丹後高地の気候には内陸性の特徴が現れる．一方，南部の気候は，瀬戸内海側の気候でも，内陸性の特徴を帯びる．

　京都府内の南北の気候の特徴を見るために，南部から北部に至るまでの府内の気象観測所での気温・降水量・日照時間・風速の年間平均を表1にまとめている．京田辺・京都は南部，園部・美山は丹波高地，福知山は福知山盆地，舞鶴・宮津・間人は丹後半島地域に属する．年平均気温は，京都府南部および北部の盆地および平地では14℃台から15℃台で大きな差はないが，丹波高地にある園部や美山では気温が数度低い．降水量は南部よりも北部で多い傾向にあり，降水量が少ない地点ほど日照時間は長い傾向にあることがわかる．日本海沿岸部の舞鶴・宮津・間人では，京都盆地内の京田辺・京都よりも年降水量が400 mm 程度多い．風速は，日本海側の沿岸部の地点で強い傾向にある．

　表1から，京都府の気候が，丹波山地を境にして南側の瀬戸内海側の気候と北側の日本海側の気候とに大別されることを読み取ることができる．そこで京都府南部と北部の代表的な地点として，それぞれ京都市と舞鶴市を例にあげ，京都府の気候の特徴を次に見てみる．

（1）京都府南部の気候：京都市

　まず京都市の気候の特徴について述べる．図2に，京都市における気温と日照時間の月平均値の年変化を示す．月平均気温は1

表1　京都府内の各気象観測点での気温・降水量・日照時間・風速の年間平均値（1981 〜 2010 年）　ただし，福知山での平均風速は 2014 年の数値.

	京田辺	京都	園部	美山	福知山	舞鶴	宮津	間人
気温（℃）	14.9	15.9	13.9	12.9	14.3	14.5	14.4	15.2
降水量（mm）	1,365.5	1,491.3	1,478.0	1,751.8	1,543.2	1,826.6	1,788.7	1,883.9
日照時間（時間）	1,905.0	1,775.1	1,651.1	1,400.0	1,475.5	1,538.8	1,523.3	1,645.4
風速（m/s）	1.5	1.7	1.5	1.3	1.5	2.3	1.9	2.8

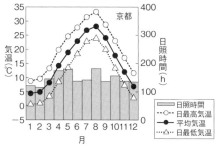

図2 京都市における気温と日照時間

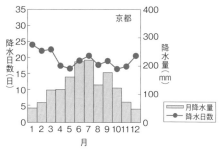

図3 京都市における月別の降水量と降水日数
(0.0 mm 以上)

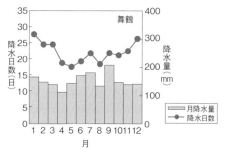

図4 舞鶴市における月別の降水量と降水日数

月に最低の 4.6℃, 8 月に最高の 28.2℃ になる. 特に 8 月には, 最高気温が 33.3℃, 日最低気温が 24.3℃ となり, 暑さが際立っている. 日別の最高気温の観測史上記録で見ても, 1 位は 39.8℃ であり, 上位 10 位までは 38.5℃ 以上を占めており, 猛暑の傾向がわかる.

京都市街地は盆地内に位置しているため, 周りの山地が障壁となる影響で, 年間を通じて月平均風速は 2 m/s 以下と風が弱い. このように盆地内での循環が弱いことが, 京都市で高温が生じる原因の 1 つといえる. 一方, 最寒月の 1 月には, 最高気温が 8.9℃, 最低気温が 1.2℃ となるものの, 氷点下になることは 1 月の半分にも満たない. 例として東京の 1 月の平均気温をあげると, 最高気温は 9.6℃, 最低気温は 0.9℃ であるため, 数字の上では京都は「底冷え」といわれるほど特別に寒いとはいえないようである. ただし, 1 月の日照時間は京都で 123 時間, 東京で 184.5 時間と大きく違っており, 日差しの少なさが京都で寒さを感じる原因としてあげられるであろう. 日照時間は年間を通して大きく変化はすることはないが, 春の 4 月と 5 月, 夏の 8 月には好天に恵まれる日が多い.

次に京都市での降水状況を見てみよう. 図3 は, 京都市での月別の降水量と降水日数の年変化を示す. 降水量は梅雨期 (6 月から 7 月) と秋雨期 (9 月) に多く, 全体としては夏に降水量が多い気候である. 冬の降水量は少ないものの, 降水日数は夏よりも冬に多いのが特徴といえる. これは, 京都市内では冬季に北西季節風の影響で雪しぐれが頻繁に起こるためである.

(2) 京都府北部の気候:舞鶴市

今度は北部の舞鶴市での気候を見てみる. 舞鶴での気温の年変化は京都市と似た傾向を示しているものの, 年間を通して平均気温は京都よりも 1℃ 程度低い. しかし, 最寒月である 1 月の最低気温は月平均値としては氷点下にまで下がることはない. 丹波高地での観測点の 1 つである美山では 1 月と 2 月に最低気温が氷点下となるのに比べると, 京都府内の日本海沿岸部では冬季は特段に寒いというわけではない.

舞鶴の気候で京都と大きく異なる点は, 1 つは日照時間である. 12 月から 2 月にかけて月の日照時間は 90 時間にも満たない (つまり 1 日当たり 3 時間もない). 舞鶴での月別の降水量と降水日数を図4 に示す. 京都に比べて, 舞鶴では冬に降水日数も降水量も多い. 冬の降水は, 雪によるものが支配的で

ある．京都と舞鶴とで夏の降水量に大きな差はないため，舞鶴での冬の降水量の多さによって，表1で見られるように日本海側で年降水量が多くなっているということがわかる．

　また，京都と舞鶴とで異なる点として，風の強さを見ると，舞鶴での風速の月平均は，年間を通して2 m/s以上であり，冬季から春先に強い傾向にある．丹後半島の北端に近い間人でも，冬に風が強く，例えば1月の平均風速は4 m/sに達する．北西季節風による強い風と降雪とにより，舞鶴など日本海側の地域での冬の気候が特徴づけられるといえる．

2．京都府の特徴的な気象現象

（1）夏季の降水

　京都盆地は周囲を山に囲まれているため，盛夏期には周囲の山から積乱雲が沸き立つ．北の丹波高地で発生して南東に向かい京都盆地にやってくる積乱雲は丹波太郎，南の奈良方面で発生して山城地域を通過して北に向かう積乱雲は山城次郎，北東の比叡山や比良山系で発生する積乱雲は比叡三郎，南西からやってくる積乱雲は和泉三郎とよばれている．

　図5は，2007年8月22日に京都市内で発生した突風前線を撮影したものである．日本海上に前線が停滞する状況のため，日本列島各地で大気が不安定な状況にあり，京都盆地周辺部の山地では積乱雲が活発に発生する状況であった．夕方には積乱雲が京都市内に来襲し，京都市内の観測点の記録によると最大瞬間風速15.4 m/sの突風，18時台には1時間降水量39.5 mmの短時間強雨が発生した．こういった短時間強雨は京都市では8月に多く，1時間降水量の観測史上記録でも上位3位の事例は8月中に起こったものである．

図5　2007年8月22日京都市伏見区で見られた突風前線に伴う雲

　短時間強雨が7月や8月の夏季に多い傾向は，北部の福知山や舞鶴でも見られる．表2に京都市と舞鶴市での1時間降水量の上位記録を示す．京都では6事例が8月に，舞鶴では6事例が7月と8月に発生したものである．その他の事例は，京都では6月や10月，舞鶴では9月に発生したものである．京都市の方がより強い短時間強雨が発生する傾向にある．

　2014年8月には，台風や停滞前線の影響により全国的に豪雨が多発し，広島市での土砂災害など甚大な被害が発生した事例もあった．このため気象庁により，この時期の一連の豪雨災害は顕著な災害を起こした事象として「平成26年8月豪雨」と命名された．この豪雨期間において，京都でも2014年8月16日に観測史上第2位の短時間強雨が発生した．

　盛夏期（梅雨明け以降8月末まで）の積乱雲や降水を長期間の気象データやレーダー雨量データにより統計処理して調べたところ（竹見・土田，2014），低気圧・前線・台風といった気象擾乱がない場合には，擾乱がある場合に比べ，丹波高地では9時から14時にかけて降水強度がピークとなり，京都盆地では深夜から早朝にピークをもつという日変

表2　京都市・舞鶴市での日最大1時間降水量（mm）の観測史上上位10位までの記録

	1位	2位	3位	4位	5位	6位	7位	8位	9位	10位
京都	88.0	87.5	83.4	78.5	76.5	64.0	61.5	60.4	51.5	50.5
舞鶴	52.0	48.5	48.0	47.0	44.8	43.5	41.6	41.0	38.9	38.0

15 時

図6　盛夏期の平均風の分布　薄い網の矢印は気象
　　　擾乱なしの場合，濃い矢印は気象擾乱ありの場合
　　　の平均風.

化を示すことがわかった．ただし，時刻ごと
のばらつきも大きいため，降水の日変化は必
ずしも明瞭ではない．つまり，京都盆地とそ
の周辺での降水の日変化は，平均的な描像を
描けるほどに状況は単純なものではないとい
える．具体的には，丹波高地や比良山系と
いった京都盆地を囲む地域で，日々異なる場
所と異なる時刻に積乱雲が発生し，卓越風が
異なる状況で京都盆地に来襲したりしなかっ
たりするといったように，積乱雲は実際には
事象ごとに複雑な挙動を示すのであろう．こ
のような複雑さのために，平均像としては明
瞭な傾向として現れないものだといえる．と
はいうものの，丹波太郎・山城次郎・比叡三
郎というよび方は，京都盆地での気象の特徴
の1つを示すものとしてあげられる．

　同じく盛夏期には，一般に海陸風や山谷風
といった局地循環が卓越する．気象庁の地上
気象観測データを使って時刻別に地上風系を
調べたところ（竹見・土田，2014），京都盆
地には大阪湾からの海風，京都府北部では日
本海からの海風，また中央部では山地に向か

う谷風が現れる傾向を見て取ることができ
る．このような風系を示す例として，盛夏期
において 15 時で時刻平均した風の分布を図
6 に示す．ていねいに見ると擾乱なしの場合
ほど海風が明瞭であることが見て取れる．ま
た，京都盆地には，琵琶湖からの東風が流入
することも知られており，若狭湾から琵琶湖
を経て京都盆地へと流れる風系が存在してい
るようである（高田・田中，1996）．

　丹波太郎は，京都府北部を日本海に注ぐ由
良川の呼称としても知られている．日本の各
地で地名にちなんだ「太郎」という名称は古
来，洪水をしばしばもたらす地域の大河川を
意味するよび名として使われている．例えば
八岐大蛇（やまたのおろち）を退治する伝説
は，島根県を流れる斐伊川の治水と解釈する
ことができる．由良川も丹波・丹後地方の大
河川であり，しばしば洪水災害をもたらして
きた．由良川の流域面積は 1,880 km² と京
都府の面積の 41 ％ を占める広がりをもって
いるため，台風や前線により広域にわたって
大雨が生じると，洪水の危険度が増すのであ
る．由良川が市内を流れる福知山では，江戸
時代から明治初期にかけて 73 回の大洪水が
あり，明治以降でも大小合わせて 2 年に一
度の割合で洪水が頻発してきた（京都地学教
育研究会，1999）．暴れる丹波太郎とよばれ
る所以である．

（2）冬季のしぐれ
　京都府の冬の気象は，北西季節風の影響を
強く受ける．季節風の影響により，冬季に
は，北部の日本海側の地域は降水頻度や降水
量が多くなるし（図4），南部でも降水量は
少ないものの降水頻度は高い（図3）．季節
風が卓越し，北部で降雪が多くなっている時
期には，南部でも降雪が見られる．例えば京
都盆地では，晴天だと思っていたら急に雪雲
に被われて降雪が見られ，ときには強風を伴
う吹雪のような状況にもなり，それが突然と
やんでまた晴れ間がのぞくといったように，
雪しぐれという現象が頻繁に発生する．この
しぐれは，「北山しぐれ」として知られ，京
都盆地の北に連なる北山からやってくる現象

として知られている.

　北西季節風が卓越するような冬型気圧配置時の京都府の降水分布の特徴を気象レーダーや高層気象観測データなどを使って調査したところ（水越・里村，1999），冬季の降水分布のパターンは，京都府全域で降水があるような平均型，日本海沿岸地域に降水が偏るような沿岸型，丹波高地に降水が分布するような内陸型の3種類に分類されることがわかった．沿岸型の降水は，上空の気圧の谷（トラフ）や寒気の中心が日本の上空に位置しているような気象状況で発生し，北陸地方の里雪（藤田，1966）に似た特徴をもつようである．一方で，内陸型の降水は，トラフや寒気の中心が日本の東に抜けた気象状況で発生し，山雪の特徴をもつ．北山しぐれは，山雪型の場合に，雪雲が丹波高地で消滅せずに京都盆地にまで到達するときに発生するようである（水越・里村，1999）.

　この雪しぐれは，北から南に雪雲が移動する過程で発生することから，京都府南部という地域内であっても南北の降雪の地域差が大きい．例えば京都市内でも，今出川通や北大路通を越えると雪が積もるようになるといわれるほどである．京都市の南に位置する宇治市では雪が降っていなくとも京都市に入って京都駅付近では雪がぱらぱらと舞っていたり，京都駅付近でぱらぱら雪が舞っているときには今出川通に至ると本格的な雪が降っていたり，さらに北の岩倉や鞍馬では雪が積もっていたりといったことがしばしば起こる．このように，北西季節風が卓越する状況では，京都府南部では多彩な気象の変化が生じる.

B. 京都府の気象災害

1. 歴史に見る気象災害

　794年の平安京への遷都以来，京都には歴史的な記録が文書に残されている．京都盆地東部を流れる鴨川での洪水の歴史を平安時代以降の古文書に基づき調べた研究（中島，1983）によると，大雨により鴨川は50年に数回から十数回というようにしばしば氾濫し

てきたことがわかる．災害に対する社会の脆弱性が高かった時代には，50年に数度の頻度という決してまれとはいえないような大雨であっても大災害につながっていたのである．歴史上初めて上皇として院政を行った平安時代後期の白河上皇は，自分の意のままにならない3つの事柄「三不如意」の1つとして鴨川の水をあげ，当時権力を振るった白河上皇でも京都の治水はままならない難しいものであったことがわかる（佐藤ほか，2008）．このように京都での気象災害を考える上で，大雨は最も切実な問題であったといえる．そこでここでは，気象災害の中でも豪雨による水害について述べる.

　度重なる洪水災害の対策として，古くから治水対策が進められてきた．例えば，豊臣秀吉は，天下統一を成し遂げた後の1591年に，応仁の乱や戦国時代の戦乱で荒れた京都の再生の一環として，市街地への外敵の侵入を防ぐ防御ということを目的として，京都市街地を囲む総延長22.5 kmに及ぶ御土居（おどい）とよばれる土塁を築いた．この御土居の構築には，鴨川による洪水を防ぐ治水対策も目的とされていた．御土居の内側は洛中，外側は洛外とよばれる．御土居の遺構は現在も残っており，鞍馬口や丹波口といった地名は御土居に設けられた出入口の名残である．なお，豊臣秀吉は，伏見城築城に際して宇治川の右岸に太閤堤とよばれる堤防を築き，宇治川や淀川でも治水対策を進め，京都の治水対策では特筆すべき業績を残している.

　1935（昭和10）年6月には鴨川大洪水とよばれる未曾有の洪水災害が発生し，京都市全域で死者12名，負傷者71名，家屋流出187戸，全半壊家屋240戸，床上浸水12,355戸という被害が生じた（吉越・片平，2012）．京都市の観測点では，6月29日に日降水量281.6 mmという観測歴代2位の大雨を記録した．この大洪水を契機に鴨川の大改修が進められた．その結果，観測歴代1位の日降水288.6 mmを記録した1959年8月13日の大雨の際には鴨川が氾濫することはなかった．その後も1987年の京阪電車の

地下化に合わせて，鴨川の治水対策が進められた．

こういった過去の治水対策により，現代においては50年に数度程度の大雨であっても鴨川が氾濫することはない．しかし，都市化が進んだ現在においては，アスファルトに被われた地面，複雑な道路網，地下街の発達といった都市特有の構造に伴う都市型水害が発生するようになった．短時間降雨や集中豪雨に対して都市は脆弱であり，広島での土砂災害など各地で豪雨災害が頻発した2014年8月には，京都市内でも16日に1時間降水量87.5 mm（表2の歴代2位）に達する短時間強雨が起こり市内各地で浸水の被害が生じた．

2. 台風による災害

台風によって，大雨災害は京都府内でしばしば発生する．2013年には台風18号が近畿地方に接近し，愛知県豊橋市付近に上陸した．台風18号の接近と通過に伴い京都府内でも大雨が発生し，9月15日から16日にかけての2日間降水量は，京都250.5 mm，京北313 mm，園部311.5 mm，美山318.5 mm，福知山226.0 mmに達した．気象庁では2013年8月30日から特別警報の発表を開始し，台風18号による大雨は特別警報の最初の適用事例となった．京都府内で大雨特別警報の発表の判断基準となる48時間雨量の基準値は，京都市338 mm，南丹市（旧園部町・美山町含む）313 mm，福知山市318 mmであり，場所によっては実際にこの基準を超える大雨が降ったのである．亀岡市内では保津川が氾濫し，下流の京都市内では桂川が右京区の嵐山周辺や伏見区内で氾濫し，浸水被害が発生した．台風18号による大雨の影響は近畿地方各地で見られ，淀川水系では，桂川上流の日吉ダム，琵琶湖から流出する瀬田川洗堰，宇治川上流の天ヶ瀬ダムで懸命の洪水調整がなされた（中北，2015）．由良川流域の福知山，綾部，舞鶴の各地でも浸水災害が発生し，住宅や農地へ大きな被害が生じた．

由良川流域では，2004年にも台風23号

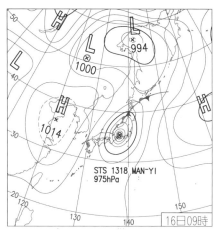

図7　2013年9月16日9時の地上天気図（出典：気象庁ホームページ）

による大雨のため広域で洪水災害が発生した．台風23号は四国南部をかすめるように北東進し，大阪府に上陸して近畿地方を横断した．この台風の通過に伴い，10月18日から21日の期間において，舞鶴では326 mmの期間降水量および10月20日に277 mmの日降水量（観測史上第2位），福知山では303 mmの期間降水量および10月20日に250 mmの日降水量（観測史上第1位）を記録した．由良川の氾濫により流域の各地で洪水災害が発生し，京都府内で死者15名，負傷者50名，全半壊家屋242戸，床上浸水3,121戸という大きな被害が生じた．舞鶴市内では国道175号線が冠水し，観光バスが立ち往生し，乗客がバスの屋根で一夜を明かしてようやく救助されたということが広く報道され，台風23号による災害の象徴的な出来事として記憶に深く刻まれている．台風23号は近畿地方に上陸し京都府南部を通過したことから，京都府では中心から離れた北部で強風が吹いた．間人では10月20日に最大風速26 m/sの北東風が記録され，瞬間的には40 m/s前後の突風が吹いたものと推測される．

昭和の三大台風の1つである伊勢湾台風（1959年台風15号）の際にも京都府内で大

雨となり，由良川流域の平均総降水量は
240 mm に達し（気象庁，1961），舞鶴では
9月26日に最大日降水量247.2 mm（観測
史上第2位）となり，由良川と円山川が氾
濫した．伊勢湾台風は，和歌山県潮岬付近に
上陸し，近畿地方の中央部を横断した．

　さらに遡って1953（昭和28）年9月には
台風13号が京都府に接近し，舞鶴では観測
史上第1位の日降水量445.5 mm を9月25
日に記録した．由良川流域で豪雨に見舞わ
れ，死者・行方不明者117名を数える洪水
災害が生じた（京都地方気象台，1981）．台
風13号は，紀伊半島東側を横切り，志摩半
島をかすめ，愛知県に上陸した．

　以上の例のように，京都府内で大規模な水
害をもたらした台風には，近畿地方から東海
地方に上陸し，京都府よりも南側に進路を取
る，といった共通する特徴がある．台風がこ
ういった経路をとる条件に加え，停滞前線が
京都府の北部に位置するような場合には，特
に大雨が強化されるといえる．特別警報発表
の初めての適用事象であった2013年台風
18号の場合を見てみよう．京都府に接近し
た9月16日9時における天気図を図7に示
す．台風の通過に伴い，京都府内では風向が
15日から16日にかけて南寄りの風から北寄
りの風に変化し，この間，1時間降水量
5 mm から40 mm 程度の雨が継続し，2日
降水量で300 mm を超える地点が出たので
ある．

3. 前線による豪雨災害

　台風を伴わない停滞前線による大雨も京都
府内でしばしば発生する．2014年8月には
停滞前線が日本列島を南北に移動するたび
に，全国各地で大雨となり，土砂災害や洪水
災害が頻発した．8月20日には広島で局地
豪雨が発生し，土砂災害により死者74名・
負傷者44名・全半壊家屋255戸という甚大
な被害が生じた．福知山では8月15日から
20日の期間総降水量が360 mm に達し，市
内を流れる由良川が氾濫した．特に，日降水
量193 mm，最大1時間降水量62 mm を記
録した8月17日には，停滞前線は京都府北

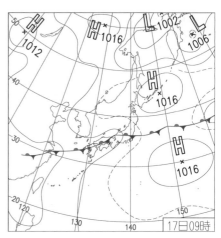

図8　2014年8月17日9時の地上天気図（出典：気象庁ホームページ）

部に居座り，福知山は前線のすぐ南側に位置
していた（図8）．大気は非常に不安定であっ
たことから，停滞前線に沿って積乱雲が次々
に発達することで，強雨が持続したのであ
る．表2で示した京都での観測史上第2位
の1時間降水量87.5 mm の短時間強雨も，
図8に示される停滞前線が京都市付近にか
かっていた状況で発生したものである．この
ように停滞前線と大気の不安定さによって豪
雨が発生した．

　1953年8月には，停滞する前線と日本の
南海上にあった台風の影響により，14日か
ら16日にかけて京都府南部から滋賀県南部・
三重県西部にかけて激しい雷雨が発生し，和
束町では総降水量428 mm に達する記録的
な豪雨となった．京都府内で死者・行方不明
者336名が出るという大災害となり，南山
城水害とよばれている．20 km 程度離れた
京都市では8月14日と15日の日降水量が
49.3 mm・17.0 mm であったので，南山城
地方に局地的に発生した豪雨であることがわ
かる．この大水害によって報道機関により初
めて「集中豪雨」という言葉が使用された
（宮澤，2005）．こういった局地的な集中豪
雨による水害は，2012年8月13日夜から

14日朝にかけて宇治市など京都府南部で降り続いた豪雨と弥陀次郎川の氾濫のように近年においても発生している.

C. 京都府の気候と風土

1. 南部の気候と風土

京都府が歴史の表舞台に現れるのは，740年に聖武天皇により現在の京都府木津川市に恭仁京が置かれてからである．この都は完成しないままに終わり，結局は平安京に都が戻された．784年には桓武天皇により長岡京が現在の長岡京市・向日市周辺に置かれ，794年には平安京に遷都された．以来，平安時代から江戸時代に至るまで，武家政権下で鎌倉や江戸に政治の中心があった時代においても時代の変わり目には京都は政治の中心となり，1869年に東京に首都が移るまで京都は日本の首都として位置づけられた．

平安京は現在の千本通りを中心にして東の左京と西の右京を配置して都市の造営が進められた．しかし，右京側は南に行くほど標高が低く桂川流域の湿地帯にあたるため都市化は進まず，結果として左京側の鴨川の扇状地帯に都市が発達した．そのため鴨川の治水が京都市街地での主要な課題であった．平安時代には四季の移り変わりの情趣を味わうという意識が強かったのであろう，清少納言の『枕草子』第114段では「冬はいみじう寒き．夏は世に知らず暑き」と記されており，平安京では，冬の寒さと夏の暑さをめでる生活スタイルが形成されていたものと思われる．盆地地形のため風が弱い気候にあって，夏の暑さを和らげるためのまちづくりや住家の構造が工夫されてきた．京都特有の住家である京町家は，奥行きが深く，通り庭を通じて裏庭を配し，風通しを良くした構造としている．間口が狭くて奥行きが深いという細長い形から，町家は「うなぎの寝床」ともよばれる．

京都の天気についてのことわざとして，「雨降り天神，日和弘法」というのがある．ここでいう「天神」とは北野天満宮で祭神の菅原道真公の月命日の25日に開かれる市，「弘法」とは東寺で弘法大師の月命日の21日に開かれる市のことである．つまりこのことわざは，21日が晴れだったら25日は雨が降る，あるいはその逆ということをいい表したものである．実際にはそれほど明確な傾向があるわけではないものの（京都地学教育研究会，1999），天気は周期的に変わるものであることを認識したものとして興味深い．また，「雲の稲荷詣は晴れ，愛宕詣は雨」といういわれもある．京都市街地から見て西側に位置する愛宕山に雲が出ると天気は雨になり，南東に位置する稲荷山に雲が移動すると天気は晴れるということを意味している．天気は西から変化するということをいい表したものといえ，地域の地理と気候との関係をよく表現したものだといえる．

先に述べたとおり，京都市は南北に長くのびているため，冬には天気の変化が南北で異なり，通りを北上すると景色が変化するといわれるほどである．南部の伏見区で雪が降っていなくとも，北部の北区や左京区では雪が降っていたり積雪があったりする場合がある．冬の季節風の影響により日本海側で降雪がある場合には，雪雲の一部が京都盆地に達してしぐれをもたらすことが多い．この雪雲の範囲は京都盆地の北部までが到達可能な範囲であり，伏見区や宇治市といった南部にまで雪雲が到達する頻度は低くなるのである．

このように京都では，夏の暑さと冬の寒さ，京都盆地を囲む地理と気象変化との関係，鴨川の治水といったことを意識しながら，気象や気候の特徴に根ざした生活を営み，京都の風土が形成されてきたといえる．

京都近郊では，その気候・風土に基づき，古くから地域特有の野菜が作られてきた．加茂なす，鹿ケ谷かぼちゃ，堀川ごぼう，聖護院だいこん，聖護院かぶ，伏見とうがらし，壬生菜，九条ねぎなど地名にちなんださまざまな野菜がある．現在は，京都府の施策により，京都府内で生産される地元の野菜を広く「京の伝統野菜」「ブランド京野菜」として付加価値のある商品として大切に生産が続けられている．京都府内の食料品店では，これら京野菜が日常的に販売されており，府民の普

図9　南丹市美山町の茅葺き民家群

段の食卓にあがっている.

2.　北部の気候と風土

　丹波高地の山々に囲まれた南丹市美山町では,1月と2月の月平均気温は1.7℃と2.0℃,最低気温は平均してそれぞれ−1.6℃および−1.7℃となり,寒いときには気温が−10℃以下にまで下がることもある.降雪量は平均すると1月と2月には67cmおよび85cmである.このように美山町は京都府内では寒さが特に厳しい地域である.このような冬の寒さや積雪に備え農林業を営むため,独特の茅葺きの建物が作られてきた.現在でも豊かな自然の中で茅葺き民家が多数保存されており(図9),貴重な観光資源となっている.

　丹後地方では,年間を通して風が強い.この気候特性を活かし,標高683mの太鼓山山頂付近には京都府により風車が設置されている.山地地形に起因する複雑な風況のため,風車の安定的な運用が課題であるものの,自然エネルギーの利用のための努力が続けられている.

　京都府の最北端に位置する丹後半島の北端部には,鳴き砂で知られる琴引浜があり,白砂青松の景勝地として知られる.近年は,海からの漂着物,風による侵食,植生の侵入といった環境変化により,鳴き砂が脅かされている.丹後半島の沿岸部は年間を通して風が強い地域である一方,河川改修が進むことで河川からの土砂流出が抑えられるため,強風地域という気候特性が海浜の保全にとって好

ましくない状況を生み出している.現在は,環境保全のための地域住民による協力により,琴引浜と鳴き砂の環境保全の努力がなされている.　　　　　　　　　　　　　　［竹見哲也］

【参考文献】
[1]　気象庁,1961:伊勢湾台風調査報告,気象庁技術報告第7号.
[2]　京都地学教育研究会,1999:新・京都自然紀行,人文書院,237p.
[3]　京都地方気象台,1981:京都気象100年,日本気象協会関西本部,256p.
[4]　佐藤信・五味文彦・高埜利彦・鳥海靖編,2008:詳説日本史研究,山川出版社,552p.
[5]　高田望・田中正昭,1996:複雑な地形・海陸分布上の海風の動態,京都大学防災研究所年報,第39号B-2,177-192.
[6]　竹見哲也・土田真也,2014:近畿地方における夏季の降水現象に関する統計解析,京都大学防災研究所年報,第57号B,216-238.
[7]　中北英一,2015:気候変動への＜適応＞を考える,京都大学防災研究所DPRI NEWSLETTER,76号,4-6.
[8]　中島暢太郎,1983:鴨川水害史(1),京都大学防災研究所年報,第26号B-2,75-92.
[9]　藤田敏夫,1966:北陸地方の里雪と山雪時における総観場の特徴,天気,第13巻,359-366.
[10]水越祐一・里村雄彦,1999:京都府の冬型降水分布に関する統計的解析,天気,第46巻,205-218.
[11]宮澤清治,2005:防災歳時記(41)——元祖「集中豪雨の里」の水害記念碑,消防科学と情報,81(2005年夏号).
[12]吉越昭久・片平博文,2012:京都の歴史災害,思文閣出版,306p.

兵庫県の気候

A. 兵庫県の気候・気象の特徴 [2] [4] [5]

1. 地勢 [11]

　兵庫県の面積は 8,400 km² と近畿 2 府 4 県の中では最も大きく，人口は 553 万人（2015 年）である．北は日本海，南は瀬戸内海に面し，淡路島，家島を含む．県土面積の 67% が森林地域である．兵庫県の地形を図 1 に示す．中国山地が県中央のやや北寄りを東西に走り最高峰の氷ノ山（標高 1,510 m）はじめ，標高 1,000 m 程度の山々が連なり，東の端は加古川まで達する．加古川を境に東は丹波山地（県内の標高 400 〜 800 m）であり，その南東部に六甲山地（標高 900 m）がある．

　日本海側は，豊岡盆地を除けば概して地形は急峻であり，山地が直接海に接する．円山川と矢田川が日本海に流れ込む．円山川とその支流に沿って豊岡盆地がある．豊岡盆地は南北 14 km，東西 4 km，海抜 4 〜 6 m の低地で，盆地の周囲を標高 300 〜 500 m の山

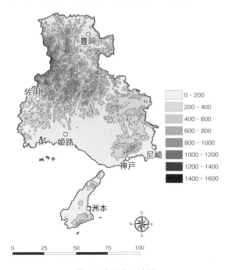

地・丘陵が取り囲む．

　丹波山地には篠山盆地（標高 200 〜 250 m，東西 16 km，南北 6 km）がある．盆地の周囲を標高 500 〜 700 m の山が取り囲む．篠山盆地の南に，盆地状地形の三田市（標高 150 〜 200 m）がある．中国山地から瀬戸内海側へは緩やかに下る地形であり，加古川，市川，揖保川，千種川が流れる．

　瀬戸内側，日本海側ともに河川に沿って細長い谷底平野が点在する．その代表的なものは西脇市，丹波市柏原町 / 氷上町，神崎郡福崎町，朝来市和田山町，養父市八鹿町である．谷底平野は川の運ぶ土砂が積もってできたものである．これらの谷底平野の町の標高は 100 m 以下であり，中国山地の中であるが意外と低い．

　瀬戸内海に面して県内最大の平野，播磨平野が広がる．平野部の代表的な市は姫路市，加古川市，明石市である．丘陵地には，三木市，加西市，小野市等がある．

　六甲山地の南には細長い帯状の平野と山麓台地が尼崎から神戸，明石まで続く．阪神間の平野と神戸市に兵庫県の人口の 60% が集中している．

　淡路島は 596 km² で，兵庫県の面積の 7.1% を占める．北部は津名丘陵が南北に走り，その東西はいずれも傾斜地で，海岸部に若干の耕地を形成する．中部から南部にかけては三原平野が広がる．南部は諭鶴羽山地が東西に走り，最高峰の諭鶴羽山は標高 608 m である．

　兵庫県の瀬戸内側は周囲を標高 1,000 〜 2,000 m の四国山地，紀伊山地，中国山地で取り囲まれており，太平洋や日本海からの水蒸気の供給が遮られるために，乾燥した晴天が続き，雨も少なく温和な気候の瀬戸内海気候区に入る．一方，中国山地の北側は冬に北西の季節風を受け，日本海から供給される水蒸気を直接受けるため，降水量（降雪量）が多く，日本海側気候区に入る．また，県内は山地，谷間，盆地，丘陵，平野，島と多様な地形から成り，これらの地形に特有の小気候を作っている．

図 1　兵庫県の地形

地形が複雑であるため，江戸時代，兵庫県は但馬国（中国山地北部），丹波国（丹波市，篠山市），播磨国（播磨平野から中国山地南部），摂津国（神戸，阪神地域），淡路国（淡路島）の5つの国に分かれていた．城の数は全国有数で，世界遺産姫路城はよく知られている．

2. 気温，日照時間

兵庫県の年平均気温の1kmメッシュ分布を図2に示す．瀬戸内海側の平野で15〜16℃と気温が高い．特に，神戸は気象台が海岸に近いこともあり16.7℃と周辺の明石や洲本よりも約1℃高い．内陸や日本海の海岸部では気温が下がり，瀬戸内海側の平野よりも約1℃低い．中国山地では，標高の影響を受け，気温はさらに下がる．

冬季1月の最低気温を図3に示す．日本海側や中国山地，丹波山地は寒さが厳しい．盆地は明け方，放射冷却によってできた冷気が溜まる．篠山盆地（標高200m）や三田盆地（標高150m）が最も気温が低く，1月の最低気温は−2℃，三田は観測史上の最低値が−11℃である．篠山盆地と三田盆地の気温はほぼ同じである．中国山地の谷間の気温も篠山・三田盆地とほぼ同程度である．播磨平野は冬季，晴天が多く，内陸の平野部では放射冷却効果により，盆地ほどではないが，夜から早朝の冷え込みが強くなる．姫路では1月の最低気温は−0.2℃である．海岸部は内陸と比べると冷え込みは弱く，日本海側の香住（かすみ）は対馬海流の影響もあり1月の最低気温は1.5℃，神戸や淡路島の洲本の1月の最低気温は2〜3℃と兵庫県内で最も暖かい．

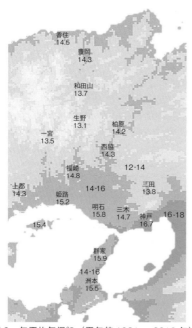

図2　年平均気温℃（平年値1981〜2010年）　グレースケールで気温ランクを表示．暗い方が気温が高い．12〜14，14〜16，16〜18℃のランクは数字を示した．12℃未満のランクは数字を省略．小数点の付いた数字は観測所の気温を示す．

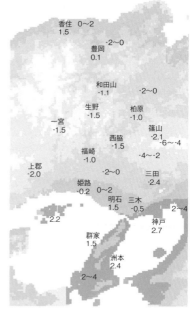

図3　1月の日最低気温℃（平年値1981〜2010年，篠山：2005〜2013年）　グレースケールで気温ランクを表示し，−6〜−4，−4〜−2，−2〜0，0〜2，2〜4℃の5ランクには数字を表示．−6℃以下となる山岳部は数値を省略．小数点の付いた数字は観測所の気温を示す．

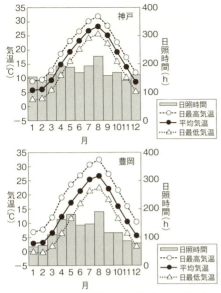

図4 神戸，豊岡の気温，日照時間（平年値 1981
～ 2010 年）

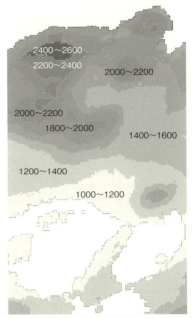

図5 年降水量（mm）（平年値 1981 ～ 2010 年）
グレースケールとその上の数字で降水量ランク
を表示した.

神戸と豊岡の月平均気温，最高気温，最低
気温，それに日照時間を図4に示す．神戸
は年間を通じて温暖・少雨の瀬戸内海気候区
と，大都市特有の都市気候の特徴が現れる．
海岸に近いため，暑さや寒さも比較的しのぎ
やすい．

豊岡では夏季は南寄りの風にフェーン現象
が加わり，ときには最高気温が 37℃ 以上に
なることも珍しくない．

瀬戸内海側では年間を通して雨が少ないの
で日照時間は長く，神戸では年間 2,073 時
間，これと対照的に，日本海側では冬場に雪
や曇りの日が多いために日照時間は短く，豊
岡では年間 1,489 時間である．

3. 降水量

兵庫県の年降水量 1 km メッシュ分布を図
5 に示す．また，神戸と豊岡の月ごとの降水
量と降水有（0.0 mm 以上）の日数を図6に
示す．神戸は，年間を通じて降水量は少な
い．特に冬季は少雨・多照が特徴で，湿度が
低いため乾燥する．しかし，梅雨期には大阪
湾を北上する暖湿気流と六甲山地の影響で，

局地的な大雨が降る．年降水量は瀬戸内側の
平野で少なく，1,000 ～ 1,200 mm である．
瀬戸内海側の降水量は梅雨期の 6 月が最大
で 5，6，7，9 月が多く，冬は少ない．

降水量は県北に行くほど増え，標高が高い
ほど増える．中国山地中央部で 1,500 ～
2,000 mm，日本海側の豊岡で約 2,000 mm，
氷ノ山付近の山岳では最も多く，2,500 mm
に達する．豊岡など日本海側は冬に降雪があ
るため，降水量は冬季に多く，9 月の秋雨期
も多い．

4. 風 [3] [4] [14] [15]

兵庫県の風は地形の影響で，地域ごとに特
徴がある．各地域の風について説明する．

播磨平野の風向は南北方向が多く，春から
夏（3 ～ 9 月）にかけて昼間は瀬戸内海から
陸に向かう南風（海風）が吹き，夜間は 1
年中，陸から海に向かう北風，陸風が吹く．
ここで陸風は 1 年中発生するが，海風が入

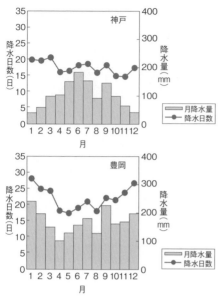

図6 神戸, 豊岡の降水量, 降水日数 (0.0 mm 以
上, 平年値 1981 ～ 2010 年)

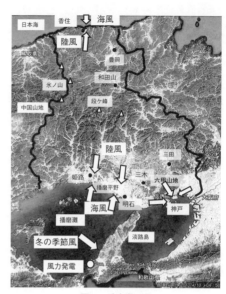

図7 兵庫県の風

る季節は, 春から夏に限定され, 秋から冬
(10 ～ 2 月) は海風が入らない. 陸風の風速
は 2 m/s 程度である. この陸風は中国山地か
らの山風を含むものであり, 夏の夜は冷気を
姫路の街に運んできてくれる. また, 海風の
風速は夏季に最も強くなり, 3 ～ 4 m/s であ
る. この海陸風は, 日本が太平洋高気圧や移
動性高気圧におおわれたときのように, 気圧
傾度が小さく, 上空の風が弱く, しかも, 晴
天の日に発生している. この条件の日は年間
の半分に相当する. 海風は規模が大きく, 兵
庫県では瀬戸内海と日本海から入る海風が中
国山地で収束する. 香住など日本海側の海岸
でも海陸風が見られる.

神戸は, 六甲山が海岸近くを東西に走るた
め, 東西方向に吹く風が強く, 特に冬季は西
寄りの風が強い. 強風として知られる六甲お
ろしは, 台風期や 3 月に発生している.

海岸部では海上からの強い風を受けるため
に, 内陸に比べて一般に風速は大きく, 神戸
や明石で年平均風速は 3 ～ 4 m/s である.
それに対して内陸部 (姫路市街地, 三木市や

三田市) では, 少し小さく 2 m/s 台である.

中国山地の谷間では地形の影響を強く受け
て, 年中谷に沿った風が吹いている. また,
上空の風が山に遮蔽されるため, 谷間の風速
は小さく, 例えば, 和田山の年平均風速 (平
年値) は 1.5 m/s である. 北部の豊岡も盆地
のために風速は小さく, 年平均風速 (平年
値) は 1.8 m/s である.

淡路島の西海岸や海岸横の山上は, 冬に播
磨灘からの強い北西風を受け, 風速が大き
く, 鳴門海峡に近い標高 200 m の山頂の上
空 80 m 高度では年平均風速 7 m/s の風が吹
いている. ここに大型風車が設置され, 風力
発電が行われている. また, 中国山地の氷ノ
山, 段ヶ峰など標高約 1,000 m の山頂も平
地と比べて風速が大きく, 山頂の上空 70 m
高度で年平均風速 6 m/s 程度の風が吹いてお
り, 風力発電に十分な風速がある.

B. 兵庫県の気象災害 [2] [4] [5]

1. 強雨・大雨, 強風

近年の兵庫県の気象災害の件数を表1に
示す. 強雨・大雨が最も多く, 次が強風,

表 1　2010 ～ 14 年の 5 年間に災害を起こした気象現象回数

気象現象							強雨・大雨による被害	
強雨大雨	強風	大雪	濃霧	雹・あられ	雷	竜巻	崖崩れ	浸水
41	30	7	5	2	17	1	25	31

注：複数の災害（大雨と強風など）が重なっている場合も含む．1回で複数の日にまたがる場合を含む．高温，乾燥害，波浪，高潮は除く．

図 8　台風による南寄り風と豪雨分布
（2015 年 7 月 17 日 10 時 15 分）

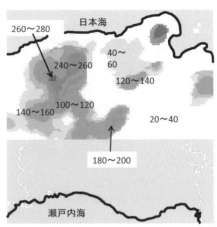

図 9　年間の最深積雪メッシュ分布（cm）（平年値1981 ～ 2010 年）　グレースケールとその上の数字で積雪ランクを示す．

雷，大雪が続く．強雨・大雨はほとんど 6 ～ 10 月に起きている．強雨・大雨の原因は台風，梅雨前線や秋雨前線，これらの前線を台風が刺激した場合の 3 つの原因によって発生する場合が多い．最近は地球温暖化の影響で，日本近海の海面水温が 100 年間で約 1℃上昇し，そのために水蒸気が増加し，集中豪雨が増えているとされる[1]．

兵庫県の集中豪雨には地形と風向が関係している．四国山地と紀伊山地が，太平洋側から兵庫県への水蒸気の輸送を妨げているが，2 つの山地の間の紀伊水道は水蒸気が入り込む風の通り道になる．その結果，兵庫県の風向が南寄りとなる位置に台風が来た場合に太平洋からの水蒸気が入り込み，強雨・大雨が発生している（図 8）．台風以外でも南寄りの風の場合に，水蒸気を多く含む空気が紀伊水道から入り，強雨が発生する場合がある．また，日本海側の氷ノ山や豊岡で強雨・大雨になる場合は，台風による水蒸気を含む空気が日本海側から入るときに発生している．

豊岡盆地は，台風の影響でこれまでに丸山川が何度も氾濫し，大洪水にみまわれている．豊岡盆地はその下流で河川沿いに山が迫り，川幅が狭く，出口が狭い．しかも盆地内では河床勾配が緩やかで，標高が低い．例えば，盆地の中央部豊岡駅周辺で海抜 4 ～ 5 m，そこから 10 km 上流の出石町でも海抜 11 m である．そのため，河口から出石川合流地点まで 20 km の長い区間が潮汐の影響を受け河川水位が変化する感潮区間であり，洪水が流下しにくい地形であることが被害を大きくしている．洪水害は加古川や姫路市でも発生しやすい．土砂災害は京阪神や中国山地沿いで多い．

台風による強風は淡路島，神戸から明石にかけて発生が多い．兵庫県内の風速の観測史上の最大値は淡路島の洲本で観測された瞬間最大風速 57 m/s，南南東の風（1965 年 9 月 10 日，台風 23 号）である．また，雷害は夏に多い．

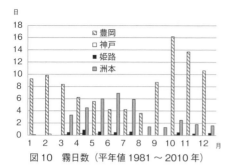

図 10　霧日数（平年値 1981 ～ 2010 年）

2. 大雪

日本海側では 12 ～ 3 月は降雪がある．冬は曇や雪の日が多く，年間降水量の 1/3 が 12 ～ 2 月にかけて降る．図 9 に最深積雪量を示す．最深積雪量は県北西部の村岡町から温泉町付近が最も多く，1 ～ 2 m に達する．村岡町兎和野高原（標高 540 m）では平年値 99 cm，最大値 223 cm（1981 ～ 2010 年の間），豊岡では平年値 54 cm，最大値 131 cm である．雪は災害だけでなく，地域に恵みももたらしている．氷ノ山国際スキー場，ハチ高原スキー場等，数多くのスキー場が営業している．また，兵庫県円山川水系上流にある多々良木ダム，黒川ダムは日本でも最大規模の揚水式水力発電が行われている．近年，地球温暖化の影響を受けて積雪量は減少傾向にある．

瀬戸内海側の降雪量は少ない．神戸の年間雪日数は平均 19 日（1981 ～ 2010 年平年値）であるが，最深積雪は平均 1 cm，1981 年以降の最大値は 10 cm（1984 年）である．

3. 凍霜害

兵庫県は農業が盛んであり，春先の霜は農作物，茶や果物の若葉に被害を与える．この時期の霜は，晴天で風が弱い日に，放射冷却によって発生する場合が多い．放射冷却は平地や盆地だけでなく，山全体が放射冷却する．その結果，放射冷却で生成された冷気が谷間に流れ込み，風向は下流に向かう．夏にはこの冷気が自然のクーラーの役割を果たすが，春先，農業にとってはこの山から下降する冷気は凍霜害とつながるので要注意である．

終霜日は，気温が低い三田盆地，篠山盆地，山間部の和田山，一宮，柏原，生野などでは 4 月下旬，日本海側の豊岡，瀬戸内側の姫路，三木では 4 月中旬から下旬，暖かい淡路島では 3 月下旬である．

4. 霧，濃霧

兵庫県では，山地では上昇霧，山間部や盆地では放射霧，日本海，瀬戸内海，淡路島等の海域では移流霧と前線霧，日本海上や瀬戸内海上では蒸気霧が発生しやすい．図 10 に豊岡，神戸，姫路，洲本の霧日数を示す．盆地状地形は明け方，放射冷却で冷やされた空気が溜まりやすいために霧が多い．実際，豊岡では盆地状地形と円山川から出る水蒸気が影響して年中霧が発生する．特に 10 ～ 3 月の寒い時期に多い．盆地状地形の篠山や三田も年間を通して霧の発生が多い．洲本や瀬戸内海は 3 ～ 7 月に霧が出て，濃霧にもなる．これは前線に伴う霧の場合が多い．瀬戸内海の霧は船の衝突事故を起こしている．姫路，神戸の平野の陸上はほとんど霧が出ない．

C. 兵庫県の気候と風土

県域の南北の気候の違いによって，農業やそれから生まれる地場産業にも特色が見られる．また，畜産も県土全体で行われている．

1. 農業 [9] ～ [11] [13]

県土面積の 23 ％は農業地域である（2014年）．これは県土の森林以外の面積の約 7 割に相当する．兵庫県は県土全体に農業が盛ん

図 11　酒米の山田錦（三木市）

であり，地域ごとの特色ある農業が行われている．

播磨地域は高級酒米「山田錦」の産地であり，全国の6割の生産（2015年）がある．酒米は良質な日本酒の原料となる米で，大粒で米の中心に心白があるのが特徴である．たんぱく質が少ないので，酒の雑味を抑えることができ，大吟醸酒の醸造に使われる．山田錦の産地は，三木市や加東市の標高50〜150 mの地域で美嚢川や東条川の谷間に位置する．ここは水分や養分の保持力の強い粘土質の土壌の中で山田錦の根は1 m程度まで伸び，下層の水や養分を吸収する．ここは，夏季の気温の日較差が10℃以上に達し，山田錦の生育に適している．

米，麦，大豆などの作物やキャベツ，トマト等の野菜，ブドウやイチジクの生産も行われている．ブドウ栽培の適した気候は，4〜10月の気温が14℃以上，温暖で，降水量が少ないことである．また，この地域は大規模な酪農が多く，鶏卵，肉牛が生産されている．北部は黒大豆，もち大豆，南部は米，麦，大豆，ニンジン，ダイコン等の野菜，レンコン，メロン等が生産されている．

淡路島は玉ねぎの生産が多く，全国の8%（2012年）を生産する．レタス，白菜，キャベツの生産量も多い．淡路島では温暖な気候を生かして，水稲と野菜の多毛作が行われている．淡路島は冬季の最低気温が高く，日照時間も多い．これが，白菜などの秋冬野菜の生産に好条件となっている．また，かんきつ類の生産に適する温暖な気象条件（年平均気温15℃以上，冬季最低気温−5℃以上，収穫前に降霜が少ない）にある．イチジク，ビワ等の果樹生産，カーネーション（全国第3位），菊などの花きも生産されている．また，県内の4割を占める酪農経営や，県の飼養頭数の1/3を占める但馬牛の繁殖，肥育経営などが行われている．瀬戸内海側は降水量が少ないために，古くから農業用ため池が数多く造られた．ため池の数は兵庫県全体で約38,000（2015年）あり，その数は全国第1位であるが，その6割が淡路島にある．淡

路島は降水量が少なく，しかも大きな河川がないためである．ため池が淡路島の農業を支えている．

神戸・阪神地域では春菊，ホウレンソウなどの葉物野菜，トマト，米，麦，大豆が生産されている．イチジク生産は全国第3位である．イチジクの生産に適する気象条件は，年平均気温13℃以上，冬季最低気温−5℃以上，降水量1,200 mm以下であり，この地が適している．

日本海側の但馬地域では豊岡盆地を中心に，米，大豆，冷涼な気候を生かしたダイコン，キャベツ，岩津ネギ，ホウレンソウ，なしが生産されている．ピーマンの生産も多い．但馬牛の繁殖，肥育が行われている．日本海側の特に山岳で降水量（冬は降雪）が多いことが日本海側の農業に水の恵みをもたらしている．

丹波地域は盆地で昼夜の寒暖差が大きい．黒大豆，大納言小豆，やまのいも，クリが生産されている．黒大豆は隣の播磨地域と合わせて全国の1/2の生産量（2012年）がある．千年以上の歴史をもつ丹波栗は粒が大きく，良食味で評価が高く，全国的なブランドとして高値で取引されている．

2. 日本酒 [6]〜[8] [10]

神戸灘地方の日本酒の出荷生産量は現在，全国の約3割を占め，日本一の酒どころである．灘地方の酒造の歴史は1624年の西宮における醸造が最初とされるが，伝承的にはもっと古く，室町時代から行われていたと伝えられる．この地域に酒造業が発達した理由としては，①酒米の横綱「山田錦」の産地である播州平野に近い（気候については前述）．②鉄分が少なくリンやカルシウム，カリウムを豊富に含む良質の硬水である．西宮の水「宮水」に恵まれている．「宮水」が湧き出す地域は大昔，海だったため，その地層に含まれる塩分やミネラル成分と，六甲山系の花崗岩層を通過した地下水が絶妙にブレンドされ，酒造りには欠かせない酵母の発酵を促進させる水となっている．③酒造技術が優秀であった丹波杜氏が江戸時代中期以降に灘に来

図12　昔の酒造り（出典：沢の鶴資料館）

て酒造りを行った．④醸造に低温が必要であったが，灘の酒蔵はみな，棟を東西に長くのばし，窓を北向きにとり，冬の六甲おろしの寒気を存分に取り入れられるよう，工夫されていた．⑤京都や大阪に近いだけでなく，江戸との舟航の便にも恵まれていた．⑥尻川，芦屋川，住吉川といった川の流れを利用して水車を使って精米をすることができた．水車を使うと，従来の足踏み精米の八分搗（づ）きに対して，2割前後にまで精米度を高められ，しかも大量に精米することができた．このように歴史的に全国的市場を開拓していたうえ，その経営が専業で行われてきたため経営規模が大きい．

　酒米山田錦は神戸灘地方だけでなく，近年，姫路市，加西市，丹波市等にも，名酒を生み出している．　　　　　　　［河野　仁］

［謝辞］
　神戸地方気象台長・馬場雅一氏（所属・職名は執筆当時のもの．以下同様）と観測予報管理官の畝田栄作氏から兵庫の気象データについてご助言を賜った．また，西山恵美さん（気象予報士 / 進学塾アイズ）と金近治氏（気象予報士 / 元日本気象協会関西本部）には原稿をお読みいただき，読者の立場からコメントを頂いた．お礼申し上げます．

【参考文献】
［1］気象庁（http://www.jma.go.jp/jma/press/1409/03b/kentoukai140903.pdf）．
http://www.data.jma.go.jp/gmd/kaiyou/data/shindan/a_1/japan_warm/japan_warm.html
［2］気象庁ホームページ（http://www.jma.go.jp/jma/index.html）．
［3］河野仁・西塚幸子，2006：播磨平野（姫路）の海陸風の統計的解析—海面水温との関係，天気 53（9），701-706．
［4］神戸海洋気象台，2001：兵庫県の気象——空と海を見つめて100年．
［5］神戸地方気象台ホームページ（http://www.jma-net.go.jp/kobe-c/home/index.html）．
［6］篠山市観光情報（http://tourism.sasayama.jp/2010/09/post-35.html）．
［7］灘五郷（http://www.nadagogo.ne.jp/）．
［8］農林水産省政策統括官：日本酒をめぐる状況（http://www.maff.go.jp/j/seisaku_tokatu/kikaku/pdf/07shiryo_04.pdf）．
［9］兵庫県，2015：兵庫の農（http://web.pref.hyogo.jp/aff/index.html）．
［10］兵庫県果実振興計画書2015（https://web.pref.hyogo.lg.jp/af11/af11_000000008.html）．
［11］兵庫県ホームページ（http://web.pref.hyogo.jp/）．
［12］兵庫県ホームページ（https://web.pref.hyogo.lg.jp/ie07/documents/04seisyu.pdf）．
［13］JA全農兵庫（http://ja-myhyogo.com/yamada.html）．
［14］Mitsuo Mizuma, 1995, General aspects of land and sea breezes in Osaka Bay and surrounding area, J. Met. Soc. of Japan 73（6），1029-1040．
［15］NEDO風況マップ（http://app8.infoc.nedo.go.jp/nedo/）．

奈良県の気候

A. 奈良県の気候・気象の特徴

1. 奈良県の地勢

　奈良県は周囲を山地で囲まれている地域である．特に県の北部は奈良盆地で盆地特有の典型的気候である．南部の吉野山地は海抜1,000 mを超すので山地特有の気候である．このように，地形条件があらゆる点で気候に影響を及ぼしている．図1は奈良県の地形である．

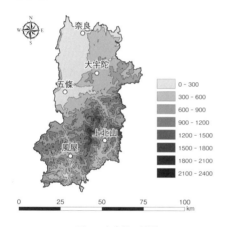

図1　奈良県の地形

　近畿地方のほぼ中央に位置するので，県の南部は太平洋側の気候特性をもち，北部は日本海側の気候特性をもつ．また，瀬戸内海の東端にも距離的に近いので，瀬戸内海気候に似た特徴も見られる．このように，地形的・位置的条件に強く支配されているのが奈良県の気候である．

2. 気温と日照時間

（1）気温年変化

　県内の代表的6地点における気温年変化を図2に示す．最寒月は1月，最暖月は8月である．特に1月の最高気温は海抜高度が高い県南部〜南東部の山地で明瞭である．

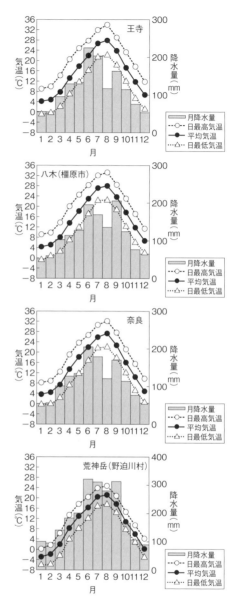

大台ケ原山（1,566 m：山頂は1,695m）にその傾向が見られる．8月が最暖月になる理由は7月の前半はまだ梅雨季で日照時間が短く，気温上昇が妨げられるためである．後述する降水量の年変化で見られるように，8

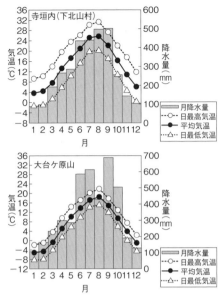

図2 奈良県における気候的代表地点における気温・降水量の年変化（1941〜1970年）（出典：日本地誌研究所，1976）

月の降水量が，その前後の7月と9月の降水量に比較して明瞭に少ないことに対応している．

奈良における最低気温の極値は1977年2月16日の−7.8℃，最高気温の極値は1994年8月8日の39.3℃である．月平均気温が最も低かったのは1963年1月の1.0℃，最も高かったのは2010年8月の28.8℃である．

気温年較差（最暖月の平均気温と最寒月の平均気温の差）は，1981〜2010年の平年値で，県の北部に位置する奈良（海抜

102.1 m）で23.0℃，北部だが奈良より南に位置する針（海抜468 m）で22.9℃である．これらの値は大阪などの沿岸地点より大きく，内陸気候の特徴が表れている．

(2) 気温分布

年平均気温は奈良盆地で約15℃である．奈良における1971〜2000年の平年値は14.6℃，1981〜2010年の平年値は14.9℃である．大和高原，宇陀山地でやや低く12〜14℃，吉野川渓谷では下流部で約15℃，上流部で約13℃である．吉野山地では約10℃で，荒神岳では9.3℃，大台ケ原山では6.5℃となる．一方，南部の北山川・十津川の下流に進むにしたがって高温となり，約15℃となる．奈良県内における気温の分布は，図3に示されるように，冬（1月）に差が大きく，夏（8月）は小さい．等温線の本数でそれが理解できよう．

最寒月である1月の奈良における平均気温は3.9℃で，最低気温は−0.2℃，最高気温は8.7℃である．最暖月である8月の平均気温は26.9℃，最低気温は22.6℃，最高気温は32.6℃である．盆地気候の特徴がはっきりしている．真冬日の日数は0だが，冬日の日数は52.9日，熱帯夜の日数は2.9日だが，夏日の日数は130.8日，猛暑日の日数は8.3日である．以上は1981〜2010年の30年の平均値である．

気温は局地的な差や森林内外の差が大きい．奈良の春日山の原生林の内外における観測結果を表1に示す．最高気温は林内が林外より3〜5℃低く，その差は葉が繁茂する春・夏に大きい．最低気温もやはり夏は林内

表1 奈良春日山原始林内外の気温（永田，1952をもとに吉野計算・作表）

季節（年月）	最高気温（℃）林内	最高気温（℃）林外	最低気温（℃）林内	最低気温（℃）林外
冬（1949年12月 〜 1950年2月）	7.6	10.0	1.8	1.7
春（1950年 3月 〜 5月）	15.6	19.6	8.0	8.5
夏（1950年 6月 〜 8月）	25.3	30.6	19.5	20.8
秋（1950年 9月 〜 11月）	18.3	22.4	12.5	12.1
冬（1950年12月 〜 1951年2月）	6.4	9.0	0.5	0.2
春（1951年 3月 〜 5月）	15.2	18.6	7.3	7.2
夏（1951年 6月 〜 8月）	25.3	30.4	19.1	19.8

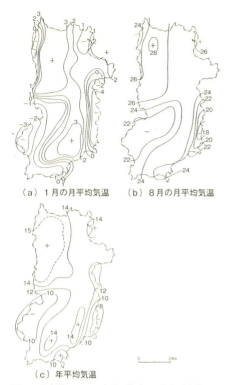

(a) 1月の月平均気温　　(b) 8月の月平均気温

(c) 年平均気温

図3　奈良県における気温（℃）の分布（出典：日本地誌研究所，1976）

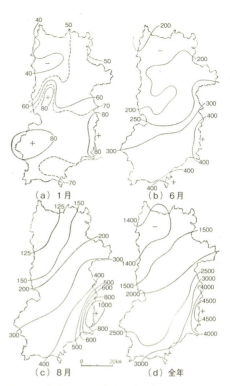

(a) 1月　　　　　　　(b) 6月

(c) 8月　　　　　　　(d) 全年

図4　奈良県における降水量（mm）の分布（出典：日本地誌研究所，1976）

が林外より低温であるが，春はほぼ同じか，低温でも大きな差ではない．冬は林内が林外よりやや高温である．森林特有の微気候の季節変化が明らかである．

(3) 降水量

降水量の年変化は図2に示したように，各月とも県の北部で少なく，南部の山地で多い．年降水量は奈良盆地で最も少なく1,500 mm 以下である．また，北部では梅雨季の6月に最多雨，次いで7月が多いが，南部では台風季の9月が最多月である．年変化型では県北部と南部でこのように違うが，県北部では絶対量が少ないのが問題である．北部では灌漑用水が不足するので，ため池が造られている．

降水量は盆地底から周辺に移るに従って増

加し，大和高原・宇陀地方・吉野川流域はさらに多く，年降水量は1,500 ～ 2,000 mm となる．さらに吉野山地は非常に多く，2,000 ～ 4,000 mm となる．また，西から東に向かうにしたがって一層増加し，大台ケ原山は年降水量 5,186 mm の本州最多地域になる．図4に特徴ある1月，6月，8月の月降水量および，年降水量の分布を示す．

日本において，1つの県内でこのように大きい年降水量の差が見られるのは奈良県のみである．これは，南からの湿った空気が紀伊半島の南東部から山地斜面を上昇し，断熱膨張により雨滴を生じ，いわゆる地形性降雨となるためである．台風が日本のはるか南にあるときからこの南寄りの風が吹き，雨となることが多い．吉野の森林もこの多雨の影響で

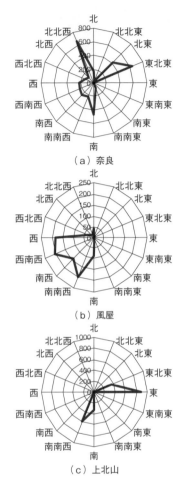

（a）奈良

（b）風屋

（c）上北山

図5 風速5m/s以上の年間風向別出現回数（出典：気象庁資料）

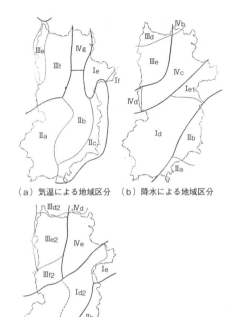

（a）気温による地域区分　（b）降水による地域区分

（c）気候による地域区分

図6　奈良県の気温・降水・気候による地域区分（吉野正敏原図）（出典：日本地誌研究所，1976）

よく育つ.

　降水日数は夏に多く，冬に少ない．降雪日数は北部で少なく，南部で多い．奈良では降雪日数は約20日であるが，南東部の大台ケ原山で約80日である.

（4）風向・風速

　風は，台風襲来時以外は一般に弱い．奈良における月平均風速は1.2〜1.8m/sである．県内の各観測所では5m/s以下の風が97％以上を占めている．風が弱いので，風向には

各観測地点の周辺地形の影響が強く現れる．例えば奈良は北北西−北東，大和高原（東部山地）の針では西−西北西，大宇陀では西−北西，五条（紀ノ川中流域）では北東，南西，上北山（北山川流域）では東，風屋（十津川流域）では北，南西−西の風が卓越している．図5は奈良・風屋・上北山における風速5m/s以上の年間風向別出現回数を示す．地点ごとに異なる状況がわかる．なお，5m/s以上の風は奈良県では春先に吹くことが多い.

3．気候による地域区分

　奈良県の気温による地域区分は図6（a），降水量による地域区分は図6（b），その2枚を重ね，重要な線を考慮して図6（c）に示す気候による地域区分を行った．奈良県で

は，上述のように風は弱いので，考慮しなかった．

各地域の気候の概略は次のとおりである（地域番号は近畿地方全域についてつけられたものを使用する）．

Id1：十津川上流山地．山岳気候特性が強い．気温は低く，降水量は多い．降水量は暖候季に多いが，冬にも極大がある．

Id2：紀伊山地の主部．山岳気候特性が非常に強い．気温は低く，降水量は暖候季に極大だが，冬にも雪として降り小さな極大が出る．日本海側気候地域のミニアチュア，あるいは"飛び地"と見られる．

IIa：紀伊半島南部山地．山地にもかかわらず気温はそれほど低くはならない．夏季には雨が多い．

IIb：大台ケ原山地域．1年中，本州では降水量が最も多い．霧日数も多い．冬は低温，降水量（降雪量）が多い．IIaと連続した日本海側気候の"飛び地"である．

IIIc2：奈良盆地地域．夏は高温，冬は低温の程度がそれぞれ強い．気温年較差は約24℃，年降水量は日本の全国平均に近く，約1,400 mmで，いわゆる内陸的な気候である．水田稲作の灌漑用水のため池が多い．

IIId2：京都盆地南部．夏はやや涼しく，冬は寒い．

IIIe2：生駒山地．奈良盆地より夏は涼しく，冬は寒い．大阪市に近いので避暑地として利用される．

IIIf2：吉野川流域．局地的にはやや異なるが温暖である．

B. 奈良県の気象災害

1. 紀伊山地の十津川災害

1889（明治22）年8月台風による豪雨が奈良県十津川村とその周辺地域を襲った（宇智吉野郡役所，1891）．台風の中心気圧は8月19日6時に約970 hPaと推定され，高知県東部に上陸した（牧原，2012）．この台風によって，縦横約90 m以上の崩壊は1,147件以上発生し，245名が犠牲になった．大規模な崩壊による天然ダムは53か所できた．例えば，小川新湖はダム湖の長さ4 km，湖水量は約4,000万m^3に達し，そのダムを造った崩壊の規模は縦約1,600 m，横約650 mに及んだ（平野ほか，1984）．

この大崩壊な山地崩壊後122年経って，2011年9月3日，台風12号がほぼ同じコースを通り，高知県東部に上陸した．移動速度が遅かったため，和歌山県・奈良県・三重県の山地では異常な豪雨が約3日間続いた（吉野，2013）．奈良県上北山では1,808.5 mm，十津川村風屋では1,358.5 mmの合計降雨量を，8月30日17時から9月6日7時までの期間に観測した．奈良県，和歌山県を中心にして深層崩壊72か所，死者・行方不明者98名の大被害をもたらした．県の南西部，紀伊山地の中心付近に位置する吉野郡の野迫川村（人口約500人，ほぼ半数が高齢者）の北股地区の例では，崩壊高さ約135 m，長さ約400 m，幅約200 m，深さ約20 mで，120万m^3の土砂・岩石が流出し，斜面下部の集落の一部を破壊した．この場所の合計降雨量は約600 mmと推定され，年降雨量の約1/4に達していた．地形的には，山地の山頂部がなだらかか，ほぼ平坦で，山地の北側斜面に崩壊が多かった（池田，2014）．これは1889（明治22）年8月の十津川大洪水のときに発生した28か所の大崩壊地の状況と共通している．

2. 干害

1947年に五十数年来という深刻な干害が発生した．特に奈良盆地南部で甚大であった．例年ならば田植えは6月末で完了していたが，1947年は6月の降水量が平年の1/2以下で，田植え完了は6月中に55.2%，7月上旬に35.4%，7月中旬に6%，7月下旬に0.7%であった（堀内，1949）．1944年にも同様の被害があったので，その2回の平均の被害分布図を作成した結果，盆地南部の中央部分に被害率80〜100%の地域があり，それを取り囲んで60〜79%の地域があり，両者で盆地の南半分を占めた．この地域では田植えが1か月以上遅れ，田植え完了

が8月1日以降になった.

　奈良盆地ではため池灌漑率は当時72％といわれ，小さいため池まで含めると，約16,800に及んだともいわれている．1km²当たり約4個という．1947年の干ばつの場合．ため池の貯水量は平年の約30％だった．夏のにわか雨，地下水，河川水の利用の必要性が指摘された．これは最近でも指摘されている（吉越，1995）.

C. 奈良県の気候と歴史の関係
1. 大和政権と気候

　律令国家の中心としての大和政権にとって，国内の自然災害，特に，年によってさまざまな形で発生する自然災害のリスクは小さい方がよい（吉野，2014）．奈良時代における気候と人々の生活について日本の中心であった大和と，伊勢・出雲とを対比しながら以下に述べたい.

　出雲は，朝鮮半島の文化や人々が考古時代から海を渡ってきて発展していた．一方，伊勢は農作地域の中心であり，人々は紀伊半島南部から東海地方と交流していた．神話では，「よい宮地を求めて天照大神（あまてらすおおみかみ）と皇女倭姫命（やまとひめのみこと）が，今日の名古屋付近から伊勢湾岸地域の各地をめぐり，その結果，伊勢の五十鈴川上流を選んだ．猿田彦（地元の神とされる．最近，奈良地方の古地名の研究（原田，2012）によって，当時すでに大和川を遡上して奈良盆地に進入していた東北アジア系の文化を担っていたと指摘されている）を吸収して，関係を確立した」とされた．これは神話構成の妙で，8世紀初頭（奈良時代初期の『風土記』『古事記』『日本書紀』の時代）における大和の中央政府の知識者層が，伊勢と出雲の両国との関係を一対にして捉えていた結果だと判断したい．気候環境アセスメント，および，異常気象に起因する災害のリスク分散の考え方の水準を示すと考えられる（吉野，2010）．すなわち，①大和（近畿地方中央内陸部）の気候と，出雲（日本海側）の気候，伊勢（太平洋側）の気候の対照的な

表2　和名抄による古代稲作面積（出典：安藤，1951）

国名	稲作面積（町）	備考
大和	17,705	当時1段は360歩で，現在の1段2畝に相当する．
伊勢	18,130	東海道では最高値，第2位は遠江の13,611町．
出雲	9,435	山陰道の第1位は丹後の国の10,666町で出雲は第2位．
全国	862,796	和名抄・拾介抄・節用集の平均値は875,538町（安藤，1951）．結局，AD800年頃の稲作面積は，現在の値に換算する約105万町と推定される．

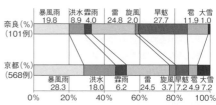

図7　奈良と京都における古気候出現頻度（出典：丸本，2014）

差異．②出雲は西南日本の日本海側気候の代表性が高く，伊勢は太平洋側気候の代表性が高いこと．言い換えれば，諸国の気候災害状況を把握するのに適していること．③大和と出雲，大和と伊勢の気候差はそれぞれ明確であるにもかかわらず，距離は最短である．被災情報の入手・影響への対策をより迅速に行うことが可能となり，リスクを減少できる．④台風襲来・梅雨前線活動・干ばつ・豪雪・異常低温などの異常気象は，日本海側と太平洋側で同じ年に発生することはほとんどないこと．⑤大和・出雲・伊勢の各国ともその地方において，表2に見るように稲作面積（奈良時代の概数（安藤，1951））が第1位または第2位の国である．稲作面積を国の総生産高の指標とみれば，それぞれ高い水準の国である．以上の5点から，律令国家における識者の災害リスク軽減の志向水準の基礎は，気候学的に見て非常に高かったといえよう.

2. 奈良と京都の古気候

　奈良と京都における601年から1200年までの古気象記録の出現頻度は図7のとおりである（丸本，2014）．資料は中央気象台・海洋気象台（1976）および奈良地方気象台

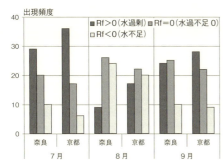

図8　夏季の奈良と京都における水過剰と水不足発生回数の比較（出典：丸本, 2014）

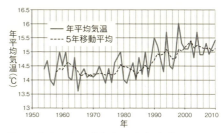

図9　奈良の年平均気温の経年変化, 1955～2010年（出典：奈良地方気象台資料）

（1997）によった．集計の結果，以下のことがわかった．すなわち，奈良における干ばつの発生は27.7％で最も多く，次いで雷が24.8％，暴風雨19.8％である．一方，京都においては暴風雨28.3％が最も多く，次いで，雷が24.5％，洪水18.0％，干ばつは7.2％に過ぎない．いかに，奈良の干ばつが顕著であるかがわかる．

なお，この統計をまとめた7世紀から12世紀までの期間は日本の歴史時代では比較的温暖であった時代で，暖候季の日照時間は比較的長かった時代と推定される．雷が両地点とも約25％であったことは，近畿地方の盆地における熱雷の発生回数の一般的な値と解釈されよう．

3. 水収支と干ばつ

歴史時代を通じて奈良盆地の水不足は深刻であった．気候的な干湿を毎年の収支水で捉えてみよう．水収支とは，ある地域の大気中と地中に，入ってくる水の総量と出てゆく水の総量との差のことである．出てゆく量が多い場合をマイナス（水不足）という．計算によると，奈良ではマイナスになる年数は非常に多かった（丸本，2014）．図8は奈良と京都における7～9月の水過剰・水不足の出現頻度を示す．8月の奈良における水不足は計算を行った59年間のうち，24回，すなわち，ほぼ2年に1回，水収支はマイナスであった．

［吉野正敏］

【参考文献】
[1] 青木滋一，1956：奈良県気象災害史，養徳社．
[2] 青木滋一，1961：奈良盆地における気候と災害，奈良女子大学地理学教室編，奈良盆地，古今書院．28-44.
[3] 安藤広太郎，1951：日本古代稲作史雑考，地球出版．1-163.
[4] 池田碩，2014：自然災害地研究，海青社，大津，1-230.
[5] 宇智吉野郡役所，1891：吉野郡水災誌，巻之壱－巻之十一．
[6] 永田四郎，1952：奈良春日山原始林を中心とした微気候的観測，農業気象，7，95-98.
[7] 中央気象台・海洋気象台，1976：日本の気象史料，(1)，(2)，(3)．
[8] 奈良地方気象台，1997：奈良県の気象百年，大蔵省印刷局．
[9] 日本地誌研究所，1976：奈良県「気候」，日本地誌，13，547-552.
[10] 原田彪，2012：猿田彦とアイヌ族と奈良盆地の情勢，角川学芸出版，東京，76-91.
[11] 平野昌繁・諏訪浩・石井孝行・藤田崇・後町幸雄，1984：1889年8月豪雨による十津川災害の再検討――とくに大規模崩壊の地質構造規制について，京都大学防災研究所年報，27B-1，69-386.
[12] 堀内義隆，1949：奈良盆地南部における旱害について，農業気象，5，105-108.
[13] 牧原康隆，2012：平成23年台風第12号と1889年（明治22年）十津川災害，天気，59，151-155.
[14] 丸本美紀，2014：奈良盆地と京都盆地における水文気候学的特性の比較――ソーンスェイト法による年候解析，季刊地理学，66，82-93.
[15] 吉越照久，1995：奈良盆地における水災害，奈良大学紀要，23，111-122.
[16] 吉野正敏，2010：地球温暖化時代の異常気象，成山堂，86-87.

[17] 吉野正敏, 2013：極端化する気候と生活. 古
　　今書院, 113-118.
[18] 吉野正敏, 2014：古代日本の災害リスク. 損
　　保予防時報, 259, 6-7.

滋賀県の気候

A. 滋賀県の気候・気象の特徴

　滋賀県は近畿地方の北東に位置する内陸県である．周囲を山地に囲まれ，県境が琵琶湖集水域の分水嶺とほぼ一致する特徴をもつ．琵琶湖は県の総面積の 1/6 を占め，下流の府県にとって貴重な水がめであるとともに周辺の低地（近江盆地）に豊かな湖環境をもたらしている．かつての近江国として古くから歴史の舞台に登場し，日本海側と太平洋側を結ぶ文化・物流の要所であった．豊富な水資源を利用した産業の立地が進む一方で生態系・環境保全に関する関心も高く，日本を代表

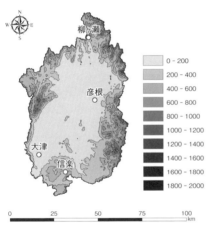

図1　滋賀県の地形

図2　伊吹山の影響を受けた台風接近時の下層雲．写真右側から南東風が卓越（2017 年 9 月 17 日撮影）

する多くの環境政策・運動を生み出してきた（琵琶湖と環境編集委員会，2015）．近年では大津を中心とする南部から湖西にかけて関西圏のベッドタウン化が進み，一方で，彦根から長浜にかけた北東域は名古屋文化圏との交流が盛んである．

　滋賀県の地勢と同様に，県内の気候も太平洋側と日本海側の特徴を兼ね備えたさまざまな顔をもつ．県のほぼ中央に位置する彦根地方気象台は，1893（明治 26）年に設立された県立彦根測候所を母体とし，長期の気象データを蓄積している．さらに，岐阜県との県境に位置する伊吹山（1,377 m）では 2001 年まで測候所が運用され，貴重な山岳気象のデータも蓄積された（図2）．これらの長期データを分析することで，この地域の気候の特性を知ることができる．滋賀県の気候・気象に関しては，彦根地方気象台が 100 周年を記念して出版した『滋賀県の気象』（彦根地方気象台，1993）に詳しい．これによると，県内の気候は琵琶湖を中心として伊吹・丹波山地と鈴鹿山脈に影響を受けた"気流の三叉路"の影響を強く受け，北陸型・瀬戸内型・東海型の各気候区が重なり合うとされる．県の北西に隣接する福井県側からは若狭湾が，南東に隣接する愛知県からは伊勢湾がのびる．両者を結ぶ低地の走向が冬季季節風の代表風向と一致するため，滋賀県上空を吹き抜ける季節風は東海地方にも到達し，名古屋周辺の冬季の天候にも大きな影響を及ぼしている．大陸からの高気圧が張り出す"北高型"の気圧配置では，湖東地域では上層の北東風が山岳域の風下で下降流が卓越し晴天となりやすいが，湖西では福井平野から北東気流が侵入するため悪天候となるとされる．琵琶湖では蜃気楼も発生する．琵琶湖蜃気楼研究会は，4 月から 6 月にかけて高気圧におおわれ，北東気流が卓越する日に南湖の風下にあたる湖岸で観測されることが多いと報告している（日本蜃気楼協議会，2016）．なお，県内の気象は，気象台のホームページから公開されている月報や年報にもまとめられている．

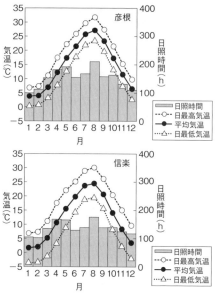

図3　彦根と信楽における気温と日照時間

県内の小気候を特徴づける因子として，琵琶湖の存在と盆地地形がある．図3に，湖岸を代表して彦根，内陸盆地を代表して信楽における気温および日照時間の年変化を示す．琵琶湖の緩和作用により湖岸では気温の日較差が小さく，県南東の信楽では山間盆地特有の放射冷却に伴う夜間の低温が特に冬季に出現している．一方，日照時間を見ると，両地点とも春の5月と盛夏期8月に晴天日が多いことがわかる．琵琶湖周辺で見られる風の日変化も古くから指摘されてきた．上空の一般風が弱い晴天日に顕著で，風が日中は湖側から，夜間は陸側から卓越する．湖陸風という名称でよばれることもあるが，必ずしも湖水と沿岸の熱的コントラストが局地風の成因であるとは限らず，周囲の山岳域で発生する山谷風や盆地風循環が関係していると考えられる．一方，近畿から中部地方が晴天におおわれた場合，午後になると若狭湾など県外部からの広域の海風が県内に吹き込み，県内の風系を支配する場合もある．

B. 滋賀県の気象災害

1. 近江の湖環境と局地的な強風

周囲を山で囲まれた滋賀県では，台風の到来や梅雨前線の停滞時に，海洋上から直接強風が吹きこんだり地形性の大雨が持続する日は比較的少ない．ある意味では周囲の山岳域により気象災害から守られた内陸県といえよう．一方で，風力発電のような強風の持続を必要とするエネルギー源の取得には不向きな地勢である．それでも，滋賀県内では特に台風による水害が発生してきた（例えば昭和の室戸台風や伊勢湾台風）．2013（平成25）年9月に到来した台風18号が水害を発生させているが，このときは下流域の増水を防ぐために41年ぶりに瀬田川洗堰の全閉操作が行われ，それにより琵琶湖の水位が1mほど上昇したことが報告されている．このように，近江国を悩ませた水害や下流域での干ばつの低減のために，1972（昭和47）年から始動した琵琶湖総合開発計画は大きな役割を果たしている．この計画により，琵琶湖の水位コントロールに伴う安定した水資源供給と集水域での地域開発が始まり，一方で湖環境悪化に対する環境保全運動も始動することになる．同時に，琵琶湖を中心とした水循環研究や接地気象研究も数多く実施された．なお，過去の気象災害は県がまとめた『滋賀県災害誌』が詳しい．

ところで，比良山地に沿った湖西沿岸で，ときとして強風が卓越することをご存知だろうか．これは，寒波の吹き出しや台風の吹き返しといった特定の気圧配置で山脈の風下で生じる"おろし風"に起因する．特定の地域で突発的に生じるため，比良おろし，三井寺おろし，といった地域特有の名称がついている．比良おろしは「比良の八荒」の昔話にも登場している．

この強風は，琵琶湖上で水難事故をいくつも引き起こしており，ヨット，ウィンドサーフィンなどの水上スポーツやレクリエーションに要注意の気象である．滋賀県周辺には，南北に走る活断層とそれに沿った山脈や谷が存在する．琵琶湖そのものも断層湖で，その

結果，水深が深く現在も少しずつ北上しているという．比良山脈も比良断層と花折断層にはさまれて形成されており，その風下で発生する局地的強風が湖上で卓越することは，同地域の地形形成過程と無縁ではない．

2. 冬の大雪

滋賀県の気象のもう1つの特徴に冬の大雪がある．東海道新幹線の車窓の景色が，いきなり雪国へと変化する体験をした人は少なくないであろう．特に，関ヶ原から湖東にかけた地域は，本州脊梁山脈を南北に貫く鞍部であり，冬の雪雲が通過して岐阜から名古屋にかけた大雪を発生させることで有名である．また，伊吹山の影響を受けた山越え気流は，風下の濃尾平野で再発達する降雪雲のメカニズムに一役買っている．名神高速道路が大雪により閉鎖されると，雪道の準備がない自動車が県内の一般道にあふれ，大渋滞を引き起こす．関ヶ原で発生する大雪は近畿と東海地方を結ぶ人と物の流れを遮断し，経済にも影響を及ぼすことになる．近年，県内の積雪が少なくなったといわれているが，突発的に生じる湖東地域での大雪には注意が必要だ．

図4に県北部の柳ヶ瀬と南部の大津での降水量および降水日数を比較する．同じ県内でも，冬季の気候が極端に異なることがわかる．県内の降雪分布は，季節風の卓越風向に依存して大きく変化する．そもそも，日本海上で気団変質に伴い発達する雪雲は一般的に背が低く，侵入経路は地形（山脈）の走向に強く依存している．滋賀県のスケールで見た場合，南北にのびる近江盆地の影響で，冬型の気圧配置において北風成分が強いほど南まで降雪が侵入する（南雪）．一方，西風成分が強いときは県の南西部は比良山脈の影となり，奈良町などが位置する湖北で大雪となる（北雪）．このように，県内で発生する大雪は日本海沿岸で発生する大雪日と一致するとは限らず，どこに積雪が集中するかを，北雪・中雪・南雪で表現することが多い．関ヶ原から彦根にかけた鞍部は，ちょうど大雪地域の南限となる．一方，晩秋に季節風時に湖西で

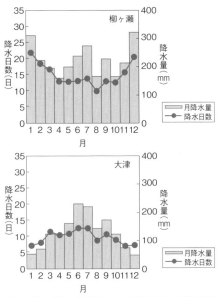

図4　柳ヶ瀬と大津における降水量と日降水量1.0 mm以上の日数

発生する霧のような降雨は高島時雨（しぐれ）ともよばれ，局地的な雨の降り方を演出している．

C. 滋賀県の気候と風土

滋賀県の歴史というと戦国時代を思い起こす人が多いと思うが，縄文早期から琵琶湖周辺には人々が定住し，それらの痕跡が琵琶湖の湖底遺跡として残されていることをご存知だろうか．大地震や津波による水没の可能性に関しても研究が進められており，興味深い．帆を使った木造船が明治時代には琵琶湖東岸で数多く活躍していたという記録もあり，湖を吹き渡る風が当時の漁業や運送に重要な役割を担っていたことがわかる．このように，滋賀県の風土は琵琶湖をとりまく自然環境と近江文化に強く依存しており，琵琶湖百科編集委員会（2001）が自然・文化史に関して詳しくまとめている．

滋賀県の気候が与えた生活様式への影響に関して，文化的景観の観点から紹介する．平成27年度に文化庁に登録されている重要文

図5　高島市海津・西浜に残る石積み

【参考文献】
[1] 日本蜃気楼協議会，2016：蜃気楼のすべて，草思社，107p.
[2] 彦根地方気象台，1993：滋賀県の気象，彦根地方気象台創立100周年記念，大蔵省印刷局，215p.
[3] 琵琶湖百科編集委員会，2001：琵琶湖と語る50章，サンライズ出版，355p.
[4] 琵琶湖と環境編集委員会，2015：琵琶湖と環境——未来につなぐ自然と人との共生，サンライズ出版，456p.

化的景観のうち6か所が滋賀県中部から北部に集中している．この中でも，滋賀県特有の気候が町の形成や家屋の構造に強く影響を及ぼしている地域がある．例えば，近江八幡の集落は八幡山の里山にあたる日当たりの良い南面の裾野から内湖（現在は干拓地）に面して線状に展開する特有の景観地を作り出している．一方，高島市の海津・西浜・知内地区のように，北部で冬季季節風による風雪の影響が大きい地域では，家屋に垣や戸板などが用いられている．冬季には琵琶湖の水位も高く，季節風による湖岸侵食も発生しやすいため，湖岸には石積みが築かれた（図5）．同地域における豊富な地下水環境に支えられた湧水から湖岸の水辺にわたる土地利用形態も，湖北の気候と水循環が作り出した景観といえる．さらに，米原市東草野の山村では，豪雪でも作業ができるよう軒下の空間を広くする"カイダレ"という家屋構造が見られる．

　このような琵琶湖の風土は，環境保全に関するさまざまな活動も生み出している．その先駆けが1977年の淡水赤潮を機に発足した"石けん運動"であった．これに引き続き，近年では廃油回収やバイオディーゼル，木材チップによる薪ストーブ，雨水を利用した洗濯，太陽熱給湯，環境に配慮した家づくりと里山を生かした生活様式の提案，グリーン購入活動の促進など，地域の環境を保全し活用する運動が，全国に向けて県や市民事業（NPO）などにより推進されている．

［上野健一］

和歌山県の気候

A. 和歌山県の気候・気象の特徴

1. 概要

　図1に和歌山県の地形を示す．和歌山県は日本最大の半島である紀伊半島の南西部に位置する．最南端の潮岬は本州最南端でもあり，和歌山県は全体として温暖な気候を示す．

　まず和歌山市の気候から見ていこう．図2に和歌山市の気温と日照時間，図3に降水日数と降水量のそれぞれ年変化を示す．年平均気温は16.7℃と温暖であり，気温の日較差・年較差も小さい．日照時間は，5，7，8月には200時間を超え，年積算では約2,090時間と多い．月降水量はすべての月において200 mm以下で，年降水量も約1,300 mmと少ない．

　しかしこれが和歌山県全体の気候を代表しているわけではない．図1からわかるように，和歌山市は県の北西端にあり，広義の瀬戸内海（御坊近くの日ノ御碕以北）に面している．それゆえ和歌山市は，降水量の少なさに現れているように瀬戸内海気候の特徴を有している．ところが北東部は紀伊山地の一部

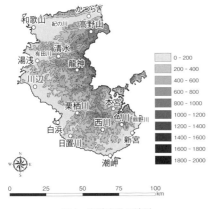

図1　和歌山県の地形

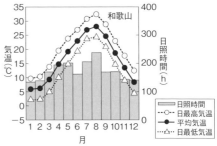

図2　和歌山市における平年の気温（折れ線）と日照時間（棒グラフ）の年変化

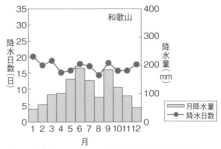

図3　和歌山市における平年の降水量（棒グラフ）と降水日数（0.0 mm以上，折れ線）の年変化

を構成する山岳域にあり，また南部は太平洋に面している．当然ながらこれらの地域は瀬戸内海気候を示さず，またこれら2つの間でも気候の違いは大きい．よって和歌山県は，南部と北東部，和歌山市を含む西部の3地域で気候コントラストが大きい．

　これらの違いは，年平均気温（図4）と降水量（図5），日照時間（図6）で見るのがわかりやすい．年平均気温は，山岳部では海岸部より数度低いことが見て取れ，両者のコントラストが顕著である．これは標高の違い（図1）とほぼ対応していると理解できる．年降水量は，南東部から北西部へとほぼ単調に減っており，色川（3,528.2 mm）と和歌山（1,316.9 mm）の比は2.7近くに達する．この降水量のコントラストは日本の中で最も強いといえる．西部が上で述べたように瀬戸内海気候という少雨域であるのに対し，南部ではアメダスの3観測点（色川・西川・新宮）で年降水量3,000 mmを超えるような

図4 年平均気温（平年値）の分布 等値線間隔は1℃で，黒丸は等値線を引くために用いた観測点の位置を示している．等値線を引くためにスムージングをかけているので，各観測点の値と等値線との間には少し矛盾がある（以下の図5，6も同様である）．

図5 年降水量（平年値）の分布 等値線間隔は200 mm である．

本州一の多雨域であるためである．この多雨は主として南からの湿った風が紀伊山地にあたることによって生じる．日照時間は，単純に考えると降水量に逆比例しそうであるが，そうはなっていない．すなわち降水量の少ない西部と多い南部の間では日照時間はそれほど変わらずにともに多く（海岸域で多く），山岳域で少ないというコントラストが顕著である．年間降水日数（0.0 mm 以上）で見ても，和歌山市は 204.2 日，潮岬は 204.1 日と海岸域の間では違いがない．これは要するに，降水日における降水量が南部で多く，西部で少ないことを意味する．実際，日降水量

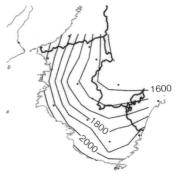

図6 年間日照時間（平年値）の分布 等値線間隔は 100 時間である．

10 mm 以上の降水日数は西川で 70.9 日に対し，和歌山市では 39.6 日に過ぎず，日降水量が多くなるほど日数の違いはより顕著になる．例えば日降水量 50 mm（100 mm）以上の降水日数は 19.8 日（6.0 日）と 3.9 日（0.8日）である．山岳域では降水日数が多く，日照時間は少ない．

最後に，潮岬についても記す．南部の気候の一端を代表していることと，日本でも特別な気候を示すことの両面からふれる価値があると考えたためである．まず年平均気温は 17.2℃と本州一の高温である．年較差・日較差は，全国的に見て小さい和歌山県の中でも特に小さい．8 月と 1 月の平均気温の差は 18.7℃，最高気温の年平均と最低気温の年平均の差は 6.2℃であり，和歌山市よりそれぞれ 3.1℃，1.7℃ 小さい．過去における最高気温の極値は 35.6℃に過ぎず，しかも猛暑日はこの日に記録された 1 日だけである．このように暑い日の少なさは際立っている．冬日の平年値も 1.6 日とごく少ない．年間日照時間は 2,200 時間を超えており，日本でトップクラスの多さである．

2. 和歌山県の特徴的な気象現象

和歌山県の気象現象の大きな特徴として，西部海岸域で風の 1 日の時間変化が反時計回り回転を示すことがある．北半球では地球の自転によるコリオリ力の影響で一般に時計回り回転を示すので，特徴的な現象といえ

る．和歌山市での例が図7に示されている．北東向きが海風，南西向きが陸風である．特に海風時の反時計回り回転が明瞭に見て取れる．この反時計回り回転は御坊や白浜（しらはま）でも見られるが，潮岬や新宮では観測されない．すなわち西部海岸域にのみ共通する現象である．

なぜこのような風が吹くかについても明らかにされている．それは局地的な海風と紀伊水道沖から近畿地方内陸部へ向かう広域海風との重ね合わせによるものである．すなわちまず局地的な海風が吹き，その風は東に向かう．その後，広域海風が，そのスケールの大きさのため時間的に遅れて，北向きに吹くことになる．このため両者を併せた風は東向きから北向きとなり，回転方向は反時計回りとなる．

この広域海風の強さは局所的な海風と同程度であり，その厚さも1,000 m以上とかなり厚いものである．広域海風の基本的なメカニズムは局所的な海風と同様に海陸分布による温度コントラストであるが，その水平スケールは100 km程度とかなり大きい．スケールが大きくなると普通は風速が小さくなるが，この広域海風に関しては日本海からの風系や局地的な海風に対する紀伊山地と四国の剣山地（つるぎ）の「障壁効果」（山岳の存在によって，山岳の斜面や麓が山のない場合に比べて

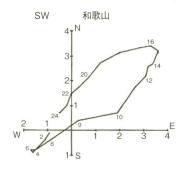

図7　和歌山市における風ベクトルの1日の時間変化．グラフに付随する数字は時刻を示す．1979年4月～10月の海陸風日の平均である．（出典：伊藤・川添，1983）

相対的に高圧になること）が広域海風を強化することによって，強い風となっている．

B．和歌山県の気象災害

和歌山県は本州最南端に位置するので，台風の襲来が多く，1951年から2014年までの上陸数は22を数える．これは鹿児島県，高知県に次いで3番目に多い．和歌山県に上陸した主な台風には，伊勢湾台風（1959年15号：上陸時気圧の第2位929.2 hPaを潮岬で記録）や1979年20号（フィリピン東海上で観測史上世界で最も低い870 hPaの気圧を記録），1990年19号（最盛期の最低気圧890 hPa，潮岬での最大瞬間風速の記録59.5 m/s）などがある．1990年には19号，20号，21号と3号連続して白浜付近に上陸したこともある．また，最も遅い上陸日時（11月30日14時頃）の台風として知られる1990年28号も和歌山県に上陸した．台風が和歌山県の西を通過する場合，和歌山県は進行方向右側の危険半円に入り，かつ南風による大雨域にあたるので，被害が大きくなることが多い．このような台風として，ジェーン台風（1950年：和歌山市での最大風速の記録36.5 m/s）や第2室戸台風（1961年18号：和歌山市での最低気圧の記録939.0 hPaと最大瞬間風速の記録56.7 m/s），2011年12号などがある．1889年8月18日～20日の大水害（和歌山県で1,200人を超える死者，20日に田辺市（たなべ）で901.7 mmの日降水量）も四国を縦断した台風によるものである．このように台風の襲来が多いので，台風災害の多い県である．

梅雨期の豪雨による災害も多い．1953年の紀州大水害や1954年の紀南水禍・紀北水禍（6月22日～23日に紀南，29日～30日に紀北と連続して豪雨が襲い，合わせて17人の死者が出た）などがある．

ここでは1953年の紀州大水害と2011年台風12号による災害を詳述する．

1．紀州大水害

1953年7月18日を中心として，和歌山県の有田川（ありだ），日高川（ひだか）などが山崩れを伴って大

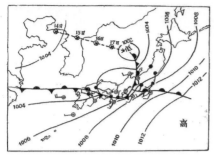

図8　1953年7月18日3時の天気図と低気圧の移動経路（出典：近畿各大学連合水害科学調査団，1953）

規模に氾濫し，大災害となった．紀州大水害と称されている．他に南紀豪雨，7.18大水害とよばれることもある．なお紀州と南紀は同じ意味で，紀州は紀伊国（現在の和歌山県と三重県南部）そのものをさし，南紀は南海道紀伊国の略である（ただし紀州南部をさす場合もある）．

この災害では，約25万人の県民が被災したといわれ，死者615人・行方不明者431人と合わせて1,000人を超える犠牲者が出た．なかでも，有田川は増水10mに達し，各所で堤防が決壊し，流域では死者242人・行方不明者284人と最も甚大な被害が出た．日高川では増水は約7mに達し，本川の架設橋梁約50か所中，わずかに2橋を残しただけですべて流出した．死者243人・行方不明者55人と，ここでも被害は甚大であった．貴志川（紀の川の支流）や熊野川の上流でも大きな被害が出た．

この豪雨は梅雨前線の活動によりもたらされた．図8に示すように，7月14日に現れた低気圧が発達しながら東進し，18日には日本海東部に達した．その中心から閉塞前線が東海道にのび，そこから西へ日本列島に沿うように存在している．気圧配置から，この梅雨前線へ南西からの湿った空気がもたらされていることがわかる．このような前線が20日まで停滞した．これにより，九州から東北地方にかけて日降水量が200mmを超える大雨となったが，特に紀伊半島では17〜18日を中心に豪雨となった．図9からわかるように，上述の河川の川上にあたる紀伊山地の西側では日降水量は500mmを超えていたと推定される．また2日間の降水量では700mmを超えたところがあった．

今ではこのような災害が起きると（広い意味での）公的な調査団が組織されるが，当時はそのような対応はなかった．その中で，和歌山大学を中心とした近畿地方の大学の専門家や大阪管区気象台の職員らが「近畿各大学連合水害科学調査団」を組織し，無償で日高

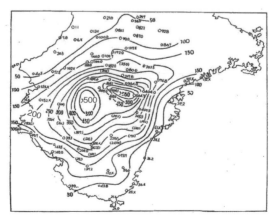

図9　1953年7月17日9時から18日9時までの降水量（推定部分を含む．出典：近畿各大学連合水害科学調査団，1953）

図10　2011年台風12号の経路図（出典：気象庁，2011より改変）

川と有田川流域の被災地を主な対象として調査が行われた．医療班も参加し，救護所で住民を診療した．これらの結果が「和歌山水害報告書」としてまとめられている．以降の災害調査のあり方に一石を投じたものと評価できる．

2．2011年台風12号による災害

　2011年8月30日～9月5日にかけて，台風12号に伴って，全国で死者・行方不明者98人の人的被害をはじめ，大災害が引き起こされた．人的被害の最大は和歌山県で，死者56人，行方不明者5人であった．内訳は，那智勝浦町の死者・不明29人，新宮市14人，田辺市9人など県南部での被害が大きかった．和歌山県の次に奈良県が多く，三重県も含めた紀伊半島での被害が9割を占めた．多くの災害は土砂災害，なかでも土石流に伴うものであった．また河川の氾濫による被害も甚大であった．紀伊半島での被害が大きかったので，そこでの被害に焦点を当てる場合は「紀伊半島大水害」（正確には後の台風15号による災害も含めて）とよばれる．

　このような大災害になったのは，台風が大型で，かつその動きが遅かったためである．図10に台風の経路図を示す．台風は，9月3日10時前に高知県東部に上陸したが，その後もゆっくりとした速さで北上を続けた．18時頃に岡山県南部に再上陸した後，4日未明に山陰沖に進み，5日15時に日本海中

部で温帯低気圧に変わった．3日から4日にかけての台風の移動速度は平均で10 m/s程度で，「ゆっくり」と表現される時間帯もあった．このため，長時間にわたり南海上の湿った空気が台風の東側に位置する紀伊半島に流れ込み，総降水量が紀伊半島の広い範囲で1,000 mmを超えた．特に上北山（奈良県）では72時間降水量が，統計開始（1976年）以後の従来の記録（1,322 mm）を大幅に上回る1,652.5 mmに達し，解析雨量では一部の地域で2,000 mmを超えている．和歌山県でも新宮市高田での24時間降水量は1,044 mmという驚異的な大雨であった．アメダスの72時間降水量でも西川の1,114 mmをはじめ，観測地点18か所のうち14か所で観測史上最大値を記録した．

　この災害で特筆すべきは，これまであまり記録されてこなかった深層崩壊（斜面崩壊のうち，すべり面が表層崩壊よりも深部で発生し，深層の地盤までもが崩壊土塊となる規模の大きな崩壊現象）が50か所以上という多数で，かつ詳細に記録されたことである．またこれに伴う河道閉塞（天然ダム）が17か所で発生した．調査によると，深層崩壊の発生は紀伊山地の中央部で多く，累積降水量は相対的には少ない場所であった．これは，単に累積降水量が深層崩壊の発生場所を決めたのではなく，地域の「雨慣れ」も反映していることを示唆している．さらに，深層崩壊の発生が降雨終了間際から終了後10時間以内

図 11　和歌山県の行政区（出典：和歌山県, 2015 より改変）

に発生したこと，また累積降水量が 700 mm 以上に達したあたりから生じたことも明らかにされた.

C. 和歌山県の気候と人々の暮らし

　和歌山県の気候の第一の特徴は，山岳域を除いて，温暖で日照時間の多いことである. 降水量は少ないところから多いところまで多様であるので，多くの農作物の適地がどこかに存在することになる. この特徴が和歌山県の人々の暮らしに大きな恵みを与えている. なお最初の 1. は山岳域の気候によるもので，相対的な冷涼さが重要となる. 以下では市町村名が多く出てくるが，それらについては図 11 を参照してほしい.

1. 高野山と世界遺産「紀伊山地の霊場と参詣道」

　忽然と山上の町が現れる. これが，麓からケーブルカーとバスを乗り継いで高野山を訪れた際に誰もがもつ印象である. 町は，標高 1,000 m 前後の山々の間に広がる平坦地にあり，空海（弘法大師）の開いた金剛峯寺（こんごうぶじ）などの寺院群を中心とした宗教

図 12　高野山奥之院の風景.（出典：高野山宿坊協会ホームページ）

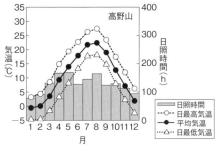

図 13　高野山における平年の気温（折れ線）と日照時間（棒グラフ）の年変化

都市である. 高野山は一般にこれら寺院群のことをさす. 高野山の開創は 816 年とされ，それから 1200 年の長きにわたって信仰の山として全国の人々に崇められてきた. 西端の大門から始まり，金剛峯寺を経て，奥之院に至るメインルートだけでも数 km にわたる広大な敷地を占めている. 奥之院は空海の廟を中心とする霊場高野山の心臓部で，一の橋から奥之院灯籠堂まで約 2 km の参道の両側は樹齢 500 年から 800 年のうっそうとした杉木立におおわれ（図 12），その中に 20 万基を超す墓石が並んでいる. 奥之院に入り込む際にも再び異空間を感じる.「空気が違う」と表現する人も多い.

　異空間・高野山の背景となっているのがその気候である. 図 13 に高野山の気温と日照時間の年変化を示している. 年平均気温 10.9℃，8 月の最高気温が 27.3℃，年間の真夏日はわずか 7.6 日と冷涼である. 一方，寒

さは厳しく, 1月の最低気温が-4.3℃, 冬日・真冬日は年間にそれぞれ114.7日・13.0日も現れる. これらすべての指標は, 北東北と同程度である. 年間日照時間, 年降水量も含めると, 秋田県の内陸部とよく似た気候であり, 温暖な和歌山の地に秋田が出現しているとイメージしてもらえばよい. 秋田の天然杉は美林として名高いが, そことほぼ同じ気候が出現していることが, 高野山の杉木立を美しく育み, その森厳さを演出しているといえるかもしれない.

高野豆腐も高野山に由来する. 一説では, 鎌倉時代, 高野山で精進料理として食べられていた豆腐を, 寒さの厳しい冬に屋外に放置してしまったことから, 偶然に製法が発見されたという. 少なくとも名前の由来は高野山から来ており, 高野山で多く作られ, 高野山土産として人気があったことによる.

2004年7月, 「紀伊山地の霊場と参詣道」が世界遺産に登録された. 紀伊山地は紀伊半島の中央部, 標高1,000m級の山々が縦横に走る山岳地帯である. 世界遺産は, 上述した「高野山」に加えて, 修験道の拠点である「吉野・大峯」と熊野信仰の中心地である「熊野三山」(中に那智原始林を含む)の三霊場, およびそれらを結ぶ「参詣道」から構成される. これらの地域は, 「吉野・大峯」の奈良県や三重県の一部を含むが, 多くは和歌山県に属する. この世界遺産は, 那智原始林をはじめとして, 広大な森林が生い茂っている紀伊山地の自然がなければ成り立たなかったといえる. そしてその自然は紀伊山地の気候によって育まれたものである.

2. 暖地果樹の王国——ミカン, 梅, 柿など

ここで暖地果樹とは, 年平均気温7℃以上が適地とされるものをさし, 「暖地」という言葉の一般的な印象より少し低めのものも含む. ここに含まれない典型的な果樹はリンゴと西洋ナシである. 多くの暖地果樹が和歌山県で栽培され, そのなかでもミカン, 梅, 柿, 山椒は生産量日本一を誇り, イチジク, スモモは第2位, キウイフルーツは第3位, 桃は第4位となっている(2013年の統計に

図14　有田地方のミカン畑　中央の川は有田川である(出典：有田みかんデータベースホームページ).

よる. 以下も同年の統計による). ミカンの内訳を見ると, 温州(うんしゅう)ミカン, 八朔, 清見のそれぞれで第1位, 夏ミカンで第4位などとなっている. 最初に述べたように, 温暖で日照時間の多いことがこれらの果樹の生産にとって有利に働いている. 柿や桃はある程度の低温要求時間(気温が7.2℃以下になる期間の延べ時間)を必要とするが, 少し内陸に入ると達成可能である. また桃は暖候期の降水量が1,300mm以下が望ましいとされているが, これも北部であればクリアできる. 以下, 温州ミカンと梅, 柿について個別に見ていくことにする. なお果樹の生育には土壌条件やある種類にとっては訪花昆虫による受粉などの生物的条件も重要となるが, それらについては記述を省略する.

温州ミカンは全国の約20%が和歌山県で生産されている. 主な産地は有田地域で, 「有田みかん」は定評あるブランドとなっている. ミカンの原産地は亜熱帯なので, 生育にとっては一般的に温暖・多雨の気候がよいが, あまりに高温や多雨だと味や病害などで問題が生じる. したがって, 年平均気温は15〜18℃, 気温の最低月(一般に1月)の月平均気温は5℃以上が良いとされている. 年降水量は1,200mm程度以上で, 上限は2,000mmを超えるあたりと考えられる. この地域は, 年平均気温16℃, 1月平均気温

図15 南高梅の梅干し（出典：みなべ町ホームページ）

6℃，年降水量 1,600 〜 1,700 mm であり，まさにぴったりの気候といえる．海岸地帯から標高 300 m 近いところにかけてミカン畑が広がっているが，特に有田川北岸（つまり南斜面）は，日照条件がよいことや排水・通気のよい土壌の特性を活かした完熟型ミカンの産地となっている（図14）．

梅は，その花が和歌山県の県花となっているように，和歌山県のシンボルである．果物としては，全国の生産量の 60％という圧倒的なシェアを誇る．主な産地は西牟婁で，なかでもみなべ町が有名である．南高梅がこの地域を代表するブランド品種で，大粒で果肉が厚く，梅干しとしては最高級品とされている（図15）．南高梅は，高田貞楠が明治時代に果実の大きい梅を見つけ，高田梅と名づけて育ててきたところから始まる．その後昭和20年代になって，良質で安定した梅の優良品種を選定することになり，高田梅が最優良品種となった．その選定の中心人物が勤めていたのが県立南部高校であり，また南部高校園芸科の生徒たちも梅の調査研究に協力してきたので，その南部と高田から南高梅と名づけられた．

梅の栽培に適する気象条件は，年平均気温が 7℃以上，暖候期（4 〜 10 月）の平均気温が 17℃以上とされている．さらに，夏季の高温・乾燥には弱いのでそれが避けられるところ，また開花期が早いので春の寒さや晩霜害のないところが適する．みなべ町やその周辺はこのような気象条件を備えており，また江戸時代から梅の栽培を奨励するという歴史的経緯もあって，梅の大産地となったものである．

柿は全国の 20％以上が和歌山県で生産されている．主な産地は伊都地域で，紀の川両岸の丘陵地帯で栽培されている．かつらぎ町四郷地区は「串柿の里」として知られており，秋が深まるとまるでスダレのように串柿が干されている光景と出会うことができる．栽培品種は，刀根早生（とねわせ），平核無（ひらたねなし）の渋柿が 8 割を占め，富有（ふゆう）などの甘柿が 2 割ほどである．元々は甘柿が主であったが，脱渋技術の向上に伴い，渋柿が多数派へと変わってきたものである．

柿の生育に適する気象条件は甘柿と渋柿とで若干異なるが，それぞれで年平均気温13℃，10℃以上，暖候期平均気温 19℃，16℃以上，低温要求時間はともに 800 時間以上とされている．この地域は，年平均気温がおよそ 14 〜 15℃，暖候期平均気温が 20 〜 21℃となっている．低温要求時間の見積もりは簡単ではないが，冬の 3 か月の半分とすると約 1,000 時間となり，条件をクリアできることになる．

3. 紀州備長炭とウバメガシ

備長炭（びんちょうたん）は白炭（炭焼きの仕上げ段階において高温で焼成し，窯の外へ取り出した後，灰をかけてすばやく冷却・消火して作るもの）の一種で，ウバメガシやカシを原料とするものである．「備長」とは人名で，紀伊田辺の商人備中屋長左衛門が販売し始めたことから「備長炭」の名がついた．このような歴史の中で，和歌山県産の備長炭は紀州備長炭（図16）として，もっぱらウバメガシを原料とし，古くから受け継がれてきた製炭技術に基づく品質の高さで定評がある．硬度・純度はともに高く，鋼鉄と同じ硬度 20 度以上に達するものさえある．手にもって叩き合わせるとキーンという心地良い金属音が出る．また炭素以外の可燃成分の含有量が少なく煙が出にくいことと，火もちがよく火力が安定していることから，炭火焼を売り物にする料理屋などで調理用に用いら

図16　紀州備長炭（出典：みなべ町ホームページ）

図17　北山川の筏下り（出典：北山村観光サイト
ホームページ）

れている．ほかに浄水や消臭などの用途にも
使われる．生産量においても全国第1位
（シェア約50％）を占めている．中心的な生
産地は日高川町である．

　紀州備長炭の原料であるウバメガシは和歌
山県の県木でもある．一般に暖地の海岸や岩
場に多く育つが，和歌山県では暖地である南
部の海岸に加えて，沿岸部に近い山林にも自
生している．この自生には温暖で日照時間が
多いことが関係していると考えられ，それが
紀州備長炭を育てたといえるだろう．

4．紀州・木の国

　和歌山県は，森林面積が県土の77％で全
国第7位，人工林率61％で全国第10位で
あるなど，森林・林業において現在では傑出
した存在ではない．しかしながら古くから
「紀州・木の国」とよばれたように，林業地
としてさまざまな面で人々の暮らしに関わっ
てきた．「木の国」の素地はもちろん温暖・
多雨・日照時間の多さという気候である．麓
の気温は本州一高いので，麓から山頂までそ
れぞれの温度帯に適したさまざまな樹林が育
ち，それらが3,000 mm以上という日本トッ
プクラスの年降水量の恵みを受けている．

　近代交通機関が導入されるまでは，木材の
輸送は河川に頼ってきたため，紀伊山地の木
材は和歌山県沿岸の河口へ運ばれてきた．紀
の川の和歌山，有田川の有田，日高川の御
坊，熊野川の新宮などは多かれ少なかれ木材
の集積地としても発展してきた．つまり都市
の形成に木材が重要な役割を果たしてきたと
いえる．河川輸送には豊富な河川水量が必要
であるが，ここでも降水量の多さが有利に働
いたといえる．

　河川を使った木材の輸送では筏を組んで下
るのが通常であった．筏師は，急流や荒瀬を
もかいくぐる見事な櫂さばきの技術をもって
いる．北山村を通る北山川（熊野川の支流）
では1965年以降，ダム建設を契機に筏師は
姿を消したが，1979年に観光筏下りとして
復活した（図17）．今では，5〜9月のシー
ズンに年間5,500名以上が筏下りを楽しんで
いる．ちなみに北山村は和歌山県の飛び地
（全国で唯一の飛び地の村）となっているが，
木材輸送における新宮との深いつながりのも
とでそのように措置されたものである．

　豊かな森林を証明するものに大学の演習林
の存在がある．和歌山県には京都大学と北海
道大学の演習林がそれぞれ有田川町と古座川
町に置かれている．演習林の性格上，人工林
が主であるが，天然林も存在し，常緑広葉
樹・落葉広葉樹・常緑針葉樹など多様な樹林
が見られる．

　最後に，紀州犬にも触れる．紀伊山地に広
がる広葉樹林帯では，イノシシや鹿の猟が盛
んに行われてきた．その猟犬には土着の中型

犬が使われてきたが，それを品種固定したのが紀州犬である．「木の国」の暮らしが生み出した動物といえる．現在では全国的に一般の家庭で飼われるようになっている．

[伊藤久徳]

【参考文献】

[1] 伊藤久徳, 1995：近畿地方の広域海風に関する数値実験, 天気, 42, 17-27.

[2] 伊藤久徳・川添俊弘, 1983：和歌山県における海陸風, 天気, 30, 151-159.

[3] 気象庁, 2011：平成23年台風第12号による8月30日から9月5日にかけての大雨と暴風, 79p.

[4] 北山村観光サイトホームページ (http://kankou.vill.kitayama.wakayama.jp/, 閲覧日2015年9月5日).

[5] 近畿各大学連合水害科学調査団, 1953：和歌山水害報告書, 50p.

[6] 小林章・苫名孝編, 1978：果樹生産ハンドブック, 養賢堂, 635p.

[7] 千木良雅弘・松四雄騎・ツォウ゠チンイン・平石成美・松澤真・松浦純生, 2012：2011年台風12号による深層崩壊, 京都大学防災研究所年報, 55, 193-211.

[8] 長倉義夫編著, 1972：日本犬, 講談社, 247p.

[9] なんでも「梅学」ホームページ (http://minabe.net/gaku/, 閲覧日2015年9月3日).

[10] 日本博学倶楽部, 2008：「食のルーツ」なるほど面白事典, PHP文庫, 224p.

[11] 農林水産省, 2015：果樹農業振興基本方針, 36p.

[12] みなべ町ホームページ (http://www.town.minabe.lg.jp/profile/tokusan.html, 閲覧日2015年9月5日).

[13] 和歌山県, 1963：和歌山県災害史, 582p.

[14] 和歌山県, 2015：和歌山の果樹, 8p.

[15] 和歌山県, 2015：和歌山の野菜・花き, 8p.

[16] 和歌山県ホームページ (http://www.pref.wakayama.lg.jp/, 閲覧日2015年9月1日)

第7章　中国四国地方の気候

7.1　中国四国地方の地理的特徴

7.1.1　中国地方

　中国地方は岡山県・広島県・山口県・鳥取県・島根県の5県で構成され，全体として東西に長くのびた地形をしている（図1）.中国地方は東西方向には約350 kmの距離をもち，脊梁部として中国山地が存在する.中国山地は兵庫県の一部にまで広がり，その最高峰は兵庫県と鳥取県の県境付近に存在する氷ノ山の1,510 mである.これとは別に，中国地方最高峰1,729 mの大山が独立峰として鳥取県内に存在している.

　中国地方の沿岸部には岡山平野・福山平野・広島平野・鳥取平野・米子平野・出雲平野など多くの平野が広がっており，その内陸には吉備高原・神石高原・世羅高原など400～600 mの台地が見られる.中国山地を分水嶺として平野に流れる河川も多く，岡山県には吉井川・旭川・高梁川，広島県には芦田

川・太田川，鳥取県には千代川・天神川・日野川，島根県には斐伊川・江の川・高津川，山口県には佐波川，山口と広島の県境に小瀬川といった主要河川が存在する.このうち最も流域面積の大きな河川は江の川で，約3,900 km^{2}を有する.

　中国地方には，瀬戸内海を中心に島しょが多く存在する.瀬戸内海にある島は満潮時に0.1 km^{2}以上の面積を有するもので約700にも及び（井内，1998），日生諸島・直島諸島・塩飽諸島・笠岡諸島・芸予諸島・防予諸島に大別される.一方，日本海側には中国地方最大面積の後島を有する隠岐諸島のほか，萩諸島と響灘諸島が存在する.

　中国地方の内陸部には大小多くの盆地が存在し，岡山県の津山盆地，広島県の三次盆地，山口県の山口盆地などが有名である.また，島根県の東部には中海（約86 km^2）と宍道湖（約79 km^2）という，国内で5番目と7番目に大きい湖がある.　　　［大橋唯太］

7.1.2　四国地方

　四国地方は，香川県，愛媛県，徳島県，高知県の4県で構成され，北に瀬戸内海，南に太平洋，東西に紀伊水道と豊後水道に囲まれる面積約18,802 km^{2}の四国島と周辺の島しょからなる.フィリピン海プレートとユーラシアプレートの東西にのびる収束境界の北に位置し，四国の地形は，大きく見て東西方向の走向をもっている.

　瀬戸内海は平均水深38 mと浅く，多くの島しょがある.最終氷期には盆地であったが，後氷期となり温暖化とともに内海となった.播磨灘，燧灘，伊予灘など島が少ない広い灘とよばれる海域が，備讃諸島，芸予諸島，防予諸島など島の多い瀬とよばれる海域によって接続されている.潮汐による干満の差は大きく，特に瀬では強い潮流が発生す

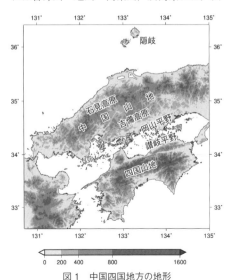

図1　中国四国地方の地形

る．

　四国は，阿讃山脈の南，宇摩平野の南端，松山の南を通って佐多岬半島にのびる中央構造線によって，北側の西日本内帯と南側の西日本外帯に区分される．内帯では，讃岐平野の屋島や五色台に象徴されるように，第三期の活発な火山活動とその後の浸食の結果形成された老年期の地形が卓越する．松山平野，讃岐平野はこの地域の代表的な平野である．外帯では，第三期以降地盤上昇が続いて四国山地が形成されるとともに，吉野川，四万十川，肱川，物部川などの河川による浸食が進み，深い谷が形成される壮年期の地形となっている．これらの河川と関連して，大洲盆地や，高知平野，徳島平野などがある．活発な地盤上昇が続く四国山地は，西部の石鎚山（1,982 m）を最高峰とし，東部の剣山（1,955 m）がそれに続いており，おおむね中国山地よりも高い標高をもつ．［寺尾　徹］

【参考文献】

［1］　井内美郎，1998：瀬戸内海の成立と地形・地質，瀬戸内海の自然と環境，瀬戸内海環境保全協会，pp.12-33.
［2］　森川洋・篠原重則・奥野隆史，2005：日本の地誌 9　中国・四国，朝倉書店.

7.2　中国四国地方の気候概要

7.2.1　中国地方

　中国地方の気候は，瀬戸内海気候と日本海側気候に大別される．大まかには山口県の瀬戸内海側・岡山県・広島県が瀬戸内海気候に，山口県の日本海側・鳥取県・島根県が日本海側気候に属する．図2に，各県の県庁所在地の雨温図を示してある．以降で述べる特徴は，各県の沿岸に近い平野部の比較である．夏も冬も，瀬戸内海側は日本海側に比べて月平均気温が1〜2℃高くなっている．最暖月となる8月は最も高い岡山で28.3℃，反対に最も低い松江で26.8℃である．最寒月の1月は最も高い広島で5.2℃，最も低い鳥取では4.0℃であった．

　一方の降水量は，県によって特徴に大きな

差が見られる．瀬戸内海側の岡山県・広島県・山口県は，夏に雨が多く冬に少なくなる明瞭な季節変化が認められる．しかし日本海側の鳥取では冬に降水量が増加しており，季節風による降水の影響が顕著といえる．松江は，瀬戸内海側と鳥取の降水量変化の中間的なパターンをもつことがわかる．岡山は年降水量が1,106 mmと最も少なく，これは同じ瀬戸内海気候に属する広島や山口に比べても暖候期の少雨に特徴がある．反対に最も年降水量が多いのは鳥取で，1,914 mmである．先述のように冬の降雪を含むため年間を通じて降水量の多いことが特徴で，例えば1月は202 mmと，最も少ない岡山の6倍に相当している．

　瀬戸内海沿岸の地域は中国山地と四国山地にはさまれているため，夏は太平洋から，冬は日本海からの湿潤空気が山地で雲として雨を降らせ，その結果，乾燥した空気が瀬戸内海上には1年を通して入り込みやすくなる．特に岡山県は地理的にその影響を受けやすいため，先述のように年降水量が最も少ない乾燥した気候となる．また，瀬戸内海が巨大な盆地のような地形を有することもあり，岡山県・広島県・山口県の瀬戸内海沿岸平野部では日照時間が特に多い．

　日本海側の鳥取県や島根県はフェーン現象の影響を受けやすいため，初夏から夏にかけて極端に気温が高くなる日がしばしば見られる．これは，中国山地を超える南からの気流が高温乾燥化した空気として平野部に流れ込んでくることで発生する．　　　［大橋唯太］

7.2.2　四国地方

　四国地方の気候は，中国地方よりもおおむね高い標高をもつ東西にのびる四国山地によって，異なる気候特性をもった地域に分けられる．大雑把に見ると四国山地の北側に乾燥少雨の瀬戸内海気候，南側に湿潤多雨の太平洋側気候が広がり，その間に，四国山地の大きな山塊を特徴づける山岳気候がある．

　瀬戸内海気候は徳島県北部と香川県，愛媛県東部を含んでおり，四季を通じて少雨，弱

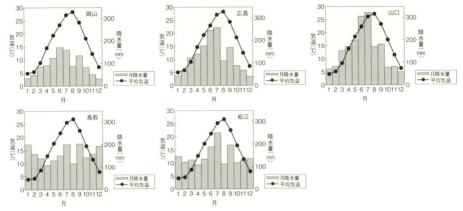

図2　中国地方の県庁所在地の雨温図

風，晴天を特徴とする穏やかな気候となる．愛媛県の高縄半島から鳴門海峡あたりにかけての地域では，周囲を山地に囲まれた地形的特徴から，寡雨の傾向が際立っている．冬の季節風のもとでは中国山地の，夏の季節風のもとでは四国山地の風下となり，いずれの季節も他の地域と比較して雨は少なくなる傾向がある．

　徳島県南部，高知県，愛媛県南部の太平洋に面した地域は，太平洋側気候となる．暖候期は温暖多雨，寒候期は乾燥を特徴とする．特に台風や梅雨末期の大雨などの影響を受けやすく，日本における日降水量の極値をもつ地点を有する日本有数の豪雨域である．太平洋から吹きつける湿潤な南風が，四国山地の南側斜面に沿って上昇するとき，この地域にしばしば集中的な豪雨をもたらす．

　このように四国山地によって南北に隔てられた大きく異なる気候特性をもった地域からなるところに，四国の気候の1つの重要な特徴がある．そのため，香川用水に代表されるように，高知県・徳島県側から愛媛県・香川県側に水資源の再配分を行う大規模な施設の建設も行われている．

　四国山地は標高も高く，冷涼な山岳気候域を形成している．冬季，中国山地や関門海峡を越えて瀬戸内海に流れ込んだ北西の季節風が，さらに瀬戸内海で再び水蒸気の供給を受けて，四国山地や，肱川流域などの四国西部に降雪をもたらす．季節風の影響の観点から，準日本海側気候と特徴づける場合もある．

　この地域には，いくつか特徴的な局地風も見られる．肱川の独特な流路は，冷涼な山岳気候域の大洲盆地と温暖な瀬戸内海気候の伊予灘との温度差に起因する「肱川あらし」を寒候期に形成する．日本海側に抜ける台風や日本海で発達する低気圧に向けて吹く南風が四国山地を過ぎるとき，中央構造線の北側の急峻な斜面をおろし風となって燧灘に流れ下る「やまじ風」もよく知られる．［寺尾　徹］

鳥取県の気候

A. 鳥取県の気候・気象の特徴

1. 鳥取県の地勢

　鳥取県は，山陰地方東部に位置している．東西 126 km，南北 62 km と東西に細長く，北は日本海，南は中国山地（山頂部が海抜 1,000 〜 1,300 m）にはさまれている．面積は 3,494 km² で 47 都道府県のうち第 41 位と狭い．巨視的に見ると，中国山地，海岸線ともに，ほぼ東西方向にのびているため，他都道府県と比べると水陸の配置，地形分布は単純であるが，微視的に見ると，中国山地および県西部に位置する孤立峰・大山（1,729 m）が海に迫り，主だった平野は千代川・天神川・日野川の下流域に形成される鳥取・倉吉・米子の 3 つの平野と米子平野から北西方向にのびる砂州，弓ヶ浜半島の狭小な領域に限られる．森林率 74 %（林野庁，2012）であることからも，鳥取県が山がちな臨海県であることが理解できる．このような海陸・地形分布に加えて，日本海に流れる対馬海流などから鳥取県の気候は特徴づけられる．

図 1　鳥取県の地形

2. 鳥取県の気候の特徴

　鳥取県は日本海側気候の南西領域に位置し，関口（1959）の気候区分では，鳥取・島根両県は，I. 裏日本気候区（原典の表記のまま）の(5)山陰地方に分類されている．日本海側気候の特徴は冬の季節風による降水（特に降雪）と曇天にある．これはシベリア高気圧を起源とする季節風による寒気の吹き出しと対馬海流によって，海面から大気への多量の水蒸気供給および大気の不安定化が原因である．さらに脊梁山脈・山地による地形性強制上昇気流の役割も大きく，晴天が多く乾燥した太平洋側，瀬戸内側の地域と対照的である．このことは，表 1 の鳥取県各地と千葉，岡山における 1 月の日照時間，降水量，降雪量の比較でも理解できる．岡山の 1 月の平均気温（4.9℃）は鳥取県平野部のどの地点よりも高いが，両地域の最低気温（1 月）はほぼ同じである．これは，日照時間が示すとおり，鳥取県では曇天により放射冷却による夜間の冷え込みが弱く，日中は少ない日差しのため気温があまり上昇しないためと考えられる．同じ日本海側気候であっても，北陸と鳥取県平野部の日照時間に大きな差はないが，鳥取県平野部の方が降雪量が少ない（表 1）．これは，田坂（2005）による説明「雲は北西季節風が日本海に出るとすぐに発生するものの，これが雪雲に発達するにはかなりの距離を吹走する必要がある．降雪量は日本海の幅に比例する．」（一部中略）で理解できる．

3. 鳥取県の気候区分

　日本地誌研究所（1977）では，主に気温と降水量をもとに中国地方の気候を 4 つの地域（I 〜 IV）に分類し，さらにそれぞれの地域を細分化している（図 2，表 2）．この地域区分において，鳥取県は，まず平野部（IV）と山間部（I）に分けられ，さらに東西方向に細分化されているが，このことは表 1 からも確認できる．

　気温は平野部の東西による違いよりも，平野部と山間部の差が大きく，これは標高差に加えて，平野部では対馬海流の影響を受けているためと考えられる．山間部の夏の午後は雲におおわれることが多いため，平野部に比べて山間部の日照時間が短いが，冬にはそういった傾向は見られない．降水量は観測所の位置と周辺地形に大きく依存するため，特に山間部の降水量は地点によるばらつきが大きいが，鹿野のように極端に降水量が多い地点

表1　鳥取県内（上）および県外（下）の主な気象観測所における気象統計（平年値：統計期間が 1981 ～ 2010 年）　ただし，＊1 は統計期間が 1981 ～ 2010 年とは異なる．＊2 は参考値（欠測等のため平年値が気象庁から公表されていない）．

鳥取県	平野部				山間部			
	境	米子	倉吉	鳥取	茶屋	大山	鹿野	智頭
日平均気温(℃)								
年平均	15.1	15.0	14.6	14.9	10.9	－	－	12.9
1 月	4.6	4.4	4.2	4.0	－ 0.3	－	－	1.6
7 月	25.5	25.6	25.0	25.7	22.5	－	－	24.2
降水量 (mm)								
年積算	1,895.7	1,772.0	1,746.2	1,914.0	1,886.3	2,838.9 (*2)	2,874.9 (*1)	1,924.1
1 月	177.6	145.3	144.4	202.0	135.0	219.7 (*1)	287.7 (*1)	149.4
7 月	232.5	240.1	204.6	200.9	259.9	332.8 (*1)	252.8 (*1)	229.9
日照時間 (時間)								
1 月	64.3	74.2	71.8 (*1)	70.2	68.2 (*1)	－	－	69.4 (*1)
7 月	176.0	171.9	162.4 (*1)	163.0	135.6 (*1)	－	－	131.8 (*1)
日最低気温(℃)								
1 月	1.4	1.1	1.2	0.8	－ 4.6	－	－	－ 1.9
降雪量 (cm)								
1 月	43	55	62 (*1)	88	－	288 (*1)	－	118 (*1)

鳥取県外	太平洋	瀬戸内	北陸		
	千葉	岡山	福井	富山	高田
降水量 (mm)					
1 月	59.6	34.2	284.8	259.5	419.1
日照時間 (時間)					
1 月	185.1	150.6	64.2	68.1	65.4
日最低気温(℃)					
1 月	1.9	1.1	0.3	－ 0.1	－ 0.6
降雪量 (cm)					
1 月	3	1	124	159	247

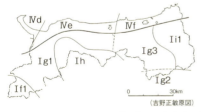

（吉野正敏原図）

図2　鳥取県の気候地域区分（出典：日本地誌研究所，1977）

表2　鳥取県の主要気候区の特徴（日本地誌研究所，1977）

IVd：冬の季節風雪が多く，9 月の降水量も多い．海岸部は冬，比較的暖かい．

IVe：降水量の局地差が大きく，冬暖かい．

IVf：日本海気候の特性強くなる．海岸部は冬，比較的暖かい．冬，雷がある．

Ig1：1 月の降水量のほか，夏の降水量も多い．

Ig3：Ig1 と同じだが，低温が出る．

Ii1：冬の季節風雪が明らか．

Ih：山地的な特性がやや表れる．すなわち，低温・多雨・雷雨など．

が山間部に見受けられる．夏の降水量は，平野部よりも山間部において多い傾向にあるが，これは日照時間で議論したとおり，山間部では夏の午後に頻繁に降水を伴う雲が出現するためと考えられる．県東部に位置する鳥取と智頭の 1 月の降水量は鳥取の方が多いが，降雪量は山間部の智頭の方が多い．

東西の違いについては，地形の気候への影響の地点差が小さい平野部のみ見ていく．平野部における年降水量の東西差は見受けられないが，7 月の降水量は西部ほど多い傾向にある．山陰地方において梅雨期に西部で集中

豪雨が発生しやすいが（田坂, 2005）, 同じ傾向が鳥取県内においても見られている. 冬の降水量は明瞭な東西差は存在しないが, 北陸と鳥取県の比較と同様, 日照時間に大きな差はなく降雪量は東部ほど多い傾向がある.

4. 鳥取市における季節変化

図3は (a) 鳥取（鳥取地方気象台）における気温・日照時間, (b) 降水日数（降水量 0.0 mm 以上）・降水量・降雪量, (c) 風向ごとの強風頻度（日最大風速が 10 m/s 以上の日を強風日と定義）, 湿度の月別平年値を示している. 鳥取県全域の火災発生件数も示しているが, これは「B.1 気象災害の種類とその被害」で議論する. この図より, 3月頃からの気温の上昇, 梅雨・秋雨・台風の季節における降水量・降水日数の増加と日照時間の減少, 11月頃からの降水量・降水日数の増加, 降雪量の増加, 日照時間の減少といった季節変化が見て取れる. 月降水量と降水日数の比（月降水量÷降水日数）を降水強度とすると, 夏に比べて冬の降水強度が弱いことがこの図から読み取れるが, これはしぐれの特徴を示していると考えられる. 強風が最も頻繁に吹くのは冬であり, 卓越風向は北西寄りである. 3月頃から南寄りの強風が増加し, 夏は南寄りの強風が卓越するが強風頻度（全方位）が低いため, 南寄りの強風が最も多く吹くのは春（3〜5月）である. 南寄りの風は岡山県側から中国山地を越え, 千代川や天神川などに沿って加速され, フェーン現象を起こしやすい（日本地誌研究所, 1977）. 降水量が少なく, 南寄りの強風が頻発する春が湿度の最も低い季節である.

B. 鳥取県の気象災害もしくは大気環境問題

1. 気象災害の種類とその被害

表3は『鳥取県の気象・地震に関する防災テキスト』（鳥取地方気象台, 2013）に示されている顕著な災害事例を編集したものであるが, 台風, 梅雨前線に伴う大雨, 大気不安定に伴う局地豪雨や突風, 大雪の被害が示されている. 中村ほか編（1995）に示されている統計資料（期間 1971 〜 1984 年）に

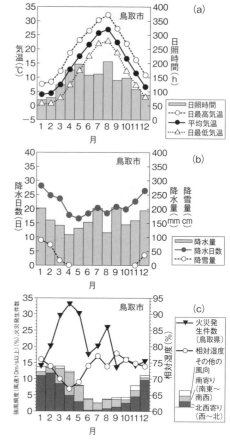

図3 鳥取市における (a) 気温と日照時間, (b) 降水量, 降水日数 (0.0 mm 以上), 降雪量, (c) 風向ごとの強風日数（日最大風速 10 m/s 以上）, 湿度の平年値 (1981 〜 2010 年)（鳥取地方気象台）と鳥取県全域の火災発生件数 (2010 〜 2014 年の 5 年間の平均)（鳥取県, 2015）

よると, 耕地被害, 山崖崩れ, 堤防決壊などの被害は梅雨・秋雨前線, 台風などが活発な夏〜秋に, 住宅損壊は冬に多く, 死者はどちらの季節もほぼ同数である. 冬の住宅損壊を除くと, 同様の傾向が表3からうかがえる.

鳥取地方気象台（2013）では, 表4のように台風通過コース別に被害の特徴がまとめられている. 気象台が発表する大雨警報基準に該当する「重大な災害」（災害件数 20 棟・

表3 鳥取県に災害をもたらした顕著な事例（出典：鳥取地方気象台，2013を編集）

災害をもたらした気象現象あるいはその名称	期間	死者(名)	負傷者(名)	住宅全・半壊(棟)	浸水(棟)	その他
台風12号	2011年9月1日～4日	－	－	1	170	公共土木被害472か所，農業被害約30億円など
大雪	2010年12月31日～翌年1月1日	5	1	－	－	※本文を参照
突風（竜巻）	2008年8月15日	－	－	－	－	※本文を参照
局地豪雨	2007年9月4日	－	1	－	79	河川被害3か所，道路損壊8か所，土砂崩れ5か所
局地豪雨	2007年8月22日			1	69	河川被害4か所，道路損壊1か所
豪雪	2005年12月～翌年1月	3	6	－	－	農業被害7,172万円など
豪雨	2006年7月15日～19日	－	－	－	96	農業被害1億7,539万円
台風19号	1991年9月27～28日	3	26	50	17	被害総額約76億1,600万円
台風19号	1987年10月16～17日	4	5	16	2,193	被害総額約386億4,500万円

表4 台風の通過コース別被害（統計期間：1990～2005年）　市町村等をまとめた5つの地区のうち，米子，倉吉，鳥取はおおよそ平野部，日野と八頭はそれぞれ県西部と東部の山間部に位置する（出典：鳥取地方気象台，2013を編集）．

通過コース	西側通過（16事例）					県内通過（9事例）					東側通過（23事例）				
地区	日野	米子	倉吉	鳥取	八頭	日野	米子	倉吉	鳥取	八頭	日野	米子	倉吉	鳥取	八頭
浸水害20棟以上	0	0	0	0	0	0	0	0	0	0	1	0	3	3	3
土砂災害20か所以上	0	0	1	0	0	1	1	1	0	0	2	1	4	3	4
河川災害20か所以上	1	0	1	0	0	0	0	0	0	0	2	5	6	4	4

か所以上）を基準にすると，台風が県の東側を通過するときに被害が発生しやすく，西側・県内通過時は被害発生の可能性は低い．東側通過のときは県東部寄りで，西側・県内通過のときは県西部寄りで被害が発生する傾向にある．西側通過のとき，南寄りの強風が長時間続くが，停滞前線の影響がなければ降水量は少ない．これは，南寄りの風において，鳥取県は中国山地の風下に位置するためと考えられる．一方，東側通過時は，北寄りの強風が長時間続き，鳥取県が中国山地の風上に位置するため，大雨になると考えられる．西側通過時の被害は少ない傾向にあるが，高潮災害には注意する必要がある．1985～2005年に鳥取県で高潮災害が発生したのは7事例で，すべて県の西側を通過

した台風の影響であり，被害のほとんどが米子市と境港市で発生している．

鳥取の市街地は，もともと防御目的のため河川合流点の低湿地帯に建設された城下町であることなどから，1530年代から約4世紀の間に大小50回（約8年に1回）の洪水に見舞われてきたという水害の歴史がある．例えば，1918（大正7）年の洪水では堤防決壊などにより千代川水系で死者30名，負傷者24名，住家流失崩壊582件，浸水11,831件の被害があった（芦村編，1992）．しかし，伊勢湾台風（1959年）では，全県域で死者・行方不明者7名，第2室戸台風（1961年）では死傷者3名という人的被害が発生したものの（斎藤，1988），流路直線化などの千代川改修によって，千代川水系の

決壊はまぬがれ, 以前と比べると被害を小規模におさえることができた.

表3には, 大雪の事例が2つ示されている. 平成18年豪雪は2005 (平成17) 年12月から翌年1月上旬にかけて, 非常に強い寒気が断続的に日本付近に南下し, 強い冬型の気圧配置が続き, 平年どおり東部中心の積雪であった. 一方, 2011年の大雪は2010 (平成22) 年12月31日から翌年元旦にかけての短期集中型で米子, 境といった県西部中心の積雪であった. 鳥取においても1月の最深積雪の平年値34 cmを上回る54 cmを観測したが, 米子では観測開始以来の最深積雪89 cmを観測した (平年値は18 cm). 表3を見る限り, 2011年の大雪は死者・負傷者以外の被害は少なかったように読み取れるが, 雪による道路通行止め約20か所, 琴浦町から大山町にかけての国道9号線でおよそ25 kmにわたって車約1,000台立ち往生, 鉄道・バス・空路などで運休や欠航, 雪の重みによる漁船など263隻が横転・転覆, 農作物被害約5,000万円, 農業施設被害約7億7,000万円, 停電13万戸, 送電線鉄塔折損4基といった影響があった (鳥取地方気象台, 2013). 死者5名のうちの4名は, 12月31日, 江府町奥大山のスキー場において発生した小さな雪くずれの一般客への影響を調べるためのパトロール中に雪崩に巻き込まれたものである.

竜巻やダウンバーストといった突風は, 短時間で狭い範囲に集中し, 甚大な被害を及ぼす可能性がある. 広域現象でないためか, 2008年8月の突風 (竜巻) 害 (表3) では, 死者, 負傷者, 住宅全・半壊, 浸水の被害はない. しかしながら, 住家一部損壊1棟, 金属製門扉の倒壊, 鉄製の屋根損壊, 非住家屋根の一部損壊3棟, 車庫のシャッター損壊, 農作物倒伏多数, 民家の屋根瓦数枚飛散といった被害は発生している. 2007～2013年の7年間で, 鳥取県では19件 (1時間程度以内に近隣で発生したものは同一現象としてカウント) の竜巻, ダウンバーストなどによる突風事例があり, そのうち4件が地上

で観測されたものである (気象庁, 2015). 幸いにして, これまでに人的被害は発生していないが, 今後の警戒は必要である.

火災は人的災害であるが, 高温, 乾燥, 強風といった気象条件は火災発生および拡大と大きく関係している. 1952 (昭和27) 年4月17日, 日本海で発達した低気圧により, 鳥取市では南寄りの強風が吹き, フェーン現象が発生した. この日の最高気温は25.3℃ (1981～2010年4月の平年値は18.7℃), 14時には風速10.8 m/s, 湿度30%の高温, 乾燥, 強風の火災が発生しやすい条件がそろい, 5,000世帯余りが焼失した鳥取大火が発生した (京大防災研, 2015). このような気象条件のほかに, 1943 (昭和18) 年の鳥取大地震 (M7.3) の復興期, 戦後の混乱期であったことから, 応急的な住宅が多く, 木造家屋建蔽率が80%前後であったことも大火発生の原因となった. この鳥取大火を契機に, 耐火建築物の促進, 防火建築帯の造成による火災その他災害の防止を目的とした, 「耐火建築促進法」が整備され, 鳥取市は都市不燃化対策を行った最初の都市となった. 図3 (c) によると, 近年の鳥取県全域における火災発生件数は, 南寄りの強風が頻繁に吹く春 (3～5月) に最も多い. 次いで8月に火災発生は多いが, 3～5月, 8月ともに降水量が少ない (図3 (b)). 日本地誌研究所 (1977) に示されている鳥取市の火災年表によると, 1712年から1952年までの間に大きな火災が11件発生しており, 内訳は4月に5件, 5月に5件, 8月に1件であることから (いずれも太陽暦), 近年と同じ季節に火災が発生していたことがわかる.

2. 大気環境問題

2009年9月, 微小粒子状物質 (PM2.5) の大気環境基準として「1年平均値が15 μg/m^{3}以下であり, かつ, 1日平均値が35 μg/m^{3}以下であること」と定められた. しかしながら, 2011～2014 (平成23～26) 年度に鳥取保健所 (鳥取市に設置の一般環境大気測定局) で観測されたPM2.5は, いずれの年度も年基準値15 μg/m^{3}を超えた

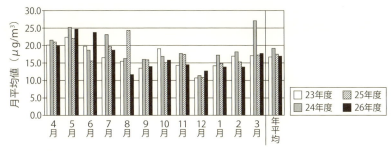

図4　鳥取保健所（鳥取市）で観測されたPM2.5月平均値（出典：鳥取県衛生環境研究所ホームページ掲載図を改変（2015年12月閲覧））

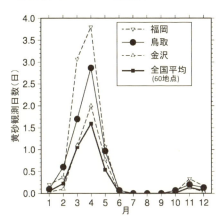

図5　気象台における月別黄砂観測日数の平年値
　　（1981～2010年）

（図4）．これは鳥取市に限った話ではなく，西日本の多くの地点で年基準値を超えており，2013年度の中国・四国・九州地方でPM2.5の観測を実施している一般環境大気測定局141地点のうち，年基準を達成したのは2地点のみであった（環境省，2015）．数値モデルによる推計では，中国地方のPM2.5年平均濃度への寄与率は，日本国内起源が25%，残りは海外起源と報告されている（環境省，2014）．経済産業省（2015）の工業統計調査によると，鳥取県の製造業は事業所数などすべての統計項目において，全都道府県の下位3位以内であり，このことは県内には人為的な大気汚染源が少ないことを示唆している．また，風上に国内の目立っ

た大気汚染源は見当たらず，瀬戸内のように大気汚染物質が滞留しやすい地形でもない．こういったことから，鳥取市の年基準未達成の主原因は越境汚染であると考えられる．

図5は西日本の日本海に面した鳥取，福岡，金沢の気象台における月別黄砂観測日数の平年値（1981～2010年の平均）と全国平均（全国60地点）である．一般的に知られているとおり，どの地点も春（3～5月頃）に最も頻繁に黄砂が飛来し，11月頃にも時折，飛来していることがわかる．鳥取における年間黄砂観測日数は平均6.7日で，これは全国60地点中12位である．黄砂の健康影響については未解明な点が多いが，日本各地で，黄砂飛来時のくしゃみ，鼻水，目のかゆみなどの症状を訴える人の増加，救急搬送数の増加，小児の喘息による入院の増加，高齢者の死亡リスク増加などが報告されている（黒崎ほか編，2016）．鳥取大学医学部では，米子市の住民による日記形式の自覚症状調査を実施し，黄砂に含まれるニッケルの割合が多い日は肌のアレルギー症状を訴える人が増えることを明らかにした．黄砂飛来経路の解析から，ニッケルは黄砂が大陸の工業地帯を経由時に取り込まれたものと考えられている．このことは，黄砂の健康影響を評価するにあたり，黄砂単独だけではなく黄砂と大気汚染物質との複合効果も考慮する必要があること，飛来経路によって取り込む大気汚染物質の違いが異なるアレルギー症状を引き起こす可能性があることを示唆している．

図6　鳥取砂丘（天然記念物指定地域）

C. 鳥取県の気候と人々の暮らし

1. 鳥取砂丘の分布と生成要因

　平成26年度鳥取県に関するイメージ調査（鳥取県ホームページ）における「『鳥取県』と言われて連想されるもの」の回答は1位：鳥取砂丘（72.1％）、2位：二十世紀梨（5.5％）、3位：砂漠（3.2％）である。この結果のとおり、鳥取県から鳥取砂丘（図6）をイメージする人が圧倒的に多いことがわかる。3位の「砂漠」は「鳥取砂丘は砂漠」という誤解からの回答と推察される。

　世界砂漠化地図（UNEP、1992）では、年降水量（P）と年可能蒸発散量（PET）の比で表される乾燥度指数（Aridity Index: AI = P / PET）が0.65未満を乾燥地と定義され、AI < 0.20の地域が砂漠と解釈されることが多い。鳥取においてはAI = 2.43（鳥取地方気象台における1981〜2010年の観測データを利用）であることから、鳥取砂丘は

砂漠でないことがわかる。鳥取砂丘は砂漠ではないが、砂漠と鳥取砂丘には、植物が少ないという共通点がある。しかし、その主な原因は異なっており、砂漠においては少降水と多蒸発散による乾燥であるのに対して、鳥取砂丘では飛砂による植物の埋没、摩損、根の露出と土壌の乏しい保水力である。

　鳥取砂丘の砂の源は中国山地にある。中国山地には、風化しやすいという特徴をもつ花崗岩が広く分布しており、風化で生成した砂は、豊富な降水、千代川の急流によって日本海まで運ばれる。沿岸流によって海岸に寄せ集められた砂は、季節風（冬の強い北西風）によって内陸へ運ばれ、鳥取砂丘は形成された。千代川河口の両岸に、福部、浜坂、湖山、末恒の4つの砂丘が広がり、これらすべてをあわせた東西16 km、南北2.4 kmの領域が鳥取砂丘である（図7）。一般的に観光で訪れる砂丘は、1955（昭和30）年に天然記念物に指定された浜坂砂丘の東側の一部（146.2 ha）である。1948年撮影の航空写真と比べると、天然記念物指定地域以外は、以降で述べる耕作地、防砂林のほかに、住宅地や空港などさまざまな開発が行われた様子が見て取れる。

　鳥取県には鳥取砂丘以外に、北条砂丘、弓ヶ浜砂丘が広がる。鳥取砂丘と同様、中国山地の花崗岩から風化した砂が、それぞれ天神川、日野川の急流によって日本海まで運ばれることで、これらの砂丘は形成された。

2. 鳥取県の農業と砂丘

　農業統計（総務省ホームページ、e-Stat

図7　(a) 現代（出典：鳥取県砂丘事務所ホームページ掲載画像に加筆）と (b) 1948年（米軍撮影、国土地理院　地図・空中写真閲覧サービスより）の鳥取砂丘の航空写真

政府統計の総合窓口）を調べると，らっきょう（2位），芝（2位），日本ナシ（4位），スイカ（4位），ナガイモ（6位），ブロッコリー（8位），ネギ（10位），メロン（10位）（括弧内は2014年産収穫量の都道府県順位）などが鳥取県の特産品であることがわかる．鳥取県の平野面積と耕地面積が狭いことや（それぞれ全国46位と37位），大都市圏近郊の農業地帯と比べて市場の優位性が低いことを考慮すると，収穫量順位が示す以上にこれらの特産品が鳥取県の特徴であることがわかる．

　鳥取県に関するイメージ調査2位の二十世紀梨は日本ナシを代表する品種である．気候学的に見たとき，鳥取県が二十世紀梨の一大産地に育った理由は（2001年まで日本ナシ収穫量全国1位），干害・冷害・霜害・台風被害等の少なさにあると考えられる．しかしながら，二十世紀梨の原木が1888（明治21）年に千葉県松戸町大橋（現松戸市）で発見されたことや，日本ナシの収穫量1〜3位が千葉，茨城，栃木といった鳥取県の気候と異なる地域であることから，鳥取県の気候の特徴だけで日本ナシの生育条件を語ることは難しい．むしろ，黒斑病対策などの人的努力によって鳥取県が二十世紀梨の一大産地になったと考えられる．

　鳥取県の砂丘地の砂地を利用した特産物としては，白ネギ，らっきょう，ナガイモ，ダイコン，サツマイモ，スイカ，メロン，ブドウ，タバコ等がある．砂丘農業には，飛砂，土壌の保水力不足，腐植質不足といった短所がある一方，水分と肥料分の調整が容易，目の粗い土壌のため耕起作業や除草が容易，根菜類の形・肌がそろうなど均質で高品質の農作物の生産が可能といった長所がある．らっきょうについては，乾燥に強い，土壌に有機質が少ないため病害虫が少ない，1年で収穫できる，冬季にも葉は枯死せず飛砂防止に役立つという特徴がある（田中ほか，1994）．

3. 砂丘地開拓で生まれた景観

　砂丘地を開拓するため，飛砂対策や土壌灌水が行われてきた．その結果，鳥取県の砂丘

図8　防砂林造成時の堆砂垣でできた人工砂丘（写真左側の縦一直線にのびる高い丘）と静砂垣（写真右側の碁盤目状の垣）．写真左手が海岸（冬季季節風の風上），右手が内陸（風下）（出典：鳥取大学，1983：砂丘利用研究施設二十五年の歩み）

地特有の景観が生まれた．

　海岸砂丘の砂の固定法として，防砂林の造成が一般的である．しかしながら，もともと植物の生育が難しい土地であることから，いくつかの段階を経て防砂林を造成する必要がある．鳥取県においては，堆砂垣と静砂垣による防砂林造成が一般的である（図8）．堆砂垣とは，弱風地帯を生み出すための人工砂丘を造成するための垣である．風で運ばれる砂を垣の前後に堆積させ，堆砂によって垣が埋まると，その上にさらに堆砂垣を設け，これを繰り返して必要な高さまで砂丘を造成する．この人工砂丘の風下側には，風をさらに弱めることと植林周辺で巻き起こる飛砂を防止するために，静砂垣とよばれる碁盤目状の垣が設けられる．この碁盤目状の垣の内側が植栽地であり，クロマツを主体とし，これに肥料木としてニセアカシア等を適当な割合で混植し，防砂林が造成される．この方法は鳥取高等農業学校（現在の鳥取大学農学部）の原勝教授が1932年に考案したもので，1948年から農地確保，集落保護を目的に植林が始まり，1953年の海岸砂地地帯農業振興臨時措置法の施行以降，本格的に実施された．

　砂地は保水力が乏しいため，年降水量がおよそ1,900 mmの鳥取砂丘であっても，雨の降らない日が続くと植物は枯れてしまう．そのため，砂丘地農業において土壌灌水は必

図9 浜井戸（左）と「嫁殺し」とよばれた桶灌水（右）（出典：鳥取大学乾燥地研究センター・乾燥地学術標本展示室資料）

図10 福部砂丘のらっきょう畑とスプリンクラー 写真奥側に防砂林と日本海が見える.

図11 松枯れ被害木の伐倒により，防砂林のクロマツがまばらになった地域 静砂垣において防砂林更新が行われている. 右手前の砂地は堆砂垣による人工砂丘.

須である. 鳥取大学砂丘利用研究施設（現在の乾燥地研究センター）の長智男助教授（当時）によってわが国で初めてスプリンクラーが導入される1950年代までは，おおむね20～30haに1個の割合で掘られた浜井戸や河川を水源に，桶灌水が行われていた（図9）. この作業は大変な重労働であったが，主に女性の仕事とされ「嫁殺し」とよばれた. 今日の砂丘畑では，随所でスプリンクラーが見受けられる（佐藤，1986，大村編，1993）（図10）.

4. 近年および将来の気候と人々の暮らし

防砂林の造成により飛砂は弱まり，1970年代から外来植物や在来の海浜植物が次第に砂丘をおおう草原化が始まった. このことは，防砂林の飛砂対策の効果の大きさを物語っているが，風紋や砂簾といった砂丘特有の景観の喪失や生態系の変化は新たな問題として捉えられた. そのため，本来の砂丘地景観を維持することを目的に，1970～80年代に防砂林の一部伐採が行われ，1991年か

らは除草活動が行われている（鳥取砂丘再生会議2001）. 一方，8月の平均気温が29.0℃（平年値は27.0℃）だった2012年など，近年の猛暑が原因と考えられるマツ材線虫病（松食い虫による松枯れ）の被害が発生し，マツ材線虫感染防止のための被害木伐倒駆除により防砂林のクロマツは減少し，周辺道路への飛砂被害が頻発するようになった. 県と市は飛砂除去のための清掃や松食い虫抵抗性クロマツの植栽による防砂林の更新などの対応に追われている.

地球温暖化の影響と考えられる気温上昇は鳥取地方気象台においても観測されており，統計期間1943～2012年において年平均気温は+0.86℃/50年，夏（6～8月）と冬（12～2月）の平均気温はそれぞれ+0.64℃/50年，+0.87℃/50年の割合で上昇している（広島地方気象台，2013）. 夏の気温上昇は，すでに記した松枯れだけではなく，米の品質にも影響を及ぼしている. 月平均気温が平年値より2.8℃上回った2010年8月，検査等級1等米が大幅に減少し，その理由の多くが高温登熟時に多発する白濁未熟粒であった（鳥取県，2012）.

果樹の発芽・開花期が全国的に早期化傾向にあり（杉浦ほか，2007），鳥取県における二十世紀梨（図12）についても，平均開花日が2002年に統計開始以来最も早い4月7日を記録している（池田，2009）. 将来，予測される温暖化に合わせて全国的に農産物の

図12　鳥取砂丘近くのナシ畑　花が咲いている様子（2016年4月10日撮影）.

栽培適地が変わることが予測されているが（農林水産省，2007），樹木である果樹栽培の場合，樹種の変更は労力，コストにおいて容易ではないため，栽培技術による対応が求められている.

　県西部山間部の大山において，冬季（10〜5月）降水量は1980年代の1,371 mm（82/83〜91/92年の平均）から2000年代の1,455 mm（00/01〜09/10年）にやや増加しているが，降雪量は1,161 cmから826 cmに大幅減少している. 将来，わが国において積雪量の減少および融雪水の早期流出により，ダムが満水になり貯留されずに下流に放流される冬季の無効放流の増加および春先の河川流量の減少が発生し，代かき期など水の需要期に流量不足になることが懸念されている（文部科学省ほか，2013）. 鳥取県は，県全域が豪雪地帯対策特別措置法に基づく豪雪地帯に指定されている最も南西に位置する県であるため（国土交通省，2015），将来，こういった渇水問題にわが国で最初に直面することが予測される. 　　　　［黒崎泰典］

【参考文献】
[1] 芦村登志雄編，1992：鳥取の災害——水害，郷土シリーズ36，鳥取市社会教育事業団，112p.
[2] 池田政政，2009：ニホンナシの気温に対する応答——反応の解明と高糖度果実の生産技術に関する栽培生理学的研究，鳥取県農林総合研究所園芸試験場特別報告，第1号（平成21年3月）.
[3] 大村康久編，1993：鳥取砂丘，富士書店，257p.
[4] 環境省，2014：微小粒子状物質等専門委員会（第2回），資料3 日本のPM2.5はどこからくるのか——越境汚染の寄与をさぐる.
[5] 環境省，2015：大気汚染状況，平成25年度（www.env.go.jp/air/osen）.
[6] 気象庁，2015：竜巻等の突風データベース，都道府県別の事例一覧，鳥取県.
[7] 京大防災研，2015：災害と防災の世界——そなえる・たたかう・のりこえる.
[8] 黒崎泰典，黒沢洋一，篠田雅人，山中典和編，2016：黄砂——健康・生活環境への影響と対策，丸善出版.
[9] 経済産業省，2015：工業統計調査，平成25年確報（概要版）.
[10] 国土交通省，2015：豪雪地帯・特別豪雪地帯の指定.
[11] 斎藤卓巳，1988：鳥取の天気，郷土シリーズ33，鳥取市社会教育事業団，179p.
[12] 佐藤一郎，1986：砂丘——その自然と利用，清文社，177p.
[13] 杉浦俊彦，黒田治之，杉浦裕義，2007：温暖化がわが国の果樹生育に及ぼしている影響の現状，園芸学研究，6(2)，257-263.
[14] 関口武，1959：日本の気候区分，東京教育大学地理学研究報告，3，65-78.
[15] 田坂郁夫，2005：II. 中国地方の地域性，3. 自然環境，2）気候，森川洋，奥野隆史，篠原重則編，日本の地誌9 中国・四国，朝倉書店，47-49.
[16] 田中實夫，星見清晴，松田晃幸，1994：鳥取砂丘ものがたり，郷土シリーズ37，鳥取市社会教育事業団，229p.
[17] 鳥取県，2015：鳥取県の危機管理，火災発生状況.
[18] 鳥取県農林水産部農林総合研究所編，2012：鳥取県の普及活動——活動事例集，平成22年産米の品質低下と高温対策について.
[19] 鳥取砂丘再生会議，2001：鳥取砂丘景観保全調査報告書（平成22年3月31日）.
[20] 鳥取地方気象台，2013：鳥取県の気象・地震に関する防災テキスト（平成25年3月改訂版）.
[21] 中村和郎，安藤久次，宮田賢二，堀信行，梅津正倫，新見治編，1995：日本の自然 地域編6 中国四国，岩波書店，196p.
[22] 日本地誌研究所，1977：日本地誌第16巻 中国四国地方総論 鳥取県・島根県，二宮書店，461p.
[23] 農林水産省，2007：地球温暖化が農林水産業に与える影響と対策，農林水産省農林水産技術会議，農林水産研究開発レポート，No. 23.

[24] 広島地方気象台，2013：中国地方の気候変動
（平成 25 年 10 月）.

[25] 文部科学省，気象庁，環境省，2013：日本の
気候変動とその影響，気候変動の観測・予測及び
影響評価統合レポート.

[26] 林野庁，2012：都道府県別森林率・人工林率
（平成 24 年 3 月 31 日現在）

[27] UNEP，1992：World atlas of desertification.
Edward Arnold, London.

島根県の気候

A. 島根県の気候・気象の特徴

島根県は，中国地方の日本海側，山陰地方に位置している．県内の本州部は，北東から南西方向に長く，北西から南東方向には短いという地理的な特徴を有している（図1）．同県は中国山地（山頂部が海抜 1,000 〜 1,300 m）の北西斜面に位置しており，日本海の海岸からすぐに山地となっているため，平野は少ない．県内の離島部としては隠岐島と竹島がある．隠岐島は島根半島から北に約 50 km，竹島は隠岐から約 157 km の海上にそれぞれ位置している．

県内の気候・気象は，これらの地理的条件によって特徴づけられる．その特徴を下記で紹介する．

1. 島根県の気候区分

松江市・出雲市（図2）等を含む県東部は冬季多雨雪の北陸型に近く，一方で浜田市・江津市等を含む県西部は北九州の気候に似ている．隠岐島は日本海独特の海洋性気候である（松江地方気象台・浜田測候所，1993）．

吉野（1977）による気候区分（図3）によると，松江市・出雲市を含む県東部は IVd（東部低地地帯）である．この区分の特徴としては，冬にも台風季にも降水量が多く，小地形による局地性が大きい．一方，江津市・浜田市・益田市を含む県西部は西部海岸地域であり，その特徴としては，冬の雪は少なくなり，温暖である．夏には乾燥する．これらの県東部と西部の間に位置する大田市は IVc（中部海岸地域）に相当し，その特徴としては，冬の季節風による雪域の西端に位置し，西南日本における梅雨季の多雨域の東端に位置する．隠岐は，西部と東部で分かれている．西部は Va，すなわち冬には季節風の陰になるので降水量少なく，気温はやや高い．年降水量も比較的少ない特徴があり，東部は Vb：冬には降水量多く，気温は低い．年降水量も多いという特徴がある．

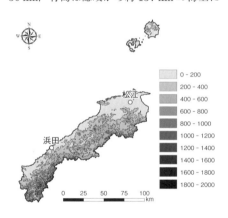

図1 島根県の地形

図2 島根県の行政区分（出典：島根県庁ホームページ）

図3 島根県の気候による地域区分（出典：吉野，1977）

島根県の気候区分は，松江地方気象台・浜田測候所（1993）と吉野（1977）では多少異なるものの，島根県の気候が大きく分けて出雲，石見（いわみ），隠岐の3つに区分されることは両者で共通している．

県内で気候区分が異なることを示す特徴的な例として，積雪量の違いがあげられる．図4上は松江と浜田を含む山陰地方における降雪量の差を示したものである．この図を見ると，山口県の下関と萩，島根県の浜田の積雪量は大差ないが，浜田と松江の間には70～80 cmもの大きな差があることがわかる．この差は，松江と鳥取県の米子との差よりも大きい．県内におけるこの降雪量の地域差は，多くの地元住民により実感されているようである．複数の現地の住民からのヒアリングの結果，石見地方から出雲地方へ車で運転した場合に徐々に積雪量が多くなることや，逆に

出雲から石見に行く際には積雪量が徐々に少なくなることを経験したとの報告が数多くある．上記の積雪量の差の例からわかるように，島根県の「気候」区分は県の「地域」区分（図2．特に，出雲地方と石見地方の区分）とよく対応している．地域区分は，単に地理的な区分だけではなく，島根県の歴史的背景や文化の違い等が反映されているものであるが，この地域区分が気候区分とよく対応していることは興味深い．

なお一般的な特徴として，島根県は緯度が低いわりに寒く雪が降りやすい．国土交通省が2012（平成24）年に指定した豪雪地帯・特別豪雪地域によると，島根は豪雪地帯の西端に位置されている（図4下）．島根県西部は，広島県の北西部と並んで豪雪地帯の南限にも近くなっている．なお，鳥取は全域で豪雪地帯，山口は全域で非豪雪地帯，島根と広島は山間部のみ豪雪地帯に指定されている．

2．県内における一般気象要素

以下では，県内の一般気象要素の特徴について紹介する．

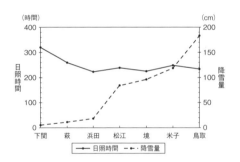

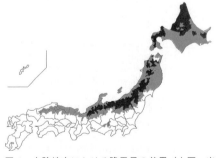

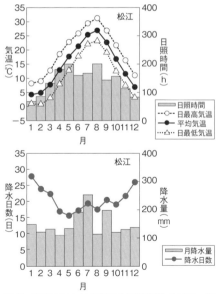

図4　山陰地方における降雪量の差異（上図，出典：田坂，2005）と豪雪地帯および特別豪雨地帯の指定図（下図．■特別豪雪地帯，▨豪雪地帯，出典：全国積雪寒冷地帯振興協議会ホームページ）

図5　松江市における気温と日照時間（上図），降水量と降水日数（0.0 mm以上）（下図）

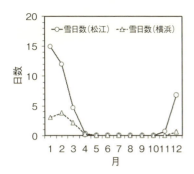

日数

―○―雪日数（松江）　‥△‥雪日数（横浜）

図6　緯度が同程度である松江と横浜における雪日
数の違い

　図5は，松江市における気温・日照時間・
降水量・降水日数の月別の平年値をまとめた
ものである．ここでは松江市の上記気象要素
の特徴をわかりやすく述べるため，松江市
（北緯35.46°）の気象要素を，松江市と同程
度の緯度（北緯34.44°）にある横浜市（「神
奈川県の気候」の図2，3を参照）のものと
比較する．

　最高気温，平均気温，最低気温に関して
は，夏において松江の方が横浜に比べて少し
高い．一方で冬は松江の方が数℃低くなる．
日照時間は両地点で春から夏にかけて大きな
差はないが，冬季の日照時間に大きな差があ
る．すなわち，松江の冬の日照時間は横浜に
比べて半分程度である．松江の冬の月降水量
も横浜のそれに比べて半分程度である．ま
た，降水日数や雲量にも同様の特徴が見られ
る．両地点では雪日数も大きく異なる（図
6）．以上より，松江の気候は，冬季の日照
時間の少なさ，および雨・雪の多さに特徴づ
けられる．

　松江市の気温・日照時間・降水日数等の特
徴は，浜田および西郷のそれと大きく変わら
ない．ただし，これら平年値の図からは検出
できない，地域独特の気象が積雪以外にも県
内には存在する．

　その一例は，出雲地方の強風である．出雲
地方は，その地形的特徴により北西寄りの強
風が卓越しやすい．これは現地に築地松とよ
ばれる防風林（詳しくは「C．島根県の気候

と人々の暮らし」で後述）が存在すること
からもわかる．このように，この強風は地域で
防風林による対策が浸透するほど頻発し，地
域に根ざした現象であると考えられる．ただ
し，不思議なことに，この強風に対しては他
の地域で卓越する強風のような特別なネーミ
ング（○○風，○○おろし，○○だし等）は
なされていない．この理由は明らかではない
が，1つの可能性として，この地域では常に
強風が卓越しているため，この強風が特別な
ものとして地域住民に認識されてこなかった
可能性が考えられる．

B．島根県の気象災害と大気環境問題
1．気象災害の統計
　ここでは，1993年7月に刊行された『島
根の気象百年』（松江地方気象台・浜田測候
所，1993）の島根県災害年表から島根県の
災害の歴史を振り返り，その気候学的な特徴
について述べる．1965〜1984年8月に発
生した気象災害の頻度を表1にまとめた．
同期間における災害の頻度は，雨害（大雨）
が36.0％と最も多く，次いで風害（強風）
の23.1％，波浪害の10.9％，雪害（大雪）
の9.3％となっている．1954〜1964年およ
び1984年11月〜1992年9月の統計でも
同じような傾向が認められている．島根県は
北西方向が日本海に面しており，多くの住民
が海や川のそばに生活していることから波浪
害も多いものと推察される．また，上述のよ
うに島根県は低緯度地域でありながら積雪が
多く，雪害も多い．この点は島根県の気象災
害の特徴的な点である．

　ここでは，発生頻度が高い雨害（大雨），
風害（強風），波浪害，雪害（大雪）発生の
原因（気圧配置型の特徴）について述べる．
まず，発生頻度が最も多い雨害（大雨）発生
時の気圧配置型の頻度は，台風が最も高く
25.3％，次いで梅雨前線の21.9％，日本海
低気圧の15.2％である（表2上）．この特徴
は，1954〜1964年および1984年11月〜
1992年9月の統計でも同様である．次に，
風害（強風）発生時の気圧配置型の発生頻度

表1 1965～1984年8月までの期間に島根県で
発生した各種災害の頻度（%）（出典：松江地方
気象台・浜田測候所, 1993）

	雨害	風害	波浪害	雪害	その他
頻度	36.0	23.1	10.9	9.3	20.6

表2 1965～1984年8月における雨害（大雨）
（上表）および風害（強風）（下表）発生時の気圧
配置型の頻度（%）（出典：松江地方気象台・浜
田測候所, 1993）

雨害	日本海低	冬型	台風	梅雨前線	その他
頻度	15.2	1.1	25.3	21.9	36.5

風害	日本海低	冬型	台風	梅雨前線	その他
頻度	32.5	29.8	24.6	1.8	11.4

は，日本海低気圧の32.5%が最も高く，次
いで冬型の29.8%，台風の24.6%である（表
2下）．頻度の大小関係は少し変わるものの，
1954～1964年および1984年11月～1992
年9月の統計においても，この3つの気圧
配置型が支配的である傾向は同じである．な
お，波浪害発生時の気圧配置型は風害（強
風）時のそれと同じ傾向にある．また，雪害
（大雪）発生時の気圧配置はほとんどが冬型
である．

2. 気象災害の事例

ここでは，近年島根県で発生した気象災害
の事例を紹介する．紹介する事例は，本原稿
執筆時（2016年9月）において読者にとっ
て最も記憶に新しく興味深いと思われる
2013年8月23日から25日の島根県西部の
大雨である．

この大雨は8月23日から25日にかけて，
西日本をゆっくり南下した前線（図7）に向
かって，太平洋高気圧の周辺部の暖かく湿っ
た空気が流れ込み，大気の状態が非常に不安
定となったため発生した．これにより県の西
部では，24日の明け方と25日の明け方に猛
烈な雨が降ったほか，降り始めの23日8時
から25日15時までの総降水量が，江津市
桜江で474.0 mm，浜田市大辻町で
382.0 mmになるなど，記録的な大雨となっ
た．この大雨の影響により，県内では，死者
1人，住宅全壊3棟，床上浸水133棟，床

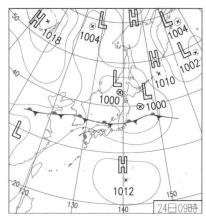

図7 2013年8月24日9時の地上天気図（出
典：気象庁ホームページ「日々の天気図」）

下浸水361棟，土砂災害44か所などの被害
が発生した．

3. 大気環境問題

総務省統計局によると，島根県の公害苦情
件数は，典型7公害では全国で2番目に少
ない．苦情件数と公害発生数は一致するわけ
ではないが，島根県には公害が少ないことを
示す1つの指標になると思われる．典型7
公害のうち，大気汚染に限ると島根県の苦情
件数は全国28位となり，全国的に多い／少
ないという目立った特徴はない．

C. 島根県の気候と人々の暮らし

島根県の特徴はさまざまな面で認められ
る．例えば，古代出雲の歴史は島根県を特徴
づける最も大きなものの1つとなっている．
また，石見銀山は世界遺産に，松江城は国宝
に登録されている．そのほか，たたら製鉄や
神楽の文化等も有名である．しかしここで
は，数多くある特徴の中でも地域の気候との
関連が認められるもののみ記述する．島根で
は「弁当忘れても傘忘れるな」や，「雨具と
分別，忘れるな」ということわざが普及して
いるなど，地域の気候は現地の生活と密接な
関わりをもっている．

ここで紹介できなかった多くの事柄につい

図8 出雲市斐川町の築地松と石州瓦．上図は北西方向，下図は南東方向から撮影した写真（2017年1月筆者撮影）

ては，日本地誌研究所（1977）や森川ほか（2005），その他の資料に詳しく記載されているため，そちらを参照されたい．

1. 築地松

「A．島根県の気候・気象の特徴」「B．島根県の気象災害と大気環境問題」で述べたとおり，出雲平野ではしばしば北西寄りの強風が吹き，これに伴う風害が過去に発生している．この強風から家屋を守るため，出雲市周辺には特徴的な防風林（屋敷林）（図8）が多数存在する．これを現地では築地松（ついじまつ）とよんでいる．この築地松は，家屋の北側および西側に存在し，南側および東側には存在しない．これは北西寄りの強風を防ぐために築地松が存在することを明瞭に示している．この築地松と村の風景は，その美しさから日本三大散居村（さんきょそん）にも選定されており，注目を浴びている．なお，築地松のある出雲平野以外の三大散居村は，富山県の砺波平野と岩手県の胆沢平野であ

る．

築地松のもともとの目的は，昔は暴れ川といわれていた斐伊川の水害から家を守るためであったとされている．具体的には，洪水時に浸水を防ぐため，屋敷の土地の高さを数ｍ高くした上，屋敷まわりに土居（土塁．この地方では築地とよぶ）を築き，その土居を固めるため水に強い樹木や竹を植えた．築地松はこの斐伊川を中心に出雲平野全域に分布している．築地松の材料は黒松である．黒松は県の木に指定されるほど島根県では一般的な樹木である．黒松の材質は，樹脂が多いので長命であり，水湿に耐えられることから土木用材としても高く評価されている．

作野（2005）によると，築地松の役割は上述の防風機能のみではなく，夏季には日陰をつくり室内を冷涼にし，冬季には防雪機能もある．また防火林としての役割もある（池田，1977）．築地松ボランティアガイドを務める瀬崎勝正氏によると，築地松のミソは，防風林により風を半分程度ブロックし，残り半分は家に侵入するようにすることである．これは防風林により風を完全に遮断すると，家屋内の風通しが悪くなるためである．

以上のことから，築地松は地域の気象・気候に適応した，特徴的な生活様式／建築様式の1つであるといえる．

防風林といえば，上述したように富山県の砺波平野と岩手県の胆沢平野も有名であるが，どちらも防風林は黒松ではなく主に杉からなる．地域によって防風林の種類が異なる点は興味深い．

2. 石州瓦

地域の気候が関連した地元の産業／伝統工業としては，「赤がわら」の石州瓦（石見瓦，図8下）が有名である．これは石州（石見）地方特有の瓦である．石見地方は日本三大瓦産地の1つとして位置づけられている．なお，残り2つは，愛知県の三州瓦と兵庫県の播州瓦である．

石州瓦は，傾斜地を利用した登り窯で1,300℃に近い高温で焼くため，陶土が焼き締まり，釉薬が赤茶色のガラス質に変わり，

図9 日本における10 kW以上かつ総出力20 kW以上の風力発電設備の分布図（島根県，2017年3月末現在）（出典：新エネルギー・産業技術総合開発機構（NEDO）「日本における風力発電設備・導入実績」）

図10 日本海側の風車．写真右側には石州瓦の家屋が広がっている（2017年1月筆者撮影）

耐寒性，耐酸性（耐塩性）に富む性質となる（阿部，2015）．「A．島根県の気候・気象の特徴」で述べたとおり，島根県は低緯度地域のわりには降雪があるほど寒く，そして常に海からの潮風にさらされるため，雪害および塩害に強い瓦が必要とされた．石州瓦の使用は，このような島根の気候に対して有効である．言い換えると，石州瓦は地域の気候に適応した建築素材の1つである．

寒さへの適応能力が高いことも起因して，石州瓦は北海道や東北の日本海側にも分布していることが確認されている．

赤色の石州瓦の家屋が建ち並ぶ景色は，石見地方の特徴的な景色の1つとなっている．

3．再生可能エネルギー

島根県にはさまざまな発電所がある．松江市鹿島町には島根原子力発電所，浜田市三隅町には三隅火力発電所，県内の山あいには多くの水力発電所．そして主に沿岸部に風力発電所がある（図9）．

そのうち，地域の気候に最も関係するものは風力発電所である．出雲市には，日本最大級のウィンドファームである新出雲風力発電所がある．その他，出雲市多伎，江津市浅利町（図10），江津市高野山，浜田市生湯町，隠岐の島町大峰山等にある．

島根県は気候学的に日射量が少ないため，太陽光発電の普及は大きく望めない．しか

し，常に風が吹いているため，風力発電は普及してきているものと考えられる．風力発電は地域の気候に根ざした新しい産業であり，今後さらに普及する可能性を有している．

4．美肌県

島根の気候が関係するものとして最後に紹介したいのが美肌県である．美肌県とは，株式会社ポーラが実施するニッポン美肌県グランプリ（図11，ポーラ，2014）のことである．この調査では6つの部門ごと，すなわち，「角層細胞が整っている」「シワができにくい」「シミができにくい」「肌がうるおっている」「キメが整っている」等ごとに調査を行い，その総合ランキングから美肌の度合いを県別にランキングしている（図11）．島根県は，2016年9月現在で4年連続全国1位となっている（2016年のグランプリでは惜しくも2位になった（http://www.pola.co.jp/special/bihadaken/））．

ポーラが定義した美肌には，気候的な要素と非気候的な要素が影響している．前者は日照時間，水蒸気量，そして"肌荒風"の有無である．ポーラによると，肌荒風は，高い山脈を越えてくる乾燥した北風「乾燥型の肌荒風」と狭い平野を通り抜ける強風「突風型の肌荒風」に分類される．この肌荒風は，上記6つの部門のうち，「肌のうるおい」と「シワのできやすさ」に大きく影響している．非気候学的な要素には，生活習慣（喫煙，食事，睡眠等）がある．

図11　株式会社ポーラが実施したニッポン美肌県グランプリ2014（出典：ポーラ，2014）

　この調査によると，島根県が美肌県に連続で全国1位になった要因として，以下のような考察がなされている．すなわち，島根県は「角層細胞が整っている」が1位，「肌がうるおっている」「シワができにくい」が2位，「シミができにくい」が3位と，4部門で高成績であった．また，島根県（松江地方気象台）は水蒸気量が全国の県庁所在地で測定された値の中でも9番目に高く，日照時間が全国で4番目に短いことに加え，"肌荒風"の影響も受けにくい環境のため，美肌を保ちやすい条件が揃っている．また，喫煙者が全国で7番目に低かったことも美肌に導いたと考えられる．

　この結果は，地域の気候が，その土地の人々の外見を特徴づけている例の1つといえる．　　　　　　　　［髙根雄也，日下博幸］

【参考文献】

［1］ 阿部志朗，2015：石州瓦の流通圏について ――製品移出と技術移転の両側面から，人文地理学会予稿集．

［2］ 池田善昭，1977，島根県内地域誌　I松江2．出雲平野とその土地利用：日本地誌第16巻　中国四国地方総論　鳥取県・島根県，二宮書店，366-372．

［3］ 株式会社ポーラ，2014：プレスリリースの資料（https://www.pola.co.jp/company/pressrelease/pdf/2014/po20141111.pdf）．

［4］ 作野広和，2005，B．島根県　2．地域誌　1）出雲：日本の地誌9　中国・四国，朝倉書店，175-189．

［5］ 田坂郁夫，2005，II．中国地方の地域性　3．自然環境　2）気候：日本の地誌9　中国・四国，朝倉書店，47-49．

［6］ 日本地誌研究所，1977：日本地誌第16巻　中国四国地方総論　鳥取県・島根県，二宮書店，461p．

［7］ 松江地方気象台，2013：平成25年8月23日から25日の島根県西部の大雨について，気象速報，15p．

［8］ 松江地方気象台・浜田測候所編，1993：島根の気象百年，日本気象協会松江支部．

［9］ 森川洋，篠原重則，奥野隆史編，2005：日本の地誌9　中国・四国，朝倉書店，636p．

［10］ 吉野正敏，1977，島根県総説　III自然2．気候：日本地誌第16巻　中国四国地方総論　鳥取県・島根県，二宮書店，326-330．

岡山県の気候

A. 岡山県の気候・気象の特徴

岡山県（図1）は瀬戸内海に面する平野部（岡山平野），盆地や高原を含む内陸部（津山盆地・高梁盆地・吉備高原），そして最も内陸の中国山地部に分けられる．この地で古代吉備王国が繁栄したように，岡山は瀬戸内海気候に属する温暖少雨の穏やかな気候という印象をもたれるが，実際にはこれら3つの地域で気候が大きく異なる．

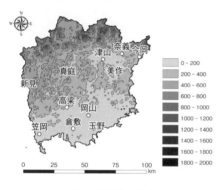

図1　岡山県の地形

1. 岡山県の気候

岡山県の気候要素を図2～5に示す．最暖月はどちらの地域も8月で，岡山平野の県南部（岡山市など）では平均気温が27～28℃であるが，北部の内陸側（津山市など）ほど標高も上がるため，平均気温は23℃前後まで低くなる．一方，最寒月は1月であり，県南の平野や沿岸部で平均気温は4～5℃，県北の山地では1℃未満または氷点下にまで下がる．このように岡山県内でも，主に標高の差が影響して南部から北部にかけて気温が大きく異なる．

降水量の最多月は，県南部の平野で6月，それ以外では7月となる．南部で145～176 mm，北部では262～277 mmの範囲

で，降水量が分布する．一方，最少月（12月または1月）の降水量は，南部である沿岸部で最も少なく29～32 mmの範囲にあり，夏である最多月の1/5程度に相当する．岡山県を北上するほど降雪の影響で降水量は増加し，県最北端の地域では150～170 mmとなるが，これは県南部の最多月の降水量に匹敵する数字である．

日照時間も岡山県の南部と北部のあいだで大きく異なる．最多月は県南部で8月，北部では5月と月が離れており，これは県北部の山地では夏に積雲が発達しやすく，日照時間が減少してしまうことが影響していると考えられる．沿岸部で最多となる237.7時間は，1日平均7.7時間に相当する数字である．一方，冬になる日照時間の最少月も，山地ほど月間日照時間が減少している．県南部の平野では日照時間が125～143時間である一方，岡山県の北端に至っては53.7時間と，県南の半分にも満たない．

このように岡山県は，南部の平野・沿岸と北部の山地のあいだで1年を通した気候が大きく異なる．特に岡山県の南部は季節によらず晴天が多い理由から，大規模な天文台（国立天文台岡山天体物理観測所）の誘致にも成功した（石田，1980）．一方で県南部の降水量の少なさは林野火災の原因にもなり，事実，岡山県は2003～2012（平成15～24）年の平均発生件数で全国5位となっている（岡山県ホームページ（治山課））．

2. 岡山市（県南部）の気候

岡山市は岡山平野内に位置し，人口約70万人を有する政令指定都市である．岡山市における月間の気温・日照時間・降水量・降水日数の平年値を図2と図3に示す．夏の最高気温は7月，8月ともに30℃を超えており，東京都区部（千代田区）に比べて両月とも2℃も高く，日中の暑さが厳しい気候条件だとわかる．一方，冬の気温は最寒月1月の平均気温が4.9℃，最低気温は1.1℃であり，実は瀬戸内地域の平野部にある気象台10地点の中で2番目に低い数字である．このように岡山市は気温で見ると，1年を通し

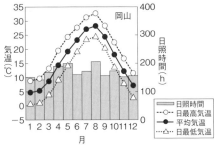

図2　岡山市における気温と日照時間

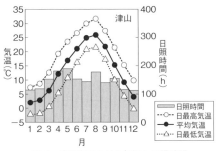

図4　津山市における気温と日照時間

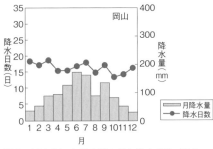

図3　岡山市における降水量と降水日数（0.0 mm
以上）

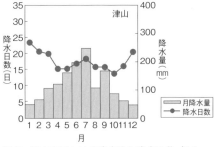

図5　津山市における降水量と降水日数（0.0 mm
以上）

て穏やかな気候とはあまりいえないようである.

　年降水量の平年値は1,105.9 mmで，東京の1,528.8 mmに比べて400 mm程度少ない. 月別で見ると特に8月と10月の降水量が岡山市は少ないようで，太平洋高気圧の勢力下に入りやすいことや，四国山地と中国山地にはさまれた地理的な条件から台風の影響を受けにくいことも関係していると考えられる. 1年を通しての雨の少なさは瀬戸内地域の中でも顕著であり，香川県高松市の年間降水量1,082.3 mmに次いで少ない. 岡山県は1989年より，「晴れの国おかやま」を県のイメージを表すキャッチフレーズとして広報活動を進めてきている（岡山県ホームページ（公聴広報課））. 晴れの国といわれれば文字どおり晴れた日が多い県という印象をもつが，これは岡山市（岡山地方気象台）で観測された降水量1 mm未満の日数の平年値が，全国で最も多いという事実に由来する. 一方

で，年間日照時間の平年値は2,030.7時間で，これは瀬戸内地域の平野部にある気象台の中で見れば特に多いわけではない.

3. 津山市（県北部）の気候

　津山市は岡山県北部を代表する主要都市であり（人口約10万人），県北東の津山盆地内に位置する. 津山市における月間気温・日照時間・降水量・降水日数の平年値を図4と図5に示す. 先述の岡山市と同様に7月，8月平均の最高気温は30℃を超えるが，最低気温は岡山市よりも2〜3℃低くなっている. 1年を通して県南部に比べて気温の日較差が大きく，これは盆地特有の気候といえる. そのため秋には，放射霧が発生して盆地全体まで広がりやすい. 県中西部に位置する高梁盆地（高梁市）の放射霧も，よく知られている. 移動性高気圧に日本列島がおおわれやすい10月と11月に，津山市の日照時間が岡山市に比べて少ない理由の1つとして，このような霧の頻発が影響していると考えら

れる．実際，気象庁の観測からは1年のうち10〜12月の3か月間で霧日数が多くなっている．近年の霧の年間発生日数は100日前後で，50年ほど前に比べると，100日を超える日数を記録する年が少なくなってきているようである．しかし，岡山市の年間の霧発生日数が，近年は10日を超える年もほとんどないことからも，津山市の霧の発生がいかに多いかがわかる．盆地霧については，「広島県の気候」のA.5.の「(2) 盆地霧」で詳しく説明されている．

　年間降水量の平年値は1,415.8 mmで，平野部の岡山市に比べて300 mmほど多い．冬季に降水日数が増えるのは，降雪の影響と考えられる．

4. 岡山県の特徴的な気象現象

(1) 瀬戸の夕凪

　岡山平野では，日中は南寄りの海風，夜間になると北寄りの陸風が，好天日に1日の中でよく観測される．海風と陸風の風向は反対向きとなるため，朝と夕には凪（なぎ）とよばれる現象が現れる．漢字から類推されるように，それまで吹いていた風がぴたっと止んだ静穏が数時間続く．この現象は，地形的に上空の強い風の影響を受けにくい瀬戸内海の沿岸部でよく観測され，「瀬戸の夕凪」という言葉が有名である．特に岡山県の備讃瀬戸海域の沿岸部では，「備前の夕凪」ともよばれてきた．凪の時間帯，瀬戸内海は波のまったく立たない滑らかな海面となり（図6），その光景にとても驚く．この夕凪が夏の時期に起これば，非常に蒸し暑い感覚に襲われるのは容易に想像がつくだろう（海陸風と凪の日変化は隣の広島県沿岸域でも顕著であり，「広島県の気候」のA.5.の「(1) 海陸風」で述べられている）．

　風速が何m/s以下であれば海陸風の交代時の凪現象とみなせるという明確な定義は存在しないようだが，その交代時が風向から明瞭であり，無風に近いような非常に弱い風（微風）となれば凪の時間帯に入ったといえるだろう．図7には，岡山県南西部の笠岡市沿岸に隣接する笠岡アメダスで観測された

図6　夕凪発生時における備讃瀬戸の風景　海面は波が立っておらず，とても滑らかである．

風向風速と気温の日変化を示している．記録的な猛暑が続いた2013年の8月10日から12日までの例であるが，いずれの日も日中は海側からの南風（海風），夜間は陸側からの北風（陸風）になる海陸風の交代が明瞭に現れている．日中の海風は5 m/sを超えることも多く，体感的にはやや強い風である．ところが夕方16〜17時には急激に風速が小さくなり，1 m/s未満の微風となっている様子がわかる．夜間に風速2 m/sほどの陸風が安定して観測されるまで2〜3時間はかかっていることからも，この時間帯が凪だとみなせる．凪のときの気温はいずれの日もまだ31℃以上あり（8月10日に至っては33℃前後），耐え難い蒸し暑さを体は感じるはずである．凪という気象学的に見れば穏やかな現象も，それを体験する住民にとっては決して穏やかな気持ちにはなれないだろう．

　凪は海陸風の交代によって生じる現象のため，もちろん朝方にも出現することになる．朝の7〜9時付近で風速が一旦，微風状態に落ち着く様子が図7からもわかる．朝方は夕方に比べると気温もずいぶん下がっているため，朝凪の蒸し暑さが特段取り上げられることもあまりない．しかし，図に示した期間のように連日の熱帯夜（夜間の最低気温が25℃以上の日）と朝凪が重なれば，蒸し暑さで不快な寝起きを経験してしまうだろう．

(2) 広戸風

　広戸風（ひろとかぜ，ひろどかぜ）は，岡

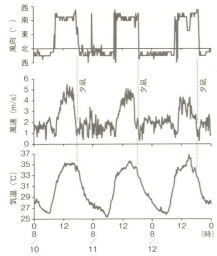

図7 2013年8月10日〜12日に笠岡アメダスで観測された風向・風速・気温の日変化 夕凪の代表的な時間の位置を破線で示してある.

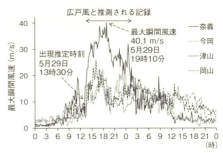

図8 2011年5月29日にアメダスと気象台で観測された最大瞬間風速の時間変化（出典：大橋, 2012より引用） 最大瞬間風速は各10分間の最大値.

山県の北東部に位置する那岐山（山頂標高1,255 m）の南麓で出現する強風現象であり，最大瞬間風速がときには40〜50 m/sにも達する．この広戸風は，日本列島の南海上を台風が東進する際に出現確率が高くなることで知られており，強風被害の範囲に含まれる地域には農地も多いため，事前の対策に追われる．田畑が荒れることで大きな収穫減につながったり，ときには電柱まで倒れる被害も過去に見られた．広戸風はおろし風のタイプに属し，台風の下層で発生する強い北風が那岐山から吹き下りてくる過程で，より強い風として地表付近で観測される．那岐山の北側に存在するV字谷で北風が収束することが重要とされており，発生メカニズムの詳細は過去の研究からも明らかとなっている．

図8は，2011年5月29日に出現した広戸風の風速の記録である．季節外れの台風接近に伴い，岡山県内の各地で強風が観測されたが，那岐山の南麓に位置する奈義アメダス（山頂から約6 kmの水平距離）の風系は他のアメダスに比べてかなり様相が異なっていた．最大瞬間風速は40.1 m/sを記録してお

り，那岐山の風下地域で広戸風が出現したと予想される．奈義アメダスの観測データから，広戸風は実に12時間近く吹き続けていたことがわかり，地域住民にとって広戸風がいかに脅威となる現象であるかがうかがえる．また，広戸風は夜間に出現しやすい特徴をもつことが統計的に明らかにされており（佐橋，1980），単に台風の接近だけによらず，那岐山周辺の上空大気の熱的な安定条件も広戸風の強化に関わっている．

広戸風によるものと思われる，2004年に発生した倒木などの被害の様子を図9に示す．家屋では強風被害を避けるために，昔より古背（こぜ，こせ）とよばれる防風林を構えている．広戸風の影響を受ける地域では，風向に対面するように家屋の北側を高木でおおい隠した民家が目立つ．一方で，広戸風とその前兆現象に関する多くの伝承が住民によって古くから残されてきており，代々にわたり広戸風から身を守る工夫と努力がなされてきたことがわかる．

B. 岡山県の気象災害と大気環境問題

1. 台風と豪雪による災害

「晴れの国おかやま」のキャッチフレーズに示されるように，岡山県は気候が穏やかで気象災害も少ない印象があるが，先述の広戸風のように，その地域に特有な大きな災害がこれまで発生してきている．

図9 2004年10月に発生した大規模広戸風によると思われる被害の様子（出典：片岡，2005より引用）

　岡山県は地理的・地形的な特徴から台風の影響が少ないとされるが，過去には1976年台風17号，1990年台風19号，1998年台風10号などで大きな被害が見られた。秋雨前線による断続的な大雨に台風の影響が重なることで，浸水や崖崩れによる死者や家屋の全半壊が岡山県でも発生している。また，2004年台風16号の接近では大潮期間の満潮と重なったため，過去に類のない高潮が玉野市の沿岸部で観測され（254cm），大規模な浸水被害をもたらした。

　岡山県北部では豪雪に見舞われることも過去にあり，8市町村（津山市，新見市，真庭市，美作市，新庄村，鏡野町，奈義町，西粟倉村）が国による豪雪地帯に指定されている。全国規模で豪雪が発生した年にはこれらの地域も記録的な大雪となり，人的被害や住家被害がしばしば発生してきた。2011年の豪雪襲来では，真庭市の上長田アメダスで最深積雪量137cmを記録し（2011年1月17

日），県内観測史上1位となっている。近年でも2014年2月に全国的な豪雪が発生し，岡山県でも農作物等への被害が報告されている。このとき県南平野部の岡山市でも20年ぶりに8cmの積雪量を観測し，さまざまな交通障害が発生して混乱に陥った。

2. 海風と大気汚染の関係

　A.4.の「(1) 瀬戸の夕凪」でもふれたが，岡山県南部の平野や沿岸では日中に瀬戸内海からの海風がよく出現する。海風は日本でごくありふれた気象現象であり，日中，陸地の温度が海の温度よりも高くなる理由で発生する。したがって暖候期の高気圧におおわれた晴天条件で，海風は見られやすくなる。岡山県の海岸線はちょうどV字のような形をし，東側の北東方向にのびる海岸線の内陸に岡山市が，西側の北西方向にのびる海岸線の内陸には倉敷市が存在している（図1参照）。したがって，それぞれの海岸線に直交する風向で海風が瀬戸内海から侵入するため，上空の風の影響を受けない穏やかな気象条件であれば，両方の海風が内陸のどこかで衝突することになる。こうしてできる海風収束ラインの存在が，大気汚染物質である二酸化硫黄（SO_2）の高濃度化をしばしばもたらすといわれている（佐橋，2004）。その後の研究では，二酸化硫黄に限らずSPM（浮遊粒子状物質）や光化学オキシダントといった人体に悪影響を及ぼす大気汚染物質でも，海風の収束によって濃度が上昇する現象が確認されている。

　例として，岡山平野で海風の収束ラインが形成された場合と，収束せずに南西からの海風で一様におおわれた場合の光化学オキシダント濃度の水平分布を図10に表す。ここでは2000年7月にそれぞれの風系が観測された海風収束40時間と南西海風41時間の平均値を示している。このときの風の解析からは，図中の観測地点AとBを結ぶ位置（図10 (a) の破線）で海風収束ラインの出現が確認され，その付近のオキシダント濃度も高い様子がわかる。一方，南西海風の卓越時にはそのような特徴が見られないことから（図

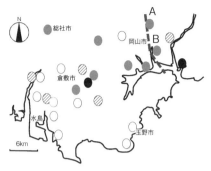

(a) Oₓ濃度（海風収束）

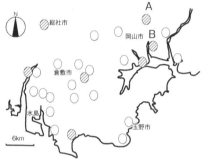

(b) Oₓ濃度（南西海風）

図10 （a）海風収束が起こっているとき，（b）南西からの海風で一様におおわれているときの光化学オキシダントの濃度分布（単位:ppm. ● 0.060 ～ 0.070，◐ 0.050 ～ 0.060，◧ 0.040 ～ 0.050，○ 0.020 ～ 0.040） それぞれ 40 時間と 41 時間の平均値を表している. 図10 （a）の岡山市側にある破線が，海風収束ラインの出現位置をさす（出典：大橋・澤上，2009 の図を一部改変）.

10 （b）），海風収束という気象現象と大気汚染物質の高濃度が密接な関係を有しているといえる.

特に岡山県南部の沿岸地域には昔から大規模な工業地域が発達しており，1980 年代に起こった水島地域の倉敷公害訴訟をはじめ，岡山県において大気汚染は現在も大きな環境問題として残る.

C. 岡山県の気候と風土

1. 吉備国と稲作

岡山県を中心に，古代に吉備国（きびのくに）とよばれる大国が存在した. 吉備国は温暖で穏やかな瀬戸内海気候と広い岡山平野で繁栄し，大和政権と密接な関係をもつ存在だったとされる. 桃太郎話は，この吉備国と大和政権の争いを題材にした物語と一説では伝えられるが，今でも日本国民に最も愛されるおとぎ話として語り継がれる.

温暖な気候と吉井川・旭川・高梁川という三大河川の豊かな水資源によって，人々の暮らしは稲作とともに歩んできた. 岡山平野で発掘された縄文時代の遺跡からは，すでに稲作が当時から行われていた痕跡がいくつも発見されている（岡山県教育委員会，1995）. やがて江戸時代の終わり頃には「雄町米」とよばれる良質な酒米が作られるようになり，日本全国で栽培されるさまざまな酒米の親品種として有名となった. 雄町米は現在の岡山県岡山市中区雄町地区から栽培が広がったが，「晴れの国」岡山の中でも日照不足になりにくい岡山平野であったことは，うなずける. 岡山平野は稲作の栽培限界とされる年降水量 1,000 mm に近づく雨の少ない気候であるが，先述の 3 大河川からの灌漑用水によって古くから稲作が盛んに行われ続けてきた.

2. 果樹栽培

岡山県は，桃とブドウの果樹栽培で全国的にも有名である. 農林水産省の農林水産統計（農林水産省ホームページ・作況調査（果樹））によると 2014 年産の桃の収穫量は全国第5位の 7,100 トンで，この数字は日本の総収穫量の 5％に相当する. 一方，ブドウの収穫量は全国第4位の 15,600 トンであり，総収穫量の 8％を占めている. 岡山県の桃は表皮の白い白桃が主流となっており，特に岡山発祥の品種である清水白桃は全国生産量の多くを岡山県が占め，高級桃として有名である. 一方のブドウは，マスカット（マスカット・オブ・アレキサンドリア）が全国生産量の 9割以上を誇り，温暖少雨である瀬戸内海気候

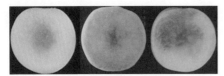

図11 桃（紅清水）に現れた果肉異常の様子 左：正常な果肉，中央：赤肉症の果肉，右：水浸状果肉褐変症の果肉（出典：高田，2006）．

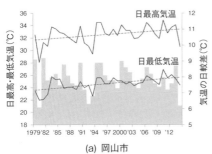

(a) 岡山市

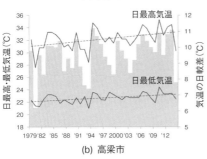

(b) 高梁市

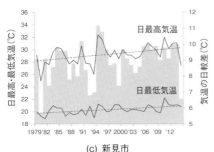

(c) 新見市

図12 最高気温（折線）・最低気温（折線）・気温日較差（棒）の8月平均値の経年変化（1979～2014年） 破線は最高・最低気温の回帰直線を表す．

と生産農家の栽培技術向上・品種改良によって，今では岡山県を代表する特産品として知られるようになった．近年には種なしのブドウで糖度も高いピオーネ（ニューピオーネ）が，岡山県のブドウの主役になりつつあり，全国生産量の4割を占めるまでに伸びてきている．

　一般的に果樹栽培は，気候の影響を大きく受ける．桃は年平均気温9℃以上，特に4～10月の平均気温が15～16℃以上を必要とし，夏の成熟期の日照が多く年降水量1,300 mm以下の気象が栽培の至適条件とされる（農林水産省ホームページ・都道府県施肥基準等）．桃の収穫期は品種や地域によって差があるものの，おおよそ7月下旬から始まる．果実の成熟期に高温に見舞われると，成熟の遅延や果肉障害が発生しやすくなる可能性も指摘されている．7月下旬から8月上旬までが収穫期にあたる中晩生の清水白桃の場合，成熟期の収穫10～20日前あたりから35℃以上の高温に果実が長時間曝露されると，成熟が遅れて収穫量に影響が生じるおそれがある（藤井ほか，2012）．実際，猛暑となった2010年，岡山県内でも桃の成熟期に最高気温35℃以上を連日記録したため，清水白桃の成熟遅延が報告されている（藤井ほか，2011）．このような成熟遅延は，赤肉症や水浸状果肉褐変症といった生理障害（図11）をその後に引き起こすおそれがあり，近年増加している．

　ブドウは，年平均気温7℃以上，特に4～10月の平均気温が14℃以上で，かつ年降水量1,600 mm以下の気象が栽培の至適条件とされている（農林水産省ホームページ・都道府県施肥基準等）．成熟期の平均気温は，20.0～25.5℃が最適といわれる．また，気温の日較差がブドウの着色や糖度に重要であり，15～25℃の温度帯で10℃以上の昼夜温度差が効果的といわれる（碓井，2008）．夜間の気温が低下しにくい平野部などの地域では着色不良に陥りやすく，反対に山間部といった気温の日較差（最高気温と最低気温の差）が大きくなる内陸部で濃い色のブドウの

成長が期待できる. 県内でピオーネの出荷量が多い岡山市・高梁市・新見市における気温の日較差の経年変化を図12に示す. ピオーネの着色期にあたる8月の平均値を, ここでは表している. 近年, 高梁市に代表される内陸部でピオーネの栽培が盛んとなり収穫量も増やしてきているが (市南, 2008), それは内陸性気候の特徴である気温の日較差が大きいことが理由の1つと考えられる.

［大橋唯太］

【参考文献】

[1] 石田五郎, 1980：岡山の天文, 岡山の天文気象 (岡山文庫90), 日本文章出版, 60-62.
[2] 市南文一, 2008：岡山県におけるブドウ生産の推移, 岡山大学環境理工学部研究報告, 13巻, 75-84.
[3] 碓井稔, 2008：桃とピオーネ——「果樹王国」備中の先進性 (7章), 「備中高梁」に学ぶ, 吉備人出版, 61-70.
[4] 大橋唯太, 2012：局地風による災害 (第3章), 岡山の「災害」を科学する, 吉備人出版, 36-54.
[5] 大橋唯太・澤上平護, 2009：岡山平野で発生する海風収束と大気汚染濃度の関係, Naturalisate, 13号, 19-26.
[6] 岡山県教育委員会, 1995：岡山県埋蔵文化財発掘調査報告100 南溝手遺跡1, 岡山県古代吉備文化財センター編, 494p.
[7] 岡山県ホームページ (治山課) (http://www.pref.okayama.jp/page/detail-57031.html, 2015年9月25日閲覧).
[8] 岡山県ホームページ (公聴広報課) (http://www.pref.okayama.jp/uploaded/attachment/201560.pdf, 2015年9月25日閲覧).
[9] 片岡文恵, 2005：2004年の台風による大規模広戸風の解析的研究, 岡山大学大学院自然科学研究科修士論文.
[10] 佐橋謙, 1980：岡山の気象, 岡山の天文気象 (岡山文庫90), 日本文章出版, 88-172.
[11] 佐橋謙, 2004：岡山の自然と環境問題 (第2章), 岡山の自然と環境問題, 大学教育出版, 47-58.
[12] 高田大輔, 2006：モモの果肉障害 "赤肉症" と "水浸状果肉褐変症" に関する研究, 岡山大学大学院自然科学研究科博士論文, 90p.
[13] 農林水産省ホームページ・作況調査 (果樹) (http://www.maff.go.jp/j/tokei/kouhyou/sakumotu/sakkyou_kazyu/, 2015年9月25日閲覧).
[14] 農林水産省ホームページ・都道府県施肥基準等 (http://www.maff.go.jp/j/seisan/kankyo/hozen_type/h_sehi_kizyun/, 2016年8月25日閲覧).
[15] 藤井雄一郎ほか, 2011：モモ '清水白桃' の収穫期と果肉障害発生に及ぼす成熟期における異常高温時のエテホン処理の影響, 平成23年度園芸学会秋季大会講演要旨 (園芸学研究第10巻別冊2), 385p.
[16] 藤井雄一郎ほか, 2012：平成23年度試験研究主要成果, 岡山県農林水産総合センター農業研究所, 21-22.

広島県の気候

A. 広島県の気候・気象の特徴

　広島県は中国地方の中では瀬戸内海に面した山陽側に位置し，瀬戸内海気候と考えられているが，それは瀬戸内海沿岸部に限られるもので，県北の地域は山陰の気候に近い．また沿岸部でも広島市を中心とした県南西部と，福山市を中心とした県南東部でも少し異なっており，県南東部は岡山県の気候に近く，最も典型的な瀬戸内海気候である．

1. 広島県の気温・降水量分布

　このような県内の気候の違いを分布図で概観する．気候の分布は地形分布に大きく関連していると考えられるので，図1に広島県の地形図を示す．南部は瀬戸内海の島しょ部から広島平野，福山平野を中心にした沿岸部で，北部の中国山地に向けて段階的に標高が高くなっている．最も標高が高いのは県北西部の恐羅漢山（1,346 m）で，中国山地には1,000 m前後の山々が連なっている．広島平野，福山平野はそれぞれ太田川，芦田川の河口部に広がった沖積平野である．県北には江の川が三次盆地を通って日本海に注いでいる．県の中部から東部にかけては標高500 m程度の世羅台地が広がっており，岡山県の吉備高原につながっている．

（a）年平均気温平年値図（℃）

（b）年降水量平年値図（mm）

図2　広島県における年平均気温と年降水量の分布
（出典：広島地方気象台ホームページ）

　図2は年平均気温と年降水量の平年値の分布を示している（広島地方気象台ホームページ，広島県の地勢と気象より引用）．気温分布を見ると，全体的には標高の高い県北部が低温になっており，南北で5℃程度の差がある．県北部にある中国山地の標高は1,000 m前後あるので，ほぼ標高の差を反映した結果となっている．山間部では最低気温が−18℃程度に下がることもある．南北差を少し詳しく見ると，県南部の気温の高い領域が広島から三次にかけて北東にのびていることが特徴的である．地形図と対応させると，この高温域は広島平野から北東にのびる

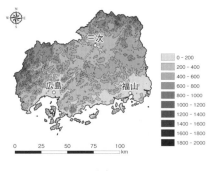

図1　広島県の地形

表1　県内の3地点における月別気候の比較（1981～2010年）

		1月	2月	3月	4月	5月	6月	7月	8月	9月	10月	11月	12月	年平均
平均気温 (℃)	広島	5.2	6.0	9.1	14.7	19.3	23.0	27.1	28.2	24.4	18.3	12.5	7.5	16.3
	福山	4.3	4.8	8.0	13.5	18.2	22.3	26.2	27.6	23.6	17.4	11.7	6.6	15.4
	三次	1.7	2.5	6.0	11.8	1.8	21.0	24.8	25.6	21.3	14.6	8.7	3.8	13.2
降水量 (mm)	広島	44.6	66.6	123.9	141.7	177.6	247.0	258.6	110.8	169.5	87.9	68.2	41.2	1537.6
	福山	35.1	50.5	84.5	93.2	123.8	175.3	176.7	83.0	131.0	78.8	54.4	31.0	1117.2
	三次	65.2	73.4	106.6	107.6	147.0	210.3	259.0	123.4	171.5	87.9	71.7	68.5	1485.9
降水日数 1mm以上	広島	5.7	7.0	9.6	9.3	9.2	10.7	10.1	6.8	9.1	6.0	6.1	4.9	94.5
	福山	4.9	6.2	9.2	8.9	9.0	10.2	9.2	5.9	8.3	6.1	5.5	4.2	87.6
	三次	12.7	11.9	12.0	10.2	10.5	11.6	12.5	8.9	10.3	7.6	9.1	11.4	129.1
降水日数 0mm以上	広島	21.9	19.3	19.7	15.7	15.4	17.3	18.3	15.8	17.2	13.6	15.2	19.6	209.1
	福山	17.4	16.4	17.6	14.2	14.5	15.7	15.8	13.1	15.0	12.2	12.0	14.8	178.9
	三次	–	–	–	–	–	–	–	–	–	–	–	–	–
日照時間	広島	137.2	139.7	169.0	190.1	206.2	161.4	179.5	211.2	165.3	181.8	151.6	149.4	2042.3
	福山	142.1	139.2	167.7	192.7	208.6	172.3	197.7	226.4	165.8	179.0	151.7	152.8	2096.1
	三次	80.3	98.1	137.8	172.3	186.7	146.5	159.0	181.5	136.3	136.5	101.7	81.9	1624.0
雪日数	広島	8.7	7.1	2.6	0.0	0.0	0.0	0.0	0.0	0.0	0.0	0.2	4.6	23.3
	福山	4.9	3.5	1.4	0.0	0.0	0.0	0.0	0.0	0.0	0.0	0.0	2.9	13.0
	三次	–	–	–	–	–	–	–	–	–	–	–	–	–

広い谷筋に沿った地域にあることがわかる．同様に，北東部から南西部への低温領域も，標高の高い地域に対応していることがわかる．

　降水量分布を見ると，県の北西部の地域が最も多く，南東部に向けて少なくなっている．北西部の降水は，標高の高い山岳地域にあることで地形の影響が大きく，また冬季の降雪による寄与が大きい．降水量の少ない県南部では，東部にいくほど降水量が少ないことが明瞭に見られ，県南西部では南東部の1.5倍近い降水量になっている．南西部では，南側にある豊後水道からの水蒸気流入が多くなることが関係している．冬季には南西部では山陰により近いことから，南東部に比べて降雪も多い．県南東部から岡山県南部にかけては，瀬戸内海でも最も降水量の少ない地域（年降水量1,200 mm程度）で，典型的な瀬戸内海気候になっている．表1に示したように，県南東部の福山では降雨日数も少ない．過去には，この気候を利用して塩田で製塩業が盛んに行われていた．県南東部の尾道市から愛媛県今治市につながる「しまなみ海道」は連絡橋でつながっており，この瀬戸内海気候を生かした柑橘類の栽培が盛んである．（「C.広島県の気候と風土」参照）

2．広島市の気候

　広島市は県西部の瀬戸内海沿岸にあり，太田川によって形成された南北20 kmにわたる広島平野に発達した中国地方最大の都市である．温暖で雨の少ない瀬戸内海気候を反映して，図3に示すように冬季の月平均最低気温が0℃を下回ることはない．また日照時間は年間を通じて多く，年合計2,042時間で全国平均よりも多い．

　図4に示した月降水量を見ると梅雨期の6～7月が最も多くなっている．図に示した0.0 mm以上の月間降水日数は年間を通して15～20日程度になっている．年降水量は1,538 mmで全国平均よりも少ない．

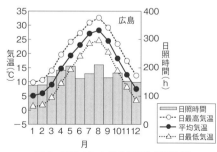

図3　広島市における気温と日照時間

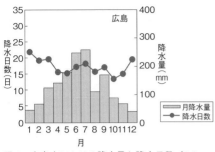

図4 広島市における降水量と降水日数（0.0 mm 以上）

3. 代表的な都市における気候

初めに述べたように，広島県は瀬戸内海沿岸部と県北の山間部，また沿岸部でも県東部と県西部で気候が異なっている．ここでは県内の各地域から南西部の広島市，南東部の福山市，県北部の三次市をそれぞれ代表地点に選んで対比しながら説明する．表1は各地点の平均気温（月平均値），日照時間（月総計），降水量，降水日数などの月別の変化を示したものである．年平均気温で比較すると，標高159 mにある三次では13.2℃であるのに対して，沿岸部の広島（標高3.6 m）では16.3℃，福山（標高1.9 m）では15.4℃となっている．盆地にある三次では年平均の日較差が10.9℃と広島（8.5℃），福山（9.6℃）に比べて大きくなっている．

年間日照時間は1,624時間（三次），2,042時間（広島），2,096時間（福山）となっており，瀬戸内海沿岸部と県北部に明瞭な違いが見られる．特に冬季の差が大きいのは冬型の気圧配置になったときに県北部は日本海側気候に近い状況になるためと考えられる．

月降水量と降水日数（1 mm以上）の1年のうちでの変化を見ると（図5，6も参照），県北の三次の冬季の降水量，降水日数が県南に比べて多く，山陰地方に近い．同じ瀬戸内海沿岸でも広島と福山の年間降水量は1,538 mmと1,117 mm，また1 mm以上の年間降水日数は95日と88日で顕著な差がみられる．0.0 mm以上の降水日数では，特に冬季に広島と福山の差が大きい．年間の雪

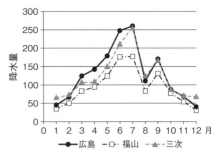

図5 広島，福山，三次の月別降水量の比較

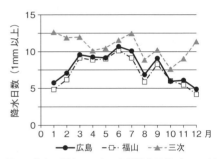

図6 広島，福山，三次の月別降水日数（1 mm以上）の比較

日数を見ると，福山の13日に対して広島は23.3日と多くなっており，スキー場も県北西部に多い．

4. 夏日，真夏日，猛暑日，熱帯夜，冬日日数の各地点比較

近年，気候を表す1つの指標として真夏日，猛暑日，熱帯夜などの日数が取り上げられることが多くなった．これは地球温暖化やヒートアイランド現象との関連もある．

県内の代表的な3地点における夏日，真夏日，猛暑日，熱帯夜，冬日の日数を表2に示した．これは2010年から2014年までの5年間の平均日数を示したものであり，年による変動は大きい．夏日と真夏日の日数は3地点であまり大きな差は見られないが，三次では沿岸部に比べて猛暑日が少ない．また，熱帯夜は都市部の広島で最も多く，県北の三次では5年間で一度もない．これは三次の標高が高いこと，都市化の影響が小さい

表2 真夏日などの年間日数（2010〜2014年の5年間平均）

2010-2014	夏日	真夏日	猛暑日	熱帯夜	冬日
広島	139	69	10	41	19
福山	138	69	15	20	58
三次	130	64	8	0	89

ことなどが原因と考えられ，冬日の日数にも都市化の影響が顕著に見られる．

広島市の経年トレンドについては，江波山気象館ホームページに詳細なグラフがあるが，気象台移転の1988年以降，真夏日や猛暑日，熱帯夜の増加が顕著である．県内全般および広域の気候変動については，広島地方気象台ホームページ（広域気候変動）に詳しく述べられている．

5．広島県の局地気象・気候

（1）海陸風

広島県南部は瀬戸内海に面しており，気候区分としては，晴天日が多く雨の少ない「瀬戸内海気候」の地域になる．隣接する岡山県や四国側の愛媛県，香川県などの沿岸もこの気候区分になる．穏やかな瀬戸内海に面していることで，顕著な局地気象として海陸風が発達しやすい特徴をもっている．

宮田（1982）は『広島県の海陸風』という著書でこの現象を詳しく説明している．代表的な例として，県東部にある福山市の8月における海陸風の様子を図7に示す．これは1日の時間軸を横軸にして，風ベクトルの時間変化を矢印で示したものである．昼間の南風が海風を，夜間の北風が陸風を表す．日射が強く，海陸の温度差が大きくなる春から夏には海風が明瞭で，継続時間も長く

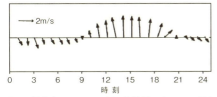

図7 福山市における8月の海陸風ベクトルの日変化例（出典：宮田，1982より一部抜粋）

なる．昼間の海風は風速が2〜3m/sであるが，夜間の陸風は1m/s程度と弱いことがわかる．朝と夕方の海風と陸風の入れ換わる時間帯には「凪」とよばれるほとんど風にない状態があり（朝凪，夕凪），「瀬戸の夕凪」は風物詩として知られている．凪の詳しい説明は，「岡山県の気候」のA.4.の「（1）瀬戸の夕凪」で示されている．

1970年代には瀬戸内海沿岸に大規模な工業地帯が相次いで建設され，そこから排出される大気汚染物質が，海陸風によって輸送・拡散されることから，多くの調査研究が行われた（宮田，1982）．海風と大気汚染の関係については，「岡山県の気候」のA.4.の「（2）広戸風」にも述べられている．

（2）盆地霧

周囲を山で囲まれた盆地地形の多い県北部では，盆地特有の気候・気象が見られる．

広島県北部に位置する三次盆地は東西約30km，南北約20kmの広さをもつ県内最大の盆地で（図1参照），西城川，馬洗川，可愛川，神野瀬川などが三次盆地で合流し，江の川となって日本海に注ぎ込む．ここでは，夜間から早朝にかけて盆地全体をおおうほどの大規模な霧が発生する．これは盆地に形成される「冷気湖」で空気中の水蒸気が飽和，凝結して「盆地霧」になると考えられている．このような霧は，地表面の放射冷却に伴って起こるので「放射霧」とよばれ，霧が晴れると晴天になる．

盆地は周囲を山に囲まれているので，風が弱く放射冷却が進みやすい．放射冷却の顕著な秋の早朝に多く見られ，三次盆地の霧は観光の目玉にもなっている．小高い山（高谷山など）に上がると霧の層の上に出ることができて，図8のような壮大な霧の海「雲海」を多くのカメラマンが撮影の対象にしている．

三次盆地の霧は，広島県立大学を中心とする研究グループによって大規模な調査研究が行われ，「三次盆地の霧の研究」（宮田，1994）としてまとめられている．それによると，9月から12月にかけては月に10日

図8　雲海として見られる三次盆地の霧（大橋唯太氏提供）

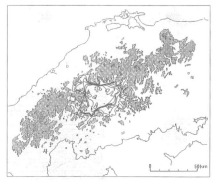

図9　ランドサット衛星画像から求めた霧の発生頻度分布　斜線部分は標高500 m以上の地域（出典：宮田，1994）

以上の発生があり，午前2時頃から9時頃まで継続することが多い．霧の厚さは盆地底（標高150 m）から標高500 m程度にまで及び，下層には霧がなく層雲として雲海をつくることも多い．図9は7回のランドサット衛星画像を解析して，霧域と考えられる地域を抜き出して頻度分布を描いたものであり，標高500 m以下の地域に発生していることがわかる．県内では三次盆地以外でも，加計，西条，三原などでも霧が見られることが多い．

B．広島県の気象災害

　広島県は瀬戸内海に面しており，全国的には地震・火山も含めて自然災害の少ない地域である．台風による大雨や強風は，周囲を囲

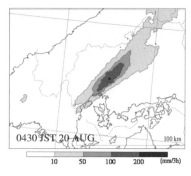

図10　2014年8月20日1時30分〜4時30分の3時間積算雨量分布（気象研究所・津口裕茂氏提供）

む四国山地，中国山地などによって軽減され，また冬季の日本海側の豪雪も，瀬戸内海側には及ばないためと考えられる．しかし，台風の勢力や経路によっては大規模な災害，局地的豪雨による災害などが発生することもあり，普段から災害に対する意識の少ないことが，逆に大きな災害につながることもある．

　記憶に新しいものでは，2014年8月の広島土砂災害があげられる．8月20日未明，広島市北部のベッドタウンで1時間降水量100 mmを超える局地的豪雨が発生し，甚大な土砂災害により74名の犠牲者を出した．

　8月19日夜から降り出した雨は20日1時頃から急激に強まり，広島市安佐北区三入アメダスで4時までの1時間降水量101 mmを記録した．3時20分頃から土砂災害が発生し始めて，早朝までに安佐北区，安佐南区を中心に多くの場所で大規模な土砂災害が発生した．図10に示したように，1時30分から4時30分までの3時間降水量で200 mmを超えた地域が直線状に広がっていることがわかる．19日正午から20日正午までの24時間降水量は257 mmに達している．この局地的な豪雨は，日本海にあった停滞前線に向けて，南から湿潤な空気が豊後水道を通ることで多量の水蒸気が供給され，バックビルディング現象（吉崎・加藤，2007）を

表3　広島県における戦後の主な気象災害

発生年月	災害の種類	被害地域	県内の死者・行方不明者
1945 年 9 月	枕崎台風による豪雨災害	広島，呉	2,012 名
1951 年 10 月	ルース台風による豪雨災害	大竹市，佐伯郡	132 名
1967 年 7 月	豪雨による土砂災害	呉	88 名
1972 年 7 月	豪雨による洪水	三次，庄原，加計町	39 名
1988 年 7 月	豪雨による土砂災害	加計町	25 名
1991 年 9 月	台風 19 号による強風・高潮	県南西部	6 名
1999 年 6 月	豪雨による土砂災害	広島，呉	32 名
2010 年 7 月	豪雨による土砂災害	庄原	5 名
2014 年 8 月	豪雨による土砂災害	広島	74 名

引き起こし，それにより同じ地域に繰り返し発生した積乱雲がもたらしたと解析されている（気象研究所，2014）.

この土砂災害は，広島市北部の扇状地に広がった宅地に，豪雨に伴って背後の谷筋が崩れて多量の土砂が家屋を押し流したことによるものである．広島県から岡山県にかけては花崗岩が広く分布し，これが風化してもろい地質の「マサ土」として広がっている．マサ土は水分を含むと崩れやすく，豪雨によって土砂災害につながることが多い．15 年前の1999 年 6 月 29 日にも 32 人の死者・行方不明者を出す土砂災害が今回と隣接した地域，および呉市で同時発生している．2014 年の土砂災害の調査では，直径 30 ～ 50 cm の角張った岩が多く流されてきていることから，マサ土の表層崩壊から始まって，それが堆積岩や流紋岩などの硬い岩も多く押し流されていることが指摘されている（中国新聞社，2014）.

表3は県内の戦後における主な気象災害をまとめたものである．これに見られるように呉（1967 年 7 月），庄原（2010 年 7 月）など多くの土砂災害が発生し，犠牲者が出ている.

台風災害で忘れてならないのは 1945（昭和 20）年の枕崎台風である．枕崎台風は室戸台風，伊勢湾台風と並んで「昭和の三大台風」とよばれる．1945 年 8 月 6 日の原爆投下から間もない 9 月 17 日，広島を巨大台風が襲った．広島県では土砂災害などで 2,000名以上の犠牲者があった．ノンフィクション作家の柳田邦男はこれを基にして『空白の天気図』を著している.

C. 広島県の気候と風土

A. の「1. 広島県の気温・降水量分布」で述べてきたように広島県南部の瀬戸内海沿岸では瀬戸内海気候で，特に南東部で典型的な特徴が見られる．温暖で雨が少なく，また自然災害も比較的少ないという自然条件は岡山県とも共通する点が多い．図2に見られるように，沿岸から少し離れた世羅台地を中心にした高原地帯，さらには中国山地に近い三次盆地などでは瀬戸内海気候とは大きく異なって徐々に日本海側の気候に近くなっている．それぞれの地域で気候などの自然条件に育まれた風土がある．A. の「5. 広島県の局地気象・気候」で述べた「海陸風」や「盆地霧」もそれぞれの地域の風土を表す局地気象を表しているが，ここでは広島県の特産品である，「日本酒」「牡蠣」「柑橘類」に焦点を当てて気候など自然環境との関連性について述べる.

1. 日本酒

東広島市の西条地区は伏見（京都府），灘（兵庫県）などとともに全国でも有数の酒どころとして知られており，水・米・気候の自然条件に恵まれた地域に伝統的な技術が受け継がれてきた．この地域は図1の地形図で見られるように標高 200 ～ 400 m の中山間部で，図2に見られるように比較的気温の低い地域になっており，特に稲の熟す頃の 1日の気温差が 10℃以上と大きいことが上質

の酒米を生み出している．また，龍王山からの伏流水が花崗岩地帯を通って良質な水として供給され，おいしい日本酒になっているといわれている．硬水からできる灘の「男酒」に対して，伏見の酒とともに軟水から造られる「女酒」といわれ，さらりとした甘口の酒である．JR 西条駅付近を中心に，それぞれに個性をもった9つの蔵元があり，白壁や赤レンガの煙突が酒都「西条」の情緒を醸し出している．また，酒類に関する全国でも唯一の研究機関である独立行政法人・酒類総合研究所があり，地域の特性を生かした酒類産業振興の拠点として活動している．

2. 広島牡蠣

「海のミルク」といわれる牡蠣の生産量は全国一で国内生産量の50%以上を占めており，広島湾を中心とした地域で盛んに行われている．これは中国山地から太田川を通じて広島湾にもたらされる多量の栄養塩が海水中で植物プランクトンを生育させること，島々に囲まれた入り組んだ地形がもたらす穏やかな海が，養殖の牡蠣いかだを安全に設置するには不可欠であること，適度の潮流・海水温という気候条件にも恵まれていることが幸いしている．この地域特有の気候条件としての海水温変化は牡蠣の生理に好都合で，夏の水温上昇が産卵に刺激を与え，秋の水温低下がグリコーゲンの蓄積を促進する，とされている．広島牡蠣は大粒で濃厚な甘みがあり，「海のミルク」の名のとおり，豊富な栄養にめぐまれており，牡蠣いかだと冬季の水揚げ風景はこの地域の風物詩となっている．

3. 柑橘類，広島レモン

瀬戸内海の温暖な気候を利用した柑橘類栽培が呉市から尾道市にかけての島しょ部で盛んに行われており，「大長みかん」「瀬戸田みかん」などのブランドとして知られている．生口島は「しまなみ海道」とよばれる広島県尾道市から愛媛県今治市にかかる連絡橋沿いにあり，「瀬戸田みかん」の産地として知られている．図2の年降水量分布に見られるように，県南東部の雨の少ない地域の中でも生口島は 1,058.8 mm と県内で最も降水量が少ない．ミカン畑は石垣で囲まれた水はけの良い段々畑にあり，自然の太陽光以外に，海面からの反射光，石垣からの反射光という3つの太陽で育まれた温暖な気候の下で，さまざまな種類の柑橘類が栽培されている．なかでもレモンの生産量は全国1位（国産レモンの約60%）で，輸入レモンよりも安全安心な低農薬の「広島レモン」のブランドとして，季節によって「イエローレモン」（冬季）あるいは「グリーンレモン」（秋季）として1年中出荷が行われている．　　　　［塚本　修］

【参考文献】

[1] 江波山気象館ホームページ（http://www.ebayama.jp/）.

[2] 柑橘類，広島レモン（http://www.fruit-morning.com/fruitnews/sub7/）.

[3] 気象研究所，2014：平成26年8月20日の広島市での大雨の発生要因──線状降水帯の停滞と豊後水道での水蒸気の蓄積（http://www.mri-jma.go.jp/Topics/H26/260909/Press_140820hiroshima_heavyrainfall.pdf）.

[4] 北川建次ほか編，2007：瀬戸内海事典，南々社.

[5] 中国新聞社編，2014：2014　8.20　広島土砂災害，中国新聞社.

[6] 日本農業気象学会中国四国支部編，2003：中国・四国地域の農業気象，農林統計協会.

[7] 広島県漁連（牡蠣）（http://www.hs-gyoren.jp/h-kaki.html）.

[8] 広島県酒造組合・広島の酒造り（http://www.hirosake.or.jp/hiroshima/meisui.html）.

[9] 広島県防災 Web・過去の災害情報（http://www.bousai.pref.hiroshima.jp/www/contents/1318849291144/index.html）.

[10] 広島地方気象台，1984：広島の気象百年誌　昭和59年6月.

[11] 広島地方気象台ホームページ・広域気候変動（http://www.jma-net.go.jp/osaka/kikou/ondanka/ondanka-chugoku.html）.

[12] 広島地方気象台ホームページ・広島県の地勢と気象（http://www.jma-net.go.jp/hiroshima/siki.html）.

[13] 福山測候所，2002：福山測候所のあゆみ，平成14年2月.

[14] 宮田賢二，1994：三次盆地の霧の研究（広島女子大学地域研究叢書 XV），渓水社.

[15] 宮田賢二編，1982：広島県の海陸風（広島女

子大学地域研究叢書Ⅲ），渓水社．

[16] 柳田邦男，1975：空白の天気図，新潮社．

[17] 吉崎正憲，加藤輝之，2007：豪雨・豪雪の気
象学，朝倉書店．

山口県の気候

A. 山口県の気候・気象の特徴

1. 山口県の地形と気象官署

　山口県は本州の最西端に位置し，東側を除く三方を海に囲まれ，中央部を中国山地が横断する地形を有し，最高峰は寂地山の1,337 mで島根県との県境にある．山口県は東西に長く，外海の日本海，内海の瀬戸内海（伊予灘，周防灘）の両海域に面することから，県内でも気候に大きな違いが見られる．山口県では，県庁所在地の山口市ではなく，関門海峡に位置する下関市に地方気象台（下関地方気象台）が設置されており，山口市では山口測候所（1966年4月開設）が2010年9月，萩測候所（1948年2月開設）は2001年2月の廃止まで有人観測を行っていた．山口県内のアメダスは，気象官署を含む4要素の地点が15か所，空港出張所（宇部）のアメダスが1か所，雨量のみが5か所の計21か所が設置されている．山口県は中国地方に含まれるが，下関地方気象台は福岡管区気象台の管轄であり，山口県は気象庁の予報区分では「九州北部地方（山口県含む）」として扱われている．

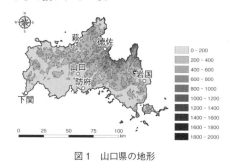

図1　山口県の地形

2. 山口市の気候

　山口市は県中央部に位置し，総人口19万人を有する県庁所在地であり，20万人以下の県庁所在地は山口市を含めて甲府市，鳥取

市の3市のみである．ただし，平成の大合併の際に阿東町，徳地町，小郡町，阿知須町，秋穂町の5町と合併したため，市域面積は1,023 km²（県庁所在地で第4位）で北は島根県の津和野町と接し，南は瀬戸内海に面しており，人口密度は県庁所在地で最低の190人／km²となっている．山口市の中心は，山口盆地の中央を北東から南西に椹野川が流れ下り，両岸に市街地が形成されている．山口市は古くは大内氏により「西の京」として大内文化が繁栄し，古い町並みや風情が京都に似ていることから「小京都」ともよばれている．気候も京都と似て盆地気象の特徴を有しており，夏は猛暑，冬は冷え込み積雪も認められる．図2には，山口市における月別の気温と日照時間を示したが，8月の最高気温は32.1℃と猛暑となる反面，最低気温は23.5℃と熱帯夜が少ない傾向を示す．1月の最低気温は0.2℃と底冷えし，最高気温も9.2℃と10℃を下回る．日照時間を見ると，1月が年最低の120時間，最高は5月と8

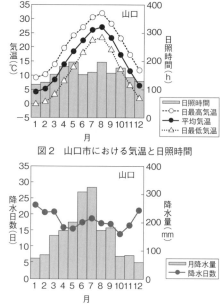

図2　山口市における気温と日照時間

図3　山口市における降水量と降水日数（0.0 mm以上）

月の 200 時間で，その間の 6 月と 7 月が梅雨のため日照時間が 150 ～ 160 時間に減少している．図 3 には，山口市における月別の降水量と降水日数を示した．降水量は 10 月から 2 月までは 100 mm 以下であるが，3 月から徐々に降水量が増加し，梅雨期の 6 月と 7 月は 300 mm を超える多雨傾向を示している．ただし，降水日数（≧ 0.0 mm）は 12 ～ 2 月で月 20 日を超えており，月の 2/3 で降水が認められている．

3. 下関市の気候

　下関市は本州の最西端に位置し，関門海峡北岸に面する総人口 27 万人の中核市で，県庁所在地の山口市の人口を上回る県最大の人口を擁する都市である．このため，海に面した都市特有の気象の特徴を有しており，夏はそれほど高温にはならず，冬も内陸部の山口市と比べて温暖な気候を示す．図 4 には，下関における月別の気温と日照時間を示した．8 月の最高気温は 30.9℃と真夏日が少ない反面，最低気温は 25.4℃と熱帯夜が多い

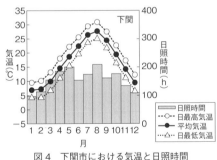

図 4　下関市における気温と日照時間

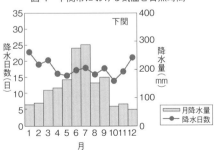

図 5　下関市における降水量と降水日数（0.0 mm 以上）

傾向を示し，日較差が小さい典型的な海洋都市の気候を示している．1 月の最低気温は 4.5℃と比較的暖かいが，最高気温は 9.4℃と 10℃を下回る．日照時間を見ると，1 月が年最低の 97 時間，最高は 8 月の 210 時間で，梅雨期の 6 月と 7 月は山口市と同様に日照時間が少ない傾向を示している．図 5 には下関市における月別の降水量と降水日数を示した．降水量は 10 月から 2 月までは 100 mm 以下であるが，3 月から徐々に降水量が増加し，梅雨期の 6 月と 7 月は 300 mm に近い多雨傾向を示している．ただし，降水日数（≧ 0.0 mm）は 12 ～ 1 月で月 20 日を超えており，山口市と同様に月の 2/3 で降水が認められている．

4. 下関市，山口市，萩市，岩国市における気候の比較

　山口県内の代表的な都市である下関市（下関地方気象台），山口市（山口特別地域気象観測所，旧山口測候所），萩市（萩特別地域気象観測所，旧萩測候所），岩国市（岩国アメダス）の 4 つの都市の気候について比較する．下関市は関門海峡に位置する海洋都市で，萩市は日本海に面した城下町，岩国は広島湾に面した都市である．平均気温を見ると，最寒月（1 月）は下関＞萩＞山口＞岩国の順に低くなり，冬季全体で同様な傾向が認められる．岩国のアメダスは，市街地から内陸に離れた高台にある岩国高校の運動場の隅に設置されていることから，市街地とはやや異なる温度環境を形成しているものと推察される．最暖月（8 月）の平均気温は，下関・山口＞萩・岩国となっているが，下関は海に面しているため最高気温は低く最低気温は高い，山口の最高気温は高く最低気温は低い特徴を有し，4 月の日較差（最高気温－最低気温）は下関で 6.6℃，山口で 11.4℃と，大きく異なっている．年降水量は，下関と萩で 1,700 mm 弱，山口で 1,900 mm 弱，東部の岩国では 1,730 mm で，梅雨期の 6 ～ 7 月は山口のみで月降水量が 300 mm を超えており，地形的な影響を受けているものと推察される．平均風速は，海に面した下関で年平

表1　山口県の都市における平均気温の平年値（1981 ～ 2010 年，mm）

気温	1月	2月	3月	4月	5月	6月	7月	8月	9月	10月	11月	12月	年平均
下関	6.9	7.2	9.9	14.5	18.6	22.3	26.3	27.6	24.4	19.4	14.2	9.4	16.7
山口	4.3	5.3	8.5	13.9	18.5	22.4	26.2	27.5	23.3	17.3	11.6	6.5	15.4
萩	5.4	6.0	8.6	13.3	17.8	21.5	25.9	26.7	22.8	17.3	12.4	7.9	15.5
岩国	3.9	4.6	7.7	13.1	17.7	21.5	25.6	26.6	22.7	16.7	11.1	6.2	14.8

表2　山口県の都市における降水量の平年値（1981 ～ 2010 年，mm）

降水量	1月	2月	3月	4月	5月	6月	7月	8月	9月	10月	11月	12月	合計
下関	76	81	128	136	166	275	287	153	174	70	79	60	1,684
山口	72	85	154	172	201	306	323	172	182	80	82	59	1,887
萩	90	79	124	119	148	227	265	139	207	93	92	76	1,658
岩国	50	80	154	179	200	285	270	127	191	90	73	46	1,727

表3　山口県の都市における平均風速の平年値（1981 ～ 2010 年，mm）

風速	1月	2月	3月	4月	5月	6月	7月	8月	9月	10月	11月	12月	年平均
下関	4.3	3.8	3.6	3.2	3.0	2.7	2.8	2.8	2.6	2.7	3.1	3.8	3.2
山口	1.6	1.7	1.8	2.0	1.9	1.7	1.7	1.9	1.6	1.4	1.4	1.5	1.7
萩	3.1	3.4	3.2	3.2	3.3	2.5	2.6	3.0	2.7	2.9	3.0	3.1	3.0
岩国	1.5	1.5	1.5	1.5	1.4	1.2	1.4	1.4	1.3	1.3	1.3	1.5	1.4

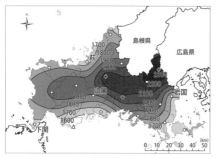

図6　山口県における年平均気温（平年値）の分布
（濃度が高いほど気温が高い）

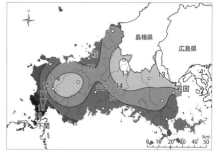

図7　山口県における年降水量（平年値）の分布
（濃度が高いほど降水量が多い）

均値が 3.2 m/s と最も強く，山口は盆地底に位置するため 1.7 m/s の弱風となっており，岩国も設置場所の特徴から年間を通じて 1.2 ～ 1.5 m/s の弱風となっている.

5. 山口県における年平均気温と年降水量の分布

　図6には，山口県における年平均気温（平年値）の分布図を示した．県東部の島根県・広島県との県境に近い中国山地の山間部では，年平均気温は 13℃ を下回っており，県の中央部を東西に連なる山間部では平均気温が 14℃ 以下と低い傾向にある．しかし，日本海や瀬戸内海の沿岸地域では 15℃ を超え，

特に下関は 16.7℃ と海洋の影響が顕著に現れている．また，山口も盆地気候を有していることから，平均気温が高い傾向にある．図7には，年降水量（平年値）の分布図を示した．県東部の山間部県境付近の羅漢山では 2,300 mm の多雨となっており，2,100 mm 以上の多雨域が県中央部の中山間地帯までのび，1,900 mm 以上の多雨域が中国山地沿いに県西部まで達している．しかし，瀬戸内海の沿岸地域では 1,700 ～ 1,800 mm，日本海の沿岸地域で 1,600 ～ 1,700 mm と，少雨傾向にあることがわかる.

表4　山口県における近年の気象災害（1990（平成2）～ 2014（平成26）年）

年	月日	災害原因	気象概略	主な被災地域	死者・行方不明者	負傷者	家屋全壊	家屋半壊	床上浸水	床下浸水
1991年（平成3年）	9月27～28日	台風19号	最低気圧947.0 hPa（下関）、953.0 hPa（萩）、957.3 hPa（山口）、最大瞬間風速 SE53.1 m/s（山口）、WNW45.6 m/s（萩）、ESE45.3 m/s（下関）	全域	6	239	35	650	520	2,835
1993年（平成5年）	7月16～18日	梅雨前線	17日の降水量 玖珂219 mm、和田205 mm、下松194 mm、安下庄181 mm	全域		1			17	734
〃	7月27～28日	台風5号	27日の降水量 玖珂204 mm、篠生191 mm、羅漢山187 mm	全域	4	8	4	1	85	1,746
〃	8月1～2日	低気圧・前線	2日の降水量 下松212 mm、防府203 mm、山口166 mm	全域	5	4	6	3	60	2,685
1995年（平成7年）	9月23～24日	台風14号	最大1時間雨量 秋吉台64 mm、宇部62 mm、山口61 mm	全域		1			188	1,195
1997年（平成9年）	9月14～16日	台風19号	16日の最大日降水量 安下庄174 mm、柳井164 mm、最大1時間降水量 安下庄40 mm、柳井37 mm	東部				2	16	510
1999年（平成11年）	6月28～30日	梅雨前線	総降水量 油谷217 mm、須佐215 mm、西市210 mm、萩209 mm、錦提峠166 mm、秋吉台162 mm、篠生162 mm、最大1時間降水量 萩59 mm、油谷51 mm、須佐47 mm、篠生47 mm、西市41 mm	全域	1	1			33	562
〃	9月24日	台風18号	最大瞬間風速 SE46.4 m/s（山口）、E41.9 m/s（下関）、WNW24.0 m/s（萩）、総降水量 徳佐163 mm、広瀬149 mm、羅漢山・篠生147 mm、最大1時間降水量 篠生73 mm、徳佐69 mm、広瀬67mm、和田65mm	全域	3	179	80	1,284	2,468	7,372
2004年（平成16年）	9月6～7日	台風18号	最低海面気圧 951.8 hpa（下関）、最大瞬間風速 SE50.5 m/s（山口）、SSE39.9 m/s（萩）、SE38.1 m/s（下関）、最大1時間降水量 山口75 mm、篠生71 mm、徳佐66 mm	全域	26	177	40	526	82	580
2005年（平成17年）	7月1～4日	梅雨前線	総降水量 柳井446 mm、安下庄429 mm、下松332 mm、和田326 mm、玖珂310 mm、最大1時間降水量 柳井69 mm、安下庄58 mm、下関56 mm	全域	1	1				967
〃	9月6～7日	台風14号	最大瞬間風速E SE35.4 m/s（山口）、総降水量 羅漢山532 mm、広瀬394 mm、最大1時間降水量 羅漢山59 mm、広瀬55mm	全域	3	11	6	332	745	847
2009年（平成21年）	7月21日	梅雨前線	日降水量 山口277 mm、防府275 mm、最大1時間降水量 桜山90.5 mm、山口77 mm、防府72.5 mm	中部	17	35	33	78	708	3,862
2010年（平成22年）	7月15日	梅雨前線	日降水量 東厚保187 mm、最大1時間降水量 東厚保59 mm	西部			3	35	607	974
2013年（平成25年）	7月28日	梅雨前線	日降水量 須佐351 mm、徳佐324 mm、最大1時間降水量 須佐138.5 mm、徳佐66 mm	中部	3	3	47	72	748	1,057

B. 山口県の気象災害

1. 気象災害の特徴

　山口県における気象災害の特徴を見るため，1990（平成2）年から2014（平成26）年までの25年間の中で，床下浸水の被害が500棟以上の災害を選び出し，表4に示した．気象災害は25年間で14件で，2年に1回の割合で大きな気象災害が発生している．特に，1991（平成3）年の台風19号は，西日本を中心に暴雨風が吹き荒れ，戦後最大級の台風であったため，山口県でも人的被害も多く，家屋の全壊・半壊が35棟・650棟，高潮災害による床上・床下浸水が520棟・2,835棟にも及んでいる．1993（平成5）年は戦後最大級の冷夏年であり，梅雨前線や台風による豪雨により死者9人の人的被害，洪水による浸水被害も5,000棟を超えている．1999（平成11）年9月には，台風18号により周防灘で高潮災害が発生し，多くの人的被害，家屋の全半壊，浸水被害が生じている．

　21世紀に入ると，2004年は台風が10個も日本に上陸した台風の当たり年であり，台風18号による死者・行方不明者が26人にも達している．これは瀬戸内海の笠戸島沖で座礁したインドネシア船籍の貨物船での死者22人を含んでいるためである．2005（平成17）年の台風14号では，県東部を中心に豪雨に見舞われ，県最長の河川である錦川が氾濫し，岩国市で大きな洪水災害に見舞われて

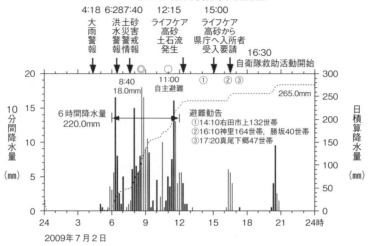

◎ 8:40 防府市災害対策本部設置

4:18 6:287:40　12:15　　15:00

大雨警報　洪水警報 土砂災害警戒情報　ライフケア高砂 土石流発生　ライフケア高砂から県庁へ入所者受入要請

16:30 自衛隊救助活動開始

8:40 18.0mm

11:00 自主避難

① ② ③

265.0mm

6時間降水量 220.0mm

避難勧告
①14:10右田市上132世帯
②16:10神里164世帯, 勝坂40世帯
③17:20真尾下郷47世帯

10分間降水量 (mm)

日積算降水量 (mm)

2009年7月2日

図8　防府における10分間降水量の推移と土石流被害, 警報・避難勧告等の発令

いる. 2009（平成21）年7月には梅雨前線豪雨により防府市を中心に土石流が発生して死者17人の被害が生じるとともに, 山口市の椹野川流域では内水氾濫により大きな洪水災害が発生している. 2010（平成22）年7月には, 山陽小野田市では梅雨前線の通過時に, 厚狭川上流で降った雨が下流の厚狭地区で外水氾濫を発生させ, 本地区のほぼ全域で浸水被害が生じた. 2013（平成25）年7月にも, 県北部の萩市須佐から山口市阿東地区にかけて, 梅雨前線により短時間豪雨に見舞われ, 須佐の中心部がほぼ水没する甚大な洪水災害に見舞われ, 阿東地区でも阿武川の決壊によりリンゴ園や水田に被害が発生したのを始め, JR山口線では橋梁が流失し, 1年以上も不通となった.

このように, 比較的気象災害が少ないといわれてきた山口県においても, 近年はたびたび気象災害に遭遇しており, 人的被害, 家屋被害が発生していることがわかる.

2. 2009年の梅雨前線豪雨による防府の土石流災害

7月19日から26日にかけて, 西中国か

図9　2009年の梅雨前線豪雨により土石流被害を受けたライフケア高砂

ら九州北部地方において記録的な大雨が断続的に降り, 山口県防府市では図8に示したように, 7月21日明け方から昼にかけて記録的な集中豪雨により花崗岩が風化した「マサ土」（「広島県の気候」の「B. 広島県の気象災害」を参照）が崩壊して土石流が多発した. 社会福祉法人ライフケア高砂では, 積算降水量が200mmを超えた頃に土石流が発生して施設の1階に流れ込み, 高齢者14人が死亡する惨事が発生した（図9）. 防府の

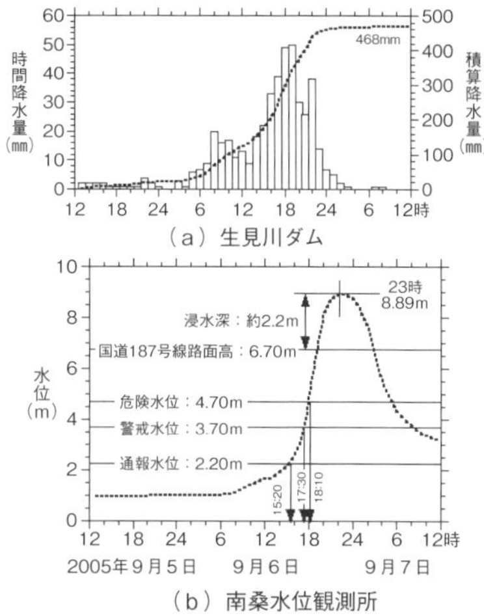

図 10　2005 年台風 14 号による 1 時間降水量（生見川ダム）と錦川水位（南桑）

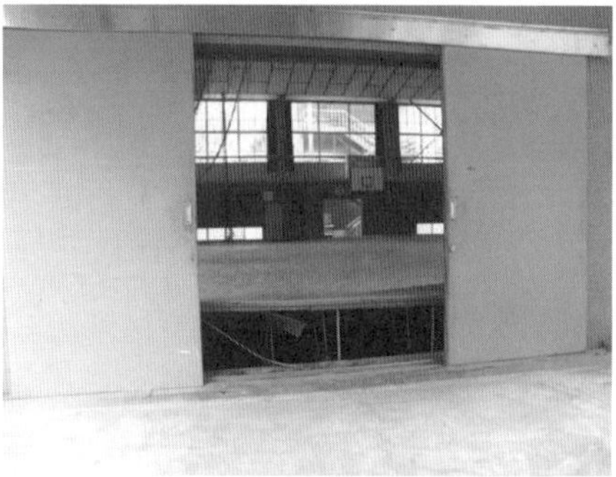

図 11　2005 年台風 14 号による美川小中学校共用体育館の浸水被害

アメダスではわずか 6 時間で 220 mm もの豪雨（再現確率（リターンピリオド）：246 年）を観測した．5 年後の 2014（平成 26）年 8 月に発生した広島土石流災害（死者 77 人（災害関連死 3 人を含む））も同様な要因により土石流災害が発生している．

3. 2005 年の台風 14 号による錦川の洪水災害

9 月 6 日 14 時頃，長崎県諫早市に上陸した台風 14 号は，広い暴風域を維持したままゆっくりとした移動速度で北東に進み九州・

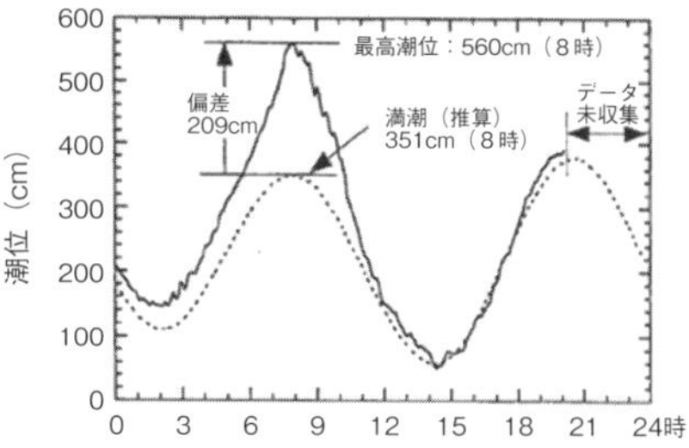

図 12　1999 年台風 18 号による 9 月 24 日の潮位の推移（宇部，宇部港湾工事事務所）

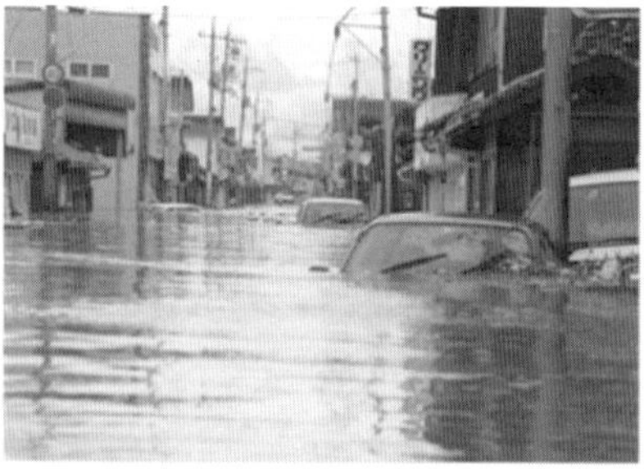

図 13　宇部市床波地区における高潮による浸水被害（床波地区住民提供）

山口地方を抜けたため，長時間にわたって暴風，豪雨が続いた．山口県では東部を中心に豪雨に見舞われ，岩国市の寺山では 48 時間の積算降水量が 508 mm を観測し，錦川支流の生見川ダム（図 10）でも 48 時間降水量が 468 mm に達している．この結果，水位が急激に上昇し，本流の錦川では洪水災害が発生した．特に，岩国市美川の南桑地区のほぼ地域全体が水没（2 m 以上）する惨事に見舞われ，指定避難所の学校体育館も水圧により床が浮き上がり，2 m の浸水被害に見舞われた（図 11）．この地域では，1951（昭和 26）年にもルース台風により甚大な洪水災害に見舞われており，約 50 年ぶりの大規模な水害となった．

4. 1999 年の台風 18 号による周防灘の高潮災害

9 月 24 日早朝に九州西岸に上陸した台風 18 号は，九州を縦断し周防灘から山口県に

再上陸し西中国地方を通過した後，日本海に抜けた．このため，九州や西中国地方を中心に強風や高潮の被害が相次いだ．瀬戸内海西部の周防灘沿岸地域でも高潮が発生し，宇部市では最大瞬間風速 58.9 m/s を観測し，宇部港では 8 時の満潮 351 cm（天文潮位）を 209 cm も上回る 560 cm の潮位を観測し，港湾や防潮堤，さらには堤内の農地や商用施設等に甚大な被害が発生した（図12）．周防灘に面した宇部市床波地区では，高潮により地区一帯が図 13 に示したように軒下まで水没したが，8 時頃の高潮であったことも幸いし，死者は発生しなかった．

C. 山口県の気候と風土——高冷地の気候を利用した阿東徳佐のリンゴ栽培

　山口市の旧阿東町の徳佐地区は，標高が 300 m で年平均気温が 13℃と暖地においても比較的冷涼な気候環境であることから，韓国慶尚南道の蔚山でリンゴ栽培をしていた友清隆男氏が，戦後，防府市に引き揚げ後，リンゴ産地の気候条件に近い阿東徳佐に 1946（昭和 21）年からリンゴ栽培を始めたことに由来している．全国的に見ると有名な産地ではないが，青森（弘前市：年平均気温 10.2℃）や長野（松本市：年平均気温 11.8℃）等の主要産地よりも年平均気温が 12.9℃と温和で，リンゴの糖度が高い反面，長期の貯蔵が難しいので，昭和 30 年代から観光農園化が進められた（図14）．近年の地球温暖化により徳佐でも気温の上昇が顕著で，図 15 に示したように阿東地区の徳佐ア

図14　阿東徳佐のリンゴ栽培

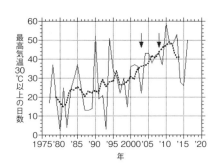

図15　阿東地区の徳佐アメダスにおける最高気温 30℃以上の日数の推移（破線は 5 年間の移動平均，矢印は統計切断）

メダスにおける最高気温 30℃以上（真夏日）の日数は，1970 年代が 20 日前後であった日数が 21 世紀に入ると 40 日を越え，約 2 倍の日数となっている．特に 2010（平成 22）年は 8 月の最高気温の平均値が 32.8℃と平年を 2.8℃も上回ったため，果実が小玉化して贈答用の高級リンゴの生産が激減するなどの被害が発生した．このように，西南暖地でも比較的冷涼地域とされている中山間地域において，地球温暖化による夏季の高温化が進み，冷涼な気候で生育するリンゴなどには深刻な影響が出始めている．　　［山本晴彦］

【参考文献】
[1] 下関地方気象台ホームページ（http://www.jma-net.go.jp/shimonoseki/）.
[2] 山本晴彦，2014：平成の風水害——地域防災力の向上を目指して，農林統計出版，552p.
[3] 山本晴彦ほか，2000：1999 年台風 18 号に伴う気象の特徴と山口県における強風・高潮災害，自然災害科学，19(3)，315-328.
[4] 山本晴彦ほか，2007：2005 年台風 14 号（NABI）による豪雨と山口県錦川流域における洪水災害の特徴，自然災害科学，26(1)，55-68.
[5] 山本晴彦ほか，2011：2009 年 7 月 21 日に山口県において発生した豪雨の特徴と土砂災害の概要，自然災害科学，29(4)，471-485.

香川県の気候

A. 香川県の気候・気象の特徴

1. 概要

　香川県は四国の東北部にあり，瀬戸内海に面している．四国山地と中国山地にはさまれており，典型的な瀬戸内海気候である．日照

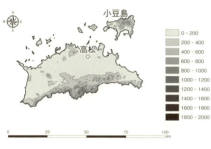

図1　香川県の地形

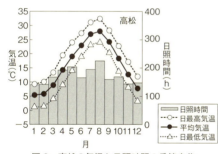

図2　高松の気温と日照時間の季節変化

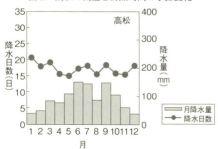

図3　高松の降水量と降水日数（0.0 mm 以上）の季節変化

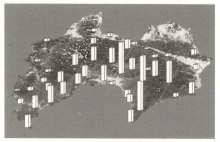

図4　四国のアメダス各観測点で1時間降水量50 mm を超えた回数の棒グラフ（1981～2010年の統計）（高知大学佐々教授のご厚意による）

時間が長く，降水量も西日本では特に少ない地域である（図2, 3）．この降水の少なさは，香川県を渇水災害とため池で有名な地域にしている（「B. 香川県の気象災害」「C. 香川県の気候と風土」で詳述）．太平洋側の高知県が全国有数の多雨域であるのと対照的である．このような温暖少雨の気候が，この地域の特徴である．一方よく見ると，降水日数が冬の方が多くなるのはおもしろい特徴だ．四国の北岸であることから，冬季にはしぐれの影響を受けやすいのであろう．

　外洋に面していないため，台風の直接的な影響も受けにくく，降水量も全体として少ないことから，気候災害も少ないとされがちである．事実，四国の各アメダス観測点において1時間降水量 50 mm を超えた回数（1981～2010年の統計）を図4に示すが，香川県では顕著に少ない．最近では，安全なデータセンターをこの香川の地に誘致する動きもある．しかし，比較的大きな被害を出した台風事例もあり（「B. 香川県の気象災害」で詳述），油断は禁物である．

　瀬戸内海気候の特徴として，春から夏に発生しやすいとされる霧と，夏季の夕凪がしばしばあげられる．悲劇的な1955年の国鉄連絡船紫雲丸沈没事故でも知られる霧は，生活にも関係の深い気候現象の1つである（図5）．しかしながら，霧の発生数は，1960年代をピークにして減少している（図6）．ただ，現在でも，市街地南部の高台にある高松

図5 霧に煙る高松のサンポートシンボルタワー

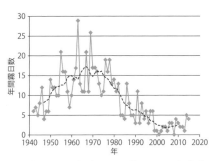

図6 高松の霧日数（—◆—霧日数，----11年移動平均）

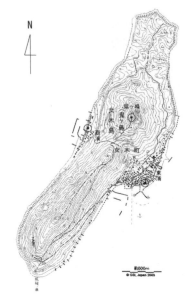

図7 女木島の地形図（出典：渡邉・森，2004）

空港においては，霧を原因とする発着便の迂回や欠航も見られ，引き続き頻度は小さくない．

「瀬戸の夕凪」として名高い香川県の夏季の夕凪は，長い無風状態を伴い，夏季の夕刻の耐え難い暑さをもたらすとされている．これは，四国山地から比較的遠くまで広がる懐の深い讃岐平野の地理的特徴と関係していると考えられる．すなわち，夕刻に海風が止まるとともに始まる夕凪は，遠い山地からの山風の到着まで長時間続くことになるのである．また，香川県の名物であるため池と，広い水田からの水蒸気の供給が，夕凪の暑さをより耐え難いものにしているという指摘もあ

る．古くより香川県地方の庶民の暮らしは，夏の夜の暑さとともにあったことだろう．

2. 香川県の特徴的な気象現象

ここでは，香川県に見られる特殊な風の名前を1つ紹介したい．特徴的な風にはしばしば名前がつけられ，そこに住む人々の生活との強い結びつきを表している．

瀬戸内海では，冬季に西寄りの季節風が卓越する．そのとき，高松市の約3km沖合にある女木島の東側の集落東浦に「オトシ」とよばれる南寄りの強風が見られる．これは一見奇妙である．冬の季節風は瀬戸内海の延長の方向に沿ってほぼ真西から吹きつけているのに，「オトシ」は，島の東側の集落に，南から吹きつけるのである．これには，女木島の地形（図7）が関係しているらしい．森征洋香川大学名誉教授の研究によれば，島の地形による空気力学的な作用により，西風が強い南寄りの風に変化するのである．

「オトシ」は，海上で水しぶきを高く巻き上げながら東浦に吹きつける（図8）．その

図8 女木島のオトシ（出典：吉田・森，2017）

図9 オーテ（出典：渡邉・森，2004）

ため，この海水のしぶきは，海岸から奥深く数百 m にも及ぶという．女木島では，このような季節風の吹きつけに対応するため，「オーテ」とよばれる石垣による防風壁が伝統的に発達した（図9）．この「オーテ」の発展の跡は，集落の変化や成長の跡を知る手がかりともなっている．ちなみにこれら「オトシ」「オーテ」といった言葉の起源に関しては，まだ決着がついていないようだ．

なお，当地では，西寄りの季節風のことを「あなじ」とよぶと伝えられている．逆に，雨をよぶ東寄りの風を，「やまじ」とよぶ．

B. 香川県の気象災害

香川県の気象災害といえば，上述の渇水，水不足を避けて通れない．高松地方気象台長であった日下部正雄氏の編による労作『19世紀末までの香川県気象史料』は，416年から1900年までの災害を種別ごとにとりまとめている．この史料によれば，この期間に記

録の残る渇水災害が 109 回にのぼっている．香川県は古くから渇水との戦いを続けていることを示すデータである．一方で，台風に伴う災害もしばしば発生する地域であることを忘れてはいけない．『19世紀末までの香川県気象史料』には，渇水・干害を上回る 172 回にのぼる暴風雨災害が記録されていることに注意を促したい．ここでは，渇水と，台風に伴う災害について述べたい．

香川県の河川は源流から河口までの距離が短く急流であるため，ただでさえ少ない降水が比較的早く流出してしまう．このような気候水文環境のため，河川水だけでは必要な農業用水が確保できない場合が多く，干ばつによる被害を受けやすい地域であり，古くからため池が発達した（「C. 香川県の気候と風土」で詳述）．それでも香川県はしばしば深刻な渇水に見舞われている．

近年最も大きな影響を及ぼした渇水の1つとして，まず，「高松砂漠」とよばれた1973年の事例をあげることができる．5月から降水量は平年を下回り，梅雨期の降水量も少なかった．特に7月の高松の降水量（わずか11.5 mm）は平年（144.1 mm）の1/10以下となった．そのため，8月1日から21時間断水（午前5〜8時のみの給水）に追い込まれ，子どもを他地域に疎開させる家庭もあったという．当時，香川用水が開通を間近にしていた．まだ吉野川からの導水はできなかったものの，未完成の香川用水東部幹線用水路を活用し，満濃池の水を高松へ送るための緊急通水が行われた歴史がある．

その翌年の 1974 年，ついに香川用水の暫定通水が開始され，吉野川流域の豊富な水資源を活用することができる時代を迎えた．県民の多くは，この香川用水の開通によって，渇水は過去のものとなったと考えたことであろう．事実，当時の地誌や風土記には，渇水の脅威から県民を解放してくれるものとして香川用水に期待する記述が散見される．

ところが，その後も高い頻度で早明浦ダム（高知県）付近の渇水に起因する香川用水取水制限が発生している．高松市における主な

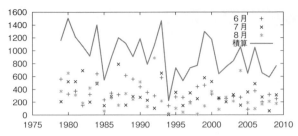

図 10　早明浦ダム流域の本川アメダスにおける，台風接近時を除いた 6 〜 8 月それぞれの月降水量（＋，×，
＊）と，6 〜 8 月積算降水量の推移（縦軸は mm）

給水制限（給水制限および渇水対応が 20 日
以上継続したもの）の事例は，1975 年以降
2009 年までの 35 年間で 17 回と，約 2 年に
1 回の頻度となり，そのうち断水に至った事
例も 2 回を数える．給水制限事例の多くは
市当局や市民の節水等の取り組みによって対
処可能な規模のものであったが，深刻なケー
スもある．1994 年の渇水は特に深刻で，干
上がった早明浦ダムの様子が報道された．高
松市の上水道では 139 日間にわたる給水制
限が行われ，そのうち 69 日間は時間給水，
7 月 15 日以降は 1 日 5 時間給水にまで追い
込まれた．

　深刻な渇水ではあったが，讃岐平野一帯と
早明浦ダム流域に分散した水資源をもつこと
の利点も発揮された．例えば，7 月 25 日に
四国西部に台風 7 号が上陸したが，強力な
太平洋高気圧に阻まれて勢力を弱め，高松で
の降水は 17.5 mm と，期待したほどではな
かった．しかし一方，早明浦ダム上流域の本
川では 198 mm を記録して，早明浦ダムの
貯水量は一時的に回復し，香川県の渇水の緩
和に役立っている．讃岐平野と早明浦ダム流
域の降水特性には違いがあり，両方の水源を
活用することが，一種のリスクヘッジとして
働いていると考えられる．

　いずれにしても，香川用水の開通によって
は讃岐の水不足の完全解消はならなかった．
それには，主に以下 3 つの要因が考えられ
る．第 1 に，早明浦ダム流域の降水特性で
ある．早明浦ダム流域は，全国的に見てかな

り雨が多い部類に属するが，降水量の年によ
る違いが大きく，台風に代表される特定の事
象に集中する傾向が高い．ひとことでいえ
ば，雨の降り方が不安定なのである．第 2
に，早明浦ダムの特徴である．早明浦ダムは
多くの利用があるため，その貯水量の維持の
ためには多くの降水を必要とする傾向があ
り，いったん渇水が起こると，貯水量の減少
が急激となりがちである．第 3 に，ここ 30
年スケールでの気候変動の影響が考えられ
る．早明浦ダム流域の夏季の降水には，台風
による降水を除くと，ここ 30 年の間に明ら
かな減少が見られる（図 10）．

　さて，香川県の災害として，台風も避けて
通ることができない．戦後大きな被害をもた
らした台風として，まずは小豆島に豪雨をも
たらした 1976 年 9 月の台風 17 号をあげる
ことができる．この台風は，9 月 10 日から
12 日にかけて九州の南西海上で停滞・迷走
した．台風の東側の南風が日本列島に停滞し
ていた前線を刺激し，9 月 10 日にアメダス
内海の日降水量が 790 mm を記録するなど，
小豆島東部を中心に記録的な豪雨となった．
内海のこの日の降水量は，現在でも気象庁全
国の記録のうち第 4 位に位置する記録的な
値である．この日の前後を含む一連の豪雨に
伴い，小豆島各地での地すべり・山崩れ・土
石流等によって，39 名の犠牲者が出た．太
平洋から紀伊水道を通って瀬戸内海に流入す
る暖湿気流は，このような災害をもたらす潜
在力を秘めているのである．

全国的な台風の当たり年であった2004年の2つの台風も，事例としてあげておく必要があるだろう．8月30日朝に鹿児島県に上陸した台風16号は，時速20km程度のゆっくりした速度で中国地方を東北東〜北東に進み，22時過ぎに日本海側に抜けた．このとき，潮位の季節変動と大潮の条件が重なり，香川県沿岸部・島しょ部は顕著な高潮に襲われ，高松港の潮位偏差は22時42分に246cmに急速に上昇した．高松市の床上浸水3,538戸，床下浸水12,023戸，高潮による死者2名を記録した．瀬戸内海は複雑な島しょ分布と海底地形もつ浅海であり，台風の進路や速度，時刻，潮位，風の分布等の条件がそろえば，このような高潮が起こり得ることがわかる．

この年，さらに日本を台風23号が直撃した．この台風は全国に深刻な被害を与えたが，香川県はその中でも特に大きな人的被害を出した．この台風は，10月20日13時頃に高知県土佐清水市付近に上陸，土佐湾を渡り15時頃室戸市付近に再上陸し，東海道に沿うように東北東進したあと，関東地方から東海上に抜けるルートをとった．室戸市付近に再上陸した時点でも955hPaの勢力を保っていた．香川県では，増水した川や用水路に流されたり，土砂崩れに巻き込まれたりして，10名の死者行方不明者を出した．これは，都道府県単位では兵庫県，京都府に次ぐ被害であった（表1）．

この台風の顕著な特徴は，京都府や兵庫県北部，香川県など，北に面した斜面で顕著な被害が見られたことであった．これらの地域には，台風に北東から吹き込む気流が当たったため，まれに見る豪雨となったのである．この極端現象の発現が，上述した犠牲者数の分布を左右した要因となった．10月20日に高松は，1941年以来の日降水量記録を塗り替える210.5mmを記録．同日のアメダス引田でも333mmと，それまでの記録260mmを大きく塗り替えた．一方，高知県のアメダス魚梁瀬では同じ10月20日に，香川県の観測地点よりはるかに多い日降水量

表1 平成16年台風23号に伴う府県別死者・行方不明者数上位5府県（出典：気象庁，2004より作成）

順位	県	数
1	兵庫	23
2	京都	15
3	香川	10
4	岐阜	8
5	岡山	7
5	高知	7

411mmを記録したが，これは，アメダス魚梁瀬の日降水量に関しては歴代上位10位にすら入らない「よくある」豪雨だったのである．

これらの災害事例は，香川県が決して「災害の少ない県」などではなく，地球温暖化の進展のもとで予想される極端現象の増大が現実化すれば，災害リスクが大きく高まり得ることを教えてくれる．

C. 香川県の気候と風土

「A. 香川県の気候・気象の特徴」や「B. 香川県の気象災害」でふれたように，香川県の少雨温暖な気候は，渇水とのたたかいを不可避なものにしてきた．この暮らしの必然が，日本一の密度を誇るため池が象徴する水文化と地域社会を形成してきた．早くも8世紀初頭の大宝年間（701〜703年）に築造され，その後も何度も改修が重ねられた満濃池はその代表格である．現在でも14,619個のため池が存在するとされ（1999年の調査に基づく），単位面積当たりのため池数密度で日本一を誇る．

1994年の渇水の際には，近代的な土木技術と伝統的なため池を用いた水利システムである香川用水が有効に機能した．香川用水の機能を活用し，ため池等の水源供給力の弱い地域への優先配水の取り組みが行われた．一方多くのため池で，「水配（すいはい）」「水引き」「走り」などの伝統的な配水管理慣行が復活した．こうした対応の結果，1994年の香川県の米の作況指数は110と，全国平均109を上回る収穫を得たことは，特筆す

べきだろう.

このように，いったん渇水が起これば，地域社会は伝統的な水利慣行をよみがえらせ，香川用水という近代技術とも組み合わせて被害の深刻化を防いできた．こうした地域の「知」を活かし，2010 年から，香川県では，水資源利用に関する国際協力の取り組みが実施された．香川県，香川県土地改良事業団体連合会，JICA 四国支部による，アジア・アフリカ地域の農業用水管理技術者を対象とした研修「アジア・アフリカ地域農家組織によるため池を利用した地域の水管理」である．世界各国からのこの研修会の参加者からは，日本の高い技術に対する信頼の声だけでなく，厳しい水資源環境のもとで地域社会の力で水管理を行ってきた近世以降の日本社会のありように対する評価の声が高いと聞いた．もちろん多面的な検討は必要であろうが，このような香川県の歴史的な水利慣行から，世界や現代の日本が学ぶべきことは少なくないはずである．

ところで，香川県の特産品の 1 つとして丸亀市の団扇があるが，全国シェアのなんと 90 ％を占める．団扇は，1633 年（寛永 10 年）頃，金比羅参りの土産物としての渋団扇に源流があるとの言い伝えがある．しかし，なぜここまで団扇が香川県の風土で発展してきたのか？ 香川県でここまで団扇が発展した必然はどこにあったのか？

『香川県風土記』（坂口ほか編，1989）所収のコラム「備讃瀬戸の濃霧と夏の朝凪・夕凪」を，筆者の作花典男氏は次のように結んでいる．「冷房が家庭に普及するまで，さぬきの住民はこの夕凪と長い間付き合ってきた．夕方になると庭先に縁台を出して丸亀産の『団扇』を使って涼をとったり，ドジョウ汁などで熱気を忘れようとしたものである」．団扇の発展において，夕凪がどのように作用したかに関するはっきりした記録はない．しかしながら，じっとりと暑い風のない夜長に，子らを寝つかせようとする親たちの手に握られた団扇のイメージは，夏の夜の耐え難い暑さという香川県の気候の特徴を物語るア

イテムの 1 つではあるといえるだろう.

[寺尾 徹]

【参考文献】
[1] 香川県政策部統計調査課，2015：平成 27 年刊行香川県統計年鑑.
[2] 香川大学平成 16 年台風災害調査団，2005：香川大学平成 16 年台風災害調査団報告書.
[3] 香川用水土地改良区編，1998：香川県土地改良区 30 年史.
[4] 気象庁，2004：平成 16 年台風 23 号及び前線による 10 月 18 日から 21 日にかけての大雨と暴風，災害時自然現象報告書，2004 年第 6 号.
[5] 日下部正雄編，1967：19 世紀末までの香川県気象史料，香川県防災気象連絡会.
[6] 坂口良昭・木原溥幸・市原輝士編，1989：香川県風土記，旺文社.
[7] 日本農業気象学会中国・四国支部，2007：中国・四国地域の農業気象，農林統計協会.
[8] 吉田真純・森征洋，2017：女木島における局地的強風「オトシ」について，天気，64，493-499.
[9] 渡邊匡央・森征洋，2004：女木島における局地的強風「オトシ」について──現地観測，香川大学教育学部研究報告，第 II 部，54，75-101.

徳島県の気候

A. 徳島県の気候・気象の特徴

　徳島県は四国の東部にあり，東に紀伊水道，南に太平洋に面し，淡路島との海峡部に鳴門市があり，ここより北側では瀬戸内海に面する．北に接する香川県とは，讃岐山脈を県境として接する．その南側には，高知県を源流として徳島県に入り，景勝地大歩危・小歩危を経由する吉野川がほぼ東西に流れ，徳島平野を含む肥沃なデルタ地帯を形成している．吉野川の南に深い四国山地を擁し，西日本第 2 位の標高を誇る剣山（1,955 m）があるなど，県土の約 8 割が山地であるという特徴がある．

　こうした複雑な地形配置の影響を受けて，徳島県の気候は極めて多様であり，以下の 3 つに分類できるとされている．まず第 1 に，吉野川の流れる県北の温暖少雨の瀬戸内海気候である．この地域の年降水量は 1,500 mm 未満と少なく，湿度は低くて日照時間は多い．第 2 に，紀伊水道沿岸域から南部太平洋岸にかけての温暖多雨の太平洋側気候である．この地域の降水量は暖候期に多く冬季に少なくなり，日本有数の多降水量地域として知られる．特に剣山の南側斜面に多い．第 3 に，四国山地の夏季冷涼多雨にして冬季は日照が減り雪も降る山岳気候がある．

　県庁所在地である徳島市は，瀬戸内海気候

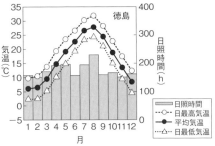

図2　徳島の日照時間と気温の季節変化

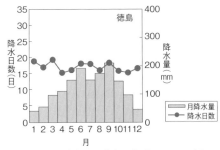

図3　徳島の降水量と降水日数（0.0 mm 以上）の季節変化

と太平洋側気候の境界にあり，温暖少雨の瀬戸内海気候の特質をもつ一方，降水量は少し多くなる（図2，3）．

　讃岐山脈南斜面は，年降水量 1,405.7 mm の穴吹に代表されるように，温暖少雨の瀬戸内海気候となっている．

　南部の四国山地域を流れる那賀川流域の上流域では，日本における日降水量記録の 1 位（那賀町海川，1,317 mm，2004 年 8 月 1 日，四国電力の観測網）と 2 位（那賀町日早，1,114 mm，1976 年 9 月 11 日，四国電力の観測網）が記録されている．これらの日本記録は，いずれも台風の日本への接近に伴うものであった．時間降水量ではそれほどに顕著な記録は残されておらず，徳島県の四国山地域は，台風の接近・通過に伴う日降水量の時間スケールにおける特異性をもっていると特徴づけられる．

　図4に，山岳気候域の 1 つの例として，アメダス木頭の日降水量と気温および日照時

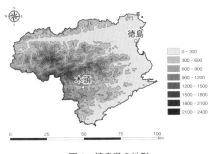

図1　徳島県の地形

	0 - 300
	300 - 600
	600 - 900
	900 - 1200
	1200 - 1500
	1500 - 1800
	1800 - 2100
	2100 - 2400

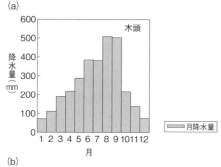

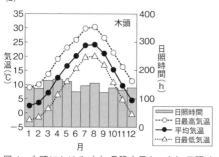

図4 木頭における (a) 月降水量と, (b) 日照時間, 気温の季節変化

間の季節変化を示す. 四国の中でどちらかというと南東部に位置しているので意外に感じられるが, 徳島県の山岳気候地域において

は, しばしば冬季に降雪も見られ, 深刻な災害に至る例も見られる (「C. 徳島県の気候と風土」で詳述). 南岸低気圧型よりもむしろ, 冬型の気圧配置の影響による降雪が顕著である. 徳島市も他の四国の県庁所在地と比較して積雪が多く, 特に冬型の気圧配置による積雪が多いのも意外に感じられる (図5).

山岳気候域では冬季に積雪が見られるが, 2014 (平成26) 年12月5日〜6日にかけての寒波では徳島県西部の山岳域に異例の積雪があり, 災害となった. この日は西日本の約5,500 m上空に−30℃以下の強い寒気が流入し, 強い冬型の気圧配置となった. 徳島県西部に積雪をもたらした雪雲は, 燧灘から流入して東南東へのび, 強弱を繰り返しながら4日夜から6日午前中にかけて持続した. アメダスや西日本高速道路株式会社四国支社の気象観測から, 最深積雪深は, 徳島自動車道沼谷橋付近の32 cmであったこともわかっている.

県北部を貫く吉野川は, 徳島県の風土を形成する大切な要素の1つとなっている. 高知県嶺北地方や愛媛県の銅山川を源流とする上流域, 四国山地を鋭くえぐる中流域, さらに中央構造線に対応する不連続線が形づくる谷間を埋めて東西にのびる下流域には, それ

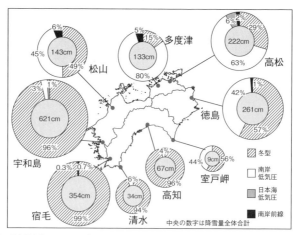

図5 四国の各観測点における降雪量とその原因となる現象別の割合 (出典:福田, 2016)

ぞれの特色ある風土と生活がある．その豊富な吉野川の流量は，日本有数の多雨域の1つである高知県嶺北地方や銅山川流域の降水によるものと，徳島県の降水のよるものに分けられ，しばしば深刻な洪水災害をもたらしている（「B．徳島県の気象災害」で詳述）．6月に始まる流域の大量の降水が，吉野川下流の徳島平野に顕著な氾濫原をもたらした．堆積と洪水により流路はしばしば変遷した．こうした吉野川の特徴に対応した産業として，吉野川下流の阿波藍（あわあい）がある．阿波藍はさらに，徳島県の風土にも大きな影響を及ぼしている（「C．徳島県の気候と風土」で詳述）．

B．徳島県の気象災害

「A．徳島県の気候・気象の特徴」でもふれたように，徳島県南部の山岳域を中心に，台風による豪雨が見られる．これらの豪雨は1日前後の時間スケールで顕著であり，那賀川の流域に深刻な洪水を引き起こしている．1950（昭和25）年のジェーン台風，2004（平成16）年の台風23号の際の出水は特に大きかった．最近でも，2014（平成26）年台風11号および，2015（平成27）年台風11号の影響を受け，2年連続して阿南市立加茂谷中学校が校舎2階まで水没するなど，大きな被害が出ている．加茂谷地区は歴史的に無堤地区であったので，堤防を建築する計画が進んでいる．

日降水量1,114 mmを日早で記録した1976年の豪雨も，台風によるものであった．降水が最も激しかった9月11日に，台風17号の中心は九州の南西の海上にあり，ほぼまる1日停滞した．その際に台風の縁辺流が連続して四国山地にぶつかり，この地域に長く続く豪雨をもたらした．最も降水量の多かった日早地域は，そもそも人口が少なく，地盤もしっかりした（というよりも，しばしば発生する豪雨で崩壊するべきところはすでに崩壊している，というべきであろうか）地域である．しかし，この日456 mmの日降水量を記録した穴吹町では，死者・行方不明者2名，全壊または流失家屋は78を数えた．あまりの豪雨に10月の町役場の調査で，542世帯中320世帯が移転を考えているという結果が出て，町としても移転先の斡旋をしたという．過疎に拍車をかける結果となってしまった．

一方，吉野川も広い流域の豪雨の影響を受け，しばしば大規模な洪水に見舞われてきた．吉野川は高知県の石鎚山南東山麓の豪雨域を源流にもつ．吉野川の洪水災害には，この地域の豪雨の影響も含まれる．古くから，徳島県内で降った降水による洪水を「御国水」，現流域の高知県内で降った降水による洪水を「土佐水」あるいは「阿呆水」とよんでいる．「阿呆水」という言葉は，下流域で晴れていても，上流域の多量の降水が突然下流域に大規模な洪水をもたらすことがあるという理不尽さを表現しているといえるだろう．1849（嘉永2）年の洪水は「前代未聞」といわれ，板野郡が水没し，死者250名を数えたというが，これもいわゆる「土佐水」によるものである．

昭和に入って以降は吉野川本川における破堤は起こっていないが，支川での氾濫や，降った雨が河川に排水できないために生じる内水氾濫が発生している．例えば最近では，2004（平成16）年の台風23号襲来に際しての洪水が最も顕著で，岩津における基本高水流量17,500 m^3 に迫る16,400 m^3 に達し，床上浸水745戸，床下浸水1,975戸の被害を出した．近年1961（昭和36）年以降の主な洪水の流量のグラフを図6に示す．2004年の洪水の流量が大きく基本高水流量に迫るものであったことがわかる．

冬になると山間部の山岳気候域では降雪の影響を受ける．「A．徳島県の気候・気象の特徴」でもふれた2014（平成26）年12月5日〜6日にかけての大雪は，近年まれに見る大きな被害をもたらした．吉野川市の高越山付近で2名が死亡したほか，孤立する地域や集落が続出した．最大で三好市で521世帯984人，つるぎ町で293世帯467人に達し，完全に解消したのは12月10日になっ

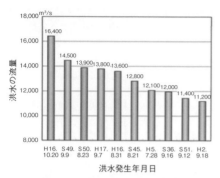

図6 吉野川岩津観測所における洪水時の最大流量
2009年までの最大流量の上位10位までについて示している（出典：国土交通省四国地方整備局，2009）.

図7 阿波藍の色合いをもたらすアイの葉（中村博子氏提供）

てからであった．今回の雪害で注目されたのは，停電と通信の途絶の問題である．このとき，広範な停電があった（3,372戸）．0℃前後での降水により，樹木等への着氷の増加による倒木で，電線が切断されたケースが多く，かつ道路も寸断され，停電の長期化につながったものと考えられる．この停電は思わぬ影響を広げた．この地域にはIP電話が広く導入されていたため，停電により電話も不通となり，孤立した集落との連絡に大変な労力がかかった．

2016（平成28）年1月24日～25日に西日本を襲った大寒波の影響も，徳島県に広範に見られた．県西部では，低温の影響による水道管の破損と断水の被害が相次いだ．まれに見る低温の影響とされる．一方，徳島市も降雪と低温の影響による路面の凍結が広範囲に発生し，都市交通に大きな影響を与えた．徳島市は四国の都市部としては比較的冬型の気圧配置に伴う積雪が多い．1974（昭和49）年2月11日～12日にも徳島市では，道路の凍結による都市交通に対する大きな影響が見られた．これは，単に雪に慣れていない都市であるという条件からだけではなく，冬型の気圧配置の強まった低温条件下の降雪イベントが比較的多いという気象条件からも説明されるべき現象であるといえるだろう．

C．徳島県の気候と風土

徳島平野には，四国一の流域面積と流量を誇る吉野川が東西に流れる．「四国三郎」の異名をとる，全国屈指の暴れ川である吉野川のその圧倒的な流量は，当地に特徴的な川とのつきあい方を育んだ．徳島平野下流域の板野町から三好町に至る地域では，米ではなく，「阿波藍」とよばれる藍作が伝統的に盛んであった．毎年の産出量は，江戸期でも5,000トンほど，1900（明治33）年には17,760トンにも上った．現在でも伝統産業としての藍染めが作り続けられているが（図7），昭和後期には年間30トンほどと，その量には全く最盛期の面影はない．

藍は当地では平安中期から栽培されていたらしい．江戸時代に入ると，徳島藩により，藍作の奨励と流通統制が始められた．綿が衣類として全国的に普及する元禄期（17世紀末）になると，江戸や大坂に大量に進出するようになる．

藍は種まき，施肥，収穫のあと，葉藍を乾燥させる藍こなし，100日間にわたり寝床とよばれる作業場で発酵させる寝せ込みとよばれる作業に至るまで，季節進行に従った明確な年サイクルを伴って伝統的に製造されてきた．藍こなしの行われる8月は日照時間の多さが際立つ（図2）．藍を寝かせ込む寝床には，必ずたくさんの窓が開けられている．室温は藍の品質に強く影響している．室内の発酵の進行に伴う気温上昇と，外気との交換との働きにより，適切な室温となるように設

計されていたのだろう.

　さらに，藍作が当地で奨励された背景には，吉野川の特質と深く結びついた以下の2つの地域の特徴があった．第1に，当該地域がしばしば台風シーズンに圧倒的な洪水に見舞われたことである．藍作は冬の種まきに始まって台風シーズン到来前に収穫ができ，洪水の影響を受けにくい特徴がある．第2に，毎年のように氾濫する吉野川がもたらす客土に含まれる養分が，本来連作に向かない藍作の毎年の収穫を可能にしてくれたことである．

　徳島藩はこの地域の築堤に冷淡であったといわれる．それには2つ理由が考えられる．1つは藍作奨励のための客土の流入を確保したいから，というもの．もう1つは，むしろ治水工事に必要な財政がなかったから，というものである．どちらが本当なのだろうか？

　歴史をひもとくと，藩政と藍作のダイナミックな関係性が見えてくる．元禄期（1688～1704年）になって綿作が全国的に普及するようになると，藍商が江戸や大阪などの全国市場に進出していく．それにつれて，次第に徳島藩の税収を回避するに至る中で藩財政は逼迫．徳島藩として藍作を統制し，税収を得ようとするようになる．このための藩主導の藍制改革が何度か行われているが，これらの改革は藍商からも農民からも不人気で，1756（宝暦6）年の五社宮一揆のよびかけと未然鎮定を契機に「痛み分け」，改革は失敗に終わっている．この失敗を教訓として，名西郡の組頭庄屋小川八十左衛門による建議を取り入れる形での藍制改革が行われた（明和改革）．これ以降，藍商と藩財政が相乗的に作用し合う制度が確立した．この関係性の確立を前提として見ると，築堤せずに藍作を奨励する政策にも合理性が感じられる．どちらか一方が正しいというわけでもないのだろう．

　こうして隆盛を誇った藍作も，1903（明治36）年以降のドイツからの化学染料の大量輸入と同時にあっという間に衰退する．た

だし，幕末・明治維新期には綿工業の発達により，藍の需要がいったん増大した時期があったのも事実で，近代化＝伝統産業の衰退という図式は必ずしも正しくないようだ．

　藩財政を支えるに至った藍作は，地域に多くの豪商を生んだ．特に，脇町に今でも残る豪商の「うだつ」の建つ町並みは有名であるが，ここは吉野川の水運を背景に栄えた物流拠点であった．藍商も大きな比重を占めた．

　阿波藍の盛んなこの地域は「北方」とよばれるが，14時頃から始まる刈り取りから夕刻から深夜に及ぶ処理作業，さらに翌朝からの乾燥と続く藍作の労働の厳しさは，「阿波の北方おきゃがりこぼし，寝たと思うたら早や起きた」という唄に表される．香川県ではよく相性がいいことを「讃岐男と阿波女」というが，北方からの働き者の嫁入りを表現しているという．あるいは，藍収穫期の臨時の労働力として北方入りした讃岐からの稼人と，北方の女性たちが結ばれた事例もあったのかもしれない．　　　　　　　［寺尾　徹］

【参考文献】
[1] 葛西光明，1991：昭和51年17号台風と木頭村日早の日降水量日本記録，徳島の気象100年，徳島地方気象台・日本気象協会編，114-116.
[2] 国土交通省四国地方整備局，2009：吉野川水系河川整備計画.
[3] 日本農業気象学会中国・四国支部，2007：中国・四国地域の農業気象，農林統計協会.
[4] 三好昭一郎・松本博・佐藤正志，1992：徳島県の100年，山川出版社.
[5] 福田崇文，2016：四国平野部における降雪の地域特性，高知大学理学部平成27年度卒業論文.

愛媛県の気候

A. 愛媛県の気候・気象の特徴

　愛媛県は四国北西部に位置し，北は瀬戸内海，西は豊後水道に面した長い海岸線をもつ．270の島しょ部も含めれば海岸線の延長は約 1,700 km に及び，全国で 5 番目の長さである．一方，山間部では西日本最高峰である石鎚山（標高 1,982 m）を中心に 1,000 m 級の四国山地が東西にのびている．

　愛媛県は東予・中予・南予に区分されており，それぞれの地域で地形，風土，気候，景観，気性に特徴がある．四国山地の北側にあたる東予と中予では，平野部は瀬戸内海の影響を受け，年間を通して降水量が少なく穏やかな晴れの日が多い瀬戸内海気候であり，総じて温暖な気候と災害の少ない土地柄である．一方，四国山地に位置する大野ヶ原，久万高原，銅山川上流域では年降水量が 2,000 mm を超える多雨域である．この多雨域は高知県との県境付近に位置し，流域でいえば吉野川，仁淀川，四万十川にあたる．このため，この地域に降った雨は高知県，徳島県側に流出されることになり，愛媛県側の特に東予・中予地域は水資源が脆弱である．こ

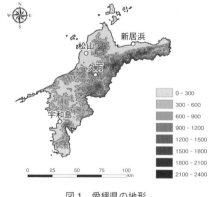

図1　愛媛県の地形

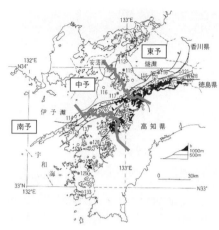

図2　愛媛県の年間降水日数分布（出典：深石，1992 を改変）

れらの少雨地域では古くからため池が築造されており，2014 年 3 月の農林振興局の調べによれば，愛媛県には 3,255 か所のため池が存在し，全国で 16 番目の多さである．また吉野川の支流である銅山川には柳瀬ダム，新宮ダム，富郷ダムが建設され，四国中央市（伊予三島・川之江地区）などの東予地域で，農業用水，工業用水，上水道用水，発電として利用されている．特に四国中央市は紙製品の出荷額が全国 1 位であり，銅山川から法皇山脈を貫く分水トンネルによって供給される水が，この地域の経済活動の礎となっている．一方，同じ東予地域である新居浜市や西条市では，少雨ではあるものの，地下水に恵まれている．特に西条市では石鎚山をはじめとする高峰により豊かな地下水がもたらされ，日本でも有名な地下水の自噴地帯となっている．鉄のパイプを地下に打ち込むだけで良質な地下水が湧き出てくる「うちぬき」とよばれる自噴施設が，市内各所に存在する．国の名水百選および「水の郷」にも指定されており，西条市は別名「水の都」ともよばれている．愛媛県のうち南予地域では，宇和海沿岸の暖流の影響を受け気温が比較的高い南海型気候となっている．この温暖な気候の特徴を活かし，ミカン栽培が盛んに行われてい

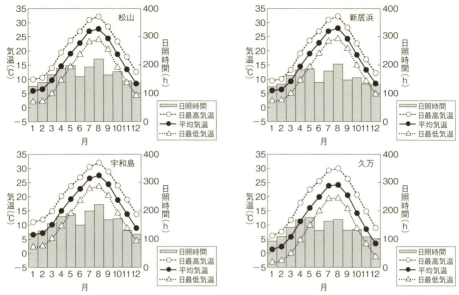

図3　愛媛の代表地点における気温と日照時間の月変化

る．一方，冬季は関門海峡から周防灘・伊予灘を抜けて季節風が到達するため，しばしば雪が降る．温暖なイメージのある愛媛県ではあるが，久万を含む山間部や南予の山間部では雪が多く，スキー場なども存在する．

図2は愛媛県の年間降水日数分布（深石，1992）である．標高の高い山間地域では年間150日程度の降水日数がある一方，海岸地帯では地域によって差がある．120日の等値線は四国山地から佐田岬にかけての稜線とほぼ一致しており，それより北側の瀬戸内海

側では120日以下，南側では120日以上である．

愛媛県の気候区分はこの四国山地で区分され，北側の東予および中予地域では瀬戸内海気候区，南側の南予地域では南海型の太平洋側気候区である．南海気候区では暖候期の季節風の風上側にあたり降水日数が多いのに対し，寒候期の季節風の風上側にあたる瀬戸内海側ではこの時期に降水日数が多くならない．以下，代表的な地点を例にあげ，愛媛県の気候について述べる．

図3は愛媛県内の代表的な地上気象観測所（松山地方気象台および新居浜，宇和島，久万におけるアメダス）の気温と日照時間の月変化である．データはそれぞれ，気象庁ホームページからの平年（1981〜2010年）気候値データを参照して作成した．また表1にはその年間値をまとめた．

平野部に位置する新居浜（東予），松山（中予），宇和島（南予）では，気温の傾向はおおむねよく似ている．年平均気温（表1）を見れば，松山と新居浜は16.5℃で同値で

表1　愛媛の代表地点における気温，日照時間，降水量，降水日数

	年平均気温（℃）	年間日照時間（時間）	年降水量（mm）	年間降水日数（日降水量≧1.0mm）
松山	16.5	2,017.1	1,314.9	99.8
新居浜	16.5	1,893.7	1,305.3	108.8
宇和島	16.8	1,940.9	1,648.5	111.1
久万	12.6	1,643.2	1,896.4	137.8

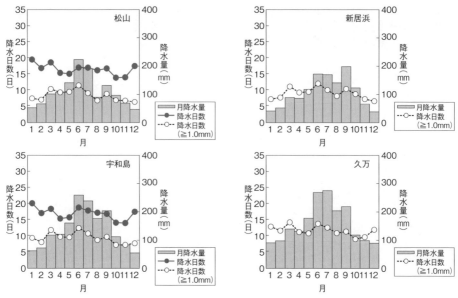

図4　愛媛の代表地点における降水量と降水日数（●は 0.0 mm 以上，○は 1.0 mm 以上）

あるが，南予に位置する宇和島では 16.8℃と相対的に高い．宇和島は県南西部の宇和海沿岸地域に位置しており，暖流の影響を受け気温が比較的高い南海型気候となっている．一方，山間部に位置する久万（標高 511 m）では，気温が低く年平均気温は 12.6℃である．久万が位置する久万高原町は平均標高が800 m であり，夏は避暑地としても利用される．

日照時間については，平野部 3 地点で若干の差異がある．冬季に着目すると，宇和島における日照時間が，他の 2 地点（松山，新居浜）と比べて短い傾向がある．これは後で詳しく述べるように，関門海峡からの季節風の影響を受けているためである．一方，暖候期は日照時間が多く，年間日照時間は1,940.9 時間に達し，平野部 3 地点では松山に次いで長い．宇和島近辺ではこの豊富な日照時間を利用して，ミカンなどの果樹栽培が多く行われている．松山は最も日照時間が多く，年間日照時間数は 2,000 時間を超えている．特に 4 〜 8 月の暖候期に日照時間が多

い（ただし，梅雨の影響を受ける 6 月を除く）．同じ瀬戸内海気候に属し，燧灘に面する東予地域の新居浜では年間日照時間が少し短く，1,893.7 mm である．松山に比べると暖候期に日照時間が短くなる傾向がある．

図 4 は図 3 と同地点における降水日数と降水量の年変化である．データの作成方法は図 3 と同様である．松山，宇和島，久万では 6 〜 7 月の梅雨期に月降水量がピークとなるが，東予の新居浜では 9 月にピークとなる．9 月に降水量がピークとなるのは太平洋側の高知と似ており，台風によるものと思われる．東予地域は瀬戸内側ではあるものの，台風による雨雲が四国山地のやや標高が低い中央部を越えて運ばれ雨をもたらすものと思われる．一方，四国山地の南側にあたる南予では，南海型の太平洋側気候であり，暖候期の降水日数が多い．取り上げた 4 地点の中では，山間部に位置する久万で最も降水量が多い．

冬季の降水量は，瀬戸内海側で少なく月降水量は 50 mm に満たない．南予の宇和島で

は降水量が相対的に多く、また日降水量が1 mm 以上の降水日数も多い。北西季節風が強く吹く冬型気圧配置では、中予や東予では中国山地で遮られ雪をもたらす雲が少なく晴天が多いが、南予では関門海峡から周防灘・伊予灘を抜けて季節風が到達するため、しばしば雪が降る。松山地方気象台によれば、1月の強風日数（最大風速 10 m/s 以上）の平年値で比べると、松山での 0.0 日に対し、宇和島では 8.1 日もあるという。温暖なイメージのある愛媛県ではあるが、久万を含む山間部や南予の山間部では雪が多くスキー場なども存在する。大雪によって交通や送電網の障害が引き起こされることもある。

2. 愛媛県の特徴的な大気現象

(1) やまじ風

やまじ風は、清川だし（山形県）、広戸風（岡山県）とともに日本三大局地風の1つとして知られている。日本海に低気圧がある場合に、太平洋側から四国山地を越えて瀬戸内海側に吹き降ろすフェーン現象を伴う強風である。風の吹く地域は伊予三島から土居にかけての法皇山脈北側（四国中央市）一帯に限られ、風向は南東から南西である。発生時期は春と秋に多く、春は低気圧が日本海で急速に発達する2月から5月にかけて、秋は台風が四国の西側を北上し日本海に進む場合に多い。

この強風により家屋の倒壊や破損、走行中のトラックの横転、電柱の倒壊、作物の倒伏等の被害が発生する。またゴミなどが強風で巻き上げられて電車の架線にかかり、電車のダイヤの乱れを招くこともある。1945（昭和20）年の枕崎台風や1951（昭和26）年のルース台風の時に発生した「やまじ風」では倒壊家屋数が百数十棟に及ぶ記録に残る大災害となった（松山地方気象台）。

農業面の対策としては、強風で傷みやすい稲を避けて、サトイモやヤマイモなどの根菜類が生産されている。また家屋の構造面では、古くは屋根に重し石を載せ、漆喰で瓦を固めていた。今日ではコンクリート造としているものが多く、この地域では鉄筋コンク

リート造りの割合が愛媛県内で最も高くなっている。

(2) 濃霧の発生——移流霧と放射霧

愛媛県の瀬戸内海沿岸では春頃から梅雨期にかけて「移流霧」が発生することがあり、内陸や盆地では秋から冬にかけて「放射霧」が発生することが多い。

瀬戸内海では3月から6月頃にかけて濃霧の発生が多くなり、中でも松山では高い頻度で霧が観測される。瀬戸内海で発生する霧は「移流霧」であり、暖かく湿った空気が、冷たい海水によって冷やされることにより霧が発生する。特に瀬戸内海は地形的に陸地に囲まれていることから、湿った空気が溜まりやすく、香川県沖の備讃瀬戸から、愛媛県沖の燧灘と安芸・伊予灘の海域で多く発生する。濃霧が発生すると見通しがきかないため、航空機や船舶を中心に交通機関の運航の障害になる。特に瀬戸内海域で発生する海難事故は濃霧が原因である場合が多い。

一方、秋から冬にかけては内陸や盆地で「放射霧」が頻繁に発生する。有名なのは大洲盆地で発生する霧である。大洲盆地は中予と南予を隔てる山間部に位置し、肱川の河口から約 10 km 内陸にある面積約 10 km² の四国最大の盆地である（盆地底の標高は10 m）。大洲盆地で発生する霧の気候的特性は黒瀬ら（1998）によって詳しく調べられており、10月から11月にかけては2日に一度の割合で霧が発生すること、霧の消散時刻は日の出時刻が遅くなるとともに遅れること、霧の消散が遅い場合には日の出後4時間以上霧が残ること、霧の上限高度はおよそ標高 300 m であること、などが報告されている。また、大洲盆地では霧が生活環境に大きな影響を与えており、斜面上の集落の多くが霧の上面付近に点在していること、霧のかかる地域に秋冬どり白菜の産地が形成されていることも報告されており興味深い（黒瀬ほか、1998）。

(3) 肱川あらし

肱川あらしは、前項で述べた大洲盆地の霧が、肱川沿いに河口に向かって吹き出す霧を

伴った冷気流のことである．肱川は先行性河川であり，岩盤が隆起する以上の速さで肱川が谷底を削ったため，河口付近で狭いV字谷が形成されている．大洲盆地の底部にたまった霧がこの狭い谷に沿って伊予灘に流出することがあり，河口では風速10 m/sを超える強風となることもある．気象学的には地峡風（gap wind）という現象である．この珍しい現象は，河口の大洲市長浜における冬の風物詩となっている．肱川あらしは10月から3月にかけて大洲盆地が移動性高気圧におおわれ，よく晴れた穏やかな日の翌日に見られ，北西風（季節風）が強いときは出現しない．河口に向かう方向が北西を向いているためである．なお，肱川下流の勾配は1/1,000以下であるので，斜面下降流（山風）だけでは肱川あらしを説明できない．現地での気象観測や数値シミュレーションにより，発生条件やメカニズムが明らかにされつつある．肱川あらしは，大洲盆地の冷気と瀬戸内海（伊予灘）の海水の温度差および気圧差が，ある一定の条件を満たしたときに発生し，盆地で形成された放射霧が肱川を下り，冷気と水温の温度差がさらに蒸気霧を発生させながら二層構造になって海へ流れ出す．近年では肱川あらしをテーマにした書籍（大洲市ほか，2015）も出版されている．

　地元の大洲市では，この神秘的な肱川あらしを地域の観光資源として活用しており，肱川あらし展望公園からは，（運がよければ）図5のような光景を楽しむことができる．また長浜町の地元有志住民は「肱川あらし予報会」の専用ホームページを立ち上げ，地元中学生や商店連盟のメンバーなどがパーソナリティを務めて，発生予報を毎日動画配信している（ただしシーズン中のみ．ウェブサイト：http://www.arashi-nagahama.com/）．

（4）わたくし風

　宇和島市付近では，春から初夏にかけて「わたくし風」とよばれる東寄りのおろし風が吹き，農作物などに被害が発生することがある．四万十川沿いに南東から収束してくる気流が，鬼ケ城山系を越えることで生じる．

図5　肱川あらし　上流（図左）から河口（図右）に向けて霧が流れている（愛媛県観光物産協会提供）

低気圧が東シナ海から四国の南を通過し，高気圧が東北地方または日本の東海上にあって南西に張り出している場合に発生する（低気圧と高気圧の気圧差が大きく，西日本で気圧傾度が増大するためである）．春から初夏に多発し，特に3～4月頃には最大瞬間風速が30 m/sを超え，農作物への影響が出る場合もある．

　「やまじ風」のように強くはない．このほか，松山市北条付近や上浮穴郡の山間地でも局地的に強風が吹くことがある．

B. 愛媛県の気象災害と大気環境問題
1.　気象災害

　深石（1992）は県内各地で生じた気象災害を種類別・月別に整理しており（表2），各種の気象災害には明らかな季節性が認められる．

　春季（3～5月）は，大雨と強風，瀬戸内海特有の霧である．強風日数（最大風速10 m/s以上を観測した日数）は3～4月が1年で最も多い．4月下旬から5月になると，日本海に発生した低気圧に高温多湿な気流が吹きこむようになり，低気圧が南寄りに進むと大雨になり，北寄りに進んで発達するとやまじ風などの強風になり，風が弱いと霧が発生する．また高気圧におおわれると，夜間の放射冷却により内陸の山麓や盆地では降霜が見られ，桑，たばこ，春野菜などに大きな被

表2　愛媛県内の月別原因別気象災害（1973～1990年）（深石，1992）

災害＼月	1月	2月	3月	4月	5月	6月	7月	8月	9月	10月	11月	12月
大雨			○ ○○○	○○○ ○○	○○○○ ●○○	○○○○●○ ○○○○	●●● ○○○	●●●○○○○ ●●○○○	●●● ○○○	○○		
大雪	○●○○●	○○○○●●● ○○										○○○ ●●
雪							○					
雷	○○		○○			○○○ ○○○	○●○ ○○○○○○	○○○○○○				
霧	○○	○	○○		○○○○○○ ○○○○	○○○○○○ ○○○						
少雨	●	○		○●	○●		●○ ○○	○○○	○○○	○○○	○○○	○○○
霜			●○	○●								
光化学スモッグ					○○	○○○○			○			
低温		●●				●						●
高温					○		○					
強風	○○○○○	○○○	●○○	○○	●	●○○	○○○○○	○○○○ ●●○	○○○	○○		
波浪		○○○							○○○			
高潮									○○○			
赤潮						○	○					
竜巻									○○○			

害が生ずる.

　夏季（6～8月）は大雨による災害が多く，それらは主に梅雨前線の活動と台風による．大雨災害は東予地域はやや少なく，これは南に法皇山脈，西に高縄山地があり，南または西からの前線や低気圧の擾乱の風下側にあたるためである．強風害については，梅雨前線上の低気圧が発達したり，台風が梅雨前線と重なると発生する．梅雨前線に伴うもう1つの重要な災害は霧である．霧は降雨後に風が弱く気温が低下すると発生する．梅雨の後半には地表面が高温になり，上空に寒気が流入すると雷が発生する．雷は落雷とそれに伴う火災や局地的に短時間に降る豪雨，雹害などに分けられ，特に農作時期の雹は大被害を及ぼす．空梅雨になると水不足になり，特に傾斜地の多い南予地域や瀬戸内の島しょ部では農業用水ばかりでなく，生活用水も不足する．

　秋季（9～11月）は気象災害が比較的少ない．9月の大雨や強風害は主に台風によるものである．その他の秋の気象災害としては干害・光化学スモッグ・低温害などがあげられるが，いずれも大きな被害にはならない．

　冬季（12～2月）は冬型気圧配置がもたらす災害が発生する．シベリアからの寒気はときに寒冷前線を伴い南下するが，このとき突風が起こり船舶の海難事故の原因となる．また寒波により，山間部では強風・降雪による交通遮断，ビニールハウスの破損，電線着

雪による停電などの被害が生じる。2月後半になると南岸低気圧がよく発達し、平地では強風・波浪、山間部では大雪・低温による災害が発生する。一方、春先に異常乾燥が生じ冬でも水不足が生じることもある。

2. 大気汚染

愛媛県における大気汚染の歴史は明治時代に遡る。当初、日本の近代産業を牽引したのは紡績業、銅精錬業、製鉄業などであるが、これらの拠点となる地域で著しい大気汚染が発生した。愛媛も例外ではなく、当時日本三大銅山の1つであった新居浜の別子銅山で、銅精錬所からの硫黄酸化物による大気汚染が深刻化し、大規模な水稲被害が発生した。精錬所経営者である住友鉱業は、新居浜沖合約18 kmの無人島に精錬所を移転したが、なお瀬戸内側沿岸の広域で麦・稲作に煙害が影響した。しかしその後の硫黄酸化物対策の技術開発により克服された。銅山は1973（昭和48）年に閉山されるまで一貫して住友家が事業を継承し、新居浜を金属・化学・機械などの工業都市として大きく発展させる礎になった。

現在は愛媛県において深刻な大気汚染は発生していない。2014（平成26）年度の大気環境の測定結果によれば、県内の常時監視測定局における環境基準の達成状況は、二酸化硫黄・浮遊粒子状物質・二酸化窒素・一酸化炭素についてはそれぞれ100％達成している。光化学オキシダントや微小粒子状物質（PM2.5）については達成率が低くなっているが、注意報や注意喚起の発令はない。

C. 愛媛県の気候と風土

1. 宇和海沿岸の段々畑

南予地方の宇和海沿岸一帯は、リアス式海岸と段々畑のミカン山が続く温暖で風光明媚な地域である。急傾斜地を利用した柑橘栽培が盛んで、佐田岬の付け根にあたる八幡浜では「日の丸」「真穴」等のブランドミカンが有名である。この地域の段々畑の成り立ちは、古くは漁民の自給食料の確保に端を発しているという。低地が少ないこの地域では、

図6　宇和海を望む段々畑

耕地の開発にあたり急峻な山に石垣を築くしかなく、それを積み重ねることで今日の段々畑が形成されてきた。この段々畑地帯では、自給食料としての裸麦などの雑穀類や甘藷が中心的に栽培された。また養蚕のための桑園も広がっていた。ところが、昭和30年代になると経済の高度成長に伴って国民の食糧消費構造も変化し、麦やイモ中心の畑作から柑橘類への栽培へと転換していった。

段々畑は排水良好で、この地域の降水量、気温、日照時間等がミカン栽培に適している。また、宇和海に面した段々畑は、照りつける太陽の直射日光と海面で照り返す反射光、石積み段畑の蓄熱・放射熱の3つの太陽エネルギーが有効に利用できる環境にあり、これにより全国トップレベルの品質のミカンが生産される。八幡浜や西宇和地域ではミカン栽培の条件が地域によって多様であり、ミカンの品質にも差が生じるので、選果場ごとに銘柄を区別して出荷されている。

2. 今治のタオル産業

「しまなみ海道」の四国側の終着点である今治地域はタオルの一大産地として、国内で生産されるタオルの5割以上が生産されている。今治でのタオル産業の発展には気候が大きく関わっている。綿花の種子は8世紀の終わり頃に外国からもち込まれ、西日本の温暖な地方で栽培されるようになった。綿の花は秋に開くため、秋にも晴れた日が多い瀬戸内地域は綿栽培に適していた。また昭和の後半までは、加工された糸や生地は屋外の天

日干しで乾かすのが一般的であり，降雨の少ない瀬戸内側（特に年降水量が 1,220 mm と少ない今治）はタオル産業に適した地域であった．一方，タオルの生産工程ではたくさんの水を使用するが，今治地域では石鎚山の地下水や高縄山系を源流とした蒼社川の伏流水が利用できる．そして水質の面では重金属が少なく硬度成分も低いため，晒しや染めに適した良質な水である．このような気候と立地条件が，今治におけるタオル産業の発展を支えてきた．

3. 佐田岬のウィンドファーム

　佐田岬は中央構造線に沿って豊後水道に突き出した約 40 km の半島であり，「日本一細長い半島」として有名である．この半島は風を遮るもののない海域に向かってのびていることから，特に冬の北西風と夏の南からの強風の影響が強い．この強風を地元では「まじ」とよび，農作物や家屋に悪影響を与えることから，この地域ではさまざまな工夫が行われてきた．急斜面で風当たりが強い串地区の家は，一般に屋根が低く風に強く作られている．また果樹園や家屋を守る防風林も，この半島を代表する風景である．佐田岬漁港には石垣塀が建造されているが，これは防風・防潮のためとされている．

　この地域の年間平均風速は 8.3 m/s（高さ 40 m 地点における数値）であり，日本でも有数の風の強い地域であることから，地元の伊方町ではこの強風を利用した風力発電施設の建設が進んでいる．伊方ウィンドファーム，せと風の丘パークなど複数の地域にそれぞれ 10 基程度の風車が立ち並び，2016 年現在では伊方町の風車は 58 基である．巨大な風車群を観光できるスポットも整備されており，風車群や風光明媚な瀬戸内海や宇和海の風景を 360°のパノラマで楽しむことができる．　　　　　　　　　　　　〔森脇　亮〕

【参考文献】
[1] 愛媛県生涯学習センター，1983：愛媛県史地誌 I（総論）第二章（http://www.i-manabi.jp/system/regionals/regionals/ecode:2/31/contents
[2] 大洲市・名越利幸・松本浩司著，2015：Great Nature Story 肱川あらし　これでキミも"あらし"予報士!!，エス・ピー・シー，95p.
[3] 黒瀬義孝・深石一夫・林陽生・大場和彦，1998：愛媛県大洲に発生する盆地霧の気候学的な特徴．農業気象（J.Agric.Meteorol.）54(1)，13-21.
[4] 深石一夫，1992：愛媛の気候——ふるさとの大気環境を探る．愛媛県文化振興財団，399p.

高知県の気候

A. 高知県の気候・気象の特徴

水と緑に恵まれた高知県は，豊富な自然とその独特な風土で知られている．四国の南半を占め，北は脊梁四国山地によって愛媛・徳島両県に接し，標高1,000mを超える山々が連なる．南は広く太平洋に臨み，東に室戸岬，西に足摺岬が突出し，約300kmにも及ぶ弧状の海岸線が土佐湾を抱く（北野，2003）．

高知県の総面積は7,105km²であり，47都道府県中第18位である．しかしながら，森林面積の割合は全国第1位の84%を誇り，8割以上を緑が占める．逆に，可住地の割合は16.3%に過ぎず，同じ四国内の香川県（53.4%）・愛媛県（29.4%）・徳島県（24.7%）と比べても低く，居住地は土佐湾沿岸にわずかに広がる平野部と山々を縫うように点在する山間部に限られる．2013年10月現在の推計総人口は74.5万人であり，鳥取県・島根県に次いで，全国で3番目の少なさであ

る（高知県総務部統計課，2015）．

高知県は，しばしば「南国」とよばれる．県庁所在地の高知市をはじめ，土佐湾沿岸域では年平均気温が17℃以上になる年も少なくないが，このような温暖な気候が「南国高知」を象徴する．南国の厳密な定義は定かでないが，隣の九州内の都市（県庁所在地）と比較すれば，高知市よりもいずれも緯度の低い大分市・佐賀市・熊本市に比べて気温は高く，湾口に位置する長崎市とあまり変わらず，世界最大の暖流といわれる黒潮を横目に見る宮崎市や鹿児島市には及ばない．宮崎県や鹿児島県が高知と同じように「南国」とよばれることを考えると，土佐湾岸を洗う黒潮の存在が暖地の温暖な気候を育んでいるといえるであろう．

このように温暖な高知県ではあるが，県内の気候は実に多様である．例えば，高知地方気象台（1982）を参考にすれば，①温暖な海洋性気候，山間部の②内陸性気候または③多雨気候，④冬には積雪の観測される気候，

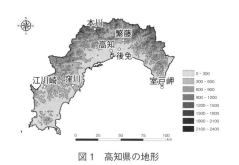

図1　高知県の地形

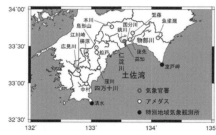

図2　気象官署（高知：高知地方気象台）・特別地域気象観測所（清水・室戸岬）・アメダス（江川崎・中村・梼原・鳥形山・船戸・窪川・本川・後免・繁藤・魚梁瀬）と河川（四万十川＊・仁淀川＊・物部川＊・広見川・鏡川・国分川）の位置関係　＊は一級河川

表1　高知県内4地点（高知市・室戸岬・窪川・本川）における気象観測体制

名称	気象官署・観測所名	住所	標高（m）
高知市	高知地方気象台	高知市比島町	1
室戸岬	室戸岬特別地域気象観測所	室戸市室戸岬町	185
窪川	アメダス窪川	高岡郡四万十町	205
本川	アメダス本川	吾川郡いの町	550

および⑤風の強い岬の気候のように大別される。これらを地域ごとに厳密に割り当てることは難しいが，気象官署・アメダスで観測された気温と降水量に注目し，高知市（A.の「1. 高知市の気候」）と他の代表的な3地域，室戸岬（室戸市）・窪川（旧高岡郡窪川町・現四万十町）・本川（旧土佐郡本川村・現吾川郡いの町）（以上，A.の「2. 代表的な地域の気候」）の気候について概観する（表1，図2）。

1. 高知市の気候

高知市は県中央部に位置し，総人口33.6万人（2015年9月1日現在）の高知県最大の都市である。同市は温暖多雨な気候で知られ，上述のように年平均気温は17.0℃，年降水量は2,547.5 mmに達し，四国内の他の県庁所在地である松山市（同16.5℃；1,314.9 mm）・高松市（同16.3℃；1,082.3 mm）・徳島市（同16.6℃；1,453.8 mm）と比較して，気温はやや高いが，降水量は圧倒的に多い。

図3中の○・●・△は順に同市における各月の最高気温・平均気温・最低気温の平年値（統計期間：1981～2010年）を表す。月平均気温は1月が最も低く（6.3℃），一方，最も高いのは8月（27.5℃）である（表2）。1月の最低気温は1.6℃であり（表3），高松市（1.6℃）と変わらない。一方，8月の最高気温（31.9℃）は7月（30.7℃）とと

もに30℃を超え（表4），いずれも平均湿度が70%を超えることも手伝って，蒸し暑い高知の夏を特徴づける。その反面，冬季は乾燥した晴天に恵まれることが多く，昼間の長さは短くなるものの図3中に示されるように，日照時間は比較的長く（12～1月），年間の総時間数は2,000時間を超える（図3中の棒線）。

月別の降水に目を転じると，1月と12月を除き，月降水量は100 mmを上回り，同市が潜在的に雨の多いことが明らかである（図4中棒線）。さらに，4月から9月にかけては，月降水量は200 mmを超え，同期間の月別の降水日数（降水量1 mm以上の日数）も10日以上である（図4中●）。暖候期は，降水量も多いが，降水の頻度も高いのが高知市の特徴である（図4，表5）。

2. 代表的な地域の気候

室戸岬は日本八景にも選ばれた，日本を代表する景勝地の1つとして広く知られている。室戸岬特別地域気象観測所（標高185 m）は，室戸岬半島の突端付近に位置しており，観測データは岬の気候を特徴づける。立地上，年間を通じて風が強く，風速の年平均値（平年値）は，6.7 m/sにも達する。10月から翌2月にかけての最低気温は高知市に比べて数℃高く（表3），一方，最高気温は年間を通じて数℃低い（表4）。強い風にさらされるものの，海洋性の過ごしやすい

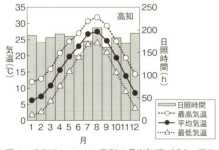

図3 高知市における月別の最高気温（○）・平均気温（●）・最低気温（△）・日照時間（棒線）の平年値（統計年：1981～2010年）

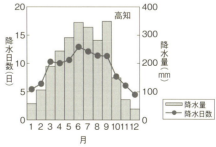

図4 高知市における月別の降水量（棒線）・降水日数（●）の平年値（統計年：1981～2010年）
ただし，降水日数は各月における降水量1.0 mm以上の日数を意味する。

表2　高知県内4地点における平均気温の月別平年値

地点	標高(m)	平均気温（℃）											
		1月	2月	3月	4月	5月	6月	7月	8月	9月	10月	11月	12月
高知	1	6.3	7.5	10.8	15.6	19.7	22.9	26.7	27.5	24.7	19.3	13.8	8.5
室戸岬	185	7.5	7.9	10.6	15.0	18.5	21.4	24.8	26.1	23.8	19.4	14.9	10.1
窪川	205	3.9	5.1	8.6	13.5	17.9	21.4	25.3	25.7	22.6	16.8	11.1	5.8
本川	550	1	2.3	5.7	10.8	15.1	18.7	22.6	22.9	19.7	13.9	8.4	3.4

表3　高知県内4地点における最低気温の月別平年値

地点	標高(m)	最低気温（℃）											
		1月	2月	3月	4月	5月	6月	7月	8月	9月	10月	11月	12月
高知	1	1.6	2.7	6.0	10.7	15.2	19.4	23.5	24.0	21.0	14.9	9.2	3.8
室戸岬	185	4.8	5.1	7.8	12.4	16.3	19.5	23.0	24.1	21.8	17.3	12.5	7.6
窪川	205	−1.5	−0.5	2.7	7.5	12.7	17.4	21.5	21.9	18.6	11.7	5.6	0.2
本川	550	−2.6	−2.0	0.7	5.0	9.6	14.3	18.7	19.1	15.9	9.4	3.9	−0.7

表4　高知県内4地点における最高気温の月別平年値

地点	標高(m)	最高気温（℃）											
		1月	2月	3月	4月	5月	6月	7月	8月	9月	10月	11月	12月
高知	1	11.9	12.9	15.9	20.8	24.4	27.0	30.7	31.9	29.3	24.5	19.3	14.3
室戸岬	185	10.5	11.1	13.8	18.1	21.3	23.7	27.3	28.7	26.3	21.9	17.5	12.9
窪川	205	10.3	11.6	14.8	19.7	23.6	26.2	30.4	30.8	28.0	23.3	18.0	12.9
本川	550	6	7.5	11.5	17.2	21.4	24.3	28.0	28.5	25.1	19.9	14.2	8.8

表5　高知県内4地点における降水量の月別平年値

地点	標高(m)	降水量（mm）												
		1月	2月	3月	4月	5月	6月	7月	8月	9月	10月	11月	12月	年間
高知	1	58.6	106.3	190.0	244.3	292.0	346.4	328.3	282.5	350.0	165.7	125.1	58.4	2547.5
室戸岬	185	88.6	111.6	177.8	200.7	247.0	300.6	256.2	205.6	297.1	202.3	167.8	70.8	2326.1
窪川	205	78.6	118.3	225.1	283.9	312.3	400.8	350.8	404.5	463.8	223.8	156.1	71.3	3089.3
本川	550	76.4	112.3	208.7	244.9	283.9	361.0	441.3	524.0	472.6	174.7	125.9	70.6	3077.2

気候が形成される．同岬は，また，上陸時の気圧が最も低かった室戸台風（1934年9月21日）でも有名であるが，年降水量は高知市より少なく2,326.1 mm である（表5）．

窪川（標高205 m）は四万十町東部にあり，四万十川中上流域に位置する．海岸からは距離にして8 km ほどであるが，海岸線に沿って北東〜南西に走る細長い山系は標高600 m を超え，その西に位置する窪川の気候は内陸性である．そのため，1月の最低気温（−1.5℃）は本川（−2.6℃）より1℃ほど高いだけであり（表3），最高気温（10.3℃）は室戸岬（10.5℃）に近く（表4），12月と2月も同様な傾向を示す．また，7〜8月の最高気温は高知市と1℃ほどしか違わず，最低気温は22℃を下回る．11月から翌4月にかけての最高気温と最低気温の差は11℃を超え，寒暖の差が大きい．窪川の年平均風速は1.3 m/s と弱く，それも手伝って，晴天夜間には霧が発生しやすく，しばしば，朝霧の町ともよばれる．一方，年降水量は3,089.3 mm であり（表5），他の沿岸地域に比べても多い．月降水量は9月に最大となり300 mm を上回るが，同月において日降水量が50 mm を超える日数は3.2日であり，年降水量が4,000 mm を超える県東部の魚梁瀬（同3.1日）をも凌ぐ．

山間部に位置する本川は，標高が500 m を超えているにもかかわらず，最高気温は夏季（7〜8月）には28℃を上回るが，最低気温は19℃前後と比較的涼しい（表3，4）．他方，厳冬期（1〜2月）には最高気温が10℃にも満たず，最低気温は氷点下になり（表3），冬季の降雪も珍しくない．南国として知られて

表6　1970年から2014年にかけて高知県内で発生した大雨災害の概要

台風・大雨災害の名称	発生期間（日）	場所および概況	被災状況	備考
台風10号	1970年8月21日	土佐湾沿岸部で台風による高潮が満潮に重なり、潮位が異常に上昇。桂浜で潮位最大偏差235 cm。高知市の日最大風速29.2 m/sと日最大瞬間風速54.3 m/sは観測史上第1位。	高知市周辺一帯で潮位上昇により大水害。死者・行方不明者13名、家屋全半壊4,439棟、床上浸水26,001棟、床下浸水14,292棟。	・http://www.jma-net.go.jp/kochi/koutinokisyou/kakosaigai/19700821/19700821.html ・高知地方気象台（1982）
繁藤災害	1972年7月4日～6日	県中部や東部の山間部で南西気流流入による大雨。繁藤地区（香美市土佐山田町）で1時間最大降水量95.5 mm、24時間降水量742 mm。	繁藤地区で大規模山崩れ。死者・行方不明者61名、家屋全半壊20棟、床上浸水151棟、床下浸水673棟。	・http://www.jma-net.go.jp/kochi/koutinokisyou/kakosaigai/19720704/19720704.html ・高知地方気象台（1982）
台風5号	1975年8月16日～18日	県中部の西よりの山間部を中心に台風による大雨。1時間最大降水量は佐川108 mm、池川94.5 mm、須崎90 mm、成山93 mm、柿の又119 mm。日降水量（17日）は柿の又741 mm、佐川623 mm、船戸614 mm。清水で日最大瞬間風速52.1 m/sは観測史上第1位。	仁淀川水系を中心に大洪水。山間部では土石流・斜面崩壊。平野部で湛水被害。死者・行方不明者77名、家屋全半壊2,160棟、床上浸水12,891棟、床下浸水17,322棟。	・http://www.jma-net.go.jp/kochi/koutinokisyou/kakosaigai/19750817/19750817.html ・高知地方気象台（1982）
台風17号	1976年9月8日～13日	東南海上を北上する台風の影響による前線性の大雨の後、台風本体の雲により再び大雨。県中部や東部の多くの観測点で期間中の降水量500 mm超。本山1,932 mm、繁藤1,061 mm、佐川1,177 mm、成山1,172 mm、高知1,305 mm、船戸1,080 mm、池川1,444 mm、魚梁瀬1,515 mm。	鏡川が氾濫。高知市全域で浸水被害。死者・行方不明者9名、家屋全半壊175棟、床上浸水17,316棟、床下浸水30,668棟。	・http://www.jma-net.go.jp/kochi/koutinokisyou/kakosaigai/19760908/19760908.html
高知豪雨	1998年9月24日～25日	瀬戸内付近に停滞する秋雨前線に向かって南西から流入する暖湿流と、太平洋高気圧周縁を南から回る暖湿流が県中東部から中部の沿岸部で収束。足摺岬から土佐山田町にかけてのびる線状の降水帯が発達し、大雨が長時間継続。期間2日間の降水量は、高知・御免でいずれも874 mm、繁藤991 mm。	国分川・舟入川が氾濫し、高知市中心部で甚大な浸水被害。死者・行方不明者8名、家屋全半壊54棟、床上浸水9,435棟、床下浸水7,818棟。JR土讃線（高知－繁藤間）が3か月間不通。	・http://www.jma-net.go.jp/kochi/koutinokisyou/kakosaigai/19980924/19980924.html ・http://www.data.jma.go.jp/obd/stats/data/bosai/report/1998/19980923/19980923.html
高知県西南豪雨	2001年9月5日～7日	山陰沖の低気圧から南東にのびる前線が四国を北上。前線に向かって流入する南西寄りの暖湿流により九州～四国に大雨。期間の総降水量は、宿毛291.5 mm、中村308 mm、佐賀307 mm、清水335 mm（以上、気象庁）。大月町（弘見観測所）577 mm、三原村（三原観測所）499 mm（以上、高知県）	宿毛市、中村市、土佐清水市、大月町、三原村で被害（河川出水、土砂崩れ等）。家屋全半壊290棟、床上浸水264棟、床下浸水541棟。	・http://www.jma-net.go.jp/kochi/koutinokisyou/kakosaigai/20010906/20010906.html ・http://www.skr.mlit.go.jp/bosai/bosai/kiroku/gouu/sokuhou/kisyou.html
台風23号	2004年10月20日	大型台風が強い勢力のまま土佐清水市に上陸後、土佐湾沿岸を経て室戸市付近に再上陸。沿岸部では、台風に伴う暴風と高波のため、大しけ続く。県内各地で日降水量100 mm超の大雨。船戸426 mm、魚梁瀬411 mm、窪川367 mm、佐川344 mm、大正318 mm、高知304 mm。	防潮堤が高波により倒壊後（室戸市）、背後の家屋が被災。JR土讃線一部区間で土砂崩壊（芸西村）。温室浸水被害。死者・行方不明者8名、家屋全半壊11棟、床上浸水343棟、床下浸水771棟。	・http://www.jma-net.go.jp/kochi/koutinokisyou/kakosaigai/t0423.pdf ・http://www.jma.go.jp/jma/kishou/books/saigaiji/2004ty23.pdf
台風12号	2014年8月1日～5日	九州西方を北上する台風からの暖湿流の流入により、四国と紀伊半島で記録的な大雨。県内雨量では8月1日3時から5日24時までの降水量は繁藤1,366.0 mm、本山1,198.5 mm、鳥形山1,088.0 mm、佐川877.5 mm、船戸868.5 mm、大栃861.0 mm、高知852.0 mm、井野837.5 mm、池川766.5 mm、俵免764.5 mm。	仁淀川の氾濫により家屋浸水。鏡川氾濫寸前。大豊町で地すべり。県内各地で崖崩れ。主要国道の通行止め。家屋半壊2棟、床上浸水343棟、床下浸水305棟。	・http://www.bousai.go.jp/updates/h26typhoon12/pdf/h26typhoon12_09.pdf ・http://www.jma.go.jp/jma/kishou/books/saigaiji/saigaiji_201404.pdf ・http://www.jma-net.go.jp/kochi/kinkyuu/2014t12sokuho.pdf
台風11号	2014年8月7日～10日	日本の南海上を北上後、安芸市付近に上陸。台風を取り巻く雨雲や湿った空気の流入により県東部・西部の山地で大雨。8月7日12時から10日24時までの降水量は魚梁瀬1,081.0 mm、船戸918.5 mm、鳥形山905.5 mm。各地で暴風が観測され、室戸岬で52.5 m/sの最大瞬間風速。	仁淀川と四万十川の氾濫により家屋の浸水。県内の広範囲で停電。台風12号と併せた被害は、家屋損壊264棟、床上浸水748棟、床下浸水1,151棟。	・http://www.bousai.go.jp/updates/h26typhoon12/pdf/h26typhoon12_23.pdf ・http://www.jma-net.go.jp/kochi/kinkyuu/2014t11sokuho.pdf ・http://www.skr.mlit.go.jp/kochi/river/niyodo/taifuu12.11.pdf

いる高知県であるが，山あいでは夏の冷涼な気候とは対照的に寒さの厳しい冬が訪れる．年降水量は3,077.2 mmであり（表5），県中西部に位置する梼原（ゆすはら）（415 m，同2,550.0 mm）や船戸（ふなと）（標高428 m，3,328.7 mm）と大きくは違わず，それが4,000 mmをしばしば超える鳥形山（とりがたやま）（標高835 m）に比べれば小さい．年による変動や地域差があるものの，山間部は年降水量2,500〜4,000 mmで特徴づけられるといえる．

B. 高知県の気象災害

1. 高知の大雨と災害

「高知の雨は下から降る」とよくいわれる．大粒の雨が地面に強く叩きつけられて，それが跳ね返り，足もとを濡らす様子を形容した独特な表現といえる．それぐらい，高知の雨は強く，暖候期を中心にしばしば大雨が観測され，古くから人々はさまざまな災害に見舞われてきた．

表6は，1970年から2014年にかけて高知県内で発生した主な大雨災害の概要を示す．高知県の場合，大雨は南寄りの暖湿流（暖かく湿った空気の流れ）が流入し，地形と影響し合うことによりもたらされるが，同表中の全9事例の要因は，主として台風（熱帯低気圧を含む）によるもの（6例）と，高気圧の縁辺部・前線活動によるもの（3例）に大別される．台風10号（1970年8月）の来襲時には，山間部の大雨に加え，満潮に高潮が重なったため，沿岸部を中心に多くの家屋の浸水を招いた．1972年7月（上旬）には，県中部や東部の山間部を中心に断続的に強い雨が観測され，期間中の降水量が700 mmを超えた天坪（あまつぼ）（香美市繁藤（しげとう））では，大規模な山崩れが発生し，死者・行方不明者60名を出す大惨事となった（繁藤災害）．1975年8月には，宿毛市付近（すくも）に上陸した台風5号の影響により，県中西部の山間部を中心に大雨に見舞われた．仁淀川（によど）と鏡川の両河川は大洪水となり，山崩れや土石流も発生して，死者77名に達する大災害となった．台風が上陸しなかった場合でも，台風17号

（1976年9月）のように，それを取り巻く雲により大雨がもたらされ，鏡川が氾濫するとともに，周辺では4万戸を超える浸水に至った例もある．その後，約20年間は大きな災害は発生しなかったが，1998年9月24日から25日にかけての高知豪雨では，国分川・舟入川の氾濫により市の中心部が広く水没した．この豪雨は，停滞する秋雨前線に向かって南西から流入する暖湿流が，太平洋高気圧の周縁部を南から回り込む暖湿流と四国付近で収束することによりもたらされたものであり，高知市から土佐山田町にかけての比較的狭い範囲で記録的な大雨が観測された（期間中の降水量：高知874 mm・後免（ごめん）877 mm・繁藤995 mm）．この後，2000年代に入り，高知県西南豪雨（2001年9月）や台風23号（2004年10月）による大雨で災害が発生したものの，それ以降，2005年から2010年にかけて台風が高知県に上陸することはなかった．2011年7月19日には，徳島県南部に上陸した台風6号の影響により，魚梁瀬で日降水量851.5 mmが観測され，それまでの記録（844 mm：奈良県日出岳（ひでがたけ））が29年ぶりに塗り替えられた（2016年10月31日現在）．2014年8月上旬には，相次いで発生した台風11号と12号による大雨の影響により，高知市の中心部を流れる鏡川は一部氾濫するとともに（同11，12号），仁淀川（同11，12号）と四万十川（同11号）の流域では浸水被害が確認された．なお，1951年から2015年（台風23号）までの台風の高知県への上陸数は26であり，鹿児島県（同39）に次ぎ全国で2番目の多さである．

2. 竜巻災害

室戸台風で代表されるように，台風で有名な高知県ではあるが，竜巻の発生の多いことはあまり知られていない．気象庁では，突風を竜巻・ダウンバースト・ガストフロント・じん旋風・その他に分類し，現象が「竜巻」（積乱雲に伴う強い上昇気流により発生する激しい渦巻き）と「竜巻およびダウンバースト」（積乱雲から吹き降ろす下降気流が地表

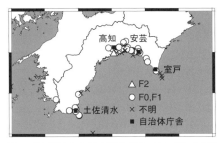

図5 高知県内における階級（F0, F1, F2, 不明）別の竜巻（漏斗雲・その他を含む）の発生位置の分布（1991～2013年）　主要自治体の庁舎位置を四角印で示す（出典：竜巻等の突風データベース（気象庁：http://www.data.jma.go.jp/obd/stats/data/bosai/tornado/list/74.html）をもとに作図）.

図6　竜巻で損壊した温室の様子（佐々浩司高知大学教授提供）

に衝突して水平に吹き出す激しい空気の流れ）である事象を県別に集計している. それによれば, 1991年から2013年までの発生件数は, 北海道（43件）・沖縄県（42）に続き, 高知県は31件で全国第3位であり, 宮崎県（23）・鹿児島県（22）・秋田県（20）・新潟県（16）・愛知県（16）・埼玉県（15）と順に続く. 同じ四国内の香川県（3）・徳島県（3）・愛媛県（1）と比べても圧倒的に多い. また, 1991年以降, 竜巻が発生しなかった年は同年と2004年だけであり, ほぼ毎年, 県内において発生が確認されている.

　竜巻は沿岸部から平野部にかけて発生することが多いが（図5）, 特に, 高知市から安芸市にかけて集中している. 両市を結ぶ海岸線沿いの領域の年間竜巻発生数を100 km×100 km四方で評価すると約32個であり（Sassa et al., 2011）, 世界有数の竜巻多発地域の米国オクラホマ州（Niino et al., 1997）の11倍にものぼる. 発生件数第2位の沖縄県南部の集中域でも約13個であり, 世界有数の竜巻発生地帯といっても過言ではない. 竜巻などの突風の強さを表現する藤田スケールはF1以下が大半であり, 幸いなことに人的被害は少ない. 被害範囲の幅は数十mから数百mであり, 長さは数百mから数kmである.

竜巻の発生原因は, 台風によるものもあるが, 高知県が低気圧の中心付近やその南に広がる暖域に位置し, 南からの暖かく湿った空気が流入する環境で発生することが多い. 発生時期は夏季（6～9月）に多いが, 春季や冬季に発生することもある. 同じように太平洋に面する宮崎県では, 大半が台風によるものであり, 暖候期に発生が集中するのとは対照的である. また, 被害については, 竜巻の規模が比較的小さいこともあり, 倒木や住宅屋根瓦の損壊が多いが, 発生の集中する沿岸平野部では施設園芸が盛んであることから, 園芸温室の被害も多数報告されている（図6）. 突風によりビニール等の被覆資材が飛ばされるだけでなく, その風圧により, 骨組みでもある鉄鋼材そのものが湾曲し, 倒壊に至ることもある. 台風の場合, 天気予報などをもとに事前に農家が温室に強風対策を施すのが普通であるが, 突発的な竜巻への対策は現在のところ十分ではない.

3. 四万十41℃

　2013年8月12日13時42分, 四万十市西土佐用井に設置されているアメダス江川崎で, 日最高気温41.0℃が観測された. 日最高気温については, 1933年7月25日に山形県で観測された40.8℃が日本記録として70年以上にわたり保持されてきた. しかしながら, 21世紀に入り, 2007年8月16日に岐阜県多治見市と埼玉県熊谷市の両市で記

図7　アメダス江川崎における日最高気温の記録更新を報じる2013年8月13日付の高知新聞（朝刊）

録が同時に更新された（40.9℃）．山形市の場合はフェーン現象が原因であったが，多治見市と熊谷市は両市の内陸という立地条件や，都市化（ヒートアイランド）の影響が指摘されており，同じ内陸とはいえ，身近な四万十川沿いのアメダスで記録が更新されたことに現地は沸いた（図7）．当日は，四国地方は太平洋高気圧とチベット高気圧の支配下にあり，晴天が続いていた．13日を除き，日照時間が8時間以上を記録した，8月6日以降の日最高気温は順に，36.9℃（6日），37.9℃（7日），38.0℃（8日），39.3℃（9日），40.7℃（10日），40.4℃（11日），41.0℃（12日），40.0℃（13日）と緩やかな上昇傾向を示し，そのような中での出来事であった（図8）．同アメダスは，四万十川とその支流の広見川の合流点近傍に位置しており（図2），夏季の晴天日には，日中，本流に沿って北上する南寄りの海風と支流の流下方向に吹く西寄りの風が卓越することが多

いが，連日，後者の西寄りの風が観測されていた．温度上昇の原因は，この西寄りの風，フェーン現象，アメダス周辺の植生の影響，梅雨明け後の干天，西日本上空の高温化などが指摘されているが，その主要因は不明である．また，日最高気温の記録直後には北東側で発達した積乱雲により日射が遮られ，発生した冷たい下降気流の影響により，約20分後の14時には気温は36.5℃まで急激に低下するとともに風向も東北東寄りに変化した．晴天日の続く中で，「四万十41℃」は日中のわずかな時間の合間を縫うようにして記録されたことになる．記録の更新は，マスコミにも頻繁に取り上げられ，近くの産物直売所では特設コーナーが設けられるなど，たった0.1℃ではあるが，地域の活性化にも一役かった日最高気温の記録更新であったといえる（2016年10月31日現在）．

C．高知県の気候と風土・産業

1．「高知」の地名の起こり

「高知」という地名は，現在の高知市を含む県央部の多雨な気候を背景に，その由来は水害と関わりが深い．16世紀の初め，土佐藩の初代藩主，山内一豊は，現在の鏡川と江ノ口川に挟まれた大高坂（おおだかさ）の地に築城を開始した（1601年）．新しい城が築かれると，「大高坂」の地名は改名され，立地にちなみ「河中山」（こうちやま）とよばれていた．しかしながら，その後，城下は大雨に伴う度重なる水害に見舞われたこともあり，第二代藩主，山内忠義は「河中」という表現を忌み嫌い，同じ読みの「高智」と改めた（1610年）．これが，高知の名の起こりである（山本，1983）．現在の高知県は1871（明治4）年の廃藩置県により旧土佐藩が廃止され，それを母体に設置され，現在に至っている．

2．高知県の産業

高知県は，農業・林業・漁業の第一次産業が盛んである．農業では，古くは，温暖な気候のもと，米の二期作や野菜の促成栽培で知られていた．現在，二期作は行われていない

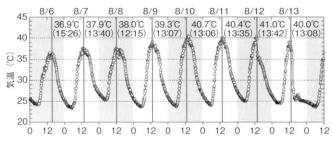

図8　2013年8月6日から13日にかけてのアメダス江川崎における気温変化　図中の縦線は，日最高気温（図中に数値を表示）の記録された時刻（括弧書きの数字として併記）を表す.

が，秋の台風や夏の高温を避けるための早期栽培が定着し，平野部の早いところでは3月中旬に田植えが始まる．一方，1960年代以降，塩化ビニールなどの被覆資材の普及・拡大により，温室施設を利用した施設園芸が本格化した（西村，2014）．現在では，沿岸部を中心に温暖な気候と冬季の豊富な日照時間を活かすことにより（図2），さまざまな野菜が1年を通じて栽培される．露地栽培も含め2013（平成25）年産のナス・シシトウ・ミョウガ・ニラ・ショウガの出荷量はいずれも全国第1位である（高知県農業振興部，2015）．

　また，林業の歴史も古く，日本有数の多雨地帯でもある魚梁瀬（安芸郡馬路村）をはじめ，県東部には森林鉄道の記憶を残す多くの遺構を目にすることができる．木材生産のほとんどがスギとヒノキであるが，前者は県中・東部，後者は県西部で多く管理・植林されている．また，県西部・中部の中山間地域ではシイタケ，県東部・西部の中山間地域では木炭の生産が行われるなど，地域の特性を活かした特用林産物の生産も行われている（高知県庁，2015）．2013年には，四国最大級の木材加工拠点を目指して，大豊町に大規模な製材工場が建設された．なお，2003年に全国に先駆けて導入された森林環境税は，森林の面積率日本一を誇る高知県の象徴的な取り組みとして評価が高く，山林の保全事業などに活用されている．

　海に囲まれた高知県は古来漁業が盛んであ

り，捕鯨業・鰹漁業・鰯漁業が中心であった（山本，1983）．最近は，遠洋でのカツオ漁やマグロ漁が主力であるが，伝統的なカツオの一本釣りは現在でも行われている．2012（平成24）年の漁業生産額は522億円で全国第6位と高く（高知県総務部統計課，2015），マグロ類（ビンナガ・キハダ等）とカツオ類（カツオ・ソウダガツオ）が多くを占める．県魚でもあるカツオは重要な水産資源であり，タタキや刺身としてその消費量は1世帯当たり5kgを超える（全国第1位）．一方，宗田節の材料でもあるソウダガツオの生産量もまた日本一である．

　以上のように，高知県は比較的，第一次産業が盛んであり，2010年時点での就業者比率は全国第2位である（高知県総務部統計課，2015）．しかしながら，その値は12.1％と決して高くない．第2次産業においても主だった工業は限られ（同17.1％），観光など第3次産業（同68.1％）に頼らざるを得ないのが現状である．

3.　高知県の河川と早明浦ダム

（1）　一級河川と沈下橋

　高知県民にとって川の存在は身近で欠かせない．県内には，四万十川・仁淀川・物部川の3本の一級河川が流れるが（図2），この中でも，四万十川は日本最後の清流とよばれ，高知県を代表する河川として知られている．そもそも，ほとんどの海岸では海水浴が禁止されているため，夏場の川遊びがその代わりとなり，川下り・ラフティング・鮎釣り

図9 四万十川に架かる沈下橋の一例

なども含めた自然を相手にしたレジャーが盛んである。一方，大雨により増水した川は別の顔をもち，これまで多数の災害がもたらされてきたことはすでに述べたとおりである。特に，四万十川の場合，上流に大きなダムがあるわけではなく，いったん大雨で増水すれば，短時間で水嵩が増し，洪水が発生する。同川には，沈下橋（図9）とよばれる，欄干のない背の低い橋が至る所で見られるが，その名のとおり，洪水による水没を想定して造られた橋であり，増水時には水面下に「沈下」してしまうことにより命名された。欄干がないのは，それによる流水抵抗を減らし，橋の損壊を防ぐためである。洪水はもちろん治水の対象ではあるが，増水した河川を自然現象として捉え，それを受け入れる柔軟な発想のもとにつくられた高知ならではの建造物といえる。

(2)「四国のいのち」——早明浦ダム

　四国では脊梁四国山地をはさみ，太平洋側と瀬戸内海側の気候の違いが，年1,000〜2,000 mm，場合によってはそれを上回る降水量の差として現れる。同山地に発する河川は大雨や台風による洪水発生の危険を孕む一方，特に香川県を中心に慢性的な水不足に悩まされ続けてきた。山地南斜面の豊富な降水量を背景に，四国内の治水と利水の両問題を解決するダムの建設は，戦後の新たな水資源開発事業として国の行政政策の一端を担うに至った。

　早明浦ダムは，長岡郡本山町と土佐郡土佐町に跨り，吉野川本流の上流部に位置する。吉野川といえば，いわずと知れた，日本三大暴れ川の1つとして「四国三郎」の異名をもつ。高知県内のダムであるが，吉野川の治水と四国地方全域の利水を目的に計画・建設され（1975年完成），総貯水容量は四国随一の3億1,600 m³を誇る。

　ダムの建設により吉野川の洪水は大きく緩和されたが，特筆すべきは他県への利水配分率であろう。同率は，徳島県（48 %）・香川県（29 %）・愛媛県（19 %）の順で，自県（4 %）に対しては一番低い（池田総合管理所，2015）。同ダムは流域で降る年間数千mmの降水をダム湖に湛え，1年を通じて吉野川を治めるとともに，近隣3県の住民の生活も間接的に支える。早明浦ダムが「四国のいのち」ともよばれるゆえんである。日照り続きによる大渇水の発生した2005年の夏には，ダム貯水率が0％となり（8月19日），ダムは完全に枯渇したが，九州に上陸した台風14号によりもたらされた大雨により，貯水率が一気に100％まで回復（9月7日）したエピソードはあまりにも有名である。四国の大渇水を知ってのことか，早明浦ダムは台風を味方に「いのちの水」で自身を一晩で満たしたのである。　　　　　［森　牧人］

【参考文献】
［1］ 池田総合管理所，2015：早明浦ダムの概要，独立行政法人水資源機構ホームページ（http://www.water.go.jp/yoshino/ikeda/sameura/panf0910-11.pdf，2015年12月1日閲覧）．
［2］ 北野雅治，2003，10.1節 高知県の気象特性・10.2節 高知県の農業の変遷，日本農業気象学会中国・四国支部編：中国・四国の農業気象，182-194，財団法人農林統計協会．
［3］ 高知県総務部統計課，2015：県勢の主要指標，高知県総務部統計課，154p．
［4］ 高知地方気象台，1982：高知県の気象，日本気象協会関西本部発行，158p．
［5］ 高知県農業振興部，2015：高知県の園芸，高知県農業振興部産地・流通支援課，128p．
［6］ 高知県庁，2015：高知県の林業事情，高知県庁ホームページ（http://www.pref.kochi.lg.jp/〜

chiiki/iju/shigoto/ringyou.shtml，2015 年 12 月
1 日閲覧）．

[7] Sassa K., Hamada I., Hamaguchi Y.,
Hayashi, T., 2011: Characteristics of
misocyclones observed on Tosa Bay in Japan,
Preprint of The 6th European Conference on
Severe Storms, Palma de Mallorca, 2pages.

[8] Niino H., Fujitani T., Watanabe N., 1997: A
Statistical study of tornadoes and waterspouts
in Japan from 1961 to 1993. J. Climate, 10,
1730-1752.

[9] 西村安代，2014：農業用フィルム・資材・園
芸施設の種類と技術的潮流，技術課題（第 1 章），
西村安代監修，国内外の農業用フィルム・被覆資
材・園芸施設の技術開発と機能性・評価，市場お
よび政策動向，AndTech，3-9.

[10] 山本大編著，1983：高知県（郷土史辞典 39），
昌平社出版，195p.

西南暖地の農業と気候
——高知県の農業気象災害の観点から

　高知県は四国地方の南半分に位置し，急峻・複雑な地形，多様な土地利用と豊かな自然を誇るものの，台風・集中豪雨等の災害常襲県でもある．また一次産業への依存割合が他県と比べて高く，県勢が気候・気象条件に大きく左右される．さらに高知県等の「地方」では，少子高齢化や経済構造の変化により社会の脆弱性が高まっており，とりわけ予測される地球規模の気候変動のさまざまな分野への影響とそれに対する適応策は，県勢全体の方向性を，大きく変える可能性がある．

　高知県において依然，主力産業であり地域経済の柱であるコメの作付け体系は，高知県の地勢，気候や文化を反映した独特のものである．現在は，コシヒカリを中心とし4月上旬移植（田植え）で8月中旬には収穫を行う早期作が5〜6割程度，5月後半から6月前半に田植えを行い9月後半に収穫するヒノヒカリ等の普通期作が3〜4割，残りは「南国そだち」等，早期作よりもさらに早く3月中に田植えを行い7月中に収穫を行う極早生，という三体系となっている．二期作が盛んであった時代から，台風の影響を避けるための早期作体系が主流であったが，それでも高知県のコメ生産は台風との戦いの歴史でもあった．気象庁等の将来予測によれば今後，強い台風の増加が予測されており，コメ生産における影響評価と適応のための防災・社会システムの構築が求められている．本稿では，経済も含めた影響の観点から水稲共済の支払金額の変動に着目し，台風や集中豪雨等，自然条件の影響を解析した結果を示す．

　農業災害のデータとして，高知県農業共済組合連合会（NOSAI 高知）より提供された，2003〜12 年の 10 年間に水稲栽培に関して共済支払いがあった事例についての，市町村別の被害発生期日，被害戸数と面積，および共済金支払相当額（被害額）のデータを用いた．支払い事由としての水稲被害は，風水害，水害，倒伏発芽および干害に分類されており，まずこの事由別に集計した結果，被害（共済支払相当）額は風水害（主に台風を伴うもの）によるものが最大で，次いで水害（前線性降雨による冠水等）であった（図 1）．

　次に，月別の被害事由を見ると風水害被害は7〜9月に多いことがわかるが，一般に台風接近が少ない7月にも災害が出現しており，早期作が盛んな高知県の特徴であるといえる（図 2）．一方渇水・水不足による干害は被害全体の1割程度と少なく（図 1），6月に多くなっている．これは主に中山間地における普通期作の移植期にあたり，梅雨期の少雨が被害発生につながるためである（図 2）．

　ここで，風水害と水害を併せた被害額は，複数回にわたり大きな台風が接近した 2003，2004 および 2007 年で多くなっており，やはり被害発生

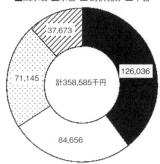

■風水害 □水害 ▥倒伏発芽 ▨干害

37,673
71,145
126,036
計358,585千円
84,656

図1　高知県において過去 10 年間に発生した水稲被害額（共済支払額）の事由別分類（NOSAI 高知の資料に基づき高知農業技術センターが作成．単位は千円）

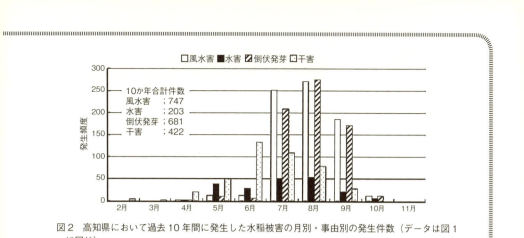

図2　高知県において過去10年間に発生した水稲被害の月別・事由別の発生件数（データは図1に同じ）

要因の第一は台風である．そこで台風と農業災害との関係を表すために，災害の規模別に影響した台風の経路を合成すると，台風の経路や被害発生時期に特徴が見られた．すなわ

ち，被害額（支払相当額）がおおむね800万円を超える大規模災害は，早期作の出穂期である7月中旬に，北上して高知県西部を接近または直撃する台風によりもたらされることが多かった（図3上）．これに対して，被害額が100～800万円程度の中規模災害では，台風が被害を発生させる時期は，早期作の収穫期である8月上旬または普通期作の出穂期である9月上旬，コースとしては北西進して四国や九州に向かうものが多い（図3下）．

現在，地球温暖化等，気候変動による地域農業への影響が懸念され，イネ等の作物においてもシミュレーションモデルによる影響評価が行われているが，台風やそれに伴う集中豪雨等の極端現象の影響評価はシミュレーションが難しく，ここで示したように，少ない事例を積み重ねていく必要があり，依然として今後の課題である．　　　　　［西森基貴］

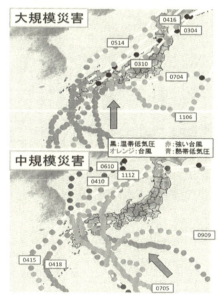

図3　災害規模別にみた台風の進路　（上）大規模災害（支払相当額800万円以上）および（下）中規模被害（同100～800万円）（作図には，防災科学技術研究所の台風災害データベースシステムを利用した）

エルニーニョと日本の気候

　四季折々のすがたを見せる日本の気候だが，梅雨入りが遅かったり夏が暑かったりと，年による違いも大きい．中緯度に位置する日本の気候には，熱帯と極域どちらの状態も関係するが，日本の天候に影響を及ぼす自然の気候変動のうち最も重要なのはエルニーニョ・ラニーニャ現象である．エルニーニョとラニーニャは，4〜7年の周期で赤道中東部太平洋の海面水温が上昇と下降を繰り返す熱帯太平洋の変動であるが，海面水温の変化に伴って赤道太平洋の雨の降り方が変わり，それが大気中の凝結熱の放出を通じて全球的な大気循環を変調する．そのために，地域的な海洋の変動であるエルニーニョ・ラニーニャが，世界の天候に影響を及ぼす（前田，2013も参照）．

　「エルニーニョが発生すると冷夏・暖冬になりやすい」とよくいわれる．このことを，過去の資料から見てみよう（図1）．統計的には，エルニーニョ時の冬（12〜2月）には東日本で気温が平年より高くなる確率が低くなる確率の3倍近く，逆に夏（6〜8月）には北日本・西日本で低温になる確率が明らかに高くなっている．これは，エルニーニョ時には季節の気温の振れ幅が小さくなることを意味している．同時に，エルニーニョ時には降水量も平年とは異なる様子を示す．冬には，日本海側で降水（降雪を含む）が少なく，沖縄を含む太平洋側で多くなる傾向がある．夏は梅雨や台風があるので一概にはいえないが，西日本の日本海側で雨が増える傾向がある．ラニーニャの年は逆である．

　上記のように，エルニーニョは低緯度の大気大循環を変えることで日本の天候に影響を与えるが，そこには赤道中東部太平洋以外の地域における海面水温の変化が重要である．エルニーニョ時には，赤道貿易風（東風）が弱まることで西太平洋の海面水温が低下する．インドネシア周辺の活発な積雲対流は，周辺の高い海面水温により生じているので，エルニーニョ年にはインドネシアで干ばつが起こりやすい．これに伴い，フィリピン付近の気圧が高くなり，ユーラシア大陸からの寒気の流出が弱まる結果，日本では暖冬傾向になる（Wang et al., 2000, Watanabe and Jin, 2003）．夏には逆に，インドネシア周辺で積雲対流が不活発になることで，太平洋高気圧の張り出しが弱くなり，ぐずついた天候になりやすい．このように，遠く離れた地域の海面水温や積雲活動によって天候が変わることを総称して，テレコネクション（遠隔結合）とよんでいる．

　エルニーニョ・ラニーニャは夏から成長を始め，冬に成熟する．しかし，その影響は遅れて現れることもある．「熱帯の大気の架け橋」とよばれるメカニズムにより，エルニーニョから3か月〜半年ほど遅れて熱帯のインド洋や大西洋では海面水温が上昇する（Klein et al., 1999）．特に，インド洋が暖まることで，エルニーニョが終息した翌年の夏にも西太平洋で積雲対流が抑制され，日本の夏が再び低温傾向になる（Xie et al., 2009）．

　冬と夏の天候以外にも，エルニーニョの影響は認められている．例えば，エルニーニョの年には，梅雨明けが中国四国から沖縄にかけて遅れる傾向がある．通常，梅雨前線が太平洋高気圧の張り出しによって北へ押しやられることで梅雨明けが起こるので，このことはエルニーニョ時の夏に太平洋高気圧の発達が弱いことと符合している．また，晩夏から秋にかけては台風シーズンであるが，エルニーニョが発達する年には台風の数が増えたり

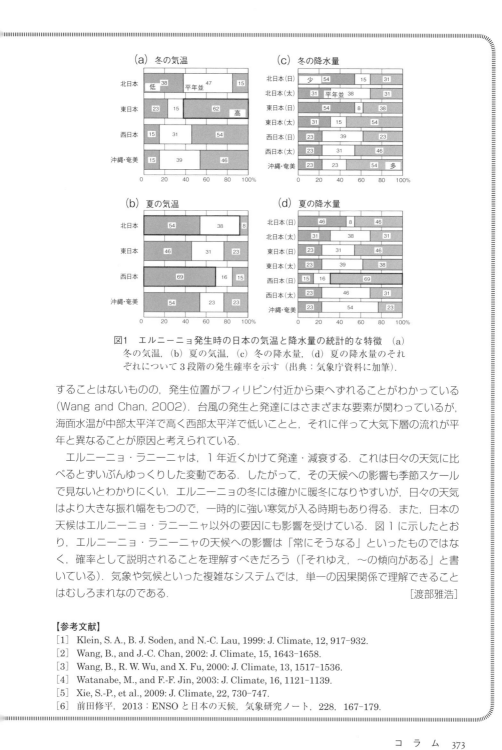

図1　エルニーニョ発生時の日本の気温と降水量の統計的な特徴　(a)
冬の気温，(b) 夏の気温，(c) 冬の降水量，(d) 夏の降水量のそれ
ぞれについて3段階の発生確率を示す（出典：気象庁資料に加筆）.

することはないものの，発生位置がフィリピン付近から東へずれることがわかっている
(Wang and Chan, 2002). 台風の発生と発達にはさまざまな要素が関わっているが，
海面水温が中部太平洋で高く西部太平洋で低いことと，それに伴って大気下層の流れが平
年と異なることが原因と考えられている.

　エルニーニョ・ラニーニャは，1年近くかけて発達・減衰する. これは日々の天気に比
べるとずいぶんゆっくりした変動である. したがって，その天候への影響も季節スケール
で見ないとわかりにくい. エルニーニョの冬には確かに暖冬になりやすいが，日々の天気
はより大きな振れ幅をもつので，一時的に強い寒気が入る時期もあり得る. また，日本の
天候はエルニーニョ・ラニーニャ以外の要因にも影響を受けている. 図1に示したとお
り，エルニーニョ・ラニーニャの天候への影響は「常にそうなる」といったものではな
く，確率として説明されることを理解すべきだろう（「それゆえ，〜の傾向がある」と書
いている）. 気象や気候といった複雑なシステムでは，単一の因果関係で理解できること
はむしろまれなのである.　　　　　　　　　　　　　　　　　　　　　[渡部雅浩]

【参考文献】
[1]　Klein, S. A., B. J. Soden, and N.-C. Lau, 1999: J. Climate, 12, 917-932.
[2]　Wang, B., and J.-C. Chan, 2002: J. Climate, 15, 1643-1658.
[3]　Wang, B., R. W. Wu, and X. Fu, 2000: J. Climate, 13, 1517-1536.
[4]　Watanabe, M., and F.-F. Jin, 2003: J. Climate, 16, 1121-1139.
[5]　Xie, S.-P., et al., 2009: J. Climate, 22, 730-747.
[6]　前田修平，2013：ENSOと日本の天候，気象研究ノート，228，167-179.

第8章　九州沖縄地方の気候

8.1　九州沖縄地方の地理的特徴

　九州地方は本土を構成する4島の最も西にあり，東から順に時計回りで太平洋，東シナ海，対馬海峡，日本海，瀬戸内海に面する．沖縄地方は南西諸島の島々であり，縁辺海である東シナ海と外洋である太平洋との境界に位置している．八重山地方と台湾との間には，南から黒潮の流れがある．黒潮は南西諸島の西側の沖縄トラフに沿って北上し，九州地方の屋久島の南を通って太平洋沿岸に沿って東へ流れている．一方，黒潮の水塊の一部は分岐して九州西方沖を北上し，対馬海峡を通って日本海へ流入しており，対馬海流とよばれている．図2は2015年2月28日の海面水温分布であるが，南西諸島の西や九州の西方沖は周辺海域に比べて海面水温が高くなっており，黒潮および対馬海流という暖流の存在が高い海面水温をもたらしている．このように，2つの暖流にはさまれた九州地方は南部を中心に非常に温暖な気候となっている．

8.2　九州沖縄地方の気候概要
8.2.1　梅雨季と冬季の気候

　沖縄地方最西端の八重山地方の与那国島から九州地方北部の福岡県まで緯度が大きく異なるため，気候の特徴はかなり異なる．例えば，与那国島の年降水量は2,353.6 mm，福岡市は1,612.3 mmで700 mm以上の差がある．また，与那国島の年平均気温は23.8℃，福岡市は17.0℃で約7℃の差がある．気候区分の観点からは沖縄地方の亜熱帯気候と九州地方の温帯気候に大別できる．沖縄地方は南西諸島で構成されているので，海洋性気候と亜熱帯気候の特徴を併せもっている一方，九州地方は温帯気候とはいっても北部と南部では年降水量の違いが顕著である．九州地方北部は冬季に北西季節風の影響を強

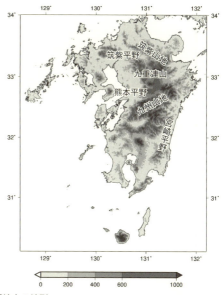

図1　九州沖縄地方の地形

Daily SST 28 Feb 2015

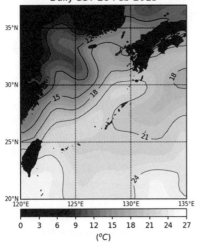

図2　九州沖縄地方周辺の海面水温分布（2015年
　　2月28日）

く受け，九州地方南部は梅雨前線帯と台風に
よる降水の影響を強く受けている．

　そこで，梅雨季と冬季の気候概要を紹介す
る．

　梅雨季はユーラシア大陸東岸に沿って南寄
りのモンスーン気流が強まり，低緯度から日
本付近へ多量の水蒸気が流入してくる．ちょ
うどその暖湿気流の通り道に南西諸島や九州
が位置しているため，年降水量全体に占める
梅雨季降水量の割合は他の地方に比べて高
い．緯度がそれほど違わないにもかかわら
ず，ハワイと沖縄地方の気候が互いに大きく
異なる要因の1つは，貿易風帯に位置する
ハワイとは違い，沖縄地方は湿潤モンスーン
気流の影響下にあるからである．梅雨明けと
ともに日本は太平洋高気圧におおわれるが，
九州沖縄地方は太平洋高気圧の西縁付近に位
置している．そのため，西太平洋低緯度域で
発生した熱帯低気圧が台風に発達すると，多
くは太平洋高気圧の西縁に沿って北上するの
で，台風が南西諸島そして九州地方に接近も
しくは上陸する割合が高い．

　2つの暖流にはさまれている九州地方は，
一方では対馬海峡をはさんで大陸にも近いた

め，北部を中心に冬季季節風の影響を受ける
地域でもある．しかし，朝鮮半島の存在に
よって，狭い対馬海峡上では寒冷で乾燥した
北西季節風は湿潤化が進まず，本州の日本海
沿岸地域のような活発な積乱雲が発達しな
い．それゆえ冬季の降水量は少ないが，雲量
は多くなるため日照時間が短い．東シナ海は
大陸棚が続く浅海域であるため，冬季季節風
が強まると，海面から大気中へ熱と水蒸気が
供給されるので海面水温は低下していく．図
2を改めて見ると，海面水温が15℃以下の
海域が拡がっており，低いところは6℃以下
である．冷たい海域を吹走してくる季節風は
しばしば南西諸島にも及ぶ場合があり，その
ときは沖縄地方で曇天かつ強風となり，気温
が低下する．季節風が強いときには，南西諸
島のさらに南の南シナ海まで寒冷な空気が吹
き出すこともあり，コールドサージ（cold
surge）とよばれている．

8.2.2　局地気象

　南西諸島の島々は面積が小さいものが多い
ため，地形によって生ずる局地現象は海陸間
の温度差による海陸風が主なものであるが，
対照的に九州は大きな島であるため，沿岸部
の海陸風と並んで内陸部では山谷風が明瞭で
ある．また内陸の盆地気候も見られる．九州
の山岳の標高は決して高くないが，台風が
九州の西〜北を通る場合には台風の接近に伴
い太平洋高気圧との間で気圧差が大きくなる
ため，しばしばフェーンが発生する．

　九州沖縄地方の気象や気候を特徴づける主
な現象として，①梅雨前線帯，②台風，③冬
季季節風がある．次からはこれらの現象に注
目してみよう．

8.2.3　梅雨前線帯

　先に述べたように，大陸に沿って南から湿
潤なモンスーン気流が流入してくるため，大
陸に近い地理的位置にある九州沖縄地方が最
も梅雨前線帯の影響を受ける．梅雨前線帯は
5月頃に形成され，ゆっくりと北上していく
ため，沖縄の平年の梅雨入りは5月9日頃，

テーパリングクラウド

図3 2013年3月18日13時の九州〜沖縄付近の赤外画像（高知大学提供） 台湾の東海上に東西にのびるのは，西表・石垣島で豪雨被害をもたらしたニンジン状雲（テーパリングクラウド）.

梅雨明けは6月23日頃であるのに対して，九州北部の平年の梅雨入りは6月5日頃，梅雨明けは7月19日頃であり，およそ1か月弱の梅雨季のずれが見られる.

　北に位置する梅雨前線に向かって多量の水蒸気が東シナ海に流入してくる際に，東シナ海上でしばしば線状降水帯が発生し停滞する. このような停滞性の線状降水帯が南西諸島や九州にかかると，局地的豪雨が発生する場合がある. 九州地方では，気象レーダーの降水エコーの観測に基づいて，甑島ライン，諫早・長崎ライン，西彼杵ライン，五島ラインなどとよばれ，複数の線状降水帯が同時に観測されることも多い. 気流構造から線状降水帯を分類すると，下層（高さ2,000〜3,000 m以下）と中層（高さ5,000 m前後）の風が平行なバックビルディング型，下層風と中層風が直交するバックアンドサイドビル

ディング型，下層風と中層風の向きが正反対のスコールライン型の3つに分かれる. 梅雨季の東シナ海上ではスコールライン型はほとんど見られない. 衛星画像での形状から名づけられたニンジン状雲（図3，テーパリングクラウドともいう）はバックアンドサイドビルディング型の場合が多い[注].

　ダム貯水量は九州沖縄地方では冬季に最低になるため，梅雨季に異常少雨（空梅雨）が生じると，渇水の危険性が高まる. 特に南西諸島は河川が小規模で，また標高の高い山岳が少ないので地形性降水も少ない. もし空梅雨になってしまうと，後は台風による降水を期待するしかない. 過去に沖縄本島では1986〜87年に大渇水となり，326日間にわたる給水制限を余儀なくされた. その後，水資源開発施設の整備が進められ，最近では断水による給水制限には至っていない. しかし，沖縄の平均水資源賦存量は日本の他のエリアに比べて最も低く，渇水に対して非常に脆弱な地域であることに変わりはない.

8.2.4　台風

　台風は海水温が高い海域で発生・発達するため，沖縄で梅雨が明ける頃から台風の発生が増え始め，その一部が強い勢力を保ったまま南西諸島に接近する. 防災という観点では，大雨のみならず暴風被害にも十分な注意が必要となる. 与那国島では，2015年9月28日に，台風21号により，1957年の統計開始以来の観測史上1位（2016年現在）となる81.1 m/sの最大瞬間風速が観測され，甚大な被害をもたらした. さらに宮古島では，1966年9月5日に最大瞬間風速

[注]　積乱雲が線状に並んだ状態を線状降水帯といい，その特徴によっていくつかの型に分類されている. バックビルディング型（back building type）とは，積乱雲がある場所で次々に発生しては，上空の風で流されていく状態をさす. 煙突から煙の塊が次々に放出されては，風で流されていくところに似ているが，煙突と違って積乱雲の発生場所は時間とともに変わっていくこともある. しかし，気象条件によっては発生場所が数時間以上動かない場合があり，そのときは次々に発生する積乱雲が同じ場所に雨を降らせるため，しばしば集中豪雨になる. バックアンドサイドビルディング型（back and side building type）は，バックビルディング型に似ているが，積乱雲が流されていく途中で，その側面で新たな雲が発達する傾向がある場合をさす. また，スコールライン（squall line）とは，列に並んだ積乱雲が列と直角の方向へ，次々に新しい積乱雲を作りながら進んでいく状態をさす. スコールラインは一般に進行が速く，大雨よりもむしろ突風の被害をもたらす場合がある.

図4 九州地方の竜巻発生分布図（統計期間：
1961 ～ 2014）（出典：気象庁：竜巻等の突風
データベース）

85.3 m/s を観測している.

　台風が九州に接近する頃には，海水温の低
下や中緯度の偏西風帯への侵入のため台風強
度は急速に弱まっていくが，台風周辺の螺旋
状のレインバンド（降雨帯）が九州にかかる
と，しばしば大雨による洪水被害等をもたら
す. また，沖縄付近を北上する台風と太平洋
高気圧との間で東西の気圧差が大きくなり，
南寄りの風が強まるため，多量の水蒸気が九
州地方南部に流入し局地的豪雨が生じること
も多い.

　台風が東シナ海上から九州へ接近するとき
には，台風中心を原点においた座標では北東
象限に九州が位置することになる. 台風の東
側では南から暖湿気流が流入し，台風の北側
では上空が西寄りの風が吹き，下層では東寄
りの風になることから，北東象限を中心に大
気下層が不安定で，高さ方向に風向も大きく
変わる環境場が形成される. このような環境
場は竜巻が発生しやすい条件であり，2006
年9月17日に宮崎県で発生した延岡竜巻も
その典型事例と考えられる. 図4は九州地
方の竜巻発生分布図である. 宮崎県沿岸部の

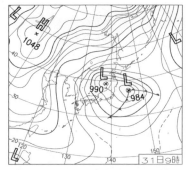

図5 2010 年 12 月 31 日 9 時の天気図

竜巻の多くは台風と関係している. 一方，九
州地方北西部で発生した竜巻は寒冷前線の通
過に関係したものが多い.

8.2.5　冬季季節風

　九州沖縄地方は東シナ海に面しているた
め，冬季は東シナ海に吹き出してくる寒冷か
つ乾燥した季節風の影響を受ける. 九州北部
地方は本州と同様に北西季節風が流れ込む
が，沖縄地方では季節風の卓越風向は北また
は北東である. これは大陸の寒冷な高気圧が
南下してくることで，その高気圧の南東縁に
南西諸島が位置しているからである. 冬季は
曇天が多くなり，例えば与那国島では平年の
1月の日照時間は 55.7 時間に過ぎない. ま
た1月の平均風速は 7.8 m/s にも達する. 九
州地方の中でも特に冬季季節風の影響を受
け，曇天が多くなる福岡市でも平年の1月
の日照時間は 102.1 時間である. 冬季にエル
ニーニョ現象が発生しているときには，南西
諸島の南で高気圧性（時計回り）の流れが形
成されやすいため，東シナ海上の季節風は弱
まり九州沖縄地方は暖冬傾向になる.

　冬季季節風により東シナ海の海面水温は低
下するため，晩冬の頃に黒潮との間で水温差
が大きくなる（図2）. このような温度差は
低気圧が発生しやすい環境場をもたらしてい
る. 黒潮から多量の水蒸気供給を受けて，東
シナ海で発生した低気圧の一部は太平洋沿岸
に沿う南岸低気圧として急発達する. こうし

た低気圧の急発達によって低気圧の通過後に寒気が吹き出し，九州地方南部でも降雪が強まる場合がある．鹿児島市の降雪の深さ日合計の観測史上1位（2016年現在）は2010年12月31日の25cmで，南岸低気圧と日本海低気圧の2つ玉低気圧の急発達がもたらしたものである（図5）．　　　［川村隆一］

福岡県の気候

A. 福岡県の気候・気象の特徴

1. 概要

　福岡県（図1）は九州の北部に位置し、北〜東は日本海と瀬戸内海に面し、南は有明海に接している。筑紫山地が東西にまたがり、その北には福岡平野、直方平野、その南には筑紫平野が広がっている。福岡県と山口県との間に関門海峡があり、外洋と内海をつなげている。日本海に面しているため、冬季は北西季節風の影響を強く受ける一方、梅雨季には、九州地方の他県と同様に梅雨前線帯の活発化による局地的豪雨にしばしば見舞われる。筑紫山地の一部を構成する脊振山地が佐賀県との県境に位置しているため、太平洋高気圧が張り出す盛夏季に、東シナ海を台風、あるいは日本海を低気圧が通過するときには南寄りの山越え気流が強まり、しばしばフェーンが発生して、福岡都市圏が異常高温になることがある。

　気象庁の天気予報では、福岡県は福岡地方、北九州地方、筑豊地方、筑後地方の4地域に分けて発表されている。福岡県の面積は他の都道府県に比べて決して大きくないため、県内をいくつかの気候区分に分けること

にあまり意味はないが、北西季節風の影響が強い福岡・北九州地方、内陸の盆地気候の性格がある筑豊地方、北西季節風の影響があまりない筑後地方の3地域に大別できる。

2. 福岡市の気候

　福岡県の代表地点として福岡市の気候を年・月別の平年値で見てみよう。平均気温、最高気温、最低気温はそれぞれ17.0℃、20.9℃、13.6℃である。図2はその月別平均値と日照時間を併せて示したものである。最高気温は8月に最も高く32.1℃、最低気温は1月に最も低く3.5℃である。熱帯夜の日数は8月が最多で16.5日、次いで7月の13.2日、年間で33.2日に達する。真夏日も8月が最多で24.6日、7月が19.9日、年間で57.1日である。また猛暑日は8月に3.8日、年間で5.5日である。一方、冬日は年間で4.3日に過ぎない。もともと温暖な気候環境の上にヒートアイランド現象の影響も加わって、最低気温および最高気温が周辺地域よりも高くなる傾向がある。日照時間は寒候期に短く、暖候期に長い。寒候期に日照時間が短いのは主に北西季節風による雲量の増加によるもので、冬季の日本海沿岸地域の気候と似通っている。暖候期の日照時間は5月と8月にダブルピークとなっており、6月に日照時間が落ち込んでいるのは梅雨季に、9月の落ち込みは秋雨季に対応している。

　図3は月降水量と降水日数（降水量0.0 mm以上の日数）の月別平均値を示したものである。月降水量の季節変化を見ると、

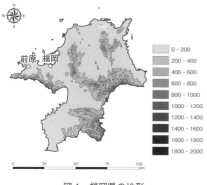

図1　福岡県の地形

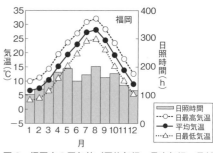

図2　福岡市の平年値（平均気温、最高気温、最低気温、日照時間）

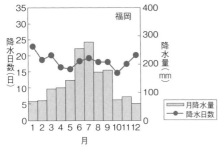

図3　福岡市の平年値（降水日数，降水量．降水日数は降水量 0.0 mm 以上の日数）

梅雨季の 6 月，7 月に集中しており，7 月に277.9 mm，6 月に 254.8 mm で，年積算では 1612.3 mm に達する．東京の年降水量より少し多い程度である．8 月や 9 月の月降水量も多いのは台風や秋雨前線による降水が寄与している．最少月は 12 月で 59.8 mm である．一方，降水日数の季節変化は月降水量ほど明瞭ではなく，寒候期の 12 ～ 1 月と暖候期の 6 ～ 9 月に多くなっている．1 月に最多の 23.0 日，10 月に最少の 14.7 日で，年間降水日数は 220.6 日である．そのうち，年間雪日数は 17.1 日である．10 月に最少になるのは秋雨季が終わり，北西季節風が吹き始める冬季の前の季節の遷移期にあたり，移動性高気圧におおわれる日数が多くなるためである．

　また，寒候期において降水日数の多さに比べて月降水量が少ないのは，北日本・東日本の日本海沿岸地域の気候とは異なる点である．福岡市の年降水量は富山市の 2,300.0 mm と比べると 700 mm 弱も少なく，その差は主に寒候期の降水量の違いによるものである．その原因の 1 つに，北西季節風の上流側に位置する朝鮮半島の存在があげられる．対馬海峡では季節風の吹走距離が短いため，季節風の湿潤化が進まず，結果的に活発な降水をもたらすような積乱雲が発達しづらいと考えられる．降水量の季節変化だけ見れば，むしろ太平洋沿岸地域の気候に類似している．

3．福岡県の特徴的な気象現象

　梅雨季の局地的豪雨や台風による大雨は九州地方の共通的特徴であり，「8.2 九州沖縄地方の気候概要」ですでに述べているのでここでは省略する．そのほか，福岡県の特徴的な気象現象として，①フェーン，②ヒートアイランド現象，③黄砂の 3 つをあげることができる．

（1）フェーン

　福岡県と佐賀県の県境に東西に横たわる脊振山地があり，標高は 1,000 m 程度しかないが，その北には福岡平野が広がっているため，南寄りの山越え気流が強まるとフェーンが発生し，福岡都市圏中心に高温となる．フェーンは高温・乾燥・強風をもたらすため，最も気温の高い 7 月下旬から 8 月上旬にかけてフェーンが発生すると，高温障害による水稲の品質低下などを招くおそれがある．福岡市の 1890 年以降の統計において，最高気温の観測史上 1 ～ 10 位の記録の多くは台風（あるいは熱帯低気圧）が九州地方に接近してくることで，太平洋高気圧との間で東西の気圧差が大きくなり，南寄りの山越え気流が生じることで異常高温となっている．例えば，2004 年 6 月 20 日に 37.3℃ を記録しているが，そのときの天気図が図4である．

　日本全国各地点の観測史上 1 位の値を用いて最低気温の高い方から順位づけすると，福岡市は 7 位の 29.8℃ で 2013 年 7 月 25 日に観測されている（2016 年現在）．このときもフェーンの影響があり，順位が 10 位以内の全国各地点を見ると，沖縄県を除いてほとんどが北陸地方でのフェーンによる記録更新である．フェーンの寄与がなければ最低気温の記録更新が難しいことがわかる．フェーンは山岳風上側で降水を伴う I 型フェーンと，降水を伴わない II 型フェーンがあるが，II 型フェーンの場合は内陸部で地表面加熱による熱的低気圧が形成されるため，海陸風循環も重なる．福岡市では夜間から南寄りの II 型フェーンが発達している場合，日中になると北寄りの海風が侵入することで，風が相殺さ

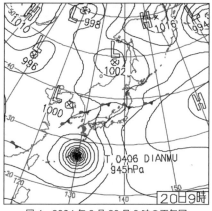

図4　2004年6月20日9時の天気図

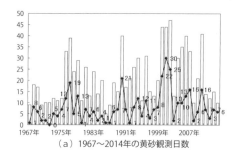

（a）1967～2014年の黄砂観測日数

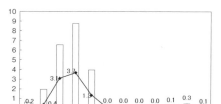

（b）月ごとの黄砂観測日数（1984～2014年の平年値）

図5　福岡市の黄砂観測日数（出典：福岡市ホームページ）　☐ 全国，→ 福岡

れ，一時的にフェーンの弱化あるいは中断が生じることがある．Ⅰ型フェーンでは日照不足で地表面加熱が進まないことがあり，その場合は海風循環も発達せず，日中にフェーンが弱化あるいは中断することはほとんどない．

（2）ヒートアイランド

　福岡市は人口が150万人を超える政令都市であり，周辺市街化地域を含めた福岡都市圏はさらに人口が多い．そのため，ヒートアイランド現象による顕著な気温上昇が観測される．ヒートアイランドは，地表面被覆の改変による熱収支の変化や，構造物間の熱放射の多重反射などで容易に形成され，人工排熱による昇温でさらに増幅される．福岡都市圏縁辺の田園地域にある，前原アメダス観測点（福岡市中心部から西へ二十数km）の最低気温の月別平年値を福岡のそれと比べると，福岡の方が1月から12月にかけて常に高く，その差は1.2℃から2.3℃の間で変化し，年平均では1.8℃になる．福岡市の観測点である福岡管区気象台は，周辺約2kmの大きな人工池の辺にあり，水体によるクールアイランド効果の影響を受けるため，福岡都市圏の気温の最高値よりも若干低いと考えられる．それを考慮すれば，ヒートアイランドによる夜間の平均昇温量は2℃程度と見積もられる．ヒートアイランドも海陸風循環の影響を受けるため，日中に海風が福岡都市圏に侵入してくると，沿岸部のヒートアイランドに起因する昇温が若干緩和される傾向がある．

　先に述べた福岡の最高気温の観測史上1～10位の記録は7位の1923年を除くと，その他はすべて1994年以降に記録されている（2016年現在）．過去およそ20年間に記録が集中している理由の1つとして，地球温暖化による平均気温の上昇や数十年スケールの自然変動があげられるが，ヒートアイランド現象の寄与も無視できない．

（3）黄砂

　福岡県は九州北部の他県と同様に大陸との距離が近い．大陸との間には日本海と東シナ海があるが，黄砂やPM2.5が大陸からの長距離輸送で福岡県に流入してくる．黄砂（Asian dust）は大陸の黄土高原やタクラマカン砂漠，ゴビ砂漠などから強風によって舞い上がった砂粒子が，偏西風に流されて日本国内に降下してくる現象である．図5は黄砂の月別観測日数を示したものである．福岡市も全国と同様に3月から5月の春季に多

く4月が最多である. 黄砂の供給源となっている大陸の乾燥地域では, 春季に温帯低気圧の発達に伴う強風によって砂塵嵐が頻繁に生じるからである. 黄砂観測日数の経年変化には明確な長期的傾向は見られない.

C. 福岡県の気象災害と大気環境

福岡県の過去の気象災害の多くは, 梅雨前線帯の局地的豪雨や台風による大雨の被害である. 最近の顕著な気象災害事例を4つ紹介する. また, 最近の被害ではないが, 異常気象と関連する異常少雨による渇水被害, および猛暑による熱中症被害についても紹介する. 加えて, 大気環境問題としてPM2.5を取り上げる.

1. 局地的豪雨

(1) 1999年6月29日福岡豪雨

福岡市における, 日最大1時間降水量の観測史上2位 (79.5 mm) を記録した局地的豪雨である (2016年現在). 博多駅周辺地区が広範囲に冠水し, 中心地下街も浸水するなどして都市機能が麻痺した. 浸水家屋は3,000棟を超える一方, 人的被害は死者1名 (地下室で溺死) のみであったが, 特にこの豪雨が注目されたのは, 地下空間が浸水するという新たな都市型水害として位置づけられたからである. この災害を教訓に, 地下空間への浸水対策が多方面から検討されることになった. 気象学的には, 梅雨末期にたびたび発生する, 東シナ海から九州北部へ北東方向にのびる線状降水帯によってもたらされた. 北に位置する梅雨前線に東シナ海から暖湿気流が流入してくると, このような線状降水帯が急発達する場合が多い.

(2) 2009年7月中国・九州北部豪雨

7月21日から27日にかけて九州北部地方および中国地方で豪雨となり, 福岡県で死者10名, 山口県で死者22名の人的被害, 住宅被害では福岡県で5,000棟を超える甚大な被害となった. 福岡空港で1時間降水量が116 mmなど, 福岡県各地で1時間降水量が100 mmを超える記録的短時間大雨が発生した. 気象概況を見ると (図6), 対馬

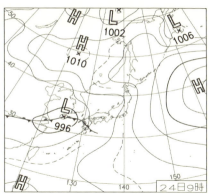

図6 2009年7月24日9時の天気図

海峡付近に梅雨前線が停滞し, 東シナ海から梅雨前線へ向かって多量の水蒸気が九州北部へ流入する気圧配置になっており, レーダー画像から複数の線状降水帯の発生が確認される. 1999年6月29日福岡豪雨の事例と同様に, 線状降水帯の停滞が局地的豪雨をもたらした典型事例といえる.

(3) 平成24年7月九州北部豪雨

2012年7月11日から14日にかけて九州北部の福岡県, 熊本県, 大分県, 佐賀県が局地的豪雨に見舞われた. これら4県で人的被害は死者30名, 住宅被害は13,000棟あまりに上る. 特に福岡県では13日から14日にかけて大雨となり, 八女市では24時間降水量486 mmを観測した. 気象庁によると, 4日間の総降水量は八女市, 大分県日田市付近で約800 mmに達したと推定される. 気象概況は, 上述の豪雨2事例と同様に, 朝鮮半島・対馬海峡付近に横たわる梅雨前線へ東シナ海から多量の水蒸気が流入し (図7), 複数の線状降水帯が発生・停滞していた. 福岡県では特に筑後地方に大雨が集中し, 矢部川の堤防の決壊による氾濫などで, 深刻なインフラ・ライフラインの被害や農業被害が発生した.

(4) 平成29年7月九州北部豪雨

2017年7月5日～6日に, 対馬海峡付近に停滞した梅雨前線に向かって暖かく非常に湿った空気が流れ込み, 福岡県南部～大分県

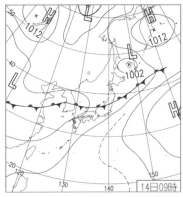

図7　2012年7月14日9時の天気図

西部を中心として記録的な大雨になった．朝倉市で5日に1時間降水量129.5 mm，日降水量516.0 mmを記録し，場所によっては5～6日の総降水量が約1,000 mmに達したと推定される．この大雨により，福岡県では死者・行方不明38名，住家の全壊244，半壊826など大きな被害が出た．

2．渇水

　福岡市では，1978年と1994年に異常少雨による渇水が生じて，長期的な給水制限を余儀なくされた．給水制限期間は287日（1978年5月20日～1979年3月24日），295日（1994年8月4日～1995年5月31日）という長期間に及んだ．福岡市の年降水量の平年値は1,612.3 mmであるのに対し，1978年は年降水量の少ない方から観測史上5位の1,138.0 mm（平年の71%），1994年は史上1位の891.0 mm（平年の55%）であった（2016年現在）．九州北部地方のダム貯水量は冬季に最低になるため，冬季が始まる前の暖候期に降水量が極端に少ないと，次の年の春季まで渇水状態が持続することになる．1994年は全国的に極端な猛暑で，太平洋高気圧が西へ張り出し，特に西日本を中心に異常少雨と異常高温が続いたことが直接的原因である．台風などによる一時的な降水があったが，渇水状況はほとんど改善しなかった．最近では，2005年に史上3位の年降水量1,020.0 mm（平年の63%）の異常少雨を

観測したが，給水制限には至らなかった．その理由として，水資源開発による供給能力の向上や水道配水システムの改善などの渇水対策が効力を発揮したものと考えられる．

　しかしながら，地球温暖化の進行によって極端な大雨や少雨が頻発する可能性が指摘されており，多量の水資源を必要とする福岡都市圏は，渇水に対して非常に脆弱な地域であることを常に認識しておく必要がある．

3．熱中症

　全国的に高齢者人口の増加により熱中症患者は増加傾向にあるが，地球温暖化やヒートアイランド現象の増加傾向に拍車をかけている．福岡市によると，2010～2014年の5年間の熱中症による救急搬送者数の年平均値は415.4人に上り，特に2013年は634人に達している．福岡市の月平均気温の高い方から観測史上1～10位を見ると，2010年8月に史上1位の30.3℃，2013年7，8月に2位の30.0℃を観測している（2016年現在）．1994年の夏は全国規模で猛暑だったことが知られているが，福岡では2010年と2013年が近年で最も暑い夏だったといえる．熱中症患者数の増加を一種の都市型災害とみなした場合，首都圏等の大都市圏と同様に福岡都市圏も，温暖化による気温上昇も相まって今後ますます被害が増大していくものと予想される．

4．PM2.5

　PM2.5は大気中に浮遊する2.5 μm以下の微粒子（エアロゾル）をさし，黄砂粒子や大気汚染物質などが含まれている．黄砂粒子は自然起源であるが，特に石炭の燃焼や工場の排煙，自動車の排ガス等で放出される黒色炭素（ブラックカーボン）や硫黄・窒素酸化物などの人為起源の物質が，PM2.5の急激な増加に寄与している．PM2.5の環境基準は1日平均値35 μg/m³以下であるが，福岡市内の測定局における環境基準超過日数は春季の5月頃を中心に多くなっている．これは黄砂粒子の影響もあるが，近年では人為起源のPM2.5が，偏西風や移動性の高低気圧によって大陸から輸送されてくる越境汚染の

影響で，福岡県内の PM2.5 が急増し，一時的に $100 \mu g/m^3$ を超過する事例が多くなっている.

C. 福岡県の気候と風土

福岡県は，筑紫平野，福岡平野や直方平野の肥沃な土地が拡がり，平野部も含めて，筑紫山系の山間部，そして博多湾，有明海，豊前海の干潟などで多様な生物相が見られる. 筑紫平野は筑後川が運ぶ土砂で埋没した三角州であり，軟弱地盤として知られる. 福岡平野はもともとは内湾の潟湖（せきこ）であったと考えられている. 遠賀川が流れる筑豊地方は筑豊炭田として知られ，戦前から国内最大規模の石炭産出量を誇っていたが，主力エネルギーの座を石油に奪われたため，1970年代中頃にほとんどの炭鉱が閉山した. これらの石炭産業の一部は，明治日本の産業革命遺産として 2015 年 7 月に世界遺産に登録された.

福岡県の漁業は，玄界灘ではマダイ，フグなどの魚類，周防灘ではカキやワタリガニ，有明海ではアサリや海苔など，さまざまな魚介藻類が水揚げされる. 黒潮から分岐する対馬海流が玄界灘の豊かな水産資源をもたらしている一方，周防灘では瀬戸内海の穏やかな気候のもとで多様な生態系が育まれている.

農林業に注目すると，福岡県の耕地面積は県全体の 17 ％で，筑紫平野と福岡平野があるため，その面積の約 8 割が水田である. 近年の猛暑の頻発による水稲の高温障害が増加しており，米の品質低下が大きな問題になっている. そこで，福岡県では積極的に水稲の品種改良を進めており，高温障害に強く，しかも食味も優れた品種が続々と開発されている. 福岡県は冬日がほとんどない温暖な気候のため，農産物では，イチゴの博多あまおう，博多万能ネギ，博多なす，レタス，トマト，キュウリなど，農産物が数多くある. また，日本茶のブランドとして筑紫平野南部の八女茶が有名である. 適度な年降水量と温暖な気候，そして豊かな土壌が茶の栽培に適した環境をもたらしている. 福岡県の森

林面積は県全体の 45 ％を占める. 全国有数の生産を誇る林産物として，タケノコ，ブナシメジ，エノキタケがある. 最近では，糸島市の野菜がブランド名「糸島野菜」として認知されている.

地球温暖化の進行により，九州地方の他県と同様に，気候環境の変化が地域の生態系に及ぼす影響が危惧されている. また，特定外来生物の脅威にも晒されている. 福岡県では，例えば，セアカゴケグモが 2007 年 10 月に福岡市内で初めて発見され，ハイイロゴケグモも 2008 年 9 月に同市内で発見された. 福岡県には博多港，門司港などがあり，海外からの貨物等と一緒に県内に侵入してきたと考えられている. 毒グモではあるが，重症化することは少ない. また，ツマアカスズメバチは 2012 年 10 月に長崎県対馬市で国内では初めて確認され，2015 年 9 月には福岡県北九州市で確認された. ツマアカスズメバチはニホンミツバチを捕食するため，養蜂業や生態系へ深刻な影響を与える可能性がある. 今後，九州地方の他県や本州への伝播が危惧されている. 　　　　　　　　　　［川村隆一］

佐賀県の気候

A. 佐賀県の気候・気象の特徴

佐賀県は，図2に示すように九州の北西部に位置し，東は福岡県，西は長崎県，北は玄界灘，南は有明海に面している．県の北東部から中央部にかけて標高1,000m級の背振山系，天山山系が，南西部には1,000m級の多良山系があり，これらの山岳部を源流として，嘉瀬川，六角川，松浦川などの河川

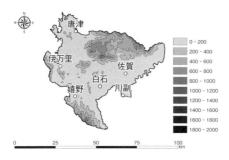

図1　佐賀県の地形

図2　佐賀県の位置と地勢，観測点　点線は100mごとの標高を表す（注1）標高データからGMT（注2）で作成

注1　USGS（United States Geological Survey）の標高データGTOPO30を基にGMTで作成

注2　GMT（Generic Mapping Tools）は，ハワイ大学が開発した地理的データを描画するためのフリーソフト

が有明海および玄界灘に注いでいる．

県の南部の大部分を占める佐賀平野，白石平野は，自然排水が困難な低平野で，過去に大規模な水害が発生している．また，有明海は干満の差が大きく，満潮時の潮位の高いときに台風が襲来するときには，高波，高潮に注意警戒するとともに平野部の洪水や浸水にも注意警戒する必要がある．

県の西部の丘陵地帯から東松浦半島の上場台地にかけた地域は，比較的地質が脆く，多くの土砂災害が発生している．

佐賀県の気候は，佐賀県北部と南部に大別できる．佐賀県南部は有明海に隣接しているが，内陸の特徴も兼ね備えており，平野部の夏の最高気温は北部沿岸部より高い．また，冬季は地形の影響で冬型の気圧配置に伴う「しぐれ」の現象が北部より少ない．佐賀県北部は南部に比べて「しぐれ」の現象が多いなど，日本海側の気候の特徴を併せもつ一方で，対馬海流が玄界灘を北上していることから，北部沿岸部では，南部平野部より冬季の最低気温が高い．

1. 佐賀市の気候

（1）気温

図3は，佐賀の最高気温・平均気温・最低気温の月別値を示したものである．最高気温を月別に見ると，1月が最も低く9.8℃，8月が最も高く32.5℃で，年平年値は21.4℃である．平均気温の月別値は，1月が最も低く5.4℃，8月が最も高く27.8℃である．

表1は，東京および九州各県の最高気温である．佐賀は，東京より1.6℃，福岡より

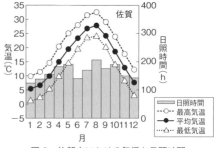

図3　佐賀市における気温と日照時間

表1　東京および九州各県の最高気温の年平年値
（℃）

東京	福岡	佐賀	大分	長崎	熊本	宮崎	鹿児島
19.8	20.9	21.4	20.8	21.0	22.0	22.0	22.8

表2　東京および九州各県の最低気温の年平年値
（℃）

東京	福岡	佐賀	大分	長崎	熊本	宮崎	鹿児島
11.6	13.6	12.2	12.4	13.9	12.5	13.2	14.9

表3　各都市の真夏日（日最高気温30℃以上）
の発現日数の年平年値（日）

東京	福岡	佐賀	鹿児島
46.4	57.1	70.6	76.8

0.5℃高く，鹿児島より1.4℃低くなっている．九州では高い方から4番目の記録となっている．佐賀の最低気温の月別値は，1月が最も低く，1.3℃で，8月が最も高く24.1℃である．表2は，東京および九州各県の最低気温である．これによると，佐賀は，東京より0.6℃高く，福岡より1.4℃低く，九州では，最も低い．

これは，佐賀県南部が冬季に比較的晴天に恵まれており，夜間の放射冷却現象が加わっているためと考えられる．表3は，東京，福岡，佐賀，鹿児島の各都市の真夏日の発現日数である．表によると，佐賀は，福岡より13.5日多く，鹿児島より6.2日少ない．

（2）日照時間

図3に戻って月別の日照時間を見ると，梅雨に入る前の4，5月と夏から秋にかけて比較的多い傾向にある．表4に隣接県の月別の日照時間を示す．これによると，佐賀の年間日照時間は，隣接県より多くなっている．10月から翌年2月までの日照時間を比較してみると，佐賀は，745時間，福岡653時間，長崎は，661時間となっており，佐賀は福岡，長崎と比較して秋から冬にかけての5か月間でおよそ90時間ほど日照時間が多い．これは佐賀平野が福岡や長崎より内陸に

位置しているため，地形の影響で冬型の気圧配置に伴う「しぐれ」の現象が，他の県よりも顕著に発現しないからと考えられる．梅雨期の6月と7月の合計は3県がほぼ同じ日照時間を示しており，他県と同様梅雨前線の影響を受けやすいことを示している．

（3）降水量と降水日数

図4に佐賀市における月降水量と月間降水日数を示した．これによると，6月から7月にかけて極大が現れており，梅雨前線の活動が活発になる時期にあたる．6月と7月の降水量の合計は，677.5 mmで，およそ年間の総降水量の1/3を占めている．また，月降水量は寒候期に向かって少なくなる傾向を示している．月間降水日数は，移動性高気圧におおわれやすい10月，11月に少ない傾向にあるが，年間を通して，おおむね月平均15日以上を観測している．

2．佐賀県の特徴的な気象現象

（1）気温

図5は佐賀県のメッシュ平年値による8月の最高気温の分布図である．佐賀，白石，鹿島を含む有明海沿岸部から平野部にかけて最も高く，32℃を超え，玄界灘に臨む唐津，伊万里はそれほど高くない．一方，低い地域は，背振山および天山であり，多良岳も低

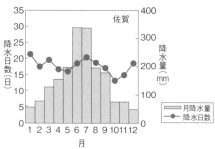

図4　佐賀市における月降水量と月間降水日数（降水量0.0 mm以上の日数）

表4　佐賀と隣接県の県庁所在地の月間日照時間〈時間〉

月	1	2	3	4	5	6	7	8	9	10	11	12	全年
福岡	102.1	121.0	149.8	181.6	194.6	149.4	173.5	202.1	162.8	177.1	136.3	116.7	1867.0
佐賀	124.3	138.0	156.3	183.2	191.1	140.1	170.2	206.7	176.3	189.9	150.3	142.7	1969.0
長崎	102.8	119.7	148.5	174.7	184.4	135.3	178.7	210.7	172.8	181.4	137.9	119.1	1866.1

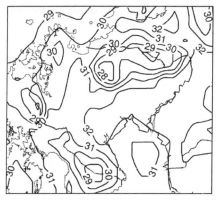

図5　佐賀県の8月の最高気温分布図（気象庁メッシュ平年値をもとにGMTで作成）

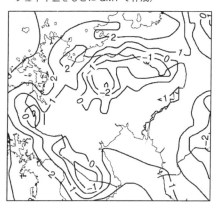

図6　佐賀県の1月の最低気温分布図（気象庁メッシュ平年値をもとにGMTで作成）

表5　佐賀県内の各地点の最高気温の極値（℃）

唐津	伊万里	嬉野	佐賀	川副	白石
36.2	36.8	38.4	39.6	37.0	39.0
2012	2014	2013	1994	2006	1994
8/2	7/30	8/20	7/16	8/8	7/16

表6　佐賀県内の各地点の最低気温の極値（℃）

唐津	伊万里	嬉野	佐賀	川副	白石
− 4.3	− 5.4	− 7.3	− 6.9	− 6.5	− 6.9
2012	1981	1983	1943	2004	2004
2/3	1/13	2/14	1/13	1/22	1/22

表7　各都市の冬日（最低気温0℃未満）の年間発現日数（日）

東京	福岡	佐賀	鹿児島
20.5	4.3	24.6	3.0

く，29℃を下回り，比較的標高の高い山沿いから山岳部にかけては，涼しくしのぎやすい環境となっている．表5は佐賀県内の最高気温の高い方の極値である．佐賀県南部の佐賀，白石はともに有明海に近いが，内陸の特徴も兼ね備えており，玄界灘に面した唐津や伊万里よりも高い記録となっている．図6は，佐賀県のメッシュ平年値による1月の最低気温の分布図である．この図によると，背振山から天山にかけてが，0℃以下で最も低い．反対に玄界灘に面する東松浦半島の呼子付近が2℃以上と最も高くなっている．これは，暖流である対馬海流が玄界灘を北上し

ていることが要因と考えられる．

こうした特徴は，佐賀県内の各地点の最低気温の極値（表6）にも現れている．玄界灘に近い唐津，伊万里は，南部の地点より高い値となっている．

表7は，各都市の冬日の年間発現日数である．福岡や東京に比べて，24.6日と多く，九州の各都市と比較しても，熊本に次いで2番目の多さとなっている．こうしたことから，夏は暑く，冬は寒いといった気候特性をもつことがわかる．

(2)　降水量

佐賀県の年降水量の分布を図7に示した．佐賀県の降水量は，地形と風向の影響を受け，山岳の風上側で多く，風下側では少なくなる傾向を示し，ほぼ地形に沿った分布をしている．県南部の多良岳，国見山，および北東部の背振山系から県中部に位置する天山や八幡岳の山間部では，降水量が2,300 mmを超えている．特に多良岳方面で降水量が多いのは，寒冷前線等の南下や低気圧が北方を通過するときに，湿った南西の風が山岳に吹きつけるための地形効果が加わっているからである．一方，北部沿岸地方の年降水量は1,500〜1,800 mmで，多良岳の2/3程度である．

(3)　風向・風速

佐賀県における季節風は，冬季は大陸の高気圧から吹き出す北西風，夏季は，太平洋高

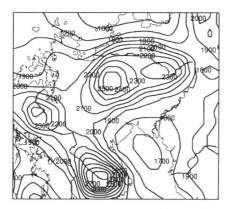

図7　佐賀県の年平均降水量分布図（気象庁メッシュ平年値を基に GMT で作成）

表8　県内の3地点の風速（m/s）の月別平年値と最多風向

月	伊万里		佐賀		嬉野	
1	西北西	2.4	北北西	3.1	北北西	1.6
2	北西	2.5	北北西	3.2	北北西	1.8
3	北西	2.5	北北西	3.6	北	1.9
4	北西	2.4	北北西	3.2	北	1.8
5	北西	2.2	北北西	2.9	北	1.7
6	北西	2.1	南	3.2	北	1.7
7	南	2.4	南	3.4	南南西	1.8
8	北西	2.2	南	3.3	南	1.6
9	北西	1.9	北東	3.3	北	1.5
10	北西	1.8	北東	2.9	南	1.4
11	東南東	1.9	北北西	2.8	南	1.4
12	東南東	2.2	北北西	2.7	南	1.5
全年	北西	2.2	北北西	3.2	南	1.7

気圧から吹き込む南～南西風である．また，年を通して1日の中で風向が変わる局地的な規模の海陸風がある．比較的安定した気団の中では，昼間は冷たい海面から暖かい陸地に向かって吹き，夜間は逆に冷やされた陸地から比較的暖かい海上へ吹く．表8に県内の代表3地点の風速の月別平年値と最多風向を示した．これによると，風速は1年を通して各地域ともそれほど変化は見られない．しかし，風向は，各地点で地形の影響が加わって，それぞれの特徴がある．例えば有明海に面し，平野部にある佐賀は，6月から8月までは南風，9月から翌年の5月までは北東～北北西の風が卓越する．伊万里や嬉野は，1～5月は佐賀と同様に北～北西の風が卓越するが，7月以降はそれぞれの地点で異なった風向となる．

B. 佐賀県の気象災害

1. 梅雨前線による大雨

1962年7月8日，九州北部に停滞していた梅雨前線が活発化し，佐賀県では，太良町を中心に記録的な豪雨となった．特に大浦地区では，大規模な土砂災害が発生して，死者・行方不明者は62名を超す大惨事となった．このときの大雨は，特に1時から8時までの7時間に集中し，600 mmを超える豪雨として記録されている（佐賀地方気象台，1990）．

昔から九州の梅雨の大雨は，明け方に多いといわれており，就寝後の大雨は少なくないと感じる．以下に30年間の時間別の強雨頻度の特徴を述べた．

初めに，ここで述べる梅雨期間とは，6月，7月の2か月間をさすことにする（ちなみに九州北部の平年の梅雨期間は，6月5日～7月19日）．図8は，1時間30 mm以上の降雨の期間内の回数を時刻別に表したものである．また，梅雨期間と比較するために同じ30年間の8月の観測回数を併せて表した．30 mm以上であるから，1時間50 mmを超える警報級の大雨も含まれている．1地点では少ないので，県内のどこかで30 mm以上の降雨があった場合の回数をとった．この図によると，梅雨期間に降る時間別の大雨はおおむね夜半過ぎから多くなり，特に4～9時までの回数は他の時間帯より多くなっており，この6時間で全体の回数の41%を占める．8月は，6，7月に現れていた明け方から朝の降雨頻度が減って，明瞭な山が見られないが依然明け方から朝にかけて多い傾向がある．また，1か月の頻度で6，7月の各月と比較すると，昼過ぎから夕方にかけての回数が多くなっている．

明け方の雨は海上から進入してくる積乱雲

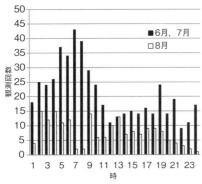

図8 佐賀県内のどこかで1時間30 mm以上の降雨が観測されたときの時刻別観測回数（6～7月と8月，期間 1981～2010 年）　期間内に廃止された観測所，新設した観測所のデータを含む．

に伴うことが多い．海上から進入する積乱雲は明け方から朝にかけて発達しやすく，大雨が多いという特徴をふまえて防災対応をとることが少しでも減災につながると考える．

2. 台風による高潮災害

　台風が接近して気圧が低くなると，気圧低下1 hPa につき海面が約1 cm 上昇する．また，有明海の西側を台風が北上すると，佐賀県では南寄りの強風が吹くため，強風で海水が海岸に吹き寄せられる．特に湾奥は，遠浅のため，潮位が著しく上昇する．さらに，夏から秋にかけては潮位が高いため，大潮の満潮時にあたると大きな高潮被害が発生する可能性が高くなる．

　一般に高潮災害は，伊勢湾台風の例が示すように，人的被害の大きな要因を占めているのが特徴である．このことから，台風が九州北部に接近することが予想される場合には，大雨や暴風・波浪に警戒するとともに，高潮にも一段と警戒する必要がある．

(1) 近年の顕著な高潮災害

　1985 年 台風 13 号は，九州の西岸を北上し，8月31日に長崎県付近を通過した（図9）．台風の北上に伴い，佐賀市では31日8時50分に南東の風43.6 m/s の最大瞬間風速を観測した．この台風の位置と満潮時刻（31

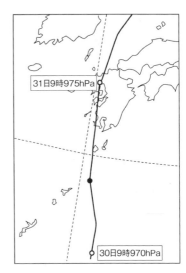

図9　1985 年台風 13 号の九州付近の経路（□内は，台風の中心気圧）

日9時12分）が重なったため，有明海では高潮の起こりやすい状況となった．有明海に注ぐ本庄江川，新川等 15 河川で，大波に洗われて堤防の側面が壊れた．久保田町の干拓地では防潮堤防の上部が 20 m にわたって半壊し，海水が流入した．また芦刈町では，六角川河口と福所江川に避難係留中の漁船 150隻が高波を受け，堤防や道路，水田に打ち上げられた．床上浸水は川副町の 94 戸をはじめ，床下浸水を含めると 1,000 戸以上が被害を受けた．このときの潮位は，大浦で TP（東京湾平均海面）上 3.21 m，有明海岸の住之江で TP 上 観測史上最大の 4.81 m を記録した（佐賀地方気象台，1990）．

(2) 過去の顕著な高潮災害（シーボルト台風）

　その地域において過去に発生した最大級の災害を知っておくことは，防災上極めて重要である．同じような気象状況が予想される場合には，過去に起きた災害を具体的なイメージとして捉え，防災対策を講じることができる．1828 年のシーボルト台風は，過去 300年で九州北部を通過した最強の台風として，

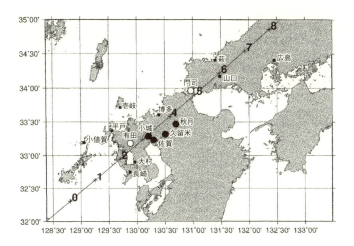

図10　シーボルト台風の九州北部の経路（太陽暦1828年9月18日）　●は古文書の記述において風向が時計回りに変化した地点．○は反時計回りに変化した地点．経路上の数値は台風中心の通過時刻を表す（出典：小西の論文からシーボルト台風の経路のみを転載）．

高潮災害の規模においても甚大な被害をもたらした事例として知られている（図10）

シーボルトは，ドイツの医学者・博物学者で，1823年オランダの商館の医員として長崎に着任し，日本の動植物・地理・歴史・言語を研究，また鳴滝塾を開いて高野長英らに医術を教授し，実地に診療した．1828年にシーボルトが帰国の際，出島付近に停泊していたオランダ船が台風により大破し，荷物の中に国禁の地図が発見されて罪を問われ，それを贈った幕府天文方兼書物奉行の高橋景保ほか十数名が処分され，シーボルトは国外追放となった（『広辞苑』より）．

これらの一連の事件がシーボルト事件である．このとき来襲した台風がシーボルト事件のきっかけになったことや，シーボルト自身が出島の蘭館で気象状況を観測したことから，シーボルト台風とよばれるようになった．

小西（2010）は，シーボルト台風について古文書，シーボルトによる観測記録をもとに，災害の実態，原因，台風の勢力，高潮の状況を調べ，次のように述べている．

・佐賀藩の被害は，建物倒壊や溺死等によ

る死者数が8,200～10,600人に及び，佐賀藩の人口（36～37万人）の2～3%に達した．

・台風は，長崎県の西彼杵半島に上陸し，佐賀市北部を通って，九州北部を縦断し，周防灘から山口県へ再上陸した．

・中心気圧は，935 hPa程度，最大風速は55 m/s程度と考えられる．

・顕著な高潮災害が有明海，周防灘，福岡湾で生じている．

・高潮数値シミュレーションによる数値計算結果では，有明海全域で2 m以上の潮位偏差となり，特に佐賀藩の干拓地沿岸で3 m，その東部から筑後川河口周辺で4 mを超える偏差となっている．潮位は，筑後川河口で5～6 m前後，六角川河口で4 m程度の高さに及んだと推定している（2015年現在の佐賀市の高潮警報基準値は潮位4.3 m）．

・高潮による浸水は古文書の記載から海岸から平均で3 km程度内陸へ達したと推定しており，いかに甚大な高潮災害だったかが容易にうかがえる．

災害の規模については，江戸時代末期に来

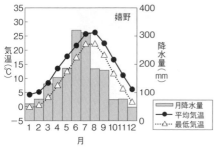

図11 嬉野における月別降水量，平均気温，最低
気温

図12 嬉野茶の茶畑

襲した台風であることから，当時の社会情勢
や防災機能を考えると，防潮堤防等がよく整
備された現代と比較することはできない．し
かし，この規模の台風が，甚大な高潮災害の
最も発生しやすい佐賀県西側のコースで，な
おかつ有明海の満潮時にやってきたことが他
に類を見ないものとなっている．佐賀県でも
人口密度の高い平野部は低平地で海抜が低
く，今日でも洪水や高潮による浸水被害が起
きやすい．

この規模の勢力の台風が，最悪の時期・時
間に最悪のコースを通過した場合には，異常
に潮位が上がることが現実にあることを忘れ
てはならない．

C. 佐賀県の気候と風土

嬉野茶は，佐賀県嬉野市一帯で作られてい
る日本茶で，全国でも有数の生産量を誇って
いる．嬉野市は，県西部に位置し，1日の
気温差が大きく，水はけも良く，日本茶栽培
に最適な気候が整っている．佐賀県の茶業の
歴史は古く，約800年前に栄西禅師が中国
から種子をもち帰り，背振山麓にまいたのが
始まりとされる．嬉野茶の起こりは，1440
（永享12）年嬉野皿屋谷に入った明の陶工ら
が，自家用茶の生産を始め，1504（永正元）
年明人の紅令民が南京釜による釜炒茶の製法
を伝えたのが始まりとされる．産業化された
のは，1650年に肥前白石郷の吉村新兵衛が
不動山一帯に茶畑を開き，製法にも工夫をこ
らし奨励したことからである（窪川・福島，

1991）．

嬉野茶の葉は丸く，ほどよい甘みとほろり
とした渋みが特徴である．茶の収穫時期は，
4月頃から10月頃までで，年間おおむね4
回収穫される．なかでも4月に収穫される
新茶の茶葉は柔らかく，栄養を蓄えており，
味と香りにおいて最高の品質といわれてい
る．

茶樹の生育と気象条件は密接な関係にあ
る．お茶の生育の温度限界は，年平均気温が
12.5〜13℃で，14〜16℃が適温とされて
いる．特に生育を規制するのは，最低温度で
寒さに強い品種でも−15℃が1時間も続く
と枯死する．年降水量は1,400 mmから
1,500 mm以上あって，その雨量の2/3が生
育期（4〜10月）に集中することが望まし
いとされる（新編農業気象ハンドブック編集
委員会，1974）．また，台風，雹，晩霜の常
習地でないこともあげられる．

図11は嬉野の月降水量，平均気温，最低
気温を示したものである．嬉野の年間の降水
量は，およそ2,270 mm，4〜10月の降水
量の合計は1,773 mmと多い．年間の平均
気温は15℃で，2月下旬頃から12月末まで
は平均気温5℃以上の日が続く．12月から2
月にかけての冬期間の最低気温は0℃前後
で，お茶の生産に適した気候となっている．

［中鉢幸悦］

【参考文献】
［1］気象庁ホームページ（http://www.jma.go.jp/）．

〔2〕 窪川雄介・福島敬一，1991：茶の大事典，「お茶の大事典」刊行会，108-109.

〔3〕 広辞苑第5版，1998，岩波書店，1133p.

〔4〕 小西達男，2010：1828年シーボルト台風（子年の大風）と高潮，天気，Vol57，No. 6，気象学会.

〔5〕 佐賀地方気象台，1990：佐賀の気象百年誌，17-27，62-63.

〔6〕 新編農業気象ハンドブック編集委員会，1974：新編農業気象ハンドブック，養賢堂，343-344.

長崎県の気候

A. 長崎県の気候・気象の特徴

長崎県は九州の北西部に位置し、その面積は 47 都道府県のうち 37 番目と決して広くはない（図 1）。しかし、その海岸線は複雑に屈曲し、半島や岬、入り江や湾が多いことが特徴で、海岸線の長さは北海道に次ぎ全国第 2 位である。

また、島しょの数が 1,000 弱と多く、全国第 1 位の多さを誇る。平野部は少なく山岳や丘陵地が大半を占め、国見山、多良山系を分水嶺として隣接の佐賀県と接している。

最も標高が高い平成新山（1,483 m）をはじめ、普賢岳、国見岳、妙見岳、野岳、経ヶ岳、九千部岳、五家原岳など島原半島を中心に標高 1,000 m を超える山を有する。河川はほとんどが中小河川で、本明川、佐々川、相浦川、川棚川などが主な河川である。

長崎県の気候は大略すれば海洋性の気候で、東シナ海や対馬海峡の海に面していることから年間を通じて比較的湿度が高く、気温の日較差はそれほど大きくはない。海上から吹走してくる風を直接受けることから、低気圧の接近・通過時や西高東低の冬型気圧配置などの場合には、沿岸部を中心に風が強いことも特徴である。

長崎県は、西は東シナ海に面する五島列島、北は対馬海峡に位置する壱岐・対馬を有し、長崎県全体では東西に約 200 km、南北に約 300 km と島しょ部を含めた全体の範囲は広い。

また、対馬のすぐ北には朝鮮半島が位置するため、同じ県内でも地域や季節で気候の違いが見られる。以下、代表的な地点を例にあげ、長崎県の気候を見てみる。

1. 長崎市の気候

長崎市は県南部に位置し、総人口約 43 万人の長崎県最大の都市で県庁所在地でもある。

平年値における年平均気温は 17.2℃、年降水量は 1,857.7 mm、年間日照時間は 1,866.1 時間である。

海洋に面しているため、冬の冷え込みは厳しくない。年間で一番冷え込む 1 月の平均

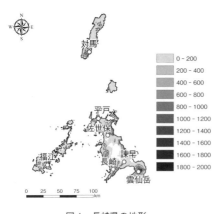

図 1　長崎県の地形

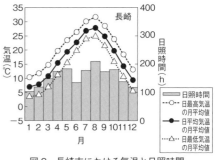

図 2　長崎市における気温と日照時間

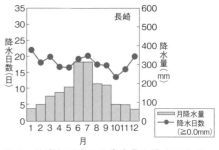

図 3　長崎市における降水量と降水日数（≧ 0.0 mm）

気温は7℃，最低気温の月平均値は3.8℃と比較的暖かく，最低気温が氷点下となる日はわずかである（図2）．これは九州西海上から対馬海峡へと北上している暖流である対馬海流の影響が大きい．しかし，冬にはシベリア大陸からの北西の季節風が吹き，黄海や東シナ海の海上を吹走して来る間に，海面から熱と水蒸気の供給を受けて発生した雪雲が流れ込み，雪が降る日も少なくない．ただし，平野部では雪が積もっても，数cm程度の場合がほとんどである．

長崎市を含む県内の各市町は，ほとんどが沿岸部に位置するため海風が入り，夏季においても35℃以上の猛暑日となることは珍しい．しかし，6～7月の梅雨期は曇雨天が続き，蒸し暑い日が多い．7月下旬～8月は太平洋高気圧におおわれ晴れて暑い日が続く．このため，日照時間は6月に一旦少なくなるが，8月に年間で最も多くなる（図2）．

逆に降水量は6月，7月には，それぞれ300 mmを超え，年間で最も多く，降水量0.0 mm以上の降水日数も月に約20日と暖候期では最も多くなる（図3）．

長崎市は世界三大夜景としても有名であるが，これは狭い平地から丘陵部にかけて，ひしめくように住宅が建て込んでいるためといえよう．このように，家と家が密接していることや湿度が高いこともあり，蒸し暑い梅雨期の6月から最高気温が30℃を超える7月，8月にかけては，エアコンなしで過ごすのは厳しい．

なお，北部の代表的な都市である佐世保市，平戸市，および長崎市の西方海上に位置する島しょの五島列島にある五島市の気候においては，長崎市とそれほど大きな違いは見られない．

2. 対馬市の気候

対馬市は，南は九州本土，北は朝鮮半島にはさまれた対馬海峡に位置する島しょの対馬にある総人口約31,000人の市である．その気候は，暖流である対馬海流の影響で，おおむね温暖な海洋性の気候である．

平年値における年平均気温は15.8℃，年

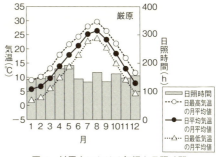

図4　対馬市における気温と日照時間

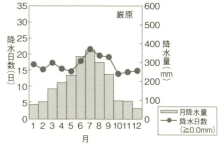

図5　対馬市における降水量と降水日数（≧0.0 mm）

降水量は2,235.2 mm，年間日照時間は1,860.8時間である．

特に，冬季から初春にかけては大陸からの季節風が吹きつけるので，実際の気温よりも一層の寒冷さを感じさせる．冬季に冬型の気圧配置となると，他の地域では雪の降る日があるが，対馬は朝鮮半島のすぐ南に位置するため，標高1,000 mを超える脊梁山脈で形成される同半島の風下にあたり，冬季は乾燥した晴れの日が多い．このため，冬季における日照時間は他の地域と比べ最も多く，降水量0.0 mm以上の降水日数は最も少ない（図4，5）．

気象庁の週間天気予報は，原則として府県予報区ごとに予報を出しているが，冬型の気圧配置時には，壱岐・対馬では晴れの日が多く，南部・北部・五島では曇りで，しぐれや雪の天気といったように，同じ県の中で天気が大きく異なる．このため，季節を限定して，冬型気圧配置が発生しやすい期間（11

月1日～翌年3月10日）は,「壱岐・対馬」と「南部・北部・五島」を細分した2つの予報区で発表している.

　また,対馬市は,五島市と同様に島しょであることから,風が強く,波も高くなり,強風や高波となる日も多い.特に,日本海から対馬海峡へ吹き込む北東風の場合には,風が一段と強まり,吹走距離も長くなるため,波も高くなる.

3. 雲仙市の気候

　雲仙市は,島原半島の西部に雲仙山系を取り巻くように位置しており,北岸は有明海に,西岸は橘湾に面している総人口約43,000人の市である.なお,ここでは雲仙山系周辺の気候について,標高678mという高い場所にある気象庁の雲仙岳特別地域気象観測所における観測データを用いて紹介する.

　長崎県の気候は全般に海洋性の気候であるが,雲仙山系周辺は,山地型の気候である.平年値における年平均気温は12.8℃,年降水量は2,899.4mm,年間日照時間は1,444.6時間である.標高が増すにつれて気温が低くなるのは当然で,最も気温が低い1月の平均気温は約2℃であり,夏でも30℃を超えることはあまりない（図6）.降水量は平地である他の地域と比べて多く,特に6月,7月の月降水量は500mmを超え,他の地域の300mm台と比べて極めて多いなど,山地型の気候を代表しているといえる（図7）.

4. 長崎県の特徴的な気象現象

(1) 長崎湾における「あびき」

　「あびき」とは,幅約1km,南北の長さ約8kmの深い入り江に形成された長崎湾で発生するセイシュ（副振動）のことをいい,30～40分周期で海面が上下振動するものである.過去には大きなあびきで,係留していた船舶の流失や低地での浸水被害が発生している.あびきの語源は,早い流れのため漁網が流される「網引き」に由来するといわれており,現在は長崎に限らず,同様な現象に対して広く用いられるようになっている.長崎湾における最大全振幅が100cm以上の大き

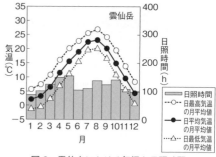

図6　雲仙市における気温と日照時間

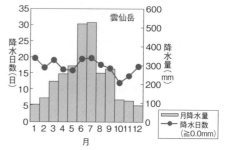

図7　雲仙市における降水量と降水日数（≧0.0mm）

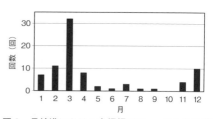

図8　長崎港における全振幅100cm以上のあびきの発生回数（1961～2014年）

なあびきの発生は,冬から春に多く,特に3月が全体の約半数を占め,年間で最も多くなっている（図8）.

　あびきは東シナ海の大陸棚上で発生した気圧の急変が原因といわれている.この気圧の急変によって作られる波長の長い波（海洋長波）が,海底地形などの影響を受けて増幅しながら伝搬し,長崎湾に進入した海洋長波は共鳴現象などの影響を受けてさらに増幅して,湾奥では数mの上下振動になることがある.

近年では 1979 年 3 月 31 日に最大全振幅 278 cm, 周期約 35 分という大きなあびきが観測されている.

(2) 霧

長崎県は, そのほとんどが沿岸部に位置しているため, 内陸部で発生する放射霧の発生頻度は低い. 長崎県では, 主に春先から初夏の 4 月から 7 月にかけて, 南寄りの風で暖かく湿った空気が, 相対的に冷たい海面を吹走してくる間に冷やされ, 凝結することにより発生する移流霧が沿岸部へ侵入する場合が多い. 霧がさらに濃くなると, 船舶等の交通機関への運航に支障をきたすことがあり, 離島が多い長崎県では経済活動にも影響が及ぶ.

ただし, 長崎市における霧日数の平年値は年間で 3.7 日, 多い月の順に 5 月 1.0 日, 6 月 0.9 日, 4 月 0.6 日, 7 月 0.3 日であり, 他の地域に比べると霧の発生頻度は低い.

(3) 梅雨

長崎県を含む九州北部地方における平年の「梅雨入り」は 6 月 5 日頃, 「梅雨明け」は 7 月 19 日頃である. 平年の梅雨期間は 44 日間で, この梅雨期間における長崎県内各地の平年の降水量は 500 mm 前後である.

この梅雨期間の降水量は, 東京の梅雨期間 (6 月 8 日頃〜7 月 21 日頃) における降水量である 258.1 mm の約 2 倍となっている. なお, 山岳地の雲仙岳では約 850 mm とさらに多い (図 9).

梅雨期間中は, 梅雨前線の活動に伴って局地的な大雨となりやすく, 特に, 梅雨前線が九州北部地方に停滞しやすい梅雨末期にその傾向が強い. 過去の大雨災害においても梅雨末期に集中豪雨が発生しているものが多い.

(4) 台風

長崎県は台風の上陸数が都道府県の中で 5 番目と多い (表 1). その分, 過去に長崎県へ上陸した台風による災害も多い.

台風は太平洋高気圧の周辺部に沿って北上することが多い. このため, 長崎県へは 8 月, 9 月に最も接近・上陸する頻度が高くなる. 台風は大雨のみならず暴風やうねりを伴った高波を発生させるため, 梅雨期の大雨以上に警戒が必要といえる.

台風災害の度合いはコースに左右される. 長崎県へ直撃あるいは西側を通過する場合が東側を通過する場合よりもはるかに風速が大きく, 降水量も多くなる.

なお, 台風が接近して来ると暴風やうねりを伴った高波のため, 島しょと本土を結ぶ船舶等が欠航となり, 本土から島しょへの食料品等の物資の供給が滞るなど, 島しょが多い長崎県では住民の生活にも影響が出てくる. また, 台風による降水量が少なく, 暴風により海面から海水が巻き上げられて陸上に飛散するような場合には, 架空送電線への塩分付着による絶縁劣化で送電事故 (フラッシュオーバー事故) や農作物への被害が発生するなど, 塩害による被害も無視できない.

(5) 低温と大雪

長崎県では, 各地とも 1 月が最も寒い. 平年の 1 月の平均気温は約 6 〜 7℃ (雲仙岳

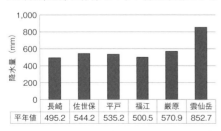

図 9 平年の梅雨期間 (6 月 5 日〜7 月 19 日) における各地の降水量

	長崎	佐世保	平戸	福江	厳原	雲仙岳
平年値	495.2	544.2	535.2	500.5	570.9	852.7

表 1 台風の上陸数が多い都道府県 (1951 〜 2016 年)

順位	都道府県	上陸数
1	鹿児島県	40
2	高知県	26
3	和歌山県	22
4	静岡県	19
5	長崎県	16
6	宮崎県	12
6	愛知県	12
8	熊本県	8
8	千葉県	8
10	北海道	6

(出典:気象庁ホームページ)

図10 「霧氷」の写真 (出典：雲仙市ホームページ)

は約2℃)，月初めと月末の気温差は1℃程度であり，1月下旬が1年の中で最も気温が低い.

長崎県で観測されたこれまでの最深積雪は，1963 (昭和38) 年1月26日の雲仙岳における64 cm (月最深積雪の観測史上第1位 (統計期間：1924年4月〜2005年9月)) である．この日，五島の福江では43 cm (月最深積雪の観測史上第1位 (統計期間：1962年5月〜2009年9月)) を観測するなど平地でも大雪となった．このときには，典型的な西高東低の冬型気圧配置で，本州の日本海側などでも大雪となった．気象庁はこのときの記録的な豪雪を「昭和38年1月豪雪」と命名している.

(6) 霧氷

標高の高い雲仙山系では，冬季になると「霧氷」が出現する．霧氷とは，樹木の枝や全体に広い意味での氷がついたものである．ある場合にはそれが透明な氷であったり，霧の粒が真白く凍りつくこともあり，雪片と霧の粒とが混じって凍りついたものもある (図10).

B. 長崎県の気象災害

1. サンゴ船遭難

明治末期の男女群島近海におけるサンゴ採集船の遭難をいう．男女群島は五島列島福江島の南南西約70 kmに位置する島しょ群である (図11)．1886年に男女群島周辺海域でサンゴの群生が発見された．サンゴは大変

高価であったため，一攫千金を夢見てサンゴ漁に出漁する漁夫達は後をたたず，地元五島だけでなく九州，四国各地からもサンゴ漁に押し寄せ，多いときには数百隻の船が操業していたという.

現在のように台風の接近を知るすべもなかった当時は，発動機もない手漕ぎの小船で台風に遭遇したらひとたまりもなかった．まさに命がけのサンゴ漁であった.

主なサンゴ船の遭難を見ると，1895 (明治28) 年7月24日に5隻30人が遭難し，1904年8月2日に93隻69人，1905年7月18日に209隻77人，同年8月8日に155隻219人，1906年10月24日に173隻744人，1910年11月18日に50隻余と200人余，1914 (大正3) 年6月3日30隻64人の遭難があった．災害要因は1910年の季節風による突風を除くと，あとはすべて台風であり，特に1906年のものがひときわ大きい遭難で，1954 (昭和29) 年の洞爺丸の海難事故までは日本最大の海難事故といわれていた.

この状況については，長崎測候所刊『女島測候所建設に係る大意 (暴風概況)』や中央気象台 (現：気象庁) 職員で小説家でもあった新田次郎の小説『珊瑚』の舞台として記載

図11 男女群島の位置

されている.

2. 諫早豪雨

　1957（昭和32）年の梅雨末期にあたる7月25日から26日にかけて，九州北部に停滞した梅雨前線の活動が活発となり，諫早市（いさはや）を中心に大村市から島原半島北岸にかけて集中豪雨が発生した．このときの大雨最盛期直前に対応する7月25日9時の地上天気図（図12）では，済州島西海上に低気圧があって，この低気圧から温暖前線が九州北部へのびている．このため，南から大量の水蒸気を含んだ暖湿気が流入し，前線活動が活発となった．

　諫早市周辺の雨は，25日昼過ぎから夕方にかけてと夜の2つのピークが見られる（図13）．

　25日昼過ぎから夕方の大雨により，本明川の水位は15時半には危険水位を超え，25日17時頃，本明川はついに氾濫し，諫早市内では約2,000戸が浸水していたが，20時現在では被害は軽微で負傷者5名と報じられた．これが洪水の第一波であった．

　25日20時頃は諫早湾の満潮時にあたっていたが，その頃水位は1m近くも下降し，小康をえたので市民はやれやれと安心し，水害はこれで終わったものと考えた．しかし，すでに25日20時までに250mmを超える大量の先行降雨があったところへ，20時過ぎた頃から非常に強い雨が降り出し，23時

までの3時間で，大村289mm，諫早166mm，島原半島北部の有明海沿岸部に位置する瑞穂町（現・雲仙市）西郷（農林省の観測所）で307mmという豪雨となった．この豪雨により25日22時20分頃，突如流木群を乗せた小山のような濁流が市内目抜き通りに襲いかかり，わずか10分間で水位は1.5mも増水し，電灯は消え，電話は不通となり，一瞬にして市街は阿鼻叫喚の巷と化したといわれる．諫早市役所では，戸籍台帳をはじめ重要書類の一切を一瞬にして流失したというから，いかに出水が急激であったか想像させられる．これが本明川の洪水第二波である．

　このように，諫早市ではその中心を流れる本明川が氾濫し，また，広範囲に山津波が発生して多数の人命が失われた．

　諫早市を中心に，近隣地域を含め死者705人，行方不明者77人，負傷者3,735人，住家全壊799棟，住家半壊2,656棟，住家流出501棟，橋流出730か所，堤防決壊765か所，山（崖）崩れ1,970か所など甚大な被害を被った．

　この大雨は極めて局地性が強く，大村・諫早・島原・熊本を結ぶ幅約20km，長さ約100kmの細長い帯状の地域に集中した．大雨の中心部である西郷では，7月25日9時から26日9時までの24時間降水量が1,109.2mmという記録的な降水量を観測し

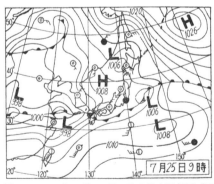

図12　1957年7月25日9時の地上天気図（出典：日本気象協会，1966：天気図10年集成）

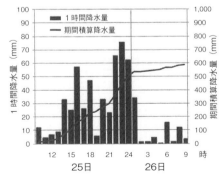

図13　諫早市の1時間降水量と期間積算降水量（1957年7月25日9時～7月26日9時）

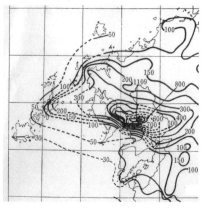

図14 降水量分布図（7月25日9時〜26日9時の24時間降水量（mm），尾崎康一の調査研究による）（出典：二宮洸三，1975：集中豪雨の話，出光書店，205pの一部をトリミングした）

た．多雨域が沿岸部にあり，山岳方面の降水量が少ないこともこの大雨の特徴である（図14）．

3. 昭和57年7月豪雨（長崎豪雨）

1982（昭和57）年は，長崎県を含む九州北部地方では平年より1週間遅れの6月13日に梅雨入りしたが，太平洋高気圧の勢力が弱く，梅雨前線は沖縄付近まで南下していたため，6月の長崎の降水量は66mmと平年の20%程度で，渇水が心配される状況であった．

7月10日夜から梅雨前線は九州北部へ北上し停滞し始め，一転して長雨となり，長崎県本土でも7月10日から21日にかけて500〜800mmの降雨があった．特に7月20日の長崎の日降水量は，観測史上8番目となる243mmであった．

この一連の長雨により水不足は一気に解消したが，逆にこの降雨で地盤が緩んでしまった．

そして，7月23日の長崎豪雨当日には，黄海南西部にあった低気圧が東進するのに伴い，九州南海上まで南下していた梅雨前線は次第に北上し始めた．図15の地上天気図に示されるように，梅雨前線上の低気圧は九州

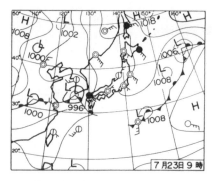

図15 1982年7月23日9時の地上天気図（出典：日本気象協会：気象年鑑 1983年版）

北西海上に達し，この低気圧から温暖前線が九州南海上へのびており，この温暖前線は同日夜には九州北部へ北上した．このため，低気圧や前線に向かって南から大量の水蒸気を含んだ暖湿気が流入し，前線活動が活発となった．

15時には活発な積乱雲域が九州北西部に流入し，対馬の厳原では15時までの1時間に66.5mm，平戸では17時までの1時間に84mmを観測した．この活発な積乱雲域はゆっくり南下し，19時までの1時間に長浦岳で153mmをもたらし，日本記録の第2位となる旨，直ちにラジオ放送された．

長崎市内では朝から南寄りの風を伴って断続的に雨が降り続ける程度であったが，17時過ぎから雷を伴って強い雨が降り出した．19時を過ぎると雨は一段と強さを増して滝のような雨になり，視界も遮られる状況となった．

それまで順調に移動していた雨雲は長崎県南部で停滞し始め，最悪の状況に至った．長崎市では，20時までの1時間に111.5mm，21時までの1時間に102mm，22時までの1時間に99.5mmを観測し，この3時間で313mmの豪雨となった．すなわち，わずか3時間で6月の月平均降水量に匹敵する雨が降った．

後日，気象庁以外の自記雨量計などの資料を集めたところ，長崎市の北側に隣接する西

彼杵郡長与町役場の雨量計では，20時まで
の1時間に187mmという，気象庁以外の
観測所も含め国内観測史上第1位となる記
録的な豪雨を観測している（図16）．なお，
この記録は2016年12月1日現在でも破ら
れていない．

23日の降水量が極めて多かった長崎南部
の日降水量分布図を図17に示す．これから
もわかるように長崎市付近を中心に400mm
以上（縦線），500mm以上（横線）の領域
となっている．

一方で，23日9時から24日9時までの
24時間降水量の最大は，長崎土建の
608.5mmであり，これは国内の24時間最
大降水量（日降水量）の記録1,317mm
（2004（平成16）年，徳島県那賀町の海川）
や1957（昭和32）年，諫早豪雨時の長崎県
西郷での1,109mmには遠く及んでいない．
まさに，短時間に集中した豪雨であり，1時
間におよそ100mm以上の猛烈な雨が3時
間連続したことが長崎豪雨の特徴といえる．

この記録的な豪雨により，長崎市とその周
辺に大規模な土石流や崖崩れ，洪水や浸水に
より，未曾有の惨禍をもたらした．長崎市を
中心に被害が大きく，長崎県では死者294
人，行方不明者5人，負傷者805人，全壊
家屋584棟，半壊家屋954棟，山崖崩れ
4,457か所など甚大な被害を被った．

4. 1991年台風19号

台風19号は，1991年9月16日にマー
シャル諸島の西海上で発生し，発達しながら
北上した．9月26日に宮古島の東海上で北
東に向きを変え，大型で非常に強い勢力（中
心気圧940hPa，中心付近の最大風速
50m/s）で9月27日16時過ぎに長崎県佐
世保市の南に上陸した．

長崎市では，最大風速が西の風25.6
（m/s），最大瞬間風速は観測史上第1位
（2016年12月1日現在）となる南西の風
54.3（m/s）を観測するなど，県内では暴風
が吹き荒れた（表2）．この暴風により長崎
県では，家屋全壊や半壊，屋根瓦飛散，送電
施設の倒壊等による停電や停電に伴う断水，

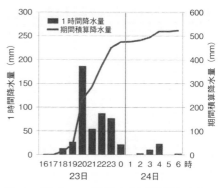

図16　長与町の1時間降水量と期間積算降水量
（1982年7月23日15時〜7月24日6時）

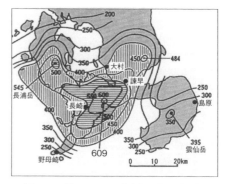

図17　7月23日の日降水量分布図（mm）

船舶被害等の大規模な被害が広範囲に発生し
た．長崎県では死者5人，負傷者257人，
建物全壊158棟，建物半壊2,453棟，船舶
被害81隻など近年来襲した台風としては最
も大きな被害を被った．

C. 長崎県の気候と風土，歴史
1. 農業

長崎県の年平均気温は，約13〜17℃，年
間降水量は約1,900〜2,900mmと温暖多
雨である．

また，長崎県は多くの離島（県土の45%）
や半島から成り立ち，地形は複雑で，急傾斜
地が多く，耕地条件には恵まれていない．

表2 1991年9月の台風19号による各地の最大風速，最大瞬間風速

	最大風速			最大瞬間風速		
	風速 (m/s)	風向	起時 時分	風速 (m/s)	風向	起時 時分
長崎	25.6	西	27日 17:00	54.3	南西	27日 16:41
厳原	22.5	北北西	27日 18:00	42.6	北北西	27日 17:57
福江	24.7	北北西	27日 15:30	47.5	北北西	27日 15:28
平戸	26.8	北西	27日 17:30	49.5	北西	27日 17:16
佐世保	17.6	東北東	27日 15:40	42.1	西	27日 17:20

長崎県では，このような温暖な気候特性や地形の地域特性を活かした農業が展開されている.

(1) ばれいしょ（ジャガイモ）

長崎県では，ばれいしょの収穫量が多く，北海道に次ぎ全国第2位（2014年現在）である.

ばれいしょは，今から400年ほど前の慶長年間（1596～1615年）に，当時のジャガトラ（今のインドネシアのバタビア）より長崎に入っているためジャガイモの名がある. 生産地は島原半島の雲仙市（特に愛野町が有名）と南島原市で長崎県の3/4以上を占める.

島原半島が長崎県全体の70%の生産額を有しているのは，文明の窓・長崎に近かったということも関係があるだろうが，その土壌も幸いした. 島原半島は，黄色土壌・褐色森林土壌・淡色黒ボク土壌が半島全部に分布している. 淡色黒ボク土壌は太古の草木が土と混ざって腐植し炭化して黒くなったもので，生産性の高い世界の穀倉地帯（ウクライナの黒土地帯や米国，アルゼンチンの小麦地帯など）も同様である.

ジャガイモ生産で有名な雲仙市愛野町の地理的好条件としては，以下の3点があげられる.

①広大な雲仙岳火山の裾野（扇状地）で排水・日射に恵まれる.

②一般的に根を食する作物は土の軟らかいのを条件とする. 雲仙火山の火山灰を含んだ安山岩の腐植土壌が好条件である.

③火山灰質土壌でさらさらとして根に土がつかないのも一因であろう.

ジャガイモはもともと亜寒帯向きの冷涼農作物であるが，その後の品種改良で温暖な気候に合う品種が作り出された. 長崎県のジャガイモは暖地向きのジャガイモ品種であるが，本来冷涼農作物であるため暑さに弱く，気温の高い長崎県での夏季の栽培には適さない. しかし，長崎県の冬は温暖なためよく育つ. このため，長崎県におけるジャガイモ栽培は，夏季を避けて，秋に植えて正月頃に収穫し，さらに正月頃に植えて春に収穫するという二期作が行われている.

収穫量全国第1位（2014年現在）の北海道では秋植えをしていないので，長崎県のジャガイモ栽培は，気候をうまく利用して生産性を向上させているといえる. また，台風や低気圧の接近・通過や冬型気圧配置による季節風で暴風や強風が吹いても，ジャガイモは土中に実が生ることから，その影響を受けにくいことも長崎県の気候に適している作物といえよう.

(2) 長崎ミカン

長崎県のミカンは，200年以上の歴史があり，全国有数の生産量と品質の高さを誇っており，過去数回，日本一の高値をつけるなど高い評価を得ている.

長崎県の温暖な気候は，ミカン栽培に適しており，大村湾を中心とした海岸地域で栽培されている（図18）. その中でも温州ミカンの「伊木力みかん」は，歴史もあり有名である. 伊木力みかんは，江戸時代の後期，天明年間（1780～1788年）に伊木力村の田中唯右衛門，田中村右衛門，中道継右衛門らによりミカンが植えられ栽培が始まる.

温州ミカンに適した気候は，夏季は高温で多雨多湿，冬季はやや低温で理想平均気温は15.5～16℃であり，10月以後の多雨と11月下旬以降の高温は貯蔵に不向きで，着色時・収穫前の低温が必要であるとされてい

る.

　伊木力を中心とする地方は，大村湾という温暖な内海の奥に位置し，東ないし北側が海であり，200ｍ前後の丘陵の間に狭小な谷間が走り，北から西，南にかけて連なる山々は台風や冬の強風を遮っている．東や南向きの傾斜地が多く，傾斜8°以上の土地が7割を占める．土地は主に安山岩を母岩とし，表土は粗い小石などが混ざった壌土が15 cmから30 cmの層をなし水はけが良く，石垣による階段状の畑は温気を集め，冬は寒霜も少なく，－5℃を下回ることはない．降水量も日照時間も月ごとに適量を示している．

　伊木力地方はミカンの生育に最も適した自然条件が三拍子揃った土地と結論できる．

2. 水産業

　長崎県は周囲を海に囲まれ島しょも多く，古くから水産業が栄え，海面漁業漁獲量，漁業就業者数いずれも北海道に次ぎ全国第2位（2014年現在）と多く，全国屈指の水産県である．特に，五島列島の奈良尾町（現：新上五島町）は，西日本最大のまき網船団の漁業基地として栄えた町である．

　まき網船などの遠洋に出漁している船舶は，毎日陸上の漁業無線局と無線通信により気象情報等のやり取りを行っている．船舶から漁業無線局へは，1日数回の定時の気象観測通報（風向・風力，気温，気圧，天気，海面水温等）を通報し，漁業無線局では受信したこの観測データを気象庁宛に通報している．

　気象庁ではこの気象データを取り込み，実況観測データとして地上天気図作成等に利用するとともに，数値予報の初期値データとして予報資料にも利用している．逆に漁業無線局からは，船舶に向けて海上予報・海上警報，台風情報等の気象資料を提供し，船舶の安全運航に活用されている．

　なお，近年，長崎県でとれる魚は，昔と比べるとかなり少なくなっている．乱獲や地球温暖化等により海の環境が大きく変わったことが原因といわれている．

[辻村豊，菅原寛史]

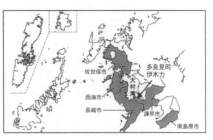

図18　長崎みかんの主な産地（出典：長崎県ホームページを一部加筆）

【参考文献】
[1] 愛野町編，1983：愛野町郷土誌，66-74.
[2] 雲仙市ホームページ（http://www.city.unzen.nagasaki.jp/）.
[3] 尾崎康一，1980：諫早地方の豪雨の研究――降雨細胞論，5，18-20.
[4] 気象庁ホームページ（http://www.data.jma.go.jp/）.
[5] 国土地理院ホームページ（電子国土Web）（http://maps.gsi.go.jp/）.
[6] 高橋和雄，2008：豪雨と斜面都市――1982長崎豪雨災害，古今書院，5-8.
[7] 多良見町教育委員会編，1995：多良見町郷土誌，476-503.
[8] 内閣府中央防災会議：災害教訓の継承に関する専門調査会報告書　平成17年3月.
[9] 長崎海洋気象台編，1978：長崎海洋気象台100年のあゆみ，62-72，197-201.
[10] 長崎県防災会議（長崎県危機管理課）編：長崎県地域防災計画 基本計画編 平成25年6月修正，4.
[11] 長崎県ホームページ「とうけいきっず」（http://www.pref.nagasaki.jp/）.
[12] 長崎県ホームページ「長崎みかん」（https://www.pref.nagasaki.jp/）.
[13] 長崎県ホームページ「平成26年度 ながさきの農林業」（https://www.pref.nagasaki.jp/）.
[14] 長崎新聞社編，1982：写真集　7.23長崎大水害――1982，118-119.
[15] 長崎新聞社編，1984：長崎県大百科事典，371-372.

熊本県の気候

A. 熊本県の気候・気象の特徴

熊本県は九州中央部に位置し，北海道を除く46都府県のうち14位の面積をもつ．県の東部には世界最大級の阿蘇カルデラ（東西約18 km，南北約25 km，後述する図5）があり，カルデラ内に約50,000人の人々が暮らしている．

阿蘇カルデラ内の北側（阿蘇谷）には黒川が，南側（南郷谷）には白川がそれぞれ流れ，両者はカルデラの出口（立野火口瀬）で合流して，白川として熊本市内に流れていく．また，阿蘇カルデラと九州山地の間の低地には緑川が流れ熊本市内に注ぐ．さらに南の人吉盆地からは球磨川が流れ出し，八代市で八代海（不知火海）に注ぐ．

日本全国を対象とした気候区分では，熊本県全体が同一の気候区に含まれる．降水現象に着目した「前島の気候区分」によれば，熊本県は最も降水量が多いのが梅雨季（しかも梅雨が明瞭）で，秋雨は後半が明瞭であるという気候区に属する．

九州の気候区分に注目した寶月（1992）によれば，熊本県は平野部を中心に内陸型気候区に，宇土半島から天草にかけての島しょ

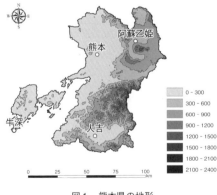

図1　熊本県の地形

や水俣付近の沿岸地域は西海型気候区に，さらに県東部から南東部の山地は山地型気候区に，それぞれ含まれる．NHK熊本の天気予報では，熊本県は熊本地方，阿蘇地方，球磨地方，天草・芦北地方の4つに分けられており，ポイント予報として，熊本市，阿蘇乙姫，玉名，菊池，八代，甲佐，人吉，水俣，天草（牛深），そして長崎県島原の天気の日変化が示される．以下では，海洋性気候から内陸性気候までさまざまな特徴が見られる熊本県内の代表的な地点を例に，熊本県の気候の特徴について概観することにする．

1. 熊本市の気候

熊本市は県中央部に位置する，総人口約76万人の政令指定都市である．これだけの人口を抱えながら，熊本市の上水道はすべて地下水でまかなわれている．これは，非常にまれな例であり，白川上流部の阿蘇地方を含めてそれだけ豊富な降水が見られるためである．「火の国」熊本は，実は「水の国」でもある．

図2は，1981〜2010年における熊本市（熊本地方気象台，標高37.7 m）の月降水量と0.0 mm以上の降水日数を示したものである．図2によると，熊本市の年降水量1,985.8 mmのうち暖候期（4〜9月）の降水量（1,491.0 mm）は年降水量の75%に及ぶ．また，年降水量の4割を超える805.7 mmが6月と7月に集中している．このように，熊本市を含む九州西部では大雨が梅雨季に生じることが多く，これは，上述した「前島の気候区分」の特徴ともよく合致する．また，熊本市内の梅雨は大粒で，断続的に土砂降りになり，しとしと雨が続く東京の梅雨とは対照的である．この大粒の雨は梅雨明け後の夕立のときにも見られ，身体に当たると痛いほどである．

図3は，熊本市における気温と日照時間の月平均値を示したものである．熊本市は島原湾沿いに位置しているものの，東に阿蘇山，北に金峰山があって盆地状の地形をしているため，夏は蒸し暑く，冬は冷え込む内陸型気候の特徴を示す．ただし，冬季の降雪や

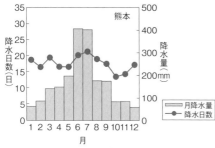

図2 熊本市における月降水量と0.0 mm以上の降水日数（出典：気象庁の資料により作成）

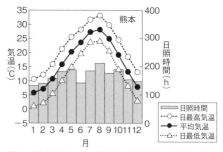

図3 熊本市における気温と日照時間（出典：気象庁の資料により作成）

積雪は少ない．熊本市の年平均気温は16.9℃であるが，図3によると8月の最高気温の月平均値は33.2℃，1月の最低気温の月平均値は1.2℃と気温の季節変化は大きい．年間の日照時間は2,001.6時間で，暖候期に若干多く寒候期（10～3月）に若干少なくなっている．前後の月に比べて6月の日照時間が少なくなるのは，梅雨の影響であろう（図3）．

2. 代表的な地方における気候

A.で述べた阿蘇地方，球磨地方，天草・芦北地方の代表として，図1の阿蘇乙姫，人吉，天草（牛深）の気候について紹介す

る．どの地点にも共通しているのが，6月と7月の降水量が他の月よりも突出して多く，暖候期の降水量が年降水量の7～8割を占めるということである（後述する表2）．この点は，A.の「1. 熊本市の気候」で述べた熊本市の特徴とよく似ている．

阿蘇乙姫は熊本県東部（阿蘇谷）の標高497 mに位置する地点であり，気象観測施設は乙姫小学校の構内にある．年平均気温12.9℃は熊本に比べて4℃も低く，しかも暖候期・寒候期ともに毎月約4℃低くなっている（表1）．ここは九州随一の寒冷地である．標高が高いだけあって，阿蘇乙姫の降水量は

表1 熊本県の主な観測地点における平均気温（1981～2010年，単位：℃）

気温	1月	2月	3月	4月	5月	6月	7月	8月	9月	10月	11月	12月	年平均
熊本	5.7	7.1	10.6	15.7	20.2	23.6	27.3	28.2	24.9	19.1	13.1	7.8	16.9
阿蘇乙姫	1.8	3.1	6.5	11.7	16.3	20.0	23.6	23.9	20.5	14.6	8.9	3.7	12.9
人吉	4.4	6.0	9.5	14.5	18.7	22.3	25.9	26.3	23.3	17.4	11.4	6.1	15.5
牛深	8.4	9.2	12.0	16.2	19.9	23.1	26.9	28.1	25.5	20.8	15.7	10.8	18.0

表2 熊本県の主な観測地点における降水量（1981～2010年，単位：mm）

降水量	1月	2月	3月	4月	5月	6月	7月	8月	9月	10月	11月	12月	年合計
熊本	60.1	83.3	137.9	145.9	195.5	404.9	400.8	173.5	170.4	79.4	80.6	53.6	1,985.8
阿蘇乙姫	89.5	124.5	210.1	213.3	282.1	579.8	570.1	252.7	234.0	106.5	98.1	71.0	2,831.6
人吉	73.6	102.8	176.5	186.6	230.7	475.1	471.4	210.8	213.3	93.4	87.7	68.2	2,390.0
牛深	80.6	91.4	142.5	160.3	188.4	346.7	309.7	196.0	194.8	81.9	96.8	83.7	1,979.3

表3 熊本県の主な観測地点における平均風速（1981～2010年，単位：m/s）

風速	1月	2月	3月	4月	5月	6月	7月	8月	9月	10月	11月	12月	年平均
熊本	2.2	2.2	2.5	2.6	2.3	2.5	2.5	2.6	2.3	2.2	2.1	2.2	2.4
阿蘇乙姫	2.1	2.3	2.3	2.3	2.2	2.4	2.6	2.1	1.9	1.8	1.7	1.9	2.1
人吉	1.2	1.5	1.5	1.5	1.4	1.6	1.3	1.6	1.4	1.1	1.0	1.3	1.4
牛深	2.6	2.7	3.0	2.9	2.6	2.6	2.5	2.7	2.7	2.5	2.5	2.5	2.6

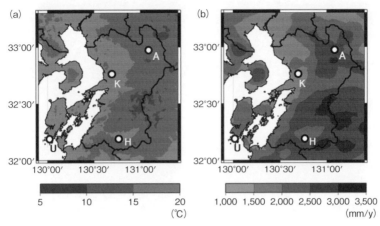

(a) 33°00′ A K 32°30′ U H 32°00′
130°00′ 130°30′ 131°00′

(b) 33°00′ A K 32°30′ U H 32°00′
130°00′ 130°30′ 131°00′

5   10   15   20
(℃)

1,000 1,500 2,000 2,500 3,000 3,500
(mm/y)

図4　熊本県における（a）年平均気温と（b）年降水量の分布（出典：国土数値情報　平年値メッシュデータ
により作成）．A：阿蘇乙姫，H：人吉，K：熊本市，U：牛深

熊本の約 1.5 倍である（表2）．こちらも季節によらず毎月多めの降水量が観測されており，冬季には降雪が見られる場合もある．一般に，標高が高くなると風速も大きくなるが，阿蘇乙姫の年平均風速は熊本よりも小さくなっている（表3）．この原因として，阿蘇乙姫が盆地底に位置していること，あるいは，風速計設置場所の局地的な影響が考えられる．

　人吉は，熊本県南部の標高 145.8 m に位置する．ここはかつて有人の測候所であったが，2000 年に無人化された．人吉盆地に位置しているため，夏は蒸し暑く冬は冷え込む内陸型気候の特徴を示す．この点は熊本市に似ているが，標高が高いため，夏の気温も冬の気温も熊本より低い（表1）．年降水量は熊本より 20% 程度多く，月降水量も季節によらず多い（表2）．熊本よりも標高が高いところに位置していながら風速が弱い理由としては，阿蘇乙姫の場合と同様の事情が考えられる．また，盆地内を球磨川と支流が流れるため，冬季の晴天日の朝には頻繁に霧が発生する．

　牛深は熊本県南西部の標高 3 m に位置する．ここもかつて有人の測候所であったが，2002 年に無人化された．牛深は天草灘（東シナ海）に面するため，海洋性気候の特徴を示す．すなわち，冬も温暖であり気温の年較差が小さい（表1）．さらに，表1にあげた4地点のうち最も年平均気温が高くなっている．年降水量は熊本と同じ程度であるが（表2），1年を通じて風が強いのが特徴である（表3）．これは，九州本土の西に位置し外洋に面しているため，偏西風の影響を受けやすいためと考えられる．あるいは，海陸風の影響が顕著に現れている可能性もある．

3．熊本県の気温分布，降水量分布

　熊本県における年平均気温と年降水量の分布（1981 ～ 2010 年の平均値）を図4（a），（b）にそれぞれ示す．図4（a）では高温のところほど淡色に，図4（b）では降水量が少ないところほど淡色に，それぞれなっていることに注意されたい．年平均気温（図4（a））は 5.8 ～ 18.1℃ の範囲に分布している．気温分布はおおむね地形と対応しており，低地で高温，山地で低温になっている．人吉盆地など凹地状のところでは，標高に比べて気温が高くなっている．

　年降水量（図4（b））は 1,434.5 ～ 3,337.5 mm の範囲に分布している．こちらもおおむね地形と対応し，低地で少なく，山地で多くなっている．人吉盆地は山に囲まれ

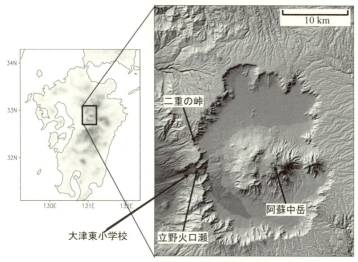

図5　阿蘇カルデラの概念図（出典：関東学院大学・齋藤仁氏と損保ジャパン日本興亜リスクマネジメント株式会社・稲村友彦氏が作成した図に加筆）

ているため，周囲に比べると降水量は少なくなっている．また，標高に比べて天草で年降水量が多くなっているのは，東シナ海からの湿った風の影響であると考えられる．

4. 熊本県の特徴的な大気現象

（1）まつぼり風

「まつぼり風」とは，立野火口瀬およびその西麓の限られた範囲で局地的に吹く，非常に強い東風のことである．平均風速 10 m/s，最大瞬間風速 20 m/s を超える場合がある．この強風によって，木が倒れたりし，強風域に位置する大津東小学校（図5，6）では休校になったりする．また，大麦の脱芒（だつぼう）が起こって減収の要因になったりする．さらに，強風域ではビニールハウスが倒壊するおそれがあるため，この地域ではビニールハウスがほとんど見られない．

まつぼり風は，九州の南～南西に前線を伴った低気圧があり，図5の阿蘇中岳付近（標高約 1,500 m）で南東の強風（＞10 m/s）が吹くときに発生しやすい．統計的には，春先にまつぼり風がよく吹くことが知られている．この南東風が北西向きの阿蘇外輪山の斜面を吹き下りるときに加速され，

狭窄部といった立野火口瀬の地形の効果も加わって，この付近の限られた範囲で強風となる．

また，このような強風吹走地域だけに，立野火口瀬周辺には屋敷林も広く分布している（図7）．

（2）阿蘇おろし

一方，まつぼり風と似て非なる現象に「阿蘇おろし」というものがある．これは，秋季から冬季にかけて，放射冷却によって阿蘇カルデラ内に夜間に堆積した冷気が，立野火口瀬から流出してくるものである．当初は，この冷気流が「まつぼり風」と混同されており，今でも気候学の教科書や事典でそのように記載されているものもある．しかしながら，まつぼり風と阿蘇おろしはまったく別の現象である．

阿蘇おろしに伴う風速は，まつぼり風ほど強くならない．平均風速は強いときでも 5 m/s 程度であり，まつぼり風とは違って上空の風とはほとんど関係がない．さらに，低標高のところでは，阿蘇おろしが吹くことによって，放射冷却による低温が回避されるため，阿蘇おろしは凍霜害の回避につながる気

図6 立野火口瀬を西側から望む（首都大学東京・泉岳樹氏が2012年5月に撮影した画像に加筆）

図7 立野火口瀬付近で見られる屋敷林（2010年8月筆者撮影） 写真の右側が東の方角になる。

象資源となっている。そして、まつぼり風とは異なり、阿蘇おろしが吹走することによって、この地域の農作物に風害が発生することはない。

このように、まつぼり風と阿蘇おろしの違いが学術的に明確に区別されたのは21世紀に入ってからのことである。地元で暮らす人々の間では両者の違いは昔から知られていたものの、現象の学術的な認識や理解が遅れたという例であるといえる。

B. 熊本県の気象災害と大気環境問題

1. 豪雨災害

「A. 熊本県の気候・気象の特徴」で述べたように、熊本県では梅雨季に多くの降水が見られる。そのため、この時期、過去に何回か豪雨災害が起こっている。古くは1953年6月の「白川大水害」（または「6.26水害」）、2003年7月に水俣市の集川流域で発生した土石流、最近では「平成24年7月九州北部豪雨」である。特に阿蘇地方では最近、1990年、2001年、2012年と11年ごとに梅雨季に豪雨災害が生じている。

図8(a)は、「平成24年7月九州北部豪雨」で生じた崩壊地である。1年前に同じ場所に来たときには水が湧いていたのだが（図8(b)）、この土砂災害は湧水地を消失させた。2012年7月11日から14日にかけて、本州付近に停滞した梅雨前線に向かって南から湿った空気が流れ込み、九州北部で大雨となった。阿蘇乙姫（図1, 4）ではこの期間の1時間降水量の最大値が108.0 mm、24時間降水量の最大値が507.5 mmとなり、それぞれ観測史上1位を更新した。この大雨により、熊本県だけでなく大分県、福岡県などで洪水や土砂災害が多発し、死者30名、負傷者27名を記録した。多くの河川が氾濫し、建物の全・半壊、床上・床下浸水も多数生じた。このときには、災害救助法が適用された市町村もあった。

2. 台風による風倒木と高潮

熊本県では過去、台風による被害も生じている。一例として、1991年の台風19号は9月27日に佐世保市付近に上陸して日本海に抜けた。九州上陸時の中心気圧940 hPaは、1951年の統計開始以後では史上5番目に低く、阿蘇山で最大瞬間風速60.9 m/s（観測史上最大値）が記録された。九州北部では南寄りの強風に見舞われ、大規模な風倒木被害が発生した。このときは隣の大分県での被害が大きかったが、熊本県でも北部の小国町の山林で甚大な被害が生じた。被害が大きくなった要因として、手入れが不十分であった人工林が集積していたことや、2週間前の9月14日に長崎市付近に上陸した台風17号の影響が指摘されている。

1999年9月24日には、台風18号の通過に伴って八代海で高潮が発生し、現在の宇城市不知火町で12人の犠牲者と多くの家屋被

図8 (a)「平成24年7月九州北部豪雨」の崩壊
地（2012年9月筆者撮影），(b)は1年前の同
じ場所（2011年8月筆者撮影）

害が生じた．被害が大きくなった要因とし
て，不知火町付近が南側に開けた湾であり，
台風が北上する際に，南寄りの風によって海
水が湾奥に押し寄せられ高潮の被害を受けや
すかったこと，台風の勢力が強かったこと，
満潮時に重なったこと，被災地が干拓地であ
り地盤高が低かったことがあげられている
（野沢，2012）．

3. 阿蘇山の噴火

阿蘇山は「火の国」熊本県を象徴する存在
であり，過去30万年間に4回大噴火してい
る活火山である．特に4回目（9万年前）の
噴火は規模が大きく，このときの火砕流堆積
物は広く中部九州をおおっている．また，こ
のとき噴出した火山灰は，遠く離れた北海道
にも厚く堆積している．この大噴火によって
現在のカルデラ地形が作られたわけであるが
（図5），阿蘇山の噴火は過去のものではなく，
平成に入ってからも1989年，1990年，
1994年，1997年に，死者を伴う噴火を起こ
している．その後も2014年11月に，21年

ぶりにマグマ噴火が起こり，火山活動は活発
化しつつある．

大気環境問題という観点からは，火山噴火
に伴う二酸化硫黄（亜硫酸ガス）の放出が重
要であろう．これは大気汚染を引き起こす要
因となり，上述した平成以降の死亡事故は火
山ガスに関わるものと考えられている．噴火
活動が活発化している最近の阿蘇中岳付近で
は（図5），火口周辺に高濃度のガスが流れ
ているため，立入禁止区域が設定されてい
る．さらに，風向きによっては立ち入り可能
地域が制限されることもある．

噴火によって放出される二酸化硫黄は，大
気汚染を引き起こすだけでなく，水に溶ける
と強酸性の河川水になる．これは水中の生物
にも影響を与える．阿蘇山では1989年の噴
火の際に白川の魚が大量死しているが，これ
は強酸性となった河川水の影響であろう．こ
のほか，火山噴火に伴う粉塵を人間が吸い込
めば呼吸器の害になるし，火山灰が降ること
によって農作物に被害が生じたり，停電が生
じたりする場合がある．さらに，火山灰が大
量に堆積すると建物に被害が及ぶこともある
（渡辺，2001）．

C. 熊本県の気候と人々の暮らし

1. 温暖な気候のもとでの農作物栽培

熊本県では，温暖な気候のもと，野菜の促
成栽培を中心とした施設園芸が発達してい
る．農業産出額（2014年，以下同じ）は全
国第6位であり，産出額全国第1位の品目
には，トマト，スイカ，不知火（デコポン），
ナツミカン（後者2つは2012年）などがあ
る．人口50万人以上の都市の中では，熊本
市の第1次産業就業者比率は全国第1位で
ある．

トマトやスイカの主産地は，沿岸部の玉名
平野から八代平野にかけてである．トマト栽
培は，大型ハウスを用いた施設園芸として展
開されており，八代地方での生産が多い．特
に，八代地方で生産されるトマトの大部分は
温暖な気候を活かして冬に栽培され，冬から
春にかけて出荷される．また，塩分濃度の大

きい干拓地ではトマトが水分を十分に吸い上げられず，その分甘みの強い塩トマトが栽培されている．スイカは，熊本市北区（旧植木町）をはじめとする県北が主産地であり，大型ハウスを用いた小玉スイカの促成栽培が増えてきている．熊本市の北東に位置する合志市のスイカは，県・国によって野菜産地として指定されたことにより生産量が増大した．

天草・芦北地方では，丘陵地での柑橘生産も盛んである．芦北地方では，戦後，この地域の温暖な気候に適合する作物として導入され，県奨励品種にも指定されたナツミカンが栽培されてきた．ただし，近年では，ナツミカンから不知火（デコポン）の生産に切り替えられているところも多い．これは，不知火（デコポン）の糖度が高く酸味が低いこと，形が独特で市場の人気が高いことによる．また，温暖な天草地方では，12月初めから収穫・出荷がみられる早生ミカンなども栽培されている（野澤，2012）．

2. 人吉・球磨地域の本格焼酎

人吉・球磨地域では，古くから米による本格焼酎が作られてきた．本格焼酎とは，①穀類または芋類，これらの麹および水を原料として発酵させたもの，②穀類の麹および水を原料として発酵させたもの，③清酒かすおよび水を原料として発酵させたもの，清酒かす，米，米麹および水を原料として発酵させたものまたは清酒かす，④酒税法で定められた砂糖，米麹および水を原料として発酵させたもの，⑤穀類または芋類，これらの麹，水および国税庁長官の指定する物品を原料として発酵させたもの（その原料中，国税庁長官の指定する物品の重量の合計が穀類および芋類およびこれらの麹の重量を超えないものに限る），という基準をクリアしたものになる（https://www.nta.go.jp/tokyo/shiraberu/sake/abc/abc-shochu.htm（2016年7月22日確認））．

人吉盆地は，球磨川が堆積した肥沃な土壌から成っており，周囲を高い山々に囲まれている．盆地性の気候で寒暖の気温差が大きいこの地域では，古くから米が作られてきた．

そして，良質の米と球磨川の伏流水は，酒造りに適した気候風土を生み出してきた．球磨焼酎とは，「米のみを原料として人吉・球磨の地下水で仕込んだもろみを人吉・球磨の単式蒸留機で蒸留し，容器詰めした米焼酎」であり，そのブランドは国際的に保護されている．ここで単式蒸留機とは，蒸留するたびにアルコール発酵した酒のもろみなど蒸留する溶液を入れ，エタノールの蒸留が終了したら溶液を排出する簡便な方式の蒸留器のことをいう．米焼酎は人吉・球磨地域以外でも生産されているが，ここ，人吉盆地には28の蔵元がひしめき，主要生産地となっている．

東京では，純米焼酎 白岳「しろ」として球磨焼酎が販売されている．味は濃厚，香りや味わいはフルーティーで，酒好きにはたまらない．球磨焼酎は1960年代からの第一次ブーム（九州全体への市場拡大），1980年代からの第二次ブーム（本州市場への進出），2000年代からの第三次ブーム（国民酒革命）を経て，今日のブランドを確立するに至っている．最近では，スコッチウィスキーとの産業交流事業，クールジャパン戦略推進事業などグローバル化も進んでおり，21世紀に入っても球磨焼酎の挑戦は続いている（中野，2015）．

3. 加藤清正の治水と土地改良

加藤清正（1562～1611年）は戦国大名であり，肥後熊本藩初代藩主でもある．清正は，得意とする治水等の土木技術によって土地改良を図り，農業生産量の増強を推し進めた．特に，白川中流域（現在の大津町付近）では低地を流れる白川の水を，そのままでは農業用水として使えなかったため，白川右岸に上井出堰・下井手堰を作って，それぞれ上井手用水，下井手用水として分水した．前者は，現在は堀川になっている（図9）．

現在でも熊本では豪雨が頻発し（B.の「1. 豪雨災害」），過去においても状況は同様だったであろう．そのため，白川の下流に位置する熊本市では豪雨対策が必要であった．加藤清正が入城する以前の白川は，現在の熊本市役所付近で坪井川と合流していた．清正は熊

図9　大津町で見られる上井手用水（堀川）

本城を築く際，蛇行や湾曲を繰り返していた白川を直線化して，熊本城に近い坪井川を内堀に，白川を外堀にする河川改修を行った．また，城の西側を流れる井芹川（いせりがわ）が白川に合流していたところについても分流し，別々に有明海に流れ込むような流路変更をした．これによって，それよりも下流の地域が氾濫にさらされるのを未然に防ごうとしたのである．

このように加藤清正は，荒れ狂う河川に対して，押さえつける「制御」ではなく「緩和」の施策をとってきた．具体的には，流路を変え，流れの力を弱める石刎ねを河道中に作ったり，川の流れに対して斜めに堰を作ったり，背割り分流を行ったり，遊水池を作ったりなど，近代工法も及ばない多くの知的作業を行ったのである．

これら白川・坪井川・井芹川の付け替えのほかに，緑川，球磨川，菊池川においても清正は河川改修を行っている．また，有明海に面する平野において干拓と堤防の整備を行い，これによって新たな農地が生まれている（島野，2015）．

4. 立野蹴破り伝説

世界最大級の阿蘇カルデラの出口は，西側の立野火口瀬だけとなっている（図6，7）．この立野火口瀬の形成に際して，「立野蹴破り伝説」という神話を紹介しておきたい．この伝説および立野火口瀬は，阿蘇山の西麓で吹く局地風（A.の「4. 熊本県の特徴的な大気現象」）とも関係してくる．

その昔，健磐龍命（タケイワタツノミコト）という神様（別名 阿蘇大明神）が阿蘇にいた．当時の阿蘇カルデラには出口がなく，水を満々とたたえた湖になっていた．健磐龍命はカルデラにたまった水を排出して，ここを水田にしたいと考えた．

そこで，健磐龍命はカルデラ壁を蹴った（この神様は相当な大男だったようだ）．最初に蹴ったところは山稜が二重になっていたために蹴破ることができず，以後，その場所は「二重（ふたえ）の峠」とよばれるようになった（図5）．次に蹴ったところは見事崩壊したのだが，その反動で健磐龍命は尻もちをついてしまい，「立てぬ！」と叫んだ．以後，その場所は「立野」とよばれるようになった（図5，6）．

カルデラにたまっていた水が立野火口瀬から流れ出ると，湖底からは大ナマズが姿を現した．この大ナマズは，阿蘇谷半分かけて横たわっていたという．大ナマズに対して健磐龍命は「多くの人々を住まわせようとして骨折っているが，お前がそこにいると仕事がで

きぬ」と伝えた．ここから先の話は2通り
あり，①健磐龍命が大ナマズを太刀で切った
という話と，②大ナマズは頭をたれて，健磐
龍命に別れを告げるように去っていったとい
う話である．

　「立野蹴破り伝説」は神話であるが，阿蘇
カルデラがかつて湖であったことは，堆積物
の分析から明らかになっている．また，立野
火口瀬が阿蘇カルデラの出口になったのは，
ここに活断層が集中しており地形的な弱線に
なっているからである．2016年4月に発生
した熊本地震でも，この付近で未知の活断層
が発見されている．いずれにしろ，このよう
に形成された立野火口瀬は，A.の「4. 熊本
県の特徴的な大気現象」で述べたようにこの
地域の気候に影響を与えている．［松山　洋］

[謝辞]
　本稿作成に際し，鹿嶋 洋さん（熊本大学），齋藤
仁さん（関東学院大学），根元裕樹さん（目白大学），
琴原成啓さん（首都大学東京），堀田優美さん（首
都大学東京），編集委員の皆様からいただいた御意
見が参考になりました．ここに記して感謝いたしま
す．

【参考文献】
[1]　島野安雄，2015，第1章 水の国・くまもと，
　　山中進・鈴木康夫編：熊本の地域研究，成文堂，
　　1-22.
[2]　中野元，2015，第10章 熊本の本格焼酎産業，
　　山中進・鈴木康夫編：熊本の地域研究，成文堂，
　　181-197.
[3]　野澤秀樹，2012：日本の地誌10 九州・沖縄，
　　朝倉書店，45，46，75，76，114，335，339，
　　359，372.
[4]　寶月拓三，1992，第3章 熊本の気候環境，山
　　中進・鈴木康夫編：肥後・熊本の地域研究，大明
　　堂，37-55.
[5]　渡辺一徳，2001：阿蘇火山の生い立ち，一宮
　　町，169-188.

大分県の気候

A. 大分県の気候・気象の特徴

1. 大分県の地勢

　大分県は九州の北東部に位置し，北は福岡県と周防灘，西は熊本県，南は宮崎県と接し，東は伊予灘，豊後水道を隔てて四国と向き合っている．東西約120km，南北約110km，総面積は約6,340km²である．

　北西部の県境には英彦山（1,199m）がそびえ，西には九州本土の主峰である中岳（1,791m）の他，久住山（1,787m），大船山（1,786m）がそびえている．これら九重連山の北東方面には由布岳（1,583m），鶴見岳（1,375m）が別府湾に迫り，さらに国東半島の両子山（721m）に連なっている．また，南の県境には祖母山（1,756m），傾山（1,605m）があって宮崎県に接している（図1）．

　河川は，北部に山国川，駅館川があり，耶馬渓台地，由布岳，鶴見岳一帯を水源として周防灘に注ぎ中津平野をなしている．また，由布岳と九重連山を源とする大分川，祖母・傾山系と阿蘇火山群を源とする県内最大の大野川の2河川はいずれも別府湾に注ぎ，大分平野を形作っている．このほか，南部の傾

山系に源を発する番匠川は豊後水道に注ぎ，県の西部を流れる三隈川は日田盆地で玖珠川，大山川，花月川と合流して九州一の筑後川の源をなしている．

　このように大分県は，北から東にかけて瀬戸内海と豊後水道に面し，海岸の平野部から比較的標高の高い山々に向かって，内陸の日田，由布院，竹田などの盆地や渓谷等の複雑な地形が多く，気象現象は複雑で変化に富み，地形による特徴的な気候を示している．

2. 大分市の気候

　大分市を含む県中部は，瀬戸内海と豊後水道に面しており，別府湾と臼杵湾に臨み大分川，大野川の下流域に拓けた平野部を中心とする地域で，県内の約6割の人が住む人口密集地域である．なかでも大分市は総人口約48万人の大分県最大の都市であり，九州でも人口第5位の中核市である．瀬戸内海気候区の特徴を有し，年平均気温は16.4℃，年降水量は1,644.6mm，年間日照時間は2,001.8時間であり（図2，3），九州の県庁

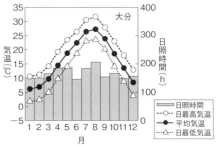

図2　大分市における気温と日照時間

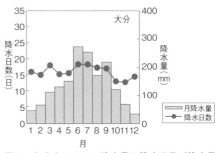

図3　大分市における降水量と降水日数（降水量0.0mm以上の日数）

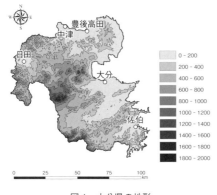

図1　大分県の地形

所在地の中では気温は低く，降水量は少な
く，日照時間はほぼ平均的な値である．

　冬の季節風時には県の北西部の山地の影響
で，北部・西部に比べ大分市を含む中部は晴
天の日が多い．したがって山沿いを除いて雪
が積もるようなことは少なく，まれに九州の
南を低気圧が通るときに平野部でも積雪をみ
る程度である．一方，夏は太平洋高気圧にお
おわれて晴天が続き，南西の風によるフェー
ン現象でしばしば高温になり，大分市では
2013年7月24日に37.8℃を記録した．

　月平均気温は1月に6.2℃，8月に27.3℃
となっており，年間を通して各月とも九州の
県庁所在地では比較的低い値となっている．

　月間日照時間は，太平洋側の宮崎市と比べ
冬を中心に晩秋から早春にかけて少なく，春
に多くなっている．一方，東シナ海に面した
福岡市，長崎市，熊本市に比べると，冬に多
く9月，10月に少なくなっている．

　月降水量は，冬から春になると増えて梅雨
期にピークを迎え，6月に最も多い
273.8mmとなり，梅雨期の6月，7月の2
か月間で年の3割を超える降水量となって
いる．旬別では6月下旬から7月上旬の梅
雨末期が特に多い．その後，盛夏期の8月
には一旦減少し，台風の影響を受けやすい9
月に219.5mmと再び増えるが，その後は
冬に向かって少なくなる．梅雨期の6月，7
月に降水量が多いのは，九州の他県と同様で
ある．

3. 日田市の気候

　日田市を含む県西部は，九州中央部の山地
を含む内陸の地域で，阿蘇くじゅう国立公園
と耶馬渓日田英彦山および祖母傾の2つの
国定公園があり，三隈川が流れる日田盆地を
含んでいる．冬は気象の変化が激しく，夏は
内陸にあるため雷雨が多く年間の降水量も多
い．久住，飯田高原の気候は山地の特性が著
しく，平地の気候に比べると盛夏の期間がな
く初夏からすぐに秋に移行する．したがっ
て，夏の気候は涼しく避暑地に適しており，
優れた自然景観と豊富な温泉群などの立地条
件に恵まれ観光と保養を目的としたレジャー

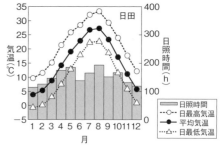

図4　日田市における気温と日照時間

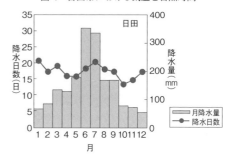

図5　日田市における降水量と降水日数（降水量
　　0.0mm以上の日数）

施設が多い．

　日田市は，江戸時代の幕府直轄領で人口約
67,000人の県西部で最大の都市である．九
州型気候区に属しているものの，内陸性気候
の特徴も共有しており，年平均気温は
15.4℃，年降水量は1,810.4mm，年間日照
時間は1,803.2時間である（図4，5）．

　冬の冷え込みは県内で最も厳しい地域の1
つで1月の平均気温は3.9℃となり，最低気
温は1945年1月19日に−10.8℃を記録し
ている．一方，8月の平均気温は27.1℃で気
温の年較差が一番大きい地域でもある．

　降水量は県内でも多雨域となっており，福
岡県との県境にある日田市椿ヶ鼻では年降水
量の最大記録が3,842mm（2006年）で県
内一多い．椿ヶ鼻では2012年7月14日に
1時間降水量85mm，日降水量368.5mm
を観測し，日田でも1948年7月5日に1時
間降水量97.6mm，2017年7月5日に降水
量336.0mmを観測している．

4. 豊後高田市の気候

　豊後高田市を含む県北部は，瀬戸内海の周防灘に面した国東半島の北部から山国川・駅館川の流域地域である．この地域は瀬戸内海気候区であるものの，冬季を中心に日本海型気候の特徴も有している．このため，冬に天気が悪く気温が低い．北九州方面や関門海峡方面から周防灘を渡ってくる北西ないし西寄りの季節風が国東半島にのびる山地に遮られて曇天が多く，雨や雪が降る．冬型の気圧配置となり寒気が強いときには平地でも 10 cm 前後の積雪となることもあるが，北陸地方などのような豪雪地帯と異なり降雪（水）量は多くはない．一方，夏季には瀬戸内海特有の朝凪・夕凪現象が顕著であり，特に夏の夜の無風時は蒸し暑い．

　豊後高田市は国東半島の北西の根元の海岸部に位置する人口約 23,000 人の都市で，律令制下の豊前国と豊後国のほぼ境界にある．年平均気温は 15.6 ℃，年降水量は 1,423.4 mm，年間日照時間は 2,057.4 時間

である（図 6，7）．冬の季節風の時期に西寄りの風が強いのが特徴で，風速 10 m/s 以上の風が持続することがある．

5. 佐伯市の気候

　佐伯市を含む県南部は，大分県内で最も温暖多雨の地域であり，冬の晴天，夏の大雨に特徴がある．冬季に冬型気圧配置になると津久見から祖母傾へのびる山地の影響で天気は中部よりさらに良く，晴れた日が続く．沿岸では黒潮の影響で冬の平均気温は 7 〜 9 ℃ と県内で一番高く，霜を見ない地域もある．佐伯市蒲江付近では結氷を見ることは珍しく，雪の積もることはほとんどない．夏は南西の風によるフェーン現象により気温が高くなる．また，蒲江では年降水量が 2,300 mm を超え，山地を除けば県内一の多雨域である．この地域は南東の風により大雨が降りやすく，梅雨期だけでなく台風の影響を受ける 9 月にも大雨となる日が多い．蒲江では 2006 年 9 月 16 日台風 13 号の影響で 1 時間に 122 mm の猛烈な雨が降り，2005 年 9 月

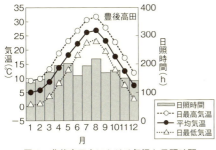

図 6　豊後高田市における気温と日照時間

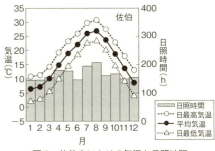

図 8　佐伯市における気温と日照時間

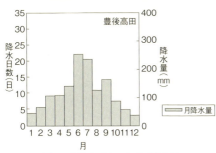

図 7　豊後高田市における降水量

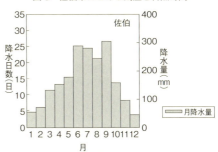

図 9　佐伯市における降水量

6日の台風14号では佐伯市宇目で1日に446mmの大雨となった.

佐伯市は東は豊後水道に臨み, 南は宮崎県と接し, 大分県の最も南に位置する人口約72,000人の県南部最大の都市で, 市内には一級河川の番匠川が流れている. 年平均気温は16.5℃, 年降水量は1,980.0mm, 年間日照時間は1,994.9時間である (図8, 9).

6. 大分県の特徴的な気象現象
(1) 西部と南部の大雨
県内の年降水量は, 北部や中部の沿岸で1,400〜1,700mmと少なく, 特に国東半島沿岸は九州の中でも年降水量の少ない地域の1つとなっている. 一方, 西部と南部の山沿いは1,800〜2,300mmと多い.

過去の水害事例における気象要因を見ると, 西部では梅雨の6月から7月に前線に向かって南西風が吹くときに大雨が多く, 南部沿岸では9月の台風や低気圧通過時に南東風が吹くときに大雨が多い (図10).

特に, 梅雨末期に梅雨前線が九州の北に停滞し前線上の低気圧が大分付近を通過する時や, 前線に向かって南から暖かい湿った空気が流れ込み前線活動が活発化するときは, 西部を中心に大雨となり, 記録的な豪雨となることがある. このような場合は, 台風や低気圧がはるか遠くにあっても大雨となることがあるので注意が必要である.

一方, 南部の沿岸部では, 九州付近を通過する低気圧や台風の北〜東側で, 高気圧の縁を回って海上から暖かく湿った南東の風が流れ込むと大雨となる. 低気圧や台風が九州付近を通過するときは特に注意が必要である.

(2) 日田の猛暑
日田市は, 県西部で九州北部のほぼ中央にあり, 最も近い海岸部である周防灘沿岸まで40km近い距離のある内陸部に位置しており, 三方を英彦山, 釈迦岳, 九重連山等の標高1,000m以上の山岳に囲まれた日田盆地の中にある.

日田盆地は, 日中は日射の影響で気温が高く, 夜は放射冷却により冷え込みが厳しくなり, 日較差の大きい地域である. 特に夏季に

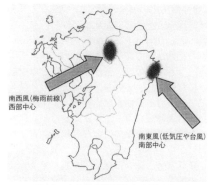

図10 大分県の特徴的な大雨パターン

は強い日射の影響で猛暑となる日が多く, 猛暑日の平年値は17.2日を数え, これは大分市 (4.0日) の4倍以上の値となっている. 1990年には70日間連続で夏日を観測し, 真夏日も22日連続で観測した.

日中の最高気温は九州で一番高くなることも多く, 年間で数日は全国1位になることがある. これらの日の気圧配置を調べると, 高気圧の圏内だけでなく前線や低気圧の近傍で出現することもある. これには日射による気温上昇に加え, 三方の山系から断熱下降してくる気流の影響が考えられる.

B. 大分県の気象災害
1. 季節別の特徴
表3は気象庁の統計による1971〜2013年の大分県内で発生した災害について, 気象現象別に災害をまとめたものである. 季節別に発生する災害の特徴は以下のとおりである.

冬 (12〜1月):強い冬型の気圧配置により起きる災害が多く, 1月を中心とした大雪や積雪による災害が多いほか, 強風や波浪による災害も多くなっている. また, 空気の乾燥による山火事なども発生している.

春 (3〜5月):空気の乾燥, 強風による林野火災が多いほか, 3月はまだ大雪や積雪による災害も発生することがある. また, 5月は上空の寒気が強いため降雹 (ひょう) に

表 1　気象現象別の月別災害発生件数（1971 ～ 2013 年）

気象現象名	1月	2月	3月	4月	5月	6月	7月	8月	9月	10月	11月	12月	合計
強風等	4	6	4	3	4	4	15	17	19	6	2	6	90
大雨・強雨	1	1	3	6	20	73	84	62	59	14	4	0	327
長雨	1	0	1	0	1	1	2	0	0	0	0	0	6
少雨	1	0	0	1	1	3	4	1	1	4	2	1	19
大雪等	20	10	4	0	0	0	0	0	0	0	0	7	41
低温	3	2	2	2	0	2	1	1	0	0	0	5	18
高温	5	1	2	0	1	3	5	4	0	1	3	1	26
乾燥	4	1	6	6	3	1	0	0	0	0	0	2	23
雷	1	0	1	3	4	13	5	8	0	0	0	0	36
雹	0	0	0	1	5	3	2	2	2	0	0	0	15
波浪	2	5	2	0	2	11	14	17	6	3	3	3	68
高潮	0	0	0	0	0	1	1	2	0	0	0	0	4
合計	42	26	24	20	42	96	138	107	108	31	16	23	673

よる災害が 1 年で最も多く，雷や発達した低気圧による大雨も増えてくる．このほか，表にはないが濃霧による視程不良による災害も多い．

　夏（6 ～ 8 月）：梅雨前線の影響による大雨災害が顕著で，特に梅雨末期に大きな土砂災害が起きている．また，台風が日本付近を通過することが多くなるため，台風の影響で大雨・強風・波浪による災害が多い．このほか，太平洋高気圧に広くおおわれたときの少雨による災害や高温による熱中症被害も多く，上空に寒気が入ったときに大気の状態が不安定となって雷による災害も多い．6 ～ 9 月にかけての 4 か月間で 1 年の気象災害の 65 ％が発生しており，夏は最も気象災害の多い時期でもある．

　秋（9 ～ 11 月）：9 月は台風や秋雨前線の影響で大雨や強風が発生するため，強風や波浪による災害が 1 年で最も多い．その後，災害の発生は少なくなっていき 11 月は 1 年の中で最も災害の少ない月となっている．

2. 九州北部豪雨

　2012 年 7 月 11 日午後に朝鮮半島付近にあった梅雨前線が 12 日朝には対馬海峡まで南下し，前線に向かって暖かく湿った空気が流れ込んだため大気の状態が不安定となり，大分県に非常に発達した雨雲が次々と流れ込んだ．その後，梅雨前線はゆっくり北上し 14 日まで朝鮮半島付近に停滞し，前線に向

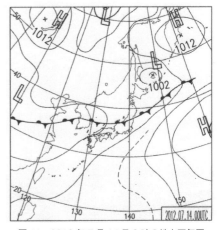

図 11　2012 年 7 月 14 日 9 時の地上天気図

かって暖かく湿った空気が流れ込み，14 日には大分県に再び非常に発達した雨雲が次々と流れ込んだ（図 11）．

　このため，12 日未明から朝にかけて西部を中心に非常に激しい雨となり，13 日は昼前後に南部を除き激しい雨となった．その後，14 日未明から昼前にかけてはさらに雨足が強まり，夕方まで断続的に強い雨が降った．この豪雨により各地で観測史上 1 位の記録を更新し，日田市椿ヶ鼻では，7 時 16 分までの 1 時間に 85.0 mm の降水量を観測し，最大 24 時間降水量については，中津市耶馬溪で 327.5 mm（14 日 8 時 40 分まで），

日田で309.5mm（14日11時20分まで）を観測し，7月の平年のほぼ1か月分の雨が降る記録的な大雨となった.

この豪雨により，県内の広い範囲で山崖崩れや道路の損壊，冠水が多数発生し，河川の氾濫・増水などにより中津市，日田市，竹田市で死者・行方不明者4名が発生し，住家の床上・床下浸水の被害は約2,800棟に達した.

2017年7月5日〜6日には，対馬海峡付近に停滞した梅雨前線に向かって暖かく非常に湿った空気が流れ込み，福岡県南部〜大分県西部を中心として記録的な大雨になった.日田では5日の日降水量が過去最高の336.0mmとなり，日田市を中心として死者3名，建物の住家の全半壊317棟，床上・床下浸水993棟などの被害が出た.

3. 台風による大雨（2004年台風第23号）

2004年台風23号は，20日13時頃，高知県土佐清水市付近に上陸した（図12）.上陸時の勢力は，中心の気圧955hPa，中心付近の最大風速40m/sで，大分県には大型で強い勢力のまま接近し，大分県は20日9時頃から16時頃にかけて暴風域に入った.また，秋雨前線が九州中部付近に停滞していたため，強い雨が長時間持続した.

台風の接近に伴い，大分県の大雨パターンの特徴である南東風が強まり，秋雨前線の活動が次第に活発となった.このため，18日12時頃から雨が降り始め，台風が接近した20日明け方から南部を中心に1時間20mm以上の強い雨となり，朝になって台風本体の雨雲がかかり始めたため30mm以上の激しい雨となった.18日12時の降り始めから21日4時までの総降水量は，佐伯市宇目で503mm，佐伯市蒲江で473mm，佐伯471mm，大分市401mm，別府297mm，中津266mmに達した.また，日降水量は，佐伯で331mm，蒲江で369mmを観測し，日降水量の記録を更新する記録的な豪雨となった.この豪雨により，西日本を中心に全国で死者・行方不明者が98名となり，大分県でも臼杵市において男性が行方不明となり後に死亡が確認された.

C. 大分県の気候と風土

1. 日本一の温泉

大分県は全18市町村のうち16市町村で温泉が湧出しており，県内の源泉総数は4,381，湧出量は278,934リットル／分でともに全国第1位の温泉県である.なかでも，別府市の温泉総数2,291は群を抜いて多く（大分県ホームページ），市内には別府温泉，鉄輪温泉，明礬温泉など，隣接する由布市にある由布院温泉とともに観光地として全国的

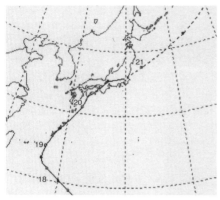

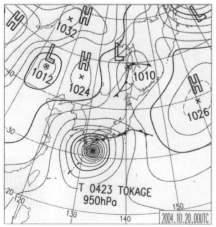

図12 2004年台風23号の経路図（上）と10月20日9時の地上天気図（下）（経路図の左の数字は日にち）

に知名度の高い温泉があり，湯治などの温泉療養でも利用されている．また，近年は再生可能エネルギーとしても注目され，温泉熱を利用して暖房や地熱発電にも利用されている．

別府市，由布市の温泉は，背後にある活火山である鶴見岳・伽藍岳，由布岳を熱源とする火山性温泉である．山中に降った雨水が地中に浸み込み，地下で熱や温泉成分などを得て，長い年月の後，地上に湧き出すのが温泉である．寒い日の朝，温泉街のあちらこちらから，別府市の代名詞ともなっている湯けむりが，もうもうと勢いよく硫黄の匂いとともに立ちのぼる．寒ければ寒いほどその量は多く，幻想的な雰囲気を醸し出す．別府の湯けむりは風景の文化財である国の重要文化的景観に指定されている．

大陸の寒気が強まり，西高東低の冬型の気圧配置となって冷たい季節風が吹く11月末には，別府市の裏山である鶴見岳にも雪が降り始める．鶴見岳山頂付近では，気温，湿度等の条件がそろえば九州では珍しい霧氷の銀世界を見ることができる（図13）．霧氷は過冷却の霧粒または雲粒が，樹木にぶつかってできるもので，強い風に吹きつけられてできるものは樹氷ともよばれる．鶴見岳ではロープウェイで簡単に登れる山頂一帯で，11月末から3月まで条件の整った日に霧氷を見ることができる．青く澄み渡った空のもと，遠くに国東半島，佐賀関半島を眺め，眼下の別府湾を一望する景色と霧氷とのコントラストは見事な眺望である．

また，由布市のシンボルである由布岳は万葉集にも「木綿山（ゆふやま）」と詠まれており，2つの山頂をもつその端正な姿は豊後富士ともよばれ，由布院盆地の各所から望むことができる．その姿は四季それぞれに変化するが，なかでも秋には紅葉とともに由布院盆地全体が朝霧の雲海に包まれ，幻想的な雰囲気を醸し出す．別府市から由布院温泉に向かう九州横断道路沿いにある標高680mの「狭霧台」はこの朝霧の展望台として知られ，ここから見る展望は見事な一言である．

図13　鶴見岳の霧氷（別府ロープウェイ株式会社提供）

この霧は，夜間の放射冷却により，由布院盆地内に滞留した冷気と上空の暖気との間の接地逆転層の下に発生する厚さ100m程度の霧で，秋から初冬のよく晴れた風の弱い日に発生する．霧の発生が秋から初冬に多いのは，霧の原因となる川の水や土地に含まれる水分の温度がまだ高く，放射冷却によって下がる気温との差が1年で最も大きくなるためである．また，川に流れ込む温泉水により川の水温が高くなることも，霧の発生に影響を与えていると考えられる（川西，1994）．

2. 九重連山

大分県は，阿蘇くじゅう国立公園にある九重連山をはじめとして，祖母傾国定公園にある祖母山，耶馬日田英彦山国定公園にある英彦山，国東半島県立自然公園にある両子山など，登山に適した多彩な山々がある．なかでも九重連山は，九州本土最高峰の中岳をはじめとして，大船山，平治岳，久住山等，標高1,700m級の山々が連なり，九州の屋根を形成する．

また，九重連山の黒岳には，火山岩の塊の隙間に冷たい空気の溜まった「風穴」が数多く見られる．なかでも代表的な「奥芹風穴」は，洞窟の中がとても冷たく7月頃まで氷が残っているため，大正年間には天然の冷蔵庫として利用されていた．

この風穴内部の気温の年変化を記録した調査によると（川西，1994），風穴内部の気温は2月の−5℃を最低として徐々に昇温し，夏でも2〜3℃の低温を維持して，外気温と

の差が最大となる．その後も昇温して10月上旬に7〜8℃の最大値に達した後，以後急激に低下し，外気温との差は冬に最小もしくは逆転した状態となる．風穴内部の気温変化の特徴は，上がるときはゆっくり昇温するが，下がるときは急激に下降することで，年間の気温ピークは10月上旬と遅れる．これは，風穴内部に比べ外気温が高い場合は，相対的に暖かく軽い外気は冷たく重い風穴内部に入れないが，秋以降外気が冷えてくると相対的に冷たく重くなり，風穴内部の暖かく軽い空気と入れ替わって進入しやすくなるためである．

九重連山の紅葉は九州で最も早く始まり，10月下旬〜11月中旬である．

3. 国東半島の農業

国東半島は太古の昔の火山活動により形成された半島で，中央に位置する両子山から放射状に尾根と深い谷がのび，短く急勾配の小河川が数多くある独特の地形をなしている．この地域の降水量は1年を通して少なく，降った雨は火山性の土壌に浸透しやすく，短い河川からすぐに海に流れ出してしまうことから，水不足になりやすい地域である．このため，水田農業を営むために昔から1つの地区で複数の「ため池」を作り，連携して利用することで貴重な水を有効に活用し必要な水を確保する工夫を施している．

この他，国東半島の日当たりと排水性が良いというクヌギの生育に適した自然環境を利用し，国東半島の大部分を占める森林にクヌギの木を植林し水源涵養機能をもたせるようにしている．クヌギの木は，生育が早く伐採しても切り株から新しい芽が出て再生し10年から15年で再び利用できることから，大分県特産のシイタケ栽培に利用されている．大分県のクヌギの木の本数は，干しシイタケの生産量とともに全国で最大である．

国東半島の南西部にある田染荘のため池や棚田，クヌギ林で形成される里山の景観は，中世以来の農村風景を今に伝える日本の農村の原風景である（図14）．地形的な制約のために発展したこれらの宇佐地域を含む国東半

図14 田染荘の田園風景（豊後高田市提供）

島の「ため池」や棚田の用水供給システム，クヌギ林の循環システムは，次世代に継承すべき伝統的な農業「システム」であるとして，伝統的な農業や文化，土地景観の保全と持続的な利用を図るための「世界農業遺産」に2013年に認定された．　　　［編集委員会］

【参考文献】
［1］ 大分学研究会，2014：まるごとわかる大分県，212-215．
［2］ 大分県・大分地方気象台，1973：大分県の気候誌，9-29，37-50．
［3］ 大分県ホームページ（http://www.pref.oita.jp/site/onsen/onsen-date.html）．
［4］ 大分合同新聞，2014：おおいた遺産，10-11．
［5］ 大分地方気象台，1987：大分県の気象百年，5-9，22-44．
［6］ 川西博，1994：大分県の気象探訪，55-62・102-105．
［7］ 気象庁ホームページ（http://www.jma.go.jp）．
［8］ 国東半島宇佐地域世界農業遺産推進協議会ホームページ（http://www.kunisaki-usa-giahs.com/about_giahs/）．
［9］ 藤田晴一，2010：大分県の山，6-20．
［10］豊後高田市ホームページ（http://www.city.bungotakada.oita.jp）．
［11］別府ロープウェイホームページ（http://www.beppu-ropeway.co.jp/）．

宮崎県の気候

A. 宮崎県の気候・気象の特徴

　宮崎県は九州南東部に位置する．山岳地帯が多く，林野面積が県総面積の76%を占め，平地としては宮崎平野と都城・小林盆地を有する程度である．県の北部には祖母山・傾山の高峰がそびえ，西部〜南部には九州山地や霧島連山が連なっている．これらの山地を水源に，五ヶ瀬川・小丸川・大淀川などの河川が太平洋に注いでいる．県東部はほぼ南北にのびる約400 kmの海岸線を有する．県の三方を山に囲まれ東側を海に面する宮崎県は，九州の他県と異なる気候特性を有する．すなわち，山が北西の季節風を遮り暖かな日向灘に面する平野部を中心に冬でも温暖である一方，東風が吹くと山沿いを中心に降水量が多くなる傾向がある．宮崎県の気候は，こうした地形を反映し，天気予報の発表区分に見られるように，「北部」「南部」「平野部」「山沿い」に分けるのが適当である（図2）．

図2　宮崎県の予報区分

　宮崎県の年降水量分布（図3）によると，県全域で年降水量は2,000 mmを超え，全国平均の約1,700 mmと比べて，多い．山沿いや南部の鰐塚山地では2,500 mmを超える．なかでも，南部の霧島山系のえびので

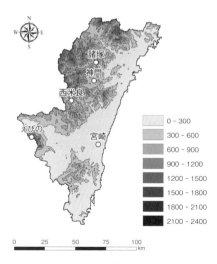

図1　宮崎県の地形

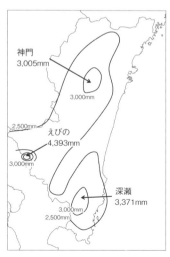

図3　年降水量の分布

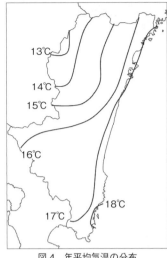

図4 年平均気温の分布

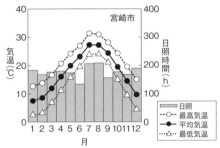

図5 宮崎市における月の平均気温と日照時間

は4,393 mmで，全国のアメダス観測点の中で屋久島に次ぐ降水量となっている．宮崎県が全国でも有数の多雨県であるのは，梅雨や台風などに伴う湿った東寄りの風が早くから吹き降水時間が長くなりやすいことや，東寄りの風が九州山地によって強制上昇させられて降水量が増幅する地形的な効果が大きい．

年平均気温は（図4），平野部の海岸沿いの地域が17℃を超える温暖な地帯に属している．沖合を流れる黒潮により，冬でも海面水温が18℃を超える暖かな日向灘の影響であろう．南部の日南市（油津）では年平均気温が18℃を超える一方で，北部山沿いは15℃以下で関東地方や北陸地方の平均気温に相当する．

1．宮崎市の気候

宮崎市は南部平野部に位置し，温暖な宮崎県を代表する気候を示す．年平均気温は17.4℃で，県庁所在地の気象台の中では，那覇，鹿児島に次ぐ暖かさである．夏には最高気温の月平均値が30℃を超す（図5）．日別の平年値で見ると，最高気温は7月15日〜20日頃に，31.9℃のピークを示す．最高気温のピークが真夏の8月ではなく，7月に

現れるのは日本では珍しい．海岸に近い宮崎市では，夏季に太平洋高気圧におおわれ安定した晴天が続くと，海陸風の影響を受ける．日中は海からの比較的涼しい風が市街地に流れ込むため，気温の上昇が抑えられる．さらに，宮崎市中心部を流れる大淀川も，市街地の気温上昇を緩和する効果があると考えられる．宮崎市の8月の最高気温は九州の気象台の中で最も低く，海と川が過ごしやすい夏を演出している．

宮崎市の年間日照時間の平年値は2,116時間で，県庁所在地の気象台の中では甲府，高知に次いで3位にあたる．6月と9月に160時間未満となるが，そのほかの月はまんべんなく日照時間が多い．特に冬の日照時間が多いのが特徴だ．これは，県の北部・西部を囲む九州山地が冬の季節風を遮り晴天をもたらす太平洋側気候に属するためである．

宮崎市における温暖な冬を表すデータを示そう．最高気温の最低は2.5℃（1915年1月14日）で，これまで真冬日を一度も記録していない．また，雪日数の平年値は1.3日で，雪の観測記録がほとんどない沖縄を除き，全国で最も少ない．また，宮崎市における日降雪量の最大は，1987年に記録した2 cmである．初雪の平年は1月21日であるが，例えば1980年以降は2016年までに雪日数が0の年が15回もあり，宮崎ではそもそも降雪そのものが珍しい現象といえる．

宮崎市の年降水量の平年値は2,509 mmであり，気象台の中では高知市に次ぐ2位である（図6）．月別では，梅雨の影響を受

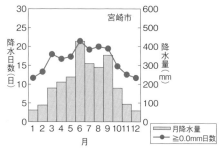

図6　宮崎市における月の降水量と降水日数
（0.0 mm 以上）

表1　宮崎県内における記録

最高気温	西米良	39.3℃	1994 年 7 月 11 日
年降水量	えびの	8,670 mm	1993 年
日降水量	えびの	715 mm	1996 年 7 月 18 日
1 時間 降水量	宮崎	139.5 mm	1995 年 9 月 30 日
最大 瞬間風速	宮崎	南東 57.9 m/s	1993 年 9 月 3 日

ける 6 月の降水量（429 mm）が最も多く，次いで 9 月（354 mm）が多い．特に 9 月の降水量は，九州の他の地点に比べ，100 mm 以上も多い．9 月に降水量の極値をもつのは太平洋側の気候の特徴で，秋雨前線や台風による東寄りの風で生ずる地形性降水の影響が大きい．

0.0 mm 以上の降水があった日数の月平均は，16 日である．春から夏（3〜9 月）の平均は 19 日で，月の半数以上が降水日である．宮崎県では，梅雨入りは 5 月 31 日，梅雨明けは 7 月 14 日が平年となる．梅雨時期の 6 月は約 22 日で，最も降水日数が多い．一方秋から冬（10〜2 月）の平均降水日数は 13 日で，冬季に晴天に恵まれる太平洋側の気候特性をよく表している．

2. 宮崎県の記録

宮崎県内の気象の極値を表1に示す．

最高気温は，西米良で 1994 年に記録した 39.3℃ である．この年は 7 月 1 日に梅雨明けした後，太平洋高気圧におおわれて，西米良では 7 月 3 日から 15 日間真夏日が続いていた中で発現した記録である．宮崎県内で最高気温が 39℃ 以上を観測したのはもう 1 事例しかなく，これも西米良である（39.2℃，2013 年 8 月 10 日）．宮崎県の観測点の多くは平野部に位置し，日中は海風の影響を受けて気温の上昇は小さい．また山沿いの観測点は標高が高く，気温は高くなり難い．西米良は，海岸から 40 km ほど内陸に位置し，海抜高度は 250 m である．周囲を山で囲まれた狭い盆地状の地形のため，日射による影響や温まった空気が滞留しやすいことが，高温を引き起こす条件となっている．

1 時間降水量で代表される短時間強雨の最大は，宮崎の 139.5 mm である．このほかに神門（123 mm），諸塚（116 mm），えびの（110 mm）で，1 時間降水量が 100 mm を超す記録がある．100 mm 前後の短時間強雨は，平野部や山沿いに限らず県内どこでも発現するといえる．またこれらの強雨は，梅雨，前線，台風，大気の不安定などさまざまな気象要因で発現している．一方，日降水量の最大は，えびのにおける 715 mm で，7 月の月降水量（798 mm）に，ほぼ相当する．この記録は，梅雨明け後に鹿児島南部に上陸した 1996 年台風 6 号によりもたらされた．

年降水量の最多は，1993 年にえびので記録した 8,670 mm で，国内の最多記録でもある．この年は全国的に気候が不順で，夏の低温，多雨，日照不足が顕著であった．梅雨前線の活動が活発で，えびのでは，梅雨期間の 6 月と 7 月の合計降水量が 4,500 mm を超えている．

瞬間風速の最大は，宮崎市で観測された南東の風 57.9 m/s である．この記録は，非常に強い勢力の 1993 年台風 13 号が鹿児島県南部に上陸し，その後宮崎県を縦断したときに発現したものである．宮崎市は台風の進行右側の危険半円に位置したことも，風が強まる要因となった．県内の暴風は 8 月，9 月に圧倒的に多く，台風に伴うものがほとんどである．

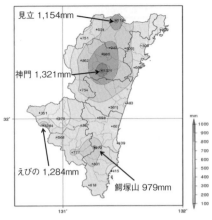

図7　2005年台風14号における降水量（9月4日〜6日）

図8　2005年台風14号による宮崎市内の浸水

B. 宮崎県の気象災害

1. 台風

　九州は台風の常襲地域に位置する．宮崎県も例外ではなく，台風は最も大きな災害をもたらす気象要因である．

　宮崎県における台風の影響の特徴は，雨の降り出しが九州の他の地域に比べてかなり早く，その結果降雨期間が長くなり降水量が多くなることである．これは台風が日本の南海上にある場合には東寄りの風になりやすく，九州山地の東側に位置する宮崎県では，台風がまだ遠いうち東寄りの風による地形性降水の影響を受けるからである．さらに，この雨は暖かな日向灘を渡ってくるため水蒸気を多く含み，降水量が多くなる傾向がある．宮崎県では，台風が800 kmほど離れた沖縄付近（北緯23〜25°）に達した頃から雨が降り始め，台風中心が九州の西や北へ約600 km離れて降り止むといわれている．

　風については，1945年の枕崎台風のように，台風中心が九州南部に上陸し宮崎県内やその近傍を通るときに最も強くなりやすい．続いて宮崎県が台風の進行右側の危険半円に当たる九州西方海上を北上するときである．

　台風に伴う大雨の最近の例は，2005年台風14号がある．この台風は大型で強い勢力を維持したまま，遅い速度で九州の西岸に沿って北上し，9月6日長崎県諫早市付近に上陸した．台風がまだ南大東島の南東海上にあった4日から，宮崎県で雨が降り始め，6日の台風本体の雨とも重なり記録的な大雨がもたらされた．宮崎県では，9月4日〜6日の3日間で，神門，えびの，見立，鰐塚山，諸塚で，総降水量が約1,000 mmやそれ以上を記録した（図7）．

　広範囲に未曾有の大雨となったため，大淀川をはじめとした宮崎県内の主要河川は氾濫し，死者13名，全半壊家屋約2,500棟，床上・床下浸水約5,000棟の大災害となった．宮崎市では，大淀川の水位が上昇したため，各支川から大淀川へ流れ込みにくくなった．このため，支川の水位が急上昇して越流し，市内の約3,500世帯が浸水の被害を受けた（図8）．このほか，上水道施設が冠水し1月半にわたり給水ができない事態も発生した．さらに県内では，崖崩れ・土砂崩れが多発し，土砂災害により道路や鉄道など交通網は寸断された．内陸への交通手段は，山裾をぬって流れる川沿いの道路である．河道に面する山の斜面崩壊により，道路が寸断され孤立する地域が続出した．また五ヶ瀬川沿いに延岡市と高千穂町の間を運行していた高千穂鉄道は，橋梁や線路が濁流に流され，廃線に追い込まれた．

2. 梅雨

　宮崎県では梅雨時期の豪雨災害は，比較的

少ない．梅雨時期の豪雨は，太平洋高気圧の縁辺を回る湿った南〜南西の気流に伴うことが多いので，西側や南側を山地に囲まれた宮崎県では，山の風下となり集中豪雨は発生しにくい．しかし短時間に降る集中豪雨による災害の発生は少なくても，長期間に降り続く雨は土中の水分を増やし，山崩れや地滑りなどの土砂災害を引き起こす．特に南部に多いシラス土では，こうした災害が多い．

　梅雨末期の1972年7月6日，えびの市の肥薩線真幸駅の裏山が崩れ，山津波が発生した．高さ350 m×幅280 mにわたって斜面が崩壊し，土砂が肥薩線を切断し，死者4名，負傷者5名のほか，住家28棟，非住家29棟が流失する被害となった．真幸駅のホームには，このとき押し流されてきた大きな岩が，山津波記念石として保存されている．この土砂災害に先立ち，真幸駅に近い熊本県南部では，1週間以上雨が降り続き，500 mm以上の降水量となっていた．

3. 竜巻

　宮崎県に災害をもたらした竜巻等突風の発生数は，1991年から2014年にかけて23個で，全国の都道府県の中で4位である．竜巻は，内陸でも発生するが，海岸沿いの平野部で発生する数が多い．特に宮崎県ではこの傾向が顕著で，宮崎市からその北の日向市に

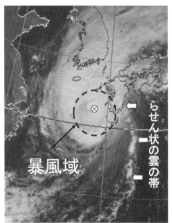

図9　延岡市等に竜巻をもたらしたらせん状の雲の帯（2006年9月17日12時気象衛星可視画像）

図10　延岡市の竜巻で脱線した特急列車

かけての平野部に発生が集中している．竜巻の発生要因では，台風に伴うものが多い．台風の進行方向右前方では，竜巻の発生が多いという報告がある．宮崎県で発生する竜巻は，台風の中心が宮崎県の南から西200〜300 km離れて位置するときに多い．

　このような例として，2006年9月17日に九州西海上を北上した台風13号に伴って多発した竜巻があげられる．この竜巻は，台風に巻き込む発達した積乱雲列（スパイラルバンド）の下で発生した（図9）．台風とともに北上したスパイラルバンドが通過した日南市，宮崎市，日向市，延岡市の沿岸各地では，次々と竜巻が発生し災害がもたらされた．なかでも延岡市では，竜巻が市内中心部を通過し，幅150〜300 m長さ7.5 kmの細長い地域で，死者3名，負傷者143名，家屋被害約1,400棟という甚大な被害がもたらされた．JRの特急列車が脱線する事故も発生した（図10）．この竜巻は，同年11月に北海道佐呂間町で死者9名の被害をもたらした竜巻と合わせ，気象庁が竜巻の予測や災害調査を高度化させるきっかけとなった．

C. 宮崎県の気候と人々の暮らし

1. ハウス栽培

　宮崎県は温暖な気候を利用した果物や野菜の栽培が盛んである．マンゴーやキンカンなどブランド化した果物は有名であるが，野菜の栽培も盛んである．特に，春冬物のキュウリやピーマンは全国1位の収穫高で，そのほとんどを県外へ出荷している（平成27年

農林水産省統計).

　多くの野菜にとって端境期にあたる冬〜春の期間は，温暖な気候を活かせる宮崎の強みである．宮崎における早作りの歴史は古く，明治40年頃からカボチャ・キュウリの早作りが行われたといわれている．1970年頃からはビニールハウス等の普及や値段の安い石油の利用が広まるなど，温度管理されたハウス栽培が盛んに行われようになった．しかしながら，キュウリの生育の最低限界温度は約8℃で，温暖な宮崎とはいえ，12〜3月の月平均最低気温はこれを下回っており暖房が必要だ．それでもハウス内は日射による加温もあり，暖房に用いる石油の消費量は少なくて済むのは，暖かな宮崎の利点である．一方日中は強い日差しにより，密閉されたハウス内では高温障害のおそれもある．変化する気象条件と作物の生育を考慮し，ハウスの換気，遮光，散水，冷暖房などの技術を組み合わせた生産管理が求められる．

2. 冬晴れ

　宮崎県を特徴づける気候の1つは，冬晴れである．冬型の気圧配置で九州の他県が東シナ海から流れ込む雪雲の影響で曇りや雪の天気が多くなる中，宮崎県は九州山地が障壁となって雪雲の侵入を許さないため，乾燥した晴天が続く．

　乾燥した北西の季節風を利用して生産される漬物用干し大根や千切り大根は，宮崎県の特産物の1つである．干し大根や千切り大根は，乾いた寒風と晴天が続くことが必要だ．12月中頃から3月にかけての時期には，細く切った大根を日当たりの良い干し棚にさらす風景が広がる．漬物用干し大根は，気温16〜17℃で，晴れて乾燥した風が続けば，2週間ほどで干し上がるという．寒風と，冬場に雨が少なく氷点下になりにくい気候が，大根干しに適している．この大根干しには，高さ6m，長さ50mに及ぶ大根やぐらが組み立てられる（図11）．10段前後のやぐらに干された大根がぶらさがる光景は，千切り大根の干し棚と並んで，宮崎県の冬の風物詩である．

図11　大根やぐら

表2　2月の平年値の比較

	最高気温	日照時間	1mm以上の降水日数
宮崎	13.8℃	167.3時間	6.9日
那覇	19.8℃	87.1時間	10.2日

　冬の晴天を利用した風物詩に，近年は野球やサッカーなどのキャンプが加わった．体力の増強，技術の向上，戦術の確認などを目的とするキャンプは，暖かく晴天が続く地域が望ましい．日本における代表的なキャンプ地である宮崎県と沖縄県の気象と比較する（表2）．キャンプが行われる2月には，宮崎では日中の最高気温が13〜14℃となる．これは東京では3月中旬頃のシーズン開幕直前の気候にあたり，コンディション調整には適当だ．また日照時間は170時間前後で，那覇に比べ2倍程度多い．また，1mm以上の降水日数も3日少ない．沖縄は，気温は高いが，冬型の気圧配置が続くと東シナ海で発生する雲の影響を受け，雨の日も多い．暖かな冬の日差しが続く気候が，宮崎でのキャンプが盛んになった大きな要因の1つである．

3. 最南端のスキー場とスケート場

　南国のイメージが強い宮崎であるが，日本最南端のスキー場と屋外スケート場がある．

　スキー場は，熊本県と接する県北部の五ヶ瀬町にある．標高1,600mのゲレンデには，玄界灘や東シナ海を渡ってきた雪雲が雪を降らせる．ふもとのアメダス観測点である鞍岡（標高590m）における1，2月の平均気温は2〜3℃である．鞍岡よりさらに標高の高

図12　屋外スケート場（えびの高原）

いスキー場は氷点下の気温となり，白銀のゲレンデを維持することができる．スキー場は，例年，12月上旬から3月中旬にかけて営業される．

　屋外スケート場は，県南部のえびの高原にある．例年11月末から3月初めにかけて営業される（図12）．霧島山系の山ふところに位置するえびの高原は，雪が降りにくく，標高1,100 mにあることから氷点下の気温となる．かつては高原内の火口湖は天然のスケートリンクとして使われていた．さすがに現在は人工的に結氷させているが，冬でも好天が続くため朝晩の冷え込みが強く，屋外でも良好な氷の状態を維持できる環境がそろっている．

4. 早場米

　4月の初め，飛行機から見下ろす田には水が張られ早苗が揺らいでいたのに，驚いた記憶がある．宮崎県では，昔から水稲の早期栽培が盛んで，今では3月に田植えをして7月に収穫する超早場米の産地として有名である．宮崎県南部では，かつて夏と秋の2回収穫する，いわゆる米の二期作が行われていた．しかし，秋には台風が来襲し稲作に大きな被害を受けやすいことや，米の生産調整の影響もあり，二期作のうち秋の収穫が切り捨てられ，夏に収穫する早場米が残った．

　早期稲作栽培技術の確立で，台風被害は軽減されたが，新たなリスクもある．1つは苗の移植期における寒波の影響だ．まだ冬の名残を残す春先に低温や霜が発生すれば，幼苗

の枯死や活着の遅れを引き起こす．また稲の登熟期間が梅雨の時期にあたるため，曇雨天の影響を受け，稲の光合成活動が低下し稔実が不十分になる，稲の倒伏が多発するなどの影響を受けやすい．

　こうしたリスクを乗り越えて，お盆前に味わうことができる，一足早い新米の味は格別だ．　　　　　　　　　　　　　［鈴木和史］

鹿児島県の気候

A. 鹿児島県の気候・気象の特徴

　鹿児島県は九州の南端に位置し，島しょ部を含めると，南北に約600kmもの広がりをもつ．このため，県の北限と南限では，気候の差異がかなり大きい．島しょ部を除く鹿児島県本土（以後県本土とよぶ）の地形は，火山噴火物の堆積からなるいわゆるシラス台地・丘陵地が大規模に広がっている．これらの山系に端を発する河川は，川内川（長さ約140km）を除けば，50km未満の短い河川が多いのが特徴である．県本土は，西側の薩摩半島が東シナ海に，東側の大隅半島が太平洋にそれぞれ面し，両半島にはさまれて鹿児島湾があるため，海に囲まれた温暖な気候を呈する．薩摩半島がなだらかな丘陵状の地形を有するのに対し，大隅半島は標高1,000m級の高隈山地や肝属山地が連なる．このため，県本土の大部分は東シナ海の影響を受けやすい気候特性をもち，大隅半島の東側は宮崎県と同様に太平洋の影響を受けやすい気候特性をもつ．

　県本土の年降水量分布（図2）によると，県北西端で降水量が少ないのを除き，年降水

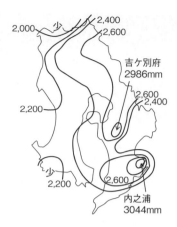

図2　年降水量の分布（単位mm）

量が2,000mmを超え，全国平均の約1,700mmと比べて多い．県本土内を比べると，大隅半島の方が薩摩半島より降水量が多い．梅雨時期には東シナ海に面する薩摩半島側で大雨が発生することが多いが，年間を通すと，低気圧や前線に伴う東寄りの風の影響を受けやすい大隅半島側の降水量が多くなる．東寄りの風向は，暖かな黒潮を吹き渡って水蒸気が補給されるため，降水量が多くなるとみられる．なかでも大隅半島南東部の内之浦や中央部の吉ケ別府では，西側に1,000m級の山がそびえる地形効果が加わ

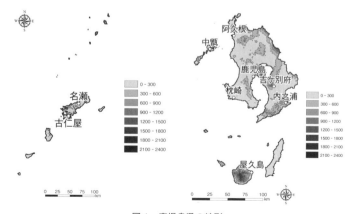

図1　鹿児島県の地形

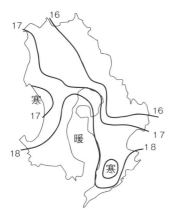

図3　年平均気温の分布（単位℃）

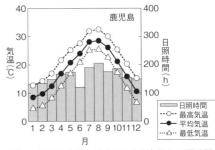

図4　鹿児島市における月の平均気温と日照時間

り，年降水量が3,000mm前後の多雨地帯となっている．このような大隅半島の多雨は，宮崎県南部の多雨地帯と同じ降雨特性をもつ．

年平均気温は（図3），15〜18℃の間にある．北部の標高の高い地域を除くと，おおむね17℃以上で，特に南部の海岸沿いの地域は18℃を超える温暖な地域に属しており，沖合を流れる黒潮の影響を強く受けていることをうかがわせる．また，鹿児島湾沿岸の気温も18℃を超す．この沿岸地域は，年平均水温が20℃を超す暖かな鹿児島湾の影響のほか，大隅半島と薩摩半島にはさまれ，東シナ海からの冬の西寄りの季節風や低気圧や前線に伴う東寄りの風の侵入が防がれるためであろう．

1. 鹿児島市の気候

鹿児島市は，薩摩半島と大隅半島にはさまれ，鹿児島湾に面し，温暖な気候を呈する（図4）．年平均気温は18.6℃で，県庁所在地の気象台の中では，那覇市に次ぐ暖かさである．最高気温は，7月上旬から9月中旬にかけて，30℃を超す．旬平均の最高気温は，7月下旬から8月上旬がピークでそれぞれ32.8℃，32.9℃となる．7月の月平均最高気温は31.9℃で，全国の県庁所在地の中で最も高い．これは九州南端に位置するため，他の都市より太平洋高気圧の影響を受けやすく，一足早く夏が訪れるからである．一方最低気温は，1月の平均が4.6℃で，沖縄を除くと最も暖かい．ちなみに，鹿児島市における日最高気温の最低は0.6℃（1915年1月14日）で，これまで真冬日を一度も記録していない．

鹿児島市の年間日照時間の平年値は1,936時間で，全国的には中位である．月間日照時間（図4）は，太平洋高気圧の影響を受けて真夏の晴天が続く8月に極大，梅雨の影響を受けて曇雨天が多い6月に極小となる．鹿児島市では，冬季の日照時間は多くない．これは，冬型の気圧配置時に東シナ海から流れ込む雪雲の影響を受けやすいからだ．鹿児島市の西に位置する山地の標高は500m前後で，雪雲が越えられる高さである．

鹿児島市の年降水量の平年値は2,266mmで全国の気象台の中では6番目の多さである．月別の降水量で見ると，6月が450mmを超え，他の月に比べ飛び抜けて多い（図5）．いうまでもなく，梅雨による雨である．鹿児島県の梅雨入りは5月31日，梅雨明けは7月14日が平年である．一方，太平洋側の地方に多く見られる9月の極値は，鹿児島市では見られない．9月に降水量の極値が見られないことは，東シナ海に面する他の九州の気象台にも共通する．東シナ海側の地方は，秋雨前線が日本の南海上に停滞したときに吹きやすい東寄りの風による降水の影響を受けにくく，これが9月のピークがない理由と考えられる．

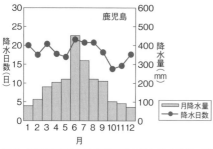

図5 鹿児島市における月の降水量と降水日数（降水量 0.0 mm 以上の日数）

降水量 0.0 mm 以上の月平均降水日数は，移動性高気圧におおわれる 10 月，11 月に 15 日を下回り，最も少ない．一方低気圧や前線の影響を受ける春，にわか雨などの不安定性降水の影響を受ける夏，季節風により東シナ海から流れ込む雲の影響を受ける冬には，月に 20 日前後の降水が見られる．

2. 奄美市の気候

鹿児島県は，県本土のほか，種子島・屋久島やトカラ列島，奄美群島の島しょ部から構成されており，県本土と異なる気候特性をもつ．奄美地方の代表地点として奄美市名瀬を取り上げ，鹿児島市と比較しながら，島しょ部における気候特性を述べる．

名瀬の年降水量は 2,838 mm で，鹿児島市より 600 mm も多い．また月別の降水量を比較すると（図6），6 月と 7 月を除き，どの月も鹿児島より多い．また，9 月にも極値があり，鹿児島より 400 km ほど南に位置するため，台風や秋雨前線の影響をより受けやすいとみられる．また冬にも 100 mm 以上の月降水量となっており，冬型の季節風による降水が多い．

名瀬の年間日照時間は 1,360 時間で，鹿児島より 500 時間以上も少ない．月別に比較すると（図7），7 月に鹿児島市より日照時間が多い．奄美地方の梅雨明けの平年は 6 月 29 日で，県本土より約半月早い．太平洋高気圧の影響を早くから受けるためだ．一方，冬期間の日照時間が少ない．島しょ部では，県本土より，冬型の気圧配置で東シナ海

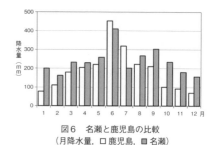

図6 名瀬と鹿児島の比較
（月降水量，□鹿児島，■名瀬）

図6 名瀬と鹿児島の比較（月降水量）

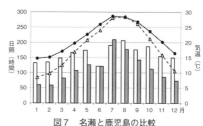

図7 名瀬と鹿児島の比較
（気温，日照 □□鹿児島（日照），■■名瀬（日照），
△ 鹿児島（気温），● 名瀬（気温））

図7 名瀬と鹿児島の比較（気温，日照）

に発生する雲による曇天の影響を強く受ける．

名瀬の年平均気温は 21.6℃で，鹿児島より 3℃高い．7,8,9 月は鹿児島市とほぼ同程度であるが，冬期間には 6℃程度高い．冬期間に曇天が多いわりに気温が高いのは，鹿児島より南に位置する地理的条件のほか，島しょ部周辺を流れる黒潮の影響が大きいとみられる．

3. 鹿児島県の気象記録

鹿児島県内の主な気象要素の極値を，県本土と島しょ部に分けて示す（表1）．

最高気温の極値は，出水市の餅島中餅の 37.5℃であるが，その他の地点もおしなべて 37℃程度である．南国のイメージからすると最高気温が低いと感じられるのは，周囲を海に囲まれていることから内陸型の気候になりにくく，日中は海風の影響で気温の上昇が緩和されるからであろう．

降水量については，近年の島しょ部におけ

表1 鹿児島県内における記録

	県本土	島しょ部
最高気温	上甑町（中甑） 37.5℃ 2013年8月19日	奄美市（名瀬） 37.3℃ 1960年7月9日
年降水量	高隈町（吉ケ別府） 5,288 mm 1993年	屋久島町（屋久島） 6,294.5 mm 1999年
日降水量	阿久根市（阿久根） 555.5 mm 1971年7月23日	奄美市（名瀬） 622 mm 2010年10月20日
1時間 降水量	肝付町（内之浦） 128.5 mm 2015年4月30日	瀬戸内町（古仁屋） 143.5 mm 2011年11月2日
最大 瞬間風速	枕崎市（枕崎） 東南東 62.7 m/s 1945年9月17日	奄美市（名瀬） 東南東 78.9 m/s 1970年8月13日

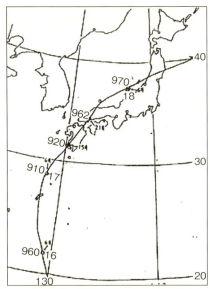

図8 枕崎台風の経路（1945年9月） 数字は中心気圧（hPa）と日付け（毎日6時と，17日は15, 21時）．

る雨の強さが注目される．名瀬の日降水量622 mmの記録は，2010年の奄美豪雨によるものであり，その翌年には同じ奄美大島の瀬戸内町古仁屋で1時間143.5 mmの猛烈な雨を記録している．これらの雨は，10月や11月に観測されていて，台風や梅雨という通常の大雨時期と異なる時期に発生していることに，注意が必要だ．

風については，奄美市（名瀬）で最大瞬間風速東南東78.9 m/sの記録があり，全国でも第5位の暴風に相当する．これは1970年台風9号に伴うものである．この台風は奄美大島付近で最低気圧940 hPaを記録し最盛期となり，その後長崎市付近に上陸した．このほか屋久島での東北東68.5 m/s（1964年）や枕崎の東南東62.7 m/s（1945年）の暴風も，台風に伴うものである．鹿児島県は，台風の進路にあたり，かつ勢力が衰えないで接近することが，暴風の要因となっている．

4. 鹿児島県の雪

南国鹿児島の雪日数（雪やみぞれなどを観測した日数．あられは含まない）の平年値は5.5日で，本土の気象台の中では静岡，宮崎に次いで少ないが，雪が降ることは珍しいことではない．1931年以降では，雪日数が0の年は3回だけで，1963年には28日の降

雪日があり，合計69 cmの雪が降っている．2011年の正月には歴代1位となる25 cmの日降雪量を記録している．

奄美大島（名瀬）では，1901年を最後に雪は観測されていなかった．ところが2016年1月24日に強い寒波が襲来し，名瀬測候所で実に115年ぶりの雪が観測された．一方，屋久島では，1939年以降雪が観測された年は23回（2008年まで）で，3年に1回は雪が降る．こうしたことから，北の屋久島と南の奄美大島の間を流れる黒潮が，雪の降りやすさを分けているといえよう．

B. 鹿児島県の気象災害
1. 台風
（1）枕崎台風

沖縄付近を北上した台風は，1945年9月17日14時頃鹿児島県枕崎市付近に上陸し，のちに枕崎台風とよばれる（図8）．枕崎で観測された最低海面気圧916.1 hPaは，室戸台風の際に室戸岬で観測された911.6 hPa

（当時の記録として最も低い海面気圧）に次ぐ低い値であった．この台風で，枕崎では最大平均風速 40.0 m/s（最大瞬間風速 62.7 m/s）を観測するなど，各地で猛烈な風が吹いた．また，終戦後間もない時期であり，気象情報が少なかったことや防災体制も十分でなかったため，全国では 3,000 名を超える死者・行方不明者を出した．特に広島県では死者 2,000 名を超え，最も被害が大きかった．鹿児島県でも，死者行方不明 129 名，住宅の全・半壊が 29,000 世帯を超える甚大な被害となった．

（2）沖永良部台風

1977 年 9 月 2 日にカロリン諸島付近で発生した台風 9 号は，9 日 23 時前に沖永良部島を通過した．9 月 9 日に沖永良部（鹿児島県和泊町）では日本の観測史上 1 位となる最低気圧 907.3 hPa を記録したほか，最大風速 39.4 m/s（最大瞬間風速 60.4 m/s）を観測した．島の半数にあたる 3,000 世帯近い住家が全半壊する大きな被害が出た．

沖永良部台風は，気象衛星「ひまわり」に最初に映し出された台風として記憶に残る．ひまわりは，日本初の静止気象衛星として，1977 年 7 月米国から打ち上げられた．種々の調整を終え，最初の画像を取得したのが 9 月 8 日であった．その画像には，円形の発達した雲域をもち，沖永良部島をうかがう台風の姿がくっきりと映し出されていた．

2. 大雨

（1）86 水害

1993 年 8 月 6 日に鹿児島市で発生した大雨災害は，鹿児島県では「86 水害」とよばれる．全国的に記録的な冷夏となった 1993 年は，沖縄・奄美地方を除き梅雨明けが特定されないなど，梅雨期間の降水量が多かった．鹿児島市の 7 月の月降水量は 1,000 mm を超え，地盤はたっぷりと水を含んでいた．こうした状況で，鹿児島市では 8 月 6 日 17 時から 19 時までの 2 時間で 109 mm の短時間強雨となった．鹿児島県における災害のパターンの 1 つである長雨後の局地的な大雨となり，土砂崩れや浸水，河川の急な増水・

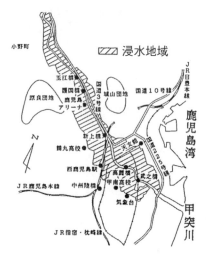

図9　1993 年の豪雨による甲突川周辺の浸水地域

氾濫の災害が発生した．土石流や土砂崩れは，6 日 18 時頃から市内とその周辺ではほぼ同時に発生した．土砂が病院を直撃し 15 名が死亡したほか，海岸沿いの国道 10 号で次々と山崩れが発生し，自動車約 1,200 台が立ち往生し孤立した．巡視船，フェリー，漁船がこれらの人たちや孤立住民を海上から救出した．国道 10 号と平行している JR 線の竜ヶ水駅では大規模な土石流が発生し，停車中の列車を襲った．避難中の乗客や近くの住民が海に投げ出され，4 名が死亡した．鹿児島市内を流れる甲突川，新川，稲荷川の 3 河川が氾濫して，天文館や西鹿児島駅周辺の広い範囲で浸水した（図9）．特に，甲突川が国道 3 号線と平行している草牟田付近では国道が 2 m 以上も冠水し，道路はさながら濁流の流れる川と化した．また，市民に親しまれてきた甲突川にかかる五石橋のうち新上橋と武之橋が流失した上，県内最古の石橋といわれてきた実方太鼓橋も流失した．この夜，鹿児島市内では 11,000 棟余りが浸水し，市民 4,000 名余りが 58 か所に設置された避難所へ避難した．

（2）出水市針原地区の土石流災害

1997 年，出水市では梅雨の最中の 7 月 7

日から9日にかけて降雨が続いた. この3日間の降水量は, 7月の月降水量の平年値を超える約400 mmに達していた. 災害前日の9日日中は, 1時間50 mmを超す非常に激しい雨が数次にわたって降った. 雨が降り止んだのは夜の21時であった. 雨が止んでから3時間ほど経った10日0時44分頃に, 突然土石流が針原地区を襲った. 大量の水を含んだ崩土が土石流となって流下し, 針原地区の住家や主産業であるミカン園等に多大な被害を及ぼした. また, 針原川沿いの河川は堆積した流木などによりせき止められて増水し, 床下浸水等の被害が発生した. 針原地区では, 死者21名, 全半壊家屋18棟等の被害が生じた.

災害発生までに雨は止んでいたこと, 山の変形や崩落など土砂災害の前兆が確認されていなかったこと, 深夜に発生したことなどが, 大きな災害に結びついたとみられる.

(3) 奄美豪雨

2010年10月19日から20日にかけて, 奄美大島で発生した記録的な集中豪雨は, 台風による災害が多い奄美大島でも経験したことのない大災害となった. この奄美豪雨では, 3名が死亡, 約800棟近い住家被害, 農林水産業や商工・観光業の被害, ライフラインや公共施設の被害等, 大きな爪痕が残された. 奄美市名瀬の日降水量は観測史上最多の622 mmを記録した. この大雨は, 奄美大島付近に停滞していた秋雨前線に, 暖かく湿った空気が大量に流入し続け, 発達した積乱雲が長時間にわたって奄美大島に停滞したことにより引き起こされた.

1時間100 mmを超す猛烈な雨によって, 雨水が渓流を一気に流れ下り多量の土砂が流出し, また山腹で崩壊した土砂が土石流となって流下して, 土砂災害を引き起こした. 奄美市住用町では, 住用川の氾濫により広い範囲で浸水し, 高齢者施設では2名が溺れて亡くなった. この付近では, 住用川の越流によって一気に水かさが増した. 周辺では, 多くの人が逃げ遅れ, 屋根の上などで救助を待った(図10). 奄美大島では, 河床勾配の

図10 2010年奄美豪雨(奄美市提供)

緩やかになる河川下流部に集落があるため, 潮汐の影響を受けて河川水位の高い状態が続き, このことも洪水被害を大きくしたと考えられる.

C. 鹿児島県の気候と人々の暮らし

1. 桜島と降灰

桜島は, 鹿児島湾のほぼ中央に位置する活火山で, 鹿児島湾沿岸のどこからでも, 噴煙を上げる雄大な姿を眺めることができる(図11). 桜島は, 鹿児島市内の銭湯のほとんどが温泉であるように, 周辺の地域に恩恵を与える一方で, 日常生活にさまざまな支障をもたらす. 火山爆発により降り注ぐ火山灰は, その最も顕著な例である.

桜島の標高は約1,100 m, 活動中の昭和火口は約800 mの高さにある. 噴火により火口から吹き上げられた噴煙は, 上空の風によって流され, 風下の地域に火山灰を降らせる. 図12は, 鹿児島における高層気象観測から得られた上空1,000 m付近の平均風向である. 年間を通して, 風向は北~南西が多く, 噴煙は桜島から南~北東方向の大隅半島側に流されやすい. ところが8, 9月は南東の風向となり, 降灰は薩摩半島側に多くなる. 鹿児島市では, 真夏の暑い時期に火山灰の襲撃を受け, 戸窓を閉め切らざるを得ない生活を迫られる. 鹿児島市では, レジ袋よりやや厚手にできている克灰袋(降灰袋)が, 一般家庭に配布される. 宅地内にたまった火

図11　桜島の噴火

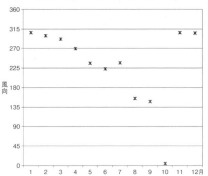

図12　鹿児島上空約1,000 mにおける月別平均風向（風のベクトル平均による）　縦軸は風向（北を0として時計回りに1度単位）.

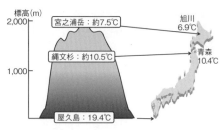

図13　屋久島における地点の推定した年平均気温と対応する地点の年平均気温

表2　各階級の年間の降水日数の比較

	屋久島	名瀬	鹿児島
0 mm 以上	266	290	220
1 mm 以上	163	161	120
50 mm 以上	26	13	11
100 mm 以上	9	3	3

山灰をかき集め，克灰袋に入れて最寄りの降灰指定置場へ出す．道路では，ブラシを回転させて灰を集める清掃車が活躍する．鹿児島市民は，灰掃除にため息をつきながらも，悠然と噴煙をたなびかせる桜島への敬愛の念は尽きない．

2．屋久島の雨と森

　九州最高峰の宮之浦岳（1,936 m）を有する世界自然遺産の屋久島は，海面から急にそそり立つ姿から，海上アルプスともよばれる．黒潮洗う亜熱帯の海岸からそびえ立つ山頂は，亜寒帯の気候をもち，冬には積雪も見られる．図13は，鹿児島における高層観測の平年値から，屋久島におけるそれぞれの場所の高度の年平均気温を推定したものである．海岸のアメダス観測点では19.4℃であ

るが，高度約1,300 mの縄文杉での推定気温は約10.5℃で，青森市における気温にほぼ等しい．また宮之浦岳山頂の推定気温は約7.5℃で，北海道の旭川付近の気温に相当する．屋久島では，北海道までの水平方向2,000 kmの距離を，山頂まで約2,000 mの登山で体験できる．

　屋久島は雨が多いといわれる．アメダス観測所「屋久島」の年降水量の平年値は4,477 mmで，全国1位である．表2は，鹿児島，名瀬，屋久島のそれぞれの降水日数である．屋久島における日降水量が0.0 mm以上の雨日数は266日で，1年の7割以上は雨が降る．なるほど雨が多いと思われるかもしれないが，この数字は鹿児島よりは多いものの，同じ島しょ部の名瀬よりは少ない．一方，日降水量が50 mm以上の日数は26日，100 mm以上の日数は9日で，鹿児島や名瀬の2〜3倍である．屋久島では一度に降る雨の量が多く，その結果降水量が多くなるということだ．

　豊富な雨は，豊かな森を形成した．屋久島は，この森と共存し，林業が主要な産業となった．古くは，信仰の対象であった奥山に育つ屋久杉を伐採することはなかったが，江戸時代になって薩摩藩による屋久杉の伐採が始まった．明治時代以降は，屋久島の森林の

ほとんどが国有林となり，国による森林経営が本格化した．第二次世界大戦後は，経済発展のために国内の森林資源の利用が強く求められ，広葉樹を含めた大量の伐採が進んだ．しかし経済発展が進むと安い輸入木材が増え，林業は衰退に向かった．その一方で森林生態系の保護が進められた．その結果，屋久杉に代表される独特の景観や亜熱帯から亜寒帯までの多様な植生分布を評価され，1993年に世界自然遺産に登録された．自然遺産としての屋久島の価値は，多くの人たちが暮らしていながら，美しい自然が残されていることにある．屋久島は，豊かな自然と共生する道を歩み出した．

3. サツマイモと焼酎

サツマイモは，その名が示すように鹿児島県の特産で，全国の生産量の約40%を占める．サツマイモは暑さや乾燥に強く寒さに弱い植物で，東北地方南部以南で生産される．鹿児島の大地は，シラスに代表されるように，稲作に不適だが，サツマイモにとっては，温暖で水はけが良いという格好の生育環境となっている．

収穫されたサツマイモの用途は，全国的に見ると生食や干し芋などの加工食品への利用が多い．一方，鹿児島県では生産量の80%がでんぷんや焼酎の原料として利用される．米の生産量が少ない鹿児島県では，酒造りにはふんだんにとれるサツマイモが多く使われた．鹿児島で干し芋など加工食品への利用が広がらなかったのは，気候の違いもあるだろう．干し芋への加工には，サツマイモ収穫後の初冬の天気が，乾燥に適した晴天が続くことが必要である．12月の快晴日数（日平均雲量が1.5以下）を比較すると，干し芋生産の多い茨城県の水戸では8.9日である．一方，鹿児島では4.7日で水戸の半分しかなく，干し芋づくりには適さない．このような鹿児島の気候・風土が，特有な芋焼酎文化を生み出したといえる．「じょか」とよばれる陶製の酒器で温めた芋焼酎の味は，また格別である（図14）．

図14　じょか

4. 出水のツル

出水平野は「鹿児島県のツルおよびその渡来地」として国の特別天然記念物に指定されている．出水市周辺に飛来するツルは，繁殖地はアムール川中流域を中心とする湿地帯といわれ，10月中頃から飛来する．

ツルが渡りをするのは寒さから逃れるのではなく，食物を十分確保するためである．繁殖地が雪や氷に閉ざされる前に，餌を十分確保できる越冬地に飛来する必要がある．出水平野周辺では，最低気温の平年値は真冬でも2〜3℃で，積雪や結氷は少ない．一方，飛来するツルは農作物を食べ漁る歓迎せざる存在である．だが，出水市ではそのツルと共存する道を選んだ．農作物を食べないように餌付けをし，外敵の侵入を防ぐためねぐらを囲うなどの努力が実り，1万羽を超えるツルが越冬する地となった．

越冬したツルたちは，3月頃から北へ帰っていく．1か月ほどかけて戻った繁殖地付近の月平均気温は5〜10℃で，これは出水で過ごした時期の気温とほぼ同じである．

[鈴木和史]

沖縄県の気候

A. 沖縄県の気候・気象の特徴

　沖縄県は，日本列島の南西端，およそ北緯24°から28°まで，東経122°から132°までに位置し，49の有人島とその他多くの無人島からなり，北西は東シナ海，南東は太平洋に面し，東西約1,000 km，南北約400 kmにわたる広さをもつ．全諸島を大きく区分すると，沖縄諸島（沖縄本島や久米島など），先島諸島（宮古島列島（宮古島など）と八重山列島（石垣島，西表島，与那国島など）），大東諸島（南大東島，北大東島，沖大東島）および尖閣諸島に大別される（図1）．

　気候は，近海を黒潮が流れる暖かい海に囲まれて海洋の影響を強く受けるため，亜熱帯海洋性である．図2に那覇の気温，降水量（および降水日数），日照時間の月別平年値を示す．国内の他地方と比べると，高温・多雨・多湿で，気温の年・日較差は小さい傾向にあり，年間を通して温暖な気候である．四方を囲む海からの風の影響で，夏季でも猛暑日となることはまれで，那覇では1917年から2016年の間で3回しか猛暑日を記録していない（ただし，1916年には7月に猛暑日を8回記録した）．降水量は，梅雨時期（5月から6月）と台風の影響を受けやすい8月から9月にかけては多い一方，梅雨明け直後の7月と冬（12月〜2月）の降水量は少なく，特に冬は1か月間に100 mm程度と

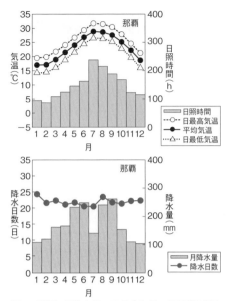

図2　那覇の平均気温・日最高気温・日最低気温と日照時間の月別平年値（左）と那覇の降水量，降水日数（降水量0.0 mm以上を観測した日数）の月別平年値（右）（出典：気象庁ホームページに掲載されている平年値のデータを利用）

最も多い月に比べて半分以下である．日照時間は，晴れの日が多い7月に最も多く，曇りや雨の日が多い2月には最も少ない．大東諸島や先島諸島の平均気温，降水量，日照時間についても，おおむね同様の特徴が見られる．

　以下では，沖縄地方における各季節の平年の特徴について，春夏秋冬の順に述べる（沖縄気象台，2015）．

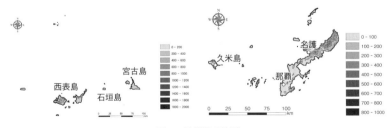

図1　沖縄県の地形

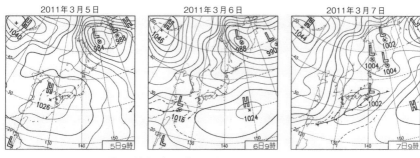

図3 地上天気図（2011年3月5日～7日，9時）

　季節が冬から春に変わると，西高東低の「冬型の気圧配置」は長く続かなくなり，移動性高気圧と低気圧が交互に東シナ海を東進するようになる．また，春先に東シナ海低気圧が急速に発達しながら沖縄付近を通過することがある．発生時期が旧暦の2月（新暦では3月）頃であることと，風の廻り（変化）が早いことから，沖縄ではニングヮチ・カジマーイ（二月風廻り）とよばれている．例えば，図3に2011年3月5日から7日にかけての地上天気図（9時）を示す．2011年3月5日の天気図には低気圧が沖縄周辺には解析されておらず，5日の沖縄付近は高気圧におおわれ，おおむね風は弱く晴れていた．ところが，6日には前線を伴った低気圧が東シナ海で発生し，発達しながら6～7日にかけて沖縄付近を通過した．このため，5日から6日初め頃にかけて風はおおむね弱かったものの，前線通過前後に風が強まり，風向が南寄りから北寄りに急変した．また，7日は前線通過後に大陸の高気圧が張り出し，沖縄付近は気圧の傾きが大きくなり北寄りの風が強まった．風が強まった6日から7日における，名護の最大瞬間風速は，6日が12.4 m/s（南南東），7日が18.4 m/s（北北西）であった．

　こうした短周期の変動を繰り返しつつ，次第に気温は上昇し，4月頃になると平均気温が20℃を超え，デイゴや月桃（げっとう），テッポウユリの花が満開になる．大地が潤い，年間で最も過ごしやすい温和なこの季節を，沖縄の古い方言で「ウリズン（陽春）」とよぶ．5月上旬頃になると，沖縄は梅雨入りする．本州の梅雨に比べると約1か月早く，平年の梅雨入りは5月9日頃，梅雨明けは6月23日頃である（1981～2010年の平年値）．二十四節気の「小満」（新暦の5月21日頃）と「芒種」（新暦の6月6日頃）は，おおむね平年の梅雨期間（梅雨入りから梅雨明けまでの間）にあたるため，沖縄地方では，梅雨の時期のことを「スーマン（小満）ボース（芒種）」とよぶ．6月に入ると梅雨前線の活動が活発になって強い雨が降ることも多くなり，下旬頃になると太平洋高気圧が西に張り出し沖縄地方は梅雨明けする．沖縄地方では，太平洋高気圧の周囲をまわる風と北上した梅雨前線に向かう風が加わり，安定した南～南西の風が吹き，夏至南風（沖縄本島では「カーチーベー」，宮古島，石垣島では「カーチーバイ」）とよばれる．梅雨明け後は，太平洋高気圧におおわれやすく，また，暖かく湿った空気が流れ込みやすいため，晴れて蒸し暑い日が多い．

　7月は晴れの日が多く前月に比べると降水量は大幅に少なくなるが，8月になると台風の影響を受けやすくなる．台風の発生数（8月の平年値は5.9個），沖縄県への接近数（同2.2個）はともに1年で最も多く，降水量も多くなる．秋になると，太平洋高気圧の勢力は弱まり，気温は次第に低下する．10月頃には，秋雨前線が九州の南側に南下し，大陸の高気圧から季節風が吹き始める．沖縄地

方においては一般に，夏の南東季節風にとって代わる北東季節風の初めての吹き出しを「ミーニシ」（新（ミー）北風（ニシ））とよぶ．この時期は，二十四節気の「寒露の節」の頃にあたり，サシバ（渡り鳥）の南下が見られる．その後次第に北東風が安定して吹き，気温もさらに下がり，沖縄地方は冬に向かう．冬になるとシベリア高気圧が東シナ海付近まで張り出し，沖縄付近は北寄りの強い季節風が吹く．この季節風は海面を通過する間に暖められ，水蒸気の補給を受けるため，沖縄地方では曇りや雨の日が多くなる．ただし，降雪はめったに観測されることはない．冬の季節風の風向は，本州では西から北西が卓越するが，沖縄付近では北または北東である．風向はあまり変化せず，長時間吹き続けるため，海上では波が高くなる．

B. 沖縄県の気象災害

顕著な気象災害は主に，台風，低気圧，前線，季節風，竜巻，雷，干ばつによって起こる．なかでも台風は，勢力が強い状態で沖縄県に接近することが多いため，最も大きい影響をもたらす現象である．一方，台風がもたらす雨は貴重な水資源であり，夏季において広範囲にまとまった降水が期待される現象は，ほとんどが台風である．太平洋高気圧におおわれ続けて台風による降水の量が少ない状態が続くと干ばつとなり，農業分野を中心に大きな被害をもたらすため，干ばつは台風の次に社会的影響が大きいといえる．また，非常にまれではあるが，冬の低温による被害が大きい年もあった．

沖縄県における気象災害の事例は，『沖縄県災害史』（沖縄県，1977）や『沖縄県史』（沖縄県，2015）などに詳しい．以下の1.～3.では，それらの資料を参考に，台風と干ばつの事例に加え，低温と干ばつが起きた1963（昭和38）年について，座間味（2015），仲本（2015）を要約して紹介する．また，4.では，近年の顕著な気象事例として2016（平成28）年1月下旬の寒波についても述べる．

図4 倒壊した風力発電機（上），一方向に倒壊した電柱（下）（2003年9月宮古島，ともに沖縄気象台提供）

1. 台風による災害

台風による災害は強風，大雨，波浪，高潮などにより複合的に発生するが，ここでは強風による被害の大きかった風台風と雨が少なく潮風による被害の大きかった火風（ピーカジ）台風について説明する．

2003（平成15）年9月6日にマリアナ諸島付近で発生した台風14号は発達しながらゆっくりと北西に進み，9月11日2時から6時頃に最も勢力を強めて宮古島を通過し，宮古島では9月11日3時12分に最大瞬間風速72.1 m/sを観測した．宮古島では当時，風速80 m/sに耐えるよう設計されたといわれた風力発電機が根元から倒壊した（図4上）．また，コンクリート製の電柱1,400本が倒壊して道路を塞いだ（図4下）ため，復旧作業が大幅に遅れ，電気の全面復旧に2週間を要した．

また，台風の暴風により潮風害（塩風害）が発生する．潮風害は，海からの飛沫が強風に乗り，海塩が陸地内部まで飛散して植物に付着し，浸透圧によってその植物体の水分が失われること，また，強風による直接的な損傷により発生する．特に，台風により暴風となるが降水量が少ない場合は塩分が洗い流されず被害が大きくなる．1996（平成8）年，フィリピンの東海上にあった熱帯低気圧は，9月25日に台風21号となり発達しながら北上して，宮古島の東海上を通り29日の朝には久米島の西約50 kmに接近した．その頃から台風の速度は遅くなり，複雑な動きをした後に東北東に進み沖縄近海から遠ざかった．久米島は33時間も暴風域内にあって強風が続き，最大瞬間風速40.2 m/s，総降水量194 mmを観測した．この台風の特徴は，台風の前面すなわち進行方向に活発な雨雲をもつ一方で，台風の後面にはほとんど雨雲がなかったことである．このため，台風の後面に入ってからは長時間カラ風（ほとんど雨を伴わない強風）が吹き，沖縄県内では潮風害が発生した．潮風害を受けた植物は組織が枯死して火で焼かれたように赤茶色を呈することから，石垣島では雨が少なく潮風害をもたらす台風のことをピーカジ（火風）とよんでいる．1953（昭和28）年7月3日に石垣島を襲った台風4号（キット）は最大瞬間風速44.3 m/s，総降水量はわずか4.8 mmであった．この台風で，海抜525 mの於茂登岳山頂に至る石垣島全体が赤茶色に染まった．冒頭に記述した2003年9月の台風14号においても，宮古島で潮風害が発生した．

2. 干ばつによる災害

　干ばつは，沖縄の人々のくらしに深刻な影響を与えてきた．例えば1991（平成3）年は，4月から9月にかけて少雨の状態が続いた．沖縄地方は5月8日頃に梅雨入りし，6月26日頃に梅雨明けしたが，梅雨期間中も前線の活動は不活発で太平洋高気圧におおわれる日が多く，まとまった雨は降らなかった．このため，石垣島や沖縄本島では，夜間断水が断続的に実施された．また，農業被害

図5　断水対策用の水タンクが屋上に並ぶ住宅街（上）（詳細年次不明（昭和50年代と思われる）中城村，内閣府沖縄総合事務所提供），1981年7月〜1982年6月の大渇水当時の天願（てんがん）ダムの様子（下）（出典：沖縄県ホームページ）

は31億円と試算された．

　戦後，沖縄県内では屋根の上に水タンクを置いて断水に備える家庭が多かった．コンクリートの屋根の上にたくさんの水タンクが並んだ様子（図5上）は，沖縄県ならではの景色であったといえる．近年は，ダム建設や海水淡水化施設の導入により，干ばつによる被害は大幅に軽減されている．沖縄本島では，1994年度以降，断水は実施されておらず，断水対策用の水タンクの姿はあまり見られなくなってきた．ただし，離島部においては依然として干ばつによる影響は大きく，断水が実施される年もある．

　戦後特筆される干ばつとして，次の3例があげられる．

・1963（昭和38）年1〜12月：「3. 低温と干ばつによる被害が大きかった1963年」を参照
・1971（昭和46）年3〜11月：八重山地

方で家畜牛が餓死，飼料不足で家畜を大量処分

・1981（昭和56）年7月〜1982（昭和57）年6月：沖縄本島で326日，ダムの貯水量が落ち込み給水制限実施（図5下）

3. 低温と干ばつによる被害が大きかった1963年

1963（昭和38）年は，1月から2月にかけては低温による被害が発生し，その上，年を通じて少雨の状態が続き干ばつとなり大きな被害が発生した．沖縄県の気象災害史上に残る異常な天候となった年である（なお，1963年は1月から2月にかけて，本州で豪雪による被害が発生した年である（昭和38年1月豪雪））．

1963年は，1月から2月頃にかけてシベリア高気圧の沖縄付近への張り出しが強かったため，まれに見る寒い冬となり，1月と2月の月平均気温は平年を大幅に下回った．この年の宮古島の1月，2月の月平均気温は，それぞれ13.1℃（平年差は−4.9℃），14.6℃（平年差は−3.7℃）となり，宮古島の月平均気温としては統計を開始した1938年以降，それぞれ1位，2位の低い記録となった．また，1月20日には久米島では最低気温2.9℃を観測した．この記録は沖縄県における日最低気温の極値となっている．この冬には，沖縄ではめったに見られないあられ，霜，霜柱，結氷などの異常気象が出現した．この低温により，農作物が大きな被害を受けた．なお，1963年より後，2016年現在まで，低温による大きな被害はなく，霜による被害の報告もない．

また，1963年は年初めから少雨の状態が続き，梅雨に入っても雨らしい雨が降らなかった．那覇の年降水量は969.8 mmで，統計を開始した1890年以降最も少ない記録であり，唯一1,000 mmを下回っている（那覇の年降水量平年値は2,040.8 mm）．農作物の立ち枯れや生育不良，牧草の減少による家畜の餓死等の農業関係の被害は深刻であった．沖縄本島では給水制限が実施され，隣接県の鹿児島県からは船舶による水の救援が行われた．干ばつ対策の一環として，米軍による人工降雨も試みられた．この年を境に，多くの農家が水稲作からサトウキビ作に転換したといわれている．

4. 近年の顕著な気象事例（2016年1月下旬の寒波）

2016（平成28）年の沖縄地方の冬（2015年12月〜2016年2月）は，前年（2015年）11月から12月にかけて最盛期を迎えた強いエルニーニョ現象の影響を大きく受けたため，冬の平均としては高温となったが，1月下旬はシベリア高気圧が強まり，一時的に大陸からの強い寒気の影響を受けた．1月24日から25日にかけては気温が平年を大幅に下回り，24日から25日にかけては，沖縄県内における全26地点のうち12の観測地点で「日最低気温の低い方から」の通年の極値を更新した．また，24日の夜遅くから25日未明には久米島と名護において「みぞれ」を観測した．みぞれの観測は，久米島では1977年2月17日以来39年ぶりであったほか，沖縄本島では1890年の観測開始以来初めての観測となった（沖縄気象台，2016）．

この寒波による社会的な影響はそれほど大きくはなかったが，沖縄県内ではカンショ（サツマイモ）や，カボチャ，ニガウリ（ゴーヤー）等，一部の農作物に被害が発生した．

C. 沖縄県の気候と人々の暮らし

沖縄県における気象・海象と人々のくらしの関係については，『沖縄県史』（沖縄県，2015）に詳しい．ここでは，主に大田（2015）を要約し，沖縄県の気候と関係する話題を取り上げる．

1. 温暖な気候での栽培に適したサトウキビ

サトウキビは，気温が約10〜12℃以上で発芽するが，最適な発芽の気温は約32〜35℃である（宮里，1986）．熱帯性の植物であるため寒さには弱く，霜害を受けると枯死するため，冬が寒冷な本州では栽培に向かないが，沖縄県は霜による被害が出ることはまずない温暖な気候であるため，栽培に適している．また，他の作物に比べてはるかに干ば

図6　テーブルサンゴの石垣（2004年伊是名島，出典：沖縄県教育庁文化財課史料編集班，2015）

図7　フクギの屋敷林（1981年粟国島，出典：沖縄県教育庁文化財課史料編集班，2015）

図8　沖縄の伝統的な民家（久米島の上江洲家，赤い瓦の屋根は白い漆喰で塗り固められている，出典：沖縄県ホームページより）

図9　芭蕉布（出典：沖縄県教育庁文化財課史料編集班，2015）

つや台風等の気象災害に強い．現在サトウキビ作は，本土の水稲作に相当する沖縄の農業における基幹部門として位置づけられている（新井，2013）．しかし実は1960年頃までは，沖縄の基幹作物は水稲であった．水稲は沖縄県内の各地で栽培され，田園風景が広がっていた．ところが，1963年は，「B．沖縄県の気象災害」の3.で述べたように沖縄県内全域が大干ばつに見舞われ，水稲の収穫量が激減した．なかでも宮古島の被害は大きく，大干ばつ以降，水稲栽培は皆無となった．沖縄県では1960年代前半頃に水稲栽培主体からサトウキビ栽培へと，農作物の栽培形態が大きく変化したが，これは，1962年のキューバ危機による砂糖の国際相場の高騰に加え，1963年の干ばつにより農作物が甚大な被害を受けたことも主な要因としてあげ

られる．

2．防風

　沖縄では，台風や季節風による強風害を防ぐための風よけとして，屋敷の周囲を囲う高さ1.5〜2.5mに積み上げたサンゴや石灰岩等の石垣が造られている（図6）．また，防風林としているモクマオウやフクギ・テリハボクなどを植樹・育成して，農作物の生産量の向上を図っている．屋敷の周囲にはフクギなどの台風に強い樹木で生垣を巡らした屋敷林が見られる（図7）．また，屋根には重厚な瓦を載せて漆喰で塗り固めて暴風の際に吹き飛ばされないように工夫がなされている（図8）．

3．耐暑と耐寒

　沖縄県は低緯度に位置するため，夏季の晴天時は日射量が多く，非常に厳しい暑さとな

図10 竹垣（1960年頃国頭村）（出典：沖縄県教育庁文化財課史料編集班，2015）

る．特に梅雨明け後は，熱中症に十分警戒する必要がある．現在は，エアコンに頼った生活をする人が多いが，昔の人々の暮らしは，涼を求めていろいろな工夫をしたあとが見られる．身につけるものとしては，炎天下の作業に必要なクバ笠をはじめとして，汗をとり風を通す芭蕉布があげられる（図9）．芭蕉布は，昔，王家や士族をはじめ庶民の衣服として広く着用されてきた．また，クバの扇は一般家庭でもよく利用された．屋敷においては，やんばる（山原，沖縄本島北部の山や森林などの自然が残っている地域）に自生するリュウキュウチクを網状に編んで竹垣（チニブ）として巡らしていた（図10）．今ではほとんど見られなくなったが，現在のブロック塀とは異なり，風通しがよかったであろうと思われる．

　一方，沖縄の冬はどんなに冷えても気温が0℃を下回ることはないが，シベリア高気圧が沖縄近海まで張り出し，強い冬型の気圧配置となって北または北東の季節風が吹くと，かなり寒く感じられる．岩崎（1974）によると，かつて，極寒時の田植えではショウガを肛門に挿入して田に入り，漁師は泡盛にショウガを入れて飲んでいたという．また，本土復帰前には多くの家庭で火鉢があって暖をとっていたが，現在はこのような光景は見られなくなった．　　　　　　　　［足立典之］

【参考文献】
[1] 新井祥穂，2013：復帰後の沖縄農業，農林統計協会，89p.
[2] 岩崎卓爾，1974：岩崎卓爾一巻全集，伝統と文化社，276p.
[3] 大田喬，2015，第7節　気象・海象と人間活動，沖縄県教育庁文化財課史料編集班編：沖縄県史　各論編1　自然環境，沖縄県教育委員会，118-125.
[4] 沖縄気象台，2015：沖縄地方の平年の天候，沖縄気象台ホームページ（http://www.jma-net.go.jp/okinawa/menu/syokai/toukei/heinen_tenkou/clim_okinawa_main.html）.
[5] 沖縄気象台，2016：沖縄地方の天候2016年（平成28年）1月，1-9.
[6] 沖縄県総務部消防防災課，1977：沖縄県災害誌，沖縄県総務部，1-533.
[7] 座間味忠，2015，第2節　沖縄の気象，沖縄県教育庁文化財課史料編集班編：沖縄県史　各論編1　自然環境，沖縄県教育委員会，75-84.
[8] 仲本正隆，2015，第6節　顕著な気象災害，沖縄県教育庁文化財課史料編集班編：沖縄県史　各論編1　自然環境，沖縄県教育委員会，111-117.
[9] 宮里清松，1986：さとうきびとその栽培，日本文蜜糖工業会，1-364.

第Ⅲ編

気候の調査方法

第1章　日本の気象観測の概要

1.1　地上気象観測

　気象庁は全国に気象台と測候所，および無人の観測所を展開している．2017年現在，気象台と測候所は58地点あり，他に約90か所の特別地域気象観測所がある．これは，1990年代以降に無人化された測候所である．本稿では，気象台・測候所・特別地域気象観測所を合わせて「気象官署」という（本来は，この言葉は特別地域気象観測所を含まない．また一方，気象衛星センターや航空気象台など，気象庁の業務を執り行っている官署がいくつかある）．気象官署では，気圧，気温，湿度，風，降水量，日照時間，日射量，積雪の深さ，視程など，主な地上気象要素の観測が行われている（日射量や積雪などは一部の官署のみ）．

　また，1970年代後半に自動観測網としてアメダス（地域気象観測システム）が全国に展開された．降水量の観測所は約1,300か所あり，このうち約850か所では気温・風・日照時間を含めた4要素の観測が行われている（気象官署もアメダス観測所を兼ねている）．一部の地点では積雪の深さの観測を行っている．

　ある地点・地域の気候の尺度として，まず注目されるのは「平年値」である．気象状態は日により，また年によって変動する．平年値とは，これらの変動をならした長期平均的な状態を表すものであり，世界気象機関（WMO）の勧告に基づいて30年間の平均値が使われる．30年という長さは，年ごとの変動が小さく抑えられ，かつ，長期的な気候変化に追随できるように設定されたものである．平年値の計算期間は，西暦の下1けたが1の年に始まる直近の30年間とされていて，2017年現在は1981〜2010年の30年間の平均値が使われている．

　気象庁は気象官署やアメダス地点について，年・月・旬のほか日ごとの平年値を提供している．気温については，1日の最高・最低気温と平均気温のほか，年および各月の真夏日日数や熱帯夜日数など階級別日数の平年値も用意されている．なお，日ごとの平年値は，ある日づけの30年間のデータを平均しただけだと，日々の不規則な変動が残ってしまう．これをなくすため，各日づけの4日前から4日後までの平均（9日移動平均）を取る操作を3回施している．

　気温や降水量，日照時間については，地域ごとの平年値（東日本とか，関東地方とか）も提供されている．また，全国を1kmの格子でおおって平年値の分布を表す「メッシュ気候値」が作られている．

　極値，すなわち気温・降水量・風速などの累年最大記録も重要な気候情報である．これについては，原則として観測開始以来の全期間を対象にした統計が行われる．例えば，東京の最高・最低気温や日降水量の極値は1875年7月以降が統計対象になり，このうち最低気温については1876年1月に観測された−9.2℃が第1位の記録になっている（2017年現在）．

　これらのデータの主なものは気象庁のホームページで公開されていて，ダウンロードもできるようになっている．大量のデータを必要とするときには，気象業務支援センターからそれらを収録したCD-ROMを買うことができる．

　気候を考える上では，変動に関するデータ，例えば日々あるいは年々の寒暖の変動の大きさなどもほしいところであるが，これについての情報は多くない．ただし，地域ごとの気温や降水量については，年々の変動に関する資料が気象庁から提供されている．

　気象庁のほかにも，大気環境の監視や治水

などの目的で官公署による気象観測が行われている．また，民間会社による気象観測も行われている．

1.2 上空の気象観測とリモートセンシング

前節で紹介したのは地上の気象観測であるが，日々の天気予報にとっては上空の気象状態のデータも大事である．筑波山や富士山など，山岳の観測は戦前から行われており，戦後にはゾンデ（観測気球）による観測が本格的に行われるようになった．また，近年は電波や光を使って大気状態を遠隔から捉えるリモートセンシングの技術が発達し，いろいろな観測に使われている（表1）．これらのデータは，天気予報だけでなく気候の調査研究に

も利用される．ただし，データの特性をよく理解して使う必要がある（「第2章　地上気象観測方法とデータ利用上の留意点」参照）．

計算技術の進歩に伴い，大気現象を支配する方程式をスーパーコンピュータで計算し，天気変化を予測する手法（数値予報）が発達してきた．これを以前の気象データに遡って適用し，過去数十年間にわたる大気状態を精度よく再現する試みが行われるようになった．これは長期再解析とよばれ，長期間にわたる大気状態のデータとしていろいろな研究に使われる．日本では1958年以降を対象にした気象庁55年長期再解析（JRA-55：JRAはジェイラと読まれる）が行われている．　　　　　　　　　　　　　　　［藤部文昭］

表1　各種観測で得られる物理量

	種別	気圧	気温	風	湿度	降水量	可降水量	放射輝度	屈折率・屈折角	その他	その他の補足
直接観測	地上観測	○	○	○	○	○				○	日射量など
	地上自動観測		○	○	○	○				○	日射量など
	海上観測	○	○	○	○					○	海面水温など
	航空機観測	○	○	○	*1						
	高層観測	○	○	○	○						
	高層風観測	○		○							
地上リモートセンシング	ウインドプロファイラ			△						○	ドップラー速度など
	気象レーダー				△					○	反射強度など
	気象ドップラーレーダー			△						○	ドップラー速度など
	解析雨量					○					
	地上 GNSS						△			○	電波遅延量
疑似観測	台風ボーガス	△		△						○	台風位置・強度など
静止衛星	大気追跡風			△							
	晴天放射輝度温度							○			
低軌道衛星	極域大気追跡風			△							
	マイクロ波サウンダ		△		△			○			
	赤外サウンダ		△		△			○		△	オゾン量など
	マイクロ波イメージャ					△	△	○		△	海面水温など
	マイクロ波散乱計			△						○	散乱断面積
	GNSS 掩蔽観測								△	○	電波遅延量

○：観測物理量，△：観測物理量から算出（推定）される物理量，赤字は初期値解析に利用されているデータ
*1：近年精度のよい航空機搭載湿度センサーが開発され，搭載が推奨されつつあるが，まだ数は少ない

数値予報解説資料（45）平成24年度数値予報研修テキスト「数値予報の基礎知識と最新の数値予報システム」（気象庁，2012）の表2.3.1を一部簡略化した．
http://www.jma.go.jp/jma/kishou/books/nwptext/45/1_chapter2.pdf

第2章　地上気象観測方法とデータ利用上の留意点

気象庁による気象観測は，検定を受けた測器を使って行われる．気象庁以外の機関も，データを公開する場合には検定を受けた測器を使うことが義務づけられている．ただ，測器の設置方法が気象庁と同じであるとは限らない．

気象庁では，気温・湿度，降水量などの観測を露場（ろじょう）で行っている．露場は，芝を植えて地面からの照り返し（日射の反射）や雨滴の跳ね返りを抑えるようにした観測用の敷地である．露場の広さは，気象官署は「一辺の長さが 20 m 以上でおよそ 600 m² 以上」（地上気象観測指針）とされ，アメダスについては「おおむね 70 m² 以上の面積を確保している」（気象観測の手引き）．一方，他機関による観測では温度計がビルの屋上に設置されることもある．

以下，気象庁の気象観測を中心に，測器やデータの特性について概説する

2.1　気温と湿度の観測

気温の単位は℃，湿度は％である．空間に存在できる水蒸気量には上限（飽和水蒸気量）があり，湿度はこれを 100 として水蒸気の量を表すものである．飽和水蒸気量は気温が高いほど増すので，湿度が同じなら，気温が高い方が水蒸気量は大きい．

世界気象機関は，温度計等の設置高度を地上 1.25 〜 2 m とするよう勧告している．日本では，地上 1.5 m と定めている．なお，明治時代に国による気象観測が始まった当初は，温度計の設置高度が地上 1.2 m となっていた．

1970 年頃までは，百葉箱の中に 2 本の棒状の温度計（乾湿計）を置いて気温と湿度を測っていた．現在の気温と湿度の観測は，通風筒を使って行われる（図1）．通風筒は断熱性の高い金属の筒であり，ファンで外気を流通させている．通風筒の中には電気式の温度計と湿度計が入っていて，それぞれ気温と湿度を測る．10 秒ごとに，前 1 分間の平均値が収録され，そのうち 1 日で最も高い気温が最高気温，低い気温が最低気温となる．なお，最低気温は 0 時から 24 時までの最低値であるが，1953 〜 63 年の 11 年間は前日 9 時〜当日 9 時の最低値が使われていた．後者は前者に比べて平均 0.3 〜 0.5℃高く，熱帯夜などの日数にも違いが生ずるので，当時のデータを使うときには注意が必要である．

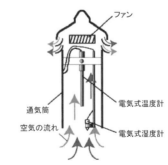

図1　通風筒　上は外観，下は内部構造（内部構造の図は『こんにちは！気象庁です！』2004 年 1 月号による）．

2.2　風の観測

　風の観測には風車型風向風速計が使われる（図2）．風は短時間の変動が大きいので，その平均的な状態を観測するため，風向も風速も10分間の平均値を使う（以下，必要に応じて「平均風速」という）．風速の最大値を最大風速という．これは，10分間平均風速の最大値である．一方，防災や建造物の耐風性を考える上では風速の瞬間的なピーク値が大事であることから，3秒間の風速の最大値を最大瞬間風速として記録している．

　風は周辺の地形や地物の影響を受ける．また，風向はあまり高さに依存しないが，風速は高いところほど強いのが普通である．気象庁の観測指針では，「風の測器は，平らな開けた場所を選んで，独立した塔または支柱を建て，地上10mの高さに設置することを標準とする」こととなっている（「地上気象観測指針」p.36）．しかし，都市部など建物が建て込んでいる場所では，その影響を避けるため風速計がもっと高い所に設置される傾向があり，広島の95.4mをはじめとして，27地点で風速計の高さが地上30mを超えている（2017年7月現在）．そのほとんどは気象官署である．一方，アメダス観測所の風速計は地上10m以下の地点が多く，それだけ風速は弱く観測される傾向がある．風速のデータを使うときには，風速計の設置高度や周辺環境による観測値の違いに留意する必要がある．

　風の測器は時代によって変遷してきた．1950年代までは，平均風速は4杯型風速計（ロビンソン風速計），最大瞬間風速はダインズ風速計で観測されていた．4杯型風速計は，慣性のため回りすぎるという問題のほか，水平方向だけでなく上下方向の風にも応答するという特性があり，その観測値は風車型風速計で測った値に比べて1割以上大きいとされる．一方のダインズ風速計は，風向を圧力に変換する方法（飛行機の速度計と同じ原理）によるものであったが，風車型風速計に比べて応答時間が長く，それだけ観測値が小

図2　風車型風向風速計

さい傾向があった．この結果，1950年代までの風速データは，平均風速（最大風速）は現在の測器によるものよりも大きく，最大瞬間風速は小さい傾向がある．1960年代になると，回りすぎの問題を改善した3杯型風速計が4杯型に代えて用いられ，また，ダインズ風速計は風車型風速計に置き換えられた．1975年以降は，平均風速・瞬間風速ともに風車型風速計で観測されている．

　なお，ラジオの気象通報で使われる「風力」は，風速を13段階に分けて表現したものであるが，今の気象業務ではほとんど用いられない．国際仕様の天気図では，風力ではなく風速が使われる．

2.3　日照・日射の観測

　日照時間は，1日のうち日が照った時間の長さである．その観測には日照計が使われる．日照計にもいくつかの種類があり，それによって観測値の差があるので，データを使う際には注意を要する．

　一方，日射は太陽光によるエネルギーを指し，太陽から直接入射する直達日射と，それ以外のものを含めた全天日射がある．日射は日射計で測り，単位はMJ/m^2（メガジュール毎平方メートル）である．夏のよく晴れた日には，全天日射量は25〜30MJ/m^2になる．1日中曇っている日は日照時間はゼロであるが，日射量はゼロではなく，1〜数MJ/m^2の値をもつ．日照時間と違い，日射量の観測は一部の気象官署に限られている．

2.4 降水の観測

降水とは，雨と固体降水（雪，あられ，雹など）の総称である．降水量の単位は mm である．これは，水平面に水としてたまったときの深さを表すものであり，1 mm の降水は水平面 1 m² 当たり 1 リットルの水に相当する．

降水量は雨量計で測る．雨量計は，特殊なものを除き，直径数十 cm の受水器で降水を受けるようになっている（図4）．その内部の仕組みはさまざまである．気象庁で使われている転倒ます型雨量計は，内部に 2 つの「転倒ます」があり，受水器から流れてくる降水を交互にためて降水量を測るようになっている．図3の場合，降水は右側のますにたまっていく．その量が一定値（気象庁の通常観測では 0.5 mm）になると，その重みでますが入れ替わるとともに，降水がカウントされるという仕組みである．なお，受水器にはヒーターがついていて，固体降水を溶かすようになっている．

気象庁で転倒ます型雨量計が導入されたのは 1960 年代後半であり，それまでは雨量計にたまった降水を観測者が手で計る「貯水型雨量計」が使われていた．転倒ます型雨量計の導入によって自動観測ができるようになったが，観測の最小単位は貯水型の方が細かく，1960 年代前半までは 0.1 mm 単位の観測が行われていた．

降水観測の問題の 1 つとして，受水器周辺の気流の乱れによる降水の取り逃がしがある．これにより，降水量の過小評価が生ずる．観測値と真の降水量の比（捕捉率）は風速とともに低下し，風が非常に強いときは，雨の場合で 0.8 以下，雪の場合は 0.5 以下になる．捕捉率は雨量計の種類や，風除けの有無によっても異なる．このほか，受水器に入った降水が観測されずに蒸発するという問題（蒸発損失）もある．蒸発損失は，貯水型雨量計では総降水量の 0 ～ 4%，転倒ます型ではそれよりも大きいとされる．

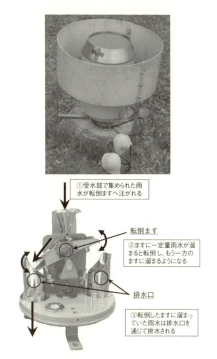

① 受水部で集められた雨水が転倒ますへ注がれる

転倒ます

② ますに一定量雨水が溜まると転倒し，もう一方のますに溜まるようになる

排水口

③ 転倒したますに溜まっていた雨水は排水口を通じて排水される

図3　転倒ます型雨量計　上は外観，下は内部構造（内部構造の図は『こんにちは！気象庁です！』2008 年 9 月号による）．

2.5 積雪と降雪

雪に関する観測項目としては，積雪の深さと降雪の深さがある．積雪の深さは積もっている雪の深さ，すなわち地面から雪面までの高さである．一方，降雪の深さはある時間内（6 時間とか 24 時間とか）に新たに降った雪の深さをいう．積雪はだんだん締まっていくので，積雪と降雪の関係は単純な足し算にはならない．例えば，40 cm の積雪があったところへ新たに 20 cm の降雪があった場合，降雪後の積雪の深さは 60 cm ではなく，それよりも小さい値になる．

積雪の深さは，以前は雪尺（ゆきじゃく）を使って目で測っていた．これは，地面に立てた物差しである．今は超音波やレーザーを使って自動観測される．一方，降雪の観測に

は以前は雪板（ゆきいた）が使われた．雪板は平らな板であり，これを屋外へ出しておいて，一定時間後にその上へ積もった雪の深さを目で測るものである．自動観測が導入された後は，雪板は使われなくなり，1時間ごとに積雪の深さの増分を求め，その積算値を降雪の深さとしている．これは一般に，雪板による観測値と同じではない．

　以上のように，気象庁の観測データといえどもいくつかのバイアス要因がある．本来，気象観測の第1の目的は日々の防災情報や天気予報のためのデータを得ることであり，その精度については費用対効果という観点を含めて許容範囲が定められている．このようなデータを気候の調査に使う際には，その特性や限界を理解して取り扱う必要がある．なお，気象庁内ではデータの品質確保に向け，測器の改良や設置方法の工夫などさまざまな努力が行われていることを付記しておく．

［藤部文昭］

第3章 データの空間代表性

　気象データを扱うときには，その空間代表性，すなわちそのデータがどの地域・範囲の状態を表すかということを意識すべきである．

　一般に，ある地域内の気象状態が完全に一様だということはなく，程度の差はあれ場所による違いがある．「○○市の気温が3.7℃だ」といっても，それはその市の観測所で測った気温が3.7℃だということに過ぎない．このことが特に問題になるのは，現象の局地性が強い場合や，地形その他の影響によって恒常的な地域差が存在する場合である．

　大気現象の中には，ごく狭い範囲にだけ起きるものがある．夏の夕立はその例である．また，夕立ほど局地的でなくても，雨の降り方には多かれ少なかれムラがある．ある観測所で50mmの雨が記録されたとしても，その周囲一帯で同じ量の雨が降ったとは限らない．もっとも，長い期間のデータを平均すれば夕立などによる局地性は解消されるだろう．ある日はA町，別の日はB町というように，日によって降る場所が変われば，長い年月のうちには降水量の分布が一様に近づいていくだろうからである．

　しかし，地形や土地利用状態に起因する局地性は長期間の平均値にも現れる場合がある．これは「第I編　序論」の「第2章　日本の気候概要」で解説された地域気候の応用問題である．例えば，海岸のすぐ近くの観測所では，春〜夏の昼間には海風の影響を受けて気温の上昇が抑えられ，日最高気温は低めに抑えられる．同じ市内でも，海岸から離れた場所では気温がもっと上がるだろう．あるいは，市街地に観測所があれば，その気温はヒートアイランドの影響のため，郊外よりも高い可能性がある．気候データを扱うときには，このような局地性を念頭に置くことが望ましい．

　都市・郊外や沿岸・内陸の差だけでなく，もっと狭い範囲の局地性が長期間の気候データに現れることもある．例えば，都市部であっても広い緑地の中や，川べりに観測所があれば，ヒートアイランドの影響は比較的小さいかも知れない．また，建物や樹木によって風通しが悪い場所では，春〜夏を中心として昼間の気温が高めに観測される可能性がある（志藤ほか，2015）．データの提供者と利用者との間で，観測がどのような場所で行われているか，測器の設置状況はどうか等，データに関わる付随情報（メタデータ）の共有が望まれる．　　　　　　　　［藤部文昭］

【参考文献】
[1] 志藤文武・青栁曉典・清野直子・藤部文昭・山本哲，2015：植栽・構造物が気温観測統計値に及ぼす影響——東京（大手町）における通年観測．天気，62，403-409.

世界と日本の気象記録

　気象学・気候学における極値統計とは，ある気象要素のうち，ある値以上（または以下）となるものに注目するものである．日本における気象要素の極値は，気象庁のウェブサイト（歴代全国ランキング）でデータが公開されている（http://www.data.jma.go.jp/obd/stats/etrn/view/rankall.php）．表1に示したのは通年の記録だが，同じ気象要素について月ごとの記録も公開されている．一方，世界については，Arizona State University のウェブサイト（World Weather / Climate Extremes Archive）でデータが公開されている（http://wmo.asu.edu/）．表2に示したのは世界全体の極値だが，半球ごと，大陸・地域ごとの記録もまとめられている．

　表1と表2を比較して気がつくのは，取り上げられている気象要素の違いである．日本は気温の極値の種類が細かいこと，逆に降水量は10分，1時間，日降水量しかなく，時間スケールが粗いことに気がつく．最深積雪の極値があるのは，さすが世界有数の雪国日本だけある．地球温暖化が進行する現在，日本で「最低気温の低い方から」の極値−41.0℃が更新されることはおそらくないであろう．一方，「最高気温の高い方から」の極値41.0℃や「最低気温の高い方から」の極値30.8℃は1990年代以降に生じていることがわかる．

　表2の世界の極値で興味深いのは，気圧があってその区分が細かいこと，最大の雹（ひょう）という要素があること（1kgの雹が直撃したら，さすがに命はないだろう），最長の乾燥期間があること（173か月も雨が降らないとは，さすが世界は広い），などである．なお，世界の最高気温の極値は，かつてイラクのバスラにおける58.8℃とされていた時期もあるが，データの信頼性に問題があり，現在ではこの値は採用されていない．2016年7月21日にはクウェート北部のミトリーバで54℃が観測され，これは過去100年で最も暑い気温であった（2016年7月27日付 夕刊読売新聞）．このときの新聞報道によると，表2の世界最高気温56.7℃も誤計測の疑いがあるという．

　なお，表1は気象庁の観測値だけに限られていることに注意が必要である．『2008年版気象年鑑』によれば，2007年版までの『気象年鑑』では，気象庁だけでなく部外の観測所のデータも掲載されていた．しかしながら，観測データの収集と確実な記録更新が困難なため，『2008年版気象年鑑』より気象庁の観測所のデータのみが用いられるようになった．表1に関連して，部外の観測所による極値としてすぐ気がつくものとして，最大1時間降水量の最大値187mm（1982年7月23日，長崎県長与（ながよ））と，最大日降水量1,314mm（2004年8月1日，徳島県海川（かいかわ））がある．表1によると，日本の降水量の極値は，時間スケールに関わらず1980年代以降に生じており，地球温暖化に伴う水循環の活発化と関係があるのか，今後の研究の進展が期待される．　　　　　　　［松山　洋］

表1　日本における気象要素の極値（単位・有効数字を含め，気象庁のウェブサイトによる）

	地点	道県	極値	年	月	日	度	分	度	分	標高（m）
最高気温の高い方から	江川崎	高知県	41.0 ℃	2013	8	12	33	10.2N	132	47.5E	72
最低気温の低い方から	旭川	北海道	−41.0 ℃	1902	1	25	43	45.4N	142	22.3E	119.8
最高気温の低い方から	富士山	静岡県	−32.0 ℃	1936	1	31	35	21.6N	138	43.6E	3775.1
最低気温の高い方から	糸魚川	新潟県	30.8 ℃	1990	8	22	37	02.6N	137	52.5E	8
最大10分間降水量	室谷	新潟県	50 mm	2011	7	26	37	33.0N	139	22.2E	200
最大1時間降水量	香取	千葉県	153 mm	1999	10	27	35	51.5N	140	30.1E	37
〃	長浦岳	長崎県	153 mm	1982	7	23	32	54.5N	129	44.3E	510
最大日降水量	魚梁瀬	高知県	851.5 mm	2011	7	19	33	36.9N	134	06.5E	450
最大風速	富士山	静岡県	72.5 m/s（西南西）	1942	4	5	35	21.6N	138	43.6E	3775.1
最大瞬間風速	富士山	静岡県	91.0 m/s（南南西）	1966	9	25	35	21.6N	138	43.6E	3775.1
最深積雪	伊吹山	滋賀県	1182 cm	1927	2	14	35	25.1N	136	24.8E	1375.8

表2　世界における気象要素の極値（同上．ただし Arizona State University のウェブサイトによる）

	地点名	州名，国名	極値	発生日時	度	分	度	分	標高（m）
最高気温	Furnace Creek (Greenland Ranch)	CA, USA	56.7 ℃	1913/7/10	36	27 N	116	51 W	−54
最低気温	Vostok	(Antarctica)	−89.2 ℃	1983/7/21	77	32 S	106	40 E	3420
海面気圧の最高値（標高750m 未満）	Agata	Russia	1083.8 hPa	1968/12/31	66	53 N	93	28 E	261
海面気圧の最高値（標高750m 超え）	Tosontsengel	Mongolia	1089.1 hPa	2004/12/30	48	44 N	98	16 E	1724.6
海面気圧の最低値（竜巻を除く）	Eye of Typhoon Tip		870 hPa	1979/10/12	16	44 N	137	46 E	0
最大1分間降水量	Unionville	MD, USA	31.2 mm	1956/7/4	38	48 N	76	08 W	152
最大60分間降水量	Holt	MO, USA	305 mm	1947/6/22	39	27 N	94	20 W	263
最大12時間降水量	Foc-Foc	La Réunion, France	1.144 m	1966/1/7-8	21	14 S	55	41 E	2290
最大24時間降水量	Foc-Foc	La Réunion, France	1.825 m	1966/1/7-8	21	14 S	55	41 E	2290
最大48時間降水量	Cherrapunji	India	2.493 m	1995/6/15-16	25	02 N	91	08 E	1313
最大72時間降水量	Cratère Commerson	La Réunion, France	3.930 m	2007/2/24-26	21	12 S	55	39 E	2310
最大96時間降水量	Cratère Commerson	La Réunion, France	4.936 m	2007/2/24-27	21	12 S	55	39 E	2310
最大12ヶ月降水量	Cherrapunji	India	26.47 m	1860/8-1861/7	25	02 N	91	08 E	1313
最大の雹	Gopalganj district	Bangladesh	1.02 kg	1986/4/18	23	00 N	89	56 E	4
最長の乾燥期間	Arica	Chile	173 ヶ月	1903/10-1918/1	18	29 S	70	18 W	65
最大瞬間風速	Barrow Island	Australia	113.2 m/s	1996/4/10 10:35 UTC	20	49 S	115	23 E	64
最大瞬間風速（熱帯低気圧に伴うもの）	Barrow Island	Australia	113.2 m/s	1996/4/10 10:55 UTC	20	49 S	115	23 E	64
雷（雷光）の最大延長		Oklahoma, USA	321 km	2007/6/20 06:07 UTC	35.86N 96.32W ～ 36.00N 99.63W				
雷（雷光）の最大継続時間		Provence-Alpes-Côte d'Azur, France	7.74 秒	2012/8/30 04:18 UTC	44.06N 4.5E ～ 43.6N 6.0E				

気候とエネルギー産業
——気候と自然エネルギー，特に風力発電について

　地球温暖化の対策として再生可能エネルギー，すなわち太陽光（熱），風力，水力などによる発電が注目視されている．これらの自然エネルギーによる発電は二酸化炭素を放出しない，無尽蔵であるというメリットをもつ反面，自然変動により供給が安定しないために電力系統が不安定になるというデメリットがある．電力の需要と供給にアンバランスが生じる場合，周波数の乱れを防ぐため，別の火力発電所などの発電設備を動かす必要が生じたり，施設の中に蓄電池などの余分な設備を設置して対処するなど，コスト面での負担も大きくなる．特に風力発電では風の短時間急変動への対応が問題になり，気象要因による風の急増あるいは急減に加え，カットオフ（風速が一般に 25 m/s を越えた時に風車設備の安全のために風車の発電を止めてしまう）の影響も考える必要がある．

　風速急変動の影響の具体的な事例として，Martinez et al. (2012) は，2009 年 1 月 23 ～ 25 日にスペインを襲った Storm Klaus（発達した低気圧）の影響について解説している．スペインとフランスの南岸では風速が 150 km/h（約 42 m/s）を超えたことによる風力のカットオフの影響があったが，予測と実際がかなり乖離し，火力発電所を稼働させることになった．このタイプの事象では予測が難しいことを指摘している．また，Bradford et al. (2010) は，テキサス ERCOT (Electric Reliability Council of Texas) の管内において 2008 年 2 月 26 日に大気下層が急に冷却され，安定層ができた時に風速の大きな減少が生じ，電力システムの非常事態が起こったことを報告している．このように風力発電所にとって風速／発電出力の急変動現象はリスクの高いものであり，これを予測できるようにすることは最重要課題である．

　こうした短時間の急激な風速変動（それに伴う発電出力の急激な変動）はランプとよばれ，最近注目が高まっている．ランプの原因としては，例えば前線や低気圧などの大規模な気象要因の通過に伴うものがよく知られているが，その構造は必ずしも単純ではなく，気圧傾度は空間的に一様あるいは緩やかではないため，局地的（例えば低気圧の後面など）に急な変動が生じることもある．また，これらに加え，特に地形が複雑な日本では地形性の風（地峡風：気圧傾度方向が谷などの地形に沿って強風を吹かせる方向に一致したとき生じる強風）の始まりや終わりに生じることもある．さらに，夜間の地表付近の大気の安定度の強まりにより風速が弱まる効果で，日射がなくなる夕方に風速が急減，日射が始まる午前中に急増する事象も報告されている．また，米国などでは大規模な雷雨に伴う風速の変化（ダウンバーストなど）も注視されている．

　風力発電にとって，発電システム全体の運用にかかわることからこれを予測する必要があり，すでに風力発電量を商業ベースで予測している機関を含め，新たな手法開発やその評価が行われている．しかし，ランプの定義自体が明確でなく，予測手法自体も数値シミュレーションや過去の実測データに基づく統計モデルまでさまざまであり，その評価を

行うのは難しく，現在盛んに研究が進められている.　　　　　　　　　　　[加藤央之]

【参考文献】

［1］ Bradford, K.T., R.L. Carpenter and B.L. Shaw, 2010: Forecasting Southern Plains Wind Ramp Events Using the WRF Model at 3-KM, American Meteorological Society 9th Annual Student Conference.

［2］ Martín-Martínez, S., E. Gómez-Lázaro, A. Molina-Garcia, A. Vigueras-Rodriguez, M. Milligan, E. Muljadi, 2012: Participation of Wind Power Plants in the Spanish Power System during Events, IEEE, 1-8.

第 IV 編

気候をより深く
理解するために

第1章　平野の気候の特徴と成り立ち

気候を特徴づける要素としては，風，雨（雪），気温等がある．このうち，風や雨は「平野」という地形的な特徴とは異なる，気圧配置などのもう少しスケールの大きい要因（総観スケールの要因）が支配していることが多い．また，日々の気温の変動も気団や高・低気圧の移動など総観スケールの影響を受けている．しかし，そのような比較的短時間に変化する要因以外に，地形的な特徴に対応した気候も存在する．日本の国土の約70％は山岳であり，関東平野などを除くと比較的広い平坦な土地は海岸付近に限られる．山岳などにより地表面の傾斜があれば，山の陰ができるなどの放射環境の変化や（放射とは日射と赤外放射をさす，「1.1　熱収支」参照），地形による風の変化等の影響を受ける．そういう意味では，平野の気候は比較的単純である．また，地表面が森林，畑，都市など一定の大きさのスケールをもって変化していると，それらの差異は局所的な気候に影響しており（都市気候など），その特徴は気温などの熱的なプロセスに現れやすい．このためここでは，熱的なプロセスに重点を置いて解説する．

平野の熱的なプロセスは，地表面温度や気温を決めるエネルギーの出入りを記述する熱収支，降水・蒸発・土壌中への浸透等の水の出入りを記述する水収支，およびそれらの季節変化を調べることにより理解できる．

1.1　熱収支

熱収支とは，対象となる物質（土壌や空気）における熱エネルギーの出入りと，その物質の性質（熱容量や密度など）により決まる温度の時間変化を考えるもので，このバランスにより物質の温度が変化する．初めに地表面における熱収支を考えてみる．ただし地

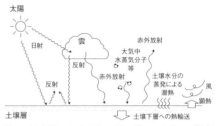

図1　地表面における熱エネルギーの出入り（熱収支）

表面は樹木などが生えていない裸地とする．図1にあるように地表面は太陽からの日射，雲等からの日射の反射，大気中の水蒸気分子等からの赤外放射を受ける．地表面では日射の一部が反射され，また地表面はその温度に対応した赤外放射を大気中に射出している．大気と地表面が直接ふれることにより，大気と地表面は熱交換を行い，地面に水分が含まれていれば，水分が蒸発（結露）することにより，気化熱の吸収や凝結熱の放出が起きる（「1.2　水収支」参照）．地表面の下では，さらに下側の土壌層等に熱伝導により熱が移動する．

地表面が年間に受ける日射の総量は緯度とその場所の雲量，および地表面の反射率（土等の色）などに左右される．大気からの赤外線量は上層を含めた大気の温度，水蒸気量，二酸化炭素の量，および雲量に依存する．図2に札幌，東京，新潟，那覇の1981〜2010年の全天日量の日積算値の月別平年値を示す．積算日量の月変化パターンは，地点による緯度の差ばかりではなく，梅雨や日本海側の冬期の降雪の影響により異なっている．

地表面の熱収支（図1）において，日射と赤外放射の収支量（放射収支量または純放射量ともいう）から地中に移行する熱エネルギー（貯留）を除いた分が大気に移行するエネルギーとなる．これには，直接の温度変化

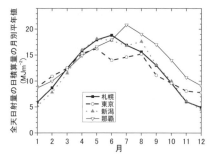

図2 札幌，東京，新潟，那覇における全天日射量の日積算値の月別平均値

を表す「顕熱」と，水蒸気の形をとる「潜熱」とがある．地表面から水蒸気が放出される際には，水の蒸発のための気化熱が消費される．蒸発した水蒸気は，いずれは大気中で凝結して水になり，そのときには凝結熱が放出される．こうした水蒸気の蒸発・凝結の熱エネルギーのことを「潜熱」とよぶ．放射収支量が貯留，顕熱，潜熱にどのように分配されるかは，土壌に含まれる水分量が重要なパラメータとなってくる．これを決めるのが次節の水収支である．

次に，実際に私たちが暮らしている大気下層の熱収支を考えてみる．基本的な考え方は地表面と同じであるが，異なる点は，大気自身が動いており，上空の気温が時空間的に変化することである．つまり大気下層では，地表面からのほかに上空や水平方向からの風による顕熱の出入りがあり，これには平野のまわりにどのような地形が存在するかが，大気下層の気温に影響することがある．例えば海岸付近の平野であれば，夏季の昼間には海から涼しい海風が入ってくるので，最高気温は内陸よりは低くなる（「第2章　沿岸部の気候の特徴と成り立ち」参照）．平野の奥に山岳があり，その山岳の方向から風が吹いてくる場合には，上空の気温が高まることがあり，地表面から大気下層中に同じ量の顕熱が放出されていても，このような場合には地上付近に熱がたまりやすく，気温が上昇しやすい．

1.2　水収支

水が氷から液体の水へ，また液体の水から水蒸気へ相変化する際，多くの熱エネルギーを吸収する（それぞれ融解熱，気化熱という）．逆方向に相変化をすれば熱エネルギーを放出する．地中に液体水として存在する水が地表面で気化し，水蒸気に相変化する際には温度により 1 kg 当たり $\ell = 2.48 \times 10^6$ Jkg^{-1}（10℃），2.43×10^6 Jkg^{-1}（30℃）の気化熱 ℓ をまわりから吸収する（Jはジュール）．また地中の液体水の存在は「1.4　植生の影響」で述べる植生に影響し，植生もまた熱収支・水収支に大きな影響を及ぼす．なお，植物が呼吸等に伴って水蒸気を放出することを「蒸散」といい，熱収支においては蒸発と同じ効果をもつので，蒸発と併せて「蒸発散」という．

地表面での水収支の式は，

$$p = E + f + \Delta r \tag{1}$$

で表される．ここで p は降水量，E は蒸発散量，f は地面への浸透，Δr は表面を水として流れてしまう流出である（図3）．降水量は通常 mm で表すが，水の比重を1とすれば，1 mm/m² ＝ 1 kg/m² であることを覚えておくとよい．(1)式にある f（浸透）は直接の測定が難しいので，土壌水分量の変化 ΔS で表すことが多い．

$$p = E + \Delta S + \Delta r \tag{2}$$

人為的な灌漑があればその項が右辺に加え

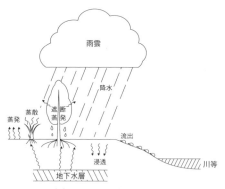

図3　地表面における水の出入り（水収支）

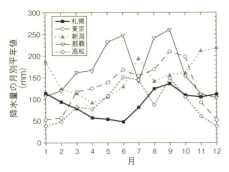

図4 札幌，東京，新潟，那覇，高松における降水量の月別平均値

られる．E には水たまりの水面からの蒸発，土壌水の蒸発，植生からの蒸散が含まれる．結露も通常 E に含まれる（符号はマイナスになる）．この水収支式(1)に現れる E に，水の気化熱 ℓ を乗じたものがそのまま熱収支の潜熱に対応するので，熱収支と水収支には密接な関係がある．図4に各地の降水量の月別平年値（1981 ～ 2010）を示す．降水量の季節変化は全天日射量の日積算値（図2）と比較すると日本国内における地域差が大きい．

1.3　季節変化

　日本の多くの平野の水平スケールはだいたい数十 km 程度であり，内陸には山岳が存在する．このため平野の気候も，これら山岳の影響を少なからず受ける．また，日本の気候の特徴は季節変化があることであるが，季節風と山岳の影響により，図4にあるように，降水量の季節変動の特徴は地点により大きく異なる．各地の気候については「第 II 編　日本各地の気候」に詳細が記載されている．

1.4　植生の影響

　植生の存在は，その場所の気候に大きな影響を及ぼし，また植生自身もその場の気候に影響される．このように気候と植生は相互に作用を及ぼし，また森林生態系の遷移や人為

的開発とともに変化をする．植生は水収支と熱収支に大きな影響を与える．気候に対して森林がどう対応するかについては，降水量と可能蒸発散量（地面および植物に十分水が供給されているときに起きる蒸発散量で，気温が同じであっても湿度や放射収支量により異なる値をとる）の比から整理することがなされてきた．例えば Budyko は，放射乾燥度 RDI（radiation dryness index）を提案した（森林水文学編集委員会，2007）．これは年間の積算降水量（P）をすべて蒸発させるのに必要なエネルギー（lP）と，年間の積算純放射量（R_N：放射収支量を年間にわたって積分したもの）との比である．lP は可能蒸発散量とほぼ比例関係にある．

$$RDI = \frac{R_N}{lP} \tag{3}$$

世界的には RDI が大きいところは放射収支量が大きく（したがって低緯度）または lP が小さい乾燥気候であり，RDI が小さいところは放射収支量が小さく降水量はそこそこある極域に対応する．日本の場合，$P = 800 - 4000$ mm，$R_N = 1.5 - 3.0$ GJm^{-2} であり（GJ はギガジュール），$RDI \leq 1.0$ であって，ほとんどの領域で森林が発達することができる．森林の樹種については主に積算純放射量の差により，積算純放射量の大きい方から常緑広葉樹，落葉広葉樹，針葉樹の順に分布しやすい．放射収支量の測定地点はあまり多くないので，これに代わって積算気温や温量指数で整理することもよくなされる．ここで温量指数とは，月平均気温が 5℃ 以上となる月の平均気温から 5℃ を差し引いた値を，月ごとに 1 年間足し合わせた値である．

　植生，特に樹林の存在は，周辺の気候を変える．植生がない場合，地表面付近の水分のみが熱収支に影響するが，植生は根による吸水により，樹木によっては地下 10 m 以下の水も利用することができる．また葉面を何層にも広げられるため，同じ面積の地面の数倍の熱交換・水交換の面積を確保することができる．これらの影響は，放射環境，熱収支，風環境，水収支に影響し，都市域では大気汚

染物質の除去過程にも影響する．樹木の幹や
葉の存在は，樹林内部および下部の日射を減
衰させる．入射エネルギーの多くは，樹林の
上部で顕熱や蒸散による潜熱に変換される．
また立体的に存在する樹木から出る赤外線
は，樹林内を等温化させる方向に働く．樹木
の幹は地面と同様貯熱するため，気温の日変
化の振幅を小さくし，時間変化の位相を遅ら
せる．葉は小さく，また何層にもなるため，
大気との熱交換を促進する．葉面積が大きい
ことは，雨が地面に落ちずに葉面上で蒸発す
る遮断蒸発を促進し，降水後の水の流出量が
急激に増加することを防ぐ．樹木は蒸散によ
り立体的に潜熱を放出する．また葉や幹の存
在は樹林内の風速を低下させる．このような
作用により，樹林内では気温の変化や風の変
化は相対的に小さく，湿度は高くなる．この
ような樹林の作用は，防風林，防雪林をはじ
め屋敷林などに利用されている．[近藤裕昭]

【参考文献】
[1] 森林水文学編集委員会，2007：森林水文学，
　森北出版，338p.

第2章　沿岸部の気候の特徴と成り立ち

2.1　沿岸部の気温

　沿岸部とは，内陸部と対照される概念である．その違いは，海からの距離の違いによるが，それは相対的なものであり，一定の距離で境界線を引けるわけではない．大陸では海から100km程度までを沿岸部とみなすこともあれば，海に面した小都市の海岸寄りの数kmを沿岸部，それより奥を内陸部とよぶような場合もある．

　気候に関しては，海洋性気候と内陸性（大陸性）気候とよべる相対的な概念が存在し，前者は気温の日変化や年変化の幅が小さく，後者はそれらが大きいことを最大の特徴とする．沿岸部は海洋性気候の特徴が濃く，内陸部に比べると一般に厳しい暑さ・寒さが少なくて，気候が穏やかといわれる．それは海と陸地表面の材質の違いで説明される．昼間の日射による加熱量が同じでも，陸地表面部分の昇温は表面直下に集中し，また材質の比熱も，一般に海水より小さいために昇温幅が大きくなりやすいのと対照的に，海面水温の上昇は，水面下との混合や光の透過によってごく小さく抑えられる．表面の放射冷却による夜間の降温幅も，同じ理由で海面の方が小さくなる．海上の気温はその影響を受けて陸上の気温よりも変動が小さく，海上の空気が流れ込みやすい沿岸部でも，多かれ少なかれ気温変化が緩和されるのである．関東北部山沿いの平地で，ほぼ同緯度の沿岸部と内陸部に位置する日立と鹿沼の気温（図1）にそれを見ることができる．

　ただし，沿岸部と対比したときの内陸部の暑さ・寒さの厳しさには多くの場合，海岸からの距離だけでなく陸上の地形その他の効果，すなわち盆地や谷間であったり，標高が高かったり，風の通り道であったり，積雪があったり，都市域が少ない，などの影響が交

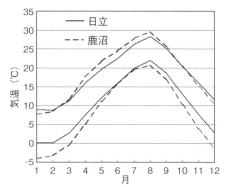

図1　茨城県北部沿岸の日立と栃木県中央部の鹿沼の日最高気温・日最低気温の毎月平均値（平年）

錯している．内陸部でも都市ではヒートアイランド効果により寒さが緩和される．これらの各要素がどのように気温に影響するかについては，盆地・山岳・都市の気候の章の記述も参考にされたい．

　また，海上の気温の変動幅が相対的に小さいからといって，一概に沿岸部の気候が穏やかであるともいえない．初夏から盛夏にかけて，親潮の流れる海上から北海道・東北地方の太平洋岸に吹き付ける北東風はやませとよばれ，季節としては異常な寒さをもたらし，年によっては長く続いて，これらの地方における冷害の誘因となる．やませの影響は沿岸部にとどまらないが，その冷気層は薄いため，脊梁山脈を越えて日本海側に至ることは少ない．

2.2　沿岸部の風
2.2.1　強風

　海上では陸地面に比べて粗度が小さく，表面抵抗が小さいため，一般に風速は大きくなりやすい．その影響により，陸上でも海岸沿いの地域は内陸に比べて強い風が吹きやす

表1　気象官署・アメダスの最大風速ランキング（2014 年まで）

順位	都道府県	地点	観測値		
			m/s	風向	起日
1	静岡県	富士山	72.5	西南西	1942/4/5
2	高知県	室戸岬	69.8	西南西	1965/9/10
3	沖縄県	宮古島	60.8	北東	1966/9/5
4	長崎県	雲仙岳	60.0	東南東	1942/8/27
5	滋賀県	伊吹山	56.7	南南東	1961/9/16
6	徳島県	剣山	55.0	南	2001/1/7
7	沖縄県	石垣島	53.0	南東	1977/7/31
8	鹿児島県	屋久島	50.2	東北東	1964/9/24
9	北海道後志	寿都	49.8	南南東	1952/4/15
10	沖縄県	那覇	49.5	東北東	1949/6/20
11	沖縄県	下地	49	北西	2003/9/11
12	沖縄県	志多阿原	48.9	南南東	2010/9/19
13	静岡県	石廊崎	48.8	東	1959/8/14
14	沖縄県	北原	48	北北東	2007/9/14
15	千葉県	銚子	48	南南東	1948/9/16
16	沖縄県	与那国島	47.8	東	1965/8/18
17	長崎県	野母崎	46	南東	2006/9/17
18	愛知県	伊良湖	45.4	南	1959/9/26
19	沖縄県	大原	44.3	南東	2010/9/19
20	東京都	八丈島	44.2	西	1938/10/21

注）小数点以下のない風速は 2009 年以前のアメダス地点の記録.

図2　関東南部に現れた局地前線の模式図（出典：吉門ほか，1993）

い．それが顕著に表れるのが，外洋に突き出した岬であろう．台風の接近時など，災害に結びつくような強風が観測されるとき，第1に報じられるのが室戸岬，潮岬，御前崎，犬吠埼（銚子）など，お馴染みの地点であることが多い．気象庁の最大風速ランキング（表1）でも，上位 20 位までの大半が離島と岬であり，それ以外でも沿岸部であるか，または高山の山頂部での記録である．

海上の強風が陸上にそのまま影響する地域と，陸上の地形の影響で強風が遮蔽される地域との間に明瞭な境界線が形成されることがある．図2は晩秋季に日本海を低気圧が通過する際に，しばしば観測されるパターンである．低気圧に吹き込む南西風は暖かく，伊豆半島を回り込んで房総半島を吹き抜けるが，それより北部では伊豆半島を含む関東西部の山地にブロックされて，関東平野の冷気溜まりを吹き払うことができず，数百m以上の上空を通過する．地上の境界線をはさむ気温差は 10℃ に及ぶことがあり，局地前線

とよばれる構造の典型例の1つとされている．局地前線の北側の冷気塊は，上層の南西風との間に顕著な逆転層を伴う．

図2のように山地の存在が大きく関与しなくとも，内陸部の冷気と海上から吹き込んだ暖気の間に風の水平シア（境界域の両側で風向・風速に差があること）が生まれ，前線的な構造が見られることはしばしばあり，このタイプの局地前線は沿岸前線ともよばれる．冷気側は弱風で大気汚染による悪視程を伴うことも多く，一方，暖気側は高湿のため，冷気との間で霧や降水を発生させることも多い．羽田空港や成田空港は，このような原因による強いシアと悪視程の影響を比較的受けやすい場所に位置している．

2.2.2　海陸風

a）海陸風の定義

海陸風は，基本的に同様のメカニズムで出現する海風と陸風を一括したよび方である．

海陸風の起動源は，「2.1　沿岸部の気温」でもふれた海陸の熱特性の差である．それによって，昼間の日射のもとでは陸地表面の方が海面よりも高温となり，ひいては陸上の方が海上よりも気温が高くなる．高温域は相対的に地上気圧が低くなるため，地上気温の上昇とともに海から陸に向かう風系が生まれる．これが海風である．海風の進入は沿岸部の気温に影響を与える．

夜間は昼間と逆に，陸地表面では海面より

も放射冷却による降温が著しい。その結果、海上の方が陸上よりも相対的に高温になったとき、陸から海に向かう風が吹くこととなり、これを陸風とよぶ。

天気図に見られる高気圧や低気圧のような大きさを総観スケールといって、数百 km から数千 km に相当するが、海陸風はそれより一桁小さく（メソスケールという）、局地風というよび名で一括される現象の代表格である。風の原動力である気圧傾度も、高気圧・低気圧の間の気圧傾度ほど強くはないため、広く高気圧におおわれて総観スケールの気圧傾度が小さい日によく発達する。また、海陸風の気圧傾度の源である昼間の陸地表面への日射にしても、夜間の放射冷却にしても、高気圧圏内の晴天のもとでこそ大きくなる。

上記のような学術的定義によると、海風・陸風は 1 日周期で変化する海陸の温度差に起因し、物理モデル的に表裏一体の関係にある対称物のように考えられやすい。しかし、海風と陸風の具体的な構造には、互いに対称的とはいい難い側面があるだけでなく、用語としての使われ方においても、それぞれ定義から逸脱し、より広範囲で使用される傾向がある。すなわち、海風という語は、学術的定義のような熱的メカニズムとは無関係に、単に海から陸に向けて吹く風をさすこともあり、さらには風向とも無関係に海上や海岸地帯で吹いている風をさすこともある。陸風という語は、海から吹く風との対比で用いられる場合があるほか、学術分野においてさえ、定義より広い解釈で使用されることが多い。この詳細は「c) 陸風の実態」で述べる。

b) 海風の実態

海風の出現実態としては、出現する日としない日の比率、開始・終了時刻、主要風向と風速の経時変化、海岸からの進入距離、などが地域の気候要素となるであろう。これらの諸特性は、海風の生成メカニズムに関連する次のような地理的条件や総観スケールの気象条件に支配され、地域ごとに、日ごとに、年ごとに、かなりの幅がある。

①海岸線の屈曲状態、および海岸から内陸方面にかけての地形、②日射強度、日照時間、③総観スケールの気圧傾度とその向き、④沿岸海域の海水温。

このうち、①の基本形はまっすぐな海岸線と平坦な広い平野であり、国内で最もそれに近いのは関東平野の東岸、十勝平野、越後平野などであろう。しかしこれらの地域でも、海風の成長過程では、隣接する沿岸域の海風系や、内陸側の山地などの地形に伴う局地風系との結びつきを切り離して論じることはできない。ここでは、温暖で出現率が高く、調査例の多い関東平野の海風を取り上げ、②が大きく③が小さい夏季の好天日の状況を中心に述べる。

関東平野では、中央部に近い東京湾と、西の相模灘、東の鹿島灘、さらに房総半島の外側の九十九里浜の沿岸で、それぞれの系統の海風が起きる。それらの典型的な発達・衰退経過は図 3 のように描かれている。沿岸部での平均的な開始時刻は 9 時頃、終了時刻は 21 時頃である。最盛時の海風の代表的な風速は、沿岸部の地上で 5 m/s 程度であり、最大風速は地上 300 ～ 500 m 付近にあってもう少し大きい。海風の出現率は、②が大きく③が小さい好適な条件を満たす日の出現割合に依存する。数年ごとに起きる天候不順の夏や台風が次々に接近する夏には 10 ～ 20 % に減少することもあるが、好天日が続く暑い夏には 70 ～ 80 % にまで増加し得る。なお、冬季でも 20 % 程度の出現率があるという報告もあるが、海岸付近に限られる。

関東地方の海風に即して、留意すべきことを 2 つ指摘しておきたい。

まず、夏季には南方洋上に張り出す太平洋高気圧から、総観スケールの南寄りの風が吹く。これが関東でも卓越風となり、夜間も南風が続くことが多い。海風は理論的には昼間しか出現しないので、夜間も南風が継続したときの昼間の南風は非海風とみなすか、あるいは海風と総観スケールの南風が重なったものと考えるか、見解は分かれる。どちらを選ぶかは、調査・統計の目的によって変わり得る。

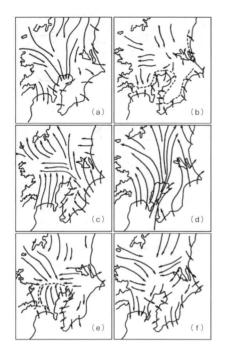

図3 関東平野の典型的な海陸風の出現パターン
(出典：河村, 1977) (a) 朝6時頃，(b) 9〜
10時頃，(c) 正午頃，(d) 15時頃，(e) 21〜
24時頃，(f) 夜半3時頃.

第2に，関東平野は日本で最も広いとは
いえ，背後に2,000 m級の山地が連なって
いる．そのため海風と類似のメカニズムで生
成する谷風系と沿岸部で起きる海風系は，そ
れぞれの開始から数時間のうちに結合して一
体化し，大規模な風系に発達することも多
い．図3 (d) はそのような段階に見られる
パターンで，「広域海風」などとよんで純粋
な海風と区別することがある．このように流
線が一体化すると，その先端部までが海から
流入した気塊であると誤解されやすいが，一
体化と同時に沿岸部の大気汚染物質が全体に
行き渡ったりはしないことに留意すべきであ
る．
c) 陸風の実態
「b) 海風の実態」にあげた海風に対する支
配条件の①と③〜④は，そのまま陸風にも該
当する．②の日射強度，日照時間は夜間の現
象である陸風には当てはまらず，陸地面の放
射冷却の強さなどがそれに代わる要素といえ
よう．日射強度は季節と天候によって大きく
変化するが，放射冷却はそれほど季節には依
存しないため，陸風の出現には海風ほどの季
節的偏りがないと考えられる．

海風が谷風系と一体化しやすいのと同様
に，陸風は夜間に山地で生成する山風と一体
化していることが多い．陸風が海陸の温度差
に起因する以上，本来それは海岸部から海上
に向けて吹き出すことが期待されるが，多く
の場合，内陸から海岸部に向けて吹き出す風
が陸風とよばれている．これは厳密には山風
とよぶ方が正しいといえよう．日本列島の大
部分で山地は海岸線に迫っているので，山風
が海岸部まで達するのは容易である．関東平
野でも，図3に見られるように，北部・西
部の山地や丘陵地に起源をもつ山風が朝まで
に海岸部に達することが多い．

2.3 沿岸部の天候

気候の最も主要な側面は，季節ごとの天候
と降水の特徴的な現れ方であろう．それは各
地方に特有のもので，地理的な位置によらな
い沿岸部という括り方では，その特徴をまと
めて述べることは難しい．地方ごとには，例
えば夏の雨（雷雨）は沿岸部より内陸部で多
いとか，春先の大雪は山地よりむしろ平野部
で多くなるなど，それぞれの地方で見られる
傾向としてさまざまなことがいえるであろ
う．その際，日本では広い平野が少ないた
め，沿岸部と対照すべき内陸部が山岳部や山
間部とほとんど同義であり，まぎらわしい．

また，やませという現象についてすでにふ
れたが，沿岸の海流に特有の海面水温と沿岸
部の陸地の状況により，特有の季節に冷気の
移流や濃霧の発生などの特徴的な現象が起き
やすい地方もある．

これらについては「第II編　日本各地の気
候」の地方別・都道府県別の詳述を参照され
たい．　　　　　　　　　　　　　　［吉門　洋］

第3章　盆地の気候の特徴と成り立ち

　本章では，盆地と谷における風の日変化と気温の日変化について紹介する.

　図1は谷や盆地から山の方向を見た図であり，昼夜の風の概要が矢印で記載されている.（a）は朝の日照が当たり始めた頃の斜面を上る風であり，斜面上昇風，あるいは斜面滑昇流とよばれている風である.（b）は正午頃から昼過ぎにかけてのもので，斜面上昇風に加えて谷筋を上る風がやや太い矢印で描かれている. これらの風が谷風である.（c）は夜間の状況であり，矢印は斜面下降風あるいは斜面滑降流とよばれている風系である.（d）では斜面下降風が谷筋に集まり，

やや強い風が生じた様子が描かれている. これらが山風である.

　これらの風系を理解する上で重要なことは，大気がいたるところ安定成層をしていても，これらの風系が生じることである. 日中，斜面上の下層大気が加熱されると，水平方向の気圧傾度力によって発生した斜面に向かう方向の力と空気が軽くなることで発生した上向きの力が働く. その結果，斜面に沿った上昇風が吹く.

　斜面近くの大気が冷やされた場合には，これとは逆に斜面を下降する気流が生じる. 斜面を下る流れ（斜面下降風）は相対的に重い

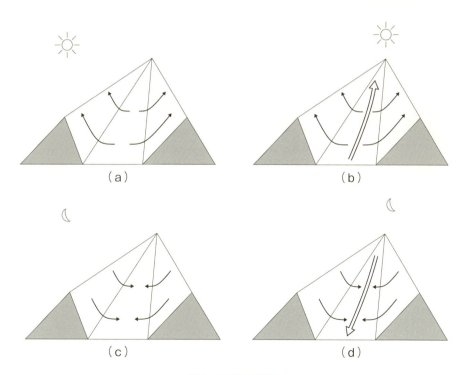

図1　山谷風の概念図

大気の下降なので，水をイメージすると理解しやすい．

最後に，盆地の気温の日変化の特徴について紹介する．一般的に，盆地や谷の中では気温の年較差が大きく（夏暑く冬寒い），日較差も大きい（日中暑く，朝方冷え込む）という特徴をもっている．

なぜ，盆地や谷の中では，最高気温が平地に比べて高くなりやすいのだろうか？　その理由の1つは，すでに述べたように，谷風循環による山岳と盆地，もしくは谷の間での顕熱輸送，すなわち，日中は盆地や谷に顕熱が集まるというメカニズムが働くためである．盆地や谷が平地に比べて日最低気温が低い理由も，日最高気温が高い理由と同様に，盆地や谷の中の大気の流れと関係している．日没後，盆地や谷の斜面は放射冷却によって冷やされ，斜面から盆地底や谷底に向かって冷気が流れ込む．その結果，盆地や谷の内では冷気湖とよばれる数百 m の冷気の層が形成される．冷気湖の厚さは，通常，盆地周囲の山の高さよりも低いため，外の空気と入れ替わることなく，盆地内の空気は冷えていく．さらには，冷気湖の存在により，大気から地面に向かう赤外放射量は減少し，そのため盆地や谷の温度はさらに低くなる．

盆地気候の特徴は，降水や，風，気温だけでなく，日照時間や霧の発生頻度などにも表れる．大きな盆地の場合，日中，盆地内循環による弱い下降気流によって盆地上空に雲が発生しにくくなり，日照時間が長くなる．一方で，盆地では，夜間から早朝にかけて冷え込むため，秋から春にかけてしばしば霧が発生する．日本における年間霧日数 30 日以上の 16 地点のうち，4 地点が盆地となっている．　　　[木村富士男・日下博幸・藤部文昭]

第4章 山岳の気候の特徴と成り立ち1──気温と降水

4.1 気温の標高依存性

　山岳は，その標高の高さから，平地とは異なる気候を形成する．一般的に最も広く知られている特徴は，気温の標高依存性であろう．上空 10 km くらいまでの対流圏内の気温は，平均的には標高が高くなるほど低くなる．その割合（気温減率）は，標準大気では 100 m につき約 0.65℃ である．海抜約 1,000 m の軽井沢の夏が東京よりも過ごしやすく避暑地になった理由も，富士山の山頂付近に（夏を除くと）いつも雪があるのも，このためである．

　図1は飯田（1981）によりまとめられた，わが国の山岳で観測された気温を，観測点の高度別にプロットしたものである．主として，山岳の山小屋などで観測された夏季の気温データを集めて，晴天日および雨天日に分けて作成されている．太い一点鎖線は筆者が比較のために加えた標準大気の気温減率（0.65℃/100 m）である．晴天日，雨天日ともに，観測された気温は標高が高くなるにつれ低くなっていることがわかる．ただし，よく見ると，観測点ごとにかなりのばらつきがあり，完全に直線的な関係にはなっていないことに気がつくだろう．山岳の気温は標高依存性に加えて，斜面の傾斜や向き，地表面状態になどにも依存するため，局所的な地域差が大きくなることに注意されたい．

4.2 降水の標高依存性

　山岳地の降水量は，平均的には，平地よりも多い．この原因の1つは，「地形性降水」あるいは「山岳性降水」とよばれる現象にある．例えば，台風や前線に向かって吹く暖かくて湿った風が，山岳斜面にぶつかると，空気塊が山岳斜面に沿って上昇し，その結果と

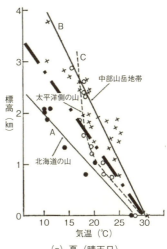

(a) 夏（晴天日）

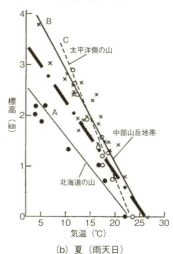

(b) 夏（雨天日）

図1　観測値から得られた気温と標高の関係（出典：飯田，1981）

して，雲が次々と発生・発達し，降水がもたらされる（図2上）．ときとして，雲が同じ

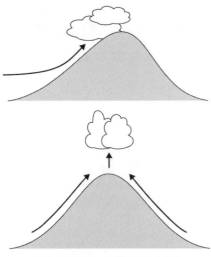

図2　山岳によって雲ができる様子

場所に次々と発生・発達することで，集中豪雨がもたらされることもある．

　山岳の降水量が平地よりも多い理由はもう1つある．それは，暖候期の晴天日における，平地と山岳での積乱雲の発生・発達のしやすさの違いである（図2下）．いままで快晴だったのに雨？　それもいきなり激しい雷雨．山ではこんなことがよくある．特に暖候期には，山は平地と比べ，突然に雨が降ることが多い．小雨ならともかく，強風や雷，濃霧を伴った豪雨や降雪は事故につながる危険さえある．以下では，山岳域におけるこの突然の雨の原因となっている，降水の日変化について説明する．

　図3は，中部日本域における降水頻度と風の分布である．2000年8月の台風・低気圧・前線などの総観規模擾乱（広範囲に悪天をもたらす現象）のない穏やかな25日間における，12時と17時の各1時間の降水頻度（影）を，アメダスによる風速ベクトル（矢印）とともに示してある．この図を見ると，12時には関東平野や東海地方および日本海側からの海風や谷風が中部山岳へ向かうとともに，一部の山岳では早くも降水が生じていることがわかる．17時には，海岸から

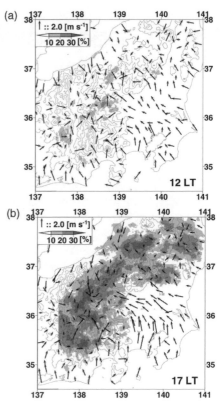

図3　観測から得られた地上風分布と降水分布
2000年8月の総観規模擾乱のない25日間の平均値．（a）が12時，（b）が17時．ベクトルは風向・風速を意味し，濃淡は降水頻度を意味する（出典：Sato and Kimura，2005）．

中部山岳へ向かう風が強まり，山岳地帯の降水頻度は，標高（50 〜 100 kmの水平スケールで空間平均したもの）にほぼ比例するように増大する．

　このような降水を理解するには，山岳と平地の間での水蒸気輸送の日変化を知っておく必要がある．図4は，数値モデルを用いて行った簡単な実験結果をまとめたものである．実験では，山頂から山頂までの距離は140 kmであり，山岳と谷底の標高差は1 kmとした．また，総観規模擾乱のない穏やかな晴天日を仮定した．実験結果を見る

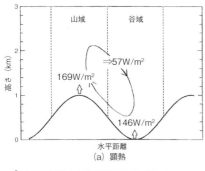

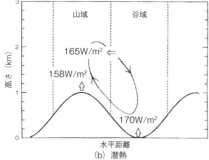

図4　数値モデルによって計算された顕熱と潜熱の輸送量　細い円を描く矢印は，谷内の流れ（谷循環）である．地面から出る上向きの矢印は，地面から大気へ輸送される顕熱・潜熱量であり，横向きの矢印は谷風循環によって輸送される顕熱・潜熱量である（出典：木村，1994）．

と，日の出後，日射により地面が暖められ，平地から山地に向かって吹く地上風と，上空で吹く反流からなる「谷風循環」が生じていた．この谷風循環によって，山から谷へ顕熱が輸送されている．図中には，顕熱輸送量と潜熱輸送量の値を数字で示してある（顕熱・潜熱については第1章参照）．図4を見ると，山から谷に運ばれた顕熱は，57 W/m² もあり，山岳上の大気がもつ顕熱 169 W/m² のおよそ 1/3 となっていることがわかる．つまり，谷の上の大気は平野に比べて 50% 程度も大きな熱量を受けていることになる．日中，平野に比べて盆地や谷で気温が高くなるのは，谷風循環によって谷の上に顕熱が集まってくるためである．

一方，水蒸気すなわち潜熱の輸送は顕熱とは逆になる．実験結果の図4を見ると，日中には，谷における蒸発量 170 W/m² とほぼ同等の 165 W/m² という大量の潜熱が谷から山に向かって移動している．この潜熱輸送により山岳での潜熱の増加量は山岳での蒸発量の2倍程度になる．すなわち，谷風循環により，山岳には日中，多量の水蒸気が集まっていることになる．その結果，山岳域での降水量は平地よりも多くなる．このことは山岳と盆地の気候を理解する上で極めて重要であり，上記した中部山岳地域の降水頻度とよく整合する．

これまで述べたように，数十 km を超える山脈や山岳地域全体にわたる広域の地形は，水蒸気の輸送にも関与するため，その地域の周囲も含めて降水の日変化に大きな影響を与えている．ただし，山岳の降水はその地点の標高に依存するだけでなく，さまざまな空間規模の地形や地表面状態の影響を受ける点にも注意されたい．

［木村富士男・日下博幸・藤部文昭］

【参考文献】
[1] 飯田睦治郎，1981：普及講座 日本の山岳気象．天気，29巻，91-100．
[2] 木村富士男，1994：局地風による水蒸気の水平輸送——晴天日における日照時間の地形依存性の解析．天気，41巻，13-20．
[3] Sato, T. and F. Kimura, 2005：Diurnal cycle of convective instability around the Central mountains in Japan during the warm season. J. Atmos. Sci., 62, 1626-1636.

風について

風はどうして吹くか

　地球は球形をしていて 22.5° 傾いた回転軸をもってほぼ 24 時間かかって自転し，太陽の周りを 1 年かかってもとの位置にもどってくる．いずれもきっちりした時間ではないので，長い年月のうちに地球上の位置と太陽の位置との関係はずれてくる．しかし，太陽が東から昇り，西に沈む昼夜の関係，春夏秋冬の季節変化，太陽から地球に到達するエネルギーの変化は多少起こるが，根本的には変わらない．

　地球上にはユーラシア大陸・アメリカ大陸・南極大陸など 6 大陸があり，ヒマラヤ・チベット山塊，ロッキー・アンデス山脈，アルプス山脈などの山地があり，太平洋・大西洋・インド洋などの広い海水面がある．そして，何よりも重要なことは空気があることである．

　これだけの条件で北半球・南半球の対流圏には偏西風が吹き，気圧の谷が西から東に移動することが説明できる．赤道近くの大気下層では赤道に向かって吹く貿易風が吹き，中緯度には高気圧帯ができ，その高緯度側は温帯低気圧がよく発生する．温帯低気圧は西寄りの風をもたらす．

　日本が位置する緯度はちょうどこの緯度帯である．四季の風の変化が大きく，12 月・1 月・2 月に冷たい冬の北-北西-西寄りの季節風が吹くのはこのためである．7 月・8 月には暑い南-南東の季節風が吹く．8 月・9 月には低緯度で発生した台風がやってくる．

　さらに，山や谷などの地形の変化，平野と海水面・湖水面などの差によって生じる山谷風・海陸風が発生する．

風のスケール

　地球規模の大気の流れをマクロスケール（グローバルスケール）の風という．テレビ・新聞の画面は東アジアの部分の高気圧・低気圧の配置を見せてくれるが，このような地域範囲の気圧配置によってきまる風をシノプティックスケールの風，あるいは地域スケール（リージョナルスケール）の風という．水平距離で数百 km から千 km のオーダーである．

　さらに狭い地域，例えば，関東平野とか，紀伊山地などの地域単位の風を局地スケール（ローカルスケール）の風，または，メソスケールの風という．さらに，マイクロスケール（小スケール）の風として，数 m から数十 m の範囲，例えば，大きな建築物の角で起きるつむじ風・ビル風などがある．室内の風などは人間生活の場に直結している．

生活の中の風

　風は気候現象であるが，我々の生活の中にも "風（かぜ）" や，"風（ふう）" の語がたくさん入っている．生理・医学用語の "風邪（かぜ）" を除くと，風評・風聞など "うわさ" の意味に最もよく使われる．次いで，学風・家風・風紀・風習など，"ならわし"・"しきたり" の意味に使われる．

　日本では，温度・湿度という表現は気象用語でも日常会話でも使うが，風度という語も表現もない．しかし，漢字の国の中国にはあって，風の強弱の度合いをいう．逆に，日本にあって，中国では使わない例もある．"ようす"・"すがた"・"おもむき" などの意味に

も風を日本では使う．風景・風物など，あるいは，洋風・日本風など形容詞として使う．しかし，中国では様式・様子・態度の語を使い，風と組み合わせた語を使わない．

"おしえる"・"なびかせる"という意味にも使う．例えば，"兄貴（あにき）かぜを吹かせる"などと使う．また，捉えどころのないもの，不可解なもの，心理作用の代名詞として，"どうした風の吹き回しか"，"風の便りによれば"などと使う．東日本大震災後，岩手県大槌町の高台に設置された"風の電話"は，罹災者の心理作用に対応する例である．

風土という語は，「古事記」・「日本書紀」の時代，8世紀初めに現れた．出雲風土記・常陸風土記など，いわゆる「古風土記」（こ-ふどき）で，内容は今日の「地誌」である．明治以来，風土（ふうど）と読み，内容は，"人間活動を取り巻く背景・基盤などの自然／人間環境のすべて"である．「気候」は人間不在でも成立するが，「風土（ふうど）」は人間が主体となって受け入れなければ成立しない．　　　　　　　　　　　[吉野正敏]

【参考文献】

［1］　吉野正敏，2008：世界の風・日本の風，成山堂，140p.
［2］　吉野正敏，2016：温暖化する気候と生活，科学，86（7）.

「温室効果」と「温室」の効果

●「温室効果」は「温室」の効果ではない

　地球温暖化の話に「温室効果」や「温室効果ガス」という用語が登場する．地球の大気は太陽から来るエネルギー（日射，短波放射）をよく通すが，地表が宇宙空間に放出するエネルギー（長波放射）を通しにくい．もし地球に大気がなかったら，地球表面の温度は平均で-18℃まで低下するが，実際の温度は約 15℃に維持されている．この恩恵をもたらすのが，水蒸気や二酸化炭素などの「温室効果ガス」である．大気が温室のような役目をするので，大気の「温室効果」とよばれる．

　さて実際の温室もこの「温室効果」によって暖まるのだろうか．ガラスは日射に対して透明だが，長波放射をまったく通さない．ガラスで覆われた温室は，太陽からの日射を通すが，地面からの長波放射を遮断する．19 世紀には，この性質によって温室が暖まると考えられていた．入るものは入れるが，出るものは出さないことから，「ねずみ取り理論」とよばれ，「温室効果」も同じ意味で使用された．「ねずみ取り理論」に疑問をもった Wood（1909）は，日射にも長波放射にも透明な岩塩板と日射だけを通すガラスで模型温室を作り，2 つの温室の気温を比べた．気温は 55℃まで上昇したが，両温室の差は 1℃もなかった．すなわち「ねずみ取り」の効果は，温室の温度上昇のうちの数十分の一にも満たなかった．寒い日に温室の窓を開ければ，たちまち室温が下がることから，Wood は疑問を抱いたと記している．彼の推察どおり，温室が暖まる主因は，ガラスが屋外との空気の交換を遮断していることに他ならない．

　地球大気と温室のガラスが放射に対して似た性質をもつにもかかわらず，温度上昇（温暖化）をもたらす仕組みは異なる．このような違いが生じるのは，温室の外には大気が存在して，大気との熱交換が大きく作用するが，地球大気の外には大気が存在せず，その作用がないからである．ときどき大気の「温室効果」を，ガラスの放射特性と温室を引用して説明する人を見かけるが，それは正しい説明ではない．

●「温室」で観測される「温室効果」

　ビニルハウスは日本で生まれた言葉で，いまでは温室よりも一般に普及している．昭和30 年代に農業用の塩化ビニルフィルムが日本で開発され，広くハウス栽培に用いられたからである．一方，ポリエチレンフィルムもトンネル栽培の被覆や地面を覆うマルチなどに使用される．この 2 種のフィルムは，日射や可視光に対しては透明だが，長波放射に対する性質は大きく異なる．厚さ 0.1 mm 程度のフィルムで比べると，塩化ビニルフィルムは長波放射の約 25%を透過，65%を吸収，残りの 10%を反射する．一方，ポリエチレンフィルムは 75%を透過，15%を吸収，10%を反射する．

　この 2 種類のフィルムをうまく利用すると，「温室効果」の仕組みの理解に役立つ．地熱の影響を受けないよう床面を断熱した模型温室を作って，よく晴れた風の弱い夜間に屋外の放射冷却にさらすと，塩化ビニルではフィルムの温度が最も低く，床面温度が最も高くなる．一方，ポリエチレンでは床面温度が最も低く，フィルム温度が最も高くなる．塩化ビニルの場合，放射冷却をフィルムが肩代わりし，長波放射による床面の冷却を間接的

に軽減する．いわば地球大気と同じような役割をフィルムが担う．これに対してポリエチレンでは，床面が直接放射で冷却され，大気のない地球に似た状況を再現する．長波放射だけに限り，さらにフィルムや床の温度を考察すれば，「温室」の効果は大気の「温室効果」と通じるところがある．

　普通の温室に2種のフィルムを張っても，気温では両者の違いがわかりにくい．どちらも，気温はフィルムと床の温度の中間を示し，それほど大きな差が現れないからである．しかし気温に大きな違いがなくても，地温には両者の差がはっきりと現れる．図1は，塩化ビニルとポリエチレンを被覆した実用規模の温室で，日平均気温と日平均地温（深さ10 cm）の関係を示した結果である．屋外に比べて温室の方が，地温が高くなるが，長波放射を通しにくい塩化ビニルの方が，ポリエチレンよりもさらに高い．実は農家は塩化ビニルの方がポリエチレンよりも作物の生育がよくなることを知っている．作物の生育は地温に敏感だからであろう．

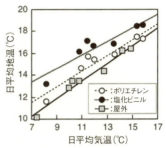

図1　温室内の日平均気温と日平均地温の関係（出典：Hamasaki ほか，2000）

　このように放射影響の大小は，先ず地温に現れる．地球温暖化は通常，観測値のある気温で評価されるが，地温にはさらに大きな違いが現れているのではないだろうか．そうだとすれば，そこに根を張る植物ひいては生態系への影響は，気温上昇から予測される以上に大きい可能性がある．　　　　　　　　　　　　　　　　　　　　　　[岡田益己]

5.1　フェーン現象

　山岳があると，フェーン現象によって，その風下で突発的な高温が発生することがある．フェーン現象とは，もともと，アルプスで吹く局地風「フェーン」の高温・低湿という特徴にちなんで名づけられた現象である．

　フェーンは，その高温・乾燥・強風という特徴上，しばしば，大火事や水稲の白穂被害などを生み出す．最近の例では，2016年12月の新潟県糸魚川の大火事がある．

　フェーン現象は研究者にもよるが，フェーンの深さ（強風の厚さ）に着目した場合は，深いフェーンと浅いフェーンの2つのタイプに分けられる．このうち，深いフェーンについては，そのメカニズムに基づき，最近ではおおよそ4つのタイプに分けられることが多い．この中で，広く知られているものに，フェーンⅠ型とⅡ型がある（図1）．日本では，Ⅰ型を湿ったフェーンあるいは熱力学フェーン，Ⅱ型を乾いたフェーンあるいは力学フェーンとよんでいる．ただ，フェーンは乾いた強風であるため，Ⅰ型を湿ったフェーンとよぶことは，このタイプのフェーンがあたかも高湿であるという誤解をまねく可能性がある．また，降水を伴わないフェーンはⅡ型に限らないため，Ⅱ型を乾いたフェーンと呼ぶのにも問題があるだろう．さらに，日本人はフェーンとよんでいるが，欧州ではフーン（に近い発音）とよんでいることも記しておきたい．

　フェーン現象を理解するためには，気温の乾燥断熱減率と湿潤断熱減率について理解しておく必要がある．そこで，フェーン現象の説明に先立ち，乾燥断熱減率と湿潤断熱減率について順番に説明する．はじめに，周囲と混ざることのない風船の中の空気のようなもの（気象学分野では，これを空気塊とよぶ）をイメージしてみよう．乾燥した空気塊がなんらかの理由によって上昇すると，上空に行くほど周囲の気圧が低くなるので，その空気塊は膨張する．膨張するということは，この空気塊は周囲の空気を押すという仕事をしたことになるため，空気塊はエネルギーを失い，温度が低下する．このときの温度低下の割合が乾燥断熱減率であり，その値は100 mにつき約1℃である．同様に，空気塊が下降するときは，この割合で温度は上昇する．

　次に，十分に湿った空気塊を上昇させてみよう．湿った空気塊の場合，ある程度の高度まで上昇し温度が下がったところで，飽和して（水蒸気が凝結し），雲ができ始めるはずである．水蒸気は凝結すると熱（凝結熱）を放出するため，空気塊の温度低下は緩和される．このため，凝結した後の温度低下の度合いは，凝結していない場合に比べて小さくなる．このような水蒸気の凝結を伴うときの温度低下率は，湿潤断熱減率とよばれている．湿潤断熱減率の値は気温や気圧によって異なるが，地上付近から上空にかけておおよそ100 mにつき，0.4〜0.7℃程度である．

　フェーンⅠ型とⅡ型のいずれのタイプも，断熱減率が発生メカニズムの鍵となる．風が山脈を駆け上るとき，空気塊は途中で飽和し，飽和した後は湿潤断熱減率にしたがい，空気塊の温度は低下していく．この間，降水によって空気塊は水を失うだろう．その後，風が山脈を越えて平地に下りていくときは，空気塊は乾燥しているので，乾燥断熱減率にしたがってその温度は上昇するはずである．例えば，図1の場合は，風下側の平地の気温は湿潤断熱減率と乾燥断熱減率の差によって，5℃上昇することになる．これが，フェーンⅠ型の基本的なメカニズムである．

　次に，フェーンⅡ型について説明しよう．

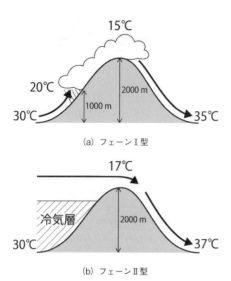

(a) フェーンⅠ型

(b) フェーンⅡ型

図1 フェーンⅠ型とⅡ型の概念図

フェーンⅡ型は，山脈の風上側で降水を伴わない点がⅠ型と異なる（図1（b））．地上から2,000 mくらいの高さにある空気塊が山脈を越えて平地に吹き降りてくると，この空気塊の温度は乾燥断熱減率にしたがって20℃上昇するはずである．したがって，標準的な気温減率（100 mにつき0.65℃の温度変化）の日を仮定した図1のような場合，風下側の気温は風上側よりも7℃高くなる．これがフェーンⅡ型の基本メカニズムである．

フェーンⅢ型とⅣ型については，本書の範囲を超えるため割愛するが，興味のある読者は，日下（2013）やElvidge and Renfew（2016）を参照するとよいだろう．

5.2 おろし風と地峡風

日本には，ある特定の地域だけで吹く局地的な強風（局地風）が存在する．局地風は，風が山を越えるときに，その風下斜面や風下山麓で強風となる「おろし風」と，谷や海峡を吹き抜けてくるときに，谷の中あるいは出口付近で強風となる「ギャップ風（地峡風，

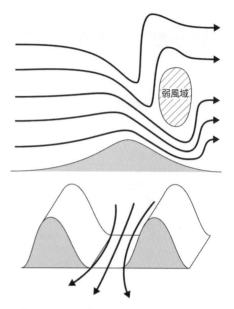

図2 おろし風（上）と地峡風（下）の概念図

海峡風）」に大別される（図2）．ただ，日本の局地風の場合，おろし風とギャップ風の両方の性質をもったものが多いと思われる．

図3は，日本の局地風のうち，広く知られているものまとめたものである．この図を見ると，○○おろし，とか，○○だし，といった名前がついているものが比較的多いことに気づくだろう．名前がついているということは，その発生に地域の地形が深く関わっていることを意味する．「だし」は，船を出すのに都合が良い風という意味と，東風という意味がある．名前に「だし」がついている局地風の多くは地峡風と考えられているが，おろし風の特徴をもつものもある．一方，名前に「おろし」がついている局地風の多くはおろし風と考えられているが，「筑波おろし」のようにおろし風でなくても○○おろしという名前がついている場合もあり注意が必要である．

日本の局地風の中では，やまじ風と広戸風，清川だしの風速が特に強く，これらは三大悪風とか三大局地風とよばれている．ただ

図3　日本の主な局地風

Map labels: 羅臼だし, ひかた風, 手稲おろし, 十勝風, 寿都のだし風, 日高しも風, 生保内だし, 清川だし, 荒川だし, 安田だし, 那須おろし, 庄川あらし, 赤城おろし, 筑波おろし, 井波風, 益田風, 榛名おろし, 比良八荒, 空っ風, 広戸風, 伊吹おろし, 鈴鹿おろし, 富士川おろし, 平野風, やまじ風, 肱川あらし, まつぼり風

し，井波風（いなみ）のように三大悪風に数えられていなくても，これらの風と同程度に強い風もある．

　局地風が吹き荒れる地域では，家屋を守るために屋敷林を植える，強風に強いサトイモやヤマイモなどの根菜類の栽培を行う，屋根瓦が飛ばないような工法を導入する，などの工夫がなされている（図4）．また，強風を利用して風力発電を行っている自治体などもある．

　これまでの研究から，おろし風は，山の高さが1,000 m以上の山脈があり，特に鞍部（凹んだ部分）をもつ山脈や風下斜面が急な山脈で，①その上空で非常に強い風が吹いている場合，②上空に気温が高度とともに高くなる層（安定層）や広域な弱風域（臨界層）があらかじめある場合，もしくは，③山の高さ・風速・大気の安定度の3つがある条件を満たした場合に発生しやすいことが知られ

図4　砺波平野の屋敷林

ている．

　おろし風を生み出す③の条件下では，あらかじめ逆転層や臨界層がなくても，山岳によって大気中に生まれた波動（山岳波）が砕けることで臨界層が発生する．そして，山を越えてきた風はこの弱風域の下を通過し，その際に気流の層が薄くなって，おろし風（強

風）となる（図2上）．おろし風は平地に達した後に跳ね上がって，もとの気流の厚さに戻ることがある．これは，跳ね水現象とよばれている．おろし風の強風域がしばしば山岳斜面もしくは風下平野の山麓付近に限定されるのは，この跳ね水現象のためである．

　地峡風のメカニズムもおろし風と似ている．地峡風は，山脈を横切る谷や海峡の風上側にある冷気層の存在によって生まれる局地的な気圧傾度，あるいは高・低気圧などによる広域の気圧傾度によって，谷や海峡から風が吹き出してくるときに発生する．

　前者のタイプの地峡風は，谷幅と風速と安定度がある条件を満たしたときに，谷の出口で強く吹くことが知られている．この場合，冷気層の厚さ（逆転層の高さ）は風下に行くにしたがって薄くなり，風も徐々に強くなる．

　後者のタイプの地峡風の場合，谷から出た風は水平方向に広がり（発散し），上空から強風（大きな運動量）が降りてくる．そのため，山の高さ，風速，安定度がある条件を満たす場合，谷の中の風がそれほど強くなくても，谷の出口では強風となる．

　アルプス山脈の風下で吹くフェーンやボラ，ロッキー山脈の風下で吹くチヌークは，おろし風の代表例として広く知られている．フェーンやチヌークは，吹走時に高温をもたらすが，ボラは低温をもたらすため，低温をもたらすおろし風をボラ型おろし風とよぶこともある．一方，地峡風と海峡風の代表例としてよく知られている風に，アルプス山脈のブレンナー峠の出口と，北米西海岸のファンデフカ海峡で吹く強風がある．日本では，三大悪風の1つである広戸風と清川だしが，それぞれ，おろし風と地峡風の代表例と一般的には考えられている．残る三大悪風の1つであるやまじ風は，四国山地を吹き降りるおろし風ともいえるが，山地の鞍部を通過するため，欧州の研究者の見方に従うと浅いフェーンあるいは地峡風といえなくもない．

[日下博幸]

【参考文献】
[1] 日下博幸，2013：学んでみると気候学はおもしろい．ベレ出版，261p.
[2] Elvidge and Renfew, 2016：The Causes of Foehn Warming in the Lee of Mountains. BAMS. March, 455-466.

第6章　都市の気候の特徴と成り立ち

　東京，大阪，名古屋，福岡，仙台，広島，岡山，新潟など日本の大都市の多くは，沿岸部に位置しており，沿岸気候の性質をもっている．その一方で，大都市であるがゆえに，田園地帯とは異なる都市特有の気候を形成している．都市特有の気候のことを専門用語で，都市気候という．

　都市気候の中で，最も顕著で有名な現象として，「ヒートアイランド」があげられる．ヒートアイランドは，都市内の気温がその周囲の気温よりも高くなる現象であり，風の弱い晴天日の都市周辺の等温線の形が地図上の島の等高線のようになることから，このようなよび名がついたといわれている．図1は，1月の早朝の茨城県つくば市の気温分布である．等温線を見ると，つくば市の中心部で気温が高く，郊外で気温が低くなっており，ヒートアイランドが形成されていることがわかる．

　ヒートアイランドは，都市があることによって，地面の熱収支のバランスが変化し，生まれると考えられている．したがって，

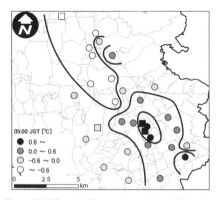

図1　茨城県つくば市における1月の午前5時の気温分布（月平均値）（■はつくば駅前の公園，□は郊外の公園）

「第1章　平野の気候の特徴と成り立ち」で説明した1.1節の熱収支の考えを用いることで，ヒートアイランドの基本的な形成メカニズムを理解することができる．

　はじめに，日中の熱収支を考えてみよう．都市の場合，地表面は道路や建物におおわれていることから，日中，熱を多く貯めることができる．したがって，熱の貯留は大きくなる．仮に，太陽や大気から地面が受け取る熱量，すなわち放射収支量が同じであるなら，日中，都市から大気に輸送される顕熱量や潜熱量に配分される量は少なくなる．一方で，都市は郊外よりも緑地や，水面，土壌が少ないため，植物の蒸散量や土壌や水面からの蒸発量が減少する．したがって，潜熱フラックスは小さくなり，顕熱フラックスは大きくなる．潜熱フラックスが小さくなる効果（それによる顕熱フラックスが大きくなる効果）と先に述べた熱の貯留が小さくなる効果（それによる顕熱フラックスが小さくなる効果）を比べた場合，一般的には後者の効果の方が大きい．このため，地表面の改変は，日中のヒートアイランドの形成要因となる．都市では人間活動が盛んなため，自動車や建物などから熱が多く排出される（人工排熱の増加）．このため，都市から大気に輸送される熱量はさらに大きくなる．人工排熱の増大も日中のヒートアイランドの形成要因となっている．

　次に，夜間の熱収支を考える．先ほど述べたように，都市の地表面は道路や建物でおおわれているために，日中，熱が多く蓄えられる．この蓄えられた熱により，都市では日没後の冷却が緩和される．さらには，人間活動は夜間でも行われるため，人工排熱により冷却はさらに緩和される．以上のことから，日中，夜間とも，地表面の改変や人間活動の増加が，夜間のヒートアイランドの主要因となっていることが理解できる．

図2 ヒートアイランド循環とそれによって生じる
小積雲の概念図

ヒートアイランドと聞くと，夏の昼間の現象を思い浮かべる人が多いが，実際はその想像とは大きく異なる．ヒートアイランド（都市と郊外の気温差）は，日中よりも夜間に強く現れ，季節的には夏よりも秋や冬に明瞭になる．ヒートアイランドが日中よりも夜間に強く表れる理由は，「第1章　平野の気候」で述べられているとおりである．夏よりも秋や冬に明瞭になるのは，地上付近の逆転層（薄い安定層）が秋や冬に明瞭になるからである．

ヒートアイランドが発生するとき，都市の気温は郊外よりも高くなっているため，「第2章　沿岸部の気候」で紹介したような海風循環に似た循環が形成される可能性がある（図2）．この循環は，ヒートアイランド循環とよばれている．日本の都市は沿岸部にあるため，海風循環の影響が大きく，ヒートアイランド循環を直接観測することは難しい．ただし，関東平野のような大きな平野の内陸では，雲の分布からヒートアイランド循環の存在を間接に見出すことが可能である．図3は，暖候期のある晴れた日の日中の雲画像である．東京湾の付近は海風におおわれているため雲がないが，少し離れた場所では海風前線によって形成された雲が東京湾の形に沿って弧状に並んでいる（図3のA-A'）．この海風前線の北側（海風が侵入していない地域）では，南東から北西方向に向かって列上に並んでいる（例えば図3のB-B'）．この雲列は首都圏の鉄道沿線都市上にあることから，沿線付近の都市とその東西にある田園地帯の気温差が生み出す，ヒートアイランド循環の一

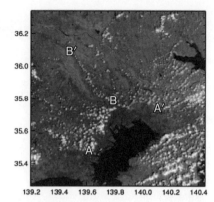

図3　人工衛星から得られた関東地方における雲の分布（出典：Inoue and Kimura，2007）

部である上昇気流によって発生していると考えられている．

ヒートアイランドは，都市の降水量を増加させていると考えられている．図4は都市が降水に及ぼす影響に関する数値実験の結果であり，■と○は都市化によって8月の降水量が有意に変化した場所を示している．この図を見ると，東京付近と関東山地のふもと付近で降水量が変化していることがわかる．図には示していないが，このうち，東京付近では都市化により降水量が増加し，関東山地のふもとでは減少していた．ただし，これらはあくまで統計的に（平均的に）見た場合の結果であり，各々の降水事例に対して都市がどのような影響を与えているかについては，また別の話である．なぜならば，降水をもたらす積乱雲は，大気の場が不安定であればどこでも発生する可能性があり，たとえ都市で降水が観測されたとしても，たまたま都市で発生したに過ぎない可能性を否定できないためである．都市で豪雨が発生したからといって，それと都市効果を直接的に結びつけることは避けるべきであろう．　　　［日下博幸］

【参考文献】
[1] Inoue, T. and F. Kimura, 2007: Numerical experiments on fair-weather clouds forming

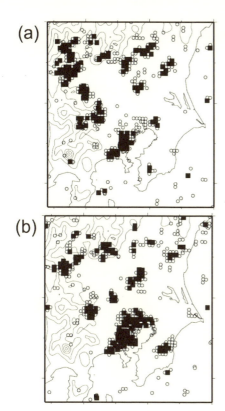

図4 都市が降水に及ぼす影響に関する数値実験の結果 ■は，都市化による過去8年間の8月の降水量の変化が有意水準99%で有意であった場所，○は95%で有意であった場所．(a)は都市全体が低層住宅地の場合の都市効果，(b)は都市全体が商業地の場合の都市効果（出典：Kusaka et al., 2014）.

over the urban area in northern Tokyo. SOLA, vol.3, p.125-128.

[2] Kusaka, H., K. Nawata, A. Suzuki-Parker, Y. Takane, and N. Furuhashi (2014) Mechanism of precipitation increase with urbanization in Tokyo as revealed by ensemble climate simulations. J. Appl. Meteor. Climatol., 53, 824–839.

『KLMAATLAS（クリマアトラス）』という地図集が 1991 年にシュツットガルト市において出版された．当時市役所に所属していたユルゲン・バウミュラー教授によるものである[1][2][3]．ドイツ語の「KLMAATLAS」という用語は「気候地図集」であり特殊な言葉ではない．しかし，その当時にシュツットガルト市で出版されたクリマアトラスの内容は「都市気候地図集」といったのであったが我々は，「都市環境気候図」という訳語を当ててきた．この時に出版されたクリマアトラスは，「気候分析地図」と「計画指針地図」の 2 つの地図から構成されており，主に，大気汚染対策として地形と土地利用と気候現象の関係について説明している．大気汚染対策と都市計画との関係から「環境の制御」を指し示す地図集となっている．図 1 に示すように，「気候分析地図」には風，土地利用，地形などの情報がオーバーレイされている．

クリマアトラスに期待されている使用方法にヒートアイランド対策がある．ヒートアイランドは人為的な活動の結果として現れる自然のメカニズムによる現象である．ヒートアイランド対策の根本を考えると，人為的圧力のない状態との比較が課題となる．人為的圧力のない状態を表現するのに「潜在自然植生」の考え方を参考に，「潜在自然気候」という概念を用いることにしている．「潜在自然気候」は，土地利用を「潜在自然植生」に置き換えてコンピュータで計算した気候シミュレーション結果から推定したものである．夏季の最高気温時で 1 km メッシュで計算した結果では，夏季最高気温時の大阪都心部で約 3℃ のヒートアイランドであった[4]．

シュツットガルト市のクリマアトラスにおける風の流れを表す言葉として，「冷気流」がある．山に囲まれた内陸にある都市では，「冷気流」が大気汚染の緩和対策の 1 つと位置づけられる．地形と風の流れとの関係は「風の道」として地図に表され，クリマアトラス表現の重要な特徴である．「風の道」の目的は，日常接する市街地の居住域に新鮮な空気をもたらし，空気の滞留による熱や汚染物質の淀みを少なくすることである．さらに，間接的には開けた気持ちのよい空間を確保すること，総合的な環境の質の向上を目指すことが最終的な目標といえる．都市計画レベルから土地利用を制御し，周囲の自然地形に基づいて良好な市街地環境を維持しようとするものである．

「風の道」の一般的な計画手順をまとめると次のようになる．その地形から海風と陸風，谷風と山風，斜面冷気流といっ

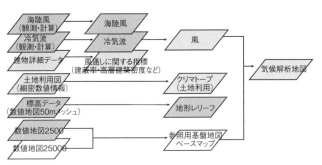

図 1 クリマアトラスの作成フロー

た空気の流れを推定する．メソスケール気象モデル（局地的な気象状態を表現する数値計算モデル）による計算結果から知るのが一般的と思われるが，その結果はクリマアトラスにわかりやすく表示される．すなわち，その地域の上空の一般的な風を知り，地上付近の風の特性を把握する．CFDモデ

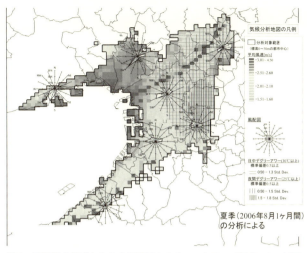

気候分析地図の凡例

分析対象範囲
（標高0〜50mの都市中心）
平均風速度[m/s]
3.01 - 4.50
2.51 - 2.60
2.01 - 2.10
1.51 - 1.60

風配図

日中デグリーアワー（30℃以上）
標準偏差0.5以上
0.50 - 1.3 Std. Dev.
夜間デグリーアワー（25℃以上）
標準偏差0.5以上
0.50 - 1.5 Std. Dev.
1.5 - 1.8 Std. Dev.

夏季（2006年8月1ヶ月間）
の分析による

図2　風情報を基礎とした大阪地域のクリマアトラス（標高50 m以下の地域を対象）（文献［5］より作成）

ル（街区の微細な気象状態を表現する数値計算モデル）などを用いて街路の風通しを予測する．建物配置・形状，植樹，クールルーフ，クールペイブメント，外断熱構造の使用などにより街路に風通しおよびヒートアイランド対策を計画する．そのような推定や対策の立案を助けるのがクリマアトラス（都市環境気候図）である．図2は風向風速をベースに作成されたクリマアトラスの事例である[5]．

　島国日本の蒸暑気候は，風土を形づくる源であり，これは特殊な日本文化を形成してきた．夏の一時期の蒸暑気候から培ってきた伝統的な暑さ対策の和風文化に，科学的合理性を加えて新たな風土の形成を促しているのが，ドイツから学んだ日本のクリマアトラスの経過ともいえる．「風の道」は日本人の情緒的な感性と結びつきが深い．それを科学的でないと切り捨てずに持続可能社会における日本文化の再形成に重要な一部と認識して，「風の道」の計画論を展開して行く必要があると考えている．　　　　　　　　　［森山正和］

【参考文献】
［1］Amt fuer Umweltschutz und Nachbarschaftsverband Stuttgart: Umweltatlas Klima Stuttgart, Klima-analyse und Hinweise fuer die Planung, Nachbarschaftsverband Stuttgart（Stand 1991）
［2］日本建築学会編著，2000：都市環境のクリマアトラス　気候情報を活かした都市づくり，ぎょうせい．
［3］森山正和，1995.8：気候解析に基づく都市計画手法に関する研究—ドイツの事例について—，日本建築学会大会（北海道）．
［4］森山正和・水山直也・田中貴宏・仲矢耕平，2007.8：都市の潜在自然気候図の作成に関する研究，日本建築学会大会（九州）．
［5］北尾菜々子・森山正和・竹林英樹・田中貴宏，2012.2：大阪地域を対象とした都市環境気候地図の作成方法に関する研究，日本建築学会技術報告集，第18巻　第38号，255-258．

コラム	気候と建築

コラム　　　　　　　　　　　**気候と建築**

　　日本では，縄文時代には竪穴式住居が広く作られていた．平安時代には貴族の典型的な住宅様式である寝殿造が建てられた．平安時代は少々寒い時期で，この時代に着られた十二単も重ね着しないと住宅が寒かったからという説もあるぐらいだ．十二単という名前は，実は鎌倉時代になって付けられた女房装束の俗称で，当時は晴装束などとよばれていた．単（ひとえ）の上に袿（うちき）を一二領重ね着たことによる名称である．必ずしも一二領重ねていたわけではなく，平安末期にはほぼ五領に定まり五衣（いつつぎぬ）ともよばれた．襟，袖口などの配色効果が最も重要視された．実に美しい衣服である．

　　その後，戦国時代以降は書院造が作られるようになった．一方，庶民の住まいである民家は，農村部で形成された農家と都市部の町屋に大きく分けられる．明治時代になると武士住宅の伝統を引き継いだ和風住宅と，外国人居留地での西洋館が建てられた．明治後期になると中廊下型の中流住宅が建てられた．どの時代も厳しい気候から身を守るために住宅はシェルターとしての機能を有してきた．多くの本には四季のある日本では，深い庇により夏は日射を遮り，冬は日射を室内に取り入れ，夏は開放的に作り通風の確保により涼しく過ごしてきたと書かれている（図1）．もちろん，これは正しいが，日本の住宅は冬には大変寒かった．日本の住宅が開放的で厚着をすれば過ごせると考えられているのは，吉田兼好が『徒然草』で「すまいは夏を旨とすべし」と書いて，これが現代まで信用されているからだろう．

　　留学生に聞いた中国の諺がある．「早穿皮襖午穿紗，囲着火炉吃西瓜」．俗語に近いそうであるが，その意味は朝毛皮を着て，昼間は紗に着替える．また，火鉢を抱いたり，西瓜を食して体を冷やしたりするということである．1日の気温の激しい変化を表現している．毛皮は冬服，紗は夏服を示す．火鉢は暖房，西瓜は現代解釈では冷房であろう．日本の住宅は現在でもこのような状況にある．

　　例えば，関東圏に住んでいると11月の終わりから4月の上旬までほとんどの人が暖房のお世話になる．浴室・脱衣室で全国で1年間に17,000人が亡くなっているといわ

図1　開放的な日本の住宅

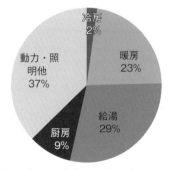

図2　典型的な住宅の用途別エネルギー消費量

冷房 2%
暖房 23%
給湯 29%
厨房 9%
動力・照明他 37%

れている．交通事故死の3倍に当たる．トイレ，脱衣室，浴室が暖かければ助かる人は多いはずである．亡くなる方は外気温の低下に比例して冬季に顕著になる．住宅が暖かい北海道ではこの状況は見られない．

　図2に典型的な住宅の用途別エネルギー消費量を示す．家電製品・照明（37%），給湯（29%），暖房（23%），厨房（9%），冷房（2%）の順となっている．エアコンを利用した冷房にエネルギーが多く使用されているように考えてしまうが，現在の日本では一部の居室に必要な時間帯だけ冷房が使用されていることが大半であるため，年間では暖房に比較して総量は相当に少ない．

　各国の住宅のエネルギー消費量を比較すると図3のようになる．注目していただきたいのは暖房用エネルギー消費量である．断熱性能が低いにもかかわらず消費量は欧米の1/4しかない．断熱性や気密性が非常に悪いのにエネルギー消費量が少ないということは，日本の住宅がいかに寒いかを意味している．省エネルギーのみではなく，断熱性能の向上による快適性・健康性の向上が非常に重要なのである．

　住宅に関する省エネ基準はオイルショック以降改訂されてきた．制定から15年以上も経つにもかかわらず，次世代省エネ基準（1999年基準）適合率は新築住宅でも5割以下である．日本にある約6,000万戸の住宅ストックに関しては悲惨な状況にある．国土交通省の推計によれば，図4に示すように戸数ベースで現行基準への適合はわずか6%，1992年の新省エネ基準適合が19%，1980年の省エネ基準適合が37%である．無断熱住宅がなんと38%もある．日本の気候がマイルドだから，我慢が好きだから，省エネのためというだけでは日本の住宅の室内気候は説明が難しい．　　　　　　　　［田辺新一］

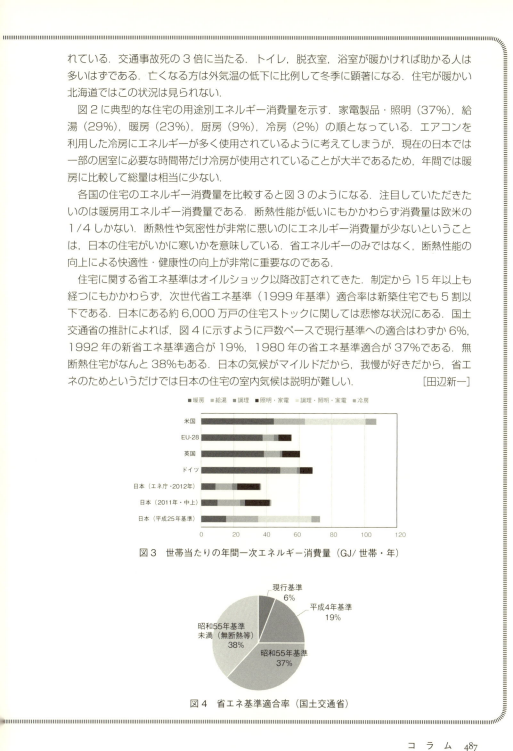

図3　世帯当たりの年間一次エネルギー消費量（GJ/世帯・年）

図4　省エネ基準適合率（国土交通省）

索　引

日本気候百科

	平成 30 年 1 月 30 日	発　　　行
	平成 31 年 4 月 30 日	第 2 刷発行

編集代表　　日　下　博　幸
　　　　　　藤　部　文　昭

発 行 者　　池　田　和　博

発 行 所　　丸善出版株式会社
　　　　　　〒 101-0051 東京都千代田区神田神保町二丁目 17 番
　　　　　　編集：電話(03)3512-3264／FAX(03)3512-3272
　　　　　　営業：電話(03)3512-3256／FAX(03)3512-3270
　　　　　　https://www.maruzen-publishing.co.jp

© Hiroyuki Kusaka, Fumiaki Fujibe, 2018

組版印刷・株式会社 日本制作センター／製本・株式会社 松岳社

ISBN 978-4-621-30243-9　C3544　　　　　Printed in Japan